内容简介

　　本书是一部科学性与艺术性、学术性与普及性、工具性与收藏性完美结合的鸟类及鸟卵高级科普读物，详细介绍了全世界最具代表性的600种鸟卵。本书展示的鸟卵标本全部来自位于芝加哥的菲尔德自然博物馆，以及位于加利福尼亚卡马里奥的脊椎动物学西部基金会。

　　书中展示的每种鸟卵都配有高清原色彩图，此外，每种鸟卵都配有相应的成鸟黑白图片，并详细标注了成鸟体长、孵卵期和卵窝数。全书共1800余幅插图，不但真实再现了各种鸟卵及成鸟的大小和形状多样性，也展示了它们美丽的艺术形态。

　　本书既可作为鸟类研究人员的重要参考书，也可作为收藏爱好者的必备工具书，还可作为广大青少年读者的高级科普读物。

世界顶尖鸟类专家联手巨献

600幅地理分布图，再现全世界最具代表性的600种鸟卵和鸟类

详解繁殖范围、繁殖生境、巢的类型及巢址等方面

1800余幅高清插图，真实再现各种鸟类及鸟卵美丽的艺术形态

科学性与艺术性、学术性与普及性、工具性与收藏性完美结合

➳❦◈ 本书作者 ◈❦➳

〔美〕马克·豪伯（Mark E. Hauber），纽约市立大学教授，在亨特学院和研究生中心负责动物行为与保护方向的研究。

➳❦◈ 本书译者 ◈❦➳

吴海峰，北京林业大学硕士，曾从事鹤类生态学研究。《中国国家地理》杂志社《博物》杂志运营编辑。著有《东非野生动物手册》等书，翻译或审校科普图书数十册。

➳❦◈ 本书审校者 ◈❦➳

张劲硕，中国科学院动物研究所博士，国家动物博物馆副馆长（主持工作）、研究馆员，中国科普作家协会理事。

The Book of Eggs
鸟卵博物馆

博物文库

总策划：　周雁翎

博物文库·自然博物馆丛书

The Book of Eggs

鸟卵博物馆

〔美〕马克·豪伯（Mark E. Hauber）　著

吴海峰　译

张劲硕　审校

北京大学出版社

PEKING UNIVERSITY PRESS

著作权合同登记号 图字：01-2017-0113

图书在版编目 (CIP) 数据

鸟卵博物馆 / (美) 马克·豪伯(Mark E. Hauber) 著；吴海峰译 . — 北京：北京大学出版社，2022.1

（博物文库·自然博物馆丛书）

ISBN 978-7-301-32645-9

Ⅰ. ①鸟… Ⅱ. ①马… ②吴… Ⅲ. ①鸟类—禽蛋—普及读物 Ⅳ. ① Q959.7-49

中国版本图书馆 CIP 数据核字 (2021) 第 209065 号

书　　　名	鸟卵博物馆 NIAOLUAN BOWUGUAN
著作责任者	〔美〕马克·豪伯(Mark E. Hauber) 著 吴海峰 译
丛书主持	唐知涵
责任编辑	唐知涵
标准书号	ISBN 978-7-301-32645-9
出版发行	北京大学出版社
地　　　址	北京市海淀区成府路205 号　100871
网　　　址	http://www.pup.cn　　新浪微博: @ 北京大学出版社
微信公众号	通识书苑（微信号：sartspku）
电子信箱	zyl@ pup.pku.edu.cn
电　　　话	邮购部 010-62752015　发行部 010-62750672　编辑部 010-62753056
印　刷　者	北京华联印刷有限公司
经　销　者	新华书店
	889毫米×1092毫米　16开本　41.5印张　450千字
	2022年1月第1版　2022年1月第1次印刷
定　　　价	680.00元

目 录
Contents

右图中，生活在坦桑尼亚塞伦盖蒂大草原上的雄性鸵鸟，正在照顾鸟卵。米黄色的鸟卵能避免胚胎受到阳光的直射，厚厚的卵壳可以保护胚胎并承受住亲鸟的体重。

前　言

上图中，家鸡的卵不但是人类营养的重要来源，也是疫苗研究者的主要资源。

当人们思考自然界中有什么事物兼具美丽、精巧但又易碎这些特性的时候，首先想到的一定是鸟卵。在我们身边，鸟儿随处可见，每只鸟都由鸟卵孵化而来，而每枚鸟卵都是亲鸟双方交配后产下的，亲鸟还会照顾雏鸟以确保其茁壮成长。鸟卵的质量是决定鸟类繁殖成功与否的关键，也正是因为鸟卵的存在，地球上的鸟类才会如此繁盛和多样。

有这么一种鸟卵，它常被人们当作鸟卵的代表或典型，甚至还不知不觉地与我们的日常生活联系到了一起，这就是家鸡的卵。我们经常吃炒鸡蛋和煮鸡蛋，还会在节日里在鸡蛋壳上绘出五颜六色的图案。但我们却忽略了这样一个事实：我们与鸡蛋之间，其实也是一种捕食与被捕食的关系。除了作为食物之外，鸟卵也为一些建筑材料、化妆品及化学工业提供了原材料。微生物学家还会刺穿蛋壳、向其内部接种灭活或减活的细菌或病毒，用这种方式来培养新型疫苗。毫无疑问，我们以整本书的篇幅来介绍鸟卵都不为过！

纵览整本书，你将看到鸟类常见的繁殖行为，还将看到经历进化而形成的多种特化行为，这些鸟类产卵和照顾后代的过程均有所加强。鸟卵虽然只有方寸大小，但翻阅此书你会发现，无论是尺寸、形状还是颜色，鸟卵在这些方面的表现都恰到好处。

博物馆中的鸟卵

正如我们赞叹鸟卵的外貌及其多样性一样，无论是信天翁还是蛇鹈、无论是林鸳鸯还是斑胸草雀，除此之外，我们还赞叹博物馆中收藏的鸟卵那无可取代的价值，这些你都可以在本书华丽而不失细节的鸟卵照片中窥之一二。本书展示的鸟卵标本全部来自位于芝加哥的菲尔德自然博物馆（Field Museum of Natural History），以及位于加利福尼亚卡马里奥的脊椎动物学西部基金会（Western Foundation of Vertebrate Zoology）。前者收藏有超过 1600 种、23000 组鸟卵标本，如此庞大的采集工程大多是在 1890 年到 1930 年间完成的，标本采集者付出了巨大的努力，他们仔细地搜寻每一个鸟巢，小心地制作每一枚鸟卵标本，并详细地记录有关数据。

正是由于前人的采集工作，这本书才有了问世的可能。站在前人的肩膀上，我们更有责任去科学地了解鸟类的生物学知识。在接下来的阅读过程中你会发现，即使是一些常见的鸟种，我们对它们繁殖生物学方面的基础知识仍然是一片空白。我们希望这些空缺能够激发更多的、不同背景的人走到野外去学习或研究的兴趣，因为最终，这些科学的认识将使我们有能力去有效地监测并保护身边这些正在受到人类越来越多影响的鸟类。

约翰·贝茨

下图中，1500 对澳洲鲣鸟集群繁殖于新西兰的绑匪角（Cape Kidnappers）；许多种类的海鸟都会和邻居挤在一起集群繁殖。

左列图中鹬的卵明亮而具光泽，但容易被损坏；是什么使得这些卵具有瓷感光泽？这对科学家来说还是未解之谜。

概　述

神秘而美丽的鸟卵具有极高的多样性，它们很容易就能激发人们的想象力。对此现象的一种解释是：人类与鸟类具有相似的感官并生活在同一个世界中，我们都主要通过声音、颜色、形状及其他可视的或可听的方式来与同类或其他物种交流。鸟类的鸣唱提醒着人们世界的美丽：无论这些鸟类生活在我们周围还是远方，观察那些羽色靓丽或色彩多样的鸟类，都会使我们感到震惊或警觉；我们在书中读过或亲眼见过信天翁挥着长长的翅膀掠过大洋那令人敬畏的场景，以及鹤类或天堂鸟的交配之舞。本书讲述了欧亚鸲那蓝色卵的故事，但这本书包括的内容远不止于此，更是涵盖了全世界范围内多种多样的鸟类。

"包裹起来"的生命

鸟卵是真正的生物杰作，也是一种令人困惑的东西。为什么所有的鸟类，无论大小，都能将它们的未来，包括胚胎、激素、抗生素、微生物及脂肪，打包装入到易碎的卵壳中呢？

人类及其他大多数哺乳动物，都会将受精卵置于体内，发育着的胚胎会在母体内得到营养和保护，而雌鸟则会将发育成雏鸟所需的全部物质放入鸟卵中，之后将卵从体内排出。在鸟卵产出之后，亲鸟一方或双方必须为鸟卵提供温暖的庇护所，并保护它们，这一场所通常是鸟巢。在鸟巢中，胚胎将会充分发育，形成具有生命的雏鸟。在本书关于鸟卵的故事中，将会重点介绍鸟类选择配偶及巢址的多种策略及多样选择，这么做都是为了保护并温暖鸟卵，为了保

左图中冢雉的卵在产下后，亲鸟就再也不会接触到它们了，鸟卵将被埋入温热的沙地中，直到雏鸟孵化。

下图中鸬鹚的卵为深绿色，其质地就像鳄梨；鸟卵将经历接近两个月的时间才会孵化。

证雏鸟能够拥有足够的食物、水以及隐蔽的场所。

　　从鸟卵中产出的鸟类，具有极高的多样性。在每一块大陆上都有鸟类的身影，它们能在每一种陆地生境中繁殖。在严寒的南极大陆，那里冬季的气温将会低至零下 40℃，风速会高达每小时 320 km，雄性帝企鹅就是站在这样的环境中，将唯一的一枚卵放在脚面上为它保温，直到两个月后雏鸟才会孵化。在智利，灰鸥在世界上最干旱的沙漠中繁殖，那里几乎没有天敌敢冒险进入，因此卵和雏鸟都是安全的，但亲鸟每天都要往返于鸟巢和大海，为自己和后代获取或运送食物和水。

　　关于鸟卵的生物学知识，我们仍然有必要去研究，但毫无疑问的是，借助卵来繁殖后代，对于鸟类来说是一种十分成功的方式，这种方式已经使用了数百万年之久。本书将带你领略不同种类鸟的策略，以及不同个体的策略，但无论什么样的策略，都是经历演化并适于环境的结果，都将产出鸟卵（尽管它可能是易碎的），并成功繁殖。

右图是一窝石化的恐龙（鸭嘴龙）卵，出土于中国，产于侏罗纪（约1.5亿年前），大致是第一个鸟形恐龙诞生的年代。

10

先有鸡还是先有蛋？

这个问题由来已久但易于回答：先有蛋。为什么？因为鸟卵是一个简单的繁殖细胞，在鸟类出现之前很久，动物（包括恐龙，即现代鸟类的直系祖先）就已经产卵繁殖了。当然，一些不是鸟卵的卵也很像现生鸟类的卵，这些卵具有柔软的膜，有些不具坚硬的外壳，它们是透明的、凝胶状的，并且容易变干。它们中的大多数都会被产在水中或接近水源的地方，只有这样胚胎才能发育、鸟卵才会孵化。

鸟卵为"羊膜卵"，这意味着卵（包括坚硬的外壳及具有通透性的膜）可以被产在水陆过渡或干旱的地方。羊膜卵这一结构的出现，对于地球生物多样性的繁盛或许起到了至关重要的促进作用，羊膜卵使得动物可以离开水繁殖。这一特征帮助爬行动物、恐龙、鸟类及哺乳动物等羊膜动物变成了统治世界的主宰。

本书向我们阐释了鸟卵何时出现、怎么出现的故事，还向我们阐释了鸟类与恐龙的关系。第一枚羊膜卵由"原始羊膜卵动物"产下，这是一种像蜥蜴的动物，它出现在3.25亿年前的石炭纪。很快，原始羊膜卵动物就演化出了两个分支：下孔类（synapsids，最终演化成了哺乳动物），以及蜥形类（sauropsids，演化成龟、蜥蜴、蛇、鳄、翼龙、恐龙和鸟类）。

认识化石记录

大多数科学家都接受了鸟类属于蜥脚类恐龙这一观点。恐龙在白垩纪中占据了许多不同的生态位，一些蜥脚类演化出了羽毛，这使得它们可以飞翔。始祖鸟生活的时期可以追溯到大约 1.5 亿年前，它们具有爬行动物的特征（牙齿、爪及长长的尾），也具有翅膀和羽毛等与现生鸟类相似的特点。但这一尽人皆知的化石不再被认为是现生鸟类的直系祖先，许多其他鸟类化石表明，鸟类祖先早期的体型较小，或许是树栖性的，具有滑翔的能力，现生鸟类很可能就是起源于此。

在 1 亿年前，现生鸟类的两个主要类群彼此分道扬镳：一类是古颌类（Paleognathes），包括不具飞翔能力的鸵鸟、美洲鸵、鹤鸵、鸸鹋、几维鸟，以及已经灭绝的恐鸟和象鸟，当然还有具有飞翔能力的鹬；另一类是新颌类（Neognathes），包括现今我们知道的其余鸟类（详见 649 页）。这些是人们基于头骨的差别得出的结论。到始新世末期，也即 3400 万年前，现生鸟类的所有目（包括大多数科）都已经产生了，它们或漫步在地球表面或翱翔于天空之中，每个科都代表了与其他鸟类明显不同的进化分支。

我们不知道恐龙卵的颜色，但根据保存下来的化石，科学家可以断定恐龙卵的表面较为粗糙，其细部结构满是孔洞和凸起，这与现生的鹤鸵及

左图中，现生鳄类是与鸟类亲缘关系最近的一类动物。最新的化石和最近的研究为我们揭示出早期鸟卵的质地和颜色——就如同鳄这些爬行动物一样光滑、洁白，而不像现在的许多鸟卵那样，在形状和颜色等方面十分多样。

鸸鹋的卵十分相似。近期的研究重新描绘出了羽毛化石的结构、化学组成和颜色；未来，卵的这些问题也将被解决。许多现生鸟类产下的卵光滑而呈白色。但是，在重新构筑鸟卵颜色的演变历程之时，我们不应该忽视那些处于早期进化分支上的鸟类的卵色及其质地，例如鸸鹋（深绿色）、美洲鸵（淡蓝色）、鸮（亮蓝色、亮棕色及亮绿色），以及已经灭绝的恐鸟（它包括了至少一个物种，即高地恐鸟，这种鸟的卵为深蓝绿色）。

当鸟卵在雌鸟体内未被产下时，其颜色为白色，随后会被色素涂上颜色。因为上色是形成坚硬的卵壳之后的步骤，因此一些科学家认为鸟类产下的第一枚卵是白色的，正如现今的鳄鱼产下的卵仍为白色一样，色素是后来才在鸟类中出现的。但这一进化历程，其前提是恐龙的卵也为白色，不过这却未得到证实。另外，企鹅和鲣鸟等许多海鸟的卵，其内表面和外表面为色调不同的蓝色，这意味着卵壳的颜色是在鸟卵产出前 24 小时内才被涂上的。此时，方解石晶体（碳酸钙）正在形成坚硬的外壳。

雌鸟通常会产下颜色和图案一致的卵，但当资源有限时，即使同一只雌鸟产下的鸟卵，尺寸也会越来越小、颜色也会越来越暗淡。这意味着，我们不但能够推断出第一枚鸟卵的颜色和图案，也能推断出手中这枚鸟卵昨天的颜色。

本书的编排顺序

呈现在本书中的这些鸟卵，被编排入四部分，这样的编排相对合理，但并非完全按照系统发育关系的顺序排序。每一部分的编排都基于分类学中目和科的概念。书中的四部分包括：

水鸟，包括野鸭、雁类、潜鸟、鹭类、鸥类、鸻鹬类及其近亲。

大型非雀形目陆生鸟类，包括鸵鸟、鸸鹋、鸮、雉鸡及其他家禽，以及猛禽。

小型非雀形目陆生鸟类，包括鸠鸽、杜鹃、雨燕、蜂鸟、啄木鸟及鹦鹉。

雀形目鸟类，包括鹟、霸鹟、鸦类、燕类、莺类、雀类、拟鹂及雀类。

人们对鸟类分类的认识始终处于变化之中，在此过程中，我们通过基因学及古生物学的研究，构建了更加完善的鸟类系统发育树。这些内容十分有趣，最新的鸟类系统发育关系呈现在 648 页和 649 页。

本书精选了 600 种鸟类，其鸟卵的图片都以实际尺寸呈现在你眼前。

附加的图片还展示了鸟卵质地和图案的特写镜头，以及常见的窝卵数（如果窝卵数大于 1 的话）。书中鸟卵图片的实际尺寸依据标本而定（图注中注明了鸟卵的平均尺寸，以及关于鸟卵的其他描述）。在某些情况下，鸟卵会在孵化的过程中褪去颜色，也会随时光的变迁而失去光泽（博物馆中许多标本都已经经历了一个世纪之久）。因此，对鸟卵的描述或许和图片显示的并不完全一致。在极少数情况中，因为鸟卵的数量极少或未知，因此文献中对"通常"情况的理解存在争论，这些情况在本书中都予以指出。介绍鸟卵的文字主要与该物种的繁殖阶段相关，虽然人们对有些物种的卵、巢或繁殖行为知之甚少，因此仍有许多研究工作还有待开展。

13

本页及对页图中的 4 种鸟类是本书中 600 种鸟类所属的 4 个类群的代表，即水鸟、大型雀形目、小型雀形目及非雀形目鸟类。

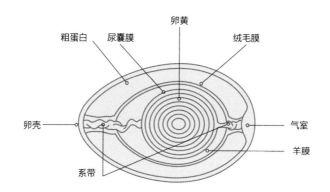

刚刚产下的鸟卵中包含了许多隔室，这些隔室由膜结构分隔。

图中标注：粗蛋白　尿囊膜　卵黄　绒毛膜　卵壳　气室　羊膜　系带

鸟卵的解剖与生理

14

形成一枚鸟卵需要一整天的时间。对于多数鸟类来讲，只有左侧的卵巢才具有功能，这限制了鸟卵产出的速率。

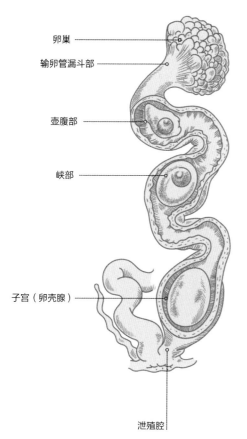

卵巢
输卵管漏斗部
壶腹部
峡部
子宫（卵壳腺）
泄殖腔

　　鸟卵就好比是一个在度假村中配备有家具的公寓房，其中包含了容纳胚胎安全发育所需的全部结构和物质，但鸟卵却仍然需要亲鸟的照料。鸟卵的内部结构既包含了和遗传有关的物质，也包含了形成一只雏鸟所需的生化物质。

　　已经受精的胚胎包裹在羊膜中，由卵黄和尿囊膜代谢营养。卵黄中富含脂肪、胆固醇、蛋白质、维生素及矿物质等胚胎发育所需的多种物质，而尿囊负责收集含氮废物。

　　胚胎的周围被蛋白环绕，而最外层则由绒毛膜所包裹。蛋白是水合作用的原材料，还可以在鸟卵突然移动时起到减震器的作用。鸟卵中那旋转的线状物被称作系带，在生的或半熟的鸡蛋中常常能够看到这一结构，系带一端连接卵壳，另一端连接胚胎，可以为胚胎提供更佳的稳定性。

　　卵壳内的两层膜状结构扮演着抵御干燥环境、阻隔细菌侵入的屏障作用。另外，蛋白及卵壳角质层上含有的酶及其他蛋白质具有抗菌的作用。这些酶只有在一定温度范围内才能发挥作用，因此即使是在夜间，只要亲鸟还在孵卵，只要雏鸟还没有破壳，卵就会受到保护而免于感染。所有这些都包裹在坚硬的卵壳之内，卵壳的主要成分为碳酸钙。然而，卵壳却具有半透性，利用显微镜可以观察到卵壳表面的小孔，它们可以作为气体交换的通道，而发育中的胚胎才能够自如呼吸。

　　由于存在坚硬的卵壳，卵子必须在还在母体中、在卵壳形成之前就已经受精。家鸡具有一个特点，即无论卵是否受精都会产下，人们也正是利用了这一点，将鸡蛋作为重要的食物。

　　虽然卵自身就能提供胚胎发育所需的多种物质，但亲鸟为雏鸟提供的帮助也是至关重要的。一般来说，亲鸟中的一方或双方会从卵的外部为其提供热量，这些热量是胚胎新陈代谢所必需的。孵卵时还会维持一定的微气候，包括较高的湿度，这样可以使卵远离干燥。亲鸟对于巢址的选择、巢的建造或抢夺，都是为了使卵躲避天敌、阳光、干燥及其他威胁。亲鸟还会翻卵以确保其均匀受热，并防止胚胎变形。

上图为普通燕鸥鸟卵孵化的场景；雌鸟每天产一枚鸟卵，因此在同一个巢中，雏鸟也不会同时孵出。

卵与环境毒素

　　鸟卵是进化过程中演化出的一个紧凑而具有较强适应力的"杰作"。但人类的活动却能给卵带来伤害，甚至毁掉这一功能强大的繁殖体系。有毒的化学试剂，例如 DDT，在 20 世纪 60 年代被大量使用，导致环境严重污染，干扰了某些鸟类分泌卵壳硬化所需的钙质的能力。其结果是，薄壳卵无法承受亲鸟孵卵时产生的压力而破碎，繁殖也以失败告终。在禁止使用 DDT 之后，游隼、鹗及褐鹈鹕花费了三十年时间，才使其种群数量得以恢复。

下图展现的是鸡胚发育的过程。这一过程十分迅速，鸡的大多数器官都会在发育的第 10 天形成，并在之后近一周的时间中发育成熟。

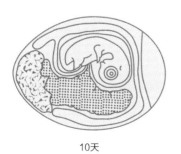

10天

15天

20天

科氏蜂鸟   蓝翅虫森莺   斑鱼狗

鸟卵的尺寸和形状

上图展示了不同的"卵圆形"，适于所有鸟卵。不同的物种的卵，甚至是同一物种不同的卵，也会呈现出不同的形状，包括球形、卵形、椭圆形和圆锥形。

　　鸟卵的尺寸和形状变异极大。鸵鸟的卵，是现存鸟类的卵中尺寸最大、质量最重者，其质量超过 2 kg，相当于 30 多枚鸡蛋的质量；而最小的鸟卵则由蜂鸟产下，蜂鸟卵的体积是鸵鸟卵的 1/5000，蜂鸟卵的质量比一枚曲别针还要轻。而某些已经灭绝的象鸟，其鸟卵的尺寸是鸵鸟卵的 2 倍。

尺寸

　　总的来讲，体型较大的鸟类会产下尺寸较大的卵，而这些鸟卵的卵壳也较厚，能够对内部结构起到物理保护作用，因为当亲鸟卧于巢中孵卵时，鸟卵需要承受亲鸟的体重。但如果与亲鸟体重相联系的话，不同尺寸的鸟卵就有着不同的故事了。从这个角度讲，鸵鸟卵和成鸟体重的比例，要比蜂鸟的比例小得多。相对于雌鸟体重而言，最大的鸟卵由生活在新西兰的几维鸟产下。

　　因此，鸟卵和成鸟体重的相对比例，并不是一个固定值，而因生态环境及进化历程的不同而有所差异。例如，那些窝卵数较多的鸟卵通常较小。有些鸟卵孵化的雏鸟，生来就被覆羽毛，能够跟随亲鸟四处活动；而另外一些鸟类的雏鸟，刚刚孵化时周身裸露，尚未睁开双眼，而且需要亲代的照料才能存活，前者的卵就要比后者大得多。鸟卵的大小因内部的物质而有所差异，包括卵黄中的脂类，以及卵黄及蛋清中激素、维生素及抗体的多寡。那些卵黄较小的鸟类通常较早孵化，雏鸟孵化后，生长所需的营养需要自己获取，或向亲鸟乞食、由亲鸟提供。

象鸟

鸟卵呈"卵形"的益处

　　大多数鸟卵都具有明显可辨的钝端。当鸟卵位于输卵管中时，钝端朝向泄殖腔，尖端则朝向卵巢。鸟卵通常钝端较薄而中部和尖端较厚，但随着胚胎的发育，较厚的卵壳会逐渐变薄，这些钙质被用来支持骨骼的发育，因此在鸟卵孵化时，卵壳的各处都很薄。鸡胚的喙部通常对着钝端，雏鸟也是从钝端破壳而出的。

　　鸟卵呈"卵形"有许多优势，尽管卵壳易碎，但在孵化之前，鸟卵能承受很大的压力（例如孵卵亲鸟的重量）。对于亲鸟来说，卵形还易于翻动。在鸟卵形成的过程中，它在输卵管中不断旋转、翻滚，因此形成了对称的形状和光滑的质地。如果鸟卵在形成的过程中，雌鸟受到外伤，或被捕食者及竞争者惊扰，也许就会形成一个形状不对称、表面不光滑的鸟卵。

下图展示了某些海鸟卵的形状。这些鸟类常集群繁殖，并将巢筑于悬崖峭壁之上；在被碰撞之后，鸟卵会在很小的范围内滚动而不会掉落。

普通海鸦

鸵鸟

右图中是双领鸻的卵，鸟巢筑在开阔的地面上，卵壳的表面遍布斑块，看起来十分隐蔽，这可以降低鸟卵被捕食的概率。

鸟卵的颜色与图案

本书中的图片，向人们呈现出了鸟卵令人惊异的颜色和图案。卵壳主要由白色的碳酸钙构成。鸟卵本身是白色的，那些其他颜色的鸟卵，是由物理作用和化学作用导致的，构成鸟卵颜色的色素主要有两类：胆绿素和原卟啉，前者形成蓝绿色，后者形成暖色，包括黄色、红色、棕色等。斑点、线条、斑块或无规则的花纹，都是原卟啉聚集形成的。这两种色素混合后，会形成从紫色至绿色的多种颜色。

色素的力量

两种色素是如何形成自然界中鲜艳多彩的卵壳颜色的呢？答案简单却令人惊讶：不知道。所有的研究都试图从卵壳表面提取色素，而这些色素都只是胆绿素和原卟啉，即使使用了最先进的仪器，它们的结构也没有被研究清楚。若想解开这一谜题，生物学家必须和化学家联手合作才行。除了这个表面的问题之外，其他一些关于卵壳颜色的问题则相对简单，例如，角鸊鷉的卵在刚产下时为白色，但很快就会被亲鸟离巢时覆于卵上的植物染成红色。

输卵管中的腺体必须消耗雌鸟身体中的营养，才能将营养物质转化为色素分子，进而为卵壳底色以及其上的斑点、条纹和斑块着色。因此科学家认为，白色的卵比彩色的卵更加"廉价"，白色的卵更有可能产在较深的鸟巢（或洞巢）中，或者亲鸟的羽毛颜色较为隐蔽。这就是啄木鸟、蜂鸟、野鸭和猫头鹰的卵都为白色的原因。有时候，卵壳表面的花纹可以起到个体识别的作用，例如在普通海鸦的繁殖群中，鸟卵的图案就具有极大的变异性。对这个物种来说，鸟卵图案的差异，使得亲鸟可以在面朝大海的崖壁上那数以千计而十分拥挤的鸟巢中找到自己的卵。

　　在与鸟卵有关的讨论中，人们近来才开始关注鸟卵在鸟的视野中是什么样子。所有的鸟类都拥有 4 种光感蛋白，而人类只有 3 种。因此与人类的视觉相比，鸟类的视觉成像更加快速、精准，颜色的细节也更加丰富，鸟类甚至能看到紫外线的颜色，而人眼却看不到紫外波段的光。研究人员最近正在利用紫外摄像机及反射光谱分析仪等仪器分析、研究卵壳的特点，其目的是揭示卵壳中那些鸟类能看到、但人类却看不到的细节。

在下图中，鸟卵由色素着色，色素分子沉积在卵壳之中或分布于卵壳表面（如左列和中列所示），但一些鸟卵的颜色在孵化时会因蹭上粉状物质而发生改变（如右列所示）。

19

拟鹩针尾雀

大亭鸟

滑嘴犀鹃

白腹拟鹋

朱红霸鹟

圭拉鹃

鸟巢与鸟卵

鸟类在进化过程中，演化出了一个十分精巧的"包裹"——它可以滋养离开母体的胚胎——鸟卵。鸟卵只是使得鸟类成功繁殖的诸多因素中的一个，鸟类还演化出了一个了不起的生存技巧，这个技巧可以为卵及雏鸟提供庇护、保护及温暖，这就是筑造鸟巢。

鸟巢最简单的定义是：一个将卵包围并存其于内的结构或空间。鸟巢这一结构也是鸟类利用工具的一种形式：鸟类从周围环境中寻找巢材（包括人类废弃物），摆布并改造它们为其所用。无论是岩鸽用树枝在窗沿上搭建的松散的巢，还是数以百计的织雀营建的群巢，大多数鸟类所修筑的鸟巢都符合使用工具的定义。

鸟巢具有保护鸟卵及未离巢的雏鸟免受竞争者、捕食者及寄生虫侵扰的功能。封闭巢，要么具有顶盖结构，要么筑在树洞之中，这样的鸟巢可使卵及雏鸟逃脱捕食者的目光所及并远离日晒及雨淋；而修筑在茂密的灌丛、草丛中或树木枝叶间等较为隐蔽处的鸟巢，大都体积较小，这样可以不被竞争者及捕食者发现。一个较为紧致或难以接近的巢可以避免寄主的侵扰，例如圃拟鹂会紧紧地卧于巢中，保护里面的卵，防止铜色牛鹂在自己的巢中产卵。

上图中蜂鸟的鸟巢呈篮状，编织得十分紧致，深而结实。但鸟巢的四壁却十分柔韧，因此鸟巢可以为日渐长大的雏鸟提供越来越大的空间。

最终，巢址及鸟巢本身会激发鸟类繁殖的欲望。对于许多种鸟类来说，雄鸟用建造鸟巢或保卫巢址的本领来吸引雌鸟到其领域中去，而雌鸟则会通过检查雄鸟筑的巢是否足够好、是否在安全的地点来决定要不要选择这只雄鸟。无论是对于善于筑巢的雄鸟，还是挑剔的雌鸟来说，巢的结构及位置等特点能共同确保其更高的繁殖成功率。

上图中展示的是白头海雕，它们每年都会修补并重复利用旧巢，而不是修筑新巢。

无巢孵化

并非所有鸟种都会筑巢。有些只是将卵简单地"下"在裸露的地面上、崖壁突出处、落叶堆中、树洞内或地面凹坑内，但发育着的胚胎所需要的热量仍然由孵卵的亲鸟提供。许多海鸟，例如鲣鸟及帝企鹅，经受不起胸腹部脱掉羽毛、露出裸皮形成的孵卵斑，因为它们在孵卵期间还需要潜入冰冷刺骨的海水中寻找食物，因此鸟卵发育所需的热量将由其他方式传递，它们会借助蹼足静脉血管中血液的温度孵化鸟卵。

最不寻常的是，灌丛冢雉及其他冢雉科鸟类会将卵产在高高堆起的枯枝落叶、温暖的阳光沙滩或火山的山坡上。在这些地方，生物化学能、太阳能及地热能将提供维持胚胎发育所需的热量。

上图中的南黑脸织雀清晰地展示了鸟类是如何利用工具的，它们编织的鸟巢将被用于繁殖。

右图中的加岛信天翁会
和配偶轮流孵化唯一的
一枚鸟卵，直到两个月
后雏鸟孵出时为止。

繁殖策略：窝卵数

一只雌鸟会将多枚卵产在一起，一只雌鸟在一次繁殖过程中产于一个巢中的鸟卵的数目则叫作窝卵数。窝卵数因鸟种而异，少则 1 枚，多至 20 枚。从某种程度上讲，这是演化的结果，信天翁的所有种均仅产 1 枚卵，蜂鸟通常产 2 枚，鹑类的窝卵数多为 10～15 枚。但实际情况也不总是这样。即使是同种鸟类，不同种群甚至同一个体不同年份间窝卵数可能也存在差异，这与其栖息地、纬度、经度、巢型、繁殖群大小、食物质量以及雌鸟的身体尺寸、健康状况等不无关系。无论从哪个角度讲，这样的权衡与选择对于鸟类的繁殖来说都是至关重要的。

窝卵数的大小

一般说来，某种鸟类的窝卵数为多少，是自然选择的结果，而这一数字也是鸟类能够成功养活后代数目的最大值。例如，越靠北繁殖的鸟类，其窝卵数越大，而在热带地区繁殖的窝卵数则相对较小，虽然北方适于鸟类繁殖的时间较短，但繁殖季充足的食物足以供给更多的雏鸟。一年能产多巢卵的鸟类，最后一巢的窝卵数通常较小，这与繁殖季末期雌鸟体质下降及食物的可获得性降低有关。而且，早成性鸟类（雏鸟孵化后很快即可离巢并主动觅食者）的窝卵数较晚成性鸟类（雏鸟孵化后需要亲鸟继续为其保温并提供照料）的窝卵数更大。窝卵数较小的鸟类，其繁殖成功率一般较高。

体型较小的鸟类在达到满窝卵数之前，一般每天产 1 枚卵。而其他鸟类，尤其是体型较大的鸟类，一般只产 1 枚卵，或每隔 2～3 天产 1 枚。

几维鸟鸟卵的重量可达雌鸟体重的 25%，它们产下两枚卵的时间间隔或长达数周。

最适存活策略

亲鸟可以在一定程度上调控鸟卵发育的时间和速率，这将直接影响繁殖成功率。有些亲鸟会即产即孵，这会导致雏鸟的异步孵化，即雏鸟孵化时间会存在先后的差别，先孵化的个体体型更大，并且会在其兄弟姐妹中占据支配地位。对于牛背鹭的雏鸟来讲，体型及从属地位的差别，不但是异步孵化的结果，也受到卵黄中睾酮含量的影响：前两枚卵中睾酮的含量几乎是第三枚含量的两倍。这样的好处是，当食物资源不足时，饥饿、侵略性强而体型更大的、首先孵化的那只雏鸟，可以用啄击的方式击退最后孵化的、体型较小而性情胆怯的雏鸟，以确保剩下的两只雏鸟有足够的食物，并能够正常发育。

与异步孵化相对的是同步孵化，亲鸟会等到最后一枚卵产下时才开始所有卵的孵化，因此最终雏鸟的破壳时间前后不会相差几个小时，这能确保更多雏鸟拥有平等的生存机会。绿头鸭还有一个特别方法来保证雏鸟同时孵化，即将破壳的雏鸟会发出一种与生俱来的叫声与同样尚在壳中的兄弟姐妹进行沟通，确定彼此的发育状况，并估算孵化的时间。

23

左图中展示的是大山雀的卵。尽管鸟卵很小，但它们的数量却很多。在北半球繁殖的鸟类中，繁殖纬度越高，窝卵数就越多，大山雀是最好的例证。

繁殖策略：巢寄生

我们知道亲鸟需要承担哪些责任，但或许并不奇怪的是，有些鸟类在经历了进化过程后，表现出一些与其他鸟种有些不同的特点，它们放弃了大部分父母需要付出的代价和可能遇到的麻烦事。巢寄生是一种独特的繁殖策略，营巢寄生的鸟类会将卵产在其他鸟类的巢中。之后，外来的卵将被义亲孵化，义亲还将喂养并保护这些鸟卵，直到幼鸟羽翼丰满、能够独自生活为止。巢寄生现象并非只出现在鸟类中，一些鲶鱼会将后代寄生在丽鱼的口中，许多种类的白蚁、蚂蚁、黄蜂和蜜蜂也具有巢寄生现象，幼体会和其他幼体抢夺亲代照料。无论是哪种形式的巢寄生，都将导致宿主繁殖失败，义亲将高昂的亲代照料成本白白地给了寄主的后代，而不是自己的子嗣。

在上图中，小杜鹃将卵产在厚嘴苇莺的巢中，无论是颜色还是花纹，寄主的卵都和宿主的卵十分相似，只不过前者的卵略大一点罢了。

鸟类的巢寄生有两种主要类型。其中一种是种内巢寄生，这是指将卵产在本种鸟类、其他个体巢中的情况，营种内寄生的鸟类也会自己产卵并照顾幼鸟。许多野鸡、野鸭及秧鸡都具有种内巢寄生现象，人们发现越来越多种类的鸣禽也营种内寄生。通过破坏鸟巢，研究人员能够成功地提高种内巢寄生出现的概率，这有点儿像巢中的鸟卵被捕食的情况，例如斑胸草雀，无论是野生个体还是笼养个体，如果在产卵期鸟巢被破坏的话，雌鸟就会寻找同一种群中其他雌鸟的巢并将卵产于其中。种内巢寄生对于鸟类个体来讲，可以在减少投入的情况下提高后代的数量。同时，对于寄生卵和雏鸟来讲，存活的机会也将大大提高，因为它们身边那没有血缘关系的兄弟姐妹也都是同种个体，因此它们能够从义亲那里获得正确的孵化方式和适合的食物。

第二种是种间巢寄生，寄主会将卵产在另外一种鸟类的巢中。一些种间巢寄生的物种不具专一性，也就是说，只要宿主合适，寄主就会在它们的巢中产卵。对于这些兼性巢寄生的鸟类来讲，有些种类总是营巢寄生生活，而另外一些只是偶尔为之，其他时候将卵产在自己修筑的鸟巢中；而对于另外一些鸟类来说，它们是专性巢寄生的物种，所有个体都从不修筑鸟巢，因此它们只能在其他种鸟类的巢中产卵。

放弃抚养

专性巢寄生在不同鸟类类群中经历了数次独立的演化。例如，黑头鸭是唯一一种营巢寄生雁鸭类；再如，所有种的响蜜䴕，以及新大陆鹃类、旧大陆鹃类、旧大陆雀类（包括维达雀、寄生织雀）及新大陆拟鹂，也都营专性巢寄生生活。这些鸟类从不筑巢，也不孵卵。

大多数巢寄生鸟类的雏鸟都会给义亲制造出不小的麻烦：牛鹂及维达雀雏鸟会比义亲的亲骨肉更频繁地乞食，因此可以得到更多的食物。这会

在左图的鸟巢中，歌带鹀的卵位于图片下方，另外 5 枚卵为 2~5 只牛鹂所产，这样的现象叫作多重寄生。

在右图中，寄主大杜鹃的雏鸟孵出后便将巢中宿主的鸟卵推出巢外，这样可以减少日后与宿主后代竞争亲鸟提供的食物。

导致体型和日龄都更小的义亲的雏鸟忍饥挨饿，甚至死亡。大杜鹃及黑喉响蜜䴕的策略更进一步，它们的雏鸟刚一孵化，就会消灭掉巢中的鸟卵和雏鸟。它们会将这些鸟卵或雏鸟推到巢外，或用尖利的喙将它们杀死。结果是，它们将独占鸟巢，并垄断亲鸟提供的全部食物。

宿主的抵抗

令人意外的是，一些宿主并不会欣然承担白白抚养别人后代的代价。有时宿主给后代提供的食物并不适合寄主的后代。例如，家朱雀只会向自己的后代和寄生的褐头牛鹂提供种子，而不是昆虫，而牛鹂又恰恰不能消化种子，因此即使它们的嗉囊中充满食物，也常常忍饥挨饿。

即使寄主的雏鸟能够存活，宿主也有办法减少被寄生的情况。许多鸟类会奋力抵抗闯入领域的巢寄生者，并会高声围攻，甚至会向寄主发动身体攻击。很多宿主也演化出了评估、辨别和拒绝巢中寄主卵和雏鸟的能力，因此当寄主在它们的巢中产卵时，那些看起来与众不同的卵就会被发现，它们面临的命运是被啄破、刺穿或丢到巢外，即使是那些被科学家用记号笔涂上颜色的、原本属于这个鸟巢的卵也会被宿主识别。另外一些宿主能够识别后代的乞食鸣叫，而不会给那些和自己后代鸣声不同的雏鸟喂食。

欺骗和伪装

　　毫无疑问的是，无论是寄生策略还是反寄生策略，都代表着寄主和宿主在行为和形态方面的协同进化。这导致了一场军备竞赛：寄主寄生宿主，宿主反击寄主，宿主能够更好地发现被寄生，而寄主则能够克服宿主日益精湛的反寄生策略。协同进化的最好例证就是大杜鹃模仿不同宿主的卵，每只雌性大杜鹃产下的卵都略有不同，但和各自宿主卵的颜色和图案都能完美匹配。很多时候，大杜鹃卵模拟得十分相像，如果不等到雏鸟破壳而出之时，无论是宿主还是研究人员都不能分辨彼此，因此宿主只有在雏鸟孵出之后，才能将它们丢到巢外。

左图中，一只上当的欧亚鸲正在喂养大杜鹃那体型巨大的雏鸟，大杜鹃的雏鸟发出频繁的乞食鸣叫，并向义亲展示明亮而巨大的嘴裂。

科学与鸟卵标本采集

从鸟卵收集者因鸟卵的多样性和稀缺性而收集第一枚鸟卵时起到现在，收集鸟卵的科学作用发生了许多变化。在维多利亚时期，其作用是"收集珍奇"。美国的鸟卵收集工作大多是在 1800 年至 1930 年间进行的，在那之后，随着人们担心鸟卵收集有可能危害到鸟类种群，因此鸟卵收集的热度逐渐消退。今天，只有在取得国家和地方政府许可的前提下，才允许收集鸟卵。

每枚鸟卵都是独一无二的

为什么那些被公共或私人收藏的鸟卵，对研究和教育来说有那么重要的作用呢？为什么时至今日研究人员还在收集鸟卵并采集数据呢？其中一个答案是，这些收集来的鸟卵及它们所包含的信息能够回答许多与鸟类生物学有关的问题，而这些问题是不能通过其他途径解决的。几百年来，收集者变成了精明的博物学家，他们记录了每组鸟卵标本的采集时间、采集生境、鸟巢结构及巢址位点等重要信息。因此，这些曾经收集的鸟卵和它们背后的数据，能够为每一个物种提供与繁殖有关的具体数据。将来，这些数据会对回答某些问题具有重要的作用。气候变化会影响鸟类的繁殖吗？窝卵数、产卵时间、卵的颜色和图案、巢址选择以及卵壳的构成等，都有可能因环境变化而变化。将新的鸟卵标本与博物馆中收集的标本进行比较，将有助于回答这些问题。如果真是这样的话，标本的比较将变得十分必要。我们今天采集的鸟卵标本，记录了当下的状况；如果这些标本保存至将来，那么它们也会在那时扮演其历史作用。

为日后的科学研究而采集

实际上，我们无法预知鸟卵标本还会在日后发挥哪些价值。当采集者于19世纪90年代采集游隼的卵标本时，他们怎么也不会想到，这些标本会在70年后的一项关于DDT对卵壳厚度影响研究中发挥巨大作用：20世纪60年代，游隼的卵壳厚度显著变薄了。这些鸟卵标本对禁止使用此类杀虫剂进行了无声的控诉，进而挽救了这些物种。因此，这些鸟卵对禁止使用杀虫剂起到了一定作用，进而使得物种得到了复壮。

下图托盘中的标本为普通海鸦及厚嘴海鸦的鸟卵，收藏于菲尔德博物馆。这些标本展示出了鸟卵颜色的变异，而亲鸟正是利用了这些颜色上的差异，才能够在繁殖群中数量众多的鸟卵中找到自己的卵。其中比较小的是一枚"侏儒卵"，这样的卵不能孵化。

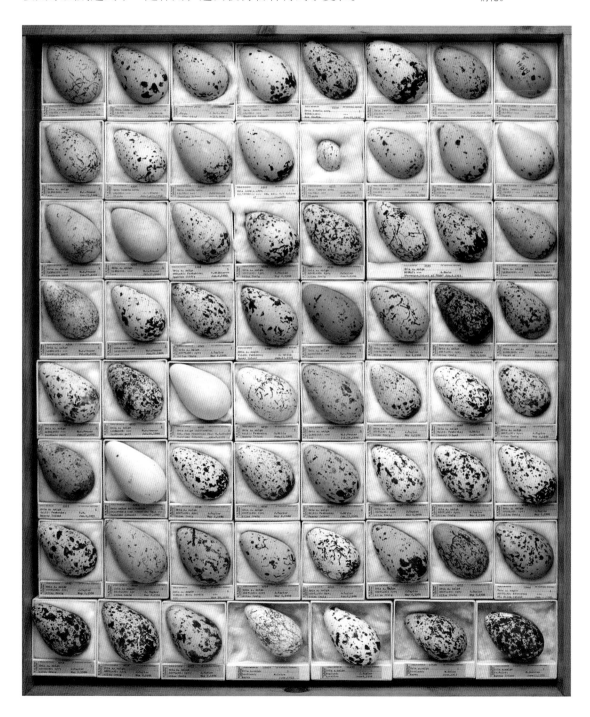

上图中的卵和骨骼标本都属于现已灭绝的象鸟。实际上，象鸟灭绝的时间不过几百年。

30

我们还能从鸟卵中获得什么信息呢？我们还可以利用紫外线分析鸟卵的颜色，而这仅有15年的历史。在那之前，对鸟卵标本表面颜色和斑纹的描述，都是由人肉眼观察完成的。而直到今天人们才知道，鸟类会利用那些人肉眼看不到的紫外光，来完成一些重要的事情。例如，一些被巢寄生的宿主，会借助紫外线识别寄主的卵，并将它们推到巢外。对博物馆中杜鹃及它们在非洲、大洋洲和欧洲鸟卵标本的全光谱反射分析揭示了专性寄生现象，而这在人肉眼中是难以辨别的。

为子孙后代保存鸟卵标本

在采集鸟卵标本时，人们会在卵壳上钻一个小孔，并将卵壳内的物质从小孔中倒出。而卵壳中的内容物，即是卵黄、卵清及胚胎的混合物会被倒掉，或用于这一物种鸟卵中蛋白质、激素及维生素含量的研究。鸟卵在干燥后，将会被储存在黑暗、干燥而凉爽的地点。然而在经过这些处理后，卵壳内表面仍然附着着一些膜状结构。现代的分子生物学研究，能够获取

右图中展示的是恐鸟的骨架标本，照片在2013年拍摄于新西兰的奥克兰战争纪念博物馆（Auckland War Memorial Museum）。这件恐鸟标本和其他标本一道，展示了新西兰的灭绝鸟类，这些鸟类的头骨、骨骼及鸟卵尺寸各异。

并扩增孤立的 DNA，因此即使一枚鸟卵采集自 200 年前，科学家也可以提取卵壳内部膜结构中的 DNA 并将其作为基因分析的原材料。DNA 分析结果可以用于系统学及分类学研究，也可用于种群遗传学或保护遗传学的研究，还可以用于亲缘关系的研究。

鸟卵学：一门关于鸟卵的科学

鸟卵对科学探究还有其他一些贡献，其中有些甚至是在博物馆管理员或者收藏者即将把它们丢进垃圾桶之前发现的。人们在容器的底部发现了一些破碎的卵壳，它们可以提供一些完整卵壳提供不了的信息。利用这些鸟卵，可以研究鸟类当时所暴露的环境是怎样的状况，包括其中的有毒物质和重金属。奥塔哥博物馆（Otago Museum）中有一个深绿色的卵壳碎片标本，它属于高地恐鸟，采集自新西兰，人们认为这枚卵壳碎片曾被浸泡于硫酸之中。人们后来从这件标本中提取出了两种色素，即胆绿素及原卟啉，这两种色素也出现在现生鸟类的卵中，正是在这两种色素的作用下，卵壳才具有多种多样的颜色，而它们也被灭绝鸟类用来涂染卵壳。

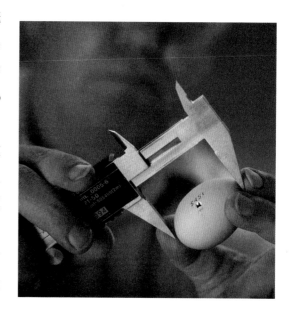

精心制作的鸟卵标本被很好地保存并保护于博物馆中。这些标本为科学研究提供了无价的数据，也激发了研究人员和普通人的灵感。

鸟卵研究展望

全世界有超过 10000 种鸟类，其中许多鸟种的卵仍没有被详细描述，它们只是被收集并收藏起来，之后将被用于与其他鸟卵的比较研究。鸟卵是鸟类生活史中一个重要的组成部分，人们收集到的鸟卵标本可以用来监测并研究鸟类是如何适应变化着的环境的，而这项工作需要持续进行。这样长期的科学研究持续至今，且仍将继续。

鸟卵博物馆

The Eggs

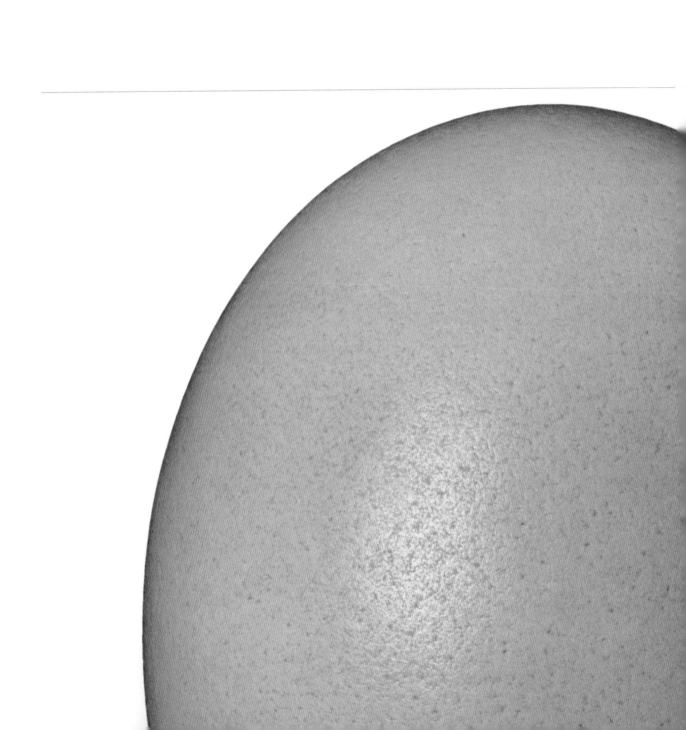

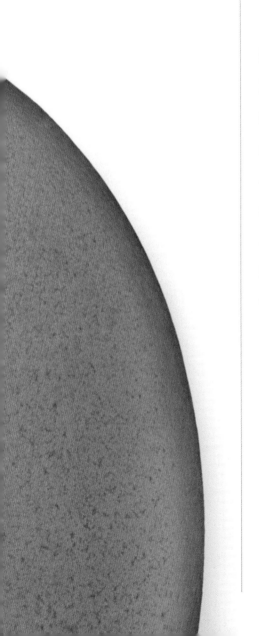

水　鸟
Water Birds

那些翱翔于大洋上空，以及生活在溪流、湖泊或沼泽周围的逐水而居的鸟类，在长期的演化过程中，逐渐与彼此分道扬镳。尽管这些鸟类的身体形状、喙部形状，以及卵的尺寸、颜色和图案都千差万别，但近来基于基因的研究却揭示出，不同类群水鸟的亲缘关系要比人们之前认为的近得多。野鸭和大雁这一类群与其他水鸟亲缘关系较远，企鹅、潜鸟、信天翁及其近亲却与鹳、鹱、鹭、鹈鹕、鸬鹚、鲣鸟及军舰鸟等具有较近的亲缘关系。另一处让人难以置信的是，火烈鸟与䴙䴘居然是与彼此亲缘关系最近的类群。水鸟还有很多种类，包括秧鸡、鹤（多栖息于沼泽中）以及鸻滨鸟（即鹬类，包括鹬、鸻、鸥、海鸥、贼鸥及水雉）。

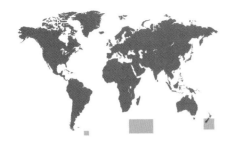

目	鹱形目
科	信天翁科
繁殖范围	南大洋，亚南极地区的群岛
繁殖生境	海岛边缘面朝大海的斜坡草地
巢的类型及巢址	大型地面巢，由泥和植物筑造
濒危等级	易危
标本编号	FMNH 2860

成鸟体长
107～135 cm

孵卵期
77 天

窝卵数
1 枚

36

漂泊信天翁
Diomedea exulans
Wandering Albatross
Procellariiformes

漂泊信天翁（Wandering Albatross），又被称作白翅信天翁或雪翅信天翁（Snowy-winged Albatross 或 White-winged Albatross），这种鸟的配偶关系为终身制。雌雄双方每两年繁殖一次，它们将巢筑于南半球那偏远的岛屿上，此处几乎可以躲避任何来自陆地的捕食者。漂泊信天翁集群繁殖，在壮观而松散的繁殖群中，巢与巢的间距近到可以看到彼此，却不能触及对方。

漂泊信天翁每窝仅产一枚卵，亲鸟对唯一的雏鸟的繁殖投入甚高，雏鸟每次会被亲鸟中的某一方照顾数周之久，而另一只亲鸟则外出为自己及雏鸟觅食。如果亲鸟没有死亡，这将是一种成功的策略。然而，商业性的放长线钓鱼（Longline Commercial Fishing）的方法常会勾住并淹死成鸟，[①]加之漂泊信天翁每窝仅产一枚卵，因此其种群数量在下降之后将难以迅速恢复。

实际尺寸

漂泊信天翁的卵形较长但两端均较为圆钝，其尺寸为 100 mm × 50 mm。卵表面点缀着稀疏而细小的斑点。在长达 11 周的孵化期内，亲鸟将每隔数天翻动一次鸟卵，而鸟卵也会在此过程中逐渐变脏。

---

① 译者注：这将进一步导致雏鸟死亡。

目	鹱形目
科	信天翁科
繁殖范围	北太平洋热带地区
繁殖生境	岛屿之上，面朝大海的沙滩，平地或高地
巢的类型及巢址	简单的地面坑巢
濒危等级	易危
标本编号	FMNH 4884

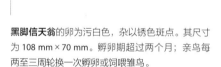

成鸟体长
64～74 cm

孵卵期
65 天

窝卵数
1 枚

黑脚信天翁
Diomedea nigripes
Black-footed Albatross
Procellariiformes

与大多数信天翁生活在温暖的亚南极地区不同的是，黑脚信天翁在赤道以北的热带地区生活和繁殖。黑脚信天翁的最大繁殖群位于莱桑岛，[①]该海岛向外延伸80 km 范围内为禁止采用长线钓鱼法捕鱼（Longline-fishing）的区域。这样一来，外出觅食的亲鸟就能够安全返回，并替换巢中正在孵化鸟卵或照顾雏鸟的伴侣。如果双亲中的一方死去，另一方为了继续孵卵，在弃巢外出觅食前，能够坚持7 周不吃不喝。

黑脚信天翁会在7 岁时开始繁殖（这对于鸟类来说是一个相当的时间），它们会在此时与异性结成配偶关系，并每两年繁殖一次。在偏远的岛屿上繁殖，虽然可以远离陆生捕食者，但繁殖失败仍然存在，恶劣的天气、突发的事故或食物的短缺，都会使黑脚信天翁的繁殖成功率显著降低，在栖息地退化及成鸟正常死亡的大背景下，这将使得黑脚信天翁的种群更易受到威胁。

黑脚信天翁的卵为污白色，杂以锈色斑点。其尺寸为108 mm×70 mm。孵卵期超过两个月；亲鸟每两至三周轮换一次孵卵或饲喂雏鸟。

实际尺寸

① 译者注：属于夏威夷群岛。

目	鹱形目
科	信天翁科
繁殖范围	北太平洋热带及温带地区
繁殖生境	偏远的海洋岛屿，大面积的开阔平地
巢的类型及巢址	短草地上的矮干草堆
濒危等级	易危
标本编号	FMNH 4887

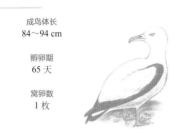

成鸟体长
84～94 cm

孵卵期
65 天

窝卵数
1 枚

38

短尾信天翁
Phoebastria albatrus
Short-tailed Albatross

Procellariiformes

短尾信天翁的卵为污白色，钝端分布着密集的红色斑点。卵的尺寸为 116 mm × 74 mm。在长达两个月的孵卵期内，亲鸟双方会轮流孵卵。

实际尺寸

　　无论是在海洋中漂泊还是在陆地上繁殖，即使十分偏远的地点，短尾信天翁也都时刻面临着威胁：被渔网缠住，被猎杀取羽，或被人为引入繁殖地的家猫袭击。除此之外，短尾信天翁一般 10 岁时才会开始繁殖，且每窝仅产一枚卵，因此在成鸟死亡或繁殖失败时，种群的增长将会变得相当缓慢。

　　对于大多数海鸟来说，在大洋深处的岛屿上繁殖是一个安全而成功的策略——除非这座岛屿刚好是一座活火山！短尾信天翁最大的两个繁殖群就位于日本鸟岛或称酉岛（Torishima Island）上。但好消息是岛上的短尾信天翁种群数量在持续增长（在过去 70 年间从不足 10 只个体增长至超过 2400 只个体）。最近，一对短尾信天翁甚至还出现在夏威夷的中途岛（Midway Island），并在那里繁殖。

目	鹱形目
科	信天翁科
繁殖范围	环南大洋
繁殖生境	亚南极岛屿，长有植被的峭壁边缘
巢的类型及巢址	地面上的泥土堆
濒危等级	近危
标本编号	FMNH 15004

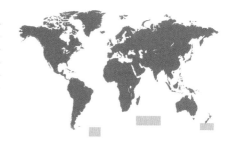

灰背信天翁
Phoebetria palpebrata
Light-mantled Albatross

Procellariiformes

成鸟体长	79～99 cm
孵卵期	65～72 天
窝卵数	1 枚

　　灰背信天翁又被称作灰翁信天翁或淡翁信天翁（Gray-mantled 或 Light-mantled Sooty Albatross），仅分布于南大洋地区，它们会尽可能地在靠近南极的地区繁殖。同其他种信天翁一样，灰背信天翁的配偶关系也为终身制。雌雄双方共同筑巢、孵卵、保卫巢域并喂养幼鸟。灰背信天翁单独或集小群筑巢，亲鸟双方每隔数周轮换一次，保护鸟卵或外出寻找食物。在雏鸟最终离巢初飞、独自在海洋中觅食之前的时刻，它们的体重将超过亲鸟。

　　如果巢中唯一的卵损坏或丢失，亲鸟当年则不会再次繁殖，而是等到明年。这导致了灰背信天翁种群增长速率十分缓慢，加之自然或人为原因导致的卵、雏鸟或成鸟数量减少速度的加快，人们开始重视灰背信天翁的保护工作。

灰背信天翁的卵为白色，具淡棕红色斑点，卵的尺寸为 107 mm × 67 mm。在经历了漫长的孵化期之后，雏鸟需花费数天的时间才能最终破壳而出。

实际尺寸

目	鹱形目
科	鹱科
繁殖范围	北大西洋及北太平洋
繁殖生境	偏远的岛屿，植被之下或地洞之中
巢的类型及巢址	地面巢，内覆以植被或树根，或多见于地洞、裂缝之中
濒危等级	无危
标本编号	FMNH 4942

成鸟体长
25～28 cm
孵卵期
42～46 天
窝卵数
1 枚

40

褐燕鹱
Bulweria bulwerii
Bulwer's Petrel
Procellariiformes

　　在开始繁殖后，鹱类具有强烈的归家冲动，它们会在日落后回到那位于孤岛上的繁殖地，在众多同类的巢中找到自己的鸟巢，并会在日出之前离开。它们通常利用敏锐的嗅觉来确定巢或配偶的位置，也借此寻找食物。在广阔的海洋中，它们甚至可以嗅出潜在猎物分泌的油状物散发出的刺鼻气味。褐燕鹱能借助那长而窄的翅膀紧贴着海面飞行，寻找浮游生物及海面上的其他食物。

　　褐燕鹱成鸟具有很强的巢址忠诚度，这意味着它们每年都能精确地返回到相同的地点，并在此期间与配偶不期而遇。褐燕鹱并不会掘坑筑巢，而是会将巢筑在岩石裂缝或坑洞中。亲鸟双方轮流孵卵并喂养雏鸟。

实际尺寸

褐燕鹱的卵为米黄色，洁净无瑕。卵呈椭圆形，其尺寸为 42 mm×30 mm。一些年轻而缺乏经验的成鸟会产两枚卵，但第一枚卵经常被移出鸟巢以确保另一枚卵能孵化。

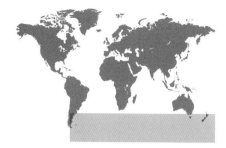

目	鹱形目
科	鹱科
繁殖范围	环南大洋地区
繁殖生境	偏远的亚南极海岛，海边的峭壁或平地上
巢的类型及巢址	集群繁殖，巢多见于岩石下方或岩缝，巢中具鹅卵石
濒危等级	无危
标本编号	FMNH 15009

花斑鹱
Daption capense
Cape Petrel

Procellariiformes

成鸟体长
38～41 cm
孵卵期
45 天
窝卵数
1 枚

41

花斑鹱，又被称作海角鸽或大西洋鹱（Cape Pigeon 或 Pintado Petrel），是数量最多的海鸟之一，分布于南太平洋地区，它们常跟随渔船或游轮飞行。花斑鹱那黑白交错的羽色十分特别，因此人们在很远的地方就能发现并识别出它们。花斑鹱倾向于与同种海燕集群活动或与异种海燕混群活动，这也是海面上一个令人难忘的壮观场景。

尽管花斑鹱体型较小，但它却与体型较大的信天翁具有较近的亲缘关系。与暴风鹱类似的是，当有捕食者接近时，花斑鹱也会从胃中呕喷出具有难闻气味的油状物来保卫鸟巢。花斑鹱的巢筑在大洋深处那些偏远的岛屿上，那里没有哺乳动物捕食者，它们的天敌主要为包括贼鸥在内的其他种海鸟。

花斑鹱的卵为白色，其尺寸为 53 mm × 38 mm。花斑鹱亲鸟双方轮流孵卵，但首先孵卵的往往是雄鸟，且雄鸟每次孵卵的天数较雌鸟要多一天，这或许是对产卵投入较多的雌鸟的一种补偿。

实际尺寸

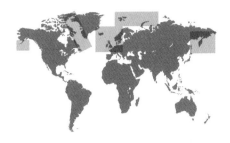

目	鹱形目
科	鹱科
繁殖范围	北大西洋及北太平洋的亚北极地区
繁殖生境	开阔的崖壁及建筑物屋顶
巢的类型及巢址	地面巢，多见于地面上的刨坑或植物堆
濒危等级	无危
标本编号	FMNH 770

成鸟体长
46～48 cm

孵卵期
50～54 天

窝卵数
1 枚

42

暴风鹱
Fulmarus glacialis
Northern Fulmar
Procellariiformes

暴风鹱，又被称作北极鹱（Arctic Fulmar），是北半球海洋中数量最多的鸟种之一。与大多数海鸟不同的是，其种群数量在最近两百年来经历了迅速的增长。时至今日，暴风鹱仍集松散的大群繁殖，它们将巢筑在远离大陆的海岛上那些难以到达的悬崖、峭壁或石台之上。但在人类定居地附近的暴风鹱，已经开始试着将巢筑在房檐等相对安全的位置。

暴风鹱的外表十分惹眼却令人困惑，因为这种鸟的体色具有从洁白到深灰的数个色型。从基因水平来看，色型上的差异与参与黑色素合成的基因差异有关。

暴风鹱的卵为白色，无杂斑，其尺寸为 74 mm×51 mm。亲鸟双方轮流孵卵，其中一方会在卵孵化后的两周内寸步不离，以保证雏鸟的安全。

实际尺寸

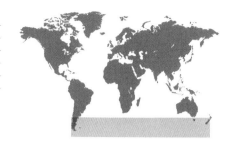

目	鹱形目
科	鹱科
繁殖范围	南大洋，从南极洲至南半球孤立的岛屿
繁殖生境	集松散的繁殖群，海岛的悬崖、平原及岸边附近
巢的类型及巢址	地面巢，由海草及草叶堆积而成
濒危等级	无危
标本编号	FMNH 4910

成鸟体长
86～99 cm
孵卵期
55～66 天
窝卵数
1 枚

43

巨鹱
Macronectes giganteus
Antarctic Giant Petrel

Procellariiformes

从体型上看，巨鹱是海燕科鸟类中最大的一种，这正如它的名字暗示的那样。巨鹱与信天翁具有相似的生活史特征：它们都拥有较长的寿命，都能在确定配偶关系并繁殖之前将性成熟年龄推延至 7 岁，它们还拥有比其他鸟类更长的亲代照料时间：即从孵化开始，到出飞为止。亲鸟中总会有一方在照顾鸟卵，这不但可以保持卵的温暖，还能使其避免遭到其他种海燕及贼鸥在内的巢捕食者的袭击。

虽然巨鹱的外表通常为浅灰色到深灰色，但其捕食策略却会导致它们的头变成鲜红色，这是因为巨鹱在取食死亡的海豹或鲸鱼后，头部羽毛会沾满血液，之后它们会站在岸边清洗头部，头部的血水则会呈现出鲜红色。巨鹱亲鸟不会将一些人为引入的哺乳动物，例如小型啮齿动物，当作雏鸟的潜在捕食者，但实际上这些哺乳动物却能对巨鹱的种群数量造成沉重的打击。

巨鹱的卵很大，其尺寸为 103 mm × 70 mm，外表为白色，无杂斑。巨鹱会在巢内垫以干燥或腐烂的海草，鸟卵就产于其上，经过大约两个月的孵化，卵壳会逐渐变脏。

实际尺寸

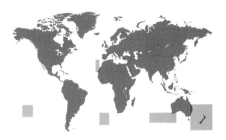

目	鹱形目
科	鹱科
繁殖范围	南大洋温带地区及大西洋温带地区
繁殖生境	大洋中孤立的岛屿
巢的类型及巢址	草丛中或岩石间的缝隙里
濒危等级	无危
标本编号	FMNH 15006

成鸟体长
25～30 cm

孵卵期
52～58 天

窝卵数
1 枚

44

小鹱
Puffinus assimilis
Little Shearwater

Procellariiformes

小鹱的卵为洁白色，其尺寸为 51 mm×35 mm。卵易被外来入侵物种捕食，其天敌包括乘轮船而来并游上海岛的鼠类及其他哺乳动物。

小鹱是体型最小的鹱形目鸟类，它们会与同类在海上度过一生中的大部分时间，并在远离大陆的海岛上集群繁殖。小鹱很少鸣叫，只有在着陆后、向着地面巢行进时才会发出鸣声。在非繁殖季，集群的小鹱的活动范围将遍布全球的热带及亚热带海域。

亲鸟双方轮流孵卵并照顾幼鸟。尽管小鹱的体型为鹱形目中的最小者，但接近两个月长的孵卵期，以及雏鸟出飞前那超过两个月的育雏期，却与大型海鸟十分相似。一旦小鹱的繁殖结束，它们那些筑于地面的巢将会为其他鹱形目海鸟或贼鸥所利用，并开始新一轮的筑巢、繁殖。

实际尺寸

目	鹱形目
科	海燕科
繁殖范围	北大西洋及地中海西部
繁殖生境	远离大陆的偏远岛屿
巢的类型及巢址	面对或邻近大海的地面洞穴或岩缝中
濒危等级	无危
标本编号	FMNH 7977

暴风海燕
Hydrobates pelagicus
European Storm-Petrel
Procellariiformes

成鸟体长	15～16 cm
孵卵期	38～50 天
窝卵数	1 枚

45

在繁殖季，暴风海燕为严格的夜行性鸟类。它们集群在欧洲沿岸繁殖，并会迁徙至南非越冬。在海上飞翔时，暴风海燕与家燕或蝙蝠的体型大小及形状轮廓相仿，它们会在海面上盘旋，当发现小型甲壳动物或小鱼时便会突然降落到海面上猎食。

与其他种亲缘关系较近的海燕类似的是，暴风海燕每窝也仅产一枚卵，孵卵期也约为两个月。雏鸟以亲鸟反刍出的高能量的油状物为食，但一次进食之后，往往要等上数日才能等到另一方亲鸟返回喂食。

实际尺寸

暴风海燕的卵为白色，其尺寸为 28 mm×21 mm。亲鸟双方轮流孵卵，每次 4～7 天，这对于体型较小的暴风海燕来说实在是一种令人钦佩的行为。

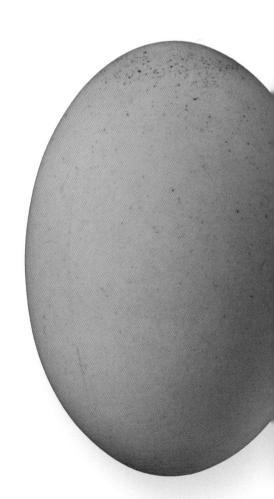

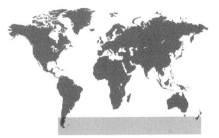

目	鹱形目
科	海燕科
繁殖范围	南极洲沿岸及亚南极岛屿
繁殖生境	海岸、石滩或草地
巢的类型及巢址	海边的岩缝及地洞
濒危等级	无危
标本编号	FMNH 21223

成鸟体长 16～19 cm	
孵卵期 40～50 天	
窝卵数 1 枚	

46

黄蹼洋海燕
Oceanites oceanicus
Wilson's Storm-petrel
Procellariiformes

与其他海燕不同的是，黄蹼洋海燕飞行时鼓翼频率更低，而且飞行路径更直。在非繁殖季，这种鸟为典型的远洋鸟类，它们会在北大西洋及太平洋活动；而到了繁殖季，它们则主要在南极洲的海岸及附近的岛屿上繁殖。

黄蹼洋海燕的腿部肌肉不发达，因此它们在陆地上行走十分困难，所以这种鸟常在面朝大海的峭壁上集大群繁殖。暮春时节的暴风雪会使亲鸟难以接近或离开鸟巢，这有可能导致繁殖失败。亲鸟不会在光天化日之下或月朗星稀之时返回鸟巢，这样可以避免引来大型捕食性鸟类攻击卵、雏鸟或自己；只有在月黑风高的夜晚，亲鸟才会利用敏锐的嗅觉导航返回巢区并定位到鸟巢、配偶及雏鸟。

实际尺寸

黄蹼洋海燕的卵为白色，钝端密集分布着大量红色斑点。卵的尺寸为 33 mm×24 mm。在亲鸟离巢而外温较低的情况下，卵中的胚胎最多能坚持两天而不会死亡。

目	鹱形目
科	海燕科
繁殖范围	北太平洋
繁殖生境	岛屿上的岩石悬崖及岸边草地
巢的类型及巢址	地面洞巢，多见于石缝或树根部的裂缝
濒危等级	无危
标本编号	FMNH 4961

灰蓝叉尾海燕
Oceanodroma furcata
Fork-tailed Storm-petrel

Procellariiformes

成鸟体长
20～23 cm

孵卵期
43～57 天

窝卵数
1 枚

　　同其他海燕一样，灰蓝叉尾海燕每窝也仅产一枚卵；但与其近亲不同的是，在鸟卵丢失后，80% 的雌鸟会进行补产，虽然第二或第三枚卵要比首枚卵更小。雏鸟的存活率因卵的大小而异，因此那些非首枚卵孵出的雏鸟的存活率通常较低。

　　在北方那寒冷的繁殖地，当暴风雨来临时，弃巢或长时间凉卵而不孵的情况十分普遍。但实际上，有些卵在亲鸟离开而长期无外温保暖的情况下仍能成功孵化。曾有一枚鸟卵连续 7 天未被孵育，总共未被孵育的时间长达 4 周，即使这样，这枚鸟卵最终还是孵化了。

实际尺寸

灰蓝叉尾海燕的卵为白色，钝端环绕以棕红色斑点。卵的尺寸为 35 mm × 25 mm。卵孵化所需的温度为 7°C，这比其他鸟类都要低。

目	企鹅目
科	企鹅科
繁殖范围	澳大利亚南部、新西兰及其离岛
繁殖生境	沙滩及岩石海岸，但偶尔也会在离岸边数百米的森林或城市公园中
巢的类型及巢址	地面巢，多见于岩石缝隙中或茂密的灌丛中
濒危等级	无危
标本编号	FMNH 2862

成鸟体长
40～43 cm

孵卵期
40～42 天

窝卵数
2 枚

48

小企鹅
Eudyptula minor
Little Penguin

Sphenisciformes

窝卵数

小企鹅的卵为米黄色，但在孵化过程中会很快变脏。卵尺寸为 56 mm×42 mm。两枚卵在 2 ～ 7 天内先后产出，卵为异步孵化，这将造成雏鸟体型大小和等级的差别。

小企鹅是体型最小的企鹅，广泛分布于澳大利亚和新西兰，当地人又把它们称作精灵企鹅或小蓝企鹅（Fairy Penguin 或 Little Blue Penguin）。小企鹅能够与人类共享一片土地，它们会在海边城镇的公园中繁殖。幸运的是，小企鹅总是在夜晚离巢或归巢，因此人类社会的交通对它们造成的影响，要比在白天活动小得多。

小企鹅因体型娇小而易受到捕食者的袭击，其天敌包括狐、犬及猫等被欧洲人引入到其繁殖地售卖的哺乳动物。但由于一些人类还不曾知晓的原因，即使在某些没有哺乳动物捕食者分布的小岛上，许多小企鹅的种群数量也在急剧下降，另一些岛屿上的种群甚至完全消失。与许多其他海鸟不同的是，小企鹅每个繁殖季可以繁殖两次甚至多次，这将有利于其种群数量的恢复。

实际尺寸

目	企鹅目
科	企鹅科
繁殖范围	南大洋偏远的岛屿
繁殖生境	海边的泥地或石滩
巢的类型及巢址	无巢，卵会被放置于双脚之上的育儿袋中
濒危等级	无危
标本编号	WFVZ 148139

| 成鸟体长 90～94 cm |
| 孵卵期 55 天 |
| 窝卵数 1 枚 |

王企鹅
Aptenodytes patagonicus
King Penguin

Sphenisciformes

王企鹅为体型第二大的企鹅，仅次于分布于南极洲的帝企鹅。求偶时，那些面部羽毛颜色更鲜艳的个体往往具有更高的成功率。王企鹅会通过观察其他个体面部及颈部的羽毛，在数十万至数百万的大群中找到配偶。

王企鹅的繁殖周期差异较大。在典型的春－夏－秋循环中，卵在早春时节产下，而在秋天到来时，雏鸟的体重将达到成鸟的 90%，此时繁殖季则会结束，雏鸟也与亲鸟分开；但如果卵在暮春产下，繁殖周期则会长达 14 个月，这在所有鸟类的繁殖时间中是最长的。当雏鸟满月后，亲鸟会将雏鸟送到"幼儿园"中，并由少数几只成鸟照料，而其他成鸟则会外出捕鱼，为雏鸟的下一餐做准备。

实际尺寸

王企鹅的卵呈梨形，为洁白色或淡绿色。刚产出时卵壳较为柔软，但会迅速硬化。卵的尺寸为 100 mm × 70 mm。亲鸟双方每隔 6 ～ 18 天轮换一次，要么将卵移交给配偶下海觅食，要么将卵放在"育儿袋"内继续孵化。

49

目	企鹅目
科	企鹅科
繁殖范围	非洲南部海岸及岛屿
繁殖生境	海边的草地，盖满粪便的土及石滩
巢的类型及巢址	地面巢，多见于岩缝中、植被或人类建筑之下
濒危等级	濒危
标本编号	FMNH 20535

成鸟体长
60～70 cm

孵卵期
40 天

窝卵数
2 枚

南非企鹅
Spheniscus demersus
Jackass Penguin

Sphenisciformes

窝卵数

南非企鹅又被称作非洲企鹅或黑足企鹅（African Penguin 或 Black-footed Penguin），是唯一一种分布于非洲大陆最南端的企鹅，也是除加拉帕戈斯企鹅外，繁殖地最靠北的企鹅。它们通常会将卵产在远离大陆的海岛的沙滩上，但现如今有些也会将巢筑在人类定居点附近，包括著名的罗宾岛（Robben Island），纳尔逊·曼德拉（Nelson Mandela）曾在岛上的监狱里被关押十余年时间。

19 世纪，人们曾在岛上挖掘那堆积如山的鸟类粪便，并将它们用作肥料，因此今天许多南非企鹅不得不在松散的沙土地上筑巢。但沙滩上过热的温度、泛滥的海水和沙土的坍塌都会造成卵的死亡，这也属于某种形式的栖息地丧失，也将导致南非企鹅这种非洲唯一的企鹅面临种群数量下降的危险。

南非企鹅的卵为白色，其尺寸为 72 mm × 56 mm。人们一直将企鹅卵视作美味；时至今日，即使在一些保护地中，很多卵也会被人类取走食用。

实际尺寸

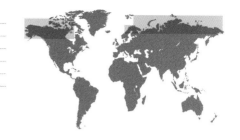

目	潜鸟目
科	潜鸟科
繁殖范围	北极及亚北极太平洋沿岸，挪威沿岸
繁殖生境	湿地，植被茂密的湖岸
巢的类型及巢址	大型地面巢，由泥土及植被堆积而成，鸟巢距离湖面仅几步之遥
濒危等级	近危
标本编号	FMNH 4081

黄嘴潜鸟
Gavia adamsii
Yellow-billed Loon

Gaviiformes

成鸟体长
80～90 cm

孵卵期
27～29 天

窝卵数
2 枚

51

黄嘴潜鸟是所有潜鸟中体型最大、体重最重的一种。它们是捕鱼的好手，能够为此下潜至很深的深度［因此在英国它们又被称作白嘴潜鸟（White-billed Diver）］[1]，它们也会捕捉小型昆虫和甲壳动物，特别是在育雏期。雏鸟孵化后，亲鸟会带着它们离开鸟巢，但在此后的数周时间里，雏鸟仍需要依靠亲鸟的帮助才能存活。

说到潜鸟，最著名的或许还是它那哭泣似的鸣唱。在其位于北极圈内的繁殖地内，整个繁殖季的白天都能听到雌雄双方的对鸣。这样的对鸣不但有助于配偶彼此之间的交流，还能够驱赶闯入其繁殖地的入侵者。高质量的湖泊栖息地相对较深，但这里的水位比较稳定，鱼类资源也更丰富，这有助于提高繁殖的成功率。潜鸟也会将巢年复一年地筑在这样的湖岸之上。

窝卵数

黄嘴潜鸟的卵为长椭圆形，其尺寸为 89 mm × 55 mm。卵呈淡棕紫色，其上杂以深色圆形斑点。当亲鸟双方换班而将简陋的篮状巢中的卵暴露在外时，这样的外表易于隐蔽于周围的泥土及植被中。

---

① 译者注：diver 直译为潜水者，意指潜鸟擅于潜水。

实际尺寸

目	潜鸟目
科	潜鸟科
繁殖范围	北美大陆及北大西洋岛屿
繁殖生境	湖岸，倾向于在小岛上筑巢
巢的类型及巢址	有树枝、草叶、芦苇及干草堆积成的体积庞大的地面巢
濒危等级	无危
标本编号	FMNH 4074

成鸟体长
66～91 cm

孵卵期
28～30 天

窝卵数
2 枚

52

普通潜鸟
Gavia immer
Common Loon

Gaviiformes

窝卵数

虽然潜鸟在水中行动敏捷，但在陆地上却行动缓慢且十分笨拙。普通潜鸟常将巢筑在湖中小岛上，以使自己和卵远离陆地捕食者的威胁。虽然如此，很多巢还是被游过来的北极狐、浣熊，或是从天而降的海鸥和贼鸥等鸟类捕食者毁掉。

普通潜鸟具有极强的领域性，它们会驱赶繁殖湖区领域之内的所有同类。在雏鸟破壳后一天之内，就能够自己游泳活动了，但在它们成为高效的"捕鱼达人"之前，仍需要父母喂以较小的食物。两枚卵会在 24 小时内相继孵化，雏鸟会迅速建立基于年龄和体型差异的等级关系。在食物资源不够充足、亲鸟无法将两只雏鸟都喂饱的年份里，只有"老大"才能够存活下来。

普通潜鸟的卵为棕绿色，其上遍布斑点。卵的尺寸为 87 mm × 55 mm。亲鸟双方轮流孵卵，每次孵卵时间不超过 24 小时。雏鸟孵化后，会随亲鸟一起离开鸟巢。

实际尺寸

目	潜鸟目
科	潜鸟科
繁殖范围	欧亚大陆北极地区，阿拉斯加西部也有一个规模较小的种群
繁殖生境	苔原及针叶林中孤立的淡水湖泊
巢的类型及巢址	地面巢，多见于湖边，由植物茎叶和树棍堆积而成
濒危等级	无危
标本编号	FMNH 4085

成鸟体长
58～74 cm

孵卵期
27～29 天

窝卵数
2 枚

黑喉潜鸟
Gavia arctica
Arctic Loon

Gaviiformes

窝卵数

这一物种首先被卡尔·林奈描述并定名。后来的科学家基于基因及形态学的特征将黑喉潜鸟划分成两个物种（黑喉潜鸟和太平洋潜鸟，后者详见 54 页）。尽管如此，"新的"黑喉潜鸟仍具有十分广泛的繁殖范围，且具有数量庞大的繁殖种群。虽然一些地区的种群数量正在下降，但就全世界范围来看，黑喉潜鸟的保护状况仍处于无危级。

作为一种迁徙性较强的鸟类，黑喉潜鸟常集大群越冬，但在遥远的北方繁殖地，每个繁殖对却与其他繁殖对保持很远的距离。当离开越冬地时，成鸟就开始脱掉非繁殖羽；而当抵达其繁殖地时，它们就已换上完整的繁殖羽。黑喉潜鸟的领域往往以较深的湖泊为中心，雌雄双方会合力保卫其领域，还会一起孵卵、照顾幼鸟。黑喉潜鸟的幼鸟出生时就可以自由活动，但仍需亲鸟照顾数周时间。

黑喉潜鸟的卵为棕绿色，周身遍布深色斑点，这种易于伪装的配色使其能够安全地躲过海鸥和鹰等空中猎手的目光。卵的尺寸为 76 mm×47 mm。

实际尺寸

目	潜鸟目
科	潜鸟科
繁殖范围	北美洲的阿拉斯基、加拿大及西伯利亚东部地区
繁殖生境	苔原地带深水湖泊的岸边和小岛
巢的类型及巢址	地面巢，由植物堆积形成，距水面只有几步的距离
濒危等级	无危
标本编号	FMNH 4090

成鸟体长
58～74 cm

孵卵期
23～25 天

窝卵数
1～2 枚

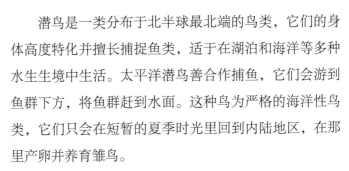

太平洋潜鸟
Gavia pacifica
Pacific Loon

Gaviiformes

54

窝卵数

潜鸟是一类分布于北半球最北端的鸟类，它们的身体高度特化并擅长捕捉鱼类，适于在湖泊和海洋等多种水生生境中生活。太平洋潜鸟善合作捕鱼，它们会游到鱼群下方，将鱼群赶到水面。这种鸟为严格的海洋性鸟类，它们只会在短暂的夏季时光里回到内陆地区，在那里产卵并养育雏鸟。

对潜鸟来说，把巢筑在水边是一件十分有必要的事情，因为它们的双脚位于身体后方，连走路都十分吃力，更不用说在陆地上直接蹬地起飞了。因此它们需要在开阔的水域经过助跑加速才能起飞。潜鸟的巢不但是盛放卵的地方，还是雏鸟的庇护所。白天雏鸟常和亲鸟一起活动，而傍晚则会一同返回鸟巢。

太平洋潜鸟的卵为浅棕色或绿色，其上杂以形状多变、尺寸各异的棕色斑点。卵的尺寸为 76 mm × 47 mm。虽然太平洋潜鸟的卵往往前后间隔数天产下，但它们总会在一天之内孵化。

实际尺寸

目	鹤形目
科	秧鸡科
繁殖范围	中美洲及南美洲
繁殖生境	潮湿的低地森林、沼泽及红树林
巢的类型及巢址	多见于距地面 1～3 m 高的横枝或灌丛中，由细枝和树叶搭建而成
濒危等级	无危
标本编号	FMNH 2382

成鸟体长
37～41 cm
孵卵期
20 天
窝卵数
3～7 枚，通常为 5 枚

55

灰颈林秧鸡
Aramides cajaneus
Gray-necked Wood-Rail
Gruiformes

　　灰颈林秧鸡的配偶关系能长期维持，它们通常会连续数年在森林或沼泽的同一片区域筑巢。与其他秧鸡和骨顶（详见第 57 页）不同的是，灰颈林秧鸡在树上栖息，就像它的名字暗示的那样。白天，它们会在树枝上休息，而到了夜晚，它们则开始捕食。当灰颈林秧鸡捕食的时候，会自私地将配偶晾在一边，独自寻找无脊椎动物或小型脊椎动物。

　　作为具有奉献精神的父母，雌雄双方会相互合作，每一方都会卧在巢上孵卵很长时间（长达 6 ～ 8 个小时）。雏鸟孵化后会继续在巢中待上几天，在此期间，它们会由亲鸟保温并提供保护。在亲鸟对鸣之后，它们会随着一起离开。

窝卵数

灰颈林秧鸡的卵为椭圆形，呈白色，钝端杂以密集的棕色斑点。卵的尺寸为 52 mm × 36 mm。为了帮助雌鸟积攒能量，雄鸟从开始筑巢之前就会向雌鸟递喂食物。

实际尺寸

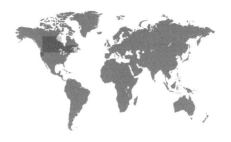

目	鹤形目
科	秧鸡科
繁殖范围	北美洲
繁殖生境	湿润的草甸及莎草沼泽
巢的类型及巢址	地面巢，由草和树叶编织，其上覆以干燥植物做成的顶盖
濒危等级	无危
标本编号	FMNH 5621

成鸟体长
15～18 cm

孵卵期
16～18 天

窝卵数
5～10 枚

北美花田鸡
Coturnicops noveboracensis
Yellow Rail

Gruiformes

窝卵数

这种田鸡分布于北美洲，它们常在夜晚活动、鸣叫。北美花田鸡善于借助其极具伪装色彩的羽衣躲避天敌，而不是依靠逃跑确保安全。它们会在地处南方的大西洋和墨西哥湾附近的沼泽或被淹没的田间过冬，而在北方的繁殖地寻找配偶。

虽然巢址位于雄鸟的活动范围之内，但它们却不会尽过多的义务。与之相对应的是，雌鸟会用茎叶在巢上加以顶盖，以遮挡捕食者的目光。如果顶盖被破坏，雌鸟会覆以更多的干叶将其替代。在雏鸟孵化后，一些雌鸟会将卵壳压碎，并将其挤到鸟巢的缝隙中，以便从外面看不到它们的存在；另一些雌鸟则会沿着小径将卵壳远远地推到巢外。

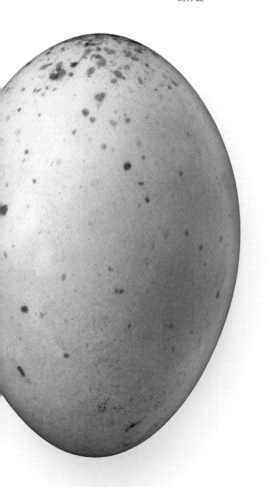

实际尺寸

北美花田鸡的卵为细长的椭圆形，其尺寸为 29 mm × 21 mm。卵为白色，一端有较大的红色斑点聚集成环，其余部分杂以细小的黑色斑点。如果第一窝卵为捕食者所破坏，雌鸟则会再补产几枚卵。

目	鹤形目
科	秧鸡科
繁殖范围	北美洲、中美洲及加勒比地区
繁殖生境	沼泽、水库、湖泊及城市公园
巢的类型及巢址	由干植物筑成的水面浮巢，由芦苇或香蒲的茎固定
濒危等级	无危
标本编号	FMNH 5661

美洲骨顶
Fulica americana
American Coot

Gruiformes

成鸟体长
40 cm

孵卵期
23～25 天

窝卵数
8～12 枚

57

美洲骨顶亲鸟的繁殖可谓压力山大：雌鸟会产下多枚鸟卵，而雏鸟又无法自己觅食，因此雏鸟会向亲鸟发出乞食鸣声，并用头部鲜红的皮肤吸引亲鸟的目光，以得到亲鸟捕捉的小型水生昆虫。亲鸟会逐渐地区别对待雏鸟，甚至会攻击相对不健康或活力不强的个体，仅保留 2 ～ 3 只体型最大、最强壮的雏鸟存活下来。

为了避免过多的亲代投入，一些亲鸟会将卵产到其他美洲骨顶的巢中，这样可以减少繁殖时在时间和精力上的投入。作为应对策略，孵卵的美洲骨顶会寻找巢中与自己产下的卵看起来不同的卵，并将它们推到巢的边缘，边缘的卵在孵化过程中只能得到更少的热量，因此不那么容易孵化。

窝卵数

实际尺寸

美洲骨顶的卵为浅黄色或苍灰色，杂以较大的黑色斑点。卵的尺寸为 50 mm × 30 mm。一只雌鸟产下的卵具有相同的斑纹，因此它们能识别出自己的卵，并将寄生卵弃于巢外。

目	鹤形目
科	秧鸡科
繁殖范围	小种群零星地分布于北美洲及加勒比地区，以及南美洲的太平洋沿岸地区
繁殖生境	浅水或盐碱沼泽
巢的类型及巢址	地面巢，位于茂密的沼泽植被或被淹没的草地中
濒危等级	近危
标本编号	FMNH 2993

成鸟体长
10～15 cm

孵卵期
16～20 天

窝卵数
6～8 枚

58

黑田鸡
Laterallus jamaicensis
Black Rail

Gruiformes

窝卵数

黑田鸡是北美洲体型最小的田鸡，其大小与麻雀相仿。这种田鸡只在夜晚活动、鸣叫。它们的行踪隐秘而数量稀少，其种群数量正在持续下降，最重要的原因或许是栖息地的破坏。人们对于黑田鸡的迁徙模式、繁殖生物学及社会行为学等方面知之甚少。黑田鸡在繁殖季具有领域性，一些雄鸟会与两只或多只雌鸟交配，这样的婚配制度被称作"一雄多雌制"。

黑田鸡会用植物编织一个松散的碗状巢，而巢则隐蔽于用沼泽植物茎叶编织的顶盖之下。毛茸茸的雏鸟为早成性，在破壳而出后的一天之内，它们就能行走或游泳了。

实际尺寸

黑田鸡的卵为近球形，乳白色的背景上杂以细小的深红色斑点。卵的尺寸为 23 mm×17 mm。黑田鸡亲鸟双方会轮流孵化鸟卵，每次孵卵约 1 小时，但对于该物种繁殖强度及亲代照料的准确持续时间，人们却知之甚少。

目	鹤形目
科	秧鸡科
繁殖范围	南美洲热带及亚热带地区
繁殖生境	草地、沼泽及荒废的农田
巢的类型及巢址	地面巢，多见于草地上丛生的植被中，上有草叶掩盖
濒危等级	无危
标本编号	FMNH 3486

成鸟体长
18～20 cm
孵卵期
24 天
窝卵数
3～7 枚

彩喙秧鸡
Neocrex erythrops
Paint-billed Crake

Gruiformes

59

彩喙秧鸡体型较小、羽色靓丽，这种鸟因喙色鲜红而得名。然而，彩喙秧鸡在夜间最为活跃，因此难觅其踪。关于其行为和繁殖的记录也十分稀少，例如，关于其雏鸟，即关于繁殖的第一笔记录，在整个中美洲地区，直至 1999 年才在哥斯达黎加出现。

彩喙秧鸡具有领域性，只有当雄鸟进行炫耀展示时，它们才会走出平日里赖以隐蔽的茂密植被。关于这种鸟繁殖的其他细节更是知之甚少。在繁殖季，亲鸟会稳稳地卧于巢中，依靠其隐蔽的外表避免被捕食者发现。

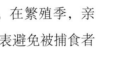

窝卵数

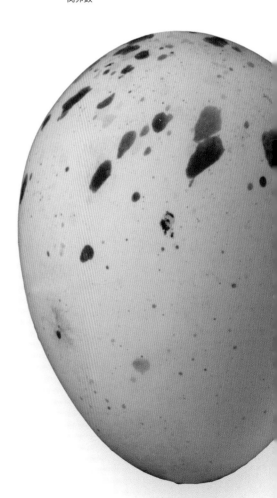

实际尺寸

彩喙秧鸡的卵为浅黄色，钝端杂以大块红色斑点。卵的尺寸为 28 mm × 21 mm。亲鸟会十分尽职尽责地保护鸟卵的安全，当人们仅距鸟巢一步之遥时才会将亲鸟惊飞。

目	鹤形目
科	秧鸡科
繁殖范围	北美洲温带地区
繁殖生境	沼泽及其他湿地
巢的类型及巢址	由芦苇、草叶及树叶编织成的杯状巢，多见于水边
濒危等级	无危
标本编号	FMNH 5619

成鸟体长
20～25 cm

孵卵期
19 天

窝卵数
8～13 枚

60

黑脸秧鸡
Porzana Carolina
Sora

Gruiformes

窝卵数

黑脸秧鸡常在茂密的沼泽植被中悄悄溜过，人们只闻其声而难觅其踪，但它们却是北美洲分布最广泛且最为常见的秧鸡。最近几十年来，黑脸秧鸡的种群数量逐渐下降，这是因为它们赖以生存的低干扰强度的湿地生境正在大面积丧失。

黑脸秧鸡雌鸟会将一些植物堆在巢的上方，并将此作为保护性的顶盖。巢的附近常具一条通向外界的通道。亲鸟常在第三枚卵产下后开始孵卵。毛茸茸的雏鸟为早成性，在孵出的一天之内，它们就能够行走或游泳了。但由于卵为异步孵化，即在几天内先后孵出，因此体型和年龄的大小，以及等级序列的差别在雏鸟中都十分明显，故而较早孵化的雏鸟具有更高的成活率。

实际尺寸

黑脸秧鸡的卵光滑而富有光泽，为棕色至橄榄黄色，杂以稀疏的栗色斑点。卵的尺寸为 31 mm × 22 mm。卵会在几天的时间里连续产下，因此与窝卵数较小的巢相比，那些窝卵数较大者通常在一周之内也还能达不到满窝卵。

目	鹤形目
科	秧鸡科
繁殖范围	北美洲东部海岸
繁殖生境	淡水、盐水沼泽及稻田
巢的类型及巢址	由草叶、莎草堆成，略高于水面
濒危等级	无危
标本编号	FMNH 5567

王秧鸡
Rallus elegans
King Rail
Gruiformes

成鸟体长
38～48 cm

孵卵期
21～23 天

窝卵数
6～14 枚

61

在北美洲，体型较小的秧鸡常在夜晚活动，而体型较大的秧鸡则常在白天觅食。王秧鸡在浅水附近活动，寻泥土中的水生无脊椎动物。王秧鸡北方种群的数量正受到栖息地丧失的严重影响而逐渐下降；而分布于南方的种群，因得益于淡水及咸水沼泽的庇护，其数量十分硕大而欣欣向荣。

王秧鸡的卵由雌雄双方轮流孵化，雏鸟孵出时就已被覆羽毛，并能够离巢活动。然而此时的雏鸟尚无法独自觅食，它们会依靠双亲抚养至多6周之久，在此期间，亲鸟会以嘴对嘴的方式，将小型节肢动物递喂给雏鸟。

窝卵数

实际尺寸

王秧鸡的卵为淡黄褐色，杂以棕色斑点。卵的尺寸为 41 mm × 30 mm。巢常具一个由植物搭建的顶盖，这可使卵能躲避天敌搜寻猎物的目光。

目	鹤形目
科	秧鸡科
繁殖范围	横贯北美洲东西海岸
繁殖生境	淡水沼泽
巢的类型及巢址	倒伏的植物及干叶，通常远离水边
濒危等级	无危
标本编号	FMNH 5610

成鸟体长	22～27 cm
孵卵期	20～22 天
窝卵数	4～13 枚

62

弗吉尼亚秧鸡
Rallus limicola
Virginia Rail
Gruiformes

窝卵数

弗吉尼亚秧鸡的分布范围十分广泛，它们的行踪隐秘而性情机警，这使得它们能够很好地躲避潜在捕食者。这种秧鸡会以一种特别的方式躲避天敌的目光：它们会将自己侧扁的身体挤进茂密的沼泽植被中，甚至不去偷看天敌。弗吉尼亚秧鸡额头上的皮肤十分耐磨，这使得它们可以忍受植物茎叶带来的持续刮擦。弗吉尼亚秧鸡在很大程度上依靠其强壮的腿部肌肉逃离危险，其后肢肌肉与前肢肌肉的比例在所有鸟中为最大者。当在水中受到惊扰时，它们也会用翅膀驱动着身体游泳甚至是潜水逃离危险。

雌雄双方在繁殖方面都表现得谨小慎微：它们会在巢的上方加盖遮挡，甚至会在繁殖地内搭建一个假巢来蒙蔽潜在捕食者。假如这些办法都不起作用，当卵或雏鸟即将面临近在咫尺的威胁时，亲鸟会向捕食者发起主动进攻，以确保子代的安全。

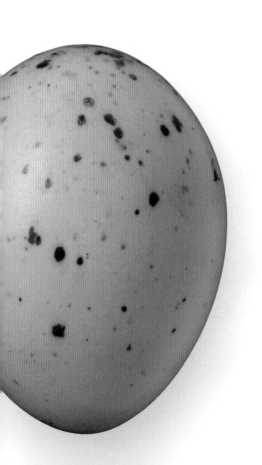

弗吉尼亚秧鸡的卵为白色或浅黄色，杂以稀疏的灰色或棕色斑点。卵的尺寸为 32 mm × 24 mm。在卵产下后，雌雄双方会轮换着孵卵；在此过程中，亲鸟还会持续地添加巢材，使巢隐蔽起来而得到保护。

实际尺寸

目	鹤形目
科	秧鸡科
繁殖范围	北美洲、加勒比及南美洲沿岸地区
繁殖生境	咸水沼泽及潮汐沼泽
巢的类型及巢址	地面巢，由树枝和其他植物筑成，多见于草丛中
濒危等级	无危
标本编号	FMNH 5604

长嘴秧鸡
Rallus longirostris
Clapper Rail

Gruiformes

成鸟体长
32～41 cm

孵卵期
20～23 天

窝卵数
7～10 枚

63

虽然长嘴秧鸡的分布范围广泛且种群数量庞大，但在一些地区，特别是人口稠密的海岸地区，由于湿地生境的丧失，这种沼泽生存能手的数量却十分稀少甚至十分濒危。因分布范围广泛，不同地区的留居型也不尽相同，一些地区的长嘴秧鸡为候鸟，而另一些地区则为留鸟（热带地区）。某些种群，包括某些小种群和濒危种群，在基因和形态上都与其他种群存在差异，因此对它们是否应该被划分成独立的物种仍尚存疑虑。

无论雌鸟还是雄鸟，无论是孵卵还是育雏，亲代照料成本都十分高昂；因此在繁殖过程中，如果雌雄双方中的一方死亡，繁殖成功将化为泡影。

窝卵数

长嘴秧鸡的卵为乳白色，杂以不规则的棕紫色斑点。卵的尺寸为 44 mm×31 mm。在亲鸟换班孵卵的短暂间隙，鸟卵那隐蔽的色彩将为它们提供保护。

实际尺寸

目	鹤形目
科	鹤科
繁殖范围	亚洲中部的温带地区，西起黑海、冬至蒙古，以及非洲北部的阿特拉斯山脉地区
繁殖生境	草原，多在河流或溪流旁
巢的类型及巢址	地面巢，刨坑中杂以高草
濒危等级	无危
标本编号	FMNH 21459

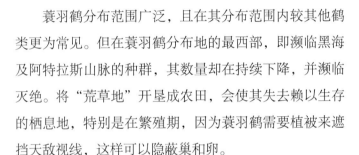

成鸟体长
85～100 cm

孵卵期
27～29 天

窝卵数
1～3 枚

64

蓑羽鹤
Anthropoides virgo
Demoiselle Crane
Gruiformes

窝卵数

蓑羽鹤分布范围广泛，且在其分布范围内较其他鹤类更为常见。但在蓑羽鹤分布地的最西部，即濒临黑海及阿特拉斯山脉的种群，其数量却在持续下降，并濒临灭绝。将"荒草地"开垦成农田，会使其失去赖以生存的栖息地，特别是在繁殖期，因为蓑羽鹤需要植被来遮挡天敌视线，这样可以隐蔽巢和卵。

蓑羽鹤繁殖于亚洲中部地区。虽然迁徙时有能力翻越喜马拉雅山脉那些最高的山峰，但这一过程会消耗相当多的体力，因此虽然蓑羽鹤站立时有 90 cm 之高，但刚刚结束迁徙之旅、筋疲力尽、元气大伤的蓑羽鹤十分容易受到鹰和隼的捕杀。一旦抵达其繁殖地，雌性蓑羽鹤会首先跳起求偶炫耀之舞，并会与雄鸟对鸣。蓑羽鹤配偶关系十分稳定，雌雄双方会轮流孵卵并照看雏鸟，但雄鸟会承担起更多保卫鸟巢以及保护幼鸟远离干扰者或天敌的职责。

蓑羽鹤的卵为铁锈色至米黄色，杂以红棕色斑点。卵形细长，尺寸为 75 mm×45 mm。巢常筑在高矮适中的草丛之间，这样亲鸟下可俯身孵卵隐蔽其中，上可抬头警戒瞭望天敌。

实际尺寸

目	鹤形目
科	鹤科
繁殖范围	原繁殖于北美洲中部的森林地带，现繁殖范围仅局限于加拿大阿尔伯塔省及美国威斯康星州
繁殖生境	开阔的林间湿地
巢的类型及巢址	地面巢，巢略高于水面，为沼泽所环绕
濒危等级	濒危
标本编号	FMNH 5542

美洲鹤
Grus americana
Whooping Crane

Gruiformes

成鸟体长
132～150 cm

孵卵期
29～31 天

窝卵数
2 枚

65

窝卵数

美洲鹤是北美洲最稀少的鸟种之一，其全球种群数量的三分之一为人类所饲养，而野生种群正在被严密地监测与保护。科学家正在尝试借沙丘鹤孵化美洲鹤的卵并将雏鸟抚养大的方式来建立新的美洲鹤种群。

美洲鹤的繁殖周期要历经将近一整年的时间，从亲鸟的求偶炫耀到筑巢，再从孵卵到养育雏鸟。美洲鹤双亲都会照顾并喂养雏鸟，从雏鸟孵化之日算起，这一过程将会持续 6～8 个月的时间。因此，美洲鹤不但会在其繁殖地以家庭群为单位群活动，在迁徙途中和越冬地也会一起觅食和休息。在此过程中，幼鸟会从亲鸟那里习得正确的行为模式和生存技能。

美洲鹤的卵为浅褐色至米黄色，杂以大小不等的深色斑点。卵的尺寸为 100 mm × 60 mm。雌鸟会投入更多的时间孵卵，而雄鸟则守在巢周围负责警戒。

实际尺寸

目	鹤形目
科	鹤科
繁殖范围	北美洲、古巴及西伯利亚东部地区
繁殖生境	开阔的沼泽及泥塘
巢的类型及巢址	地面巢，由植物根茎堆建而成，常依附于挺水植物周围
濒危等级	无危
标本编号	FMNH 5548

成鸟体长
80～120 cm

孵卵期
28～30 天

窝卵数
1～3 枚

66

沙丘鹤
Grus canadensis
Sandhill Crane

Gruiformes

窝卵数

沙丘鹤分布广泛，不同种群的迁徙情况也不尽相同：繁殖于北极圈及附近的种群只会在此繁殖，它们具有较强的迁徙性；而在南方繁殖的种群则全年留居。美国爱达荷州的一些沙丘鹤会被选为美洲鹤的养父母，养育并照看这种濒危鹤类。沙丘鹤双方将会跳起复杂而需紧密配合的求偶之舞，鞠躬、跳跃、对转，同时发出对鸣之声。

复杂的求偶行为或许具有某些功能，它可以帮助雌雄双方判断彼此能否胜任孵卵期及育雏期那长期而繁重的职责。例如，幼鸟在孵化后会与亲鸟共处 9～10 个月的时间，即使此时它们已经有能力独自觅食。在此期间，幼鸟也会从亲鸟那里获益：它们会随亲鸟到优质的栖息地觅食，并能得到亲鸟的保护而远离攻击。

沙丘鹤的卵为淡棕色，杂以不规则的深棕色斑点，其尺寸为 93 mm × 59 mm。虽然这些卵的外观（与美洲鹤）明显不同，但沙丘鹤却没有能力分辨彼此，因此也不会拒绝孵化自己巢中其他种鹤（美洲鹤）的卵。

实际尺寸

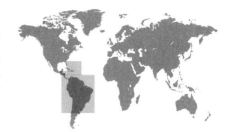

目	鹤形目
科	秧鹤科
繁殖范围	南美洲及中美洲的热带及温带地区，以及加勒比地区及加利福尼亚
繁殖生境	开阔的淡水沼泽、林间沼泽，以及河流和湖泊的岸边
巢的类型及巢址	由树枝和藤条编织成盘状巢，或于地面，或在树上
濒危等级	无危
标本编号	FMNH 15956

秧鹤
Aramus guarauna
Limpkin
Gruiformes

成鸟体长
64～73 cm

孵卵期
26～28 天

窝卵数
5～7 枚

67

虽然与鹭和鹮有着相似的外表，但这种外形特别的鸟类却与鹤具有更近的亲缘关系。秧鹤专性食用隶属于福寿螺属的大型苹果螺，它们会用那长而弯的喙，从螺壳中将螺肉迅速（10～20秒）拽出而不破坏外壳。虽然秧鹤是一种较为常见的鸟类，但由于栖息地的丧失，特别是人类对环境的改造，导致部分地区，例如佛罗里达南部的种群数量正在大幅下降。

雄鸟会为进入其炫耀场的雌鸟提供"彩礼"（nuptial gifts，通常为螺肉），以期雌鸟留下并与其交配，并非离去而寻找其他雄鸟。当雌鸟到来时，雄鸟就已经将巢筑好，只待雌鸟将卵产下。同鹤类的雏鸟一样，刚破壳的秧鹤雏鸟的体表也已被覆羽毛，且在孵化一天之内便可依靠双腿的力量离巢，但在雏鸟完全独立之前，它们仍需要双亲最多长达4个月的照料。

窝卵数

秧鹤的卵色十分多样，从绿色到灰色皆有可能，其上还具有棕色或紫色的条纹或斑点。卵的尺寸为 60 mm × 44 mm。亲鸟双方轮流孵卵，但当雄鸟孵卵时，它们常会起身离巢驱逐入侵者，而在此过程中，守在一旁的雌鸟则会卧于巢中为卵保温。

实际尺寸

目	䴙䴘目
科	䴙䴘科
繁殖范围	北美洲西部及墨西哥中部
繁殖生境	拥有开阔水面的淡水沼泽
巢的类型及巢址	浮巢，固定在挺水植物上，由植物组织堆积而成
濒危等级	无危
标本编号	FMNH 15452

成鸟体长
55～75 cm

孵卵期
24 天

窝卵数
3～4 枚

68

北美䴙䴘
Aechmophorus occidentalis
Western Grebe
Podicipediformes

窝卵数

北美䴙䴘高度适于水中的生活，其流线型的身体轮廓有助于在水中快速运动、追捕鱼类。北美䴙䴘和其他䴙䴘一样，脚也位于躯体后部，因此它们在陆地上行动缓慢且十分笨拙，故常在水面或水下活动，精美的求偶炫耀行为也在水中完成。求偶炫耀时，雌雄双方会一左一右地一起在水面上站立着奔向一处。

鸟巢也会筑在水中。巢隐蔽于茂密的植被中，由植物堆建而成，且固定在植物的茎叶上，以防止被水流冲走。北美䴙䴘可以形成由数百或数千个繁殖对组成的大型繁殖群，巢与巢彼此相邻，共享一个较大的湖泊。

北美䴙䴘的卵刚产下时略带蓝色，无斑点，但会逐渐被巢中的泥土弄脏。亲鸟离巢觅食时会用植物将卵覆盖。卵的尺寸为 58 mm × 39 mm。

实际尺寸

目	䴙䴘目
科	䴙䴘科
繁殖范围	欧亚大陆北部及北美洲西北部
繁殖生境	淡水湖泊以及具有开阔水面的湿地
巢的类型及巢址	由植物筑成的开放的碗状巢，浮于水面或筑在突出于水面的石头上
濒危等级	无危
标本编号	FMNH 1750

角䴙䴘
Podiceps auritus
Horned Grebe

Podicipediformes

成鸟体长
31～38 cm

孵卵期
23～24 天

窝卵数
3～8 枚

角䴙䴘分布于环北极地区，它们的外形十分特别，因此欧洲、亚洲及北美洲的观鸟人常对它们十分熟悉。在其眼后的位置，有一簇金色的羽毛，就像长在头上的"角"一样，因此这种䴙䴘被称作角䴙䴘。角䴙䴘的角在肌肉的控制下，能够张开或收起，这可以用于远距离地展示和信号交流。

角䴙䴘的亲鸟十分具有奉献精神，它们会为体羽具条纹图案的雏鸟提供"水上出租车"服务，亲鸟会背着雏鸟到处活动。当亲鸟潜水捕鱼时，雏鸟会停留在亲鸟背上随其一同潜入水中，也能从背上跳下来在水面上等待亲鸟浮出水面。

角䴙䴘的卵为白色至棕色或蓝绿色，表面的斑点清晰可见。卵的尺寸为
58 mm×39 mm。刚孵出的雏鸟体羽具条纹图案，它们孵出一天之内就能够随亲鸟潜水了，但雏鸟通常会在巢堆中待上几天，不过仅仅两个月后它们就能独立生活了。

窝卵数

实际尺寸

目	䴙䴘目
科	䴙䴘科
繁殖范围	除澳大利亚、南美洲及南极洲外的所有大陆
繁殖生境	具茂密植被的沼泽、湖泊
巢的类型及巢址	在浅水或湖边的挺水植物中，由植物组织堆积而成
濒危等级	无危
标本编号	FMNH 15247

成鸟体长
30～35 cm

孵卵期
21 天

窝卵数
3～4 枚

70

黑颈䴙䴘
Podiceps nigricollis
Eared Grebe

Podicipediformes

窝卵数

黑颈䴙䴘为一夫一妻制，双方均会参与营巢、孵卵和育雏的过程。黑颈䴙䴘集松散的大群繁殖，在鸟卵孵化后，雏鸟会随亲鸟离开巢区。雏鸟可以游泳和潜水，但还不具备捕捉鱼类的能力，因此亲鸟会以嘴对嘴的方式，向雏鸟递喂小鱼。

当雏鸟长到大约 10 日龄时，亲鸟双方会分别带着半数的雏鸟与对方分离，独自照顾自己带走的那半数的雏鸟。类似的情况还存在于许多种雏鸟需要亲鸟照料的鸟类中，人们认为这样做有利于降低所有雏鸟同时被天敌捕食的概率，因为当亲鸟一方或双方被天敌捕食后，它们所抚养的雏鸟将全部死亡。

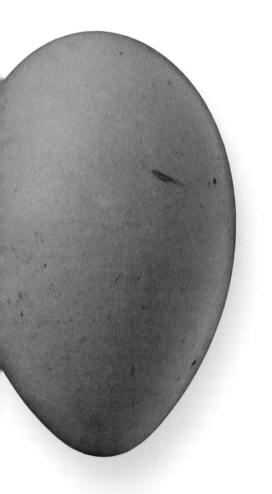

实际尺寸

黑颈䴙䴘的卵为朴素的淡蓝色，无斑点，但会被植物茎叶上的泥土逐渐弄脏，包括巢材和亲鸟离巢覆在卵上的植物。卵的尺寸为 45 mm × 30 mm。

目	䴙䴘目
科	䴙䴘科
繁殖范围	北美洲南部、加勒比地区、中美洲及南美洲
繁殖生境	季节性及永久性湿地、池塘及流速缓慢的河流
巢的类型及巢址	一堆湿润且腐烂的植物，固定在挺水植物上，漂浮于水面
濒危等级	无危
标本编号	FMNH 4047

侏䴙䴘
Tachybaptus dominicus
Least Grebe

Podicipediformes

成鸟体长
22～27 cm

孵卵期
21～22 天

窝卵数
3～7 枚

71

侏䴙䴘是北美洲体型最小，同时也是人们了解最少的一种䴙䴘。它们可以快速潜入水中，轻而易举且悄无声息地躲过他人的目光，并能在水下停留相当长的时间，直到它们的喙再次打破水面的平静，即返回水面之上呼吸时为止。

与其他许多种䴙䴘不同的是，侏䴙䴘在整个繁殖季都会与配偶维持关系，并且它们的巢常与临近的巢保持相当远的距离。雌雄双方会共同承担筑巢、孵卵和育雏的责任。雏鸟孵出后就具备游泳和潜水的能力，它们会随亲鸟立即离开鸟巢，在开阔的水面上活动，以远离潜在捕食者的威胁。

窝卵数

实际尺寸

侏䴙䴘的卵为白至淡蓝或淡绿色，无斑点。卵的尺寸为 34 mm×23 mm。在孵出后的 20 分钟内，雏鸟便会爬到亲鸟的背上，紧紧地伏在其上并随之一起在水中活动长达 40 分钟之久。

目	红鹳目
科	红鹳科
繁殖范围	加勒比地区及加拉帕戈斯的岛屿和海岸
繁殖生境	泥地、潟湖及沿海湖泊
巢的类型及巢址	在浅水中用泥筑起的中部凹陷的高台
濒危等级	无危
标本编号	FMNH 2170

成鸟体长
120～145 cm

孵卵期
28～32 天

窝卵数
1 枚

72

美洲红鹳
Phoenicopterus ruber
American Flamingo
Phoenicopteriformes

　　红鹳通常被俗称"火烈鸟"。美洲红鹳是唯一一种为美洲所特有的红鹳。这种外表显眼而魅力非凡的鸟，往往以集大群活动的方式确保自己的安全；它们会将巢筑在天敌难以接近的地方，并通过这种方式来保证鸟卵的安全，而不会与天敌兵刃相见，也不会主动出击保卫鸟卵。集群生活对美洲红鹳来讲十分重要，因此动物园中的饲养员，会采取回放集大群美洲红鹳的鸣声，来提高笼养美洲红鹳的繁殖成功率。

　　无论觅食还是繁殖，美洲红鹳都会采取集大群的策略，而且是在难以接近的泥滩或潟湖中，因此即使每年只产一枚卵，美洲红鹳种群数量也较为稳定。一些美洲红鹳的寿命甚至能够超过 40 岁，这确保它们将繁殖出一定数量的后代，这些后代也将加入到繁殖的队伍中。

美洲红鹳的卵为灰白色，表面无斑点。卵形瘦长，其尺寸为 85 mm × 53 mm。雌鸟偶尔会在巢中产下两枚卵。雌雄双方会共同孵卵并照顾雏鸟。

实际尺寸

目	雁形目
科	叫鸭科
繁殖范围	南美洲北部的热带地区
繁殖生境	植被茂密的沼泽
巢的类型及巢址	由湿地植物筑成的浮巢
濒危等级	无危
标本编号	FMNH 2866

成鸟体长
84～95 cm

孵卵期
42～47 天

窝卵数
2～7 枚

73

角叫鸭
Anhima cornuta
Horned Screamer

Anseriformes

窝卵数

　　叫鸭与雁和鸭具有较近的亲缘关系，但它们头和喙的外形，以及生活习性，却与雉鸡十分相似。成年角叫鸭后肢具距，[①]它们的头顶还具有终生生长的长而细的尖刺。

　　与雁和鸭不同的是，角叫鸭的足仅具半蹼，这样的结构使其不但可以像其他雁鸭一样划水游泳，还能够在草地上自如行走，并能站立于树枝上栖息。角叫鸭的巢由雌雄双方共同修筑，雌鸟白天孵卵，雄鸟夜间孵卵。同其亲缘种一样，角叫鸭雏鸟在破壳而出后的一天内就能够靠自己双脚的力量离开鸟巢。

角叫鸭的卵为肉桂棕色，其上无斑点。卵形较圆，其尺寸为 85 mm×61 mm。角叫鸭的巢在繁殖季通常会被上一年的主人重复利用。

实际尺寸

---

① 译者注：自跗跖部后缘伸出的角质刺突，在鸡形目鸟类中较为常见。

目	雁形目
科	叫鸭科
繁殖范围	南美洲西北部
繁殖生境	低地沼泽及水流缓慢的河岸
巢的类型及巢址	由树棍和湿地植物筑成巨大的鸟巢，在浅水中或水边
濒危等级	濒危
标本编号	FMNH 2374

成鸟体长	76～91 cm
孵卵期	40～47 天
窝卵数	2～7 枚

74

黑颈叫鸭
Chauna chavaria
Northern Screamer
Anseriformes

窝卵数

　　黑颈叫鸭身形似鹅、体型巨大、性情大胆，是世界上叫声最为独特的一种鸟类。与其近亲野鸭不同之处在于，黑颈叫鸭倾向于在高大树木那枯死的树枝上栖息，并会在这十分显眼的地方大声鸣叫。黑颈叫鸭雌雄间的对鸣有助于建立并巩固配偶关系，这样的对鸣不但会持续整个繁殖季，甚至还将持续终身。雌雄双方在亲代照料的每一方面都会共同合作，包括保护雏鸟远离猛禽、蛇或猫科动物的攻击，并将天敌驱逐出繁殖地。

　　黑颈叫鸭仅分布于委内瑞拉和哥伦比亚的沿海平原地区。由于栖息地的大面积丧失、改造，以及低地沼泽中输油管线的泄漏，致使黑颈叫鸭的种群数量逐渐下降并少于 10000 只。

黑颈叫鸭的卵为乳白色，其上具淡淡的色斑。卵的尺寸为 77 mm × 54 mm。卵间隔两天产下。雏鸟孵出时便已发育完全，具备离巢的能力。

实际尺寸

目	雁形目
科	鸭科
繁殖范围	欧亚大陆及北美洲的北极及亚北极苔原
繁殖生境	水塘、池塘及沿海湖泊
巢的类型及巢址	巨大的鸟巢由草叶堆积而成，内衬以脱落的羽毛
濒危等级	无危
标本编号	FMNH 21118

成鸟体长
120～150 cm

孵卵期
30～32 天

窝卵数
3～5 枚

75

小天鹅
Cygnus columbianus
Tundra Swan

Anseriformes

小天鹅是一种体型较大且较为常见的天鹅。分类学家普遍认为两种天鹅，即分布于欧洲的小天鹅及分布于美洲的小天鹅仅存在亚种水平的差异。[①]在非繁殖季，小天鹅会集群越冬，并会浮在开阔的水面上夜宿；而到了繁殖季，小天鹅则成对活动，雌雄双方共同保卫领域，以抵御其他天鹅和大多数其他物种接近鸟巢，而此时，它们则会在巢附近的地面上睡觉。

与大多数大雁相同，但与一些野鸭不同的是，小天鹅雌雄双方都会在相当长的一段时间内尽到亲鸟照料幼鸟的义务；只有当天敌的体型足够大，大到甚至可以被杀死时，亲鸟才会选择弃巢，这些天敌包括狼和熊，当然还有人。

窝卵数

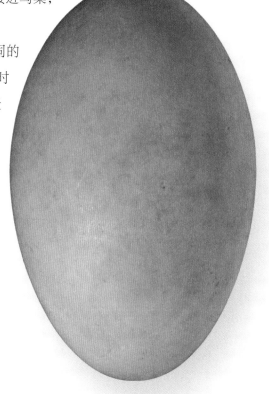

小天鹅的卵为奶油色或锈白色，其上无明显的斑点。卵的尺寸为 106 mm×68 mm。少数几枚白色的卵放置在体积庞大的鸟巢中，很容易受到其他鸟类或小型哺乳动物捕食者的威胁，但当亲鸟就在附近时，它们则会极力抵御进攻。

实际尺寸

---

① 译者注：亦有观点认为分布于欧亚大陆的小天鹅与分布于美洲的小天鹅具有物种水平的差异，应被视为是两个独立的物种。

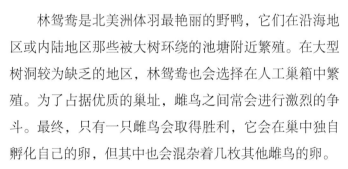

目	雁形目
科	鸭科
繁殖范围	北美洲及加勒比西部的温带地区
繁殖生境	沼泽及淡水池塘
巢的类型及巢址	大型树洞巢，也会利用人工巢箱
濒危等级	无危
标本编号	FMNH 5188

成鸟体长
43～51 cm

孵卵期
28～37 天

窝卵数
6～16 枚

林鸳鸯
Aix sponsa
Wood Duck

Anseriformes

76

窝卵数

林鸳鸯是北美洲体羽最艳丽的野鸭，它们在沿海地区或内陆地区那些被大树环绕的池塘附近繁殖。在大型树洞较为缺乏的地区，林鸳鸯也会选择在人工巢箱中繁殖。为了占据优质的巢址，雌鸟之间常会进行激烈的争斗。最终，只有一只雌鸟会取得胜利，它会在巢中独自孵化自己的卵，但其中也会混杂着几枚其他雌鸟的卵。

破壳而出的林鸳鸯被它们的妈妈保护着，但雌鸟不会喂给它们食物，因此这些雏鸟需一起动身前往最近的池塘。它们从洞巢中纵身而跃，绒羽的缓冲作用使其弹落到森林的地面上。因为一个巢中的卵由几只雌鸟产下，因此有些雏鸟并非兄弟姐妹，但每只雏鸟却都能从中获益，因为更大的群体使得每一个个体被捕食的概率都有所降低。

实际尺寸

林鸳鸯的卵为白色至棕色，具光泽，但在孵卵过程中卵色会发生变化。卵的尺寸为54 mm×34 mm。年轻的雌鸟常会返回到它们出生的洞巢中繁殖，但只有当与其他雌鸟竞争巢洞获胜时，它们才会开始大量产卵。

目	雁形目
科	鸭科
繁殖范围	北美洲及欧亚大陆
繁殖生境	湖泊、池塘、沼泽及季节性湿地
巢的类型及巢址	地面巢，刨坑中衬以草叶及羽毛，巢多位于灌丛或高草丛中，通常远离水源
濒危等级	无危
标本编号	FMNH 5182

针尾鸭
Anas acuta
Northern Pintail

Anseriformes

成鸟体长
51～75 cm
孵卵期
22～25 天
窝卵数
3～12 枚

同大多数鸟类一样，针尾鸭雌雄的羽色差异也十分明显，雄鸟拥有与众不同的羽色和长长的尾羽，而雌鸟则身披易于隐蔽的棕色羽衣，且具有大理石状的斑纹。鸟巢搭建于地面上的隐蔽处，雌鸟会在北半球夏季漫长的白昼时光里，独自将鸟卵孵化。

雌鸟会将白天 80% 的时间用来孵化鸟卵，其间仅有三次短暂的休息。在此期间，雌鸟会离开鸟巢，简单地觅食、饮水，并梳理羽毛。鸟巢的隐蔽性越强，雌鸟的休息时间就会越长，但当雏鸟即将孵化时，雌鸟将会减少休息时间。

窝卵数

实际尺寸

针尾鸭的卵为浅黄绿色，无杂斑，其尺寸为 53 mm×38 mm。在所有于北美洲繁殖的野鸭中，针尾鸭为最早开始繁殖的一种，冰雪刚刚融化时，雌鸟就开始筑巢、产卵了。

目	雁形目
科	鸭科
繁殖范围	北美洲
繁殖生境	浅的淡水池塘、沼泽及湿地
巢的类型及巢址	浅坑状地面巢，其中垫以草叶及羽毛，巢多位于茂密的灌丛状植被中，通常远离水源
濒危等级	无危
标本编号	FMNH 20005

成鸟体长
42～59 cm

孵卵期
22～25 天

窝卵数
3～13 枚

78

绿眉鸭
Anas americana
American Wigeon
Anseriformes

窝卵数

绿眉鸭的卵为乳白色，无斑点。卵的尺寸为 53 mm × 37 mm。雏鸟刚孵出时周身遍布绒羽，等到 6 周后出飞时，它们会换上与雌鸟十分相似且易于隐蔽的棕色羽衣。

绿眉鸭是一种在北美洲较为常见的鸟类，它们会从美国中西部大草原迁徙至阿拉斯加和加拿大的极地地区繁殖。同绿头鸭（详见 83 页）和林鸳鸯（详见 76 页）一样，绿眉鸭也是最常被猎捕的狩猎鸟类。白色的喙和额头使绿眉鸭雄鸟看起来十分特别，它们因此得到了一个外号——"秃子"（Baldpate）。

作为一种"钻水鸭"，绿眉鸭会在开阔的水面寻找食物，而且经常会和骨顶或潜鸟混群，有时还会抢夺被这些潜水捕食者偶然带到水面上的食物。绿眉鸭还会独自或带着雏鸟一起到草地上取食植物绿色的叶片，也会在秋季到农田中取食散落的谷物。

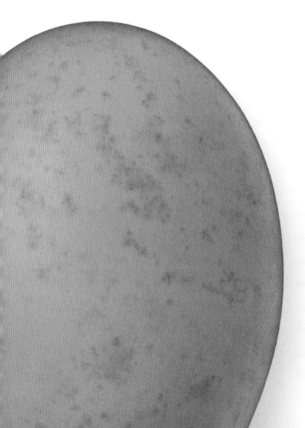

实际尺寸

目	雁形目
科	鸭科
繁殖范围	北美洲及欧亚大陆的温带及极地地区
繁殖生境	底泥深厚的矮草沼泽
巢的类型及巢址	简单的地面巢，刨坑周围至少三面被植被包围，巢临近水源
濒危等级	无危
标本编号	FMNH 15543

琵嘴鸭
Anas clypeata
Northern Shoveler
Anseriformes

成鸟体长 44～51 cm
孵卵期 24 天
窝卵数 8～12 枚

79

这种外貌独特而显眼的野鸭具有高度特化的喙部结构和专一性强的觅食方式：其末端宽阔形似勺子的嘴极其适于在湿地中滤食水中的食物或捕捉小型无脊椎动物。通过持续不断的觅食，雌鸟能获得卵形成及产出过程中所需的足够的蛋白质，并有所剩余。

雌鸟会用体内储备的营养为鸟卵提供胚胎发育所需的足够的脂肪；卵中的油脂每增加 1 g，雌鸟冬季储存的脂肪就会减少 0.75 g。因为雄鸟几乎不会对卵有任何形式的能量或物质投入，因此它们的脂肪含量在繁殖季会保持稳定。除此之外，孵卵和育雏阶段中需要的更多的亲代照料，也都由雌鸟独自承担。

窝卵数

实际尺寸

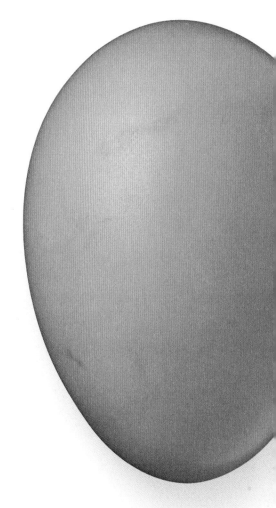

琵嘴鸭的卵为淡灰绿色至米黄色，无杂斑。卵的尺寸为 45 mm×33 mm。当在巢中孵卵的雌鸟受到惊吓而飞走的前一刻，它们或许会在鸟卵上排便，粪便的颜色和气味也许能够掩盖鸟卵的颜色和气味，甚至还能将捕食者驱离。

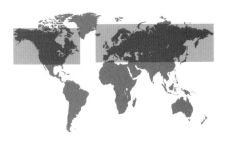

目	雁形目
科	鸭科
繁殖范围	北美洲及欧亚大陆的温带及极地地区
繁殖生境	植被茂密的浅水池塘、潮溪及泥潭
巢的类型及巢址	地面巢，浅坑中垫以草叶、绒羽及羽毛
濒危等级	无危
标本编号	FMNH 5162

成鸟体长
31～39 cm

孵卵期
21～23 天

窝卵数
5～16 枚

绿翅鸭
Anas crecca
Green-winged Teal

Anseriformes

80

窝卵数

绿翅鸭会比其他大多数水鸟更早到达位于北方的繁殖地。此时，厚厚的积雪才刚刚融化，显露出永久或季节性湿地。尽管到达繁殖地时不但要面临暴风雪降临的风险，而且还需承担迁至和迁离繁殖地的高昂投入，但根据官方环志记录，绿翅鸭却能够拥有超过 20 年的寿命。

绿翅鸭雌鸟及雄鸟都会在出生后的第一个冬季发育至性成熟阶段，并会在此时建立配偶关系。绿翅鸭与配偶的关系常被认为是忠贞爱情的典范，但实际上，雄鸟在雌鸟开始孵卵后不久便会离开，因而雌鸟将独自照料后代。

绿翅鸭的卵为白色或皮黄色，无杂斑。卵的尺寸为 46 mm × 36 mm。刚孵出的雏鸟周身被覆绒羽，它们在 5～6 周后即可出飞，其生长速率在北美洲所有野鸭中是最快的。

实际尺寸

目	雁形目
科	鸭科
繁殖范围	北美洲西部、中美洲及南美洲
繁殖生境	季节性及永久性湿地，沿海沼泽
巢的类型及巢址	地面巢，垫以草叶及绒羽，巢多位于水边
濒危等级	无危
标本编号	FMNH 15541

桂红鸭
Anas cyanoptera
Cinnamon Teal

Anseriformes

成鸟体长
36～43 cm

孵卵期
23 天

窝卵数
8～10 枚

81

与其他分布于北美洲的野鸭不同的是，这种漂亮的鸭子很少在北美洲中西部大草原（包括美国及加拿大）繁殖，而是在西部沿海地区繁殖。有趣的是，在北半球繁殖的桂红鸭会向南半球迁徙，而在南半球却也存在一个较大的桂红鸭留居繁殖种群。

桂红鸭雌鸟在水边筑巢，并以干草及其他植物作为垫材。雌鸟会将通向鸟巢的道路旁那些茂密的植被向两侧推开，并会沿着这个通道悄悄地前往鸟巢。与其他大多数野鸭不同的是，桂红鸭雌鸟和雄鸟的配偶关系会一直维持到孵卵期结束为止。

窝卵数

桂红鸭的卵为乳白色或米黄色，无杂斑。卵的尺寸为 47 mm × 34 mm。刚孵化出的雏鸟周身被覆绒羽，且具有明显的条纹图案。雏鸟在孵出后不久，便会随雌鸟离巢。

实际尺寸

目	雁形目
科	鸭科
繁殖范围	北美洲温带及亚北极地区
繁殖生境	沼泽、池塘及其他湿地旁的植被中
巢的类型及巢址	地面巢，位于水平面以上，刨坑中垫以干草，其上有植被遮挡
濒危等级	无危
标本编号	FMNH 2989

成鸟体长
36～41 cm

孵卵期
19～29 天

窝卵数
6～14 枚

82

蓝翅鸭
Anas discors
Blue-winged Teal

Anseriformes

窝卵数

蓝翅鸭是除绿头鸭（详见 83 页）之外，北美洲数量最多的野鸭。它们会进行长距离的迁徙，雌鸟会在位于南方的越冬地选择配偶，并会带着雄性配偶一起返回自己位于北方的出生地繁殖。因此，蓝翅鸭基因的多样性由雄鸟从繁殖地的扩散主导。

虽然蓝翅鸭雌鸟和雄鸟都很常见，但雌雄双方却不具稳定的配偶关系。一旦雌鸟受精、产卵，雄鸟便会离开，卵将由雌鸟独自孵化。当雌鸟需要短暂地离开鸟巢时，它会在卵上覆以厚厚的杂草，以使白色的鸟卵隐蔽于捕食者的目光之下。

实际尺寸

蓝翅鸭的卵为乳白色，其尺寸为 45 mm×33 mm。虽然绿翅鸭的卵上无杂斑，但会和其他野鸭的卵一样，在孵化过程中被植物和粪便弄脏。

目	雁形目
科	鸭科
繁殖范围	原产于欧亚大陆、北非及北美洲，引入至澳大利亚及新西兰
繁殖生境	天然或人工的淡水或咸水湿地，从北极至亚热带地区
巢的类型及巢址	地面巢，由叶片及其他植物组织筑成，靠近水源，通常隐蔽于茂密的植被中
濒危等级	无危
标本编号	FMNH 5142

绿头鸭
Anas platyrhynchos
Mallard

Anseriformes

成鸟体长
50～65 cm

孵卵期
23～30 天

窝卵数
8～13 枚

绿头鸭是绝大多数家鸭的野生祖先。分子生物学研究表明绿头鸭起源于西伯利亚地区。在欧洲，偶然发掘出成群的绿头鸭化石，这或许暗示着人类对它们已开始早期驯化。

绿头鸭已被人类引入至澳大利亚和新西兰。它们在那里与当地原生的野鸭竞争栖息地，因此绿头鸭被认为是外来入侵物种。除此之外，绿头鸭能与家鸭"杂交"，其后代常逃逸至野外，并留居下来形成不迁徙的种群，特别是在城市公园的池塘中。这些不迁徙的种群倾向于与当地越冬的野鸭杂交，进而在两个截然不同的物种间造成明显的基因污染，因此需要对绿头鸭种群严加管理以保护其他野鸭。

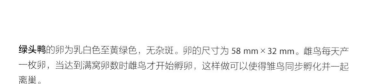

窝卵数

绿头鸭的卵为乳白色至黄绿色，无杂斑。卵的尺寸为 58 mm × 32 mm。雌鸟每天产一枚卵，当达到满窝卵数时雌鸟才开始孵卵，这样做可以使得雏鸟同步孵化并一起离巢。

实际尺寸

目	雁形目
科	鸭科
繁殖范围	北美洲东部
繁殖生境	浅的淡水湿地及沼泽
巢的类型及巢址	地面巢，多见于水边的矮草丛中，有时位于灌丛或树木之下
濒危等级	无危
标本编号	FMNH 1974

成鸟体长
48～63 cm

孵卵期
28～32 天

窝卵数
6～12 枚

84

北美黑鸭
Anas rubripes
American Black Duck
Anseriformes

窝卵数

北美黑鸭的卵为白色至乳白色，有些为淡绿色，无杂斑。卵的尺寸为 61 mm×43 mm。北美黑鸭的卵无论是形状还是大小，都与绿头鸭十分相似。

北美黑鸭雌雄之间的家庭生活在春季到来之前都十分幸福。在秋末或冬季，雌鸟会从它们众多追求者中选出优胜者，被选出的雄鸟会忠诚地追随着雌鸟，形影不离。但这美好的一切都将在卵受精并产出后戛然而止，而雌鸟也将独自孵卵并承担起亲鸟的职责。

20 世纪后半叶初期，与绿头鸭（详见 83 页）的杂交使得北美黑鸭的数量一路下降，这也导致了这一原生物种基因问题的产生。但近来北美黑鸭数量下降的趋势似乎得到了缓解，如今在美国东海岸常会有较大的越冬种群出现。

实际尺寸

目	雁形目
科	鸭科
繁殖范围	原产于北美洲，已被引入至欧洲及新西兰
繁殖生境	靠近水源的开阔草场及草地
巢的类型及巢址	地面巢，由干燥的植被及绒羽筑成
濒危等级	无危
标本编号	FMNH 21125

加拿大黑雁
Branta canadensis
Canada Goose

Anseriformes

成鸟体长
75～110 cm

孵卵期
24～28 天

窝卵数
3～8 枚

亦称加拿大雁，是一种适应性很强的鸟类，就像它们乐于在北极圈内高纬度的苔原地带繁殖一样，这种鸟也可以在公园或被人类改造过的生境中筑巢。这一特点使得加拿大黑雁从它们的天然分布地扩散到北美洲更靠南的地区及城市化的地区。作为外来入侵物种，它们甚至在欧洲和新西兰也牢牢地站稳了脚跟。

数量众多的加拿大黑雁与人类有着密切的关系，它们会对起飞和降落的航空器构成威胁，人们正在采取各种措施，包括摇晃鸟卵使其不能孵化的方式，来控制其种群数量的增长。

窝卵数

加拿大黑雁的卵为米黄色至米白色，无杂斑，其尺寸为 83 mm × 56 mm。卵由雌鸟孵化，雄鸟则负责保卫巢域并攻击闯入者，包括犬和人。

实际尺寸

目	雁形目
科	鸭科
繁殖范围	北美洲及西伯利亚东部的极地地区
繁殖生境	低地沼泽及沿海苔原湿地
巢的类型及巢址	地面巢，刨坑较深，垫以草叶及绒羽，鸟巢多见于湖边较高的地方
濒危等级	无危
标本编号	FMNH 14997

成鸟体长
56～66 cm

孵卵期
23～26 天

窝卵数
3～5 枚

86

黑雁
Branta bernicla
Brant

Anseriformes

窝卵数

黑雁的种群数量在最近数十年来呈现出上升的趋势，这或许是因为在越冬地，它们开始利用农田和牧场及沿海湿地等生境。但在有些年份，当它们迁徙至繁殖地时，会发现那里的食物资源较为贫乏。在这样的年景里，部分甚至全部黑雁都会停止繁殖，那些将被用于形成鸟卵的营养物质也会被雌鸟重新吸收。

在黑雁繁殖的年份里，它们那些筑于平地上的鸟巢十分容易受到包括北极狐在内的天敌的威胁。但好在卵的孵化周期很短，雏鸟的移动能力和独自觅食的能力也很强，它们会在孵化后短短 6 周的时间里掌握飞翔的本领。黑雁雌鸟和雄鸟共同保卫雏鸟，它们每年都会周而复始地返回同一个湖泊的同一处巢址繁殖。

黑雁的卵为白色，无杂斑。卵的尺寸为 73 mm×47 mm。形成鸟卵所需的全部脂肪、蛋白质和钙质，都来源于雌鸟在越冬地及迁徙停歇地的储备。

实际尺寸

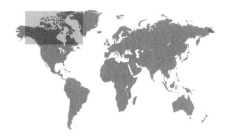

目	雁形目
科	鸭科
繁殖范围	北美洲北部的沿海地区
繁殖生境	开阔的苔原，靠近湖泊、溪流及海边
巢的类型及巢址	高地的地面巢，垫以草叶，一般会常年反复利用
濒危等级	无危
标本编号	FMNH 5953

成鸟体长
63～79 cm
孵卵期
22～25 天
窝卵数
2～6 枚

87

雪雁
Anser caerulescens
Snow Goose

Anseriformes

雪雁具有两个截然不同的色型：白色型和蓝灰色型。年轻的雪雁会参照亲鸟的色型选择配偶：如果亲鸟为蓝色型，它们则会选择蓝色型的配偶；而如果亲鸟为白色型，它们则会选择白色型的配偶；但如果双亲具有不同的色型，那么它们既有可能选择白色型的配偶，也有可能选择蓝色型的配偶。

雪雁与配偶的关系可以维持终生，它们会从越冬地一起迁飞至其繁殖地，并在北极高纬度地区繁殖。通常，其繁殖地会更靠近雌鸟的出生地。雪雁集群繁殖，会将巢筑在一对定居于此的雪鸮（详见300页）巢附近，借以躲避北极狐和北贼鸥（详见184页）等天敌的攻击。

窝卵数

雪雁卵的尺寸为81 mm×53 mm。卵刚产出时为白色，卵在产下和孵化的过程中，雌鸟会向巢中添加绒羽和细枝作为垫材，因此卵会很快变脏。

实际尺寸

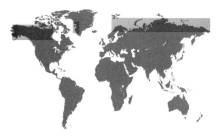

目	雁形目
科	鸭科
繁殖范围	北美洲及俄罗斯的极地地区
繁殖生境	湖泊、河流及湿地边缘那茂密的植被中
巢的类型及巢址	地面巢，刨坑中垫以草叶及绒羽
濒危等级	无危
标本编号	FMNH 21020

成鸟体长
64～81 cm

孵卵期
25～27 天

窝卵数
3～6 枚

白额雁
Anser albifrons
White-fronted Goose
Anseriformes

窝卵数

白额雁一直以来都是猎人的重要狩猎目标，因此其行为习惯、生态需求、迁徙行为及种群数量都被野生动物管理者和猎人密切关注。寿命最长的白额雁是一只生活在笼养环境中的雌鸟，其寿命长达 47 岁，直到生命的最后一年，它还能产卵。在野外，白额雁雌鸟和雄鸟在年季间具有稳定的配偶关系，它们会与其他白额雁集成松散的繁殖群繁殖。

亲代照料的任务十分繁重，亲鸟不但要在其繁殖地照顾雏鸟，在迁徙停歇地及越冬地也会以家庭为单位活动。在某些情况下，亲鸟会与日渐长成的子一代一起返回其繁殖地，因此亲代将有机会继续照顾它们那些渐为父母的子女，以及子女的后代。这一现象在雁鸭类中十分罕见，通常只会在包括狮和人类等高度社会化的脊椎动物中才能见到。

白额雁的卵为黄色或粉白色，无杂斑。卵的尺寸为 76 mm × 54mm。卵由雌鸟孵化，而雄鸟则站在一旁警戒捕食者。

实际尺寸

目	雁形目
科	鸭科
繁殖范围	北美洲西北部及中部
繁殖生境	内陆湖泊及沼泽
巢的类型及巢址	地面巢，靠近湖岸，隐藏在茂密的鼠尾草及灌丛之中
濒危等级	无危
标本编号	FMNH 5205

成鸟体长
42～43 cm

孵卵期
21～27 天

窝卵数
8～10 枚

小潜鸭
Aythya affinis
Lesser Scaup

Anseriformes

89

小潜鸭是北美洲数量最多的潜鸭，但在过去三十年内，其种群数量却呈现出持续下降的趋势。起初人们十分惊讶，因为小潜鸭是捕食蛤蜊和其他双壳纲动物的能手，它们在迁徙徒中的食谱，甚至还囊括了分布广泛的淡水入侵物种，包括斑马贝（*Dreissena polymorpha*）。然而，生活在污染水域中的斑马贝体内容易积累有毒物质，因此小潜鸭也会因取食这些有毒贝类而受到影响。

小潜鸭雌鸟和雄鸟在越冬地就会形成伴侣关系（consortships），但这种关系并不能被称作配偶关系（pair bonds），因为当鸟卵受精后雄鸟就会离开雌鸟，而不会参与亲代照料。尽管如此，雌鸟也会从这种关系中受益，因为这将减少雌鸟受到其他雄鸟骚扰的可能，并允许它在不受干扰的情况下寻找双壳类动物和其他食物，为春季的迁徙和繁殖做准备。

窝卵数

小潜鸭的卵为浅橄榄色至深橄榄色或黄绿色。卵的尺寸为 57 mm × 39 mm。卵由雌鸟独自孵化，雏鸟也由雌鸟独自照顾。在此期间，雄鸟会集结成群，蜕换羽毛。

实际尺寸

目	雁形目
科	鸭科
繁殖范围	北美洲中部及西部
繁殖生境	大草原中的湖泊和沼泽，以及山脚的池塘
巢的类型及巢址	浮巢，多见于植被茂密的湖岸或沼泽中，也会在其他野鸭的巢中产下寄生卵
濒危等级	无危
标本编号	FMNH 5191

成鸟体长
42～54 cm

孵卵期
24～28 天

窝卵数
7～14 枚

90

美洲潜鸭
Aythya americana
Redhead
Anseriformes

美洲潜鸭是一种巢寄生鸟类，雌鸟会将卵产在其他个体的巢中。这种鸟既存在种内巢寄生现象，即雌鸟将卵产在其他美洲潜鸭的巢中；也存在种间巢寄生现象，即将卵产在其他种野鸭甚至是骨顶或鹬的巢中。巢寄生增加了寄主的窝卵数，无论是巢的尺寸，还是亲鸟照顾雏鸟的能力，都将超过最佳水平。因此被寄生的巢中雏鸟的成活率会比未被巢寄生者更低。

对于被不同种雌鸟养大的美洲潜鸭雏鸟来说，如何识别同种鸟类是个难题。研究人员猜测，是美洲潜鸭的基因决定了它们的迁徙路线，并指挥着它们迁徙至墨西哥湾越冬。而帆背潜鸭是美洲潜鸭最常见的寄主，它们则会迁徙至美国东海岸越冬，这使得被帆背潜鸭抚养大的美洲潜鸭最终可以与其他美洲潜鸭配对。

窝卵数

美洲潜鸭的卵为乳白色，无斑点。卵的尺寸为 61 mm × 43 mm。雌鸟会试着将卵产在帆背潜鸭的巢中，即使帆背潜鸭的雌鸟正在巢中孵卵。然而，帆背潜鸭却不具有识别出美洲潜鸭的卵或雏鸟的能力。

实际尺寸

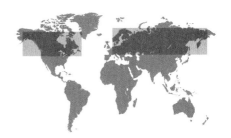

目	雁形目
科	鸭科
繁殖范围	北美洲西北部，部分种群分布于加拿大东部及冰岛
繁殖生境	北极的林间湖泊、池塘及草原
巢的类型及巢址	树洞巢，通常为自然形成，或由大型啄木鸟开凿而成；有时也筑于地洞中，垫以雌鸟胸部的绒羽
濒危等级	无危
标本编号	FMNH 18290

鹊鸭
Bucephala clangula
Common Goldeneye

Anseriformes

成鸟体长
40～51 cm

孵卵期
28～32 天

窝卵数
5～16 枚

鹊鸭既是机会主义巢寄生者，也是具有奉献精神的父母。受到筑巢所必需的大型天然树洞的限制，雌鸟常会回到出生地附近繁殖。如果树洞或巢箱已经被占领，鹊鸭雌鸟也会在这个巢中产下一枚或多枚卵，让自己的卵被巢的主人孵化。而实际上，寄主与寄生者通常具有血缘关系。

当雏鸟孵化并朝着湖泊的方向进发时，雌鸟之间常会因湖泊的所有权而发生争斗；输家会独自离开，留下雏鸟为赢家照看。这一过程叫作混合照料策略（brood amalgamation），这将有利于获胜的雌鸟，因为新加入的雏鸟有可能是获胜雌鸟的侄子或侄女。即使新加入的雏鸟与雌鸟没有血缘关系，由于大群的稀释效应，更多的雏鸟也意味着获胜者的雏鸟被天敌捕食的概率会有所降低。

窝卵数

鹊鸭的卵为具光泽的绿色，无杂斑。卵的尺寸为 59 mm×43 mm。雏鸟孵出后会在巢中待上一两天，直至雌鸟呼唤着它们向着附近的湖泊进发。

实际尺寸

目	雁形目
科	鸭科
繁殖范围	北美洲西北部，部分种群分布于加拿大东部及冰岛
繁殖生境	北极的林间湖泊、池塘及草原
巢的类型及巢址	树洞巢，通常为自然形成，或由大型啄木鸟开凿而成，有时也筑于地洞中，垫以雌鸟胸部的绒羽
濒危等级	无危
标本编号	FMNH 18290

成鸟体长
43～48 cm

孵卵期
29～31 天

窝卵数
6～12 枚

92

巴氏鹊鸭
Bucephala islandica
Barrow's Goldeneye

Anseriformes

窝卵数

巴氏鹊鸭的卵为绿色，具金属光泽。卵的尺寸为 61 mm × 43 mm。雏鸟具有很强的自理能力，一大群雏鸟可以只由一只雌鸟照看，因为这些雏鸟通常得不到雌性亲鸟的照顾，它们也不需要成鸟为它们保温，并且能够独自觅食。

巴氏鹊鸭在遥远的阿拉斯加南岸及冰岛附近海域繁殖，它们常在人类聚集区周围集群，因此常被当地人叫作家鸭（House Duck）。尽管巴氏鹊鸭分布广泛，但不同地区的种群却外貌相似，与那在生态学和外形上相似的姊妹种鹊鸭（详见 91 页）的分布区却鲜有重叠。

同鹊鸭一样，许多巴氏鹊鸭也从不建立或很快失去对后代的监护权，要么是因为它们也会将卵产在被其他雌鸟的巢中，要么是因为它们在与其他雌鸟对湖泊激烈的争夺中败下阵来，而胜者将负责照看两个或更多雌鸟的雏鸟。

实际尺寸

目	雁形目
科	鸭科
繁殖范围	墨西哥、中美洲及南美洲，美国、新西兰及欧洲也已存在野生种群
繁殖生境	林间湿地、湖泊、溪流及附近开阔的田地
巢的类型及巢址	树洞巢，多见于高处的天然树洞或人工巢箱中
濒危等级	无危
标本编号	FMNH 2223

疣鼻栖鸭
Cairina moschata
Muscovy Duck
Anseriformes

成鸟体长
64～86 cm

孵卵期
35 天

窝卵数
8～16 枚

疣鼻栖鸭，在烹饪界又被称作巴巴里鸭（Barbary Duck），这种鸟在美洲大陆与人类共同走过了相当长的历史，它们在欧洲人来到美洲之前，就已在墨西哥和南美洲被当地人驯化。从遗传角度讲，疣鼻栖鸭的驯化型与野生型的差别很大，大到足够使系统发育学家将驯化型提升为疣鼻栖鸭的一个亚种。这一亚种内部个体在体型大小和飞行能力上也存在千差万别，但都符合家养鸟类出现的体型更大而翅膀退化的趋势。

尽管疣鼻栖鸭起源于热带地区，但逃逸并野化的家养疣鼻栖鸭却已经适应了相对寒冷的气候，而成为美国、新西兰及欧洲的外来入侵物种。它们巨大的体型使其在对天然树洞的竞争中存在巨大优势，而这些树洞原本会被当地鸟类包括野鸭所利用。

疣鼻栖鸭的卵为白色，无杂斑。卵的尺寸为 64 mm×47 mm。卵由雌鸟单独孵化，雌鸟每日只会离巢 20～30 分钟，而在此期间完成觅食、洗浴及理羽等过程。

窝卵数

实际尺寸

目	雁形目
科	鸭科
繁殖范围	美国最南端、中美洲及南美洲
繁殖生境	平静的湖泊、沼泽、池塘，岸边常具树林
巢的类型及巢址	天然树缝或其他裂缝，也会选择人工巢箱，偶尔也会在地面筑巢
濒危等级	无危
标本编号	FMNH 2192

成鸟体长
47～56 cm

孵卵期
26～31 天

窝卵数
12～16 枚

94

黑腹树鸭
Dendrocygna autumnalis
Black-bellied Whistling-duck
Anseriformes

窝卵数

黑腹树鸭的卵为纯白色，其尺寸为 52 mm × 39 mm。卵被产在没有植物或羽毛铺垫的洞巢底部，唯一防止卵磕破的垫材就是洞中自然积累的木屑。

　　黑腹树鸭被认为是北美洲"最不像鸭子的鸭子"，因为其体型、姿态、颜色，以及觅食和繁殖行为都与典型的河鸭及潜鸭不同。最显而易见的，是黑腹树鸭雌鸟和雄鸟体型大小和体羽颜色十分相似。黑腹树鸭不会迁徙，而是终年在一处定居，一住就是连续多个季节。

　　黑腹树鸭双亲共同承担着繁重的亲代照料职责，从卵的孵育到雏鸟的孵化，从带领雏鸟觅食到保护它们远离天敌。黑腹树鸭会选择在开阔的农田或草地中觅食谷物或植物的其他组织，它们在一天中的任何时刻都可以觅食，在夜晚也会大量进食，因为此时可以避免遭到昼行性捕食者的攻击。

实际尺寸

目	雁形目
科	鸭科
繁殖范围	北美洲南部、中美洲及南美洲、加勒比地区非洲及南亚
繁殖生境	淡水池塘及湖泊，包括种植稻田的洪泛区
巢的类型及巢址	碗状浮巢，外周由树枝或湿地植物堆砌，内衬以草叶
濒危等级	无危
标本编号	FMNH 5274

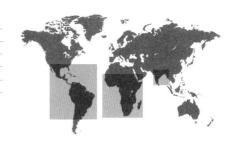

茶色树鸭
Dendrocygna bicolor
Fulvous Whistling-duck

Anseriformes

成鸟体长
48～53 cm

孵卵期
24～28 天

窝卵数
8～12 枚

茶色树鸭常集群活动，且声音嘈杂，它们常在人类管理的水稻田和湿润的牧场中活动。雌鸟及雄鸟体型相仿、羽色相似。人们对茶色树鸭的求偶炫耀行为知之甚少，一个可能的原因，是它们求偶炫耀行为本身相比于其他野鸭就更少。

茶色树鸭分布于热带及亚热带地区，亲鸟会带着亚成体在繁殖季过后进行短距离的区域性游荡，而不进行长距离迁徙。茶色树鸭常在农田中觅食，或滤食水中的食物，因此无论成鸟还是亚成体，都容易受到水质污染和农药的伤害。

窝卵数

实际尺寸

茶色树鸭的卵为白色至米黄色，其尺寸为 52 mm × 41 mm。当开始孵卵时，雌雄双方会共同照顾卵及雏鸟，并提供对等的亲代投入。从这一角度讲，茶色树鸭与天鹅及大雁更为相似，而不像其他野鸭。

目	雁形目
科	鸭科
繁殖范围	两个相隔甚远的种群：亚洲东北部及阿拉斯加；加拿大东部、格陵兰南部及冰岛
繁殖生境	水温较低而水流快速的溪流，以及海边岩壁
巢的类型及巢址	鸟巢隐蔽良好，巢址多样，位于水边的地面、岩壁、树桩及树洞中
濒危等级	整体为无危，北美洲东部种群为濒危
标本编号	FMNH 5229

成鸟体长
33～54 cm

孵卵期
25～30 天

窝卵数
3～9 枚

丑鸭
Histrionicus histrionicus
Harlequin Duck

Anseriformes

窝卵数

丑鸭不但因其略显锈色的蓝白相间的羽毛而与众不同，还因其代表了一个单型属而不同寻常，这意味着从进化的角度讲，丑鸭与其他野鸭的亲缘关系都比较远。分布于北美洲的西部种群，其数量较为稳定；而分布于大西洋沿岸的种群数量则正在逐渐减小，这或许是由于水电站及水坝拦截了那些流速较快的河流。

丑鸭适于在流速较快而水温较低的河流中生活。浓密的羽毛不但能帮助这种体型较小的鸭子隔绝低温，还可以确保它们可以在长时间的潜水捕食后快速上浮。雌鸟会在 2 岁时开始尝试繁殖，而雄鸟要等到 3 岁时才达到性成熟，但一般它们在 5 岁之前很难繁殖成功。

丑鸭的卵为乳白色至皮黄色，其尺寸为 58 mm×41 mm。雏鸟在孵化后便可离巢，随雌鸟跳入湍急的溪流或多石的海岸，在水面游泳或潜水捕食甲壳动物及其他无脊椎动物。

实际尺寸

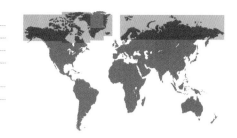

目	雁形目
科	鸭科
繁殖范围	北美洲、欧洲及亚洲的北极平原和海边
繁殖生境	苔原地带的沼泽和池塘，北极海岸及山区湖泊
巢的类型及巢址	地面巢，刨坑中垫以叶片及绒羽；在岛屿及半岛的水边集松散的繁殖群繁殖
濒危等级	无危
标本编号	FMNH 164

成鸟体长
38～58 cm

孵卵期
24～29 天

窝卵数
5～10 枚

长尾鸭
Clangula hyemalis
Long-tailed Duck

Anseriformes

长尾鸭是一种十分特别的野鸭，不仅是因为它们身披黑白相间的羽毛，还因为雄鸟生有长长的中央尾羽。长尾鸭还是下潜深度最深的海鸭，它们能够下潜至 60 m 的深度，寻找无脊椎动物和小鱼，其潜水的时间甚至比两次潜水之间换气的时间还要长。

长尾鸭雌雄之间的配偶关系会在开始孵卵时结束，雌鸟将单独照顾雏鸟。雏鸟孵化后一天之内，就能觅食或潜水，而不需要雌鸟的帮助。之后雌鸟将带着雏鸟一起潜水，雏鸟会找到食物，迅速地捕捉并将其吃掉。

窝卵数

长尾鸭的卵为淡灰色至橄榄绿色，无杂斑。卵的尺寸为 54 mm×38 mm。刚产下的卵十分洁净，但随着孵卵期的持续，卵将逐渐被树叶及其他巢材弄脏，就像这枚收藏于博物馆中的卵标本一样。

实际尺寸

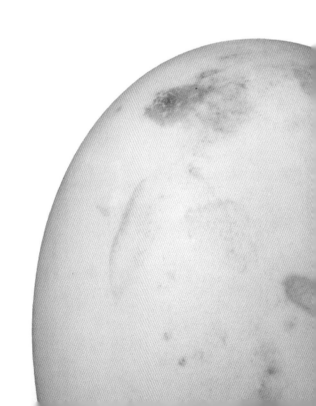

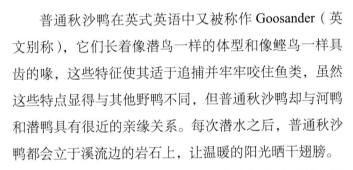

目	雁形目
科	鸭科
繁殖范围	北美洲北部、欧洲、西伯利亚、亚洲中部及东北部的林间湖泊
繁殖生境	具湖泊或河流的湿地及草原
巢的类型及巢址	成熟林的大型树洞中；在缺少树木的地区，也在崖壁及河岸的洞穴中筑巢，通常远离水源
濒危等级	无危
标本编号	FMNH 5131

成鸟体长
58～72 cm

孵卵期
28～35 天

窝卵数
8～12 枚

普通秋沙鸭
Mergus merganser
Common Merganser
Anseriformes

窝卵数

普通秋沙鸭在英式英语中又被称作 Goosander（英文别称），它们长着像潜鸟一样的体型和像鲣鸟一样具齿的喙，这些特征使其适于追捕并牢牢咬住鱼类，虽然这些特点显得与其他野鸭不同，但普通秋沙鸭却与河鸭和潜鸭具有很近的亲缘关系。每次潜水之后，普通秋沙鸭都会立于溪流边的岩石上，让温暖的阳光晒干翅膀。

普通秋沙鸭雌鸟和雄鸟并非都会参与亲代照料。洞巢的选择、卵的孵化和雏鸟的保护，都由雌鸟独自负责。雏鸟孵出后一天之内，便可离开洞巢，虽然雏鸟活动时还需要雌鸟的保护，但此时它们已经能够独自觅食了。繁殖季过后的冬季，普通秋沙鸭通常会集成一个小群并合作捕食，它们会潜入水中将成群的小鱼驱赶至靠近岸边的浅水处，这样一来，群体中的每个个体都能很容易地捕捉到食物。

实际尺寸

普通秋沙鸭的卵为白色至黄色，无杂斑。卵的尺寸为 64 mm × 45 mm。在巢洞稀少的地方，雌鸟会用树枝搭建一个巨大的巢，并在其中垫以胸部的绒羽，以使卵得到保护。

目	雁形目
科	鸭科
繁殖范围	北美洲北部、格陵兰、欧洲及亚洲
繁殖生境	苔原及针叶林中的淡水湖泊及池塘
巢的类型及巢址	地面巢，刨坑中垫以绒羽，巢上方具遮挡，通常为巨石或灌丛
濒危等级	无危
标本编号	FMNH 5133

红胸秋沙鸭
Mergus serrator
Red-breasted Merganser

Anseriformes

成鸟体长
51～64 cm

孵卵期
29～35 天

窝卵数
7～12 枚

红胸秋沙鸭是一种迁徙的鸟，它们的繁殖地比其他秋沙鸭更靠北且越冬地更靠南。成鸟专性捕食鱼类，而雏鸟则以水生昆虫为主要食物。雌雄之间的配偶关系形成于冬季，在春季迁徙时会继续维持，直到开始产卵时，雌鸟将被雄鸟抛弃。

雏鸟孵化之后便会被雌鸟带领至开阔的水域，雏鸟不需要雌鸟的帮助就可潜水觅食。当两群或更多雏鸟相会时，它们将会融合成育儿所（Crèche），由一只或多只雌鸟照管。但数周之后，雌鸟将会留下还不会飞翔的幼鸟独自离开，幼鸟将自己照顾自己，直到它们羽翼丰满，可以飞翔。之后它们将凭借一己之力迁徙至南方温暖的滨海越冬地。

窝卵数

红胸秋沙鸭的卵为浅橄榄黄色，无杂斑。卵的尺寸为 65 mm×45 mm。雏鸟孵出时就能睁开双眼，且周身被覆绒羽，1～2 天之内就能随雌鸟到开阔的河湖中觅食。

实际尺寸

目	雁形目
科	鸭科
繁殖范围	欧洲中部及东部、中亚及英国
繁殖生境	较深的淡水或咸水湖、河流及滨海潟湖
巢的类型及巢址	地面巢或浮巢，由植物的根茎、枝叶筑成，隐藏于茂密的植被中
濒危等级	无危
标本编号	FMNH 5189

成鸟体长
55 cm

孵卵期
26～28 天

窝卵数
8～10 枚

100

赤嘴潜鸭
Netta rufina
Red-crested Pochard
Anseriformes

窝卵数

赤嘴潜鸭的卵为乳白色或淡绿色。卵的尺寸为
58 mm×41 mm。雌鸟和雏鸟都主要以水生植
物为食，它们主要在水面而非潜入水下觅食。
从系统发育学的角度讲，它们和潜鸭的亲缘关
系较河鸭更近。

赤嘴潜鸭雄鸟不但外形独特——棕红色的头部羽
毛配以鲜红色的喙，它们还具有特别的求偶行为，雄鸟
会潜水取食植物或其他食物，并将其送给浮在水面上的
雌鸟作为"彩礼"。额外的食物或许会帮助雌鸟将更多
的营养物质转化为形成卵及其内部胚胎发育所需的营
养，这会利诱雌鸟容忍并接受雄鸟作为伴侣。

赤嘴潜鸭与其他大多数野鸭还有一点不同，即雄鸟
会一直陪伴在孵卵的雌鸟左右，并喂以食物，以此补偿
雌鸟的能量消耗及因孵卵而牺牲的觅食时间。当雏鸟孵
化后，雄鸟才会丢下它们，离开雌鸟和雏鸟，而与其他
雄鸟聚集到一起换羽，雌鸟将负责照顾雏鸟，并保护它
们远离捕食者。

实际尺寸

目	雁形目
科	鸭科
繁殖范围	北美洲及南美洲西部
繁殖生境	植被茂密的沼泽及浅水湖泊
巢的类型及巢址	由草叶筑成的浮巢，其上有芦苇等植物遮挡
濒危等级	无危
标本编号	FMNH 21373

棕硬尾鸭
Oxyura jamaicensis
Ruddy Duck

Anseriformes

成鸟体长
35～43 cm
孵卵期
23～26 天
窝卵数
5～15 枚

101

棕硬尾鸭雄鸟的羽色令人过目不忘，它们披着反差明显的黑色、白色和棕红色羽衣，还长着浅蓝色或亮蓝色的喙。喙的颜色会随着繁殖季的到来变得更加鲜艳，特别是大群中的主雄（Dominant Male）。虽然大多数鸟类，包括雁鸭类，不具外生殖器，但棕硬尾鸭却演化出了适于交配的长长的阴茎。雄鸟的阴茎呈螺旋形。有趣的是，阴茎螺旋的方向刚好可以与雌鸟的生殖器——阴道的螺旋方向相匹配，这使得交配行为变成了一种合作，而非两性之间暴力的活动。

棕硬尾鸭雄鸟不会帮助雌鸟筑巢、孵卵，也不会保护雏鸟，一些雌鸟会将它们那相对巨大的卵产在其他鸟的巢中，以减少自己照顾太多卵及雏鸟的巨大投入。虽然棕硬尾鸭很可能是北美洲除了美洲潜鸭（详见 90 页）之外另一种能将卵寄生在其他个体巢中的鸟类，但科学家却还不清楚棕硬尾鸭寄生雏鸟的存活率。

窝卵数

棕硬尾鸭的卵为乳白色，无斑点，但鸟卵很快就会被巢中的植物性巢材弄脏。卵的尺寸为 62 mm × 46 mm，这样的大小相对于雌鸟体型的比例，在所有雁鸭类中是最大的。

实际尺寸

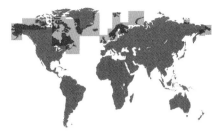

目	雁形目
科	鸭科
繁殖范围	北美洲北部、欧洲北部及西伯利亚东部
繁殖生境	北极及亚北极地区的海岸平原
巢的类型及巢址	地面巢，靠近水源，刨坑中垫以雌鸟从胸部拔下的厚厚的绒羽
濒危等级	无危
标本编号	FMNH 5238

成鸟体长
50～71 cm

孵卵期
24～26 天

窝卵数
3～7 枚

102

欧绒鸭
Somateria mollissima
Common Eider

Anseriformes

窝卵数

无论是在越冬地还是繁殖地，欧绒鸭都集群活动。雌鸟通常会返回它们的出生地附近繁殖，而且往往是在同一个岛屿上。这一现象叫作归家冲动（即返回出生地繁殖），对繁殖地较高的忠诚度将会导致巢址周围的个体常具有较近的亲缘关系。近亲协作的好处，包括那些接受近亲将卵产在自己巢中的雌鸟，养育的将是自己的侄子或侄女，而不是从遗传学角度讲是些没有血缘关系的雏鸟。

或许最著名的欧绒鸭是生活在英格兰北部的种群。在那里，传统的采集方式曾经对成鸟、卵及巢造成了重大影响。因此，圣卡斯伯特（St. Cuthbert）曾于公元676 年，颁布了第一部保护鸟类的法律，因此至今仍有约 1000 对欧绒鸭在同一地区繁殖。这是关于动物保护最早的案例。

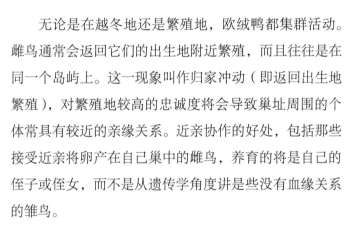

欧绒鸭的卵为橄榄色或浅绿色，无杂斑。卵的尺寸为 78 mm×51 mm。鸟巢内部垫以厚厚的绒羽，这可以在北极寒冷的日子里，有效保持卵的温暖。对许多当地传统的社区来讲，收集欧绒鸭巢中的绒羽常在雌鸟及雏鸟离巢后展开，因此这也是一项可持续发展的活动。

实际尺寸

目	雁形目
科	鸭科
繁殖范围	阿拉斯加沿岸及西伯利亚东北部
繁殖生境	面朝大海的平原或斜坡，开阔苔原地区的湖岸
巢的类型及巢址	地面巢，垫以绒羽，位于湖中小岛或湖边半岛
濒危等级	整体无危，在美国为濒危物种
标本编号	FMNH 14992

成鸟体长
52～57 cm

孵卵期
24～28 天

窝卵数
3～9 枚

103

白睫绒鸭
Somateria fischeri
Spectacled Eider
Anseriformes

窝卵数

年轻的白睫绒鸭生命中的前 2～3 年都会在开阔的海域中度过，之后它们才会返回陆地尝试繁殖。直到 20 世纪 90 年代中期，人们还不知道白睫绒鸭的越冬地在哪里，此后卫星跟踪证实了它们会集大群在白令海的几个岛屿间的开阔水域越冬。因此无论是繁殖季还是越冬季，白睫绒鸭都是适于在北极地区生活的能手。白睫绒鸭会深潜捕食，取食海底或湖底的双壳动物及甲壳动物。

在返回繁殖地之前，雄鸟就会在海上的越冬地换上繁殖羽，并在此与雌鸟确定配偶关系。雄鸟会赶走出现在配偶身边的竞争对手，但会在雌鸟产卵之后将其遗弃，并离开繁殖地，雌鸟将独自孵卵并照顾雏鸟。雌鸟会带领雏鸟到开阔的水域，以保护它们远离北极狐和水貂的攻击。雌鸟及雏鸟还会钻入茂密的灌丛中，以躲避包括北贼鸥（详见 184 页）等来自空中的捕食者。

白睫绒鸭的卵为椭圆形，呈浅橄榄绿色。卵的尺寸为 68 mm × 45 mm。雄鸟不但会在雌鸟开始产卵时将其遗弃，随后还会离开繁殖地，留下雌鸟单独孵卵并照顾雏鸟。

实际尺寸

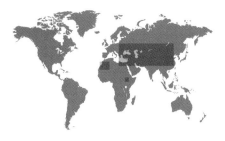

目	雁形目
科	鸭科
繁殖范围	非洲北部、欧洲南部至亚洲东南部
繁殖生境	具淡水或咸水河流、湖泊的开阔的旷野、草原及高原
巢的类型及巢址	崖壁、岩石滩、地面裂隙及树洞，通常远离水源
濒危等级	无危
标本编号	FMNH 2894

成鸟体长
58～70 cm

孵卵期
28～30 天

窝卵数
6～16 枚

104

赤麻鸭
Tadorna ferruginea
Ruddy Shelduck

Anseriformes

窝卵数

　　赤麻鸭雌鸟和雄鸟的外形从远处看十分相似，但近看会发现雄鸟具一黑色颈环，而雌鸟嘴基被白斑环绕。这种麻鸭的配偶关系较其他野鸭更持久，并且雌雄都会照顾幼鸟。雌鸟会用绒羽为鸟巢衬底，而雄鸟则会守在一旁保卫孵卵的雌鸟或吵闹的雏鸟。

　　赤麻鸭具有种间领域性，这意味着亲鸟会攻击闯入领域的其他种野鸭或大雁，但能够容忍其他赤麻鸭个体的存在。繁殖季结束后，赤麻鸭就会集结成群，它们会取食草地上绿色的嫩芽，或在流速缓慢的水域中取食水生植物及无脊椎动物。

赤麻鸭的卵为乳白色，无杂斑。卵的尺寸为 67 mm×48 mm。亲鸟并不总会带领雏鸟到开阔水域觅食或躲避捕食者，而是会在远离湖泊或溪流的开阔草地上觅食。

实际尺寸

目	鹳形目
科	鹳科
繁殖范围	欧洲中部及东部、亚洲西部及中部，重引入至欧洲西部及南非
繁殖生境	开阔的草原、沼泽，通常接近人类定居地
巢的类型及巢址	筑于树木、电线杆或烟囱顶部的体量庞大的鸟巢，常年复一年修缮并重复利用
濒危等级	无危
标本编号	FMNH 21188

白鹳
Ciconia ciconia
White Stork

Ciconiiformes

成鸟体长
100～115 cm
孵卵期
33～34 天
窝卵数
3～4 枚

窝卵数

　　在白鹳分布范围内的许多地区，它们都与人类有着严格的共生关系，它们会在乡村的建筑上筑巢。白鹳会将巢址选定在烟囱或电线杆顶部，并且每年都会准确地返回同一地点，修理并重复利用旧巢，而不会被作为邻居的人类或其他观察者打扰。白鹳不但会与人类共享巢域，体量庞大的鸟巢还会为许多其他鸟类提供筑巢的场所，例如家麻雀（详见 636 页）就会把巢筑在树棍或树枝等巢材的间隙中。

　　白鹳配偶之间的关系十分亲近，它们每年春天返回鸟巢的时间很准确，配偶之间会将头双双转向后侧，一起叩击上下喙并发出响声，这些也使得白鹳成为童话故事或神话传说中的常客。白鹳还提供了鸟类长距离迁徙最早的科学的证据。具体来说，1822 年春天，人们在一只返回欧洲的白鹳脖子上，发现了一枚深深插入的长矛，而这枚长矛具有非洲传统风格。

白鹳的卵为椭圆形，略具白色光泽。卵的尺寸为 72 mm × 52 mm。雌雄共同孵卵，它们会在寒冷的天气里轮流为卵提供热量，也会在炎热的天气里为卵制造阴凉，并为雏鸟提供食物和水。

实际尺寸

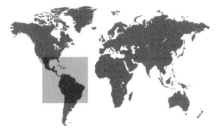

目	鹳形目
科	鹳科
繁殖范围	中美洲及南美洲，加勒比地区及美国南部
繁殖生境	湿润的林地、沼泽及红树林
巢的类型及巢址	集群繁殖，鸟巢巨大，由树棍筑成，多见于高大树木顶端
濒危等级	无危，在美国为区域性濒危
标本编号	FMNH 5332

成鸟体长
85～115 cm

孵卵期
27～32 天

窝卵数
3～5 枚

106

黑头鹮鹳
Mycteria americana
Wood Stork
Ciconiiformes

窝卵数

　　黑头鹮鹳是北美洲最重的涉禽，它们那大而白的身躯十分显眼，会在浅水、泥滩生境中行走、觅食，寻找甲壳动物、两栖动物和鱼类。觅食时黑头鹮鹳的嘴会在水中微微张开，当触碰到潜在猎物时则会因条件反射而紧闭。为了满足自身及繁殖的需要，黑头鹮鹳的繁殖周期会从水位下降时开始，下降的水位使得这些涉禽能够为雏鸟捕捉到足够的鱼。即使这样，食物短缺时也只有较先孵化的雏鸟才能存活。

　　虽然黑头鹮鹳的个头不小，但它们的巢却容易受到拟八哥、乌鸦或秃鹫的威胁。在干旱的年份里，当黑头鹮鹳巢树下的沼泽完全干枯时，浣熊就有机会爬到树上取食鸟卵或雏鸟，所有的繁殖投入都将在短时间内付之一炬。而黑头鹮鹳成鸟则几乎没有天敌，它们会年复一年地回到同一巢址繁殖。

实际尺寸

黑头鹮鹳的卵为乳白色而无斑点。卵的尺寸为 68 mm×46 mm。同其他鹳一样，在炎热的夏季，黑头鹮鹳亲鸟也会用它们的嘴带水回巢，并将水淋在雏鸟身上。

目	鹳形目
科	鹳科
繁殖范围	撒哈拉以南的非洲及马达加斯加
繁殖生境	较浅的沼泽及河流旁，附近常具常沙丘及树木
巢的类型及巢址	由树枝和细枝筑成，多见于水中的小树或岸边的大树上
濒危等级	无危
标本编号	FMNH 21165

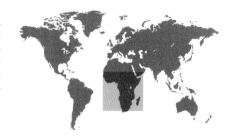

成鸟体长
90～105 cm
孵卵期
30～32 天
窝卵数
2～3 枚

黄嘴鹮鹳
Mycteria Ibis
Yellow-billed Stork

Ciconiiformes

窝卵数

黄嘴鹮鹳常集群繁殖，多只雄鸟会聚集在潜在巢址附近进行求偶展示，而雌鸟则会从中选出如意郎君。巢址的位置最终会由雌鸟决定。雌雄双方共同收集树枝等巢材，并用约一周的时间搭建一个大却凌乱的鸟巢。鹳类只能发出几种简单的声音，例如上下喙快速开合相互碰撞产生空洞的声音；再如，如果在孵卵时有其他同类突然靠近的话，它们会发出一种嘶嘶声；而巢中的雏鸟向亲鸟乞食时，则会发出刺耳的鸣声。

与很多涉禽不同的是，在非繁殖期，黄嘴鹮鹳常单独活动，它们有意地慢慢行走，用双腿将躲藏在泥水的无脊椎动物、小鱼及两栖动物惊起。当发现猎物时，在鸟类中最迅速的条件反射的作用之下，其颈部肌肉会迅速反应，黄嘴鹮鹳会本能地用那长而末端下弯的喙抓住猎物。而无论猎物或大或小，那令人过目不忘的喙都能够自如地应对。

黄嘴鹮鹳的卵为污白色，其尺寸为 88 mm × 67 mm。卵会间隔两天产下，先产先孵，雌雄轮流孵卵，因此雏鸟异步孵化，雏鸟之间也会存在体型和等级上的差异。

实际尺寸

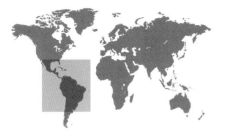

目	鹳形目
科	鹮科
繁殖范围	墨西哥湾沿岸
繁殖生境	内陆沼泽、海湾及河口，附近具灌丛或树木
巢的类型及巢址	盘状巢，由树枝搭建而成，多见于灌丛、树木之上或红树林中
濒危等级	无危
标本编号	FMNH 21161

成鸟体长
71～86 cm

孵卵期
22～24 天

窝卵数
2～5 枚

108

粉红琵鹭
Platalea ajaja
Roseate Spoonbill

Ciconiiformes

窝卵数

粉红琵鹭雌雄同型，即二者的体型大小和体羽颜色都十分相似，但我们却可以通过行为的差异来分辨彼此。雄鸟会利用小树枝来吸引中意的雌鸟，在确定配偶关系之后，雄鸟会将雌鸟带到合适的营巢地点，而一旦确定巢址，双方将共同参与筑巢，并会在之后轮流亲历孵卵、共同照顾幼鸟的过程。粉红琵鹭会集成松散的群体营巢，其间还常夹杂其他涉禽的巢，但粉红琵鹭却不会集群觅食，更不会吵吵闹闹。

粉红琵鹭羽毛的粉红色来源于它们的食物——小虾及甲壳动物，而这些食物中的色素则来源于更低一级的食物——能够产生类胡萝卜素的藻类。然而在过去几个世纪里，显眼的羽色却让这些鸟付出了惨重的代价：漂亮的羽毛可以作为时尚的装饰，粉红琵鹭因此遭到大量捕杀。而今天，随着沿海地区栖息地的丧失以及这些地区经济的快速发展，粉红琵鹭的保护问题变得更加严峻。

实际尺寸

粉红琵鹭的卵为白色，杂以棕色斑点。卵的尺寸为 65 mm × 44 mm。卵常被浣熊窃取食用，而雏鸟也常丧命于火蚁之口。

目	鹈形目
科	鹮科
繁殖范围	北美洲南部及加勒比诸岛
繁殖生境	湿地、沼泽、草原、海边湿地及热带雨林
巢的类型及巢址	巢由树枝松散地搭建而成，多见于距离水面较高的林冠层，尤其倾向于搭在岛屿上那些正在生长的树木之上
濒危等级	无危
标本编号	FMNH 5318

美洲红鹮
Eudocimus ruber
Scarlet Ibis

Pelicaniformes

| 成鸟体长 55～63 cm |
| 孵卵期 19～23 天 |
| 窝卵数 2～4 枚 |

109

美洲红鹮，亦称赤鹮，亚成体体羽为斑驳的棕灰色，但性成熟之后会换上一身亮红色的羽衣，它也是涉禽中唯一具有深红色羽衣的鸟种。虽然美洲红鹮具有戏剧性的换羽过程以及独特的外表，但一些行为生态学家和进化遗传学家却认为，美洲红鹮与美洲白鹮（详见 110 页）或许是一个物种。美洲白鹮会接受并孵化美洲红鹮的卵并会养育雏鸟；而由美洲白鹮养大的美洲红鹮会习得养父母的行为模式，会复制美洲白鹮的性选择过程，甚至还会跨越"物种"的界限、与美洲白鹮"杂交"产生"粉鹮"，虽然这种情况比较少见，但无论是野外还是笼养条件下都能见到。

美洲红鹮的取食环境较为多样，它们凭借长而下弯的喙，不但可以取食浅水或泥滩中的小虾及软体动物，也可在开阔的草地上取食甲虫。人们还曾观察到美洲红鹮追逐并抢走其他涉禽口中食物的现象，它们甚至还会尾随在家畜或鸭子的身后，捕食行走时惊起的昆虫。

窝卵数

美洲红鹮的卵为暗绿色，杂以棕色斑点。卵的尺寸为 51 mm×36 mm。美洲红鹮集大群繁殖，雌鸟的产卵期较为同步，因此雏鸟可以在相近的时间孵化或出飞，这样可以降低某一个卵或雏鸟被捕食的风险。

实际尺寸

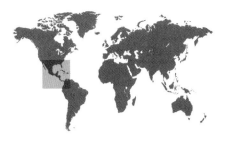

目	鹈形目
科	鹮科
繁殖范围	墨西哥湾沿岸及美国东南部、中美洲及南美洲西北部地区
繁殖生境	沿海沼泽、湿地及红树林
巢的类型及巢址	由树棍搭建而成，筑于树枝上或灌丛及树木顶端，多见于开阔的水面之上
濒危等级	无危
标本编号	FMNH 21170

成鸟体长
56～68 cm

孵卵期
21～23 天

窝卵数
2～3 枚

110

美洲白鹮
Eudocimus albus
White Ibis
Pelicaniformes

窝卵数

美洲白鹮的卵为淡绿色，杂以棕色斑点。卵的尺寸为 58 mm × 39 mm。雏鸟喙的生长速率远快于身体其他部分，因此长长的喙显得很不协调。在孵出后第二至第六周内，雏鸟喙部具三条深色横纹，这使其易于与混合群内的其他雏鸟相区别。

美洲白鹮是一种具有高度社会性且集群营巢的涉禽。它们与澳洲白鹮不同，二者分别隶属于两个不同的属。美洲白鹮雌雄外形相似，因此远远看去难以辨别彼此，但二者的差别可以从体型一窥究竟：雌鸟比雄鸟小且体轻 20% ～ 25%。

雌鸟在筑巢的过程中占据主导地位，它们会选择巢树并确定具体的筑巢位置，然后雌雄双方会共同收集巢材、搭建爱巢，并合力保卫巢域。美洲白鹮会集大群甚至是超大群繁殖。但与其他典型的集群筑巢的涉禽或海鸟不同，美洲白鹮的巢址并不固定，原址会在一两年内解散，或迁移到附近的新巢址去，这取决于首先筑的巢的位置。

实际尺寸

目	鹈形目
科	鹮科
繁殖范围	北美洲东部、加勒比海沿岸、欧洲、亚洲东南部、非洲、澳大利亚及一些太平洋岛屿
繁殖生境	沼泽及湿地
巢的类型及巢址	由树枝和细枝编织成的浅盘状巢，垫以草叶，多见于低矮的灌丛和树木上
濒危等级	无危
标本编号	FMNH 5320

成鸟体长	48～66 cm
孵卵期	20～23 天
窝卵数	3～4 枚

彩鹮
Plegadis falcinellus
Glossy Ibis

Pelicaniformes

111

窝卵数

彩鹮是世界上分布最广泛的一种鹮科鸟类，无论是南半球还是北半球，无论哪个大洲都能见到它们的身影。[①] 彩鹮多与同种或异种鹮类及鹭类混群筑巢。在巢域范围内，彩鹮具有极强的领域性并会主动反击入侵者。雌雄双方会在一声悠长的鸣叫之后交班孵化幼鸟或保卫巢域。

彩鹮的卵为异步孵化，这意味着当最后一只雏鸟破壳而出后，它在日龄和体型上都将比巢中的其他雏鸟小。亲鸟会将刚刚捕捉到的食物[②]反吐出，并直接吐到雏鸟的嘴里。但与在鹭类巢中发生的情况不同的，是彩鹮巢中的雏鸟不会因食物而大打出手，或许是因为亲鸟似乎倾向于优先饲喂最小的雏鸟。因此，彩鹮雏鸟的成长情况完全由亲鸟掌控。

彩鹮的卵呈椭圆形，淡蓝色或淡绿色，无杂斑。卵的尺寸为 52 mm × 37 mm。雏鸟的发育十分迅速，它们能在孵化一周后离巢，但要等到三周后才能飞翔。雏鸟会在两个月大时随亲鸟离开繁殖群。

实际尺寸

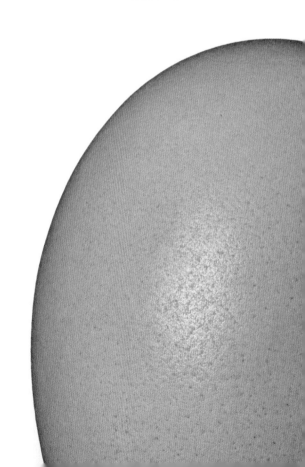

---

① 译者注：南极洲除外。
② 译者注：半消化后食糜的形式。

目	鹈形目
科	鹭科
繁殖范围	欧洲温带地区、亚种中部及南部、非洲南部
繁殖生境	湿地及洪泛草原
巢的类型及巢址	由芦苇堆积而成的巨大的鸟巢，多见于湖边或海边的树木之上，偶尔也会筑于湿地植物之间
濒危等级	无危
标本编号	FMNH 5425

成鸟体长
84～102 cm

孵卵期
27～28 天

窝卵数
3～4 枚

112

苍鹭
Ardea cinErea
Gray Heron

Pelicaniformes

窝卵数

苍鹭常与其他鸟类，包括其他种类的鹭集大群繁殖。近来，普通鸬鹚（详见 132 页）种群的扩张对鹭类造成了直接的竞争，这将导致鸬鹚取代树栖性鹭类。然而当树上的巢址不足时，苍鹭也能在靠近地面的地方成功繁殖，它们会在沼泽植被上搭建巨大的巢，展现出灵活而极为必要的选择性，以避免在巢址有限的情况下失去繁殖机会。

与将巢筑在拥挤的繁殖群内相反的，是苍鹭倾向于选择在流速缓慢的溪流边那安静的河岸上独自觅食。它们步速缓慢，常长时间一动不动地等待，盯着水面寻找小鱼或两栖动物。它们也会捕捉岸上的小型哺乳动物或巢中的雏鸟。近些年，苍鹭已经入侵到城市中来，包括荷兰的阿姆斯特丹，它们在那里以垃圾或街道上其他被丢弃的东西为食。

苍鹭的卵为淡绿色，无杂斑。卵的尺寸为 61 mm×43 mm。20 世纪 60 年代，农药的摄入和积累，导致了胚胎较高的死亡率和卵壳的厚度较薄，进而导致了苍鹭繁殖成功率的下降。今天，苍鹭的种群数量维持稳定或稳中有升。

实际尺寸

目	鹈形目
科	鹭科
繁殖范围	北美洲、中美洲及加勒比地区
繁殖生境	多种湿地生境，包括沿海沼泽、红树林至内陆湖泊、河流
巢的类型及巢址	由树枝搭建成的大型巢，位于树木之上，一个繁殖地通常会有几百只大蓝鹭集群繁殖
濒危等级	无危
标本编号	FMNH 5397

成鸟体长	97～137 cm
孵卵期	25～30 天
窝卵数	3～6 枚

大蓝鹭
Ardea herodias
Great Blue Heron
Pelicaniformes

113

大蓝鹭是北美洲体型最大的鹭，也正因如此，它们能够利用从泛滥平原到较深的河流或湖泊等多种水生生境。它们常单独或集小群觅食，有时会远离开阔水域而到草地上寻找鼠类或蜥蜴。大蓝鹭能够在多种生境中觅食，这使得它们在寒冷的季节里也能找到食物，因此在其分布区内大多数地区的个体都是留鸟。

亲代照料由两性共同完成，包括孵卵和育雏。成年大蓝鹭会将捕捉到的食物储存在嗉囊中，并将半消化的食糜反吐出喂给雏鸟。巢中挤满的等待喂食的雏鸟每天要消耗的食物，是双亲在非繁殖季里需求的 4 倍。

窝卵数

大蓝鹭的卵为淡蓝色，无杂斑，卵的尺寸为 64 mm×46 mm。人为干扰会对处于繁殖早期的大蓝鹭造成严重影响，如果受到人类的干扰，大蓝鹭整个繁殖群都有可能弃巢，而留下卵和雏鸟自生自灭。

实际尺寸

目	鹈形目
科	鹭科
繁殖范围	欧洲南部、亚洲西部、地中海地区，撒哈拉以南的非洲地区及马达加斯加岛
繁殖生境	湿地、沼泽
巢的类型及巢址	由树棍搭建，筑于树木之上，多见于开阔的水面上方，或在芦苇丛中，接近地面或水面
濒危等级	无危
标本编号	FMNH 21218

成鸟体长
43～47cm

孵卵期
20 天

窝卵数
2～4 枚

114

白翅黄池鹭
Ardeola ralloides
Squacco Heron

Pelicaniformes

窝卵数

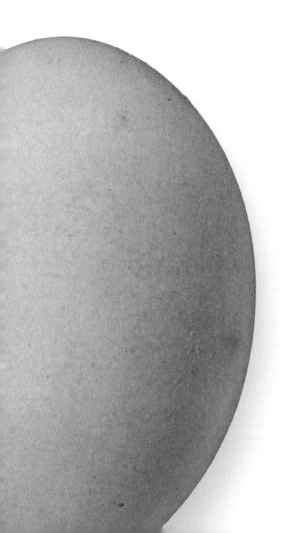

白翅黄池鹭常集大群繁殖，一个繁殖群中至多能有数千繁殖对。它们会搭建一个盘状巢，有时其他鸟类也会将卵产于其中，这一现象叫作巢寄生。孵化其他鸟的卵，并将它们的雏鸟抚养大，会增加寄主的繁殖投入。实验表明，当白翅黄池鹭的巢被鸟卵体积更大鸟类巢寄生时，它们就会弃巢；而如果寄生的卵与自己的卵尺寸相似时，白翅黄池鹭则不能将其识别并会将它们孵化。这表明，弃巢行为是一种适应性策略，在被繁殖区内体型更大的鹭类巢寄生时，这种策略能够有助于减少繁殖投入。

白翅黄池鹭分布范围广大，并拥有一个庞大的种群数量，但在某些地区，这种鸟却由于其偏爱的浅水湖泊和池塘等栖息地的丧失而十分稀少。在尼日利亚，白翅黄池鹭因其皮肤在当地医药市场中具有一定价值而被猎杀。

实际尺寸

白翅黄池鹭的卵为蓝绿色，无杂斑。卵的尺寸为 39 mm × 29 mm。白翅黄池鹭是一种在黎明和黄昏活动的鸟类，因此亲鸟常在此时觅食或饲喂雏鸟。

目	鹈形目
科	鹭科
繁殖范围	北美洲温带地区
繁殖生境	湿地、沼泽或潜水池塘
巢的类型及巢址	由茎叶编织成盘状巢，筑于挺水植物之间，位于水面之上
濒危等级	无危
标本编号	FMNH 5344

美洲麻鳽
Botaurus lentiginosus
American Bittern

Pelicaniformes

| 成鸟体长 60～85 cm |
| 孵卵期 24～28 天 |
| 窝卵数 2～3 枚 |

115

美洲麻鳽可以在行为和羽色的双重作用下使自己不被天敌发现。其独来独往的觅食和繁殖习性、晨昏活动的行为节律、极具隐蔽性的羽衣、谨小慎微而行动缓慢的脚步，以及当遇到天敌时突然静止的行为，都使其极易隐蔽于香蒲等沼泽植被的背景之中。

春天，雄鸟会通过低沉的鸣唱吸引雌鸟的注意，并以此宣示自己的领域。美洲麻鳽发出的隆隆的声响会通过食管处气囊的共鸣作用而传出。当鸣唱还不足以一决高下时，雄鸟会俯下身来，向竞争对手炫耀展示其肩颈部洁白的羽毛，并借此建立等级关系。雄鸟还会通过展示肩颈部白色的羽毛来向雌鸟求爱。有时，雌鸟会与已经拥有配偶的雄鸟形成配偶关系，因此它们的婚配制度为一雄多雌制。

窝卵数

美洲麻鳽的卵为椭圆形，呈皮黄色或橄榄色至棕色，无斑点。卵的尺寸为 49 mm×37 mm。美洲麻鳽单独营巢而不集群，盘状巢由雌鸟搭建，而雄鸟则站在一旁负责警戒。

实际尺寸

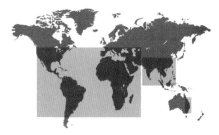

目	鹈形目
科	鹭科
繁殖范围	亚洲东南部、欧洲南部及非洲，近来自然扩散至南美洲、中美洲、北美洲及澳大利亚
繁殖生境	湖边林地、草原以及有家畜的牧场
巢的类型及巢址	鸟巢由树棍松散地搭建而成，集群筑巢多见于水边树木上，常与其他种涉禽混群繁殖
濒危等级	无危
标本编号	FMNH 21216

成鸟体长
88～96 cm

孵卵期
23 天

窝卵数
1～5 枚

116

牛背鹭
Bubulcus Ibis
Cattle Egret

Pelecaniformes

窝卵数

　　牛背鹭飞跃了辽阔的大洋，经历了最大范围的自然扩散，到达了数个大洲。如今，繁殖种群已经在除南极洲外的全世界各大洲站稳了脚跟，它们甚至扩散到了偏远的亚南极地区的岛屿上。这意味着，牛背鹭在过去一百年间的急剧扩散，和其与人类放牧活动之间的密切关系有着很大的关联。

　　在草原上，牛背鹭是在大型哺乳动物附近觅食的能手，它们以这些野生或家养动物觅食时惊起的昆虫为食。这使得牛背鹭这种依靠视觉系统捕食的鹭更像是陆生鸟类，[1]这导致了它们在捕食水中昆虫时常以失败告终。因为牛背鹭的这一点与其他拥有复杂智力的鹭类不同，其他鹭类能够判断出当在水面与空气之间存在折射现象时，眼睛里看到猎物的位置与猎物在水下的实际位置之间存在差别，并准确地确定捕食时喙的入水角度。

牛背鹭的卵为淡蓝白色，无杂斑。卵的尺寸为 53 mm × 45 mm。卵为异步孵化，较晚孵出的雏鸟常忍饥挨饿。牛背鹭为巢寄生性鸟类，它们会将卵产在同种或异种鸟类的巢中，虽然其中的很多都不能成功孵化。

实际尺寸

① 译者注：此处指不在水边活动的鸟类。

目	鹈形目
科	鹭科
繁殖范围	北美洲温带地区、中美洲、南美洲北部、加勒比地区、南亚、东南亚及澳大利亚
繁殖生境	小型湿地、海岸及低洼地区
巢的类型及巢址	由树枝搭建成篮状巢，多见于沼泽树木的高处，偶尔也会筑在灌丛或地面上
濒危等级	无危
标本编号	FMNH 5498

美洲绿鹭
Butorides virescens
Green Heron

Pelecaniformes

成鸟体长
44 cm

孵卵期
19～21 天

窝卵数
3～5 枚

117

美洲绿鹭与外形相似但全球广布物种绿鹭，以及加拉帕戈斯群岛特有物种加岛绿鹭（Lava Heron 或 Galapagos Heron）一道，构成了科学家常说的复合种的概念。尽管美洲绿鹭与绿鹭的繁殖区域存在地理隔离，但二者较强的运动能力也导致了彼此之间存在长期的基因交流。

绿鹭常独自觅食，它们会立在河岸边或水面之上的树枝上等待猎物游过。作为少数会使用工具的鸟类，绿鹭有时会捡拾小树棍或植物的茎，并将其扔到水中，盯着小鱼或昆虫浮到水面上并游过来时，抓住并吃掉它们。亲鸟正是依靠如此高效的捕食策略来养育巢中的雏鸟。雏鸟会在羽翼丰满之后、具备飞翔能力之时离巢，但此后仍需要亲鸟一段时间的照顾和喂养。

窝卵数

美洲绿鹭的卵为淡绿色，无杂斑。卵的尺寸为 38 mm×30 mm。雌鸟每隔两天产一枚卵，但只有达到满窝卵数时才开始孵卵。

实际尺寸

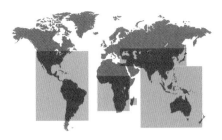

目	鹈形目
科	鹭科
繁殖范围	北美洲、南美洲、加勒比地区、撒哈拉以南的非洲、亚洲、欧洲、澳大利亚，以及新西兰的一个孤立的种群
繁殖生境	树木或芦苇丛中，靠近淡水或咸水的池塘或沼泽
巢的类型及巢址	树棍巢，多见于树木顶部或芦苇丛中，会与其他鹭、鹮、琵鹭及鸬鹚混群繁殖
濒危等级	无危
标本编号	FMNH 5432

成鸟体长
94～104 cm

孵卵期
23～27 天

窝卵数
2～6 枚

118

大白鹭
Ardea Alba
Great Egret
Pelecaniformes

窝卵数

大白鹭的卵为淡蓝色，无杂斑。卵的尺寸为58 mm×42 mm。大白鹭巨大的巢内会衬以湿润或新鲜的植物组织。当这些植物组织变干后，会形成稳定的杯状结构，因此当亲鸟孵卵时，巢杯能稳稳地固定住鸟卵。

大白鹭为全球广布物种，它们在除南极洲外的每一块大陆上都有分布和繁殖。关于大白鹭，在进化学上尚存在一个不解的谜团：即使分布于相隔遥远的两个地区的大白鹭之间，在形态学和行为学上是否表现出基因之间的差异，又是如何保持着基因之间的联系，都需要深入研究。

大白鹭雌雄之间配偶关系的建立，常在雄鸟开始筑巢并站在大树顶端求偶炫耀时开始。雌鸟将会接手并完成巢的搭建，雌雄都会参与到亲代照料的过程中来。尽管搭建一个由树枝筑成的、体量庞大的巢意味着巨大的投入，但鸟巢在雄鸟求偶炫耀和交配过程中却扮演着重要的作用。大白鹭每年都会重新搭建鸟巢而很少利用旧巢。

实际尺寸

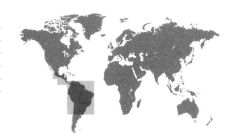

目	鹈形目
科	鹭科
繁殖范围	从墨西哥起经中美洲至南美洲北部及中部
繁殖生境	红树林沼泽
巢的类型及巢址	树棍巢呈浅盘状，多见于树木或灌丛上，单独或集小群繁殖
濒危等级	无危
标本编号	FMNH 497

船嘴鹭
Cochlearius cochlearius
Boat-billed Heron

Pelecaniformes

| 成鸟体长 |
| 46～54 cm |
| 孵卵期 |
| 21～26 天 |
| 窝卵数 |
| 2～4 枚 |

119

船嘴鹭长着奇怪的外表，但因营夜行性生活而常逃离人们的目光。它们那令人印象深刻的船一样的喙，有助于突然咬住水中的猎物，或掘起大量的泥水，以抓住隐藏于黑暗环境中的纹丝不动的猎物。船嘴鹭的喙演化出了特别灵敏的触觉以适应这样的生活，它能够在感知到最轻微的触觉时自动打开。

亲鸟双方都会参与营巢，其巢呈浅盘状。在繁殖季开始时，即新热带界的雨季到来时，雌雄双方会用它们的喙梳理羽毛，也会打嘴并发出响亮的声响。与其他鹭类不同的是，船嘴鹭雌雄双方会在巢附近或巢内交配。船嘴鹭具有终生生长的粉䎃，这使得它们的羽毛可以在沼泽环境中或雨水的影响下保持干燥。粉䎃不断破碎成粉末状颗粒，这些颗粒在喙或脚爪的帮助下扩散至身体其他部位的羽毛上，因此船嘴鹭的羽毛具有防水的性能，并能保持干燥。

窝卵数

船嘴鹭的卵为蓝白色，黄褐色的斑点环绕钝端排列。卵的尺寸为 50 mm × 35 mm。那些孵化后或者保存于博物馆中的卵，其上的斑点常会消失。

实际尺寸

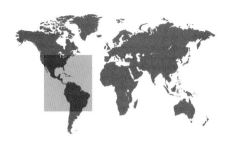

目	鹈形目
科	鹭科
繁殖范围	北美洲温带地区、中美洲、南美洲及加勒比地区
繁殖生境	淡水沼泽、咸水潟湖、沿海灌丛及小岛
巢的类型及巢址	盘状巢，由树枝、芦苇及草叶搭建而成，与其他鹭类混群繁殖
濒危等级	无危
标本编号	FMNH 5464

成鸟体长
56～74 cm

孵卵期
21 天

窝卵数
3～6 枚

120

小蓝鹭
Egretta caerulea
Little Blue Heron

Pelecaniformes

窝卵数

小蓝鹭的卵为淡蓝色，无杂斑。卵的尺寸为 46 mm×34 mm。雄鸟负责选择巢址，并向雌鸟炫耀展示，而雌雄双方将会共同营巢并饲喂幼鸟。

小蓝鹭成体体羽为深蓝色，而亚成体最多到两岁前都为纯白色。有趣的是，小蓝鹭那白色的体羽不但可以使其减少来自繁殖期同种鸟类成体的攻击，还能够增加被其他小型白色涉禽，例如雪鹭（详见 121 页）容忍的概率。

相比于年龄更大、体色更深的个体，白色小蓝鹭的存在不但更容易被周围的雪鹭所接受，而且还能比这些雪鹭捕食更多的小鱼。白色的羽毛还能保护小蓝鹭免受天敌的攻击，特别是与其他白色的鹭类混群栖息或飞翔时。除了站立在浅水处等待猎物的出现，小蓝鹭还能跟在农民或牲畜身后，捕捉田地中被农具或牲畜惊飞的小型昆虫。

实际尺寸

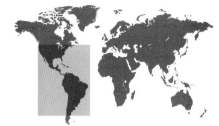

目	鹈形目
科	鹭科
繁殖范围	北美洲温带地区、中美洲、南美洲及加勒比地区
繁殖生境	湿地、海岸、河口及内陆湖泊小岛中的树木上
巢的类型及巢址	由树枝搭建成的盘状巢，多见于树木或灌丛上，常与其他鹭类混群繁殖
濒危等级	无危
标本编号	FMNH 5437

雪鹭
Egretta thula
Snowy Egret

Pelecaniformes

成鸟体长
56～66 cm

孵卵期
20～24 天

窝卵数
3～5 枚

121

与那些分布广泛却没有分化成多个物种的鹭类不同的是，雪鹭的分布区仅限于新大陆，这与分布并繁殖于欧亚大陆的小白鹭相对应。然而，在最近几十年间，小白鹭自然扩散至巴哈马群岛及加勒比地区，这可能导致雪鹭与小白鹭二者杂交现象的产生，或重叠分布区的建立。

雪鹭在繁殖期时，胸部、背部及颈部会长出长长的丝状蓑羽，这些羽毛在 19 世纪 80 年代晚期，常被当作妇女帽子上的装饰，而且十分流行。这导致了雪鹭被大规模猎杀，其种群数量也因此下降。但在这股狂潮结束后，雪鹭的种群数量迅速恢复。雪鹭雄鸟主要依靠特别的行为和雪白的头部羽毛来吸引雌鸟。当雄鸟被雌鸟选择之后，雌鸟将负责搭建鸟巢，而卵的孵化和雏鸟的养育将由双亲共同承担。

窝卵数

雪鹭的卵为椭圆形，呈淡蓝色或淡绿色，无杂斑。卵的尺寸为 43 mm × 32 mm。卵蓝绿色的色调是由一种叫作胆绿素的色素造成的，胆绿素会在卵产出的前一个夜晚，由雌鸟的输卵管中沉积到卵壳上。

实际尺寸

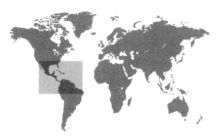

目	鹈形目
科	鹭科
繁殖范围	北美洲南部、加勒比地区及南美洲北部
繁殖生境	沼泽及潟湖
巢的类型及巢址	由芦苇茎叶搭建而成，多见于灌丛或矮树上
濒危等级	无危
标本编号	FMNH 516

成鸟体长
56～76 cm

孵卵期
21 天

窝卵数
3～5 枚

122

三色鹭
Egretta tricolor
Tricolored Heron

Pelecaniformes

窝卵数

三色鹭的卵为淡蓝色或淡绿色，无杂斑。卵的尺寸为 44 mm × 32 mm。巢址由雄鸟选定，而筑巢、孵卵及育雏则将由亲鸟双方共同完成。

三色鹭，曾被称作路易斯安纳鹭（Louisiana Heron），是一种集群繁殖的水鸟，它们常与其他种鹭类混群繁殖。对于三色鹭来说，放弃集群繁殖、在草丛中一动不动或在齐胸的深水中缓慢行走都是难以做到的事情。繁殖和觅食存在一定关联，大多数群巢都分布于食物丰富的觅食地 2 ～ 3 km 的距离之内。

仪式化的觅食行为在这种鹭的求偶展示中十分重要，雄鸟会于繁殖早期，在巢群内的适宜巢址处展示这一行为。在雌鸟选定一只雄鸟后，雄鸟的炫耀展示强度会有所增强，并会进行交配。此后，巢的搭建将全速展开。雌雄之间的配偶关系在一个繁殖季内都将保持稳定，有时配偶关系也会维持数年。

实际尺寸

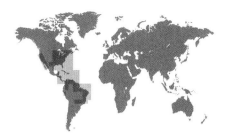

目	鹈形目
科	鹭科
繁殖范围	北美洲温带地区、加勒比地区及南美洲的河边及海岸
繁殖生境	植被高而茂密的淡水或咸水沼泽
巢的类型及巢址	盘状巢,筑于水面之上,上部由弯折的湿地植物遮挡
濒危等级	无危,但部分地区数量稀少或为区域性濒危
标本编号	FMNH 5364

成鸟体长	28~36 cm
孵卵期	17~20 天
窝卵数	2~5 枚

姬苇鳽
Ixobrychus exilis
Least Bittern
Pelecaniformes

123

姬苇鳽是伪装大师,它们的体型小巧且具有易于隐蔽的体色,当潜在捕食者到来时,它们会保持不动,并向上伸直脖子,与身旁随风摇动的茂密的沼泽植被融为一体。当姬苇鳽隐蔽于茂密的芦苇丛中时,配偶之间会利用有所差别的鸣声来向彼此暗示自己的位置,而非走到开阔的地方来。它们也会在茂密的植被中筑巢、孵卵并喂养雏鸟,直到雏鸟能够在最多3周后从巢中走出来。但此时的雏鸟还不能飞翔,仍需亲鸟的照顾。

姬苇鳽分布范围广泛,集松散的群体活动、繁殖,人们偶尔也能见到这种鸟类,因此它们的保护级别为无危级。但就某些地区来说,姬苇鳽正在受到栖息地的丧失、破碎化或改变等因素的影响,例如在马萨诸塞州,这一行动隐秘的物种已被列为濒危级。

窝卵数

实际尺寸

姬苇鳽的卵为淡蓝色或淡绿色,无光泽。卵呈椭圆形,其尺寸为 31 mm × 24 mm。卵为哺乳动物或蛇类捕食。来往船只的打扰,是繁殖失败的最主要的原因,但沼泽植被结构的变化,包括外来入侵物种芦苇的出现,也使得其筑巢地点的质量有所下降。

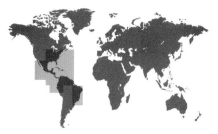

目	鹈形目
科	鹭科
繁殖范围	加勒比地区，北美洲、中美洲及南美洲的温带及热带地区
繁殖生境	沼泽及沿海岛屿
巢的类型及巢址	由稀疏的树枝搭建而成，垫以杂草和树叶，多见于树木的树干层
濒危等级	无危
标本编号	FMNH 5536

124

成鸟体长
61 cm

孵卵期
24～25 天

窝卵数
3～5 枚

黄冠夜鹭
Nyctanassa violacea
Yellow-crowned Night-heron
Pelecaniformes

窝卵数

黄冠夜鹭集小群繁殖，因此天敌有机会潜入其中；而在偏远的地区，包括湖岸及岛屿，由于鲜有能够爬上树木取食鸟卵的哺乳动物，因此黄冠夜鹭常集大群筑巢。巢址会被一年又一年地重复利用，巢也会被同一对黄冠夜鹭一遍又一遍地翻新。群巢常靠近水边，这可以保证与觅食地之间仅具较短的距离，以便在日暮之时迅速归巢。

巢最初的结构与新结成的配偶之间的求偶炫耀行为有关：雌鸟在巢址旁边等待，而雄鸟则会递来与其翼展相当且不具分支的树枝。一旦确定配偶关系，雌雄双方会共同营巢，并会在巢中央做出一个浅坑，以容纳在此孵化的鸟卵。

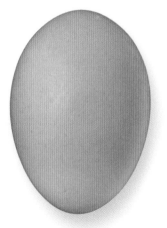

黄冠夜鹭的卵为淡蓝色，无杂斑。卵的尺寸为 55 mm×42 mm。雏鸟刚孵出时就已经被覆稀疏的绒羽了，但还不能睁开双眼，不过在一天之内便睁开了。雏鸟之间会因亲鸟饲喂的食物发生激烈的竞争。

实际尺寸

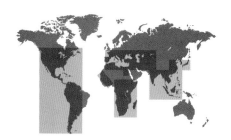

目	鹈形目
科	鹭科
繁殖范围	除大洋洲及南极洲外所有大陆的热带及温带地区
繁殖生境	淡水及咸水沼泽、湖泊及林间溪流
巢的类型及巢址	由树枝筑成的松散的盘状巢，多见于灌丛或树木之上，常集成密集的繁殖群繁殖
濒危等级	无危
标本编号	FMNH 5517

成鸟体长
58～66 cm

孵卵期
24～26 天

窝卵数
3～5 枚

125

夜鹭
Nycticorax nycticorax
Black-crowned Night-heron
Pelecaniformes

夜鹭常在晨昏活动，而非明亮的白天，这与其名字相符合。虽然夜鹭常与同种或异种鸟类在嘈杂而忙碌的环境中混群繁殖，但在其觅食地，它们却十分安静且行动缓慢，并会保卫其觅食地。夜鹭常捕食小鱼、两栖动物及无脊椎动物，有时也会捕捉小型哺乳动物或小鸟。

与成体那黑色及灰白色界限分明的羽色相对的是，亚成体的羽衣由棕黄相间的条纹图案组成。雏鸟需要两至三年的时间才能完全换上成鸟的羽毛，即使它们已经达到性成熟。这一现象叫作羽饰延迟成熟，这能够帮助年轻的夜鹭避免遭受年长夜鹭的进犯和攻击。

窝卵数

夜鹭的卵为淡蓝色或淡绿色，无杂斑。卵的尺寸为 52 mm × 37 mm。雌雄双方都会参与孵卵及养育雏鸟。饲喂雏鸟的过程常在清晨或黄昏发生。

实际尺寸

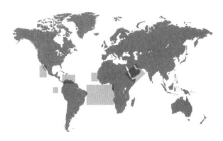

目	鹲形目
科	鹲科
繁殖范围	大西洋热带地区、太平洋东部及印度洋
繁殖生境	孤立的大洋岛屿
巢的类型及巢址	简单的地面巢，多见于崖壁或地缝中
濒危等级	无危
标本编号	FMNH 15097

成鸟体长
90～105 cm,
不含尾羽 48 cm

孵卵期
42～46 天

窝卵数
1 枚

126

红嘴鹲
Phaethon aethereus
Red-billed Tropicbird
Phaethontiformes

红嘴鹲的卵为白黄色至淡紫色，杂以棕红色斑点。卵的尺寸为 60 mm×40 mm。如果在雌鸟产下首枚卵后不久，卵因天气或天敌而破碎或丢失，雌鸟会再补产 1 枚卵，雌雄双方会继续孵卵，并共同喂养雏鸟。

红嘴鹲飞行、潜水和捕鱼时，都会给人留下深刻的印象，但它们在开阔的海域中却算不上游泳的好手。在潜水捕鱼之后，红嘴鹲会迅速重返水面并将长长的尾羽向上翘起。之后它们会迅速起飞，这是因为羽毛的防水性较差，容易被海水浸湿。在空中飞翔时，红嘴鹲的尾羽将会被拖在身后，与其他鹲科鸟类具有相似的轮廓。

潜在的伴侣之间会在空中进行大量的求偶炫耀，随后它们会在偏远的岛屿上那面朝大海的崖壁上筑巢、繁殖。因为筑巢地点的缺乏，配偶常会年复一年地返回同一座岛屿的同一处崖壁繁殖。尽管刚孵出的雏鸟看起来像一团白色的小绒球，但当它们出飞时就会变得和成鸟一样（成鸟雌雄同型），除了喙为黄色而非红色之外。

实际尺寸

目	鲣鸟目
科	军舰鸟科
繁殖范围	大西洋及太平洋东部的热带及亚热带沿海地区
繁殖生境	沿海岛屿及礁石红树林
巢的类型及巢址	浅盘状巢，由树枝和细枝筑成，多见于树木和灌丛顶部
濒危等级	无危
标本编号	FMNH 20864

丽色军舰鸟
Fregata magnificens
Magnificent Frigatebird
Suliiformes

成鸟体长	89～114 cm
孵卵期	50～60 天
窝卵数	1 枚

127

当丽色军舰鸟从繁殖地起飞后，无论是生活还是睡眠都将在空中进行。在再次繁殖之前，它们会飞过数千公里并飞越数个大洋，因此大多数个体都会与距离遥远的种群之间存在基因交流。但有研究表明，分布于加拉帕戈斯群岛的种群却有些不同，它们的繁殖范围限定在这一区域之内，它们的安危也会影响这一区域种群的保护状况。

丽色军舰鸟是一种典型的海洋性鸟类，除了在陆地繁殖或潜水捕食外，它们都会翱翔于天空。丽色军舰鸟就像一个窃贼，也被称作盗窃寄生者（Kleptoparasite），它们会利用高超的飞行技巧而不是长途跋涉，寻找正在捕食的其他海鸟。一旦锁定目标，例如一只鲣鸟，丽色军舰鸟会穷追不舍并在空中用嘴啄击鲣鸟，使其放弃刚刚捕获的猎物，而后这个寄生虫一样的海盗会急速俯冲，在食物落入水中之前将其抓住。

丽色军舰鸟的卵为洁白色，其尺寸为 68 mm × 47 mm。虽然雌雄双方都会参与孵卵，但当雏鸟孵化后，雄鸟便会离开。在之后近一年的时间里，这些雏鸟将由雌鸟独自照顾。

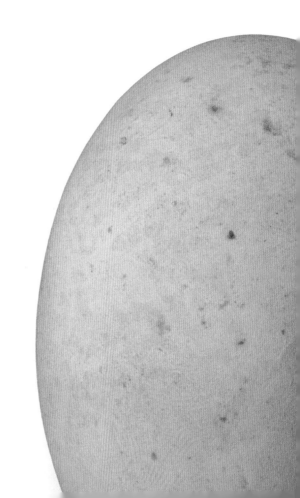

实际尺寸

目	鹈形目
科	鹈鹕科
繁殖范围	北美洲中北部及西部
繁殖生境	孤立的岛屿，通常位于咸水或淡水湖中
巢的类型及巢址	地面巢，刨坑中具细枝和树枝，集大群繁殖
濒危等级	无危
标本编号	FMNH 5109

128

成鸟体长
127~165 cm

孵卵期
30 天

窝卵数
2~3 枚

美洲鹈鹕
Pelecanus erythrorhynchos
American White Pelican

Pelecaniformes

窝卵数

　　美洲鹈鹕是捕鱼的能手，它们会浅浅地潜入水中，或只将头部扎入水中，在其下颌的那可伸缩的喉囊的帮助下，鲸吞水中的食物。美洲鹈鹕常集小群活动，它们会合作将鱼群驱赶至浅水处，这样一来，每只鹈鹕都会更容易地抓捕到更多的鱼。

　　美洲鹈鹕在陆地上行走时十分笨拙，它们会依靠巢址周围开阔的水域来确保巢安全，并以这种方式阻挡哺乳动物捕食者的接近，从而提高繁殖成功率。人、家犬或其他陆生捕食者的直接惊扰，将会导致美洲鹈鹕大规模地弃巢，并最终导致繁殖失败。美洲鹈鹕雌雄双方都会参与孵卵，并会用反刍出的食糜喂养雏鸟。当雏鸟可以行走并离开鸟巢时，它们会聚集到一起组成幼儿园（Crèches），而亲鸟则能够认出自己的雏鸟、找到它们，并给它们喂食。

美洲鹈鹕的卵为白色，无杂斑。卵的尺寸为 90 mm × 57 mm。卵为异步孵化，因此最小的雏鸟常死于饥饿或手足间的争斗。

实际尺寸

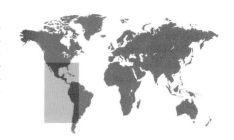

目	鹈形目
科	鹈鹕科
繁殖范围	北美洲南部海岸、加勒比地区、中美洲及南美洲沿岸
繁殖生境	海岸及河口沼泽
巢的类型及巢址	由树枝和草叶筑成的大型盘状巢，多见于矮树顶部，集群繁殖
濒危等级	无危
标本编号	FMNH 5113

褐鹈鹕
Pelecanus occidentalis
Brown Pelican

Pelecaniformes

成鸟体长	100～137 cm
孵卵期	29～32 天
窝卵数	1～4 枚

129

褐鹈鹕会在海岸的沼泽中集大群繁殖，但这样的栖息地却容易受到飓风、石油泄漏及其他自然或人为灾害的影响。而即使在正常的年份里，它们也要面对食物资源的丰歉。因此，褐鹈鹕兄弟姐妹之间的关系也会表现出两面性：在食物资源充足的年份里，雏鸟之间能够和谐共处；而在食物资源匮乏的年份里，雏鸟将会因亲鸟提供食物的不足而大打出手。

褐鹈鹕同游隼（详见 282 页）一样，也是在环境中有害杀虫剂消失后种群复壮的典范。DDT 的使用曾导致褐鹈鹕卵壳变薄，[1]因此在美国，它们曾被列为濒危物种，即使其广泛的分布范围本应能保证这一物种的存活。随着 1972 年起对 DDT 的禁用，褐鹈鹕在美国的数量迅速恢复。

窝卵数

褐鹈鹕的卵为灰白色，但很快就会被泥土或粪便弄脏。卵的尺寸为 70 mm × 45 mm。卵随产随孵，因此鸟卵为异步孵化，彼此之间也存在体型大小的差别，这将导致在食物资源不足的年份里，只有先孵出的雏鸟才能存活。

实际尺寸

---

① 译者注：进而导致繁殖成功率的下降。

目	鲣鸟目
科	鲣鸟科
繁殖范围	北大西洋西部及东部
繁殖生境	海岸岩壁及平地，海岛
巢的类型及巢址	地面巢，多见于岩壁或平地，由泥土和粪便堆积形成
濒危等级	无危
标本编号	FMNH 5040

成鸟体长
81～110 cm

孵卵期
44 天

窝卵数
1 枚

北鲣鸟
Morus bassanus
Northern Gannet

Pelecaniformes

北鲣鸟是善于捕捉鱼类及乌贼的空中猎手，它们会先在空中定位猎物，随后极速俯冲。在潜入水中之后，北鲣鸟的双眼会盯紧猎物，并会扇动翅膀提供前进的动力来追捕猎物。北鲣鸟雌雄同型，但雄鸟能潜得更深，因此能捕获与雌鸟不同类型的猎物。

在那些规模庞大而十分嘈杂的繁殖群中，北鲣鸟会通过识别个体声音的差异来定位配偶的位置。在雌雄确定配偶关系后，双方会积极参与孵卵和育雏。对于鲣鸟来说，这种合作关系在繁殖季节十分必要，因为雌雄双方会每隔 4～7 小时，轮换着保卫卵、雏鸟，或离巢觅食。

北鲣鸟的卵为淡蓝色或淡绿色，无杂斑，但卵会因泥土和粪便而迅速变脏。卵的尺寸为 82 mm×50 mm。鲣鸟无孵卵斑，取而代之的是，双亲会使大量血液流经富含血管的蹼足，并以此来孵化雏鸟。

实际尺寸

目	鲣鸟目
科	鸬鹚科
繁殖范围	北美洲，从阿拉斯加西部至墨西哥及巴哈马地区
繁殖生境	滨海湿地及树林，内陆河流、湖泊附近
巢的类型及巢址	大型鸟巢，较为敦实，由树枝筑成，多见于崖壁之上，少数筑于地面或孤岛上
濒危等级	无危
标本编号	FMNH 5063

角鸬鹚
Phalacrocorax auritus
Double-crested Cormorant

Suliformes

成鸟体长
70～90 cm

孵卵期
25～28 天

窝卵数
4～5 枚

131

在过去的五十年间，角鸬鹚既是人类活动的受益者，同时也是受害者。20 世纪 60 年代，DDT 及其他杀虫剂会通过食物链的富集作用而逐级积累，使得角鸬鹚的卵十分易碎，并常在孵化前破裂，进而导致繁殖失败。但自从美国及加拿大禁止使用 DDT 之后，角鸬鹚的分布范围明显扩张，种群数量也在不断攀升。

与之相对的是，另外一些人为活动却帮助了角鸬鹚，例如将外来物种灰西鲱（Alewife）偶然引入到北美五大湖，又如在其分布地南部人工养殖鲥鱼的逃逸和扩散。这些额外的鱼类食物为角鸬鹚种群数量超越受 DDT 影响前的水平创造了条件。时至今日，由于参与垂钓运动的人抱怨角鸬鹚吃掉了太多的鱼，因此野生动物管理部门开始允许猎杀角鸬鹚，无论是在其越冬地还是繁殖地都是如此。

窝卵数

角鸬鹚的卵为蓝白色，表面呈白垩质。卵的尺寸为 61 mm×39 mm。这种鸬鹚会与同种鸟类在礁石处集群繁殖，并会成功取代鹭、鹮及其他尝试在同一巢址繁殖的水鸟。

实际尺寸

目	鲣鸟目
科	鸬鹚科
繁殖范围	北美洲、亚洲中部及东南部、非洲、欧洲及澳大利亚
繁殖生境	湿地、湖泊、河流及内陆地区具植被遮挡的水域
巢的类型及巢址	鸟巢由树棍筑成，多见于树木或崖壁上，或者没有捕食者的礁石岛屿的地面上
濒危等级	无危
标本编号	FMNH 5058

成鸟体长
84～90 cm

孵卵期
28～31 天

窝卵数
3～5 枚

132

普通鸬鹚
Phalacrocorax carbo
Great Cormorant

Suliformes

窝卵数

　　普通鸬鹚具有广泛的分布范围，在除南美洲及南极洲之外的所有大陆上都有其繁殖种群。普通鸬鹚是捕鱼的高手，它们经常潜入水中，对猎物紧追不舍，并用其具钩的喙咬紧（而非刺穿）猎物。在亚洲东部一些地区，渔民会利用普通鸬鹚进行传统的捕鱼作业，这些人会捕获普通鸬鹚，并在其喉部下端系一个绳结，以防止它们将捕捉到的鱼儿吞下。普通鸬鹚特殊的眼部结构能够很好地适应从空中到水中剧烈的环境变化，因此它们能够看清水中成群游过的小鱼，并将其抓住。

　　普通鸬鹚体羽近黑色，但到了繁殖季，无论是雌鸟还是雄鸟，腿基部及头部的羽毛端部都会变成白色。这种鸟对其繁殖地及巢具有很高的忠诚度，它们每年都会回到同一巢址繁殖。酸性的鸟粪很快会将巢树杀死，并使树叶及较细的树枝落尽，因此观鸟者可以通过巢树的情况来判断树上的巢属于鸬鹚而非鹭类。

实际尺寸

普通鸬鹚的卵为淡蓝色或淡绿色，无杂斑，表面或为白垩质地。卵的尺寸为 63 mm × 41 mm。在北美洲，普通鸬鹚常与其他种鸬鹚或鸥混群繁殖。

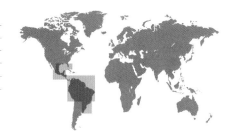

目	鹈形目
科	蛇鹈科
繁殖范围	美国南部、中美洲及南美洲热带地区
繁殖生境	湿地、流速缓慢的河流、红树林及湖泊
巢的类型及巢址	由树枝筑成，多见于海岸或河湖边的树上
濒危等级	无危
标本编号	FMNH 5932

美洲蛇鹈
Anhinga anhinga
Anhinga

Pelecaniformes

成鸟体长	75～95 cm
孵卵期	25～30 天
窝卵数	3～5 枚

133

　　蛇鹈一词来自巴西图皮语，意为邪恶的或像蛇一样的鸟，从其外形不难看出人们为什么会赋予它这样的名称。美洲蛇鹈游泳时半个身子都会沉在水下，只能见到其弯弯的脖子和长长的嘴在水面上移动。蛇鹈雌雄体型十分相似，但雌鸟脸部及胸部羽毛呈浅黄色，即使在游泳的时候也能够看出这一点。

　　在到达其繁殖地后，雌雄双方几天之内就会建立配偶关系。即使是不同的繁殖对，筑巢的进度也会高度一致，特别是在蛇鹈集群筑巢的地点，而其繁殖群大小通常为数十至数百个。产卵间隔为一至数天，约一周后即可达到满窝卵。在产卵持续进行的过程中，为了防止邻居来偷巢材，雌鸟会寸步不离，并由雄鸟负责喂食；而到了繁殖的下一个阶段，雌雄双方会轮流孵卵并喂养雏鸟。

窝卵数

美洲蛇鹈的卵为淡绿色，无杂斑。卵的尺寸为 53 mm×35 mm。卵为异步孵化，雏鸟的羽色在最初几周会经历几次变化，从刚孵化时的裸露无毛，到长满棕褐色的绒羽，再到白色的绒羽。

实际尺寸

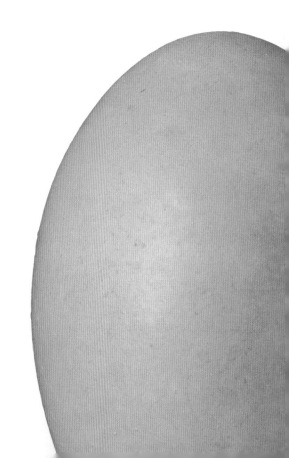

目	鸻形目
科	石鸻科
繁殖范围	欧洲中部、亚洲中部及南部、非洲北部
繁殖生境	湿地及开阔的牧场
巢的类型及巢址	地面巢，刨坑中几乎无垫材
濒危等级	无危
标本编号	FMNH 21376

成鸟体长
40～44 cm

孵卵期
24～26 天

窝卵数
2～3 枚

134

欧石鸻
Burhinus oedicnemus
Eurasian Thick-knee

Charadriiformes

窝卵数

欧石鸻的卵为黄褐色，杂以大量棕色斑点。卵的尺寸为 54 mm × 39 mm。欧石鸻的卵产于地面巢中，它们有一种特别的行为，会将滚出巢外的卵拾回巢中，此举可以保证整窝卵都能成功孵化。

欧石鸻行踪隐秘而难以见到。与其近亲，即其他鸻鹬类不同的是，欧石鸻常出现于远离永久性水源的干旱而开阔的栖息地中。欧石鸻虽然广泛分布于欧、亚、非三个大陆，但在一些地区，它们却面临因人类发展及农业扩张导致的栖息地丧失的威胁。欧石鸻常在日落后活动，它们能凭借大大的双眼发现猎物，借助强壮有力的腿脚及足趾追上猎物，包括无脊椎动物、小型爬行动物及哺乳动物。

欧石鸻雌雄双方都会参与孵卵。成鸟极具伪装色彩的羽衣、雏鸟隐蔽性极强的绒羽，以及该物种晨昏及夜晚活动的行为，共同保证了繁殖对、成鸟、卵及雏鸟的安全。

实际尺寸

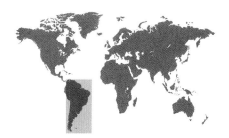

目	鸻形目
科	鸻科
繁殖范围	南美洲
繁殖生境	湿润或季节性的草场、牧场
巢的类型及巢址	地面巢，刨坑中几乎无垫材，巢多见于开阔的地面上
濒危等级	无危
标本编号	FMNH 14754

凤头距翅麦鸡
Vanellus chilensis
Southern Lapwing

Charadriiformes

成鸟体长 32～38 cm
孵卵期 27～30 天
窝卵数 1～4 枚，通常 3 枚

135

凤头距翅麦鸡是南美洲的留鸟，这种鸟不但羽色鲜艳，行动时也十分吵闹。凤头距翅麦鸡常聚集成松散的繁殖群繁殖，它们会共同警戒并相互提醒捕食者或潜在风险的到来。这样一来，原本容易受到威胁的地面巢，就能在孵卵期保持安全了。

亲鸟会攻击捕食者以保护巢中鸟卵的安全。除此之外，鸟卵及雏鸟那伪装性极强的外表，也容易隐蔽于干旱的砂石背景之中。在孵出并晾干羽毛后，雏鸟就能独立活动了。它们可以独自觅食、隐蔽，而不需要亲鸟的帮助，虽然亲鸟会带着它们到安全的地方去，也会攻击并驱逐捕食者。

窝卵数

凤头距翅麦鸡卵的尺寸为 50 mm × 33 mm。卵为深绿色至黄褐色，其上杂以大量不同大小的棕色斑点。卵产于缺少巢材的巢中，但鸟卵这样的外表有利于隐蔽在周围的环境背景之中，因此能够躲避那些依靠视觉寻找食物的鸟类及哺乳动物捕食者。

实际尺寸

目	鸻形目
科	鸻科
繁殖范围	北美洲及欧亚大陆极地地区
繁殖生境	开阔草原，干燥的石楠苔原
巢的类型及巢址	碎石堆中的地面巢，垫以地衣、细枝及鹅卵石
濒危等级	无危
标本编号	FMNH 15062

成鸟体长
27～30 cm

孵卵期
26～27 天

窝卵数
4 枚

136

灰鸻
Pluvialis squatarola
Black-bellied Plover

Charadriiformes

窝卵数

　　灰鸻，在美国又被称作黑腹鸻（Black- bellied Plover），是一种全球广布的鸟类。这是因为，当灰鸻离开位于北极圈内的繁殖地后，会飞跃大洲、跨越大洋，经过长距离的迁徙，抵达北半球，以及南美洲、非洲及大洋洲那些温暖的海滨越冬。灰鸻亚成体在 2 岁前都不会参与繁殖，因此人们在一年中的任何时间、在任何地区都有可能见到这种世界性分布的鸟类，这也是它们成为广布种、并为观鸟人所熟知的一个原因。

　　灰鸻在鸻鹬类中扮演着类似哨兵的重要角色，它们会警戒潜在捕食者，当发现危险时会首先发出警报并起飞，以使混群觅食的其他鸻鹬类警觉。当捕食者接近时，在巢中孵卵的亲鸟也会被迅速惊飞，但当危险过去后，它们就会返回而不会弃巢。

灰鸻的卵为棕色，或略带粉色，杂以深色斑点，钝端尤甚。卵的尺寸为 53 mm×37 mm。亲鸟双方都会参与筑巢并会共同喂养雏鸟，直到 5 ～ 6 周后，雏鸟才可以独立生活。

实际尺寸

目	鸻形目
科	鸻科
繁殖范围	阿拉斯加及加拿大极地地区
繁殖生境	苔原地区斜坡地上开阔的石滩及草滩
巢的类型及巢址	地面巢，刨坑中垫以地衣及草叶
濒危等级	无危
标本编号	FMNH 16021

成鸟体长
24～28 cm

孵卵期
26～27 天

窝卵数
4 枚

137

美洲金鸻
Pluvialis dominica
American Golden Plover

Charadriiformes

美洲金鸻在其繁殖地十分惹眼，它们会在开阔而干燥的北极苔原地区繁殖，对邻居极具攻击性，这样可以保卫其繁殖地。美洲金鸻在南美洲越冬，最南可以到达巴塔哥尼亚（Patagonia），美洲金鸻在越冬地也具有领域性，并会保卫一块滨海滩涂，因为它们白天会在这里觅食。在其繁殖地，雄鸟会在优质栖息地掘土筑巢。雄鸟白天孵卵，雌鸟夜间孵卵。

美洲金鸻集大群迁徙时也十分显眼，它们会从美国东海岸一路向南不停歇地迁徙至南美洲东海岸。据说，在哥伦布的船队离开欧洲65天后航行至加勒比地区时，就曾目睹成群的美洲金鸻跨越辽阔大洋向南迁徙的场景。

窝卵数

美洲金鸻的卵为白色至皮黄色，杂以棕色及黑色斑点。卵的尺寸为48 mm×33 mm。雏鸟孵化时周身被覆绒羽，几小时后就能离巢，一天之内即可自主觅食。

实际尺寸

目	鸻形目
科	鸻科
繁殖范围	欧洲中部及南部、非洲及亚洲
繁殖生境	内陆咸水湖泊以及植被稀疏的滨海沙滩
巢的类型及巢址	地面巢，多见于沙地中
濒危等级	无危，地区性濒危
标本编号	FMNH 15319

成鸟体长
15～17 cm

孵卵期
25～26 天

窝卵数
3～5 枚

138

环颈鸻
Charadrius alexandrinus
Kentish Plover

Charadriiformes

窝卵数

环颈鸻的卵为棕黄色至黄褐色，杂以黑色斑点和线条。卵的尺寸为 31 mm × 23 mm。雄鸟掘土为巢，并在夜间孵卵，而雌鸟则负责在白天孵卵。

环颈鸻为世界性广布的鸟类，其繁殖地遍布数个大洲、横跨多个纬度。繁殖地靠北的环颈鸻通常每年只繁殖一窝，而繁殖地较南的每年则能繁殖 2～3 窝。

环颈鸻亲鸟不会喂养雏鸟，但亲鸟对雏鸟的照顾却具有十分明显而重要的意义，因无论是亲鸟某一方（无论雌鸟还是雄鸟）自然死亡，或是因实验而人为移除，都会导致雏鸟存活率下降。但令人惊奇的是，有一些亲鸟会抛弃成长中的雏鸟，转而与其他个体组建新家庭并繁殖，而留下原配独自照顾雏鸟。这一现象还意味着，无论是雌鸟还是雄鸟，环颈鸻既是一夫多妻（一只雄鸟与多只雌鸟交配）的鸟类，又是一妻多夫（一只雌鸟与多只雄鸟交配）的鸟类。

实际尺寸

目	鸻形目
科	鸻科
繁殖范围	阿拉斯加及加拿大极地地区
繁殖生境	苔原、碎石滩、沙滩及湿地
巢的类型及巢址	地面巢，刨坑中垫以碎石和贝壳
濒危等级	无危
标本编号	FMNH 2255

半蹼鸻
Charadrius semipalmatus
Semipalmated Plover

Charadriiformes

成鸟体长	17~19 cm
孵卵期	26~31 天
窝卵数	4 枚

139

半蹼鸻体型虽小但内心却十分强大，雄鸟常会竭尽全力驱赶闯入繁殖地的邻居。如果鸣叫和巡视领域还不足以驱离入侵者的话，雄鸟则会起飞并绕着领域盘旋。雄鸟还会像蝴蝶一样鼓翼飞行，来向雌鸟炫耀展示。配偶关系通常能够维持一个繁殖季。

除了飞翔、求偶、炫耀时，半蹼鸻还会在泥滩、浅水或草滩中寻找无脊椎动物。当视野范围内没有猎物时，半蹼鸻有时会晃动一只脚来搅动泥水以将猎物赶出，并用它短短的喙将其啄起。无论是在其繁殖地还是迁徙停歇地，这一觅食策略都十分奏效。在下一次长距离的不间断飞行之前，快速补充足够的能量是至关重要的。

窝卵数

实际尺寸

半蹼鸻的卵为浅黄色，杂以深棕色或黑色斑点。卵的尺寸为 32 mm×23mm。雌雄双方都会孵卵并照顾雏鸟，但雌鸟常在雏鸟完全独立前将其抛弃。

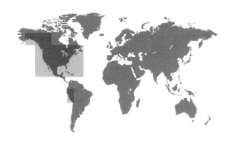

目	鸻形目
科	鸻科
繁殖范围	北美洲、厄瓜多尔及秘鲁
繁殖生境	平坦、干燥且具碎石的草原，有时也会在平坦的屋顶上筑巢
巢的类型及巢址	地面巢，卵产于石块之间
濒危等级	无危
标本编号	FMNH 8021

成鸟体长
20～28 cm

孵卵期
22～28 天

窝卵数
4～6 枚

140

双领鸻
Charadrius vociferus
Killdeer
Charadriiformes

窝卵数

虽然从分类学角度讲，双领鸻隶属于鸻形目，因此它们本应该是一种生活在水边的鸟类，但实际上这种鸟却经常在远离水边的地方活动。人们经常可以在干旱草地生境中，甚至是碎石铺就的停车场内，听到双领鸻那令人熟悉的叫声。双领鸻能够与人类共享栖息地，正如它们可以在草地、建筑相对密集的地区以及平坦的城市生境中与人类和谐共存并成功繁殖，尽管这里存在被人类、车、家猫和家犬捕食等风险。

双领鸻因其在繁殖季的折翼行为而为人所熟知。当潜在风险逼近或风险真正降临时，双领鸻会装作不能飞行，将翅膀折在身后，诱导捕食者远离卵或雏鸟。当捕食者走到安全距离之外时，双领鸻会轻松地起飞并与卵或雏鸟会合，继续保卫其领域。

实际尺寸

双领鸻的卵为浅黄色至浅褐色，杂以棕色或黑色斑点。卵的尺寸为38 mm×27 mm。在雌鸟开始在一个巢中产卵之前，亲鸟会挖掘数个土坑作为备选，这或许是为了迷惑捕食者。

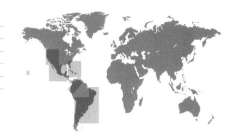

目	鸻形目
科	反嘴鹬科
繁殖范围	北美洲南部、南美洲中部及东北部、加勒比地区及夏威夷
繁殖生境	淡水池塘及沿海湿地
巢的类型及巢址	地面巢，浅坑中垫以零散的细枝、碎石，或无垫材
濒危等级	无危，在夏威夷为濒危
标本编号	FMNH 16162

成鸟体长
35～39 cm
孵卵期
21～26 天
窝卵数
4 枚

黑颈长脚鹬
Himantopus mexicanus
Black-necked Stilt

Charadriiformes

同其他种长脚鹬一样，黑颈长脚鹬也具有该属鸟类特有的外表，包括长直的喙、弯曲的颈、黑白分明的羽衣以及纤长的双腿。实际上，长脚鹬是除火烈鸟之外，腿长与体长之比最大的鸟类。当在浅水中活动时，黑颈长脚鹬适于捕捉水生昆虫及其他在水面之下活动的猎物。

许多种鸟类在集群觅食时，都会有哨兵来警惕潜在风险，而其他个体则专心觅食。长脚鹬则演化出了另一种机制，它们会利用右眼寻找食物而用左眼探查天敌或潜在竞争者。这种偏侧优势很像人类的左撇子和右撇子，由脑的不同半球控制。

窝卵数

黑颈长脚鹬的卵为浅褐色至橄榄灰色，杂以棕色斑点。卵的尺寸为 45 mm×30 mm。鸟巢常筑于海岸边或小岛上稍高处的茂密植被中，卵可隐蔽于环境之中，从而躲过包括人类在内的陆地捕食者的目光。

实际尺寸

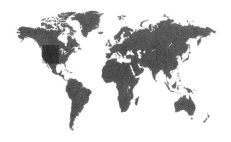

目	鸻形目
科	反嘴鹬科
繁殖范围	北美洲温带地区
繁殖生境	湿地、池塘及沿海沼泽
巢的类型及巢址	地面巢，刨坑为浅盘形，或垫以羽毛、草叶、细枝，或无垫材
濒危等级	无危
标本编号	FMNH 16150

成鸟体长
43～47 cm

孵卵期
22～29 天

窝卵数
3～4 枚

142

褐胸反嘴鹬
Recurvirostra americana
American Avocet
Charadriiformes

窝卵数

褐胸反嘴鹬既能在咸水沼泽中繁殖，也能在淡水沼泽中繁殖，还能在小池塘边繁殖。10 ～ 15 对褐胸反嘴鹬会集成松散的小群繁殖。它们会在浅水中觅食，通过头部的上下移动来使微向上翘的喙与水面重合，以捕捉甲壳动物及昆虫。褐胸反嘴鹬通常集群觅食，群体中大多数个体都会忙于搜寻并滤食食物，而少数个体则负责警戒捕食者及其他风险。

炫耀展示行为对褐胸反嘴鹬来说十分重要，在求偶和交配之前，双方的身体和颈部会共同做出精巧的动作。双亲不但都参与到孵卵的过程中，它们还会共同照顾雏鸟，并带领它们到远离捕食者的安全地区觅食。

褐胸反嘴鹬的卵为棕绿色，周身遍布不规则的深棕色和黑色斑点。卵的尖端较尖，其尺寸为 50 mm × 34 mm。雏鸟会在孵出 24 小时内离开鸟巢。

实际尺寸

目	鸻形目
科	雉鸻科
繁殖范围	亚洲南部及东南部、印度尼西亚群岛
繁殖生境	具浮水植物且水流缓慢的河流、湖泊
巢的类型及巢址	由叶片和细枝堆积而成，多见于浮水植物之上
濒危等级	无危，在中国台湾列为易危
标本编号	FMNH 15312

水雉
Hydrophasianus chirurgus
Pheasant-tailed Jacana
Charadriiformes

成鸟体长
28～31 cm(不含尾羽),
含尾羽 40～50 cm

孵卵期
22～28 天

窝卵数
4 枚

水雉亦称雉鸻，生活于沼泽中，是一种十分漂亮的鸟类，那长长的尾羽只有在繁殖季才会完全长成。然而，水雉却由雌鸟而非雄鸟来展示长长的尾羽及亮丽的羽衣。实际上，水雉的婚配系统完全由雌鸟主导，雌鸟会建立并保卫领域，防止其他雌鸟入内，雌鸟还会保卫鸟巢、配偶以及雏鸟使其远离捕食者。反过来，雄鸟则几乎独自负责筑巢、孵卵及育雏。雌鸟常与数只、最多与 4 只雄鸟交配，这样的婚配制度被称作一雌多雄制（一只雌鸟与数只雄鸟交配）。

水雉雄鸟较雌鸟体型更小，并受雌鸟支配，但雄鸟却有办法来保证自己抚养的雏鸟为亲生而不是其他雄鸟的后代，它们会将雌鸟产下的首枚鸟卵从孵巢中推入水中将其杀死，因为这枚卵或许不是雄鸟自己的后代。雌鸟很快会与这只雄鸟再次交配，并补产真正属于自己的卵。这次，卵将会被这只雄鸟授精，而这只雄鸟也将对卵提供亲代照料。

窝卵数

水雉的卵为橄榄绿色至深古铜色，杂以细小的斑点。卵的尺寸为 36 mm×26 mm。巢及卵经常被捕食者或洪水破坏，但因为雌鸟不会为雏鸟提供亲代照料，因此它们很快就能补产。

实际尺寸

目	鸻形目
科	雉鸻科
繁殖范围	亚洲南部及东南部
繁殖生境	浅水池塘及湖泊
巢的类型及巢址	水面浮巢，多见于浮水植物上
濒危等级	无危
标本编号	FMNH 15310

成鸟体长
28～31 cm

孵卵期
22～24 天

窝卵数
4 枚

144

铜翅水雉
Metopidius indicus
Bronze-winged Jacana
Charadriiformes

窝卵数

　　铜翅水雉为一雌多雄制鸟类，雌鸟保卫大面积的繁殖地以抵御其他雌鸟的入侵。雌鸟拥有数量众多的雄性配偶，并会与它们频繁交配。雌鸟与一只雄鸟频繁地交配，不但可使雄鸟不会离开，还会使雄鸟乐于孵卵并照顾雏鸟。

　　与之相对应的是，雄鸟会保卫领域，抵御其他雄鸟入侵，无论彼此之间是否曾和同一只雌鸟交配。雄鸟保卫的领域仅供一只成年雄鸟以及一雌多雄的雌鸟繁殖和雏鸟的觅食之用。雄鸟较雌鸟体型更小，且处于从属地位。在所有雄鸟当中，体型相对较大者，可以占据更优质的领域，那里拥有更多的浮水植物和挺水植物，这会增加雄鸟觅食和繁殖的成功率。

实际尺寸

铜翅水雉的卵为黄色、黄褐色至深红色，杂以黑色斑纹。卵的尺寸为 36 mm × 25 mm。卵呈略长的椭圆形，表面平滑而光亮。

目	鸽形目
科	雉鸻科
繁殖范围	墨西哥、中美洲及加勒比地区
繁殖生境	具浮水植物的湿地、湖泊及河流
巢的类型及巢址	植物茎叶堆成致密的鸟巢，浮于水面之上
濒危等级	无危
标本编号	FMNH 1721

成鸟体长
21～24 cm，雌鸟的
体重是雄鸟的 4 倍

孵卵期
28 天

窝卵数
4 枚

美洲水雉
Jacana spinosa
Northern Jacana
Charadriiformes

同其他所有种水雉一样，美洲水雉雌鸟也会拥有数量众多的雄性配偶。当水位稳定时，雌鸟会轮流与每只雄鸟交配，这使得它们全年都可以繁殖。每只雄鸟都会孵化各自的卵并照顾自己的后代。因此一雌多雄的交配制度将使雌鸟不参与到筑巢、孵卵及保护幼鸟的过程中，而只会权衡如何增加卵的产量。

水雉生活在沼泽生境中，它们会在那里觅食、交配、繁殖。水雉不擅飞行，飞翔时显得十分吃力，它们会将长长的腿和足趾简单地拖在身后，就像悬挂在身体下方一样。在牙买加，美洲水雉又被称作耶稣鸟（Jesus Bird），因为它们那长长的足趾和轻盈的身躯可使其在浮水植物的茎叶上行走，看起来就像在水面上自如前行一样。

窝卵数

实际尺寸

北美水雉的卵为棕色，杂以黑色斑纹。卵的尺寸为 30 mm × 23 mm。水雉的雏鸟为早成性，孵出时就已周身被覆绒羽了。雏鸟会在雄鸟的保护下活动，即使它们已经完全具备独自觅食的能力。

目	鸻形目
科	鹬科
繁殖范围	欧洲及亚洲极地地区
繁殖生境	针叶林中河流和湖泊岸边
巢的类型及巢址	地面上的浅坑，接近水源，或在草丛中
濒危等级	无危
标本编号	FMNH 18632

成鸟体长
22～25cm

孵卵期
21～22 天

窝卵数
3～4 枚

146

翘嘴鹬
Xenus cinereus
Terek Sandpiper

Charadriiformes

窝卵数

翘嘴鹬的卵为淡灰色，周身遍布棕色斑点。卵的尺寸为 38 mm×28 mm。双亲会共同孵卵，早成性雏鸟两周后便可飞翔。

翘嘴鹬体型中等，体态敦实，它们可以通过小步快跑的方式在泥滩中前行。与反嘴鹬类似的是，翘嘴鹬也具有长而微向上翘的喙，这样的结构适于取食昆虫及甲壳动物，它们会迅速找出猎物并在移动的过程中将其抓住。在岸边时，翘嘴鹬在吃下食物之前常先对其进行清洗。翘嘴鹬在演化过程中处于独特的地位，因此被置于单独的属中；与翘嘴鹬具有较近亲缘关系的鸟类，为体型更大的沙锥和半蹼鹬。

翘嘴鹬在偏远的针叶林和西伯利亚苔原地区繁殖，人们难以监测那里种群数量的变化和潜在风险，因此也难以对其进行有效的保护管理。迁徙停歇地的丧失，特别是在东南亚沿海地区，以及南印度地区 DDT 的持续使用，或许会使翘嘴鹬的种群数量减少。

实际尺寸

目	鸻形目
科	鹬科
繁殖范围	欧洲及亚洲
繁殖生境	河流及湖泊岸边，以及其他湿地生境
巢的类型及巢址	地面上的浅坑
濒危等级	无危
标本编号	FMNH 15330

矶鹬
Actitis hypoleucos
Common Sandpiper

Charadriiformes

成鸟体长
18～20 cm

孵卵期
21～22 天

窝卵数
4 枚

147

矶鹬常在淡水溪流或湖泊附近独自觅食，但迁徙时也会集成小群。它们常沿着河岸捕捉无脊椎动物，在吞下之前常会进行清洗。在位于非洲的越冬地，它们常会栖息在河马或鳄的背上，并取食出现在那里的昆虫。

卵由雌雄共同孵化，但往往在雏鸟独立之前，雌鸟便已经离开。等到雏鸟能够飞翔时，它们便会启程前往位于非洲、南亚或大洋洲的越冬地，并在那里度过数个月的时光。直到年满 2 岁，它们才会重返位于北半球的繁殖地。

窝卵数

实际尺寸

矶鹬的卵为略带粉色的灰色，杂以细密的棕红色斑点。卵的尺寸为 36 mm×26 mm。卵极具伪装色彩，而隐藏在灌丛和树木间的巢则更为隐蔽，这可以更好地保护卵不被那些依靠视觉指导捕食的天敌发现。

目	鸻形目
科	鹬科
繁殖范围	北极及北美洲北部温带地区
繁殖生境	紧临湿地及湖泊的林地
巢的类型及巢址	杯状巢，多见于树上，占用雀形目的鸟巢或弃巢
濒危等级	无危
标本编号	FMNH 100

成鸟体长
19～23 cm

孵卵期
23～24 天

窝卵数
4～5 枚

148

褐腰草鹬
Tringa solitaria
Solitary Sandpiper
Charadriiformes

窝卵数

褐腰草鹬的卵为橄榄灰色，杂以棕色斑点，卵的尺寸为 36 mm×26 mm。褐腰草鹬雌鸟会翻修雄鸟发现的鸣禽的巢，雌雄双方共同孵卵。

褐腰草鹬同其英文名 Solitary Sandpiper 描述的一样，从不集群活动，无论是在繁殖地、迁徙途中还是在位于南美洲的越冬地都是如此。或许正是因为它们总是独自活动，因此当它们在混合群中觅食并发现有捕食者靠近时，总是第一个发出高声警戒。

褐腰草鹬由美国鸟类学家亚历山大·威尔逊（Alexander Wilson）于 1813 年描述定名，但这种鸟的卵却是在 90 年后的 1903 年才首次被记录到。这是因为它们在加拿大及阿拉斯加那偏远的北方针叶林中繁殖，并会将巢筑在树上。褐腰草鹬是两种会占用鸣禽鸟巢的鹬类之一。当旅鸫（详见 503 页）或锈色黑鹂（详见 612 页）的巢不可用时，褐腰草鹬雌鸟将会在高高的树枝上修筑一个杯状巢。目前人们尚不清楚雏鸟是如何离开鸟巢并找到前往最近水源的觅食之路的。

实际尺寸

目	鸻形目
科	鹬科
繁殖范围	欧洲及亚洲北部
繁殖生境	针叶林中开阔的沼泽地，或林间湿润的空地
巢的类型及巢址	地面浅坑，多见于矮草丛中
濒危等级	无危
标本编号	FMNH 15325

成鸟体长	29～31 cm
孵卵期	23～24 天
窝卵数	4 枚

鹤鹬
Tringa erythropus
Spotted Redshank

Charadriiformes

149

鹤鹬是一种长腿的水鸟，它们既能在岸上觅食，也能在浅水中寻找昆虫及甲壳动物等食物。然而，同大多数鹬不同的是，鹤鹬有时也会取食游到水面上捕食猎物的水生昆虫的幼虫。

鹤鹬会选择河边或池塘边的草丛或灌丛中筑巢。卵由隐蔽的伪装色和投在其上的婆娑树影保护着。但依靠视觉来寻找食物的捕食者却知道，那些处于整片阴影下的鸟卵，往往会失去隐蔽。鹤鹬雌雄双方共同孵卵，但雌鸟通常会在雏鸟孵化前离开，留下雄鸟独自孵卵并保护早成性雏鸟，直到它们能够独立生活。

窝卵数

鹤鹬的卵略带绿色，其上杂以较大的棕黑色斑点。卵的尺寸为 47 mm×32 mm。亲鸟会站立在鸟巢附近的树枝上，以警戒潜在捕食者。

实际尺寸

目	鸻形目
科	鹬科
繁殖范围	欧洲及亚洲北部
繁殖生境	林间空地、泥沼、沼泽及湖岸
巢的类型及巢址	地面巢，浅坑中垫以稀疏的草叶
濒危等级	无危
标本编号	FMNH 16479

成鸟体长
30～35 cm

孵卵期
24～27 天

窝卵数
3～5 枚

150

青脚鹬
Tringa nebularia
Common Greenshank
Charadriiformes

窝卵数

青脚鹬的卵为灰色至黄褐色，杂以红色斑点。卵的尺寸为 51 mm×35 mm。有些巢中卵的数目为 8 枚，这是典型窝卵数的两倍，这是因为有两只雌鸟与同一只雄鸟交配，它们会共用一个鸟巢。

青脚鹬是该属鸟类中体型最大者，无论是在觅食还是繁殖时，它们都十分显眼。遇到猎物时，青脚鹬往往会主动出击，它们会小步快跑追赶猎物，并善于急停急转以捕捉甲壳动物或其他昆虫。这种鸟既可以涉入到齐腹深的水中觅食，也可以游泳或在岸边觅食。

青脚鹬雄鸟会先于雌鸟到达繁殖地，并在那里建立繁殖地。雄鸟会通过高声鸣唱、向上跳跃或彼此争斗，甚至有时也会通过在半空中"翻跟头"的求偶炫耀方式来吸引雌鸟。雄鸟一般准备数个地面巢，雌鸟会择其一并在其中产卵。巢常筑于倒木或小土丘旁边，这不但能为卵提供掩护，还能为成鸟提供瞭望的场所。青脚鹬雌雄双方轮流孵卵，还会一起保护雏鸟。

实际尺寸

目	鸻形目
科	鹬科
繁殖范围	北美洲东部及中西部
繁殖生境	沿海咸水沼泽、堰洲岛及大草原中的淡水附近
巢的类型及巢址	地面巢，垫以草叶及碎石，隐蔽于草丛中，常集群繁殖
濒危等级	无危
标本编号	FMNH 16129

斑翅鹬
Tringa semipalmata
Willet

Charadriiformes

成鸟体长
33～41 cm

孵卵期
22～29 天

窝卵数
4 枚

151

窝卵数

无论白天还是夜晚，斑翅鹬都会通过其灵敏的喙尖来探测、感知并抓住水中的猎物。在其繁殖地，雄鸟负责保卫鸟巢周围的区域及附近的河岸，不让其他同类接近。雄鸟会在其领域内进行例行巡查，这样可以对入侵者迅速发动攻击。

雌雄双方不但会在一个繁殖季内维持配偶关系，在年季间也会继续保持。它们每年都会返回同一片区域繁殖，并与原配重新结合。雌雄双方会共同选择适宜的筑巢地，雄鸟会首先试探着掘土为巢，然后雌鸟再决定到底在哪里筑巢。雌雄双方共同孵卵，但只有雄鸟才会整夜都卧巢孵卵。卵孵化后，雌鸟会离开雄鸟和雏鸟，几周后雏鸟即可独立生活。

斑翅鹬的卵为略带绿色的棕色，杂以大而不规则的深棕色斑点。卵的尺寸为 54 mm×37mm。斑翅鹬的卵及雏鸟曾被认为是美味佳肴，这使得其繁殖地东部的种群几乎灭绝，直到 1918 年，斑翅鹬及其鸟巢都受到《迁徙候鸟条约》（*Migratory Bird Treaty*）的保护。

实际尺寸

目	鸻形目
科	鹬科
繁殖范围	北美洲北极及亚北极地区
繁殖生境	森林间的池塘及沿海草地中的湖泊
巢的类型及巢址	地面巢，垫以草叶及松针，多见远离水源的干燥的草地中
濒危等级	无危
标本编号	FMNH 16139

成鸟体长
23～25 cm

孵卵期
22～23 天

窝卵数
4 枚

152

小黄脚鹬
Tringa flavipes
Lesser Yellowlegs
Charadriiformes

窝卵数

小黄脚鹬在北美洲的北方常绿阔叶林中十分显眼而常见，它们会在河岸、泥沼及草地附近活动。小黄脚鹬会经常高声鸣唱，并独自沿河岸追逐猎物。它们十分顺从，能够容忍入侵者靠到很近的距离。雌鸟会将巢筑在相对高而干燥的区域，例如小土垠上。巢或单独营建，或与其他小黄脚鹬集成松散的巢群。

尽管外貌相去甚远，但从 DNA 序列的比较和分析来看，体型较大的斑翅鹬（详见 151 页）和体型较小的小黄脚鹬却具有较近的亲缘关系。这意味着即使演化造成了两个物种外表上的差异，但或许它们在基因水平上却具有很近的亲缘关系。

实际尺寸

小黄脚鹬的卵为灰色，杂以棕色斑点。卵的尺寸为 42 mm × 29 mm。雌雄双方都会孵卵并保护雏鸟，但雌鸟通常会在雏鸟出飞之前十天离开。

目	鸻形目
科	鹬科
繁殖范围	北美洲温带及亚北极地区
繁殖生境	大草原、开阔的草地及牧场，有时也会在停机坪或农田中繁殖
巢的类型及巢址	地面巢，刨坑中垫以植物组织，隐蔽于草丛之中
濒危等级	无危
标本编号	FMNH 5834

高原鹬
Bartramia longicauda
Upland Sandpiper
Charadriiformes

成鸟体长
28～32 cm
孵卵期
23～24 天
窝卵数
4 枚

153

19 世纪末期，北美洲中西部大草原被大量开垦成农田，加之狩猎运动，共同导致了该地区高原鹬种群数量的急剧下降，后者还导致了极北勺鹬（Eskimo Curlew）和旅鸽（Passenger Pigeon）的灭绝。今天，许多高原鹬都将巢筑在机场周围残存的草地上，并能成功繁殖。

在交配之前，高原鹬常会进行引人瞩目的求偶炫耀表演，它们会盘旋上飞，并发出与众不同的口哨般的鸣声。高原鹬会将巢筑在植被茂密的地面上，并被草叶搭成的拱顶所遮挡。雌雄双方共同孵卵，即使靠得很近，亲鸟也难以被惊飞。在繁殖期，高原鹬有时会组成松散的繁殖群，它们会同时筑巢，雏鸟也将同步孵化。

窝卵数

高原鹬的卵为乳白色，杂以细小的棕色斑点，钝端具有较大的斑点。卵外表光滑而具光泽。卵呈椭圆形或近椭圆形，其尺寸为 45 mm×33 mm。

实际尺寸

目	鸻形目
科	鹬科
繁殖范围	北美洲中部及西部的温带地区
繁殖生境	开阔的草地
巢的类型及巢址	地面巢，浅坑中垫以草叶
濒危等级	无危
标本编号	FMNH 16066

成鸟体长
50～65 cm

孵卵期
27～30 天

窝卵数
4 枚

154

长嘴勺鹬
Numenius americanus
Long-billed Curlew

Charadriiformes

窝卵数

　　长嘴勺鹬那长而下弯的喙令人印象深刻，也使得此种大型水鸟能够相对容易地捕食躲藏在深深的洞穴中的蠕虫、蟹以及蟋蟀。但这种鸟也会在泥地中觅食，还能捕食草地中的蚱蜢，甚至吞食小型蜥蜴或其他鸟类的卵。历史上，长嘴勺鹬是一种被广泛狩猎的鸟类；而今天，大草原等栖息地的丧失正在持续威胁这种鸟类的种群数量稳定和个体健康。

　　筑巢时，雄鸟会先在地面上挖一个浅坑，然后雌鸟会用胸部和喙将其拓宽，并用石块、砂砾及植物组织垫底。雌雄双方会轮流孵卵，雌鸟值白班而雄鸟值夜班。卵孵化后双亲会共同保护雏鸟，但在雏鸟完全独立之前，雌鸟通常会先离雄鸟和雏鸟而去。

长嘴勺鹬的卵为白色至橄榄色，杂以棕色斑点。卵的尺寸为 66 mm × 47 mm。巢常筑于土堆或粪堆旁，这不但可以提供阴凉，还能遮挡天敌的目光。

实际尺寸

目	鸻形目
科	鹬科
繁殖范围	欧洲北部、亚洲北部及阿拉斯加
繁殖生境	沿海平原及开阔苔原
巢的类型及巢址	苔原地中的浅杯状巢，垫以草叶
濒危等级	无危
标本编号	FMNH 15324

斑尾塍鹬
Limosa lapponica
Bar-tailed Godwit

Charadriiformes

成鸟体长	37～41 cm
孵卵期	20～22 天
窝卵数	4 枚

155

斑尾塍鹬雌鸟比雄鸟体型更大、喙更长，而且雌鸟的喙相对于身体来讲也十分长。这使得它们可以在相邻但深度有别、泥土或软或硬的水域中觅食。这种与性二型相关的觅食差异可以使配偶之间产生食物的分化，进而使得它们在繁殖季能更高效地在领域内寻找食物资源。

斑尾塍鹬是鸟类中不间断迁徙距离最长的纪录保持者。一只携带卫星跟踪器的雌鸟，用 8 天时间，从阿拉斯加直飞新西兰，飞跃了 11000 km 的距离。在北上的旅途中，它们离开新西兰后会首先抵达中国南部沿海地区，并在那里停歇觅食、补充能量，然后再次起飞，返回阿拉斯加繁殖。

窝卵数

斑尾塍鹬的卵为橄榄色至棕色，杂以深色斑点。卵的尺寸为 54 mm × 37 mm。亲鸟双方会共同孵卵并照顾雏鸟。在开始真正向南迁徙之前，幼鸟会随亲鸟一起沿着海岸线飞翔。

实际尺寸

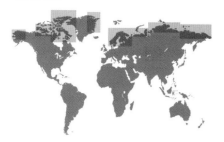

目	鸻形目
科	鹬科
繁殖范围	北美洲、欧洲及亚洲的北部海岸
繁殖生境	靠近海岸的草地及湿地，多石的北极海岸
巢的类型及巢址	较浅的地面巢，刨坑中垫以草叶
濒危等级	无危
标本编号	FMNH 1196

成鸟体长
21～26 cm

孵卵期
22～24 天

窝卵数
4 枚

156

翻石鹬
Arenaria interpres
Ruddy Turnstone
Charadriiformes

窝卵数

翻石鹬的卵为淡绿色至棕色，外表光滑且具光泽。卵呈椭圆形，其尺寸为 41 mm×29 mm。翻石鹬会破坏并吃掉无亲鸟看守的卵，无论是其他鸟种的卵还是本种鸟类其他个体的卵。

翻石鹬长着一个楔形的喙，同其名称一样，这种鸟可以用喙撬动并移走石块，以寻找隐蔽于缝隙间的昆虫和甲壳动物。翻石鹬还能到沙丘顶部和浮木表面寻找食物。这一高效的觅食策略在全球各地的翻石鹬身上都能见到，这使得它们可以在全球范围内迁徙。翻石鹬常从北极启程，经过温暖的热带海岸，一路向南抵达澳大利亚和新西兰。

翻石鹬雄鸟会在繁殖季早期建立繁殖地，并会陪伴经过这一区域的雌鸟。雄鸟会仪式性地在地面上挖一个浅坑，并会与潜在伴侣一起检查。最终，当雌鸟决定与这只雄鸟交配时，雌鸟会建造新的鸟巢并在其中垫以巢材，而远离雄鸟之前挖的浅坑。

实际尺寸

目	鸻形目
科	鹬科
繁殖范围	北美洲及亚洲的北太平洋海岸及岛屿
繁殖生境	沿海苔原的石滩或草地中
巢的类型及巢址	地面巢，刨坑中垫以草叶
濒危等级	无危
标本编号	FMNH 15358

岩滨鹬
Calidris ptilocnemis
Rock Sandpiper
Charadriiformes

成鸟体长	23～39 cm
孵卵期	20 天
窝卵数	4 枚

157

岩滨鹬是一种很漂亮却并不起眼的小鸟。在繁殖地，它们与大地有着相似的颜色，从浅黄色到红色或棕黑色，这样的羽色可以使它们很好地隐蔽于滨海苔原地带的石子和苔藓之中。雄鸟会建立繁殖地，并在其中持续鸣唱，向潜在配偶炫耀领域归属于自己。雌雄确定配偶关系后，二者都会对子代提供亲代照料。雄鸟和雌鸟会共同孵卵，并带领雏鸟远离危险。但在雏鸟孵化数天之后，雌鸟通常会抛弃雏鸟并留下雄鸟独自照顾雏鸟。尽管如此，亲鸟的"离婚率"仍然较低，只要来年雌雄双方都到同一繁殖地，它们仍会继续一起繁殖。

岩滨鹬以小型水生昆虫及甲壳动物为食，经常在岸边齐胸深的水中涉水或游泳觅食。在夏季，它们也会取食浆果、种子及苔藓。

窝卵数

岩滨鹬的卵为浅黄色至橄榄色，杂以棕色斑点。卵的尺寸为 38 mm × 27 mm。雌鸟在巢中产卵之前，雄鸟会挖掘数个巢坑供其选择。

实际尺寸

目	鸻形目
科	鹬科
繁殖范围	北美洲及欧亚大陆的环北极地区
繁殖生境	潮湿的海边苔原及草地
巢的类型及巢址	地面巢，刨坑中垫以草叶
濒危等级	无危
标本编号	FMNH 18494

成鸟体长
16～22 cm

孵卵期
21～22 天

窝卵数
4 枚

158

黑腹滨鹬
Calidris alpina
Dunlin
Charadriiformes

窝卵数

　　黑腹滨鹬是最广为人知的涉禽，在北半球绝大多数温暖的海岸都能见到迁徙至此的个体。黑腹滨鹬集大群迁徙，在迁徙停歇地还会与其他鸟类混群。在抵达其繁殖地之后，雌雄之间会很快建立配偶关系，并迅速完成交配。黑腹滨鹬往往还会与上一年的配偶重新结成配偶关系，但存在约 25% 的"离婚率"。当雌鸟与原配"离婚"并进入到其他雄鸟的领域中时，它这一年的繁殖成效将会是常年的两倍。

　　集群生活可以为这种小型鹬类提供更安全的环境，它们会在危险接近时迅速起飞。当无数个体那坚硬的飞羽略过空气时，会形成巨大而嘈杂的声响。为了躲避空中捕食者，黑腹滨鹬还会潜入水中。当在危险自岸边而来时，它们还会轻松地走向水中，从容地游离。

实际尺寸

黑腹滨鹬的卵为灰绿色至橄榄色，杂以棕色斑点。卵的尺寸为 36 mm×25 mm。卵由双亲共同孵化，但在雏鸟孵出后，雌鸟就会独自离开。

目	鸻形目
科	鹬科
繁殖范围	北美洲极地地区
繁殖生境	草地、开阔的莎草苔原，有时接近林地
巢的类型及巢址	地面巢，刨坑中垫以杂草，多见于干燥地区，有时位于灌丛旁
濒危等级	无危
标本编号	FMNH 15064

成鸟体长
20～23 cm

孵卵期
19～21 天

窝卵数
3～4 枚

159

高跷鹬
Calidris himantopus
Stilt Sandpiper

Charadriiformes

　　高跷鹬在进化生物学中是谜一样地存在：大量的DNA 序列都没有帮助分类学家研究清楚这一物种的分类地位。高跷鹬是隶属于鹬属、滨鹬属、其他的某个属还是自成一属尚未可知。借助于更加先进的全基因组测序以及迅速发展的分析方法，相信过不了多久，这一物种的分类地位就会被厘清。

　　高跷鹬雄鸟之间会通过求偶争斗来吸引雌鸟的目光。在建立配偶关系之后，高跷鹬将会严密保卫其领域及鸟巢，避免同种其他个体过分接近。但高跷鹬的巢边会存在其他鸟种的巢，这其中或许存在一种反捕食防御机制，即可以从邻居更早的警报中得知风险到来的信息。

窝卵数

实际尺寸

高跷鹬的卵为乳白色至橄榄绿色，杂以棕色斑点。卵的尺寸为 36 mm × 26 mm。亲鸟双方会共同孵卵并照顾雏鸟。

目	鸻形目
科	鹬科
繁殖范围	欧洲北部、亚洲北部及阿留申群岛
繁殖生境	湿地及林间沼泽
巢的类型及巢址	地面巢，刨坑中垫以杂草
濒危等级	无危
标本编号	FMNH 15338

成鸟体长
15～18 cm

孵卵期
21～22 天

窝卵数
4 枚

160

阔嘴鹬
Limicola falcinellus
Broad-billed Sandpiper
Charadriiformes

窝卵数

　　阔嘴鹬是阔嘴鹬属的唯一一个物种，它和黑腹滨鹬（详见 158 页）等典型的小型鹬类外表相似，但其基因却和体型较大的流苏鹬（详见 161 页）更为接近。阔嘴鹬在其繁殖地很少集群活动，甚至在迁徙时，它们也只会集成 10 只左右的小群，这一点与其他鸻鹬类也有所不同。

　　在繁殖季开始时，阔嘴鹬雄鸟会进行引人瞩目的求偶炫耀表演，它们会绕着泥塘或其他湿地持续飞行，以吸引雌鸟。在确定配偶关系后，雌雄双方会轮流孵卵或警戒，并共同照顾雏鸟。最终，雌鸟会先一步离开，留下雄鸟独自照顾幼鸟，直到雏鸟可以独立生活。

实际尺寸

阔嘴鹬的卵为灰色至棕色，杂以较大的深色斑点。卵的尺寸为 30 mm × 22 mm。阔嘴鹬的巢或许就隐蔽于湿地植被的根部，即使巢被发现，鸟卵也能凭借其极具伪装色彩的外表与周围的泥滩融为一体。

目	鸻形目
科	鹬科
繁殖范围	欧亚大陆北部
繁殖生境	湿地、沼泽及河流三角洲
巢的类型及巢址	浅坑，其中垫以植物茎叶
濒危等级	无危
标本编号	FMNH 5819

流苏鹬
Philomachus pugnax
Ruff

Charadriiformes

成鸟体长	29～32 cm
孵卵期	20～23 天
窝卵数	3～4 枚

161

　　流苏鹬或许拥有所有鸟类中最复杂的性别系统，不是两种，也不是三种，而是四种不同的羽毛类型：雄鸟有三种，而雌鸟至少有一种。与鸻鹬类或其他涉禽不同的是，流苏鹬的巢由雌鸟独自搭建。在繁殖季，雄鸟不会提供亲代照料，而是将绝大多数时间花费在求偶场的集群炫耀上，其目的是吸引雌鸟的注意。为什么一些雄鸟会选择在众多比自身更具吸引力的同性附近炫耀展示呢？这是因为，较大规模的求偶场对雌鸟更具吸引力，而独自炫耀展示的个体几乎不能甚至根本不会得到雌鸟的青睐。

　　流苏鹬雄鸟具有三种类型，包括占有领域的个体，它们生有装饰性的领羽，也是求偶炫耀的主力；而次雄和外形像雌鸟的雄鸟的羽色均较为暗淡，它们只会在求偶场边缘进行炫耀展示。那些外貌与雌鸟相近的雄鸟，能够偷偷混入求偶场，并与真正的雌鸟交配。因此这些雄鸟的角色也被写入了可遗传的基因之中。

窝卵数

流苏鹬的卵为黄褐色或略带绿色的灰色，杂以淡紫色斑点。卵的尺寸为 44 mm × 31 mm。流苏鹬的巢隐蔽在高高的草丛之下，以避免被捕食者看到。

实际尺寸

目	鸻形目
科	鹬科
繁殖范围	欧亚大陆北部及温带山地
繁殖生境	沼泽、林间沼泽、苔原湿地
巢的类型及巢址	由草叶堆积而成，多见于湿润草甸之中，隐蔽于杂草之间
濒危等级	无危
标本编号	FMNH 18718

162

成鸟体长	25～27 cm
孵卵期	18～21 天
窝卵数	4 枚

扇尾沙锥
Gallinago gallinago
Common Snipe
Charadriiformes

窝卵数

扇尾沙锥的卵为淡灰色至深绿色，杂以大量棕色斑点。卵的尺寸为 39 mm × 28 mm。无论是卵、雏鸟，还是亲鸟，都具有易于在沼泽植被中隐蔽的外表。虽然亲鸟双方都会照顾雏鸟，但雌雄会各自带着一半，分别抚养。

扇尾沙锥是一种十分特别的水鸟，它们身披棕红色而具条纹的羽衣，长着桔黑相间的尾扇，以及长而直的喙，喙的长度几乎可以达到身体其余部分长度的一半。但人们很少能在白天见到它们的踪影，因为在繁殖地，扇尾沙锥总是蹲卧并隐蔽于沼泽灌丛中的地面上。

扇尾沙锥偶尔的现身意味着它们正在逃脱捕食者或追求配偶。当被惊飞时，扇尾沙锥会一边高声鸣叫，一边呈之字形飞离，以迷惑天敌；而在其繁殖地，当雄鸟位于可能被雌鸟看到的地点时，它们会在空中绕飞数圈。之后雄鸟会数次急速俯冲并展开坚硬的尾羽，气流略过尾羽产生很大的声响。由于这种声音并非由声带鸣管发出，因此生物声学家将这种由羽毛发出声响的构成称之为"羽声"（sonation）。

实际尺寸

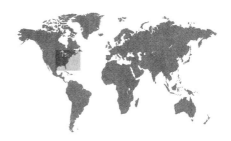

目	鸻形目
科	鹬科
繁殖范围	北美洲东部
繁殖生境	林间空地，水边灌丛
巢的类型及巢址	地面巢，浅盘形，由细枝和树叶筑成，鸟巢上方覆以灌丛或小树
濒危等级	无危
标本编号	FMNH 16003

成鸟体长
27～31 cm

孵卵期
20～22 天

窝卵数
4 枚

163

小丘鹬
Scolopax minor
American Woodcock
Charadriiformes

小丘鹬虽然也属于鹬类，但它们更倾向于在北美洲那些开阔的森林和毗邻的田野中生活。小丘鹬是一种被广泛狩猎的鸟类，仅在美国一个国家，每年就会有约 50 万只小丘鹬被猎杀。

虽然这是一个不太起眼的物种，但每年春天，小丘鹬雄鸟都会上演一场表演来吸引雌鸟。除了普通飞行之外，它们还会呈"之"字飞行、鼓翼飞行，急速俯冲，并向附近地面上的雌鸟啾啾鸣叫。假如雌鸟喜欢这场表演，它将会径直飞向雄鸟并在附近降落。小丘鹬为一雄多雌制鸟类，雄鸟会在整个繁殖季不断尝试吸引更多的雌鸟。

窝卵数

实际尺寸

小丘鹬的卵为黄褐色，杂以棕色斑点。卵的尺寸为 38 mm × 29 mm。雌鸟会独自照顾卵和雏鸟，即使雄鸟通常就在 150 m 外鸣唱。同其他种鹬类的雌鸟一样，小丘鹬那早成性的雏鸟也具有极佳的隐蔽色，并能利用其发育较快的喙在松软的土壤和枯枝落叶中自主挖掘、寻找食物。

目	鸻形目
科	鹬科
繁殖范围	北美洲西部及中部
繁殖生境	大草原中的湿地及沼泽
巢的类型及巢址	地面上的浅坑，垫以草叶
濒危等级	无危
标本编号	FMNH 5696

成鸟体长
22～23 cm

孵卵期
18～23 天

窝卵数
4 枚

164

细嘴瓣蹼鹬
Phalaropus tricolor
Wilson's Phalarope

Charadriiformes

窝卵数

细嘴瓣蹼鹬的卵为黄褐色，杂以较大的棕色斑点。卵的尺寸为 41 mm × 34 mm。雌雄会共同搭建鸟巢，但在产下满窝卵后，雌鸟便会离开繁殖地，由雄鸟单独照料并保护雏鸟。

细嘴瓣蹼鹬是五种以 19 世纪科学家、美国鸟类学之父亚历山大·威尔逊（Alexander Wilson）之名命名的鸟类之一。细嘴瓣蹼鹬是体型最大的半蹼鹬，它的很多繁殖特点都与其他鸻鹬类一样，包括雌雄在体型大小和体羽颜色上的二型性，以及亲代照料行为。雌鸟较雄鸟体型更大、体羽更艳丽。当雄鸟单独照顾幼鸟时，雌鸟则会守卫其领域。

半蹼鹬雌鸟通常与不少于两只雄鸟较配。雌鸟在产下卵后，会将卵丢给雄鸟照顾而另觅新欢。虽然雌鸟不负责孵卵，但会在危险来临时保护卵的安全。当捕食者靠近时，雌鸟会摆出一个假装孵卵的姿势，雄鸟则表现出折翼行为，以转移捕食者的目光。当捕食者远去后，雌鸟也将离开。

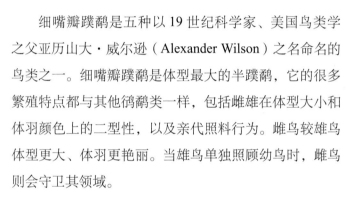

实际尺寸

目	鸻形目
科	燕鸻科
繁殖范围	非洲北部及亚洲西南部
繁殖生境	开阔、半干旱的旷野
巢的类型及巢址	简单的地面浅坑
濒危等级	无危
标本编号	FMNH 15345

成鸟体长
19～22 cm
孵卵期
18～19 天
窝卵数
2 枚

165

乳色走鸻
Cursorius cursor
Cream-colored Courser
Charadriiformes

走鸻长着与其他鸻鹬类一样长长的腿，但它们却适应了在远离水源的地方觅食和繁殖的生活。乳色走鸻分布广泛，它们常在干旱的半荒漠地区繁殖。在一些地区，这样的生境中繁殖的种群正在逐渐减少，尤其是在加那利群岛，旅游业的发展正在侵占乳色走鸻常选择的开阔而平坦的繁殖域。在其他一些地区，特别是阿拉伯半岛，乳色走鸻却得益于以保护传统大型猎鸟为目标的栖息地保护措施。

走鸻的繁殖具有季节性的特点。乳色走鸻的繁殖范围遍布荒漠地区，它们会在冬雨过后的早春时节开始繁殖。但如果第一窝卵繁殖失败，它们还会重新筑巢并补产一窝。这种再次繁殖的灵活策略，使得乳色走鸻可以很好地应对不可预料的降雨。

窝卵数

乳色走鸻的卵为黄褐色，杂以棕色污斑。卵的尺寸为 34 mm × 26 mm。雏鸟早成，这意味着孵化后不久即可离巢活动。尽管如此，在出飞前它们仍需亲鸟的保护和喂食。

实际尺寸

目	鸻形目
科	燕鸻科
繁殖范围	欧洲东南部、亚洲西南部
繁殖生境	开阔的矮草草原、耕地及牧场
巢的类型及巢址	地面上的浅坑，垫以少量细枝和干草
濒危等级	近危
标本编号	FMNH 20765

成鸟体长
24～28 cm

孵卵期
35～42 天

窝卵数
3～4 枚

166

黑翅燕鸻
Glareola nordmanni
Black-winged Pratincole

Charadriiformes

窝卵数

黑翅燕鸻的卵为黄褐色至橄榄色，杂以大量深棕色斑点。卵近圆形，其尺寸为 27 mm × 22 mm。雌雄双方会共同孵卵，但筑于开阔牧场上的鸟巢却很容易被牲畜踩踏。

尽管从基因角度讲，燕鸻与鸻鹬类有着较近的亲缘关系，但它们的外貌和行为却与其他鸻鹬类有着巨大的差别。燕鸻的体型和飞行姿态更像是燕子或雨燕。它们会在兽群或牲畜周围飞翔，并捕捉空中的昆虫。在过去的十年间，随着用农药控制昆虫力度的加大，以及将开阔地区开垦成农田或草场进程的加快，人们对欧洲及中亚地区黑翅燕鸻的监测显示，其种群数量急剧下降了 50%。

尽管外形独特，但黑翅燕鸻与其他许多鸻鹬类却拥有一些共同的繁殖特征，它们也会在地面筑巢，其窝卵数一般也为 4 枚。黑翅燕鸻会集成少则 5 对、多至 500 对的繁殖群繁殖。较大的繁殖群常位于潮湿的草地及水源附近，这里可以为成鸟和雏鸟提供充足的昆虫作为食物。

实际尺寸

目	鸻形目
科	彩鹬科
繁殖范围	撒哈拉以南非洲、亚洲南部及西南部
繁殖生境	湿地、苇丛、池塘及小溪附近的近岸地区
巢的类型及巢址	松软地面上的浅坑，垫以植物茎叶，通常临近水源
濒危等级	无危
标本编号	FMNH 20744

彩鹬
Rostratula benghalensis
Greater Painted-snipe
Charadriiformes

成鸟体长
23～28cm
孵卵期
15～21 天
窝卵数
2～3 枚

　　彩鹬与"真正的"鹬类的亲缘关系并不是很近，但它们却具有相似的外形，彩鹬也具有长长的腿，也会用长长的喙探寻水中的食物。彩鹬雌鸟身披鸻鹬类中最为亮丽的羽衣：巧克力棕的羽毛及胸部明显的条纹；相比之下，雄鸟体型更小、体色也更暗淡：棕色的羽毛配以条纹。或许是因为彩鹬的性别具有"颠倒"的二型性，因此它们的婚配制度为一雌多雄制。在产下鸟卵之前，求偶炫耀由雌鸟发起。在这之后，雌鸟会继续和其他雄鸟交配。

　　彩鹬雄鸟将提供卵和雏鸟所需的全部亲代照料，它们会带领雏鸟到觅食地点，也会带着它们藏到茂密的植被中躲避捕食者。当安全受到威胁时，雄鸟还会将雏鸟罩在翅膀之下，带着它们一起逃离危险。

窝卵数

彩鹬的卵为浅褐色，杂以深棕色斑纹。卵的尺寸为 38 mm × 28 mm。卵由雄鸟单独孵化，雄鸟的羽色较雌鸟更为暗淡，这可以使它们在孵卵过程中很好地隐蔽自己而不被天敌发现。

实际尺寸

目	鸻形目
科	鸥科
繁殖范围	加拉帕戈斯群岛及马尔佩洛岛
繁殖生境	崖壁或海滩
巢的类型及巢址	盘状地面巢，由碎石、树枝、海胆刺及珊瑚围成，可防止鸟卵滚动
濒危等级	无危
标本编号	FMNH 18981

成鸟体长	
66 cm	
孵卵期	
31～34 天	
窝卵数	
1 枚	

燕尾鸥
Creagrus furcatus
Swallow-tailed Gull

Charadriiformes

　　燕尾鸥是一种高度社会化的鸟类，在加拉帕戈斯群岛的熔岩礁石海滩上，无论是筑巢还是觅食，它们往往都集成大群。燕尾鸥几乎是加拉帕戈斯群岛的特有种，除了有几对繁殖于加拉帕戈斯群岛与南美洲大陆之间的岛屿上之外。在繁殖季到来之前，燕尾鸥羽毛和皮肤的颜色都会发生改变：头部由白色变成灰黑色，而眼环[①]则由黑色变成鲜红色。年轻的燕尾鸥通常要等到 5 岁时才开始繁殖。

　　燕尾鸥是唯一一种营严格夜间捕食生活的鸥类，它们会在日落之后集大群觅食，捕捉夜行性蟹类。它们具有两个特征能够适应这样的生活：燕尾鸥的眼睛与身体的比例，比其他鸥类都要大；它们的眼中具有额外的反光层，该结构位于晶状体后侧，可以帮助燕尾鸥在光线微弱的地方更好地看清物体。

燕尾鸥的卵为黄白色，杂以灰色及深棕色斑点。卵的尺寸为 66 mm × 46 mm。无论雌鸟还是雄鸟，燕尾鸥孵卵时都会背朝大海，这种行为在其他种在开阔海岸上繁殖的鸥类中也能见到。

实际尺寸

① 译者注：眼周裸出的皮肤。

目	鸻形目
科	鸥科
繁殖范围	北太平洋的阿留申群岛
繁殖生境	陡峭悬崖的崖壁
巢的类型及巢址	由泥土、草叶、海草筑成，多见于崖壁上
濒危等级	易危
标本编号	FMNH 15076

红腿三趾鸥
Rissa brevirostris
Red-legged Kittiwake
Charadriiformes

成鸟体长	35～39 cm
孵卵期	23～32 天
窝卵数	1～3 枚

169

红腿三趾鸥是真正的"海鸥"，因为它们是少数只在海洋生境繁殖、觅食和越冬的鸥类之一，这种鸟只在北极附近的白令海中的少数几个岛屿上繁殖，它们以海中的小鱼和甲壳动物为食。繁殖季结束后，在海边就很少能看到红腿三趾鸥的踪影了，它们会在远海地区度过非繁殖季。

所有的红腿三趾鸥都只在少数几个小岛上繁殖。但在过去的四十年间，其种群数量却下降了50%。一般认为，红腿三趾鸥繁殖地附近较低的海洋生产力导致了该物种种群数量持续下降，而在一定程度上这也是人类过度捕捞的结果。同样令人担忧的是，该地区逐渐增多的商业活动会将褐家鼠引入到这些有红腿三趾鸥繁殖的岛屿，而褐家鼠则是一种凶猛的巢捕食者。因此，加强对这一容易受到威胁的物种及其繁殖地的监测和管理，是十分有必要的。

窝卵数

红腿三趾鸥的卵为棕褐色，杂以紫色斑纹。卵的尺寸为58 mm × 41 mm。雏鸟孵化后会在巢中待上将近5周的时间，而不像其他鸥类的雏鸟那样孵出后不久便可离巢行走，这或许是为了避免从筑于陡峭悬崖之上的巢中坠落。

实际尺寸

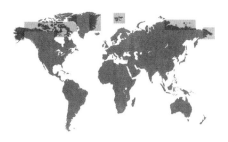

目	鸻形目
科	鸥科
繁殖范围	北美洲、欧洲及亚洲北部的大部分地区
繁殖生境	开阔地及潮湿苔原，通常临近淡水池塘
巢的类型及巢址	地面巢，多见于植被之间，通常无垫材
濒危等级	无危
标本编号	FMNH 15080

成鸟体长	27～33 cm
孵卵期	25 天
窝卵数	2～3 枚

170

叉尾鸥
Xema sabini
Sabine's Gull

Charadriiformes

窝卵数

叉尾鸥的卵为橄榄棕色，杂以不规则的深棕绿色斑点。卵的尺寸为 45 mm×32 mm。雏鸟为早成性，它们在孵化后几天之内便可离巢。亲鸟会带着雏鸟到开阔的水面上活动，而雏鸟很快就能独自觅食。

叉尾鸥是叉尾鸥属内的唯一一个物种。从遗传学角度来讲，叉尾鸥与另外一种在北极地区繁殖的鸥类具有最近的亲缘关系，这就是体羽为白色的白鸥，而白鸥也隶属于一个单型属，即属内只有一个物种的属。DNA研究表明，这两个物种分化于 200 万年前，而后它们逐渐演化出异于彼此的基因和形态学特征。

叉尾鸥高超的飞行技巧更像是燕鸥而非鸥类，但和鸥类相同的是，叉尾鸥也会在水面盘旋定位并捕捉猎物。叉尾鸥还能在泥地上四处走动寻找食物，也会像半蹼鹬那样在浅水地区揪出隐藏在泥沙中的猎物。在苔原地区的繁殖地，叉尾鸥亲鸟和幼鸟都会在淡水池塘及附近觅食。而到了冬季，它们则将变成远洋鸟类，并会在远离岸边的大洋中觅食。

实际尺寸

目	鸻形目
科	鸥科
繁殖范围	北美洲温带地区
繁殖生境	河流、湖泊附近的开阔地及沿海地区
巢的类型及巢址	地面浅坑，垫以细枝、树棍、草叶或地衣
濒危等级	无危
标本编号	FMNH 372

环嘴鸥
Larus delawarensis
Ring-billed Gull
Charadriiformes

成鸟体长
46～54 cm

孵卵期
20～31 天

窝卵数
2～4 枚

171

与其他鸥类不同的是，环嘴鸥常集大群繁殖于偏远的内陆地区，其繁殖群常毗邻淡水湖、沼泽及溪流。它们是垃圾堆附近最为常见的物种，而这里的环嘴鸥种群数量和增长率也较为可观。当垃圾场关闭或转入室内时，环嘴鸥的种群密度将会急剧下降。

这种集大群繁殖的鸟类，对空间和个体的识别都具有敏锐的感知，每一只环嘴鸥都需要识别出鸟巢、配偶、鸟卵和雏鸟。雏鸟孵化后，只需在巢中待上 4 ～ 5 天，便可离巢活动。这为父母增添了额外的压力，它们要通过听觉和视觉识别自己的雏鸟。一旦错误地识别了雏鸟，就意味着另一些雏鸟会被遗弃，不过其中有些雏鸟，也会在养父母的帮助下，成功存活至羽翼丰满之时。

窝卵数

环嘴鸥的卵为浅灰色至棕色，杂以棕色至紫色的斑点。卵的尺寸为 59 mm × 42 mm。在某些种群中，人们有时能在巢中观察到一些形似鸟卵但尺寸较大的鹅卵石，这些石头或许可以迷惑捕食者，也或许是一些急于为人父母的环嘴鸥错将石块当成鸟卵的结果。

实际尺寸

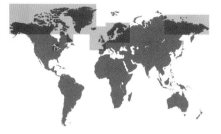

目	鸻形目
科	鸥科
繁殖范围	北美洲、欧洲及亚洲北部
繁殖生境	岛屿、海滩及湿地
巢的类型及巢址	地面巢，多见于松软的土地、沙地上或低矮的植被中
濒危等级	无危
标本编号	FMNH 2416

172

成鸟体长	60～64 cm
孵卵期	28～30 天
窝卵数	2～4 枚

银鸥
Larus argentatus
Herring Gull
Charadriiformes

窝卵数

一年中的任何时候，在北半球大多数的海岸附近，都能见到显眼而嘈杂的大群银鸥，它们也是那些在海边散步者最为熟悉的一种鸟类。银鸥不但取食鱼类和甲壳动物，也会取食海滩上的垃圾，或到垃圾堆处觅食。银鸥还会捕食其他在水边集群筑巢的水鸟的卵或雏鸟，包括体型较小的鸥和燕鸥，以及鸻鹬类、䴙䴘类、贼鸥及海鹦。

繁殖季节从两性间夺人眼球的求偶炫耀开始，雄鸟会选定一块紧邻中意雌鸟的区域求偶。如果被雌鸟接受，双方对鸣的同时还会向上挺起身体，并最终交配。巢址由雌雄共同选定，亲代照料也将由双方共同承担。如果繁殖成功，雌雄双方第二年还会回到这里与上一年的配偶繁殖；而一旦繁殖失败，双方将分道扬镳。

银鸥的卵为橄榄色，杂以深棕色斑点。卵的尺寸为 65 mm×48 mm。虽然银鸥本身就是取食其他鸟类鸟卵的捕食者，但它们自己的卵有时也会被体型更大的鸥、鸦科鸟类、鹭类以及浣熊等哺乳动物取食。

实际尺寸

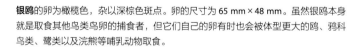

目	鸻形目
科	鸥科
繁殖范围	全球范围内的热带及亚热带地区的海岸及海岛
繁殖生境	孤立的岛屿及近海小岛
巢的类型及巢址	由树枝和细枝筑成的盘状巢，多见于崖壁上，或筑于树木、灌丛之上，有时也会将卵产在裸地上
濒危等级	无危
标本编号	FMNH 4837

白顶玄燕鸥
Anous stolidus
Brown Noddy
Charadriiformes[①]

成鸟体长
40～45 cm

孵卵期
33～36 天

窝卵数
1 枚

173

　　白顶玄燕鸥常集群繁殖。在偏远而合适的岛屿上，森林和崖壁的每一个角落都会被白顶玄燕鸥占领，它们在这些地方鸣叫、炫耀展示、孵卵或育雏。雌雄双方会在求偶炫耀过程中相互鞠躬和点头，并会仪式化地喂食和飞行，在此过程中，雄鸟会将一条刚刚捕捉到的小鱼递给雌鸟。

　　孵卵的责任由双方共同承担，雌雄每隔一至两天轮换一次，不孵卵的一方将会到海上觅食。雏鸟孵化后，亲鸟将变成高效率的"饲养员"，雏鸟在短短三周时间里，体重就会增长至和亲鸟一样的水平。出飞时，雏鸟的体重甚至会超过亲鸟，但一旦开始飞翔，它们将很快减掉多余的体重，它们也将在亲鸟饲喂逐渐减少之时，很快学会如何照顾自己。

白顶玄燕鸥的卵为略带红色的乳白色，杂以紫色和栗色斑点。卵的尺寸为 52 mm × 35 mm。白顶玄燕鸥在树上筑巢，很多卵和雏鸟都会意外地从高高的树枝上跌落，巢下面的土地在繁殖季过后也就变成了名副其实的墓地。

实际尺寸

---

① 译者注：燕鸥类现已被归入燕鸥科（Sternidae）。

目	鸻形目
科	鸥科
繁殖范围	三个主要大洋①的热带及亚热带岛屿
繁殖生境	具树的沙质或岩石岛屿
巢的类型及巢址	筑于树枝上、由细枝和树叶筑成的松散鸟巢
濒危等级	无危
标本编号	FMNH 14797

174

成鸟体长	35～40 cm
孵卵期	34 天
窝卵数	1 枚

玄燕鸥
Anous minutus
Black Noddy
Charadriiformes

玄燕鸥，又被称作白顶玄燕鸥（White-capped Noddy），② 是偏远岛屿的海岸附近最常见到的鸟类，它们常在环礁沙滩及其他低洼的岛屿上集群繁殖，并将树枝压弯。当在海面上活动时，玄燕鸥不会潜入水中寻找食物，而是会捕食由金枪鱼等捕食性鱼类驱赶至海面的小鱼，这种行为叫作偷窃寄生（Kleptoparasitism）现象。

玄燕鸥的亲鸟会以鸟巢为家庭的中心，如果雏鸟顺着树枝走远或跌落至地面，它们将不会被亲鸟认出，也不会被亲鸟照顾，并最终被捕食，亲鸟将会等到下一个繁殖季到来才会尝试下一次繁殖。玄燕鸥每年都会回到同一座岛屿，而且通常是在同一棵树的同一个枝上繁殖。雏鸟要等上 3 ~ 5 年才能完全性成熟，直到那时它们才会开始尝试首次繁殖。

玄燕鸥的卵为略带红色的黄色，杂以锈棕色斑点。卵的尺寸为 43 mm × 31 mm。雌鸟会将卵产于由树枝、树叶或干粪便筑成的盘状巢中，这些巢常在接下来的繁殖季中被重复利用。

实际尺寸

① 译者注：即大西洋、印度洋及太平洋。
② 译者注：但实际上这是两个不同的物种。

目	鸻形目
科	鸥科
繁殖范围	北美洲南部海岸及主要河流的内河岛屿
繁殖生境	碎石或沙滩海岸、河边或湖滨
巢的类型及巢址	碎石滩或沙滩中的凹坑，偶尔筑于屋顶之上
濒危等级	无危
标本编号	FMNH 18322

成鸟体长
21～23 cm

孵卵期
20～22 天

窝卵数
2～3 枚

175

小白额燕鸥
Sternula antillarum
Least Tern

Charadriiformes

小白额燕鸥偏好于在低平的海边沙滩上筑巢繁殖，这将在最大程度上避免它们与除了人类外的其他生物竞争。栖息地的改变将会对这些在海边集群繁殖的鸟类造成负面影响。类似的是，那些在北美洲流速缓慢河流的小型冲积岛屿上繁殖的小白额燕鸥，它们在繁殖季也会受到人类调控水位，即建造河堤和水坝的伤害。这些行为都会干扰到暂时性沙堤的形成，进而导致小白额燕鸥可利用巢址的减少。

小白额燕鸥卵的颜色及斑纹高度多样化，有时同一窝的卵也是如此，这可能有助于伪装并提高隐蔽性。或许正是卵色的多样性导致了亲鸟并不能识别每一枚卵，它们也乐于捡拾并孵化在附近筑巢的其他小白额燕鸥的卵。

窝卵数

小白额燕鸥的卵为橄榄棕色，杂以紫色和棕色斑纹。卵的尺寸为 31 mm×23 mm。雌雄双方会共同挖筑并经常访问数个地面巢，但雌鸟只会选择在其中某一个巢中产卵。

实际尺寸

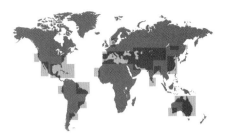

目	鸻形目
科	鸥科
繁殖范围	欧洲南部、亚洲温带地区、北美洲沿海、南美洲及澳大利亚
繁殖生境	河流、沼泽及海滨
巢的类型及巢址	地面上的浅坑，有些巢边缘围以树枝或其他植物组织
濒危等级	无危
标本编号	FMNH 4543

成鸟体长
33～38 cm

孵卵期
21～23 天

窝卵数
3 枚

176

鸥嘴噪鸥
Gelochelidon nilotica
Gull-billed Tern
Charadriiformes

窝卵数

鸥嘴噪鸥隶属于一个单型属，这暗示着它们在进化过程中占据着独特而独立的地位。相应地，它们的上下颌骨及觅食策略与其他鸥类都有所不同，它们的喙短而粗，以捕捉空中的昆虫为食，而不是潜入水中捕捉鱼类。

鸥嘴噪鸥的求偶炫耀也与其他燕鸥的典型方式不同，雌雄之间没有在半空中比翼双飞的戏份，而只是在地面或沙堤上适合筑巢的地点交配。雌雄双方会共同筑巢，它们会收集一些植物组织，简单地勾勒出巢的轮廓，并在其中孵卵。一旦雏鸟离巢，它们便会与繁殖群内其他巢中的雏鸟聚集成群。

实际尺寸

鸥嘴噪鸥的卵为略带粉色的浅黄色至象牙黄色，杂以深棕色斑点。卵的尺寸为 47 mm × 34 mm。卵极具隐蔽性。雏鸟孵出后便可睁开双眼，在几小时之内就可活动。这两点使得它们被捕食的概率大大降低。

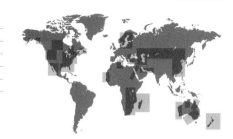

目	鸻形目
科	鸥科
繁殖范围	大洋洲、亚洲、非洲、欧洲及北美洲
繁殖生境	湖边及海滨
巢的类型及巢址	地面上的浅坑，垫以干燥的植物、树枝、小石块及破碎的贝壳
濒危等级	无危
标本编号	FMNH 18312

红嘴巨鸥
Hydroprogne caspia
Caspian Tern

Charadriiformes

成鸟体长
47～54 cm

孵卵期
26～28 天

窝卵数
1～3 枚

177

这种惹人注意的燕鸥是体型最大的燕鸥，但它们与其他中等大小的燕鸥具有相似的外形。红嘴巨鸥会集成松散的繁殖群，在除了南美洲和南极洲外其他大陆的湖岸或其他类型的湿地附近繁殖，这一点使得红嘴巨鸥在其广大的分布范围内有连续的分布区。从形态学角度看，所有这些种群的外表都十分相似。

在一些地区，红嘴巨鸥会集成小而松散的繁殖群繁殖，且常在其他燕鸥和鸥类附近。雌雄双方会共同筑巢并孵卵，亲鸟还会轮流饲喂雏鸟，或潜入水中捕捉鱼类及其他食物。雏鸟会在巢中或巢的附近停留几天，之后才具备活动的能力。亲鸟会鼓励雏鸟与兄弟姐妹分开，虽然这意味着亲鸟需要寻找雏鸟的位置并识别出自己的后代（而不是只记住巢的位置）。分开活动可以降低所有雏鸟被一次性捕食的概率。

窝卵数

红嘴巨鸥的卵为浅黄色，杂以不规则的深棕色斑点。卵的尺寸为 65 mm × 45 mm。越来越多的红嘴巨鸥选择在水边那些天然的或者被人类改造过的泥堆及其栖息地中筑巢。因此在某些地区，它们的种群数量呈上升趋势。

实际尺寸

目	鸻形目
科	鸥科
繁殖范围	欧亚大陆温带地区
繁殖生境	沼泽、湿地及湖岸
巢的类型及巢址	由短芦苇及其他植物筑成的盘状巢，多见于岸边或浮于水面之上
濒危等级	无危
标本编号	FMNH 15082

成鸟体长	22～25 cm
孵卵期	18～22 天
窝卵数	2～4 枚

178

白翅浮鸥
Chlidonias leucopterus
White-winged Tern

Charadriiformes

窝卵数

白翅浮鸥在水边生活和觅食，但与其他燕鸥属那些体羽几乎全白的鸟类不同，白翅浮鸥不会潜水捕鱼，而是在飞翔时捕捉水面附近的昆虫，或捡拾漂浮在水面的猎物。在繁殖季，它们会在淡水池塘及其他沼泽湿地附近活动；但到了非繁殖季，它们则会在海边或内陆相对干燥的开阔地区活动。

在其繁殖地，白翅浮鸥通常只与本种鸟类集群繁殖，但欧洲一些种群的个体，却显示出了白翅浮鸥与黑浮鸥杂交的特征。这样的杂交行为可以帮助科学家评估交配过程中物种识别同类的行为因素和遗传后果，错误地识别同类在交配过程中是不可避免会发生的现象。

实际尺寸

白翅浮鸥的卵为黄褐色至淡石黄色，杂以黑色及锈棕色斑点。卵的尺寸为 35 mm × 25 mm。虽然亲鸟身体较弱且没有能力反击捕食卵的天敌，但它们的巢却处于由 20 ～ 40 个鸟巢组成的松散的繁殖群当中，因此繁殖往往具有较高的成功率。

目	鸽形目
科	鸥科
繁殖范围	欧亚大陆的温带及北极地区，北美洲中部及东部
繁殖生境	平坦的沙地、岩石海岸或草地
巢的类型及巢址	土地或沙地上的凹坑，无垫材，或外周围以碎物
濒危等级	无危
标本编号	FMNH 4649

普通燕鸥
Sterna hirundo
Common Tern

Charadriiformes

成鸟体长
31～38 cm

孵卵期
21～22 天

窝卵数
2～3 枚

普通燕鸥的种群数量较为兴盛，它们能够适应沿海地区多种被人类改造过的栖息地。它们乐于在人类周围筑巢，例如停车场边缘、遗弃的船只上，以及其他水边或水中的建筑上。普通燕鸥还会与其他几种燕鸥混群繁殖，包括在某些地区十分濒危的粉红燕鸥。

普通燕鸥是一种具有归家冲动的鸟类，它们会重返曾经的繁殖群繁殖，很多个体甚至会与曾经的配偶占据与去年相同的草地区块繁殖。雄鸟会首先抵达繁殖地并占据领域，之后会在这里等待配偶几天之后的到来。但如果雌鸟 5 天后还没有抵达的话，雄鸟就会与其他雌鸟配对繁殖，以确保有足够的时间孵卵、育雏。

窝卵数

普通燕鸥的卵为黄褐色，杂以棕色斑点。卵的尺寸为 42 mm × 30 mm。雏鸟孵出后，便可在巢附近走动。与其他繁殖密度较高的鸥类不同的是，离巢的燕鸥雏鸟能够为本种其他亲鸟所接纳。

实际尺寸

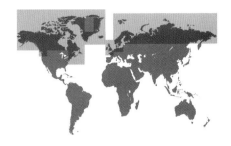

目	鸻形目
科	鸥科
繁殖范围	北美洲及欧亚大陆的北极及亚北极地区
繁殖生境	开阔苔原、林间沼泽、石滩及岛屿
巢的类型及巢址	低矮植被间的地面浅坑
濒危等级	无危
标本编号	FMNH 4673

成鸟体长
33～39 cm

孵卵期
22～27 天

窝卵数
2 枚

180

北极燕鸥
Sterna paradisaea
Arctic Tern
Charadriiformes

窝卵数

北极燕鸥的卵为橄榄色至棕黄色，杂以深棕色斑点。卵的尺寸为 41 mm×29 mm。雌雄共同孵卵，雏鸟孵化后便可活动，但仍依赖双亲喂其食物。

北极燕鸥每年都会进行非比寻常的迁徙，因而为人们所熟知。它们会离开位于北极的繁殖地，一路向南抵达南极洲附近的南大洋。这一旅途不但出现在成鸟身上，在当年出生的亚成体中也会上演。如果不考虑迁徙途中的能量需求，以及跨越半个地球可能遇到的潜在风险，北极燕鸥的寿命最长可达 30 年。

在繁殖地，北极燕鸥会与其他燕鸥混群繁殖。它们会竭尽全力抵御任何闯入其巢域的入侵者，无论其体型大小，即使对偶尔来采血以监测种群动态的研究人员也是如此。北极燕鸥不但飞行迅速，还具有灵敏的身手，它们会大胆地集群攻击接近巢区的入侵者。北极燕鸥不但具有高超的飞行技巧，它们还能够略施小计，将捕食者的注意力从雏鸟那里转移到自己身上来。

实际尺寸

目	鸻形目
科	鸥科
繁殖范围	北美洲温带地区
繁殖生境	内陆湿地及沼泽
巢的类型及巢址	地面上的浅坑、由植被筑成的水面浮巢，或地面上由植物组织堆成的杯状巢
濒危等级	无危
标本编号	FMNH 4585

成鸟体长
33～36 cm

孵卵期
25～32 天

窝卵数
2～3 枚

弗氏燕鸥
Sterna forsteri
Forster's Tern

Charadriiformes

弗氏燕鸥在繁殖季会短暂出现于北美洲，而之后则会到南方的热带和亚热带地区越冬。然而，少数弗氏燕鸥每年都会横跨大西洋，来到英国附近的岛屿上越冬。此时，欧洲绝大多数的鸥类都已经迁徙至南方，而这些弗氏燕鸥也将成为此地唯一的一种燕鸥。

在位于北美洲内陆的繁殖地，弗氏燕鸥会集大群繁殖。无论入侵者的体型是大是小，亲鸟都会竭尽全力保护鸟巢及鸟卵免遭侵害。雏鸟孵出时周身被覆绒羽，双眼已经睁开，并且能够走动，但雏鸟通常都会在巢中待上数周，由亲鸟饲喂。当雏鸟离巢活动时，它们有时也会误打误撞地进到其他弗氏燕鸥或黑浮鸥（Black Tern）的巢中。因此，有时弗氏燕鸥喂养的是其他个体的雏鸟。

窝卵数

弗氏燕鸥的卵为橄榄色至黄褐色，杂以深棕色斑点，斑点集中于钝端。卵的尺寸为 43 mm × 31 mm。在美国中西部内陆地区湿地繁殖的弗氏燕鸥，以及其他在这些地区繁殖的水鸟，正在遭受栖息地变化带来的负面影响。

实际尺寸

目	鸻形目
科	鸥科
繁殖范围	加利福尼亚南部及墨西哥西北部
繁殖生境	海拔较低而平坦的岛屿沙滩
巢的类型及巢址	地面浅坑，集高密度的大群繁殖
濒危等级	近危
标本编号	FMNH 4569

成鸟体长	39～43 cm
孵卵期	25～26 天
窝卵数	1～2 枚

182

丽色凤头燕鸥
Thalasseus elegans
Elegant Tern
Charadriiformes

窝卵数

丽色凤头燕鸥的卵为白色，略带粉色，杂以黑色和紫色斑点。卵的尺寸为 52 mm×35 mm。丽色凤头燕鸥很少主动反击巢捕食者的进攻，取而代之的是，它们会通过将巢筑在大型鸥类鸟巢附近的方式，来寻求庇护。

就全球范围来看，丽色凤头燕鸥的繁殖地十分狭小，超过 90% 的个体都只在加利福尼亚湾的一个岛屿上繁殖。如此狭小的繁殖范围自然也就暗示了该物种的保护级别及保护状态。在过去的半个世纪中，虽然加利福尼亚附近丽色凤头燕鸥的繁殖地已扩张至多个地点，但持续存在的踩踏、栖息地的改变以及逃逸野化动物个体的捕食，还是对几个繁殖种群的规模和长期发展造成了负面影响。

在产卵之前，雄鸟会抓捕小鱼并将其递喂给雌鸟作为求偶展示的一部分。丽色凤头燕鸥的巢址会选定在距最近的鸟巢只有一个身长的地点。如此高密度的巢址，对于抵御天敌，扮演着一种被动式却十分有效的结构性保护。因为一般来说，只有处于巢区边缘的巢才处于危险之中。

实际尺寸

目	鸽形目
科	鸥科①
繁殖范围	北美洲南部、东部及南美洲低地
繁殖生境	沙滩或碎石滩
巢的类型及巢址	地面巢，多见于水边的沙滩或石滩的浅坑中，以及人工岛屿和屋顶
濒危等级	无危
标本编号	FMNH 4871

成鸟体长	40～50 cm
孵卵期	21～25 天
窝卵数	3～5 枚

黑剪嘴鸥
Rynchops niger
Black Skimmer
Charadriiformes

183

黑剪嘴鸥常掠水面飞过，并用其剪刀一样的下喙划破水面。当嘴触碰到小鱼或软体动物时，上喙则会自动向下闭合并咬住猎物。无论是在繁殖季还是一年中的其他时间，黑剪嘴鸥都是集群活动的社会性鸟类。在北美洲，黑剪嘴鸥常在温暖的海岸线附近的沙滩上繁殖或栖息，因此黑剪嘴鸥会和人类竞争一些风景最好的滨海沙滩，而失败者通常都是黑剪嘴鸥。

当黑剪嘴鸥的繁殖群选定繁殖地点时，雌雄之间会上演仪式化的求偶炫耀过程，还会掘沙成坑为巢。它们会站得挺直，雌雄双方都会用脚向后刨出沙土。虽然鸟巢只是一个简单刨出的坑，但由于繁殖群中进行求偶炫耀的配偶众多，这一过程往往需要几次尝试，因此最终确定巢址的过程经常持续很长时间。虽然雄鸟会比雌鸟刨出更多的沙土，但雌雄却会共同承担孵育鸟卵和照顾雏鸟的责任。刚孵出的雏鸟，虽然已经能够移动，但仍然需要亲鸟的照顾。

窝卵数

黑剪嘴鸥的卵为白色，略带蓝色或粉色，杂以棕色或紫色的斑点。卵的尺寸为 45 mm × 32 mm。集大群繁殖能够保证卵的安全，并提高繁殖成功率，这样的繁殖群每年都会在此繁殖；而那些规模较小、繁殖失败的繁殖群，则每年都要重新寻找新的筑巢地点。

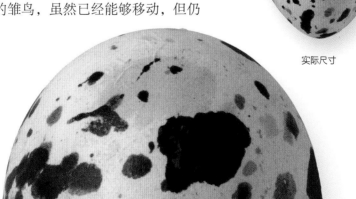

实际尺寸

① 译者注：现为剪嘴鸥科。

目	鸥形目
科	贼鸥科
繁殖范围	欧洲北部沿海及岛屿
繁殖生境	沿海荒野及多石小岛
巢的类型及巢址	地面巢，垫以杂草，多见于岩石海岸或荒野之中
濒危等级	无危
标本编号	FMNH 4369

成鸟体长
50～58 cm

孵卵期
29 天

窝卵数
2 枚

184

北贼鸥
Stercorarius skua
Great Skua
Charadriiformes

窝卵数

北贼鸥是一种大型海鸟，它们会运用其体型的优势而非敏捷的身手在繁殖地和越冬地争取生存的机会。当北贼鸥发现其他海鸟，包括鸥类、燕鸥，甚至是鲣鸟刚刚捕捉到食物后，便会径直飞向它们，用嘴咬住它们的翅膀，并紧追向下俯冲的受害者，直到它们将食物吐出。这种偷窃寄生行为补充了北贼鸥的食物资源。北贼鸥的食物主要为鱼类、其他鸟类的卵和雏鸟，以及啮齿动物。

北贼鸥善于独自偷抢其他鸟类口中的鱼类。相较于食谱宽泛的物种，北贼鸥的特化似乎有利于它们的生存，因为虽然这种鸟的筑巢时间较早，却会产下更大的卵，也将孵出长得更快的雏鸟。

北贼鸥的卵为橄榄棕色，杂以浅棕色斑点。卵的尺寸为 73 mm × 50 mm。亲鸟会十分勇猛地保护卵或雏鸟，对包括人类在内的正在靠近的危险常发动直接进攻，而不会隐蔽起来，也不会将入侵者带离巢址。

实际尺寸

目	鸥形目
科	贼鸥科
繁殖范围	北美洲、格陵兰及欧洲的北极地区
繁殖生境	干燥的矮草地或多石的苔原
巢的类型及巢址	地面浅坑，其中常垫以鹅卵石
濒危等级	无危
标本编号	FMNH 4391

长尾贼鸥
Stercorarius longicaudus
Long-tailed Jaeger

Charadriiformes

成鸟体长
38～58 cm

孵卵期
23～25 天

窝卵数
2 枚

在位于北极的繁殖地，长尾贼鸥是一种活跃的捕食者，它们会捕食包括旅鼠在内的哺乳动物。如果旅鼠的种群数量发生波动，长尾贼鸥的数量也会随之变化。但这一物种也能展现出其近亲最常使用的捕食策略，即偷窃寄生。长尾贼鸥不会花费额外的时间来捕鱼，而是通过追赶其他海鸟，用计谋迫使其放弃口中的食物，将其据为己有以果腹。

长尾贼鸥每窝产两枚卵，卵产下后便开始孵化，为了避免北极繁殖地极端的低温，亲鸟或许不得不这样做。两枚卵或许相隔几天产下，因此卵为异步孵化。亲鸟双方会共同孵卵，并照顾半早成性雏鸟，雏鸟周身被覆绒羽，孵出后不久便可活动，但在生命中的最初几周里，它们却需要亲鸟以小块食物饲喂。

窝卵数

长尾贼鸥的卵为橄榄棕色，杂以深棕色斑点。卵的尺寸为 55 mm × 38 mm。虽然卵由雌雄双方共同孵化，但雌鸟孵卵的时间往往要长于雄鸟。

实际尺寸

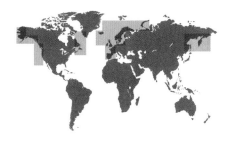

目	鸥形目
科	海雀科
繁殖范围	北太平洋及北大西洋沿岸地区
繁殖生境	紧邻大海的悬崖或平坦的海岬、小岛
巢的类型及巢址	无巢型，鸟卵常置于裸岩之上
濒危等级	无危
标本编号	FMNH 4244

成鸟体长
38～43 cm
孵卵期
30 天
窝卵数
1 枚

崖海燕
Uria aalge
Common Murre

Charadriiformes

　　崖海燕又被称作普通海鸽（Common Guillemot），其繁殖群被称之为"海燕群"。繁殖群中的鸟巢十分密集，经常在一个巢中就可以触碰到相邻的巢。鸟巢虽然没有明显的外形，彼此之间也没有空间隔离，但崖海燕亲鸟在回到繁殖群中时，却能够识别出自己的鸟卵。鸟卵多样的底色以及独特的斑点似乎能够帮助亲鸟识别鸟卵。每当亲鸟返回鸟巢的时候，它们都会仔细检查鸟卵，或许是为了确保这就是自己的后代。

　　在缺乏特别保护的巢中，崖海燕卵的形状能够确保鸟卵待在原处，而不会从狭窄的崖壁上滚落。即使雌鸟起飞时碰到了鸟卵，它们也能滚一个小圈之后回到最初的位置。雏鸟的发育十分迅速，在孵出 3 周之后便可出飞。

崖海燕的卵具有多种从蓝至绿的渐变颜色，杂以深棕色斑纹。卵的尺寸较大，为 81 mm×50 mm，其质量与雌鸟体重相关，约占 11%。

实际尺寸

目	鸥形目
科	海雀科
繁殖范围	北美洲及欧亚大陆的北极及亚北极地区
繁殖生境	面朝大海的崖壁及岛屿
巢的类型及巢址	无巢型，卵产于峭壁裸露的岩架之上
濒危等级	无危
标本编号	FMNH 4317

成鸟体长	43～45 cm
孵卵期	31～34 天
窝卵数	1 枚

厚嘴崖海鸦
Uria lomvia
Thick-billed Murre

Charadriiformes

　　厚嘴崖海鸦会集大群繁殖，有时一个繁殖群中的个体数量甚至会超过 100 万。厚嘴崖海鸦雏鸟的生长发育十分迅速，它们需要亲鸟经常外出觅食，而亲鸟每次外出觅食却只能用嘴叼回一块食物。年龄较大的亲鸟喂食雏鸟的频率较高，因此繁殖往往具有更高的成功率，它们还会将巢筑在更靠近繁殖群中间相对更安全的位置。因此，繁殖经验能使崖海鸦具有更高的适合度。崖海鸦繁殖群中鸟巢的密度很高，但每只孵卵的雏鸟只需要 $0.1m^2$ 的面积就够了。

　　在人类将不具飞翔能力的大海雀（详见 189 页）赶尽杀绝之后，海雀科鸟类中体型最大者就成了厚嘴崖海鸦。厚嘴崖海鸦也不具飞翔能力，其大部分时间都在大海中度过，它们会潜入水中，通过翅膀的扇动来推动身体在"水中飞行"，以追捕鱼类。

厚嘴崖海鸦的卵为棕褐色至深绿色，杂以黑色斑点。卵的尺寸为 80 mm × 50 mm。多样的卵色及多变的斑点使得每一枚鸟卵都具有与众不同的花纹，这意味着它们具有被亲鸟识别的可能性。

实际尺寸

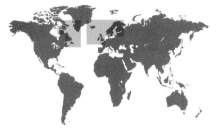

目	鸥形目
科	海雀科
繁殖范围	北大西洋沿海
繁殖生境	沿岸大陆架的岩石、洞穴或较窄的崖壁
巢的类型及巢址	卵产于裸露的岩石之上，岩石或略具浅坑，其中垫以贝壳、羽毛及植物
濒危等级	无危
标本编号	FMNH 4360

188

成鸟体长
38～43 cm
孵卵期
35 天
窝卵数
1 枚

刀嘴海雀
Alca torda
Razorbill

Charadriiformes

　　与其他鸟类相比，刀嘴海雀会为繁殖做长期的打算。这种鸟发育到 4～5 岁时才会达到性成熟。雄鸟的求偶展示仿佛因雌鸟而起，雌鸟会与多只雄鸟接触并观看它们的求偶炫耀，最终谨慎地选择出配偶。一旦确定配偶，这种关系将维持终身。刀嘴海雀每年都会返回同一个繁殖群甚至是相同的巢址，在产下唯一的鸟卵之前，它们会在那里进行炫耀展示并交配。

　　当刀嘴海雀年龄逐渐变大时，它们或许要隔上一年才会开始下一次繁殖。隔年繁殖可以确保亲鸟能在下一个繁殖季到来时拥有更好的身体条件。而随着雌鸟年龄的增长，它们在产卵之前或许会与多只雄鸟交配，以确保成功受精。虽然刀嘴海雀曾被大肆猎杀，但如今较大的繁殖群却保持稳定，甚至增长。刀嘴海雀的寿命很长，最长记录为 42 年。

刀嘴海雀的卵为白色至棕红色，钝端杂以密集深棕色斑点。卵的尺寸为 76 mm×48 mm，亲鸟双方轮流孵卵。那些产于地缝中的鸟卵要比产于开阔崖壁上的鸟卵能够更好地躲避捕食者的攻击。

实际尺寸

目	鸥形目
科	海雀科
繁殖范围	北大西洋沿岸寒冷的地区，包括欧洲和北美洲
繁殖生境	岩石及裸露的岛屿
巢的类型及巢址	卵直接产于岩石表面
濒危等级	灭绝
标本编号	FMNH 2908

大海雀
Pinguinus impennis
Great Auk

Charadriiformes

成鸟体长
75～85 cm
孵卵期
42 天
窝卵数
1 枚

189

大海雀不能飞行，这一点与其他已灭绝的海雀科鸟类相同。然而与大海雀亲缘关系最近的鸟类——刀嘴海雀（详见 188 页）和侏海雀（Dovekie）却能够飞行。这意味着不能飞行的特征是在大海雀和其他已灭绝的海雀中独立进化出来的。大海雀的集群和繁殖行为与其现存的亲缘种相似。它们或许为单配制，每窝只产一枚卵。大海雀集群繁殖，雏鸟孵出后尚不能独自生活，仍需亲鸟照顾。

大海雀是海雀科鸟类中体型最大的物种，集群的习性使其易于受到人类猎杀等开发活动，及外来入侵的鼠类和其他长期存在的捕食者的影响。最后一只大海雀于 1844 年被杀害，彼时它正在繁殖。大海雀从来没有被受过培训的科学家研究过，关于它们行为的认识只是来自当地人的传说和捕鲸者的记述。

大海雀的卵为白色，略带蓝色，杂以深棕色斑点和条纹。卵的尺寸为 120 mm × 75 mm。大海雀的卵标本只剩不到 100 枚，其中大多数都被手绘记录，或被注塑而展示，正如图片显示的那样。

实际尺寸

目	鸥形目
科	海雀科
繁殖范围	北大西洋，包括亚洲和北美洲沿岸
繁殖生境	岩石海岸、崖壁及岛屿
巢的类型及巢址	土地或石滩中的浅坑，多见于洞中或石缝中
濒危等级	无危
标本编号	FMNH 4215

成鸟体长
30～35 cm

孵卵期
30～32 天

窝卵数
1～2 枚

190

海鸽
Cepphus columba
Pigeon Guillemot

Charadriiformes

窝卵数

海鸽的卵为乳白色，略带蓝色或绿色，杂以深棕色至黑色及淡紫色斑点。卵的尺寸为 60 mm × 41 mm。每处繁殖地都十分重要，因为海鸽会返回出生地繁殖。

　　海鸽的配偶关系能够维持数年之久。每当繁殖季到来时，雌雄都会在繁殖群附近的海水中，通过视觉、触觉和鸣叫来找到自己的配偶。雌雄双方都会参与到孵卵的过程中，它们只会给雏鸟喂以小鱼，雏鸟也会从刚孵出时的一小点儿逐渐长大。幼鸟离开鸟巢时，会扇动翅膀潜入海中，独自寻找鱼类而不需要亲鸟的帮助，此时它们还不具备飞翔的能力，直到两周后，才能飞到近海的渔场觅食。

　　海鸽是一种美丽的鸟儿，体羽主体为黑色且长着红色的脚。它们会在大海中度过一生中的大部分时间，只有筑巢、育雏时才会登上陆地，与少则数对、多则数百对海鸽集群繁殖。成鸟会用具爪的蹼足及快速扇动的翅膀来帮助它们朝着位于缝隙中的鸟巢移动，连蹦带爬地到达高高的垂直崖壁之上。

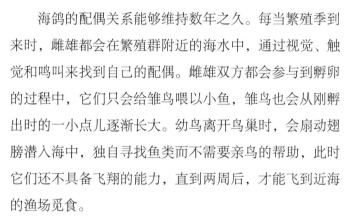

实际尺寸

目	鸥形目
科	海雀科
繁殖范围	阿拉斯加，或许也包括西伯利亚东部
繁殖生境	内陆地区，林线以上的山顶斜坡
巢的类型及巢址	卵产于裸地或缝隙之中，巢多见于朝南的斜坡之上
濒危等级	极度濒危
标本编号	FMNH 18533

成鸟体长
19～23 cm

孵卵期
不详，估计为30天

窝卵数
1 枚

小嘴斑海雀
Brachyramphus brevirostris
Kittlitz's Murrelet

Charadriiformes

191

小嘴斑海雀是在北美洲有分布的、人们了解最少的鸟类之一。与其他海鸟不同的是，小嘴斑海雀会将巢筑在阿拉斯加远离海岸线的内陆地区那些接近冰川和雪线的高高的山顶上，而且是单独繁殖。因巢址十分偏远而难以到达，因此人们对小嘴斑海雀的繁殖生物学知之甚少，甚至连孵卵期的长短也不太清楚。雏鸟孵出时周身被覆浓密而保温的绒羽，这可以使它们在高海拔及暴露的环境中得到保护。直到雏鸟离开鸟巢时，这层绒羽才会蜕掉。人们还不清楚，在没有亲鸟帮助的情况下，小嘴斑海雀出飞的幼鸟是如何找到前往海边的路的。

持续变化的栖息地，包括繁殖地附近冰川的消退以及亲鸟觅食地海平面的上升，使得小嘴斑海雀的种群数量呈现出下降的趋势。在受到监测的繁殖地中，大多数繁殖个体的数量在最近 20 年中都下降了 30% ～ 80%。另有估计表明，小嘴斑海雀全球种群数量的 5% ～ 15% 死于 1989 年埃克森·瓦尔迪兹号油轮的漏油事故。

小嘴斑海雀的卵为淡橄榄色至橄榄绿色，杂以棕色斑点。卵的尺寸为 60 mm×37 mm。典型小嘴斑海雀的卵杂以或大或小的斑点，尤其是在钝端。图片中的标本于 1886 年采集自阿留申群岛，现收藏于菲尔德自然博物馆，是一个不同寻常的没有斑点的标本。

实际尺寸

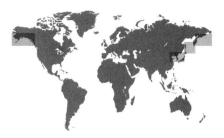

目	鸥形目
科	海雀科
繁殖范围	北太平洋海岸，包括亚洲及北美洲
繁殖生境	岛屿上的岩石地或草地
巢的类型及巢址	礁石海岸的裂隙或浅坑
濒危等级	无危，但列入区域性"特别关注"（special concern）
标本编号	FMNH 4174

成鸟体长
20～24 cm

孵卵期
23～36 天

窝卵数
1～2 枚

192

扁嘴海雀
Synthliboramphus antiquus
Ancient Murrelet
Charadriiformes

窝卵数

扁嘴海雀是一种体型较小的海鸟。无论是孵卵，还是前往或离开凹坑状的鸟巢，它们都在黑暗中进行，这或许是为了躲避捕食者。亲鸟不会饲喂巢中的雏鸟，也许是为了减少暴露于陆生捕食者目光下的概率；取而代之的是，亲鸟会飞到海边，反复呼唤雏鸟，带领它们到大海中觅食。在黑夜的庇护下，1 ～ 3 日龄的雏鸟离开鸟巢，爬向海边。当进入大海后，扁嘴海雀会通过叫声来确定家庭成员的位置，它们会在大海中至少活动 12 个小时。亲鸟会在长达一个月或更长的时间里，在开阔的海域饲喂幼鸟，直到它们能够独立地觅食或飞翔。

地面坑巢使得扁嘴海雀易于受到包括狐狸和浣熊在内的陆生捕食者的攻击。有扁嘴海雀繁殖的岛屿经常被这些捕食者入侵，这需要持续的监测保护工作，以及开展哺乳动物的迁出项目，以保证扁嘴海雀从长期来讲能够繁殖成功。

实际尺寸

扁嘴海雀的卵为淡绿色，杂以或深或浅的棕色斑点。卵的尺寸为 59 mm×38 mm。人们有时会在一个巢中发现 3 ～ 4 枚鸟卵，但鸟卵那不同的斑点暗示着，该窝卵是两只甚至多只雌鸟将卵产于一处的结果。

目	鸥形目
科	海雀科
繁殖范围	北美洲太平洋沿岸的温带地区和北美洲的极地地区
繁殖生境	离岸岛屿
巢的类型及巢址	地面浅坑或建筑物的裂缝、洞穴之中
濒危等级	无危
标本编号	FMNH 4165

成鸟体长 20～23 cm
孵卵期 40 天
窝卵数 1 枚

海雀
Ptychoramphus aleuticus
Cassin's Auklet

Charadriiformes

193

　　海雀也是一种体型小巧的海鸟。海雀与其近亲（即其他种海雀）不同的是，它们全年都会披着同一身头部为黑色的羽衣，而不会在繁殖前换上具饰羽的婚羽。实际上，分布于南方的某些种群，全年都会留居于繁殖地附近，而不会在非繁殖季到来时深入到海洋中活动。

　　繁殖是一件需要雌雄双方通力合作的事情，配偶双方每隔 3 小时左右就会轮换着孵卵或警戒，特别是在夜晚。海雀是少数在一个繁殖季中能繁殖两窝的海雀科鸟类，尤其是繁殖地靠南的种群。亲鸟会将富含营养的食物，包括半消化的磷虾及其他浮游生物，储存于舌下那特别的喉囊之中，运输并饲喂给雏鸟。

海雀的卵为白色，或略带绿色，无杂斑。卵的尺寸为 44 mm×32 mm。卵的大小差异较大，但在亲鸟孵卵的过程中，它们都会很快被泥土弄脏而变成深灰色。

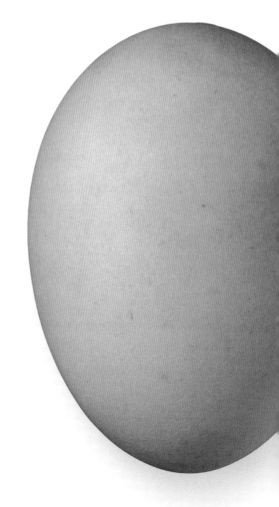

实际尺寸

目	鸥形目
科	海雀科
繁殖范围	太平洋北极沿岸及岛屿，包括北美洲及亚洲
繁殖生境	大陆和岛屿上的崖壁
巢的类型及巢址	裸露无巢型，多见于石缝或浅坑中
濒危等级	无危
标本编号	FMNH 1938

194

成鸟体长 23～26 cm	
孵卵期 35～36 天	
窝卵数 1 枚	

白腹海鹦
Aethia psittacula
Parakeet Auklet
Charadriiformes

白腹海鹦的卵为白色至蓝白色，无杂斑。卵的尺寸为 54 mm × 37 mm。雌雄双方轮流孵卵，通常会在海中待上一天之后再在巢中待上一天。

　　白腹海鹦亲鸟在繁殖季会对后代进行无微不至的关怀，雌雄双方会平等地分担孵卵及育雏的职责。当雏鸟能够飞行时，亲鸟就会停止喂食。雏鸟体重的情况反映了亲代的繁殖策略，它们的体重会迅速增长，甚至超过亲鸟。当亲鸟停止饲喂食物时，雏鸟的体重会有所下降，它们也将离开鸟巢，飞向辽阔的大海。

　　海鹦是在北太平洋生活的能手，它们在大海上越冬，以浮游动物为食，最深可以下潜至 30 m。只有当筑巢繁殖时，它们才会登上陆地。不同寻常的是，海鹦那管状喙或许适于取食水母等柔软的胶状食物。

实际尺寸

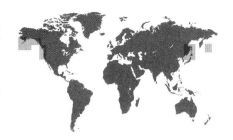

目	鸥形目
科	海雀科
繁殖范围	北大西洋北极及温带地区的岛屿，包括北美洲及亚洲沿岸
繁殖生境	面朝大海的倾斜草滩，及露出地表的岩石
巢的类型及巢址	石缝或挖掘出的浅坑
濒危等级	无危
标本编号	FMNH 4160

角嘴海雀
Cerorhinca monocerata
Rhinoceros Auklet

Charadriiformes

成鸟体长
28～29cm

孵卵期
39～52 天

窝卵数
1 枚

195

　　角嘴海雀因喙基部具竖直的白色角状鞘而得名，这一结构只在繁殖季才会出现。角嘴海雀会集成数千只的大群，将巢筑在森林或草地生境中。角嘴海雀在地面挖掘洞巢时，会挖掘出几个长而分叉、末端为"死胡同"的分支，以防止天敌直捣巢室。雏鸟为半早成性，破壳时周身被覆绒羽，很快便可行走自如，但它们却会在巢周围待上一个半月的时间。此时，亲鸟常在夜幕的掩映下回巢或离巢。这既能减小亲鸟自身被捕食的概率，也能减少偷窃寄生现象的发生，即防止大型鸥类偷窃回巢的角嘴海雀口中原本用来饲喂雏鸟的小鱼。

　　尽管名字叫作海雀，但角嘴海雀的外表、行为及DNA 却与海鹦十分相似。例如，它们也会在口中横着叼住数条小鱼，并飞回其繁殖地饲喂雏鸟，这一行为更像是海鹦，而非海雀。对于这些鸟类来说，一次携带多个猎物回巢是十分必要的，因为它们的觅食地距离其繁殖地最远可达 50 km。

角嘴海雀的卵为灰白色，无杂斑。卵的尺寸为 69 mm×46 mm。在一些没有鸥类集大群繁殖的岛上，角嘴海雀亲鸟整个白天都会守在鸟巢周围，以降低卵被鸟类捕食者捕食的风险。

实际尺寸

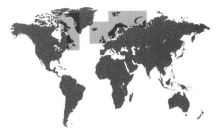

目	鸥形目
科	海雀科
繁殖范围	北大西洋海岸及岛屿，包括欧洲、格陵兰及北美洲
繁殖生境	具崖壁的岩石海岸
巢的类型及巢址	面朝大海的草坡上的岩缝中
濒危等级	无危
标本编号	FMNH 4126

成鸟体长
26～29 cm

孵卵期
39～45 天

窝卵数
1 枚

196

北极海鹦
Fratercula arctica
Atlantic Puffin
Charadriiformes

　　北极海鹦在陆生哺乳动物难以到达的偏远岛屿上集大群繁殖，且常与其他海鸟混群。雏鸟需经历 4～5 年的时间才能达到性成熟，此后会与配偶建立持续数个繁殖季的配偶关系。北极海鹦雄鸟体型更大，颜色更鲜艳，在挖筑鸟巢时也会投入更多，但雌雄双方都会参与到孵卵及喂养雏鸟的过程中。在雏鸟离巢后，它们会向着海洋进发，但仍需要亲鸟的饲喂直到能够独自生活。

　　当在大海中游泳时，北极海鹦会展示出它们最明显的特征，即鲜艳的头部羽毛和多样的喙部色彩。这使得它们在水中就可完成社交及配偶选择等过程，包括确定配偶和交配。只有在筑巢时，北极海鹦才会登上陆地。

北极海鹦的卵为白色，略带蓝色或绿色，无杂斑。卵的尺寸为 63 mm×45 mm。卵最常见的捕食者就是其他种鸟类，包括大型鸥类及贼鸥。

实际尺寸

目	鸥形目
科	海雀科
繁殖范围	北太平洋的偏远岛屿，包括北美洲及亚洲
繁殖生境	海岸坡地、草地及礁石
巢的类型及巢址	简单的凹坑或石块之间的缝隙，垫以植物组织及羽毛
濒危等级	无危
标本编号	FMNH 2980

簇羽海鹦
Lunda cirrhata
Tufted Puffin

Charadriiformes

成鸟体长
36～40 cm
孵卵期
45 天
窝卵数
1 枚

197

簇羽海鹦是一种体羽颜色十分特别的海鸟，它们在远离大陆的地方集大群繁殖。亲鸟双方轮流孵化鸟卵，并共同照顾雏鸟。喂养快速成长的雏鸟是一个十分艰辛的过程，因此返回鸟巢的簇羽海鹦亲鸟口中，常叼着数条完整的小鱼。

簇羽海鹦是北极狐偏爱的食物，即使是它们集成大群并与其他鸟类混群繁殖的情况下也是如此。为了免遭捕食者的侵害，簇羽海鹦会选择在陆路方式难以到达的地点繁殖，它们会在此挖掘凹坑或选择在裂缝中筑巢。这一策略同样给研究人员及保护管理者的监测工作带来了困难。适宜筑巢地的保护是维持簇羽海鹦种群数量最重要的工作，包括迁出簇羽海鹦集大群繁殖的岛屿上那些外来入侵的哺乳动物。

簇羽海鹦的卵为灰白色，无杂斑。卵的尺寸为 72 mm×48 mm。簇羽海鹦在偏远的岛屿上繁殖，筑巢于陡峭的斜坡和岩壁之上，这可以有效地防止其自身和卵被哺乳动物捕食。

实际尺寸

大型非雀形目陆生鸟类

Large Non-passerine Land Birds

本章以古老而不具飞翔能力的陆禽（鸵鸟、鸸鹋、美洲鸵和几维鸟，统称平胸类），及其不善飞翔的近亲䳍为开始。本章还包括捕食性鸟类（猛禽）、猎禽（雉鸡）、鹦鹉及犀鸟。平胸鸟类及䳍主要分布于南半球，但鹰、鸮及雉类、松鸡及雷鸟却已经适应于在多数大陆的四季生存，包括北半球寒冷的冬季。这些鸟类卵的尺寸、形状及窝卵数各不相同。体型最大的不能飞行的鸟类、䳍以及猎禽（雉鸡）的雏鸟为早成性，即孵出后不久便可离巢活动；这些鸟大多在地面筑巢及觅食。与之相对的是，猛禽、鹦鹉及犀鸟会将巢筑在远离地面的高处，其雏鸟为晚成性，即在其发育过程中，需要依靠亲鸟提供食物。

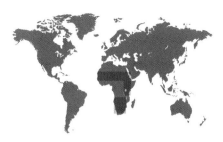

目	鸵鸟目
科	鸵鸟科
繁殖范围	撒哈拉以南非洲，阿拉伯半岛的种群不久前刚刚灭绝
繁殖生境	沙漠、矮草地及稀树草原
巢的类型及巢址	地面巢，简单的凹坑
濒危等级	无危
标本编号	FMNH 2195

成鸟体长
2.1～2.7 m

孵卵期
35～45 天

窝卵数
每只雌鸟产卵 10～12
枚，平均每个巢中有
20 枚

200

普通鸵鸟
Struthio camelus
Ostrich
Struthioniformes

众所周知的是，普通鸵鸟雌雄之间不但羽色有别，行为也存在差异，雄鸟那黑白相间的羽毛曾经被人们当作服装上的装饰。雄鸟夜间孵卵，此时其羽色极具隐蔽性。与之相对的是，雌鸟棕灰色的羽毛可以使其在白天卧巢孵卵时很好地隐蔽自己。

对于普通鸵鸟来说，繁殖是一种社会行为，数只雌鸟会将卵产于一个巢中，但当达到满窝卵时，主雌鸟会将其中一些卵移出掘土而成的鸟巢，以减少窝卵数，达到易于管理的 20 枚左右。鸵鸟是现存鸟类中体型最大者，因此受精的鸵鸟卵也是世界上最大的单体细胞。

窝卵数

普通鸵鸟的卵为灰白色，具金属光泽，其上无杂斑。卵的尺寸为 178 mm×140 mm。当卵置于阳光直射时，厚厚的卵壳及淡淡的颜色，能够阻隔紫外线对胚胎的照射。

实际尺寸

目	美洲鸵鸟目
科	美洲鸵鸟科
繁殖范围	南美洲东部的亚热带及温带地区，德国有一个能够自我维持的野生种群
繁殖生境	草原及牧场
巢的类型及巢址	地面浅坑，周围无树枝
濒危等级	近危
标本编号	FMNH 21156

大美洲鸵
Rhea americana
Greater Rhea

Rheiformes

成鸟体长
90～150 cm
孵卵期
29～43 天
窝卵数
每只雌鸟产卵 5～10 枚，平均每个巢中有 20 枚

大美洲鸵的社会结构具有很强的季节性特点。冬季，群体中会包含两种性别、各个年龄段的成鸟；而到了春季，雄鸟会转而独居，且变得极具攻击性，雌鸟则集成小群活动。

大美洲鸵雄鸟会向几只集群的雌鸟求爱并与其交配，之后会在巢区附近活动。与之相对的是，在与雄鸟交配后，群体中的雌鸟常常在几只雄鸟那相距较远的巢区之间活动。每个巢中的卵都由数只雌鸟产下，在一个巢中，人们最多曾记录到 80 枚卵。随着卵的发育，雏鸟会在卵壳中呼唤彼此，这种交流的结果是产生一个灵活的孵化时间，雏鸟会在两天之内相继孵出，即使鸟卵产下的时间相隔近两周之久。

窝卵数

大美洲鸵的卵为略带绿色或蓝色的黄色，暴露在阳光下会逐渐褪成暗黄色。卵的尺寸为 130 mm × 90 mm。

实际尺寸

目	鹤鸵目
科	鹤鸵科
繁殖范围	澳大利亚东北部、新几内亚及邻近的印度尼西亚岛屿
繁殖生境	低地雨林
巢的类型及巢址	地面巢，由树叶、细枝及其他的植物组织筑成
濒危等级	易危
标本编号	FMNH 2203

成鸟体长
1.3～1.7 m

孵卵期
50 天

窝卵数
3～5 枚

202

双垂鹤鸵
Casuarius casuarius
Southern Cassowary
Casuariiformes

窝卵数

双垂鹤鸵是现存三种鹤鸵中体型最大的一种，也是现存所有鸟类中除鸵鸟（详见 200 页）外体重最大者。较雄鸟而言，双垂鹤鸵雌鸟的体型更大，体羽颜色也更艳丽，它们在与邻居的领域争端中也更占统治地位。但在繁殖季节，能对人类构成真正威胁的却是雄鸟，它们会独自孵卵并照顾幼鸟。当受到威胁时，它们会发起猛攻，并用内侧拇趾的趾甲将对手踢得皮开肉绽。

在位于热带地区的澳大利亚昆士兰州的动物园和一些野外营地中，双垂鹤鸵被人们驯化，驯化个体的羽色十分鲜艳。但生活在光线暗淡而茂密的原始森林中的双垂鹤鸵，则具有黑色的羽毛、灰色的头冠，以及蓝红相间的肉垂，这与驯化个体形成鲜明的对比。

双垂鹤鸵的卵为淡绿色，其尺寸为 139 mm × 95 mm。鸟巢就像垫了一层空气垫，大雨时常下起，但鸟巢也能排净水分而保持亲鸟身下卵的干燥。

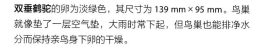

实际尺寸

目	鹤鸵目
科	鸸鹋科
繁殖范围	澳大利亚
繁殖生境	森林、多树草原、草原，雨林及极度干旱的地区无分布
巢的类型及巢址	地面浅坑，巢中垫以叶片、细枝、树皮及杂草
濒危等级	无危
标本编号	FMNH 2955

鸸鹋
Dromaius novaehollandiae
Emu
Casuariiformes

成鸟体长	1.4～1.6 m
孵卵期	56 天
窝卵数	11～20 枚

203

鸸鹋亲鸟双方分工明确。雄鸟孵卵时，雌鸟会四处游荡。雄鸟几乎一天 24 小时都在孵卵，只有在翻卵时才会站立起来；在此期间，雄鸟不吃不喝，当雏鸟孵出时，它们的体重最多会减少 20%。雄鸟将会独自照顾雏鸟。雌鸟通常会与多只雄鸟交配，一个巢中的卵或许拥有不同的母亲。

虽然鸸鹋的分布范围遍及澳大利亚，但在一些地区，它们却因为捕猎及巢捕食者的影响而处于危险之中。与其他一些生活在岛屿上的平胸鸟类，例如马达加斯加的象鸟（详见205 页）及新西兰的恐鸟命运相同的是，分布于某些岛屿上的鸸鹋种群也已经灭绝。

窝卵数

鸸鹋的卵就像一颗鳄梨，卵表面质地粗糙，深绿色。卵呈卵圆形，其尺寸为 150 mm×90 mm，比鸡蛋大 10 ~ 12 倍。这将为捕食者提供颇具营养的一餐，那些来自养殖场的鸸鹋卵，对于人类也是如此。

实际尺寸

目	无翼目（几维目）
科	无翼科（几维科）
繁殖范围	新西兰
繁殖生境	原始森林
巢的类型及巢址	地下洞穴，多见于植被遮掩之下，或于植物细根之间
濒危等级	易危
标本编号	FMNH 22383

成鸟体长	
45～55 cm	
孵卵期	
74～84 天	
窝卵数	
1～2 枚	

204

褐几维
Apteryx australis
Southern Brown Kiwi
Apterygiformes

窝卵数

实际尺寸

雌性褐几维体重的近 40% 都将贡献于产下其一枚巨大的鸟卵，因此，第二枚卵将在第一枚鸟卵产下数周后才诞生，这就变得不足为奇了。与之相对的是，雄鸟主要负责孵卵。成年几维鸟能够抵御白鼬和鼠类对其自身和鸟卵的攻击，但雏鸟却容易受到威胁，直到它们的体重增长至 750 g 时情况才会有所好转。因此，当发现几维鸟那掘穴而成的鸟巢时，保护管理者通常会把鸟卵收集起来，并将它们送到新西兰的几家圈养孵化厂中进行人工孵化。

在斯图尔特岛，这里的几维鸟种群数量很高，因此这些典型的夜行性鸟类，有时也会在白天出来觅食。但褐几维也拥有和其他几种几维鸟相似的命运和种群数量变化趋势：由于人为引入的哺乳动物毁坏了新西兰原生的动植物资源，因此几维鸟种群数量正在持续下降。保护生物学家预言，除非迅速开展全国性的保护措施，否则这些几维鸟将很快灭绝。

褐几维的卵为白色至黄褐色，略带蓝色，无杂斑。卵的尺寸为 120 mm × 80 mm。褐几维鸟卵的大小相当于一枚鸸鹋卵，或 6 枚鸡蛋的大小，但卵壳较薄，厚度还不及鸡蛋壳。

目	隆鸟目
科	隆鸟科
繁殖范围	马达加斯加
繁殖生境	可能繁殖于潮湿的森林中，多具果实的树木和灌丛
巢的类型及巢址	不详，卵壳被发现埋藏于海边沙滩、沙丘及河岸
濒危等级	灭绝
标本编号	FMNH P14545、

象鸟
Aepyornis maximus
Great Elephantbird
Aepyornithiformes

成鸟体长
身高 3 m 或更高

孵卵期
不详

窝卵数
不详

象鸟隶属于一个古老而不会飞行的类群——平胸类，该类群还包括鸵鸟、美洲鸵、鸸鹋和几维鸟。象鸟是所有曾经漫步于地球的鸟类中身高最高、几乎也是体重最大者，只有在澳大利亚存在一种已灭绝的鸸鹋的近亲，其体重可以与象鸟相匹敌。

在马达加斯加，象鸟曾十分常见，并常被当地人猎杀。在早期欧洲人到达马达加斯加并在此殖民时，尚有机会见到象鸟，包括 12 世纪的马可·波罗和 17 世纪法国的殖民管理者也曾见到过象鸟。然而它们却很少有记录到象鸟的繁殖行为、社会行为及觅食行为。之后不久，或许是由于人类造成的捕食压力和栖息地的改变，这种鸟于 17 世纪末或 18 世纪初灭绝。

象鸟的卵为灰白色至桃红色，其尺寸为 342 mm×241 mm，这相当于 100～150 枚鸡蛋的体积。这是收藏于菲尔德博物馆中的一件罕见而完整的半石化的象鸟卵标本。

实际尺寸

目	鹋形目
科	鹋科
繁殖范围	南美洲安第斯山脉，多个不连续的种群
繁殖生境	潮湿的低海拔及中海拔森林
巢的类型及巢址	树木基部叶片堆中的凹坑
濒危等级	易危
标本编号	FMNH 2856

成鸟体长
40～46 cm

孵卵期
不详

窝卵数
多于 2 枚

206

黑鹋
Tinamus osgoodi
Black Tinamou
Tinamiformes

窝卵数

黑鹋的卵为蓝色，具金属光泽，无杂斑。卵的尺寸为 64 mm×59 mm。图片中展示的是一枚由破碎的鸟卵修复而成的标本，现藏于菲尔德博物馆，是黑鹋为数不过多的鸟卵标本之一。

所有种鹋的行踪都十分隐秘，而关于黑鹋，科学家和保护管理者对其更是知之甚少，这或许是因为它们生活在安第斯山脉那不连续的山地森林中。在野外，人们只见到过为数不多的几个黑鹋的鸟巢和鸟卵，更没有对它们进行过监测，因此关于黑鹋的繁殖，人们一无所知。

一般认为，由于持续多年的猎杀和广泛存在的森林砍伐使得在黑鹋的分布范围内，只有几个范围狭小而相距遥远的繁殖种群，且均位于哥伦比亚和秘鲁境内。但随着先进的远程遥控手段，即夜视红外相机的使用，最近发现在厄瓜多尔东部地区也有黑鹋存在，这意味着随着新的发现及研究逐渐露出水面，人们或许将能绘制出一张相对连续的黑鹋分布图。

实际尺寸

目	鸵形目
科	鸵科
繁殖范围	中美洲及南美洲热带地区
繁殖生境	或潮湿或干旱的森林，包括雨林、云雾林及季节性干旱的森林
巢的类型及巢址	树墩之间的刨坑
濒危等级	近危
标本编号	FMNH 2474

大鸵
Tinamus major
Great Tinamou

Tinamiformes

成鸟体长
40～45 cm
孵卵期
19～20 天
窝卵数
3～5 枚

207

鸵会产下所有鸟类中最具光泽的卵，而大鸵的卵在所有鸵中尤甚。鸵同其他平胸鸟类一道，构成了鸟类中一个古老的类群——古颚类。科学家曾经认为，鸟类祖先的卵由方解石（二氧化碳）构成，呈现出纯白色。然而，平胸鸟类及鸵那亮丽的卵或许与这一理论相矛盾。

大鸵那显眼的蓝色的卵是如何在捕食者密集的热带栖息地中自保安危的呢？答案或许就隐藏在其超严谨的亲代照料之中。雌鸟集群活动，会将卵产于一个巢中，而雄鸟则会将全部时间花在孵卵上面，并使鸟卵覆盖于自己隐蔽的羽衣之下。雄鸟会稳稳地卧于巢中，研究人员甚至可以在将其惊飞之前，从它们身上拔下来用做亲子鉴定的羽毛。

窝卵数

大鸵的卵为绿松石色，具金属光泽。卵的尺寸为58 mm × 48 mm。卵产于森林地面那潮湿的落叶之上，在孵化之前会逐渐变脏，正如博物馆中的标本展示的那样。

实际尺寸

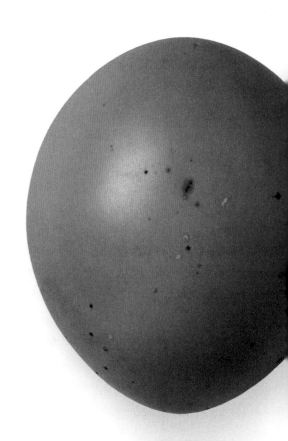

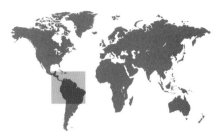

目	鹬形目
科	鹬科
繁殖范围	中美洲及南美洲北部
繁殖生境	低海拔潮湿雨林、河边道路及灌丛
巢的类型及巢址	林间地面的小型刨坑，多见于接近树木基部
濒危等级	无危
标本编号	FMNH 2475

成鸟体长	22~24 cm
孵卵期	16~19 天
窝卵数	1~2 枚

208

小穴鸫
Crypturellus soui
Little Tinamou

Tinamiformes

窝卵数

小穴鸫的卵为红黏土色或紫褐色，无杂斑。卵的尺寸为 37 mm × 26 mm。较少的窝卵数意味着孵卵的职责由雌鸟独自承担。

小穴鸫是一种生活在林下层栖息的、活动隐蔽的地栖性鸟类，人们很容易将其与鹌鹑或雏鸡弄混。小穴鸫很少被人们看到，即使是它们经常出现在人类定居地附近或人工生境中。无论人们在哪个季节看到小穴鸫，它们总是单独活动。这意味着无论是雌鸟还是雄鸟都营独居生活，即使是雌鸟也不存在像其他鹬类雌鸟那样的集群行为，更不会将卵产于同一个鸟巢之中。

在哥斯达黎加和特立尼达岛，小穴鸫全年均可繁殖，但人们对其社会行为、筑巢行为及育雏行为却知之甚少。亲鸟中只有一方会照顾后代，在对数巢的研究中发现这一方均为雌鸟，这一点与其他鹬类相同。亲鸟孵卵时会紧紧地卧于巢中，用小树棍轻触，它们也不会逃走，甚至还可将颜料涂在它们身上，以供日后远距离观察确定同一个体之用。

实际尺寸

目	䳍形目
科	䳍科
繁殖范围	南美洲热带及亚热带的低地地区
繁殖生境	林地，包括潮湿的雨林及季节性干旱的疏林草地
巢的类型及巢址	地面上的浅坑
濒危等级	无危
标本编号	FMNH 2200

成鸟体长
28～30 cm

孵卵期
17 天

窝卵数
4～5 枚

波斑穴䳍
Crypturellus undulatus
Undulated Tinamou

Tinamiformes

波斑穴䳍栖息于或干燥或湿润的茂密的林下层，它们能够在竞争者和捕食者的目光下隐蔽自己。人们有时会见到波斑穴䳍出现在森林间的空地或道路上，但当有人或车辆接近时，它们会快速跑开而不是飞走。

波斑穴䳍最引人瞩目的行为是其持续不断的叫声：一个刺耳的音符后有两个口哨声。在白天总能听到它们的叫声。当进行鸣声回放或用哨子模仿它们的叫声时，雄鸟会被吸引至声源处。这意味着这种鸣叫被用于雄鸟之间的交流。但这种叫声确切的功能以及波斑穴䳍的很多行为，都有待深入探索。

窝卵数

波斑穴䳍的卵为粉红色或亮灰色，无杂斑。卵的尺寸为 50 mm × 40 mm。雄鸟将独自照顾卵及雏鸟，当危险到来时，它们会依靠身上的花纹（"波斑"）以及一动不动的行为来确保安全。

实际尺寸

目	鹟形目
科	鹟科
繁殖范围	墨西哥热带及亚热带沿海地区
繁殖生境	潮湿的低地森林及次生林
巢的类型及巢址	较浅的地面刨坑
濒危等级	无危
标本编号	FMNH 2153

成鸟体长
25～30 cm

孵卵期
16 天

窝卵数
2～3 枚

210

棕穴鹟
Crypturellus cinnamomeus
Thicket Tinamou

Tinamiformes

窝卵数

棕穴鹟的卵为棕紫色至瓷粉色，无杂斑。卵的尺寸为 40 mm × 33 mm。

棕穴鹟是一种体型较大的地栖性鸟类。其土色的羽毛，以及穿梭于海边潮湿森林中凤梨灌丛及树苗之间的行为，使得人们难觅其踪。当潜在危险逐渐接近时，它们更倾向于跑开或保持不动，直到恢复安全时它们才会继续行走、觅食。

棕穴鹟的行踪会在繁殖季时变得易于观察，此时雄鸟会吸引雌鸟来交配。雄鸟会发出低沉而由 2 ～ 3 个音节组成的哨声般的鸣声，在结尾处上扬。单调的鸣声易于穿过茂密的森林，即使在很远的地方也能听到。这不但能使雌鸟确定雄鸟的位置，还能借此评估这个潜在配偶的实力。棕穴鹟的巢中最多会包含 7 枚鸟卵，它们由数只雌鸟产下，但通常仅由一只雄鸟孵化。

实际尺寸

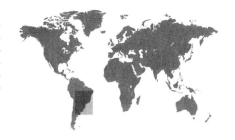

目	鹬形目
科	鹬科
繁殖范围	南美洲中部及东部
繁殖生境	热带、亚热带或高海拔草原
巢的类型及巢址	简单的地面刨坑
濒危等级	无危
标本编号	FMNH 2466

成鸟体长	40～41 cm
孵卵期	19～21 天
窝卵数	4～8 枚

211

红翅鹬
Rhynchotus rufescens
Red-winged Tinamou

Tinamiformes

红翅鹬是一种行踪隐秘的鸟类，常在茂密的草地中活动或隐蔽。只有当起飞逃脱捕食者时，它们才容易被见到。与其他鹬类多在光线昏暗时活动不同的是，红翅鹬常在一天中最热的正午时分活动。

红翅鹬的雌鸟不会发出鸣声，但它们却会依据雄鸟的鸣声及行为来选择配偶。雄鸟不会将雌鸟径直引向鸟巢，而是会进行一种叫作"觅食跟踪"的仪式化行为，即当雌鸟外出觅食寻找种子、昆虫及水果时，雄鸟会跟随其后。当雌鸟对雄鸟产生兴趣时，雌鸟将会同雄鸟一起到雄鸟掘穴而成的鸟巢处交配、产卵。之后雌鸟会继续寻找食物，而雄鸟会转而吸引其他雌鸟，因此巢中的鸟卵为数只雌鸟所产。雄鸟将独自孵卵并陪伴雏鸟。但一窝中的雏鸟是否都是一只雄鸟的后代，这一点人们尚不清楚。

红翅鹬的卵为红色至紫色，无杂斑。卵的尺寸为 55 mm × 41 mm。卵的表面就像上了釉，质地和颜色就像陶瓷质的复活节彩蛋。

窝卵数

实际尺寸

目	鸩形目
科	鸩科
繁殖范围	南美洲内陆地区
繁殖生境	草地灌丛、草场及稀树草原
巢的类型及巢址	地面巢，多见于茂密的植被或树根、树桩之间
濒危等级	无危
标本编号	FMNH 2471

成鸟体长
25～27 cm

孵卵期
鸩类的孵卵期通常为
17～34 天，但该物种
孵卵期不详

窝卵数
3～5 枚

212

白腹拟鸩
Nothura boraquira
White-bellied Nothura

Tinamiformes

窝卵数

白腹拟鸩的卵为巧克力色，无杂斑。卵的尺寸为
43 mm × 31 mm。

白色的腹部及亮黄色的腿是白腹拟鸩雌鸟和雄鸟
共同的特征，但由于它们营地栖性生活，且上体羽衣
色彩隐蔽，因此它们在当地语言中常被称作"鹌鹑"
（Quail）。这种鸩会在繁殖季到来时变得易于见到，雄鸟
会通过鸣叫来吸引雌鸟，它们也会经常横贯草地的土路
以寻找种子和果实。一个巢中的卵最多由4只雌鸟产下，
但雄鸟将独自孵化这些鸟卵并照顾幼鸟。

白腹拟鸩具不连续的分布区，这些相隔甚远的种群
繁殖于巴西东部、玻利维亚及巴拉圭。在其分布区内，
它们是一种行踪隐秘而难于一见的鸟类。当有人类和捕
食者接近时，它们常蹲伏在地面而不会飞走。当危险逼
近时，它们则会隐藏到其他动物，例如犰狳挖掘的洞
穴中。

实际尺寸

目	鹅形目
科	鹅科
繁殖范围	南美洲南部
繁殖生境	干旱的灌丛及农田
巢的类型及巢址	地面刨坑，垫以杂草，临近灌丛
濒危等级	无危
标本编号	FMNH 2151

斑拟鹅
Nothura maculosa
Spotted Nothura

Tinamiformes

成鸟体长	23～26 cm
孵卵期	34 天
窝卵数	4～6 枚

213

在南美洲，鹅是一类广受欢迎的猎鸟，从南到北的人们都会猎杀它们以取其肉，斑拟鹅也不例外。但与其他种类的鹅不同，在有斑拟鹅分布的大多数地区，人们严格限制一年中猎杀斑拟鹅的时间，加之其他的狩猎规则，使得斑拟鹅没有被赶尽杀绝，且其种群数量仍维持稳定。这是因为，即使是一小段禁猎期也能够使这一物种完成生活史中最重要的阶段——繁殖，因此斑拟鹅的种群数量能迅速增长并保持一定的规模。

斑拟鹅雌鸟的发育极为迅速，它们在两三个月大时便会达到性成熟。在此之后，它们每年都将产下 4～6 窝卵。但与之相对是，斑拟鹅雄鸟的性成熟时间较长，而且要比雌鸟经历更多次的尝试才能成功繁殖。

窝卵数

斑拟鹅的卵为栗色至巧克力色，无杂斑。卵的尺寸为 40 mm × 29 mm。雄鸟将独自孵卵，并负责照顾出壳后便可自由移动的早成性雏鸟。

实际尺寸

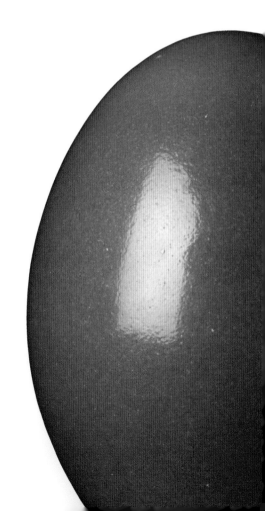

目	鹅形目
科	鹅科
繁殖范围	南美洲东南部
繁殖生境	草地、农田及干旱灌丛
巢的类型及巢址	地面刨坑，多见于茂密的灌丛中
濒危等级	无危
标本编号	FMNH 2201

成鸟体长
38～41 cm

孵卵期
20～21 天

窝卵数
5～6 枚

214

凤头鹅
Eudromia elegans
Elegant Crested-tinamou
Tinamiformes

窝卵数

凤头鹅是一种主要营地栖性生活的鸟类，当危险逼近时它们更倾向于低头并放倒羽冠而紧卧于地面，而不是飞走。雌鸟在产卵后不久便会"弃巢而去"，并将全部亲代照料的职责都交给雄鸟，而雌鸟则会转而寻找下一只雄鸟并在它的巢中产卵。凤头鹅的巢筑于茂密的植被之中，而卵则被庇护于雄鸟那极具隐蔽色彩的羽衣之下。然而，如果一窝卵因为被捕食者捕食，雌鸟则会返回到上一个雄鸟的巢中补产一窝卵，以避免该繁殖季全部巢均繁殖失败。

凤头鹅是一种社会性较强的鸟类，在非繁殖季，会有 50～100 只个体集群夜宿。但在白天，它们则会集成小群分散觅食。到了繁殖季，凤头鹅则具有领域性，雄鸟会发出一种像哨声一样响亮却有些悲伤的鸣声来划分其领域的边界。

实际尺寸

凤头鹅的卵为具金属光泽的绿宝石色，无杂斑。卵的尺寸为 53 mm × 39 mm。即使是在干燥而黑暗的环境条件下，经过几十年的时间，收藏于博物馆中的凤头鹅的卵标本也会褪去颜色并失去最初的色泽，正如我们看到的淡黄绿色。

目	鸡形目
科	冢雉科
繁殖范围	印度尼西亚苏拉威西
繁殖生境	阳光充沛的湖泊、河流及沙滩附近
巢的类型及巢址	鸟卵深埋于沙滩中，由阳光或地热供暖
濒危等级	濒危
标本编号	FMNH 2954

冢雉
Macrocephalon maleo
Maleo

Galliformes

成鸟体长
55～60 cm

孵卵期
60 天

窝卵数
8～12 枚

215

冢雉科鸟类会谨慎地选择产卵地点，通常这些地点会被雄鸟当作有价值的资源来争夺并保卫，而雌鸟则不会照顾卵或雏鸟，它们会步行迁徙很远的距离，从山坡上的雨林生境迁徙至海边那集群繁殖的地点。在繁殖地，冢雉不会筑巢，雌鸟会在松软的沙土中挖掘一个深深的沙坑，并将卵产于其中。卵在接下来的两三个月时间里，将由太阳照射的热量或附近火山活动的地热所温暖。破壳而出的雏鸟，不但能够奔跑和隐蔽，甚至还有能力飞翔并独自觅食。

冢雉的卵虽易受到威胁，但同时也受益于其他冢雉在附近产下的卵，这样一来，就可以有效地避免被鸟类、蛇及野猪捕食了。但随着适宜栖息地遭到破坏，类似这种"以数量取胜"的策略也变得不那么奏效了。

窝卵数

冢雉的卵为白色，略带粉色，无杂斑。卵的尺寸为130 mm×79 mm。冢雉卵的大小约为鸡蛋的5倍。在冢雉分布地，其卵常被视作美味而被消费。

实际尺寸

目	鸡形目
科	冢雉科
繁殖范围	印度尼西亚、马来西亚及菲律宾
繁殖生境	热带的低地及山地森林
巢的类型及巢址	死树腐烂树根处的坑洞中
濒危等级	无危
标本编号	FMNH 2911

成鸟体长
36～38 cm

孵卵期
70 天

窝卵数
10 枚

菲律宾冢雉
Megapodius cumingii
Tabon Scrubfowl

Galliformes

窝卵数

与其他冢雉一样，菲律宾冢雉也有着一种类似爬行动物的返祖式繁殖策略：依靠环境中的热量诱导胚胎开始发育，这些热量还会为其提供生长发育过程中所需的热量。数只雌鸟会将卵产于一个潮湿而混有沙土和湿树叶的土堆中，之后便不再接触这些卵。最终，雏鸟将依靠自己的力量，从为卵提供孵化所需全部热量的腐殖堆中顺利地爬出来。

与缺少亲代照料相对应的是一个较长的孵卵期，而较长的孵卵期则是由于相比于亲鸟直接卧于卵上用身体提供热量的方式，冢雉卵孵化时得到的外界热量强度更低。冢雉那大而富含脂肪的卵黄可以为胚胎超长的发育期提供良好的营养，这也使得这大而卵黄发达的卵极易被地栖性捕食者捕食。

菲律宾冢雉的卵为淡黄色至淡粉色，无杂斑。卵呈长椭圆形，其尺寸为 90 mm × 53 mm。与其他所有鸟类都不同的是，菲律宾冢雉不会进行翻卵，但胚胎仍会正常发育，雏鸟也将顺利孵出。

实际尺寸

目	鸡形目
科	凤冠雉科
繁殖范围	墨西哥、得克萨斯州南部、中美洲
繁殖生境	灌丛及茂密的灌丛林地
巢的类型及巢址	浅盘形，由细枝和植物纤维筑成，垫以苔藓和树叶，多见于树枝上
濒危等级	无危
标本编号	FMNH 6020

纯色小冠雉
Ortalis vetula
Plain Chachalaca

Galliformes

成鸟体长
55～56 cm

孵卵期
21～28 天

窝卵数
2～4 枚

217

　　纯色小冠雉常集成松散的、由 4 ～ 6 只个体组成的小群觅食，它们会发出嘈杂的声响。筑巢和育雏都将由雌鸟独自负责，而雄鸟则会与多只雌鸟交配，且不会帮助雌鸟分担后续的工作。雌鸟会独自修筑简陋的鸟巢并孵化鸟卵，在雏鸟孵化后，还会带领它们离开鸟巢到安全的地点觅食。鸟巢位于树上，因此雏鸟会步雌鸟之后尘，依靠自己双脚的力量爬到树上。

　　纯色小冠雉是唯一一种分布范围北及美国的凤冠雉科鸟类。在得克萨斯州它们还有一个绰号 —— 树鸡（ Tree Pheasant），它形象地描述了纯色小冠雉那家鸡一样的外形和像家鸡一样夜宿于树上的习性，但与雉类习性不同的一点是，纯色小冠雉白天会花费大量时间在树冠层行走、滑翔，并会在其中或浓密或稀疏的树枝间觅食。

窝卵数

纯色小冠雉的卵为淡黄白色，无杂斑。卵的尺寸为 59 mm × 42 mm。与家禽卵那光滑的卵壳相比，纯色小冠雉卵壳拥有不同寻常的粗糙质感。

实际尺寸

目	鸡形目
科	凤冠雉科
繁殖范围	南美洲北部
繁殖生境	河边的茂密森林及灌丛
巢的类型及巢址	由树枝筑成，垫以树叶和树皮，多见于树上
濒危等级	无危
标本编号	FMNH 2390

成鸟体长
85～95 cm

孵卵期
30～32 天

窝卵数
1～3 枚

218

黑凤冠雉
Crax alector
Black Curassow
Galliformes

窝卵数

黑凤冠雉花费在树枝和地面上的时间大致相当，它们会在河边茂密的灌丛中寻找种子、果实及无脊椎动物为食。黑凤冠雉所在的属为单型属，雌雄均身披清一色的黑色羽衣。黑凤冠雉的婚配制度为单配制，且十分稳定。就像雌雄羽色相同一样，二者也会共同承担照料亲代的职责，它们会带领雏鸟觅食，并保护它们远离捕食者。卵由雌鸟单独孵化，雏鸟孵出几天之后便可离巢，亲鸟双方都会饲喂尚未离巢或已经离巢的雏鸟。

凤冠雉、冠雉及小冠雉是很受欢迎的猎鸟，常被当地人当作食物而猎杀，特别是在亚马孙。持续的捕猎压力使得人们愈发地关注这种大型鸟类未来种群数量的变化趋势。

黑凤冠雉的卵为浅黄色至黄褐色，杂以深棕色斑点。卵的尺寸为 78 mm × 57 mm。雌性凤冠雉性情机警，如果产下的第一枚卵消失不见，它将停止继续产下第二枚卵。

实际尺寸

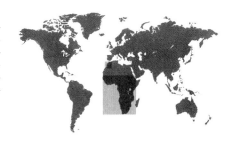

目	鸡形目
科	珠鸡科
繁殖范围	撒哈拉以南非洲，被引入至西印度群岛、巴西、澳大利亚及法国
繁殖生境	矮灌丛或树林、开阔的稀树草原及农田
巢的类型及巢址	地面刨坑
濒危等级	无危
标本编号	FMNH 14770

成鸟体长
53～58 cm
孵卵期
26～28 天
窝卵数
8～15 枚

219

盔顶珠鸡
Numida meleagris
Helmeted Guineafowl

Galliformes

盔顶珠鸡亦称珍珠鸡。在繁殖季节，集群活动的盔顶珠鸡会变得极具攻击性，雄性之间常发生身体冲突，而造成创伤流血并形成伤疤。雌性会独自掘土筑巢并孵化鸟卵。雌性每天都会在位于隐蔽处的鸟巢中产下一枚鸟卵，只有当达到满窝卵数时才会开始孵卵。鸟卵孵化之后，雌鸟会带着早成性的、可以自由活动的雏鸟回到群体中。

野生盔顶珠鸡是家养盔顶珠鸡的祖先，但无论是在原始分布区还是人为引入的分布区，盔顶珠鸡都集群活动，且体羽均色彩丰富。近年来，盔顶珠鸡还将栖息地扩展至郊区附近，并将夜宿地从树枝上转到房顶或高篱笆上，这种改变成功地避开了家猫的袭击，并避免了和家犬的正面冲突。

窝卵数

盔顶珠鸡的卵为棕黄色，杂以细小的深棕色斑点。卵的尺寸为 50 mm × 37 mm。卵壳厚度相对于卵的大小来说较厚，因此雏鸟需要将鸟卵啄成许多小碎块才能破壳而出。

实际尺寸

目	鸡形目
科	齿鹑科
繁殖范围	北美洲西部
繁殖生境	干旱的灌丛及密林，高海拔地区
巢的类型及巢址	简单的地面刨坑
濒危等级	无危
标本编号	FMNH 15930

220

成鸟体长 26～31 cm	
孵卵期 21～25 天	
窝卵数 9～10 枚	

山翎鹑
Oreortyx pictus
Mountain Quail

Galliformes

窝卵数

山翎鹑是一种社会性鸟类，常集群活动，其群体被称作鹑群（Covey）。但在繁殖季节，繁殖对会离开群体单独活动，雌性之间会相互投掷树枝及树叶，就像在收集巢材，虽然山翎鹑的巢通常只是一个只有很少甚至没有垫材的浅坑。雌雄之间一旦确定配偶关系，就会相互配合着喂养雏鸟。雌雄双方会共同选择巢址、孵化鸟卵并保护雏鸟。

这样的双亲照料行为或许由孵卵斑的形成而驱动，即雌鸟和雄鸟腹部都具一块裸露的皮肤，因此它们可以轮换着孵卵。在第一窝雏鸟孵化之后，雌鸟或许会留下雄鸟单独照顾这些雏鸟，与此同时，雌鸟会产下第二窝卵并独自照顾。

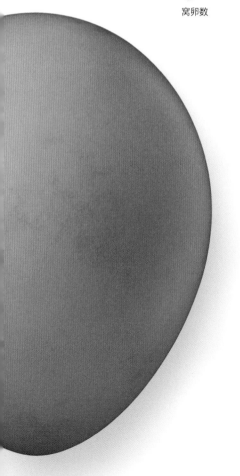

实际尺寸

山翎鹑的卵为白色或淡粉色，无杂斑。卵的尺寸为 34 mm × 25 mm。巢筑于树木或灌丛基部的隐蔽处，因此卵可以很好地在捕食者面前隐蔽起来。

目	鸡形目
科	齿鹑科
繁殖范围	北美洲西部，引入至南美洲及数个太平洋岛屿
繁殖生境	沿海蒿丛、密林及荒漠灌丛
巢的类型及巢址	地面巢，浅坑中垫以杂草茎叶
濒危等级	无危
标本编号	FMNH 9070

珠颈斑鹑
Callipepla californica
California Quail

Galliformes

成鸟体长
24～27 cm

孵卵期
22～23 天

窝卵数
12～16 枚

221

珠颈斑鹑会集群照顾后代，多个繁殖对会聚集成一个大群，雏鸟由全部成鸟照看。集群照料益处多多，因为有更多的成鸟就意味着有更多双眼睛在警惕捕食者的出现；同时，更多的雏鸟也意味着某一只被捕食的概率会更低。然而，在珠颈斑鹑与黑腹领鹑混群的群体中，雏鸟或许会意外地被烙以别种鸟类的印记，这将导致两个物种的杂交。

珠颈斑鹑是一种被广为熟知而与众不同的鸟类，住在加利福尼亚州沿海地区城市及郊区的人们对这种鸟都很熟悉，它们在很多好莱坞电影及迪士尼动画中都广受欢迎。在非繁殖季节，珠颈斑鹑会集大群活动。

窝卵数

实际尺寸

珠颈斑鹑的卵为白色至乳白色，杂以多样的棕色斑点。卵的尺寸为 32 mm×25 mm。雌鸟偶尔也会将鸟卵产于其他鸟类的巢中，通常为美洲鹑类，但有时也会将卵产在火鸡（详见 247 页）的巢中。

目	鸡形目
科	齿鹑科
繁殖范围	北美洲东部及中部、墨西哥及加勒比地区
繁殖生境	草地
巢的类型及巢址	简单的地面刨坑
濒危等级	无危，但一些亚种为濒危
标本编号	FMNH 9050

成鸟体长
24～28 cm

孵卵期
23～24 天

窝卵数
12～16 枚

山齿鹑
Colinus virginianus
Northern Bobwhite

Galliformes

窝卵数

　　山齿鹑是一种一雌多雄制的鸟类，在一个群体中，最多能有半数的雌鸟会与两只或多只雄鸟交配，并为它们产卵。山齿鹑雌鸟及雄鸟都会参与孵卵，但雌鸟通常会抛弃第一个配偶而寻找第二、第三个配偶，并为它们繁殖后代。这种灵活而快速的繁殖策略使得山齿鹑能在天敌数量众多、食物资源较差、天气寒冷以及人为猎杀压力较大的不利条件下迅速恢复，而这些不利条件在很多地区都会出现，都将对其种群数量造成威胁。

　　山齿鹑拥有超过 20 个亚种的分化，即使是相隔遥远的两个亚种，雌鸟的羽色较为相近，但雄鸟脸部的羽毛却有着明显的差别。尽管山齿鹑栖居于地面，且行踪隐秘，但通过雄鸟与众不同的叫声（音同 "bob white"），还是能够判断出它们的存在。

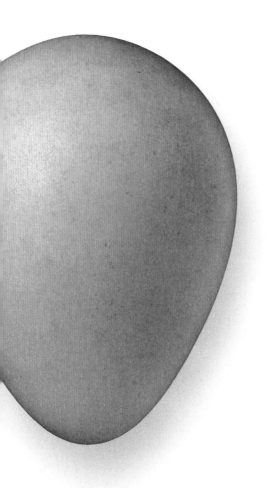

实际尺寸

山齿鹑的卵为白色，稍带些许光泽，无杂斑。卵的尺寸为 30 mm × 25 mm。如果卵被捕食者捕食，雌鸟很快便会补产第二窝。

目	鸡形目
科	齿鹑科
繁殖范围	墨西哥及美国西南部
繁殖生境	开阔的橡树林及松树林
巢的类型及巢址	地面巢，由草叶及其他干燥的植物筑成，多见于茂密的灌丛中
濒危等级	无危
标本编号	FMNH 15931

彩鹑
Cyrtonyx montezumae
Montezuma Quail

Galliformes

成鸟体长
20～23 cm

孵卵期
23～27 天

窝卵数
6～16 枚

223

这种新大陆鹑类体型较小，体羽颜色十分独特。彩鹑全年都会保卫领域。在非繁殖季，彩鹑会集成 4～8 只的小群；但到了繁殖季，每个繁殖对都会变得极具领域性，并与其他繁殖对保持相当的距离。在交配之前，雄鸟会向配偶高声鸣唱数个月之久。开始筑巢的时间与难以捉摸的多雨的夏季刚好重合。

作为一种地栖性鸟类，彩鹑依赖极具伪装色彩的羽衣以及一动不动的行为来避免被捕食者察觉。当危险靠得太近时，它们则会以一种爆发式的逃跑方式离开：高高跃起并飞走。在孵卵期，雌鸟负责孵卵，而雄鸟则守在附近保卫巢的安全，雄鸟很少孵卵。

窝卵数

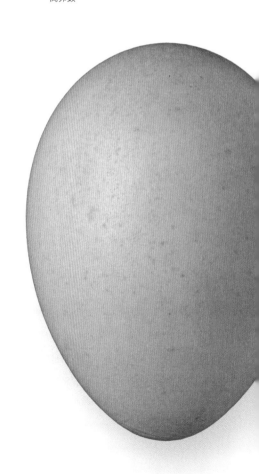

实际尺寸

彩鹑的卵为白色至淡黄色，无杂斑。卵的尺寸为 34 mm × 27 mm。随着孵卵进程的继续，卵会随着巢材的腐烂而逐渐变脏，特别是在雨水丰沛的年份里。

目	鸡形目
科	雉科
繁殖范围	欧中东南部，作为猎鸟被引入到许多其他温带地区
繁殖生境	多石的山坡以及树木较少的山区
巢的类型及巢址	地面巢，刨坑中垫以细枝和树叶
濒危等级	无危
标本编号	FMNH 20894

成鸟体长
34～35 cm

孵卵期
24～26 天

窝卵数
8～14 枚

224

欧石鸡
Alectoris graeca
Rock Partridge

Galliformes

窝卵数

欧石鸡的卵为淡黄色至棕色，杂以细密的红色斑点。卵的尺寸为 40 mm × 34 mm。

欧石鸡是一种单配制鸟类，在孵卵期及育雏期，雌雄双方都会在巢周围活动。卵及孵卵的亲鸟常隐蔽于蕨类、树枝或崖壁突出处之下。雌鸟偶尔也会在产下第一窝卵后再产一窝，第二窝卵将由雌鸟单独照顾，而第一窝卵将由雄鸟单独照顾。这种行为使得欧石鸡在一个繁殖季的繁殖成效得到了翻倍。

欧石鸡的羽色明显而独特，它们栖息于几个地中海国家那些多石、多灌丛的高海拔地区。随着气候的变化、栖息地的丧失以及捕猎压力的存在，欧石鸡在其原产地的种群数量正在持续下降。与之相反的是，在很多欧石鸡的引入地，它们的表现却很好，并已经在数个大陆上成功野化。

实际尺寸

目	鸡形目
科	雉科
繁殖范围	亚洲中部至西部
繁殖生境	草地及灌丛，通常接近水源
巢的类型及巢址	地面巢，刨坑中垫以草叶及细枝
濒危等级	无危
标本编号	FMNH 21445

黑鹧鸪
Francolinus francolinus
Black Francolin

Galliformes

成鸟体长
33～36 cm

孵卵期
18～19 天

窝卵数
8～12 枚

225

黑鹧鸪雄鸟的鸣声响亮，体羽颜色及花纹也十分显眼；而雌鸟则相对安静，体羽颜色也更加暗淡和隐蔽。这种鸟在非繁殖季会集群活动、觅食，而在繁殖季到来时，它们则成对活动。此时的雄鸟极具攻击性，会保卫其领域免遭邻近竞争者的入侵。

雌鸟及雄鸟在形态及行为上的差别，很好地解释了该物种两性之间在繁殖过程中职责的差别。雄鸟会通过鸣唱及炫耀展示来吸引雌鸟并与之建立配偶关系，还会象征性地为雌鸟提供"彩礼"——昆虫。当配偶关系确定后，筑巢及孵卵将由雌鸟负责。鸟巢及鸟卵很妥贴地隐蔽于茂密的植被中。雌鸟及雄鸟都会为早成性雏鸟保温或提供庇护，以使它们远离危险。

窝卵数

实际尺寸

黑鹧鸪的卵为橄榄色至淡黄褐色，两端杂以白色斑点。卵近圆形，其尺寸为 46 mm × 37 mm。

目	鸡形目
科	雉科
繁殖范围	亚洲西部
繁殖生境	干旱、开阔的灌丛、草地及半荒漠地区
巢的类型及巢址	地面刨坑，无垫材或垫材稀疏
濒危等级	无危
标本编号	FMNH 18614

成鸟体长
22～25 cm
孵卵期
23～25 天
窝卵数
8～16 枚

226

漠鹑
Ammoperdix griseogularis
See-see Partridge

Galliformes

窝卵数

漠鹑的卵为灰白色至淡乳白色，无杂斑。卵的尺寸为 36 mm×27 mm。漠鹑可以在人工条件下繁殖，人们希望这些个体可以重新引入其原产地以扩大或重新建立种群。

漠鹑栖息于高海拔的干燥地区，在那些各自占据着适宜斑块生境的、彼此互不相连的种群之间，几乎或完全没有交流。在繁殖季，当孵卵时，这种羽色暗淡的鸟儿会变得更加隐蔽。雏鸟孵出后，在几小时之内便可自由活动，但它们仍需在亲鸟的带领下到安全的地点活动。雏鸟具有较长的脚趾，适于在陡峭而多石的地区攀登移动，直到 2～3 周后，它们才会具有飞行能力。

即使是相邻的种群，彼此之间也缺少个体的交流，这会导致即使是在相距很近的两个种群之间，也会形成一些特有的基因。因此在整个物种的分布范围内，将维持较高的基因多样性，并会使每个种群都高度适应各自所处的环境。然而对保护科学家来说，清晰地分辨各个种群并进行合理的管理和保护，也是个令人头疼的问题。

实际尺寸

目	鸡形目
科	雉科
繁殖范围	亚洲中部及东部
繁殖生境	农田及开阔的林地
巢的类型及巢址	地面浅坑，垫以树叶和杂草
濒危等级	无危
标本编号	FMNH 20886

斑翅山鹑
Perdix dauurica
Daurian Partridge

Galliformes

成鸟体长	28～30 cm
孵卵期	25 天
窝卵数	18～20 枚

227

从行为上来看，斑翅山鹑为留居的物种，雌鸟和雄鸟在非繁殖季会集群活动。在筑巢前的几个月，群体会解散，斑翅山鹑将成对活动。虽然斑翅山鹑为单配制鸟类，而且在求偶炫耀中，雌雄都会进行精致的展示，但在筑巢之前，它们却会经常改换配偶。然而繁殖一旦开始，雌鸟将全身心地投入到筑巢及孵卵中。鸟巢上方有野草或灌丛遮挡，以确保不被捕食者发现，雄鸟也会在附近守卫，提供与雌鸟对等的亲代照料。

在过去很长的一段时间里，斑翅山鹑都被认为是灰山鹑（Gray Partridge）分布于亚洲东部地区的一个亚种。最近的基因研究显示，该物种广泛分布于亚洲的族群是一个复合种，应当可划分为三个不同的物种：斑翅山鹑分布于青藏高原，灰山鹑分布于欧洲及亚洲西北部地区，而高原山鹑（Himalayan Partridge）则分布于喜马拉雅山脉。

窝卵数

斑翅山鹑的卵为淡棕色至橄榄棕色，无杂斑。卵的尺寸为 34 mm × 25 mm。

实际尺寸

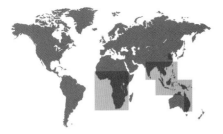

目	鸡形目
科	雉科
繁殖范围	撒哈拉以南非洲、亚洲南部、东南部及澳大利亚
繁殖生境	湿润的草地及潮湿的林地
巢的类型及巢址	浅但垫材较多的地面巢，隐蔽于草丛之中
濒危等级	无危
标本编号	FMNH 15296

成鸟体长
12～15 cm

孵卵期
18～19 天

窝卵数
4～8 枚

228

蓝胸鹑
Coturnix chinensis
Blue-breasted Quail
Galliformes

窝卵数

蓝胸鹑广泛分布于欧洲、亚洲及非洲，但具体到某一个地区，其种群密度则都较为稀疏、个体行踪较为隐秘，因此难以准确地描述它们的情况。在野外，蓝胸鹑会与异性形成暂时性的配偶关系，雌鸟将独自孵化鸟卵，而雄鸟则站在附近警戒。卵在孵化之后，雌雄双方会共同保护雏鸟。在某些情况下，雌鸟会抛弃第一窝而产下第二窝鸟卵，第一窝将由雄鸟独自照料。这种迅速繁殖第二窝的模式使得蓝胸鹑在卵或雏鸟在面临被捕食危险较大的情况下，也能成功繁殖。

蓝胸鹑也常被人工饲养，因此关于这种鸟类的行为，许多都是从这些家养个体身上了解到的。在笼养条件下，即使彼此摩肩接踵，蓝胸鹑也能忍耐，雌鸟及雄鸟会在其巢址周围，维持最小的繁殖地。但雄鸟会用不时发出的鸣声来维持其巢址的边界。

实际尺寸

蓝胸鹑的卵为橄榄棕色、黄褐色或棕红色，杂以细小的深棕色斑点。卵的尺寸为 25 mm×19 mm。雏鸟破壳而出的过程十分迅速，通常在开始啄凿卵壳的 5 分钟之内完成。

目	鸡形目
科	雉科
繁殖范围	中国特有种
繁殖生境	发育成熟而林下植被茂密的森林
巢的类型及巢址	由树叶及苔藓筑成，多见于高大树木的树枝上，或地面刨坑中
濒危等级	易危
标本编号	FMNH 18724

黄腹角雉
Tragopan caboti
Cabot's Tragopan

Galliformes

成鸟体长
50～61 cm

孵卵期
28 天

窝卵数
2～6 枚

229

　　黄腹角雉雄鸟羽色艳丽，胸前裸出呈橘黄色。在自然界中，没有什么比黄腹角雉的求偶展示更炫酷的场景了。雄鸟求偶炫耀时会展开蓝红相间的垂肉（悬挂于喉部下方），还会竖起脸周一圈亮黑色的羽毛，以此向雌鸟展示自己丰富多彩的颜色；而雌鸟则会仔细地检查雄鸟的身体状况，并决定是立即交配，还是稍后交配，或是放弃眼前这只雄鸟，离开它的领域去领略其他雄鸟的求偶展示。

　　雄鸟通过鸣唱及驱赶入侵者（其他雄性黄腹角雉）的方式来为维持其领域，而雌鸟则可以在诸多雄鸟的领域之间自由漫步。筑巢、孵卵及照顾雏鸟均由雌鸟独自完成。卵中的胚胎发育较为迅速，而从刚孵化的雏鸟发育至可以飞翔的幼鸟也不会经历太长的时间。

窝卵数

黄腹角雉的卵为黄褐色，杂以淡棕色斑点。其尺寸为 49 mm×41 mm。锈黄色的色调可使其完美地隐蔽于地面的枯枝落叶中。

实际尺寸

目	鸡形目
科	雉科
繁殖范围	中国台湾省特有种
繁殖生境	成熟的阔叶林及次生林
巢的类型及巢址	地面巢，较为隐蔽
濒危等级	近危
标本编号	FMNH 18727

230

成鸟体长 55～72 cm	
孵卵期 25～28 天	
窝卵数 2～6 枚	

蓝鹇
Lophura swinhoii
Swinhoe's Pheasant
Galliformes

窝卵数

蓝鹇是一种"墨守成规"的鸟类，它们每天都会沿着固定路线觅食。尽管蓝鹇雄鸟身披蓝白相间的羽毛，但由于它们常在晨昏时分的迷雾中活动，因此很难被看到。蓝鹇一年中大多数时间都过着独居的生活，只有在繁殖季早期的时候，雌雄才会相聚，之后便会分开，筑巢等后续工作则由雌鸟独自完成。巢常筑于倒木等遮蔽物之下，而孵卵的雌鸟则可以用自己隐蔽的羽衣来庇护身下的卵免受伤害。

蓝鹇仅分布于中国的台湾省，岛内经济的快速发展，加之人们常将其捕来养殖，导致其在五十年前野外数量曾一度低至 200 只，濒临灭绝。但随着一系列保护计划的落实，目前其数量已增长至 10000 只左右。

蓝鹇的卵为淡粉色至淡黄色，无杂斑。卵的尺寸为 53 mm × 49 mm。暴露于环境之中的鸟卵，会因接触泥土和树叶，或被雌鸟抓刨，而从洁净无瑕变得失去光泽，并满是抓痕。

实际尺寸

目	鸡形目
科	雉科
繁殖范围	中国特有种
繁殖生境	山地成熟林
巢的类型及巢址	地面巢，常为浅坑，多见于倒木之下或高草之间
濒危等级	易危
标本编号	FMNH 18739

褐马鸡
Crossoptilon mantchuricum
Brown Eared-Pheasant
Galliformes

成鸟体长
96～100 cm

孵卵期
28 天

窝卵数
4～14 枚

231

鸡形目鸟类多雌雄异型，但与其他大多数雉类仅雄鸟羽色艳丽不同的是，褐马鸡雌雄同型，像小胡子一样上翘的耳羽为两性所共有。目前人们还不清楚这些装饰性的羽毛是否为性选择的结果，即雌鸟选择雄鸟或雄鸟与雌鸟配对的结果。

在繁殖季，褐马鸡不再像非繁殖季那样集大群活动，而是一夫一妻成对活动。雌鸟会主导包括觅食及巢址选择等活动；反过来，雄鸟负责保卫雌鸟，它会紧跟在雌鸟身后，当雌鸟的注意力集中在其他雄鸟身上时，雄鸟便会通过啄击雌鸟脚趾的办法来阻止雌鸟的这种行为，并会在远处向进犯的雄鸟进行炫耀展示，虽然有时那只雄鸟也有自己的配偶。

窝卵数

褐马鸡的卵呈石板绿色，无杂斑。卵的尺寸为 56 mm×41 mm。人类在林下采集蘑菇的行为，常使褐马鸡受到干扰而弃巢。

实际尺寸

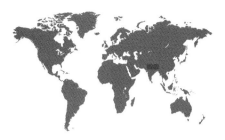

目	鸡形目
科	雉科
繁殖范围	亚洲中部，喜马拉雅山脉西部地区
繁殖生境	高山灌丛及高山草甸，靠近悬崖峭壁
巢的类型及巢址	地面巢，隐蔽于植被之间，多见于露出地面的大石块基部
濒危等级	易危
标本编号	FMNH 18741

成鸟体长
60～110 cm

孵卵期
26 天

窝卵数
9～12 枚

彩雉
Catreus wallichii
Cheer Pheasant

Galliformes

232

窝卵数

彩雉的卵为淡灰黄色，杂以红棕色斑点。卵的尺寸为 53 mm × 40 mm。

当繁殖季到来时，彩雉将不再集成松散的群体，转而成对活动。筑巢及产卵由雌鸟独自完成，而雄鸟则在鸟巢附近负责转移捕食者的注意力，或恐吓入侵者的进犯。雌雄双方均会照顾雏鸟，并且当受到来自天敌的威胁时，二者都可能会做出断翅反应以转移捕食者的注意力。无论成鸟还是幼鸟，彩雉的羽毛均为暗淡而不显眼的褐色，当危险来临时，它们会蹲伏在茂密的草丛或灌丛中躲避天敌，包括猎人的目光。

那些生活在人类定居地附近的彩雉，既从人类的活动中受益，也忍受着与人为邻的弊端。彩雉倾向栖息于山地生境中，包括那些为放牧及农耕所保留的低矮的灌丛及草地生境，但这种体型较大的雉鸡，也经常受到当地居民猎杀取食其肉的威胁。逐渐下降的种群数量，以及不同种群间不断增加的隔离趋势，都使得人们对彩雉的保护状况开始担忧。

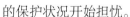

实际尺寸

目	鸡形目
科	雉科
繁殖范围	中国南部地区
繁殖生境	山地常绿林及灌丛
巢的类型及巢址	地面巢，简单的刨痕
濒危等级	近危
标本编号	FMNH 18721

成鸟体长	50～80 cm
孵卵期	25～26 天
窝卵数	5～8 枚

白颈长尾雉
Syrmaticus ellioti
Elliot's Pheasant

Galliformes

　　白颈长尾雉是一种体型较大、在森林中生活的鸡形目鸟类，但在中国，其分布范围内的森林正在遭受人类的砍伐。白颈长尾雉雌鸟及雄鸟并不会形成稳定的配偶关系，也不会共同行使亲鸟的职责。一旦交配完成，雄鸟会变得十分好斗，它会试图反复与之前那只雌鸟交配，或将这只雌鸟赶出领域，之后会吸引其他雌鸟来交配。雏鸟成长迅速，但由雌鸟独自照顾。雏鸟在其孵出后最初几周中，其羽毛颜色与亲鸟双方都不相同。

　　白颈长尾雉羽色独特，因此常被圈养繁殖。据估计，人工饲养的个体数量是野外个体数量（约10000只）的 10 ～ 15 倍。同许多其他鸡形目鸟类一样，白颈长尾雉也易于与同属内的其他种或其他属的雉类杂交，因此使得一些笼养个体的基因受到污染，这将不利于未来的重引入工作。

窝卵数

白颈长尾雉的卵为淡黄色至白色，无杂斑。卵的尺寸为 50 mm × 38 mm。

实际尺寸

目	鸡形目
科	雉科
繁殖范围	亚洲，被引入并野放至世界许多其他地区
繁殖生境	林地、灌丛、农田及草地
巢的类型及巢址	地面巢，隐蔽于草丛中
濒危等级	无危
标本编号	FMNH 21415

成鸟体长
50～70 cm

孵卵期
23～26 天

窝卵数
8～10 枚

234

环颈雉
Phasianus colchicus
Ring-necked Pheasant

Galliformes

窝卵数

环颈雉的卵为橄榄棕色，没有大块的斑点。卵的尺寸为 45 mm × 36 mm。

　　雌性环颈雉的择偶标准是基于雄鸟身体特征建立的，包括雄鸟尾羽的长度、黑色耳羽簇的光泽，以及腿部距这一结构的长短，而后者或许是最为重要的因素。这些特征被认为与雄鸟后代的质量有关，因而它们都构成了雌鸟需要考量的因素。雌鸟体内类固醇激素，例如睾酮含量的不同，在卵黄中也有所体现，这将影响到其后代成年后对异性的吸引力。环颈雉的雄鸟会与多只雌鸟交配，而孵卵及育雏的全部职责，将由雌鸟独自承担。

　　环颈雉又称雉鸡，是最早被人为引入到欧洲并野化的物种之一。在过去几百年间，它们已经建立起了野生种群，因此在很多地区，人们都将其视为原生物种。这种情况在美国也是如此，不过要晚于欧洲，在南达科他州，官方甚至将环颈雉定为州鸟。

实际尺寸

目	鸡形目
科	雉科
繁殖范围	马来半岛、苏门答腊及婆罗洲
繁殖生境	密林及雨林
巢的类型及巢址	地面巢，刨坑多见于密集的植被之中
濒危等级	近危
标本编号	FMNH 18628

大眼斑雉
Argusianus argus
Great Argus

Galliformes

成鸟体长
75～180 cm

孵卵期
24～26 天

窝卵数
2 枚

235

窝卵数

　　这个体型巨大而与众不同的物种没有艳丽的羽毛，但其特别长的身体以及羽毛上精致的花纹，却是对此的补偿。大眼斑雉那长长的次级飞羽上完全覆盖着眼斑状的花纹。雌鸟与雄鸟相似，但羽色更暗淡，羽毛也更短。

　　在繁殖季节，雄鸟会松散地聚集在林下的求偶场中，每个个体都会清理出一小块地方，并会在其上高声鸣唱，向每一只接近的雌鸟进行求偶炫耀。雌鸟会遇到多只雄鸟，并会在其跳起求偶炫耀之舞时近距离观察它们，雌鸟会根据羽毛及展示的情况选择一只雄鸟作为配偶。在交配之后，掘坑筑巢、孵化鸟卵及照顾雏鸟都将由雌鸟独自负责，而雄鸟则会继续进行炫耀展示，吸引其他雌鸟的目光。虽然大眼斑雉的雏鸟在破壳而出后不久即可离巢，但它们发育缓慢，仍需要亲代照料。

大眼斑雉的卵为淡红褐色，杂以浅棕色斑点。卵的尺寸为
65 mm × 49 mm。

实际尺寸

目	鸡形目
科	雉科
繁殖范围	亚洲东南部地区尚余残存的种群
繁殖生境	热带干燥林及季节林
巢的类型及巢址	地面刨坑
濒危等级	濒危
标本编号	FMNH 2500

236

| 成鸟体长 100～224 cm |
| 孵卵期 26～28 天 |
| 窝卵数 3～6 枚 |

绿孔雀
Pavo muticus
Green Peafowl

Galliformes

窝卵数

绿孔雀的外表看起来十分熟悉，它们长着与蓝孔雀近似的羽色，两种孔雀的雄鸟也都具有"夸张的裙摆"，但二者也具有明显的不同。例如，绿孔雀蓝绿色的羽毛为雌雄所共有，因此两性具有相似的外形。但雄鸟的体重却是雌鸟的 3～4 倍，这也使得绿孔雀成为现生鸟类中身体大小二态性最为夸张的物种。

绿孔雀的交配行为同样十分特别。雄鸟不会像蓝孔雀那样聚集在求偶场，而会与同性的领域保持清晰的界限，强壮的雄鸟在其领域内会拥有多个配偶。这种一雄多雌的婚配制度与野生的红原鸡以及由其驯化而成的家鸡十分相似。亲鸟双方在雏鸟孵化后仍会一起活动，因此我们能看到包含亲鸟及雏鸟的整个家庭群夜宿于一棵树上的场景，而这样做可以远离地面捕食者而保证其安全。

绿孔雀的卵为淡粉色，没有明显的斑点。卵的尺寸为 75 mm×53 mm。雏鸟在孵出后两周便可飞翔。

实际尺寸

目	鸡形目
科	松鸡科
繁殖范围	欧洲北部、亚洲西部及中部
繁殖生境	成熟针叶林
巢的类型及巢址	地面巢，垫以植物
濒危等级	无危，但部分亚种为区域性濒危或灭绝
标本编号	FMNH 2443

松鸡
Tetrao urogallus
Eurasian Capercaillie

Galliformes

成鸟体长
60～80 cm

孵卵期
26～29 天

窝卵数
5～12 枚

237

窝卵数

　　松鸡在地面觅食、交配及筑巢，在树上炫耀展示并躲避危险。在繁殖季节，雄鸟聚集在一起，它们会立于枝头高声鸣唱，进而开始求偶炫耀。雄鸟的求偶场，是雌鸟挑选潜在配偶的场所。当有雌鸟到达求偶场时，主雄会转移到地面上继续求偶展示，最终只有它才会与雌鸟交配。筑巢及孵卵等"家务活"（Chores）将由雌鸟独自承担。松鸡雏鸟早成，它们在孵出一天之后，便可在雌鸟的带领下离巢活动。

　　作为一种体型巨大而飞行困难的鸟类，在大多数情况下，松鸡都会依靠双脚来逃离危险。当危险逼近时，松鸡会起飞逃跑，同时伴着用翅膀和尾羽制造出巨大的响声，以震慑接近的捕食者。

松鸡的卵为黄褐色，杂以稀疏的棕色斑点。卵的尺寸为 57 mm × 42 mm。巢上覆以茂密的植被，加之羽色暗淡的雌鸟每天有 23 个小时都在孵卵，因此很难一睹鸟卵的真容。

实际尺寸

目	鸡形目
科	松鸡科
繁殖范围	欧亚大陆北部及中部
繁殖生境	草地、林间沼泽及次生林
巢的类型及巢址	地面巢，垫以树叶和羽毛
濒危等级	无危
标本编号	FMNH 1216

成鸟体长
40～55 cm

孵卵期
25 天

窝卵数
7～9 枚

238

黑琴鸡
Tetrao tetrix
Black Grouse

Galliformes

窝卵数

黑琴鸡是一种体型较大而羽色特别的猎禽或陆禽，它们在许多适宜分布地都有出现，即使是在欧洲人口稠密的国家也是如此。近几十年来，黑琴鸡的繁殖成功率呈现出持续下降的趋势，有些地区的种群已经灭绝，或是小到可以被视为濒危。其中的原因人们尚不明了。

黑琴鸡为一夫多妻制，在鸟卵受精后，雄鸟与繁殖有关的职责也就结束了，雌鸟将独自选定巢址、收集巢材、孵化鸟卵并照顾雏鸟。雌鸟倾向于在未发育完全的次生林中繁殖，而不选择年老的成熟林。鸟巢很好地隐蔽于树木及灌丛之下，而鸟卵则由那羽衣极为隐蔽的雌鸟所遮蔽。产于地面巢中的鸟卵容易被捕食，而相较于经验丰富的雌鸟，那些经验欠缺的年轻个体的繁殖成功率则较低。这意味着，随着年龄的增长，雌鸟将学会如何将鸟巢隐藏得更好。

黑琴鸡的卵为棕褐色，杂以红棕色斑点。卵的尺寸为 51 mm × 36 mm。

实际尺寸

目	鸡形目
科	松鸡科
繁殖范围	欧亚大陆北部及中部
繁殖生境	茂密的针阔混交林
巢的类型及巢址	地面巢，巢杯中垫以落叶
濒危等级	无危
标本编号	FMNH 15302

花尾榛鸡
Bonasa bonasia
Hazel Grouse
Galliformes

成鸟体长	35～39 cm
孵卵期	23～27 天
窝卵数	3～6 枚

239

在繁殖期，花尾榛鸡雌鸟会将巢筑在茂密的林下层中，并借此使卵隐蔽于依靠视觉寻找猎物的捕食者的目光之下。但与黑琴鸡（详见 238 页）类似的是，花尾榛鸡的种群数量及繁殖成功率也在平稳而缓慢地下降。这或许是由于栖息地的丧失，包括对北方森林的砍伐，以及为管理林地而选择性地移除林下植被导致的栖息地改变造成的。这些被移除的林下植被具有保护鸟巢的功能。年轻和年老的雌鸟具有相似的繁殖成功率，导致它们繁殖失败的最主要的原因是被天敌捕食。

花尾榛鸡是一种不迁徙的猎禽，即使是在分布区最北边的种群，也能度过严寒的冬季。在某些地区，猎杀花尾榛鸡是一项与文化或经济相关的活动；而在另一些地区，猎杀活动却被限制在非繁殖季或被全年禁止。

窝卵数

花尾榛鸡的卵为乳白色，杂以棕色斑点。卵的尺寸为 38 mm × 29 mm。

实际尺寸

目	鸡形目
科	松鸡科
繁殖范围	北美洲东部及北部
繁殖生境	针阔混交林及落叶林
巢的类型及巢址	地面的碗状巢，垫以叶片，多见于树木基部
濒危等级	无危
标本编号	FMNH 5955

成鸟体长
43～50 cm

孵卵期
24 天

窝卵数
9～14 枚

240

披肩榛鸡
Bonasa umbellus
Ruffed Grouse

Galliformes

窝卵数

披肩榛鸡的卵为淡棕褐色，没有或杂以少量红色斑点。卵的尺寸为 **40 mm × 30 mm**。在有些巢中，雌鸟会产下一枚或多枚较小的卵，这些卵通常都没有卵黄，并且也不会孵出雏鸟。

对于披肩榛鸡来讲，不进行迁徙自有它的好处，雌雄二鸟都十分熟悉各自的繁殖地。对于雄鸟来说，它可以选择一棵较大的倒木并在此进行求偶展示，并于春天在此发出像击鼓一样的鸣声，借此吸引雌鸟；而对于雌鸟来说，这意味着在决定与哪一只求偶炫耀时最打动它的雄性交配之前，能够经常听到多只雄鸟的鸣声并与它们相遇。此后，雌鸟将独自寻找一处安全而覆以遮挡的地点来搭建鸟巢、孵化鸟卵，筑巢地点通常是在树干基部或位于林下的灌丛中。

披肩榛鸡是适于森林生活的能手，它们终年留居于此，并能够适应冬季的生活。例如，披肩榛鸡的足趾被覆羽毛，就像穿着一双"雪地靴"，这使它们在雪地上觅食的同时不会留下深深的脚印；而到了夜晚，披肩榛鸡则会挖一个深深的雪洞并在其中夜宿，这个隔热的雪洞可以保持温暖。

实际尺寸

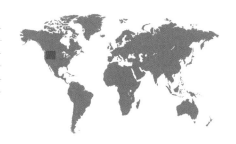

目	鸡形目
科	松鸡科
繁殖范围	北美洲中北部
繁殖生境	稀疏的鼠尾草灌丛及开阔的牧场
巢的类型及巢址	地面巢，多隐蔽于鼠尾草丛中
濒危等级	近危
标本编号	FMNH 6063

艾草松鸡
Centrocercus urophasianus
Greater Sage-Grouse

Galliformes

成鸟体长
50～75 cm
孵卵期
25～29 天
窝卵数
6～13 枚

241

几乎没有哪种生物的求偶展示之华丽，可以与艾草松鸡相媲美。艾草松鸡会聚集在求偶场，即一块开阔而没有高大植被的地方，雄鸟会在此跳舞、鸣唱、跳跃，并开始视觉和听觉的炫耀展示。研究人员制作了披着艾草松鸡雌鸟羽衣并可自如移动的机器人，借此来了解雄鸟炫耀展示的情况。结果显示，当雌鸟进入求偶场时，雄鸟会改变位置并调整炫耀展示，以使雌鸟听到的鸣声更加响亮。

将鼠尾草原野开垦成玉米地或牧场，导致了艾草松鸡栖息地的丧失。还包括铺设道路及采矿等人类活动，都对艾草松鸡的种群健康造成了深远影响。与其他适宜的栖息地相比，这些地区的噪音污染减少了求偶场上艾草松鸡雄鸟的数量，虽然这些艾草松鸡还会留在此地，但它们的应激激素水平却有所提高。

窝卵数

艾草松鸡的卵为黄褐色，其尺寸为 55 mm×38 mm。与其他松鸡类似的是，艾草松鸡雌鸟也会在求偶炫耀的地点与雄鸟交配，但此后它会独自承担亲代照料的职责。与雄鸟相比，雌鸟的羽衣色彩更为隐蔽，这将使得它们不易被发现，进而提高后代的存活率。

实际尺寸

目	鸡形目
科	松鸡科
繁殖范围	仅分布于美国落基山地区
繁殖生境	开阔的鼠尾草灌丛
巢的类型及巢址	地面刨坑
濒危等级	濒危
标本编号	FMNH 22381

成鸟体长
46～56 cm

孵卵期
25～29 天

窝卵数
6～8 枚

242

小艾草松鸡
Centrocercus minimus
Gunnison Sage-Grouse

Galliformes

窝卵数

小艾草松鸡是 19 世纪在美国被科学描述的第一个新物种。由于与艾草松鸡（详见 241 页）在形态学、遗传结构以及行为上存在差异，小艾草松鸡于 2000 年被提升为独立的物种。最特别的是，二者的炫耀展示及交配行为更是明显不同，小艾草松鸡雄鸟会利用独特的节奏、羽毛及鸣声来吸引雌鸟到求偶场。

小艾草松鸡是一种专性栖息于鼠尾草灌丛中的鸟类，它们依赖于成熟而稳定的鼠尾草生态系统，并就在此觅食、繁殖。但这种栖息地正在受到来自放牧及开垦带来的影响。用来交配的炫耀场位于一块裸露而平坦的地区，这样雄鸟炫耀展示时，就能远远地被雌鸟看到了。雌鸟会在多只雄鸟的求偶场之间活动，检查雄鸟的羽毛并倾听它们的鸣唱，最终决定与处于求偶场中间位置而更具优势的雄鸟交配。当受到其他动物，包括人类的干扰时，小艾草松鸡雌鸟便会弃巢。另外，很多巢则是被捕食者直接破坏的。

小艾草松鸡的卵为橄榄褐色，杂以稀疏的棕色斑点。卵的尺寸为 55 mm × 35 mm。

实际尺寸

目	鸡形目
科	松鸡科
繁殖范围	北美洲的森林及山地
繁殖生境	北方森林
巢的类型及巢址	地面巢，多隐蔽于灌丛或其他植被中
濒危等级	无危
标本编号	FMNH 15891

枞松鸡
Falcipennis canadensis
Spruce Grouse

Galliformes

成鸟体长
38～53 cm

孵卵期
24 天

窝卵数
4～7 枚

243

对于枞松鸡来说，繁殖是一件十分简单的事情。雄鸟不会提供亲代照料，而雌鸟将独自筑巢、孵卵并照顾雏鸟。雌鸟一岁时便可开始繁殖，而雄鸟则会延迟到两岁时才会建立繁殖地。当最后一枚鸟卵产下时，雌鸟才会开始孵卵，因此雏鸟总是同时孵化、离巢。雏鸟发育迅速，孵出一周后便能从地面飞到低矮的树枝之上了。雌鸟总与雏鸟保持很近的距离，当天气寒冷、夜幕降临或雏鸟呼唤母亲时，雌鸟便会为它们提供温暖。

分布于加拿大及阿拉斯加的枞松鸡，是在针叶林中生存的专家，它们会折断并取食新鲜的松针，将其储存于嗉囊中并在其中消化；而雏鸟则以春夏易于寻找的昆虫和浆果为食，只有当秋冬到来时，它们才会转而取食针叶。

窝卵数

实际尺寸

枞松鸡的卵为黄褐色，杂以斑驳的棕色斑点。卵的尺寸为 43 mm × 32 mm。

目	鸡形目
科	松鸡科
繁殖范围	北美洲、欧洲及亚洲的极地地区
繁殖生境	开阔而具灌丛的苔原地区
巢的类型及巢址	地面刨坑，多见位于空地旁的灌丛中
濒危等级	无危
标本编号	FMNH 5969

成鸟体长
35～44 cm

孵卵期
21～22 天

窝卵数
4～10 枚

244

柳雷鸟
Lagopus lagopus
Willow Ptarmigan

Galliformes

窝卵数

柳雷鸟的卵为黄褐色，杂以深棕色至黑色斑点。卵的尺寸为 44 mm × 32 mm。

柳雷鸟是一种领域性很强的鸟类，雄鸟会先于雌鸟一个月的时间到达繁殖地，占据并维持一片领域，它会与雌鸟在领域的中心地带交配。大多数雄鸟为单配制，它们会在雌鸟筑巢产卵之前紧跟不舍。在此期间，97%的雌鸟身后都会跟随着一只雄鸟。在雌鸟产下第一窝鸟卵，或是第一窝鸟卵被捕食者捕食后雌鸟补产鸟卵时，雄鸟都会守护在雌鸟身旁，但这不是为了保护雌鸟，而是为了确保雌鸟产下的鸟卵具有自己的血脉。

这一物种具有广泛的分布范围，在位于北半球的三个大洲的极地区域都有分布。除了分布于不列颠群岛的亚种外，成年柳雷鸟羽色的变化十分夸张，会从夏季的锈红色变成冬季的纯白色，而不列颠群岛的亚种也被称作赤松鸡。

实际尺寸

目	鸡形目
科	松鸡科
繁殖范围	北美洲中部及北部
繁殖生境	具灌丛的开阔草原
巢的类型及巢址	地面浅坑，垫以羽毛、蕨类或杂草，巢上方由植物覆盖
濒危等级	无危
标本编号	FMNH 5999

尖尾松鸡
Tympanuchus phasianellus
Sharp-tailed Grouse
Galliformes

成鸟体长
41～47 cm

孵卵期
23～25 天

窝卵数
6～15 枚

245

对于尖尾松鸡来说，繁殖是一次对等级、耐力及技巧的检验。雄鸟会年复一年地聚集在求偶场，有时在雌鸟到达之前一个月便已到达此地，而通常此时这里还覆盖着积雪。雄鸟会建立等级序位，年龄较长而体型较大的个体通常会占据靠近中心的位置。雌鸟会在积雪消融之时到达求偶场，它们也会去附近其他的求偶场，但有时也会不断地返回到某一个求偶场。最终，在交配之后，雄鸟会离开雌鸟，而留下雌鸟独自照顾后代。在每个求偶场周围，大多数巢中的鸟卵通常都是占据统治地位的雄鸟的子嗣。

尖尾松鸡是一种典型的生活在北美洲大草原上的鸟类，无论是觅食还是繁殖，它们都离不开开阔的矮草生境。天然草地的丧失以及将其转变为玉米地的趋向，已经导致了尖尾松鸡种群数量的急剧下降。

窝卵数

尖尾松鸡的卵为暗淡的棕黄色，杂以细小的棕色斑点。卵的尺寸为 43 mm × 32 mm。

实际尺寸

目	鸡形目
科	松鸡科
繁殖范围	北美洲中部
繁殖生境	开阔草地，具橡树的草原
巢的类型及巢址	地面巢，刨坑中垫以植物
濒危等级	易危，东部亚种，新英格兰草原松鸡（Heath Hen）已于1932年灭绝，得克萨斯亚种濒危
标本编号	FMNH 5991

成鸟体长
40～46 cm

孵卵期
23～25 天

窝卵数
10～15 枚

246

草原松鸡
Tympanuchus cupido
Greater Prairie-Chicken
Galliformes

窝卵数

在交配之前，草原松鸡雄鸟会返回上一年的求偶场进行炫耀。当雌鸟靠近审视时，它们会在此地跳舞并鼓起喉囊炫耀展示，这种行为每天进行数小时，并会持续数周。雌鸟会造访多个雄鸟的求偶场，并会观察它们的炫耀展示、倾听它们的求偶鸣唱。但在交配后，雄鸟不会提供亲代照料，筑巢、孵卵及照顾雏鸟的职责都将由雌鸟独自承担。环颈雉（详见234页）会将卵寄生于草原松鸡的巢中，而前者的卵又会先于后者孵化，这将导致草原松鸡雌鸟会带着雉鸡的雏鸟离巢活动，而草原松鸡自己的卵则会死亡。

对于草原松鸡来说，开阔的大草原被开垦成农田，是导致其种群数量下降的最重要原因，这也引来了人们关注、保护的目光。在今天的美国中西部地区，草原松鸡种群彼此孤立而规模较小。加之草原松鸡留居的习性，使得每个种群中的基因多样性都有所下降，因此必要的保护管理措施，例如帮助不同种群间个体进行交流，以制造人为的基因流动，对物种生存力的提升和基因多样性的保护来讲都是十分必要的。

草原松鸡的卵为黄褐色至橄榄色，杂以深棕色斑点。卵的尺寸为 42 mm×32 mm。这些卵与收藏于博物馆中的少量新英格兰草原松鸡，即草原松鸡的一个亚种的卵别无二致。

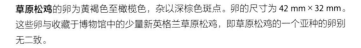

实际尺寸

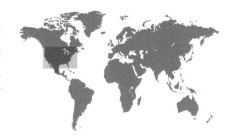

目	鸡形目
科	雉科
繁殖范围	北美洲温带地区
繁殖生境	森林及林间空地
巢的类型及巢址	地面巢，浅坑中垫以草叶
濒危等级	无危
标本编号	FMNH 6008

火鸡
Meleagris gallopavo
Wild Turkey
Galliformes

成鸟体长
75～125 cm
孵卵期
28 天
窝卵数
10～15 枚

247

火鸡亦称吐绶鸡，其繁殖模式属于典型的由亲缘选择推动的合作繁殖。一些具亲缘关系的雄鸟一生都会生活在一起，并集群进行炫耀展示。显然，与单只雄鸟相比，较大的雄鸟群体对雌鸟会有更大的吸引力，但只有主雄可以与雌鸟交配并产生后代。那么集群展示对于那些最终没有得到交配机会的雄鸟来说有什么好处呢？答案是，这些雄鸟彼此之间具有一定的亲缘关系，而且通常是兄弟关系。帮助兄弟繁殖，就相当于从属雄鸟完成了间接繁殖，因此这些从属雄鸟的部分基因会继续在它们的侄子和侄女身上流淌。

火鸡及疣鼻栖鸭（详见 93 页）是两种新大陆特有的鸟种，而且它们都已经为人类所驯养。虽然家养火鸡大多数是由分布于墨西哥一带的亚种驯化而来，但也存在一些个体偶然逃逸至野外的情况，因此今天野生火鸡的基因是由多种来源的基因混杂而成的。

窝卵数

火鸡的卵为淡黄色至棕黄色，杂以淡红色或粉色斑点。卵的尺寸为 62 mm × 47 mm。所有的卵均由同一只雄鸟受精，因此所有雏鸟都为兄弟姐妹。

实际尺寸

目	鹰形目
科	美洲鹫科
繁殖范围	北美洲南部、中美洲及南美洲
繁殖生境	点缀以树木和灌丛的开阔地，以及低地潮湿森林
巢的类型及巢址	地面巢，无垫材，附近或许用彩色的异物、塑料或草叶装点
濒危等级	无危
标本编号	FMNH 20979

248

成鸟体长
60~68 cm
孵卵期
28~41 天
窝卵数
2 枚

黑头美洲鹫
Coragyps atratus
Black Vulture

Accipitriformes

窝卵数

黑头美洲鹫在进行求偶炫耀时，数只雄鸟会张开翅膀绕着一处走动并跳跃，雌鸟则会在一旁审视。在经过较长时间的炫耀展示之后，雌鸟才会看中某一只雄鸟，并形成配偶关系。一旦确定配偶关系，雌雄双方便会选定巢址，它们还会共同孵化鸟卵并照顾雏鸟，直到幼鸟独立。鸟卵直接产于地面，但常隐蔽于倒木或石缝之间。尽管人们对这种鸟类十分熟悉，尤其是它们常在热带地区的垃圾场里觅食，但几乎没有人敢说它们真的见过黑头美洲鹫的巢或雏鸟。这是因为它们的巢常筑于茂密的林地之中，且常隐蔽于倒木或浅坑中。

黑头美洲鹫是一种引人瞩目的鸟类，它们常在森林或开阔地区翱翔并寻找腐肉。它们通过搜索集群的秃鹫，来确定动物尸体的位置。秃鹫是取食并消化腐烂动物的专家，它们会喂雏鸟以半消化的、反刍出的食糜，而不是直接将腐肉带回巢中。

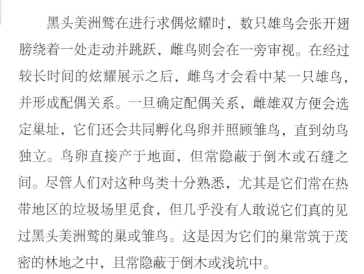

黑头美洲鹫的卵为乳白色至蓝灰色，杂以深棕红色斑点。卵的尺寸为
76 mm × 51 mm。

实际尺寸

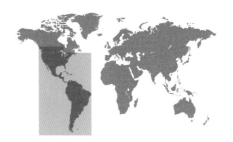

目	鹰形目
科	美洲鹫科
繁殖范围	北美洲温带地区、中美洲、南美洲及加勒比地区
繁殖生境	森林、灌丛、开阔地及城市
巢的类型及巢址	地面的缝隙或坑洞
濒危等级	无危
标本编号	FMNH 6171

红头美洲鹫
Cathartes aura
Turkey Vulture

Accipitriformes

成鸟体长	64～81 cm
孵卵期	28～40 天
窝卵数	2 枚

249

窝卵数

红头美洲鹫是分布于新大陆的一种最常见且分布范围最广的食腐鸟类，据估计，在南美洲及北美洲范围内，其种群数量约为 450 万只。它们通过敏锐的嗅觉来寻找动物尸体并取食之。红头美洲鹫是一种集群活动的社会性鸟类。白天，经常能看到它们在被"路杀"的尸体附近活动，或整个白天都栖息于某处；但在夜晚，它们则会单独夜宿，每个繁殖对都会占据一个洞穴、缝隙或空洞。

虽然成年红头美洲鹫几乎没有天敌，但其卵和雏鸟却容易受到其他鸟类及哺乳动物的威胁。为了保护自己，刚孵出的红头美洲鹫雏鸟会发出像蛇一样的嘶嘶声，或喷出酸性物质，即向巢周围甚至入侵者身上喷出半消化的肉类食糜。雏鸟由雌雄双方共同照顾。当有威胁临近时，体型硕大而令人生畏的成鸟会飞着驱赶入侵者或将其带离巢区。

红头美洲鹫的卵为乳白色，略带灰色，杂以紫色至棕色的斑点。卵的尺寸为 70 mm × 48 mm。

实际尺寸

目	鹰形目
科	美洲鹫科
繁殖范围	重引入至美国西南部
繁殖生境	从低矮茂密的灌丛至山区林地
巢的类型及巢址	由碎石围成，多见于峭壁之上
濒危等级	极危
标本编号	FMNH 15033

成鸟体长	117～134 cm
孵卵期	53～60 天
窝卵数	1 枚

250

加州神鹫
Gymnogyps californianus
California Condor
Accipitriformes

加州神鹫雄鸟一般 6 岁时达到性成熟。在野外，雄鸟的繁殖始于炫耀飞行；而在笼养条件下，配偶双方常由管理者指定，这样的配偶关系常以失败告终。交配成功后，雌鸟每窝仅产一枚卵。如果繁殖成功，下一个繁殖季雌鸟将不再繁殖，而再下一次繁殖则要等到两年之后。这是因为，加州神鹫的卵至少需要两个月才能孵化，雏鸟在孵出 6～7 个月后才能出飞，亚成体第二年仍会留在亲鸟身边，直到它们能够独立生活。

这个广为人知的物种，是通过人工繁殖而保育成功的典范。加州神鹫曾广泛分布于北美洲南部及西部地区，但其野外种群曾几乎全部灭绝。最后残存于野外的个体被饲养于人工条件下，并在这里繁衍壮大，其种群已足够重新回归到某些历史分布区。

实际尺寸

加州神鹫的卵为淡蓝绿色，无杂斑。卵的尺寸为 108 mm × 66 mm。雏鸟在没有亲鸟帮助的情况下，会花费数天的时间独自破壳而出。

目	鹰形目
科	鹰科（实为鹗科）
繁殖范围	除南美洲及南极洲外的所有大陆
繁殖生境	多种类型的开阔水域附近，包括海洋、河流及池塘等
巢的类型及巢址	大型盘状巢，由树枝筑成，垫以树皮、草叶、藤蔓及藻类，多见于树木、残桩、崖壁及电线杆上
濒危等级	无危
标本编号	FMNH 7039

成鸟体长	50～65 cm
孵卵期	36～42 天
窝卵数	1～4 枚

251

鹗
Pandion haliaetus
Osprey

Accipitriformes

鹗一般 3 岁时达到性成熟，但当巢址减少且全部被占领时，它们或许要等到 5 ～ 6 岁才会开始繁殖。雌雄双方会共同搭建新巢或翻修旧巢，但巢址最初的选择却是由雄鸟独自完成的，而此时雌鸟尚未迁徙至繁殖地。确定一只占有适宜巢址的雄鸟尚未经历过繁殖是一件很容易的事情，因为这样的雄鸟会进行"空中舞蹈"展示，以吸引附近的雌鸟，还会用利爪紧紧抓住一条鱼或一根树枝高高飞起，然后急速俯冲。年轻个体搭建的鸟巢一般更小，但随着年复一年地重复利用，巢会变得越来越大，对卵及雏鸟来说也会越来越安全。

鹗几乎在全球各个大洲都有繁殖。它们在冬季集小群活动，而在繁殖季则会形成松散的繁殖群，与其他鹗集群繁殖。通过观察邻居的飞行方向，可以评估何处是其最佳的捕鱼场所。

窝卵数

鹗的卵为乳白色至略带粉色的黄褐色，杂以棕红色斑点。卵的尺寸为 60 mm×45 mm。

实际尺寸

目	鹰形目
科	鹰科
繁殖范围	欧洲温带地区及西亚
繁殖生境	阔叶林及针阔混交林
巢的类型及巢址	盘状巢，由树枝和具树叶的绿枝筑成，垫以树叶，多见于树木高处
濒危等级	无危
标本编号	FMNH 21391

成鸟体长
52～60cm

孵卵期
30～35 天

窝卵数
2 枚

252

鹃头蜂鹰
Pernis apivorus
European Honey-Buzzard

Accipitriformes

窝卵数

在繁殖季，雄性鹃头蜂鹰会保卫繁殖地免遭其他雄鸟入侵，还会在树冠层之上进行引人瞩目的飞行表演，翅膀还会发出噼噼啪啪的声响，借此来吸引雌鸟的目光。鹃头蜂鹰对人类在其巢址附近的干扰特别敏感，即使到了孵化中期，它们也很容易弃巢。亲鸟双方会共同喂养巢中的雏鸟，不但喂以蜂蜜，有时也会饲喂充满蜂蛹的蜂巢。

鹃头蜂鹰善于捕食具毒刺的昆虫，胡蜂、黄蜂和蜜蜂都不在话下。它们那长长的喙以及被覆羽毛的足趾适于捣毁蜂巢，而不会有裸露的皮肤被蜇伤。与其他捕食性鸟类相比，鹃头蜂鹰的防御能力相对较弱，但经过长期的自然演化，鹃头蜂鹰亚成体的羽色与蜂鹰的亚成体极为相像，而后者更强壮、能够更好地保护自己，这可以保护鹃头蜂鹰免遭苍鹰的捕食。

实际尺寸

鹃头蜂鹰的卵为乳白色，杂以大小各异的棕色斑点。卵的尺寸为 50 mm × 41 mm。

目	鹰形目
科	鹰科
繁殖范围	北美洲南部、中美洲及南美洲
繁殖生境	林地、河边空地及林间湿地
巢的类型及巢址	盘状巢，由树枝和细枝筑成，垫以苔藓，多见于树木高处
濒危等级	无危
标本编号	FMNH 15593

燕尾鸢
Elanoides forficatus
Swallow-tailed Kite

Accipitriformes

成鸟体长	50～64 cm
孵卵期	28 天
窝卵数	1～2 枚

253

窝卵数

燕尾鸢是一种迁徙性的鸟类，每年它们都会返回位于北方的繁殖地，在那里会有 5 ～ 10 个繁殖对，集成松散的繁殖群繁殖。亲鸟双方会共同筑巢并孵化鸟卵，它们还会分昼夜地轮换着保卫鸟巢。但雌鸟将独自饲喂雏鸟并保护它们的安全，而雄鸟则会捕捉大量飞虫，有时也会捕捉蛇类或小鸟，饲喂给雌鸟。雌鸟会将其中一部分分给雏鸟。

一些中美洲的种群，每窝仅能繁殖成功一只雏鸟，这是因为，较早孵出的雏鸟体型更大，它会对年幼的同胞发起攻击，直至后者死亡为止。其手足相残的直接原因人们尚不得而知，但这绝不是由于饥饿，因为即使给先孵出的雏鸟喂以足够的食物，攻击后出生雏鸟的现象也会发生。

燕尾鸢的卵为暗白色，杂以红色至深紫红色的斑点。卵的尺寸为 47 mm×37 mm。燕尾鸢的巢暴露于树顶之上，易于受到其他鸟类及树栖性蛇类的捕食。

实际尺寸

目	鹰形目
科	鹰科
繁殖范围	北美洲西部及南部、中美洲、南美洲
繁殖生境	草原、稀树草原、开阔林地及湿地
巢的类型及巢址	盘状巢，垫以杂草和树叶，多见于树上
濒危等级	无危
标本编号	FMNH 15589

成鸟体长
32～38 cm

孵卵期
30～32 天

窝卵数
4 枚

254

白尾鸢
Elanus leucurus
White-tailed Kite
Accipitriformes

窝卵数

白尾鸢的卵为污白色，杂以深棕色斑点。卵的尺寸为 43 mm×33 mm。

当繁殖季到来时，在鸟卵产下之前的几周，雌雄双方就开始它们旷日持久的筑巢工作了。首先白尾鸢会收集并摆搭树棍，然后会在巢杯中衬以杂草和树叶。在筑巢期，雌雄双方会维持可供觅食及繁殖之用的繁殖地，避免同种鸟类入侵。20 世纪初对鸟卵的收集导致了白尾鸢种群数量的急剧下降，但现在这一物种在很多地区都已变得十分常见。当前的保护措施聚焦于为白尾鸢提供安全的繁殖地及未被开发的开阔觅食地。

白尾鸢是在开阔草地及沼泽地中捕食的能手，以哺乳动物及昆虫为食，它们会在空中盘旋、俯冲并发动猛攻。在非繁殖季，白尾鸢会集成 10 ～ 15 只的松散的群体。白天，它们分散开来捕猎，并拥有各自的领域；而到了夜晚，它们则会在树上集群夜宿。

实际尺寸

目	鹰形目
科	鹰科
繁殖范围	北美洲南部、加勒比地区、中美洲及南美洲
繁殖生境	湿地、沼泽
巢的类型及巢址	由湿地植物筑成，多见于灌丛或芦苇丛中
濒危等级	无危，佛罗里达亚种为濒危
标本编号	FMNH 15034

食螺鸢
Rostrhamus sociabilis
Snail Kite

Accipitriformes

成鸟体长
36～39 cm
孵卵期
26～28 天
窝卵数
2～4 枚

255

食螺鸢是一种食性较窄的捕食者，它们主要以水生蜗牛为食，有时也捕捉昆虫或小型啮齿动物。这种鸟具尖而锋利的喙，适于将蜗牛肉从壳中取出。食螺鸢雏鸟需要的亲代照料比其他鸟类更多，亲鸟不但要将蜗牛带回巢中，还要在雏鸟能够自己处理食物之前将蜗牛肉从壳中取出。在北美洲，随着湿地生境的改造或丧失，蜗牛和食螺鸢的分布范围都在逐渐缩小。

作为一种在湿地生境中繁殖的鸟类，食螺鸢会与其他同种个体及其他种类的湿地鸟类集成松散的繁殖群繁殖，这些鸟类包括鹮类和鹭类。混群不但可以在数量上为这些鸟类提供安全，还会增加总的警戒时间，因为不同种的鸟类具有不同的行为节律，无论是在白天还是黑夜，在任何时间都可以为繁殖群中的成员做好警戒。

窝卵数

食螺鸢的卵为黄褐色，杂以棕色斑点。卵的尺寸为 45 mm × 36 mm。在沼泽植被中产下的鸟卵，常因由自然或人为管理造成的突如其来的水位变化而死亡。

实际尺寸

目	鹰形目
科	鹰科
繁殖范围	欧亚大陆温带地区、非洲北部及澳大利亚
繁殖生境	开阔的针阔混交林、湿地，也在城市中繁殖
巢的类型及巢址	盘状巢，由树枝筑成，较为简陋，多见于树上
濒危等级	无危
标本编号	FMNH 14766

成鸟体长
55～60 cm

孵卵期
30～34 天

窝卵数
2～3 枚

256

黑鸢
Milvus migrans
Black Kite
Accipitriformes

窝卵数

　　黑鸢的繁殖由雌雄双方共同承担，并且同其他猛禽一样，黑鸢雄鸟体型也比较小，它们负责向雌鸟及雏鸟递喂食物。雌鸟会守在巢中，为雏鸟提供温暖并保护它们，使其远离捕食者，包括其他黑鸢。黑鸢以多种食物为食，从腐肉到雏鸟、从城市垃圾到被野火惊起的昆虫或哺乳动物，这些都在它们的食谱之中。

　　黑鸢是机会主义捕食者，这种灵活的策略在繁殖地及巢址的选择中也有所体现。例如在印度，黑鸢会集大群出现在城市中，并会在街道和公园上空盘旋并寻找食物，它们也会集大群夜宿。当这些鸟在城市中繁殖时，它们集大群的出现常会令人生厌；在其他一些地区，黑鸢则在灌丛地带活动。

黑鸢的卵为乳白色，杂以或深或浅的棕色斑点。卵的尺寸为 51 mm × 39 mm。黑鸢常将巢筑在其他鸢、鹭类或鸬鹚的附近，并借此来增加安全性。

实际尺寸

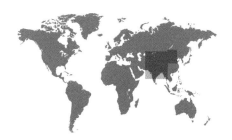

目	鹰形目
科	鹰科
繁殖范围	亚洲中部
繁殖生境	海岸、河边、湖畔
巢的类型及巢址	复杂的鸟巢，垫以树枝、杂草、干草及绿叶，多见筑于树上
濒危等级	易危
标本编号	FMNH 1262

成鸟体长	72～84 cm
孵卵期	40 天
窝卵数	1～3 枚

257

玉带海雕
Haliaeetus leucoryphus
Pallas's Sea-Eagle
Accipitriformes

窝卵数

　　玉带海雕雌雄双方会共同承担筑巢及亲代照料的职责，它们会用树棍搭建一个盘状巢，还会轮流孵卵育雏。通常玉带海雕会将巢筑在树冠层，但在其广大分布区内那些气候干旱、树木较少的地区，它们也会将卵产于地面巢之内。为成长中的雏鸟提供足够的食物是一项艰巨的任务。较晚产下的鸟卵也会较晚孵出，在与年龄更长、体型更大的兄长争夺有限的食物资源的过程中，这些雏鸟往往会败下阵来，因此它们常常忍饥挨饿。

　　这种体型较大的海雕具有广泛的分布范围。但在很多地区，栖息地的改变，以及与人类竞争淡水鱼类资源，都使当地玉带海雕的种群数量不断下降，进而导致玉带海雕的全球种群数量也在下降。例如在印度，水葫芦已经覆盖了很多开阔的池塘和河流的表面，因而妨碍玉带海雕捕捉鱼类。

玉带海雕的卵为浅灰白色，无杂斑。卵的尺寸为 74 mm×57 mm。雌雄双方共同孵化鸟卵，但雌鸟孵卵的时间会更长。

实际尺寸

目	鹰形目
科	鹰科
繁殖范围	北美洲的温带至北极地区
繁殖生境	成熟林，特便是沿湖泊、河流、海岸分布
巢的类型及巢址	大型盘状巢，由树棍筑成，多见于高树或崖壁上
濒危等级	无危，在美国本土为受胁
标本编号	FMNH 6801

成鸟体长
71～96 cm

孵卵期
34～36 天

窝卵数
1～3 枚

258

白头海雕
Haliaeetus leucocephalus
Bald Eagle

Accipitriformes

窝卵数

当达到可以开始繁殖的年龄时，白头海雕在羽色及领域行为方面都会发生明显的改变。在 4～5 岁时，白头海雕头部的羽毛及尾羽会变成尽人皆知的白色，它们会返回出生地建立其领域并寻找配偶。在交配之后，雌雄双方全年都会在一起活动，除非繁殖以失败告终或一方死亡，而这也会导致"离婚"或扩散的发生，或在原配的领域内与其他个体重新配对。

白头海雕的巢体量巨大，这是由于巢的主人会花费一个长而集中的时间来修筑它，每年这一过程都会持续数周之久，而鸟巢通常会被利用、修补并重新利用许多年。如果一个巢为大风或暴风所摧毁，白头海雕通常会在原址或位于其领域内的旧巢附近的某个地方重建一个鸟巢。

白头海雕的卵为暗白色，无杂斑，其尺寸为 70 mm × 55 mm。在孵卵期，鸟巢中常衬以松针等垫材，这不但会使其中变得潮湿，还会弄脏鸟卵，因此越接近孵化期，鸟卵就越脏。

实际尺寸

目	鹰形目
科	鹰科
繁殖范围	欧洲西南部、非洲北部及赤道两侧、中东地区及亚洲南部
繁殖生境	干旱平原及低地森林，常靠近人类聚集地，包括大城市
巢的类型及巢址	由树枝、树叶及垃圾筑成，多见于崖壁或建筑之上
濒危等级	濒危，尽管分布范围广泛，但某些地区种群在近几十年下降了30%～75%
标本编号	FMNH 1255

成鸟体长	47～70 cm
孵卵期	42 天
窝卵数	2 枚

259

白兀鹫
Neophron percnopterus
Egyptian Vulture

Accipitriformes

窝卵数

　　白兀鹫白天常单独或成对活动，但到了夜晚，它们则会集群在树上或房顶上夜宿。白兀鹫偶尔会在由树棍搭建成的鸟巢或在翻修过的鹰巢中繁殖。一只雌鸟与两只雄鸟交配的情况也偶有发生，这两只雄鸟会共同照顾这一个巢中的雏鸟。大型哺乳动物数量的减少，以及迅速移除动物尸体的现代化管理方式，导致了原来唾手可得的腐肉资源在减少，进而导致了白兀鹫种群数量的急剧下降。

　　白兀鹫是最机智的鸟种之一，它们极具创新性，能够使用自然界中多种可获得的材料，特别是生活在人类聚集地附近的个体。例如，它们会将小石块从空中丢落，使其击中并砸开卵壳较一般鸟卵更厚的鸵鸟卵，以获得其中丰富的营养和能量。人们还曾见到白兀鹫嘴叼树枝，拔取绵羊后背的羊毛，它们会将这些羊毛带到鸟巢中，制作柔软的巢材衬里。

白兀鹫的卵为红黏土色，杂以红色、棕色或黑色斑点。卵的尺寸为65 mm×55 mm。雌雄双方会共同孵卵并照顾雏鸟。

实际尺寸

目	鹰形目
科	鹰科
繁殖范围	地中海地区、非洲北部及亚洲西南部
繁殖生境	开阔的山野，具陡峭的崖壁
巢的类型及巢址	地面巢，筑于岩石或崖壁之上
濒危等级	无危
标本编号	FMNH 1315

成鸟体长
95～105 cm

孵卵期
50～58 天

窝卵数
1 枚

260

西域兀鹫
Gyps fulvus
Eurasian Griffon

Accipitriformes

西域兀鹫的卵为灰白色，杂以棕红色斑点。卵的尺寸为 91 mm×71 mm。在野外，卵成功孵化的概率仅为 35%，但出于保育目的而由人工饲养的西域兀鹫，卵的孵化率却高达 90%。

西域兀鹫集群繁殖，每个繁殖群中有 15 ～ 20 个繁殖对。雌雄双方共同分担繁殖的重任，它们会一起筑巢、孵卵并照顾幼鸟。在缺少崖壁或洞穴的地区，西域兀鹫会抢占其他小型猛禽的巢，并在其中产卵，养育雏鸟。这种体型巨大而力大无比的兀鹫是食腐的专家，它们从不会捕捉或取食活着的猎物。一些兀鹫分布于严重污染的地区，无论是成鸟还是雏鸟，其健康都受到了间接的威胁。具体来说，就是在吃了被猎杀的尸体之后，重金属便会在其体内累积。

尽管在欧洲南部西域兀鹫栖息地，特别是在其巢址周围，人们开展了一些保护措施，但政府决定清理田野中牛羊的尸体，以减少疯牛病传播，此举措还是严重影响了西域兀鹫的食物来源。现如今，保护管理者经常在西域兀鹫繁殖地附近的"聚餐地"为它们提供食物，以弥补食物的不足。

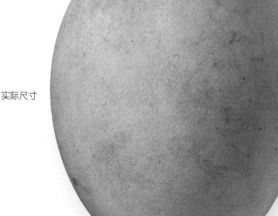

实际尺寸

目	鹰形目
科	鹰科
繁殖范围	欧洲山地地区，亚洲中部从西至东的区域
繁殖生境	高山森林，开阔草原及牧场
巢的类型及巢址	盘状巢，筑于树木或崖壁之上
濒危等级	近危
标本编号	FMNH 1250

秃鹫
Aegypius monachus
Cinereous Vulture

Accipitriformes

成鸟体长
98～120 cm
孵卵期
50～56 天
窝卵数
1 枚

261

秃鹫的繁殖率看起来很低，它们每年仅产 1 枚卵，偶产 2 枚，但雏鸟的出飞率却高达 50%。从鸟卵被产下到雏鸟出飞，要经历半年的时间，在此期间，需要亲鸟双方共同的照顾。可获得的大型哺乳动物尸体越来越少，以及高海拔山地栖息地其他方面的变化，都已经引起了人们对于秃鹫保护的关注。由于秃鹫成鸟数量在不断减少，因此秃鹫的保护需要借助于人工繁殖，之后在秃鹫灭绝的地方将其重新引入。

秃鹫是旧大陆现生猛禽中体型最大者，其体型仅次于新大陆的美洲神鹰。生物学家通常认为，对于那些亲缘关系较近且分布广泛的类群，体型较大的物种常分布于远离赤道的地区，这被称为贝格曼定律（Bergmann's Rule）。秃鹫的分布也符合这一定律，这一物种不但是分布于旧大陆的所有种秃鹫中体型最大者，同时也是分布边界最靠北者。

秃鹫的卵为黄白色，杂以紫红色斑点。卵的尺寸为 90 mm × 70 mm。秃鹫卵的孵化成功率高达 90%，这在所有鸟类中几乎都是最高的。

实际尺寸

目	鹰形目
科	鹰科
繁殖范围	欧洲温带地区，亚洲中西部及南部
繁殖生境	开阔的农田，干旱落叶灌丛及半荒漠地区
巢的类型及巢址	盘状巢，由树棍筑成，垫以树叶，多见于树上
濒危等级	无危
标本编号	FMNH 20866

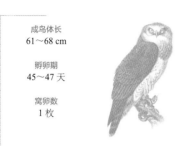

成鸟体长
61～68 cm

孵卵期
45～47 天

窝卵数
1 枚

262

短趾雕
Circaetus gallicus
Short-toed Snake Eagle
Accipitriformes

短趾雕的卵为白色，无杂斑。卵的尺寸为 71 mm×57 mm。雌鸟独自孵卵，而雄鸟则负责向雌鸟递喂食物，包括蛇及蜥蜴。

对于短趾雕来说，从出生到开始繁殖是一个缓慢而长期的过程，从破壳而出到达到性成熟并开始筑巢，需要花费 5 年的时间。虽然"繁殖对"通常每年都会返回同一片森林繁殖，但它们却不总是利用去年的旧巢。鸟卵孵化之后，雏鸟需要亲鸟双方共同照顾，并为其提供食物，直到两个多月后雏鸟羽翼丰满之时。

短趾雕是捕猎的能手，它们主要以爬行动物为食，但有时也会取食小型哺乳动物、鸟类及大型昆虫。当抓到一条活着的大蛇时，它们或许会在空中纠缠一阵，直到短趾雕狠狠地咬其一口，将猎物击毙。现代化的农耕方式，以及爬行动物总体数量减少，导致了顶级捕食者偏爱食物在减少，进而导致短趾雕种群数量的下降。

实际尺寸

目	鹰形目
科	鹰科
繁殖范围	欧洲温带地区、北非及亚洲中部
繁殖生境	沼泽及其他湿地
巢的类型及巢址	地面巢，由树枝、芦苇及草叶筑成，多见于苇丛河床上
濒危等级	无危
标本编号	FMNH 2454

白头鹞
Circus aeruginosus
Eurasian Marsh-Harrier

Accipitriformes

成鸟体长
42～56 cm
孵卵期
31～38 天
窝卵数
3～8 枚

263

白头鹞是湿地中常见的鸟类，常常能在开阔的水面和苇丛附近见到它们低飞。白头鹞以多种水生生物，例如鱼、蛙和水鸟为食，其食谱还包括生病的鸻鹬类以及无助的雏鸟。白头鹞会用其利爪从容不迫地抓住猎物，并将其带到相对干燥的地点处理、享用。在繁殖季，雌鸟和雏鸟的食物大多由雄鸟供给，雌雄双方会在鸟巢附近相会，并在半空中交接食物。

在繁殖季，白头鹞具有领域性，它们会驱赶其他接近巢址的白头鹞，直到其离开。而在其他时间里，白头鹞则会集成 5 ～ 20 只松散的小群夜宿，或在沼泽中寻找食物。

窝卵数

白头鹞的卵为白色，略带蓝色或绿色，有些还杂以深色斑点。卵的尺寸为 51 mm×40 mm。卵间隔 2 ～ 5 天产下，因此雏鸟会间隔着连续孵出。

实际尺寸

目	鹰形目
科	鹰科
繁殖范围	北美洲温带地区
繁殖生境	森林，城市和郊区的林地
巢的类型及巢址	由树棍和树枝筑成，多见于密林的林冠层
濒危等级	无危
标本编号	FMNH 6294

成鸟体长
37～39 cm

孵卵期
30～36 天

窝卵数
3～4 枚

264

库氏鹰
Accipiter cooperii
Cooper's Hawk
Accipitriformes

窝卵数

库氏鹰的繁殖地由雄鸟保卫，它会负责抵御竞争者和闯入者。雄鸟与雌鸟会在树冠之上上下翻飞，从而建立配偶关系。确立配偶关系后，雄鸟会通过仪式化的喂食行为，即将那些清除掉皮毛的小型猎物递喂给雌鸟，并以此来巩固配偶关系。筑巢的工作主要由雄鸟完成，通常是修补现有的旧巢或在旧巢旁的大树上搭建新巢。之后，包括孵卵在内的繁殖任务将主要由雌鸟负责，它还会将猎物撕成适口的小块喂养刚孵化的雏鸟。

库氏鹰是捕鸟达人，它们通常不捕捉体型较小的鸣禽或昆虫，而是去捕捉像啄木鸟或鸽子等一些体型较大的猎物，它们会在半空中抓捕猎物，或对那些站在树枝上的猎物发起进攻。在一些近郊或城市中，库氏鹰是常见的鸟种，它们经常捕捉那些活动于鸟类喂食器周围的鸟类。

实际尺寸

库氏鹰的卵为淡蓝色至蓝灰色，卵的尺寸为 47 mm × 37 mm。为了保持巢及卵的清洁，雌鸟排便时会暂时离开鸟巢，这一过程将在附近的树枝上完成。

目	鹰形目
科	鹰科
繁殖范围	北美洲、中美洲及加勒比地区
繁殖生境	林冠层封闭的密林
巢的类型及巢址	盘状巢，由树枝和细枝筑成，多见于接近针叶树顶部处
濒危等级	无危
标本编号	FMNH 15609

成鸟体长
24～34 cm

孵卵期
30～35 天

窝卵数
3～8 枚

265

纹腹鹰
Accipiter striatus
Sharp-shinned Hawk

Accipitriformes

纹腹鹰雌雄双方会共同收集包括粗树枝、细树枝和树皮等在内的巢材，而鸟巢的搭建将由雌鸟负责。同大多数猛禽一样，纹腹鹰雌鸟的体型也较雄鸟要大上三分之一。雌鸟会捕捉体型较大的猎物，雏鸟也将吃到丰富多样的食物。在雏鸟刚刚孵化的一段时间里，雌鸟终日与其相依，而雄鸟则会提供小型鸟类作为食物；而随着雏鸟日渐长大，雌鸟也会离开它们，同雄鸟一起寻找更大的猎物。

纹腹鹰是北美洲体型最小的鹰，它们会捕捉站在树枝上或交错生境中的小鸟。纹腹鹰一般在茂密的树林中筑巢，但在春季和秋季，则可以在山脊或其他开阔的地区看到这种鸟沿着南北方向大群迁徙的盛况。

窝卵数

纹腹鹰的卵为淡蓝色，杂以棕色至紫色斑点。卵的尺寸为 38 mm × 30 mm。巢无明显巢杯，鸟卵会在巢中滚动，有时甚至会从巢中跌落。

实际尺寸

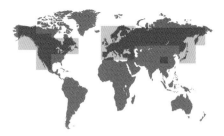

目	鹰形目
科	鹰科
繁殖范围	欧亚大陆及北美洲的温带及亚北极地区
繁殖生境	落叶林或针叶林
巢的类型及巢址	大型碗状巢，垫以树皮及树叶，多见于树木高处
濒危等级	无危
标本编号	FMNH 15274

成鸟体长
51～65 cm

孵卵期
39～42 天

窝卵数
2～4 枚

266

苍鹰
Accipiter gentilis
Northern Goshawk
Accipitriformes

窝卵数

作为一种体型较大而身手敏捷的猛禽，苍鹰不但可以捕食鸟类，还可以捕捉松鼠等其他栖居于密林中的哺乳动物。食物的多样化对于繁殖的成功来讲是必不可少的。鸟巢筑好后，雌鸟负责孵卵并照顾雏鸟，而雄鸟则负责为雌鸟和它们的下一代持续地提供多样化的食物。如在短时间内连续捕捉到两个或多个猎物时，苍鹰或许会将猎物放在大树杈的树叶下藏上一两天，之后再将它们饲喂给雏鸟。

在传统的训鹰文化中，苍鹰被认为是"库克之鸟"（Cook's Bird）。隼通常在开阔的生境中捕食，但与隼不同的是，苍鹰的翅膀较为短圆，这使得它们可以在更多种生境中捕捉体型更大的鸟类和哺乳动物，从而能吃到更多种类的食物。

苍鹰的卵为蓝白色，其尺寸为 58 mm × 45 mm。雌雄双方都会奋力保卫鸟巢，抵御浣熊等能够轻易爬上树的哺乳动物捕食者的进攻。

实际尺寸

目	鹰形目
科	鹰科
繁殖范围	北美洲、中美洲、南美洲及加勒比地区的热带及亚热带沿海地区
繁殖生境	沿河地区及海边的林地中，包括红树林
巢的类型及巢址	盘状巢，由树枝和细枝筑成，多见于林冠层
濒危等级	无危
标本编号	FMNH 1310

成鸟体长	43～56 cm
孵卵期	38 天
窝卵数	1～3 枚

267

黑鸡鵟
buteogallus anthracinus
common black-hawk

accipitriformes

黑鸡鵟的繁殖需要大量的投入。黑鸡鵟的巢通常筑在静水或流水附近。雌雄双方会在半空中上下翻飞，并借此建立稳固的配偶关系，这种关系可以持续终生。黑鸡鵟雌雄双方会共同收集包括树枝及槲寄生类植物的藤等植物作为巢材。雌雄双方每天最多交配四次，以保证卵能成功受精。与绝大多数猛禽不同的是，黑鸡鵟雌雄双方都会参与孵卵这一过程，它们还会共同分担育雏的重任。

黑鸡鵟是一种适应能力较强的鸟类，无论是在海边、林地、开阔草地，还是城市中的垃圾场附近，都能见到它们的踪影。黑鸡鵟是机会主义捕食者，它们也会捕捉加勒比海沿岸的陆蟹，并将其带回位于树林里的巢中喂养雏鸟。

窝卵数

黑鸡鵟的卵为灰白色，杂以棕色斑点。卵的尺寸为 58 mm×45 mm。体量巨大的鸟巢可以很好地保护鸟卵，这些鸟巢常被重复利用，而且会被添以新的巢材。

实际尺寸

目	鹰形目
科	鹰科
繁殖范围	零散地分布于北美洲南部、中美洲及南美洲
繁殖生境	荒漠灌丛，包括沙漠城市、干旱草原及稀树草原
巢的类型及巢址	盘状巢，由树枝和细枝筑成，垫以柔软的苔藓，多见于树上
濒危等级	无危
标本编号	FMNH 6348

成鸟体长
46～59 cm

孵卵期
31～36 天

窝卵数
2～4 枚

268

栗翅鹰
Parabuteo unicinctus
Harris's Hawk

Accipitriformes

窝卵数

栗翅鹰是一种集群繁殖的鸟类。在某些地区（例如美国得克萨斯州），其雌雄比例接近 1:1。一对栗翅鹰在捕食时能得到其他成年个体的帮助。栗翅鹰不允许这些帮手接近卵或雏鸟，但可以接受帮手饲喂离巢的幼鸟。在其他一些地区（例如美国亚利桑那州），栗翅鹰的性比偏雄，一只雌鸟会拥有 2 个或多个雄性配偶，形成一雌多雄制，雄鸟不但为鸟卵受精，还要协助雌鸟筑巢、孵卵并喂养后代。

栗翅鹰具有复杂的社会等级关系，它们也是所有在北美洲有分布的鸟类中，唯一一种懂得集群捕猎的猛禽。它们会集成 2 ～ 7 只的小群，惊起并捕捉猎物，或由群体中的不同个体接力追击猎物，直到猎物束手就擒。在栗翅鹰群体中，占据主导地位的通常是体型最大的雌鸟。

实际尺寸

栗翅鹰的卵为白色，略具淡蓝色，杂以或棕或灰的斑点。卵的尺寸为 53 mm×42 mm。雌鸟全年均可繁殖，在食物充足的年份里，甚至可以繁殖 3 ～ 4 窝，且每窝都能达到满窝卵。

目	鹰形目
科	鹰科
繁殖范围	北美洲东部及加利福尼亚
繁殖生境	落叶林，河边树林及林间湿地
巢的类型及巢址	盘状巢，由树枝筑成，多见于树木高处的分叉处
濒危等级	无危
标本编号	FMNH 326

赤肩鵟
Buteo lineatus
Red-shouldered Hawk
Accipitriformes

成鸟体长	43~61 cm
孵卵期	28~33 天
窝卵数	2~4 枚

269

对于赤肩鵟来说，修筑鸟巢是一个长期的工程，雌雄双方每年都会返回旧巢，并为其添枝加叶，年复一年。曾有一个赤肩鵟的巢被记录到连续使用了 16 年。如何找到一个正在被赤肩鵟利用的巢呢？最简单的办法是找到一棵附近地面上有"粉刷"痕迹的大树。在漫长的繁殖季中，赤肩鵟成鸟和年龄稍大一些的雏鸟会将粪便喷射至巢外，以保持巢内的清洁。

通常情况下，赤肩鵟会将巢筑于茂密的森林中，且附近常有池塘或河流，它们在那里可以捕捉啮齿动物、爬行动物或两栖动物。而最近这些年，赤肩鵟呈现出一种缓慢却稳定地与人类分享领域的趋势，这种情况常见于市郊的小块林地中，而它们的巢就筑在居民的后院或城镇的公园中。这些在人类周围生活的赤肩鵟，逐渐变得能够适应车水马龙和来往行人的干扰。

窝卵数

赤肩鵟的卵为棕色至淡紫色，杂以深棕色斑点。卵的尺寸为 55 mm × 44 mm。巢常筑在树冠层中，因此鸟卵十分容易受到猫头鹰或乌鸦的捕食。

实际尺寸

目	鹰形目
科	鹰科
繁殖范围	北美洲东部及中部的温带地区，加勒比地区
繁殖生境	大面积的落叶林或针阔混交林
巢的类型及巢址	大型碗状巢，垫以树皮，装饰以绿植及树叶，巢筑于树上
濒危等级	无危
标本编号	FMNH 6674

成鸟体长
34～44 cm

孵卵期
28～31 天

窝卵数
2～3 枚

270

巨翅鵟
Buteo platypterus
Broad-winged Hawk

Accipitriformes

窝卵数

巨翅鵟的卵为白色，略具蓝色，杂以棕色斑点。卵的尺寸为 49 mm × 39 mm。年轻的成年个体，无论雌雄，都会扩散离开出生地，大多数雌鸟在 2 岁时便可首次产卵。

在北美洲，有 5 种猛禽会在冬季到来时全部离开夏季的繁殖地，巨翅鵟便是其中之一，它们在冬季会迁徙至南美洲，并在热带雨林中生活。在春季和秋季，常常能见到集大群迁徙的巨翅鵟。卫星跟踪研究表明，它们每天能够飞行 100 ～ 200 km。在越冬地，巨翅鵟一般四散至亚马孙雨林的各处活动。

当巨翅鵟重返位于北方的繁殖地时，它们对倾向选择的那种茂密而广阔的繁殖地还留有印象。在这里，一对巨翅鵟会攻击并驱赶闯入领域的其他巨翅鵟。雄鸟通过飞行表演和鸣声展示来吸引雌鸟。孵卵的任务由雌鸟独自完成，而雄鸟则为雌鸟和雏鸟提供小型哺乳动物或爬行动物等作为食物。巨翅鵟很少会利用自己的旧巢，而通常是翻新现成的乌鸦巢或其他鹰的巢，并在其中产卵。

实际尺寸

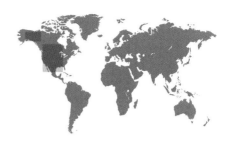

目	鹰形目
科	鹰科
繁殖范围	北美洲北部、中部及西部
繁殖生境	开阔的草原上具小片树林及沿河林地
巢的类型及巢址	碗状巢，由树棍筑成，垫以树叶、杂草、苔藓及羊毛，鸟巢多见于树林中孤立的树木之上
濒危等级	无危
标本编号	FMNH 6616

斯氏鵟
Buteo swainsoni
Swainson's Hawk

Accipitriformes

成鸟体长
48～51 cm

孵卵期
34～35 天

窝卵数
2～3 枚

271

窝卵数

　　斯氏鵟是一种高度社会化的鸟类，在一年中的大多数时间里它们都会集大群活动，就连迁往和迁离位于南美洲潘帕斯草原的越冬地的旅途中也是如此。当返回繁殖地时，许多斯氏鵟，特别是年轻的个体，不会选择繁殖，而是会继续在成百只的群体中活动，并与这些个体在开阔地区活动、夜宿。

　　与之相对的是，繁殖的斯氏鵟会保卫领域及巢址，防止同种鸟类的进犯。当适宜栖息地数量有限时，保卫领域的行为会缩小至鸟巢周围的区域，这些鸟也会飞行数十千米去寻找食物丰富的地点。大多数斯氏鵟都为一夫一妻制，少数为一妻多夫制，即一只雌鸟与2只或多只雄鸟交配，并与它们共同喂养雏鸟。

斯氏鵟的卵为污白色，杂以或深或浅的棕色斑点。卵的尺寸为57 mm×44 mm。在一天当中的大多数时间里，鸟卵都由雌鸟独自孵化，只有当雌鸟外出觅食或伸展翅膀的时候，雄鸟才会接替孵卵的重任。

实际尺寸

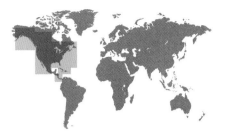

目	鹰形目
科	鹰科
繁殖范围	北美洲、中美洲及加勒比地区
繁殖生境	开阔的地区，包括草原、半荒漠地区、农田及城市公园
巢的类型及巢址	盘状巢，由树棍筑成，垫以树叶及树皮，多见于高高的树冠层上、悬崖峭壁或建筑物的突出处
濒危等级	无危
标本编号	FMNH 6420

成鸟体长
45～65 cm

孵卵期
28～35 天

窝卵数
2～3 枚

272

红尾鵟
Buteo jamaicensis
Red-tailed Hawk
Accipitriformes

窝卵数

红尾鵟是北美洲最常见的猛禽。曾经的配偶会在繁殖季双双返回上一年的繁殖地，并通过婚飞这一行为来确认彼此的身份。在此过程中，它们会绕圈飞行，高速追逐，并抓住对方的双脚爪急速俯冲。红尾鵟通常会快速修整旧巢，这样可以尽早产卵繁殖，而不会花费一周的时间来搭建新的鸟巢。在繁殖季，雌雄双方合作捕食，这样将有助于提高觅食成功率。

红尾鵟对城市和乡村的环境都很熟悉，对纽约中央公园也是如此。在茂密的树林中，常能清楚地听到它们尖锐的鸣叫，这些鸣声常常被好莱坞当作惊悚的野生动物叫声放置在电影中，但红尾鵟的形象却不会出现在大银幕上。这种猛禽很好地适应了城市生活，它们的食物也从地栖性的家鼠及田鼠等啮齿动物，转变为那些在城市中出没且行动缓慢的松鼠和鸽子。

红尾鵟的卵为黄褐色，杂以棕色斑点。卵的尺寸为 56 mm × 47 mm。雌鸟在孵卵期间，依赖雄鸟喂以食物，即使过了繁殖季，雌雄双方通常也会一起活动，这样可以提高繁殖成功率。

实际尺寸

目	鹰形目
科	鹰科
繁殖范围	欧亚大陆及北美洲的北极及亚北极地区
繁殖生境	接近森林的开阔苔原或草地
巢的类型及巢址	大型碗状巢，由树棍筑成，垫以草叶及羽毛，多见于峭壁或树木之上
濒危等级	无危
标本编号	FMNH 6721

毛脚鵟
Buteo lagopus
Rough-legged Hawk

Accipitriformes

成鸟体长
47～52 cm

孵卵期
31～37 天

窝卵数
3～5 枚

273

与其他猛禽相比，繁殖季的毛脚鵟对同种其他个体的防御性更弱。当前一年的配偶双方都返回繁殖地时，它们将重建一夫一妻的配偶制度，并在高高的崖壁上修筑新巢。毛脚鵟的觅食区域通常以巢为中心，其半径的大小则由猎物的密度及可获得性决定。

与隼和鸢相似之处在于：毛脚鵟也是开阔生境中捕食的能手，同时这种鸟也是少数能够在半空中悬停寻找猎物的猛禽。所有毛脚鵟都是迁徙性鸟类，它们在冬天离开位于北极圈或亚北极地区的繁殖地，迁徙到北美洲及欧洲中部的地区越冬。

窝卵数

毛脚鵟的卵为污白色，杂以棕色斑点。卵的尺寸为56 mm×45 mm。卵由雌鸟独自孵化，而雄鸟负责饲喂雌鸟并保卫巢域，以避免矛隼及北贼鸥（详见184页）等潜在捕食者的接近。

实际尺寸

目	鹰形目
科	鹰科
繁殖范围	北美洲、欧亚大陆及北非的温带及亚北极地区
繁殖生境	草原、苔原及其他潮湿而开阔的生境
巢的类型及巢址	大型鸟巢，由树棍筑成，垫以树叶及苔藓，多见于树木或崖壁之上，偶尔筑于建筑物上
濒危等级	无危
标本编号	FMNH 14933

成鸟体长
70～84 cm

孵卵期
40～45 天

窝卵数
2～3 枚

274

金雕
Aquila chrysaetos
Golden Eagle

Accipitriformes

窝卵数

金雕长期的配偶关系与合作行为有助于提高繁殖成功率。金雕拥有广阔的领域范围，它们在其中繁殖和觅食，而不允许同种其他个体进入领域，这样可以保证领域内具有充足的食物资源。金雕的巢体量巨大，配偶会双双返回并重新利用去年的旧巢，并年复一年地将其扩建。金雕体型巨大，它们没有天敌，因此无须隐藏巢或卵。

金雕是体型最大的猛禽之一，广泛分布于北半球，以鸟类及在地面活动的大型哺乳动物或腐肉为食。有时，雌雄双方还合作捕猎，其中一方吸引猎物的注意力，另一方则从其他方向抓捕猎物。

实际尺寸

金雕的卵为乳白色，杂以浅黄褐色至棕色的斑点。卵的尺寸为75 mm×58 mm。鸟巢位于较高的位置，这使得孵卵的雌鸟可以坐拥更好的视野，有助于及时发现闯入领域的入侵者。

目	鹰形目
科	鹰科
繁殖范围	非洲北部及南部、亚洲中部、欧洲南部及东部
繁殖生境	林间空地及干旱灌丛
巢的类型及巢址	大型盘状巢，由树枝筑成，垫以树叶，多见于树木之上，少数情况下筑于崖壁之上
濒危等级	无危
标本编号	FMNH 1286

靴隼雕
Hieraaetus pennatus
Booted Eagle

Accipitriformes

成鸟体长	42～53 cm
孵卵期	37～40 天
窝卵数	1～3 枚

275

在繁殖季，靴隼雕雌鸟和雄鸟彼此之间会花费大量的时间用于炫目的炫耀飞翔——雌雄双方面对面，紧握脚爪，沿竖直方向绕圈飞行，飞到顶点后自由下落。在建立起配偶关系后，双方会搭建一个新巢，或者修补旧巢，而这些旧巢通常是其他猛禽的旧巢。雌鸟将承担大部分孵卵工作，而雄鸟则会在此期间猎捕昆虫、鸟类或小型哺乳动物饲喂雌鸟。

靴隼雕是一种体小而健壮的猛禽，这种鸟的体羽具多种色型，但色型的差异却并非出现在不同的性别或不同的亚种之间，而是出现在同域分布的不同个体之间。大多数靴隼雕体羽为深棕色，少数为淡灰色。类似这样体羽颜色的差异在很多鸟类中都有出现，包括一些其他种类的猛禽。

窝卵数

靴隼雕的卵为黄褐色，杂以深色斑点。卵的尺寸为 56 mm × 45 mm。尽管卵为异步孵化，但如果窝卵数大于 1 的话，一般每只雏鸟也都能够成活至出飞。

实际尺寸

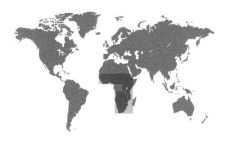

目	鹰形目
科	蛇鹫科
繁殖范围	撒哈拉以南的非洲
繁殖生境	开阔的草地及稀树草原
巢的类型及巢址	大型鸟巢，由树枝、细枝、草叶、动物毛发及粪便筑成，多见于树木之上
濒危等级	易危
标本编号	FMNH 1094

成鸟体长
120～150 cm

孵卵期
45 天

窝卵数
2～3 枚

276

蛇鹫
Sagittarius serpentarius
Secretary-bird
accipitriformes

窝卵数

　　蛇鹫亦称鹫鹰，其巢常筑于高大的合欢树顶部，雌雄双方在繁殖季内将不断地为爱巢添枝扩建。孵卵主要由雌鸟负责，但育雏的过程双方都会参与，亲鸟会反刍出半消化的昆虫和小型脊椎动物来喂养雏鸟。出飞的幼鸟将从亲鸟那里学来用双脚捕捉猎物的技能，一旦它们习得这项本领，它们将离开父母，在自己的领域中独自生活。

　　同凤头巨隼（详见 277 页）一样，蛇鹫也是少数步行寻找猎物的猛禽，它们的食物包括啮齿类、鸟类、爬行动物，甚至是毒蛇。蛇鹫配偶双方一天中的大部分时间都会一起迈着长腿在领域内踱步，用双脚"打草惊蛇"，并用喙啄取猎物。而到了夜晚，雌雄双方则在高大的树木上夜宿，以躲避那些活动于稀树草原之夜的捕食者。

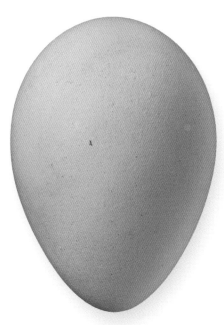

蛇鹫的卵为淡绿色至橄榄色，其尺寸为 79 mm × 56 mm。在长时间的孵卵过程中，卵壳会逐渐变脏。雏鸟的孵化顺序与鸟卵产下的顺序有关。

实际尺寸

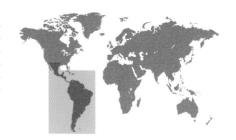

目	隼形目
科	隼科
繁殖范围	北美洲南部、中美洲、古巴及南美洲北部
繁殖生境	开阔的草原、灌丛、种植园及沿海森林
巢的类型及巢址	碗状巢，由藤蔓及树枝筑成，多见于灌丛或棕榈树之上
濒危等级	无危
标本编号	FMNH 6994

成鸟体长	49～58 cm
孵卵期	28～32 天
窝卵数	1～4 枚

277

凤头巨隼
Caracara cheriway
Crested Caracara

Falconiformes

凤头巨隼亦称凤头卡拉鹰，这种鸟全年都会保卫领域。在繁殖季，其领域面积较小，主要集中在巢址周围。适宜栖息地常被多对凤头巨隼密集占领，它们会用飞行的方式来宣誓领域，以阻止那些企图侵占领域进行繁殖的其他个体。但有一种情况例外，年轻的、不参与繁殖的个体，会跟随那些年长的、参与繁殖的个体而不会被驱赶，如果年长个体配偶之间，有一方或双方死亡，或离开这一区域，年轻的个体或许最终就能从它们那里继承这片领域。

尽管凤头巨隼与隼有着较近的亲缘关系，但它们的行为却更像是秃鹫或鹰。当它们寻找地面上的猎物时，凤头巨隼会放缓飞行速度并仔细搜索，而并非以速度取胜。实际上，凤头巨隼常步行寻找猎物，通常以腐肉或移动能力较弱的动物为食，包括生病的鸟类、哺乳动物，或无助的动物幼体。

凤头巨隼的卵为褐色，杂以深色斑点。卵的尺寸为、59 mm × 47 mm。雌雄双方会共同修筑鸟巢并轮流孵化鸟卵。

窝卵数

实际尺寸

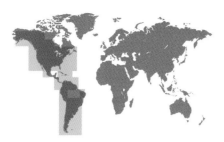

目	隼形目
科	隼科
繁殖范围	北美洲大多数温带地区
繁殖生境	开阔地区，包括草原、半荒漠及农田，亦包括城市
巢的类型及巢址	洞巢，多见于树洞、崖洞、人工巢箱中及建筑物上
濒危等级	无危
标本编号	FMNH 15844

成鸟体长
22～31 cm

孵卵期
28～35 天

窝卵数
3～7 枚

278

美洲隼
Falco sparverius
American Kestrel
Falconiformes

窝卵数

美洲隼的卵为白色至乳白色，杂以棕色或灰色斑点。卵的尺寸为 35 mm × 28 mm。如果按照卵与雌鸟体型之比来计算的话，美洲隼的卵要比其他鸟卵大上 10%。

美洲隼是北美洲体型最小的猛禽，它们以昆虫为主食，兼食小型鸟类和哺乳动物。与此同时，美洲隼还是体型更大的鹰或隼的食物。美洲隼雌鸟较雄鸟体型更大，且更具侵略性。冬季，雌鸟会占据面积更大、质量更优的栖息地；而处于从属地位的雄鸟则只能栖居于林间，但这里的环境却不利于隼施展它们常用的悬停、定位和捕食的技巧。

美洲隼的卵即产即孵，这会导致雏鸟的年龄和体型大小存在等级上的差别。最后产下的卵中会含有更多的睾酮，通过调节激素含量的差异，雌鸟可以依窝卵数、卵序及食物的差别来调整胚胎及雏鸟生长速率。处于孵卵及育雏期的雌鸟会将液态的排泄物及粪便喷射到洞巢的内壁之上。随着雏鸟长大，鸟巢的气味将变得愈发难闻。这难闻的气味中还混杂着亲鸟带回巢中饲喂雏鸟的昆虫和哺乳动物的气味。

实际尺寸

目	隼形目
科	隼科
繁殖范围	地中海岛屿及加那利群岛
繁殖生境	面朝大海的悬崖峭壁
巢的类型及巢址	卵直接产于崖壁裸露的岩石之上，常集群繁殖
濒危等级	无危，部分种群易危
标本编号	FMNH 18856

艾氏隼
Falco eleonorae
Eleonora's Falcon

Falconiformes

成鸟体长	36～42 cm
孵卵期	30～33 天
窝卵数	2～3 枚

279

艾氏隼对它所处的栖息地十分了解，同时它们也是觅食的能手，这些将共同影响这种鸟的繁殖成效。在一年中的大多数时间里，这种鸟都以蜻蜓等飞行的大型昆虫为食。艾氏隼能够在半空中用利爪抓捕猎物，即使不降落到地面，它们也能将猎物送入口中。在繁殖季，即夏末秋初，艾氏隼的主要食物将转变成迁徙的鸣禽，这些鸣禽在欧洲繁殖，迁徙途经地中海而在非洲越冬。作为食物，数以百万计的鸣禽将为艾氏隼提供成功养育后代所需的足够的食物。

艾氏隼集群繁殖于竖直的崖壁之上，它们倾向于选择没有人类干扰的繁殖地，会远离灯塔及其他建筑。在全球全部野生的艾氏隼中，有超过 10% 的个体在希腊群岛中一个偏远的叫作蒂洛斯（Tilos）的小岛上繁殖，在这里繁殖的个体，极易受到人类及极端天气的影响。

窝卵数

艾氏隼的卵为棕红色，杂以密集的深色斑点。卵的尺寸为 42 mm × 34 mm。卵色依卵序而有所不同：首枚卵呈淡棕色，杂以较小的深色斑点；而最后产下的卵则为深棕色，钝端杂以大量细密的斑点。

实际尺寸

目	隼形目
科	隼科
繁殖范围	北美洲及欧亚大陆的温带及亚北极地区
繁殖生境	开阔的地区及灌丛至森林
巢的类型及巢址	抢占鸦科鸟类或鹰的巢，或将卵产于地面、崖壁或建筑物之上
濒危等级	无危
标本编号	FMNH 15840

成鸟体长
24～30 cm

孵卵期
28～32 天

窝卵数
4～5 枚

280

灰背隼
Falco columbarius
Merlin
Falconiformes

窝卵数

灰背隼又被称作鸽鹰（Pigeon Hawk），是一种广泛分布于北半球的隼。这种鸟具有一夫一妻的婚配制度，即一只雌鸟只与一只雄鸟形成配偶关系。灰背隼的巢址远离家猫及鼠等城市中常见的巢捕食者，这使得它们的后代能处于安全的环境中，因此大多数鸟卵能够顺利孵化，且大多数幼鸟也能够成功出飞。灰背隼的卵由雌鸟独自孵化，雄鸟则向雌鸟和雏鸟提供食物。能够成功熬过食物匮乏的冬季的亚成体则相对较少，通常只有约三分之一的亚成体能够挨到开始繁殖的时节。

大多数人是通过历史故事和文学作品认识灰背隼的。在中世纪的欧洲，这种适应能力较强的鸟是最常见的放鹰捕猎的主角。今天，灰背隼在其分布范围内受到了广泛的保护，它们能够成功适应并得益于城市及变化着的环境，无论是觅食还是繁殖都是如此。

实际尺寸

灰背隼的卵为棕红色，杂以栗色斑点。卵的尺寸为 40 mm × 32 mm。

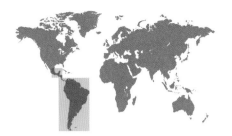

目	隼形目
科	隼科
繁殖范围	北美洲南部及南美洲
繁殖生境	稀树草原、草原及开阔地
巢的类型及巢址	抢占其他鸟类修筑与树上的鸟巢，由树枝筑成
濒危等级	无危，在得克萨斯州及墨西哥为濒危
标本编号	FMNH 15830

黄腹隼
Falco femoralis
Aplomado Falcon

Falconiformes

成鸟体长 38～45 cm
孵卵期 32 天
窝卵数 2～3 枚

281

无论是捕食还是繁殖，黄腹隼雌雄双方都会表现出紧密的配合。为了抓捕猎物，雌鸟会贴着灌丛低掠，以惊飞隐蔽于其中的小鸟；而雄鸟则紧随其后，伺机猛扑以抓捕猎物。黄腹隼倾向于将卵产于由其他鸟类搭建的巢中，对于由保护管理人员放置于适宜巢址处的巢，它们也不会拒绝。在繁殖季，雌雄双方不但需要填饱自己的肚子，每天还要频繁地回巢 20 ～ 30 次，以尽可能地养活每一只雏鸟。

黄腹隼的分布范围十分广泛，在南美洲和北美洲都能见到它们的身影，因此就全球范围来讲，其种群数量并未受到威胁。但在某些地区，特别是其分布范围靠北的地区，栖息地正发生着惊人的改变和退化，其食物也大幅减少。为减缓这一地区黄腹隼野生种群灭绝的风险，保护管理者正尝试着在人工条件下繁殖黄腹隼，并将年轻的个体野化放归。

窝卵数

黄腹隼的卵为白色至淡粉色，杂以深棕色斑点。卵的尺寸为 45 mm × 35 mm。

实际尺寸

目	隼形目
科	隼科
繁殖范围	全世界广布，分布于除南极洲外的所有大陆
繁殖生境	总体来讲，需要在悬崖或高大建筑之上筑巢，需要在开阔生境中捕猎、觅食
巢的类型及巢址	浅坑，无垫材，多见于崖壁或建筑物突出处
濒危等级	无危
标本编号	FMNH 6847

成鸟体长
41～51 cm

孵卵期
28～32 天

窝卵数
2～6 枚

282

游隼
Falco peregrinus
Peregrine Falcon

Falconiformes

窝卵数

游隼的卵为乳白色至黄褐色，杂以不规则的深棕红色斑点。卵呈椭圆形，无光泽，其尺寸为 51 mm × 44 mm。卵的孵化主要由雌鸟承担，而雄鸟则会给雌鸟喂食。

在 20 世纪 60 年代初期，北美洲和欧洲游隼的数量曾发生过一次灾难性的急剧下降。通过将那些繁殖失败的卵与收藏于博物馆中的标本进行比较，研究人员发现孵化失败的卵具有更薄的卵壳。追根溯源，人们发现了 DDT 是导致这一现象发生的根本原因。DDT 是一种长期有效的杀虫剂，它会经由食物链朝着更高的营养级传递，而最终聚集于猛禽等顶级捕食者体内。在雌鸟繁殖所需的大片土地内，广泛存在着 DDT，DDT 的次级产物会阻止卵壳形成过程中钙质的积累，这些薄卵壳的鸟卵在孵化过程中容易破碎。

那些分布于美国的游隼处境曾十分危险，但由于禁止使用 DDT 法案的实施，加之繁殖及重引入工作的进行，野生种群迅速恢复。最终，在濒危物种名录中，游隼被除名了。对游隼来讲，至关重要的一点是，它们有能力适应城市化，并能够将巢筑于高楼大厦之上。作为极速的飞行者，游隼俯冲追击猎物的时速最高可达 200 km，而它们的食物，也包括城市中的鸽子。

实际尺寸

目	隼形目
科	隼科
繁殖范围	北美洲西部
繁殖生境	干旱而开阔的草原及荒漠地区
巢的类型及巢址	浅坑，无垫材，筑于崖壁之上，偶尔抢占其他猛禽的巢
濒危等级	无危
标本编号	FMNH 15817

草原隼
Falco mexicanus
Prairie Falcon

Falconiformes

成鸟体长
37～47 cm

孵卵期
29～39 天

窝卵数
3～6 枚

283

在繁殖季，草原隼会将鸟巢筑于悬崖峭壁之上，并紧邻其他同样筑于崖壁之上的其他鸟种的巢，例如渡鸦的巢，但草原隼会对领域范围同种其他个体进行猛烈的反击。草原隼雌雄双方有着紧密的合作，雌鸟负责孵卵并照顾幼鸟，而雄鸟则负责向雌鸟及雏鸟递喂食物。在雏鸟孵出两周后，雌鸟将会离巢捕食，以供养日渐成长胃口逐渐增大的雏鸟。

草原隼是高效的猎手，它们是捕捉松鼠等啮齿动物的专家，它们还善于抓捕角百灵（详见 445 页）及西草地鹨（详见 610 页）等其他鸟类，也会捕食紫翅椋鸟（详见 515 页）等外来入侵物种，特别是在食物匮乏的冬季。草原隼常在贫瘠的栖息地繁殖，而此处常远离密集的农业生产活动，因此在20世纪中叶，它们的卵壳几乎没有受到DDT等农药的影响。今天，因为草原隼因捕食的大多是常见的鸟种，所以其种群数量呈现出上升的趋势。

窝卵数

实际尺寸

草原隼的卵为乳白色、粉色或棕红色，杂以棕色斑点。卵的尺寸为 52 mm × 40 mm。孵卵的过程始于第一枚鸟卵产下之时，因此卵为异步孵化。

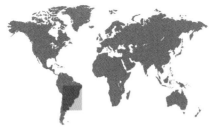

目	叫鹤目
科	叫鹤科
繁殖范围	南美洲南部
繁殖生境	有树木零星分布的低地草原及稀树草原
巢的类型及巢址	通常为地面巢，偶尔见于灌丛或树木之上，由树枝和树棍筑成，垫以叶片和泥
濒危等级	无危
标本编号	FMNH 14758

成鸟体长
75～90 cm

孵卵期
25～30 天

窝卵数
2～3 枚

284

红腿叫鹤
Cariama cristata
Red-legged Seriema
Cariamiformes

窝卵数

红腿叫鹤是鸟类中十分神秘的一个类群，它们的外貌与分布于非洲的蛇鹫（详见 276 页）十分相近，它那长长的腿和具钩的喙使其适于捕食蜥蜴、蛇及其他在地面上活动的陆生脊椎动物。每当夜幕降临，红腿叫鹤便会到树枝上夜宿；而当危险来临时，红腿叫鹤更倾向于跑着离开而不是飞行。它们的中趾是有力的武器，一般在与其他红腿叫鹤争夺领域时使用。

在求偶炫耀时，雄鸟会弯下长长的脖子并低下头，向雌鸟展示它头顶上醒目的羽毛。此时，雄鸟还会持续地鸣叫。这种吵闹的像犬吠一样的叫声使得红腿叫鹤为人所熟知，除了成年雌鸟和雄鸟之外，幼鸟也能够发出这种声音。在繁殖开始之前，雌雄双方都会参与筑巢，而收集树枝、搭建鸟巢这一过程最长可以持续一个月之久。

红腿叫鹤的卵为粉色至苍白色，杂以棕红色斑点。卵的尺寸为 63 mm × 48 mm。亲鸟双方都会参与孵卵及育雏，直到幼鸟能够跳离鸟巢至地面。但此时，距离它们能够飞行还有一段时间。

实际尺寸

目	鸨形目
科	鸨科
繁殖范围	欧洲中部及南部、非洲西北部及亚洲中部
繁殖生境	开阔的草原
巢的类型及巢址	地面浅坑，隐蔽于植被之中
濒危等级	易危
标本编号	FMNH 1688

成鸟体长
80～115 cm
孵卵期
21～28 天
窝卵数
1～3 枚

285

大鸨
Otis tarda
Great Bustard
Otidiformes

窝卵数

虽然其他某些鸟类看起来体型更大，但大鸨或许是现今生活在地球上所有能够飞行的鸟类中体重最大者，其重量可以达到 21kg。大鸨雌雄双方在羽毛颜色、体形大小及行为等方面均存在差异。雄鸟体形较大，并会在冬季与其他雄鸟进行打斗，以在繁殖季建立等级关系。雌鸟的行踪则相对隐秘，它们的体形更小，羽色也更偏土褐，这使得它们在孵卵期可以很好地伪装自己而不被发现。然而，农业活动，例如在孵卵期进行的割草和粮食收割，与该物种的繁殖成功率密切相关，这导致许多大鸨的繁殖在卵孵化之前就宣告失败了。

大鸨的雏鸟在孵出后不久便可离巢，并会在之后的一年时间里紧跟雌鸟一起活动。即使已经达到性成熟，大鸨仍然会再经过几年时间才逐渐有能力应对与其他雄鸟持续而耗费体力的争斗，并最终赢得雌鸟的芳心。在非繁殖季，这种体型较大而十分显眼的鸟类，会在开阔的草原上集群游荡。

大鸨的卵为橄榄色，具金属光泽，杂以细长的棕色斑点。卵的尺寸为 79 mm × 57 mm。卵由雌鸟独自孵化，它们对人类活动十分警觉。放牧活动对雌鸟的惊扰，以及牲畜对鸟巢直接的踩踏，都会导致大鸨繁殖失败。

实际尺寸

目	鸨形目
科	鸨科
繁殖范围	欧洲、非洲北部、亚洲西部及中部
繁殖生境	干旱草原、人类活动较少的农田
巢的类型及巢址	地面浅坑，隐蔽于植被之间
濒危等级	近危
标本编号	FMNH 21360

成鸟体长
42～45 cm

孵卵期
20～22 天

窝卵数
3～5 枚

286

小鸨
Tetrax tetrax
Little Bustard

Otidiformes

窝卵数

小鸨的卵为黄褐色至深橄榄绿色，杂以淡红色斑点。卵的尺寸为 55 mm×41 mm。鸟巢隐蔽于高草丛中，很少被人们发现，因此鸟卵只有在偶然的情况下才会被见到。

小鸨对栖息地十分挑剔，它们只在开阔的草原上活动。在其分布地内的大多数地区，由于农田面积的扩张，它们的种群数量都受到了威胁。对小鸨来说，开阔的环境是至关重要的，因为雄鸟会集成松散的小群进行求偶炫耀来吸引雌鸟，而炫耀展示在很大程度上依赖由雄鸟给出的视觉信号。在交配完成后，雌鸟将得不到雄鸟提供的任何帮助，它们将独自承担起筑巢及育雏的全部工作。

春季，雄性大鸨大部分时间都会用于选择并保卫炫耀场。年长的雄鸟将通过身体对抗占据主导地位，赢者将更靠近求偶场的中心。被吸引而来的雌鸟倾向于选择更年长的、占据主导地位的雄鸟。这种雄鸟聚集在一起炫耀展示比拼并吸引雌鸟的求偶模式，被称作炫耀场炫耀。这种行为在许多其他类群的鸟类中也能见到，例如鸡形目鸟类。

实际尺寸

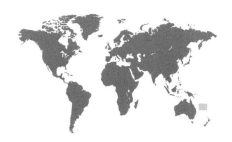

目	鹤形目
科	鹭鹤科
繁殖范围	新里利多尼亚
繁殖生境	茂密的森林及灌丛
巢的类型及巢址	地面刨坑，或垫以树枝及草叶
濒危等级	濒危
标本编号	WFVZ 155774

成鸟体长
51～55 cm
孵卵期
33～37 天
窝卵数
1 枚

287

鹭鹤
Rhynochetos jubatus
Kagu

Eurypygiformes

　　鹭鹤在解剖和行为上都十分独特，它们仅分布于西太平洋上一个叫作新里利多尼亚的岛上，它们生活在森林之中。岛上没有任何陆生哺乳动物，直到人类将鼠及家犬带到这里。鹭鹤适于在没有地面威胁的环境下生活，它们很少飞行，无论是觅食还是繁殖都在地面上。但不幸的是，鼠对卵的捕食以及家犬对成鸟的捕食，都已经导致了全岛范围内鹭鹤种群数量在下降。

　　鹭鹤配偶一整年都会保卫它们的领域，防止其他鹭鹤入侵，即使在非繁殖季也是如此，但雌雄双方或许会在不同的区域觅食。然而，在鸟卵孵化、幼鸟独立后，它们仍会在亲鸟的领域内活动。虽然这些年轻的鹭鹤不会作为帮手参与亲鸟下一年的繁殖，但它们会帮助亲鸟保卫领域，因此也是在间接地帮助亲鸟提高下一年的繁殖成功率。

鹭鹤的卵为棕灰色，杂以深色斑点。卵的尺寸为 63 mm × 47 mm。卵常隐蔽于大树基部或灌丛之下，亲鸟双方会轮流孵卵。

实际尺寸

目	沙鸡目
科	沙鸡科
繁殖范围	亚洲中部
繁殖生境	草原及半荒漠地区
巢的类型及巢址	地面刨坑，无垫材
濒危等级	无危
标本编号	FMNH 20891

成鸟体长
30～41 cm

孵卵期
22～27 天

窝卵数
2～3 枚

288

毛腿沙鸡
Syrrhaptes paradoxus
Pallas's Sandgrouse

Pterocliformes

毛腿沙鸡集群及繁殖行为与鸻鹬类及雉鸡十分相似，但解剖学及分子生物学研究表明，沙鸡独自隶属于一个单独的类群。尽管毛腿沙鸡在地面取食、繁殖，但长而窄的翅膀使得它们可以迅速地从鸟巢长距离飞行至最近的水源地。对于这些主要以干燥少水的豆科植物种子为食的鸟类来说，水分的摄入是至关重要的。

毛腿沙鸡通常栖居于干旱而开阔的中亚草原之中。近些年来，在爆发式扩散的作用下，毛腿沙鸡甚至能偶尔出现于远在西方的不列颠群岛之中。这种行为与原活动区范围内食物的短缺不无关系。一旦繁殖季结束，集群的成鸟及幼鸟便会慢慢地返回东部地区。

窝卵数

毛腿沙鸡的卵为乳白色至黄褐色，杂以深色斑点及斑纹。卵的尺寸为 42 mm × 30 mm。人们对于野生毛腿沙鸡知之甚少。在笼养条件下，卵仅由雌鸟孵化，雄鸟则守在一旁，但亲鸟双方都给雏鸟饲喂食物。

实际尺寸

目	沙鸡目
科	沙鸡科
繁殖范围	非洲北部、欧洲南部、亚洲西部及中部
繁殖生境	干旱而开阔的平原、矮草地
巢的类型及巢址	地面浅坑，无垫材
濒危等级	无危
标本编号	FMNH 1215

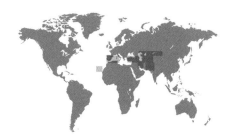

成鸟体长
33～39 cm

孵卵期
23～28 天

窝卵数
2～3 枚

289

黑腹沙鸡
Pterocles orientalis
Black-bellied Sandgrouse

Pterocliformes

窝卵数

只要地面上有少许植被，并能够遮掩本已具备伪装色的鸟卵，即使是在十分干旱的地区，黑腹沙鸡也能够成功繁殖。同其他沙鸡一样，对黑腹沙鸡这种以草籽和谷物为食的鸟类来讲，其巢址附近一般也会有开阔的水源地。黑腹沙鸡通常会在黎明、黄昏时分集群饮水，而水源地通常在巢址 30 ～ 50 km 之外。当养育雏鸟时，黑腹沙鸡往返于水源地与鸟巢之间的旅程是必不可少的。雄鸟通常会将胸前的羽毛在池塘或小溪中浸湿，然后返回鸟巢，让雏鸟饮用从这些羽毛上滴落的水。

黑腹沙鸡是一种分布广泛的鸟类。但在某些地区，特别是加那利群岛和西班牙，人类活动已经将许多天然的草地转变成农业用地，迫使黑腹沙鸡的种群数量经历了十分显著的下降。将野生黑腹沙鸡的卵人工孵化，或在动物园中建立人工种群，并将这些个体重新放归至野生环境中，这些项目已取得成功，并为保育黑腹沙鸡提供了多种可能。值得庆幸的是，在黑腹沙鸡分布范围内的多数地区，其种群仍保持着较为乐观的数量。

黑腹沙鸡的卵为乳黄色至淡绿色，杂以棕色线斑。卵的尺寸为 47 mm × 32 mm。亲鸟双方共同孵化鸟卵，但只有雄鸟会将水运回鸟巢供雏鸟饮用。

实际尺寸

目	鹦鹉目
科	凤头鹦鹉科
繁殖范围	澳大利亚，除中部沙漠，新几内亚及临近岛屿
繁殖生境	开阔的林地、灌丛及市郊公园，常临近河流及沟渠
巢的类型及巢址	树洞、岩洞或蚁塚，垫以木屑或泥土
濒危等级	无危
标本编号	FMNH 2885

成鸟体长
35～41 cm

孵卵期
25 天

窝卵数
2～4 枚

290

小凤头鹦鹉
Cacatua sanguinea
Little Corella
Psittaciformes

窝卵数

小凤头鹦鹉的卵具有典型鹦鹉卵的外观，卵呈白色，无杂斑。卵的尺寸为 39 mm×29 mm。亲鸟双方轮流孵卵并会共同喂养雏鸟。

尽管叫作小凤头鹦鹉，但这种凤头鹦鹉的体型却比较大，其体羽呈白色，在澳大利亚的大多数地区都可以见到它们的身影。随着农业灌溉水渠以及庄稼地的扩展，集群活动的小凤头鹦鹉已经变得十分常见了，这种鸟具有破坏性，它们会成群结队地涌向粮田，取食大量谷物并破坏庄稼。

小凤头鹦鹉配偶之间会集群繁殖，它们通常会在一棵具有许多树洞的大树上繁殖，每个繁殖对占据一个树洞。小凤头鹦鹉具有稳定的配偶关系，繁殖对双方每年都会返回同一个树洞繁殖。数枚鸟卵相隔几天产下，随产随孵，所以雏鸟会间隔着孵出。因此在鸟巢中，可以在同一时间见到日龄较大的雏鸟和尚未孵化的鸟卵。

实际尺寸

目	鹦鹉目
科	鹦鹉科
繁殖范围	澳大利亚
繁殖生境	干旱的森林、灌丛及草原
巢的类型及巢址	树洞、空篱笆桩、原木，以及建筑物的洞
濒危等级	无危
标本编号	FMNH 2877

成鸟体长	18～20 cm
孵卵期	18～21 天
窝卵数	4～6 枚

虎皮鹦鹉
Melopsittacus undulatus
Budgerigar

Psittaciformes

291

虎皮鹦鹉体型较小，被人工饲养已有超过 150 年的历史，它们是宠物店里最受买家青睐的一种鹦鹉。人们对笼养虎皮鹦鹉的繁殖了解颇多，但将这些经验推演至野生种群是否正确，却还没有得到验证。笼养虎皮鹦鹉与野生个体在行为和生理上均已存在差异，如体型大小，家养个体是野生个体的两倍大。

在繁殖期，雌鸟隔日产卵，它们也会独自孵化鸟卵，只有在排便、伸展和觅食时才会短暂地离开鸟巢。在孵卵期临近结束及雏鸟刚破壳而出时，雌鸟会一直待在巢中，并会守在洞口，等待雄鸟的饲喂，而雄鸟则会将食物种子及其他植物组织反刍给雌鸟。

窝卵数

实际尺寸

虎皮鹦鹉的卵为珍珠白色，无杂斑。卵的尺寸为 18 mm × 15 mm。在孵卵期，雌鸟会将雄鸟逐出鸟巢；但当雏鸟孵出后，雌鸟则允许雄鸟进入鸟巢和它一起喂养雏鸟。

目	鹦鹉目
科	鹦鹉科
繁殖范围	澳大利亚东部及北部、巴布亚新几内亚
繁殖生境	河边树林、树木灌丛混交林、农业树林
巢的类型及巢址	大型树洞巢
濒危等级	无危
标本编号	FMNH 14721

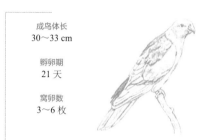

成鸟体长	30～33 cm
孵卵期	21 天
窝卵数	3～6 枚

292

红翅鹦鹉
Aprosmictus erythropterus
Red-winged Parrot

Psittaciformes

窝卵数

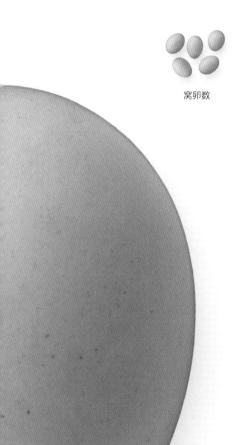

澳大利亚堪称是鹦鹉的多样性中心，大多数鹦鹉都会选择在树洞中筑巢。但在这片大陆上，树洞却是稀缺资源，由于这里缺乏啄木鸟等野生的初级洞巢鸟类凿洞筑巢，因此它们对树洞的竞争十分激烈。旧巢通常还会被上一年在此繁殖的繁殖对利用，但有些也会被竞争者抢占。红翅鹦鹉有时会与王鹦鹉竞争巢址，在少数情况下，这两种鹦鹉会形成杂交对，并繁殖出能够存活的杂交后代。

红翅鹦鹉是一种高度社会化的鸟类，它们成对或以家庭为单位，组成20只或个体数量更多的大群活动，并会集群寻找水果或水源。红翅鹦鹉绝大多数时间都在树冠层活动，只有喝水或捡拾掉落的食物时才会下到地面上来。

实际尺寸

红翅鹦鹉的卵为淡乳白色，无杂斑。卵的尺寸为 31 mm × 26 mm。卵由雌鸟独自孵化，雄鸟则外出寻找食物并将其反刍给雌鸟食用。

目	鹦鹉目
科	鹦鹉科
繁殖范围	非洲西南部，美国亚利桑那已形成野生种群
繁殖生境	干旱地区
巢的类型及巢址	岩石缝，上具石檐，或织雀大型编织群巢的间隔中
濒危等级	无危
标本编号	FMNH 20799

成鸟体长
17～18 cm

孵卵期
23 天

窝卵数
4～6 枚

293

桃脸牡丹鹦鹉
Agapornis roseicollis
Rosy-faced Lovebird

Psittaciformes

窝卵数

桃脸牡丹鹦鹉的配偶关系会维持很久，但并不能保证其中一方能够一直与另一方和睦相处，无论是在野外还是笼养环境中都是如此。如果双方在见面的几天之内没有建立起配偶关系，那么彼此将拳脚相加；但如果双方结为夫妻，那么配偶关系通常将持续多年。桃脸牡丹鹦鹉栖息于干旱地区，通常繁殖随雨季的到来而开始，这是因为卵壳中的胚胎需要较为潮湿的环境才能正常发育。近几十年来，由于人们修建了许多用于农业灌溉的永久水源，因此桃脸牡丹鹦鹉的繁殖范围有所扩大。

桃脸牡丹鹦鹉是一种群居的鸟类，它们通常集大群出现，大群中包含着许多对配偶。具有社会性的动物往往适合被当作宠物来饲养，因为它们之间具有很强的社会关系，这种关系同样也会出现在宠物与主人之间；但反过来，这也使得其野生种群，包括卵及雏鸟易于受到非法狩猎及出口的负面影响。

实际尺寸

桃脸牡丹鹦鹉的卵为淡黄色，无杂斑，其尺寸为 24 mm × 17 mm。卵由雌鸟独自孵化，而雄鸟则负责饲喂巢中的雌鸟。

目	鹦鹉目
科	鹦鹉科
繁殖范围	非洲赤道地区
繁殖生境	原始及次生雨林
巢的类型及巢址	天然树洞中
濒危等级	易危
标本编号	FMNH 20787

成鸟体长
28～33 cm

孵卵期
24～30 天

窝卵数
2～3 枚

294

非洲灰鹦鹉
Psittacus erithacus
Gray Parrot

Psittaciformes

窝卵数

非洲灰鹦鹉的卵为纯白色，具光泽，其尺寸为 39 mm×28 mm。巢中的鸟卵由雌鸟负责孵化，而雄鸟将饲喂雌鸟以反刍出的食物。

非洲灰鹦鹉栖息并繁殖于非洲热带雨林高高的树冠之间，白天通常只闻其声不见其踪，因为在取食完一棵树上的水果之后，它们会飞掠树冠抵达另一棵大树。非洲灰鹦鹉为一夫一妻制，成功的繁殖有赖于雌雄双方间紧密的配合：雌鸟负责照看鸟巢，而雄鸟则负责为全家觅食，并保护洞巢免受其他非洲灰鹦鹉的侵扰。

由于科学家及养鸟人对非洲灰鹦鹉的智力水平十分认可，因此它们得到了来自科学家和大众媒体关于其认知能力的广泛报道，这种鸟具有模仿声音的习性，还能听懂主人言语的意义。非洲灰鹦鹉体型较大，繁殖较慢，因此在宠物贸易中被视为具有很高的价值。大量抓捕野生非洲灰鹦鹉进行国际贸易，已使其野生种群的数量大幅下降。今天，非洲灰鹦鹉受到《濒危野生动植物种国际贸易公约》（CITES）的严格保护，该公约可以管控濒危动植物的国际贸易。

实际尺寸

目	鹦鹉目
科	鹦鹉科
繁殖范围	南美洲中部
繁殖生境	河边树林及开阔地区，包括牧场
巢的类型及巢址	树洞之中或竖直崖壁的凹洞中
濒危等级	濒危
标本编号	FMNH 2480

紫蓝金刚鹦鹉
Anodorhynchus hyacinthinus
Hyacinth Macaw

Psittaciformes

成鸟体长
100～102 cm

孵卵期
28～30 天

窝卵数
1～3 枚

295

窝卵数

无论是觅食、饮水还是夜宿，紫蓝金刚鹦鹉都会集群活动，而每个群体都是由许多对配偶组成。在一个群体中，繁殖对之间存在等级制度，等级差异决定了饮水及取食成熟棕榈果的先后顺序。群体中不同繁殖对的繁殖是同步的，它们会同时进行求偶炫耀，之后它们会成对地寻找适合筑巢的树洞。

紫蓝金刚鹦鹉是体型最大的鹦鹉之一，它们具有美丽的羽毛和长长的尾羽。也正因如此，这种鸟在 20 世纪 80 年代遭受到毫无节制的捕捉，因而步入濒临灭绝的边缘。据估计，在当时有数以万计的紫蓝金刚鹦鹉被捕捉。而现如今，只有不到千只野生个体零散地分布于巴西潘塔纳地区以及巴西和巴拉圭的其他区域。

紫蓝金刚鹦鹉的卵为白色，无杂斑。卵的尺寸为 45 mm × 34 mm。为了繁殖幼鸟并野化放归，人们为紫蓝金刚鹦鹉建立了人工种群，但由于受精失败，这一计划严重受阻。

实际尺寸

目	鹦鹉目
科	鹦鹉科
繁殖范围	南美洲热带地区
繁殖生境	低地热带雨林，或潮湿或干旱，亦分布于稀树草原及城市公园中
巢的类型及巢址	树木或棕榈树的树洞中，或于树木上的蚁巢中
濒危等级	无危
标本编号	FMNH 879

296

成鸟体长 33～38 cm	
孵卵期 26 天	
窝卵数 2～3 枚	

黄冠鹦哥
Amazona ochrocephala
Yellow-crowned Parrot
Psittaciformes

窝卵数

　　黄冠鹦哥是一种高度社会化的鸟类，夜晚一般集超过百只的大群夜宿；而到了白天，它们则成对或集小群活动。在夜宿开始之前和结束之后，集群的黄冠鹦哥都会发出嘹亮而与众不同的叫声。当取食水果或在林冠层取食树叶时，配偶之间也会通过鸣叫来与对方联络。

　　在繁殖季，黄冠鹦哥倾向于选择在结构稳定的树洞或被蚁塚包围的粗树枝上筑巢。巢址需要足够安全，要能够远离可以爬树的蛇，因为这些蛇既会捕食雏鸟，也会对成鸟的安全造成威胁。巢中的卵由雌鸟独自孵化，而雄鸟则向雌鸟及雏鸟提供食物，即反吐出的果浆。

实际尺寸

黄冠鹦哥的卵为纯白色，其尺寸为 35 mm × 27 mm。孵卵的雌鸟只有在黎明和黄昏时分进行简短的觅食和理羽之时，才会离开鸟巢。

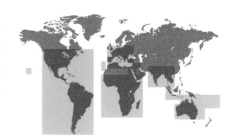

目	鸮形目
科	草鸮科
繁殖范围	除南极洲外的所有大陆
繁殖生境	开阔的地区，包括周围有树木、老旧建筑或崖壁的草场和农田
巢的类型及巢址	树洞或小的洞穴，亦筑巢于建筑物的阁楼或墙面的大洞中
濒危等级	无危
标本编号	FMNH 7045

仓鸮
Tyto alba
Barn Owl

Strigiformes

成鸟体长
32～40 cm

孵卵期
29～34 天

窝卵数
4～7 枚

　　仓鸮是分布范围最广泛的一种猫头鹰，它们甚至在大多数远离大陆的较大的岛屿上也已经建立了繁殖种群。在过去十年间，仓鸮在新西兰群岛也站稳了脚跟。开始繁殖时，每枚鸟卵会间隔两天产下，卵由雌鸟孵化，雄鸟负责给雌鸟提供食物。雏鸟及出飞的幼鸟由亲鸟双方共同喂养。即使幼鸟完全长成，但如果经验不足的话，亲鸟也将继续喂养它们。

　　仓鸮虽然在乡村和城市中都有分布，却很少有人能亲眼目睹，因为只有在夜幕降临时它们才会外出活动，捕捉最为偏爱的鼠类。仓鸮是一种常见的实验鸟类，常被用来研究其发达而敏锐的听觉系统。仓鸮可以借由老鼠在地面上活动时发出的声响，通过听觉来准确地判断出它们的方位和距离。

窝卵数

仓鸮的卵为白色，无杂斑，其尺寸为 44 mm × 33 mm。仓鸮的繁殖情况通常与当地食物的可获得性有关，这表现在在仓鸮的分布范围内，不同地区个体的繁殖时间有所不同。

实际尺寸

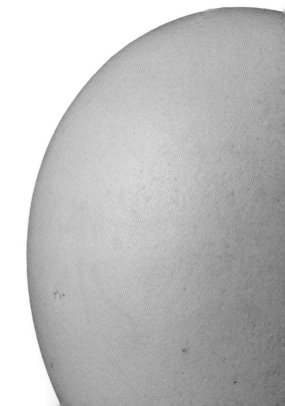

目	鸮形目
科	鸱鸮科
繁殖范围	北美洲东部
繁殖生境	森林、市郊及城市公园
巢的类型及巢址	啄木鸟的洞或天然树洞，无垫材
濒危等级	无危
标本编号	FMNH 7108

成鸟体长
16~25 cm
孵卵期
27~34 天
窝卵数
2~6 枚

298

东美角鸮
Megascops asio
Eastern Screech Owl

Strigiformes

窝卵数

东美角鸮的卵为白色，其尺寸为 36 mm × 30 mm。当某只已经开始产卵的雌鸟的配偶与另一只雌鸟交配时，第二只雌鸟往往会取代第一只雌鸟的位置，它会在巢中继续产卵，并负责孵化两只雌鸟产下的鸟卵。

东美角鸮体型较小，在林间活动，加之体表那极具隐蔽性的灰色或棕色羽毛，使得很难在白天见到它们的身影。同许多猫头鹰和其他猛禽一样，东美角鸮雌鸟体型较大，且飞行速度较慢；而雄鸟则因其体型更小，行动更敏捷。在大多数鸟种中，体型较大的性别往往具有更低沉的鸣声；而与大多数鸟类不同，在角鸮中，体型更小的雄性鸣声音调更低。

在繁殖季，雌鸟及雏鸟都将以雄鸟捕猎获得的食物为食。即使在食物资源充足时，雏鸟在巢中也会出现激烈的竞争，有时也会出现破壳较晚、体型较小的个体被杀死的情况。手足相残的现象通常被认为是一种适应性策略，因为这样一来，那些体型更大、更强壮的个体便可以更快地成长，而具有更好的身体条件也才能更好地应对鸟巢外面危机四伏的世界。

实际尺寸

目	鸮形目
科	鸱鸮科
繁殖范围	北美洲、中美洲及南美洲
繁殖生境	森林及草地，农田附近的林地
巢的类型及巢址	天然洞穴、其他动物挖掘的洞或树洞、松树上的巢穴，巢中无垫材
濒危等级	无危
标本编号	FMNH 7159

成鸟体长	46～63 cm
孵卵期	30～35 天
窝卵数	2～4 枚

299

美洲雕鸮
Bubo virginianus
Great Horned Owl

Strigiformes

窝卵数

　　美洲雕鸮雄鸟全年都会鸣叫，它们鸣叫的声音低沉而有特点，但雌鸟却只是在繁殖季才鸣叫。在雌雄之间通过鸣声建立起联系之后，这对潜在配偶便会靠近彼此，上下伸缩身体并点头哈腰，借此来评估彼此的状况。当食物充足时，雄鸟会为正在孵卵的雌鸟及破壳而出的雏鸟提供食物；而在食物较为匮乏的年份里，在雏鸟孵出之后，雌鸟也会离开鸟巢，同雄鸟一同寻找食物喂养雏鸟。

　　美洲雕鸮分布广泛，它们是一种尽人皆知、力量强大的夜行性捕食者。这种鸟通常会捕捉体型较大的猎物，甚至包括鹗的雏鸟和臭鼬。美洲雕鸮这种在夜间活动的巢捕食者，曾严重地妨碍了某些地区游隼的重引入工作。

美洲雕鸮的卵为白色，其尺寸为 56 mm × 47 mm。在食物可获得性较充足的年份里，巢中鸟卵的数量要比食物匮乏的年份更多。

实际尺寸

目	鸮形目
科	鸱鸮科
繁殖范围	欧亚大陆及北美洲的极地地区
繁殖生境	苔原及沿海开阔地区的土丘
巢的类型及巢址	地面巢，浅刨坑
濒危等级	无危
标本编号	FMNH 7225

成鸟体长	52～71 cm
孵卵期	32 天
窝卵数	3～11 枚

300

雪鸮
Bubo scandiacus
Snowy Owl

Strigiformes

窝卵数

雪鸮高度适于在没有栖枝的地区生活，它们体型高大，全身羽毛洁白，即使是在北极的极昼期间，它们也不是很显眼。雪鸮会选择在开阔苔原地带的小土丘上筑巢，这也有助于它们及时发现潜在的风险和合适的猎物。雪鸮常低空飞行，它们以小型啮齿类和鸟类为食，通常会将猎物整个吞下。

卵由雌鸟孵化，雄鸟则在附近警戒。对于接近鸟巢的捕食者，雌雄双方会共同竭力抵抗。虽然雪鸮是苔原地带体型最大的捕食者之一，但它们的巢仍然容易受到北贼鸥（详见 184 页）、鹰及北极狐的攻击。但是，正是因为雪鸮会极力保卫鸟巢，因此包括雪雁（详见 87 页）在内的其他鸟类会常在雪鸮的巢附近筑巢，而这些鸟类鸟卵的安全也会受到附近的雪鸮的保护。

实际尺寸

雪鸮卵的尺寸为 57 mm×45 mm。同其他所有种鸮形目鸟类的卵一样，雪鸮的卵也为白色，无杂斑。巢筑在地面上，呈浅坑状。随着孵化进程的持续，白色的卵会被逐渐弄脏。

目	鸮形目
科	鸱鸮科
繁殖范围	北美洲西南部、中美洲及南美洲
繁殖生境	从湿润的森林至干旱的森林，以及其仙人掌的沙漠
巢的类型及巢址	洞巢，多见于树木、树桩或仙人掌之中
濒危等级	无危
标本编号	FMNH 7252

棕鸺鹠
Glaucidium brasilianum
Ferruginous Pygmy-Owl

Strigiformes

成鸟体长
14～18 cm

孵卵期
23～28 天

窝卵数
3～5 枚

301

窝卵数

在一年中的大多数时间里，棕鸺鹠都独自生活，只有当其繁殖季到来时，它们才会与配偶一起成对活动。雄鸟通过频繁地鸣叫来驱赶竞争者，以维持其领域。雌鸟独自在巢中孵卵并照顾幼鸟，而雄鸟则会将捕获的猎物饲喂给雌鸟和雏鸟。在得到食物后，雌鸟会将它们撕成小块，并将其喂给雏鸟。只有在雏鸟出飞前的一小段时间里，雌鸟才会同雄鸟一起捕猎，以满足雏鸟日益增长的能量需求。

棕鸺鹠常在黎明或黄昏活动，特别是日出、日落前后，但在白天也能见到这种鸟的身影，有时它们会在树枝上缓慢地行走，或快速扑打着翅膀从一棵树飞向另一棵树。棕鸺鹠以小型啮齿类、蜥蜴、昆虫为食，而且通常会将猎物撕碎，吞食柔软的部分，或将猎物全部吃下。

实际尺寸

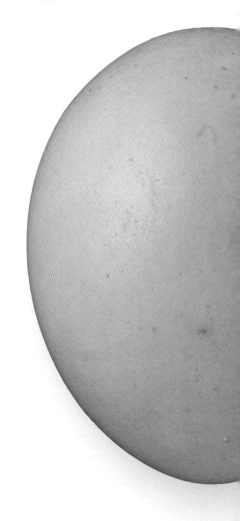

棕鸺鹠的卵为白色，其尺寸为 29 mm × 23 mm。同许多其他小型鸟类一样，棕鸺鹠的卵也容易受到其他鸟类和哺乳动物等巢捕食者的威胁。当危险来临时，巢中的雏鸟会张开翅膀使自己显得更大，并以此方式来吓退敌人。

目	鸮形目
科	鸱鸮科
繁殖范围	北美洲西南部
繁殖生境	仙人掌林中
巢的类型及巢址	洞巢，通常筑于树形仙人掌上，最初由啄木鸟开凿
濒危等级	无危
标本编号	FMNH 16343

成鸟体长
12～14 cm

孵卵期
20～23 天

窝卵数
2～4 枚

302

娇鸺鹠
Micrathene whitneyi
Elf Owl

Strigiformes

窝卵数

娇鸺鹠的卵为白色，无杂斑。卵近圆形，其尺寸为
27 mm × 23 mm。雌鸟会在空树洞中产卵、孵卵。
如果该树洞曾经被别的鸟类利用过的话，雌鸟会先
将其中的巢材移走之后再使用。

娇鸺鹠是世界上体重最轻的猫头鹰，它们的身体大
小和体重（40 g）与家麻雀相仿。娇鸺鹠通常以昆虫为
食，它们常被沙漠中的龙舌兰及仙人掌等开花植物吸
引。娇鸺鹠会追捕夜空中的昆虫，这与王鹟在白天做的
事情相同。长长的翅膀、短短的尾巴，加之紧凑而轻巧
的身体，造就了娇鸺鹠这一高效的飞行家和成功的空中
猎手。为了应对冬季的食物短缺，娇鸺鹠会迁徙到位于
南方的墨西哥越冬。

娇鸺鹠体型娇小，将巢筑在安全的地点有助于其
成功繁殖。巢址常远离地面，洞巢所在的植物可以形成
天然的保护，而这些植物通常是具有 5 cm 长尖刺的树
形仙人掌。在孵卵期及育雏期，雌鸟会待在巢中寸步不
离，而雄鸟则负责喂养雌鸟和雏鸟。

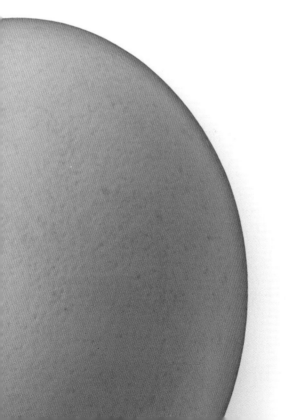

实际尺寸

目	鸮形目
科	鸱鸮科
繁殖范围	北美洲、中美洲及南美洲
繁殖生境	草地、牧场及大草原，远离森林
巢的类型及巢址	地面洞穴中，多为草原犬鼠或地松鼠挖掘
濒危等级	无危
标本编号	FMNH 7245

成鸟体长
19～25 cm

孵卵期
21～28 天

窝卵数
4～12 枚

303

穴小鸮
Athene cunicularia
Burrowing Owl

Strigiformes

　　穴小鸮会用哺乳动物的粪便来装饰洞巢的入口。在烈日的炙烤下，粪便中蒸发的水汽可以保持洞巢内微环境的稳定。粪便的气味还会引来昆虫，而这些昆虫将会被亲鸟捕捉并喂给雏鸟。在雏鸟破壳两周后，就能透过洞口看到它们活动的身影了，但还要再等上大约一个月的时间，它们才会出飞。幼鸟出飞后，会与雄鸟一同，在活动区内的洞穴中夜宿。

　　穴小鸮是一种昼行性猫头鹰，它们会花费大量时间保卫洞巢和巡视洞口周围的领域。穴小鸮以昆虫和小型啮齿类为食。它们经常会侵占草原犬鼠或地松鼠的洞并在其中筑巢。

窝卵数

实际尺寸

穴小鸮的卵为白色，其尺寸为 30 mm × 24 mm。卵由雌鸟独自孵化，而雌鸟及刚出壳的雏鸟则由雄鸟喂养。此后，雌鸟将和雄鸟一起捕食并共同喂养雏鸟，直到雏鸟出飞。

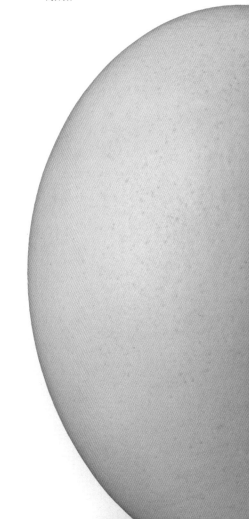

目	鸮形目
科	鸱鸮科
繁殖范围	北美洲北部及东部、中美洲北部
繁殖生境	植被茂密的林地，包括低海拔的河边树林，近来扩展至市郊公园
巢的类型及巢址	树洞巢，鹰、鸦科鸟类或松鼠的弃巢
濒危等级	无危
标本编号	FMNH 16348

成鸟体长
43～50 cm

孵卵期
28～33 天

窝卵数
2～4 枚

304

横斑林鸮
Strix varia
Barred Owl

Strigiformes

窝卵数

横斑林鸮是一种体型较大的猫头鹰，也是出色的林间猎手。这种鸟为许多鸟类所惧怕；但在夜宿地被发现后，它们也常遭到乌鸦和冠蓝鸦的围攻。但对横斑林鸮造成最大威胁的却是它们的近亲——美洲雕鸮（详见299 页），它们不但会捕食雏鸟和出飞的幼鸟，甚至还会捕食横斑林鸮成鸟。当这两种鸟的繁殖地或觅食领域发生重叠时，横斑林鸮通常都会退避三舍。

横斑林鸮的叫声十分特别，尤其在交配前，雄鸟会频繁地鸣叫并进行求偶展示，而雌鸟则会鸣叫着接近雄鸟。卵由雌鸟单独孵化，在此期间，雌鸟的食物将由雄鸟供给。雏鸟在还不太会飞行时便离开鸟巢，这或许是为了避免整窝雏鸟全部被捕食者捕食。而亲鸟则会继续留在附近喂养雏鸟，直到它们能够飞行并独自捕猎。

横斑林鸮的卵为纯白色，近圆形，其尺寸为 51 mm×43 mm。通常在产卵前一年，巢址就已被选定，但这一选择是由哪一方还是双方共同做出的，就不得而知了。

实际尺寸

目	鸮形目
科	鸱鸮科
繁殖范围	北美洲、欧洲及亚洲的温带地区
繁殖生境	草地灌丛混合地，开阔的森林及公园
巢的类型及巢址	抢占鹰、鸦科鸟类及其他物种筑于树上的巢，巢由树枝筑成
濒危等级	无危
标本编号	FMNH 2450

长耳鸮
Asio otus
Long-eared Owl

Strigiformes

成鸟体长
35～40 cm

孵卵期
25～30 天

窝卵数
3～6 枚

305

与其他大多数种类的猫头鹰不同的是，长耳鸮是一种社会性鸟类，在非繁殖季，它们会在白天集群"夜宿"。长耳鸮与配偶的关系往往在越冬季便已建立。在进入繁殖季之后，成对的长耳鸮会离开群体，寻找由树枝搭建的废弃鸟巢，并会保卫巢址毗邻的区域。当有入侵者进犯时，雄鸟会进行显眼的"之字形"飞行，并发出鸣叫，以驱赶入侵者。

在开始繁殖后，不同的雌鸟会产下数量不等的卵，窝卵数的大小与猎物的多寡直接相关，猎物的可获得性越高，窝卵数就越多。雏鸟在能够飞行之前便会离开鸟巢，钻进附近茂密的灌丛并隐蔽于其中。雌鸟会继续喂养幼鸟数周时间，之后便会离开繁殖地；而雄鸟则会再继续喂养它们数周时间。

窝卵数

长耳鸮的卵为白色，其尺寸为 41 mm×30 mm。卵由雌鸟独自孵化，雄鸟则负责向雌鸟和雏鸟提供食物。

实际尺寸

目	鸮形目
科	鸱鸮科
繁殖范围	美洲、欧亚大陆及一些海岛，包括夏威夷及加拉帕戈斯群岛
繁殖生境	开阔的草原、灌丛及稀树灌丛地区
巢的类型及巢址	地面刨坑，垫以杂草
濒危等级	无危
标本编号	FMNH 7072

成鸟体长
34～43 cm

孵卵期
21～37 天

窝卵数
4～7 枚

306

短耳鸮
Asio flammeus
Short-eared Owl

Strigiformes

窝卵数

短耳鸮的卵为乳白色，其尺寸为 39 mm×31 mm。在田鼠密度较高的年份里，曾有 1 个巢中最多 12 枚卵的记录。

在繁殖季开始时，雄性长耳鸮会反复地在巢址附近飞行并向下猛扑，以吸引潜在配偶的目光。这种鸟为一夫一妻制，卵由雌鸟单独孵化，雄鸟负责保卫鸟巢附近的区域，并为雌鸟及雏鸟捕捉哺乳动物及鸟类等食物。

与仓鸮类似的是（详见 297 页），短耳鸮也具有广泛的分布范围，（在某些地区）它们会与仓鸮争夺多种鼠类。在那些用巢箱招引仓鸮繁殖以提高其种群数量的地区，短耳鸮往往是竞争的失败者。这一现象令人费解，因为这两种鸟看起来并不存在直接竞争：仓鸮在夜间捕食，而短耳鸮常在晨昏甚至是白天活动。

实际尺寸

目	鸮形目
科	鸱鸮科
繁殖范围	欧亚大陆及北美洲的亚北极地区
繁殖生境	茂密的针叶林，包括针叶林
巢的类型及巢址	树洞巢，经常利用啄木鸟的旧巢，巢中无垫材
濒危等级	无危，部分地区区域性易危
标本编号	FMNH 7103

鬼鸮
Aegolius funereus
Boreal Owl

Strigiformes

成鸟体长	20～28 cm
孵卵期	26～28 天
窝卵数	3～6 枚

307

鬼鸮具有较强的社会性，是一种在夜间活动的猫头鹰。在早春时节，处于繁殖期的雄鸟用以吸引雌鸟的鸣叫十分特别，因此鬼鸮易于识别。在其他时间里，鬼鸮常静静地栖居于树枝之上，倾听林间地面上啮齿动物活动时发出的声响。鬼鸮的两个耳孔高度不一，分居面盘两侧，这能使它们在三维空间中更好地定位声音的来源。一旦确定猎物的位置，鬼鸮便会从栖枝上俯冲，用爪子紧紧地抓住猎物。

在大多数年份里，即家鼠类和田鼠正常的年份，鬼鸮的每只雌鸟只会与一只雄鸟结为夫妻，共同照看卵及雏鸟。但在啮齿动物大爆发的年份里，一只雌鸟或许会与2只或3只雄鸟交配，并将鸟卵产于数个鸟巢中；而雄鸟或许也会与多只雌鸟交配。这样一种（看似）混杂的繁殖系统，使得在食物充足的年份里，一只鬼鸮饲喂并抚养整窝雏鸟成功出飞成为可能。

窝卵数

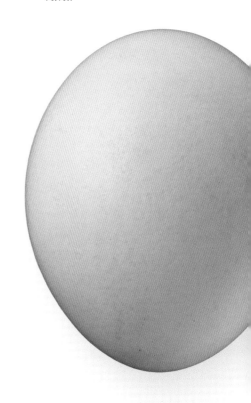

实际尺寸

鬼鸮的卵为乳白色，其尺寸为 32 mm×27 mm。面对鬼鸮种群数量持续下降的情况，以及在成熟大树上凿洞为巢的啄木鸟越来越少的窘境，保育工作者尝试着在鬼鸮的适宜栖息地悬挂巢箱以期招引鬼鸮前来繁殖。

目	鸮形目
科	鸱鸮科
繁殖范围	北美洲温带地区
繁殖生境	森林，包括落叶林及常绿林
巢的类型及巢址	啄木鸟开凿的树洞，也会使用人工巢箱，巢中无垫材
濒危等级	无危
标本编号	FMNH 7105

成鸟体长
18～21 cm

孵卵期
20～23 天

窝卵数
5～6 枚

棕榈鬼鸮
Aegolius acadicus
Northern Saw-whet Owl
Strigiformes

窝卵数

　　棕榈鬼鸮体型较小，广泛分布于北美洲，生活在森林之中。在越冬季，棕榈鬼鸮的活动范围会有所扩大，它们会游荡至更加开阔的地区，包括城市地区及城市公园。棕榈鬼鸮栖居于靠近树干的树枝上，它们的身体一动不动，而头则会随着目光转向路过的人群，这也使得人们可以在白天一睹这种严格的夜行性动物的芳容。

　　在繁殖季，雌鸟将独自负责孵卵及育雏，而雄鸟则会经常抓捕猎物送回巢中以供雌鸟及雏鸟食用，它们的食物主要为树林间活动的鼠类。雌鸟会努力尝试着保持巢的清洁。但在孵卵的两周时间里，鸟巢中将会充满粪便及鼠类的残体。雏鸟破壳而出后，雌鸟会离开它们，在其他的巢中夜宿，虽然雌鸟还会回到旧巢中饲喂雏鸟。

实际尺寸

棕榈鬼鸮的卵为白色，其尺寸为 30 mm×25 mm。卵由雌鸟独自孵化，只有当排便或吐食丸（由无法消化的毛发和骨骼形成的小球）时，它才会短暂地离开鸟巢。

目	犀鸟目
科	犀鸟科
繁殖范围	非洲南部的热带地区
繁殖生境	林地及稀树草原的树林中
巢的类型及巢址	洞巢，洞口由泥土封堵
濒危等级	无危
标本编号	FMNH 14771

成鸟体长 48～51 cm
孵卵期 25～32 天
窝卵数 4～5 枚

309

灰嘴弯嘴犀鸟
Tockus pallidirostris
Pale-billed Hornbill

Coraciiformes

灰嘴弯嘴犀鸟是一种一夫一妻制的鸟类，雌雄双方必须在繁殖的过程中相互配合，繁殖才会成功。一旦找到适于筑巢的树洞，雌鸟就会混合泥巴、果浆和粪便筑起一堵墙来堵住洞口，以防止捕食者和竞争者进入。当然，雌鸟会将自己封在树洞里，只留下一条窄缝作为开口，它将在洞中独自孵化鸟卵并照顾幼鸟；而雄鸟则会通过洞口的窄缝向雌鸟递送水果和昆虫。随着雏鸟日渐长成，雌鸟会破门而出，并与雄鸟一同喂养雏鸟，直到雏鸟出飞。

灰嘴弯嘴犀鸟在全世界广为人知，这主要是因为它与迪士尼动画《狮子王》中的一个角色十分相似。虽然犀鸟与分布于美洲大陆的巨嘴鸟（又被称作鵎鵼）有着相似的生态位，但二者在外貌和基因上却存在一定差别。绝大多数种类的犀鸟都在树洞中繁殖，而且雌鸟都会被封堵在其中，这也是犀鸟最特别的地方。

窝卵数

灰嘴弯嘴犀鸟的卵为白色，其尺寸为 40 mm × 27 mm。在孵卵期，巢内的雌鸟羽毛会被磨损，这使得它在此期间几乎丧失了飞行能力。

实际尺寸

小型非雀形目陆生鸟类

Small Non-passerine Land Birds

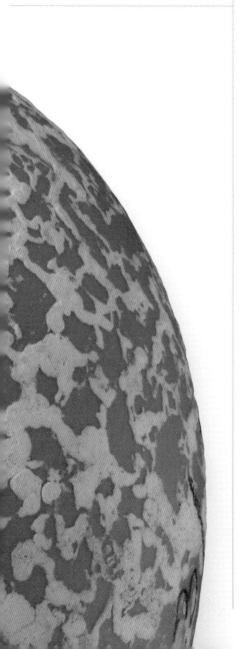

在这部分出现的鸟类，它们因体型较小而被归为一类，但实际上，它们并非雀形目鸟类（雀形目鸟类将在下部分介绍）。这些隶属于多个类群的鸟类演化出了多种不同的觅食策略，有些捕鱼、有些捉虫，还有些以谷物、水果或花蜜为食，而且它们体型和喙形多样，这与它们的食性密切相关。这些鸟类分布于除南极洲外的每一块大陆上。其中一些，例如啄木鸟、鸽子、翠鸟以及杜鹃等，在热带和温带地区都有分布；而另外的一些类群，例如鹟鴷、蜂虎、佛法僧、须鴷、翠鸿、短尾鴗、咬鹃和巨嘴鸟（鵎鵼）等，则主要分布于热带地区。行为最特别而形态最多样的当属夜行性的夜鹰、在空中生活的雨燕、具有巢寄生行为的杜鹃以及不可思议的蜂鸟。这些鸟类中的大多数（但并非全部）所产的卵为白色，而且卵孵出的雏鸟都为晚成性，即孵出后的雏鸟需要在巢中发育一段时间，在此期间，它们会表现出向亲鸟乞食的行为。

目	鸽形目
科	鸠鸽科
繁殖范围	原产于非洲、欧洲及亚洲，后被引入至除南极洲外的所有大陆
繁殖生境	城市及市郊地区、农场、崖壁
巢的类型及巢址	由树枝搭建的简陋的盘状巢，多见于上方有遮挡的建筑或崖壁突出处，或墙上茂密的藤蔓之间
濒危等级	无危
标本编号	FMNH 20041

成鸟体长
30～36 cm

孵卵期
17～19 天

窝卵数
2 枚

312

岩鸽
Columba livia
Rock Pigeon
Columbiformes

窝卵数

岩鸽卵的尺寸为 39 mm × 29 mm。同所有鸠鸽类一样，岩鸽的卵也为白色，无杂斑。

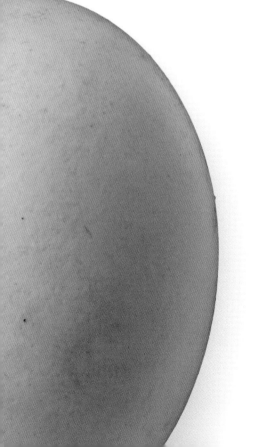

　　所有的家鸽都是野生岩鸽的后代，但其基因研究表明，现今全世界所有的野生岩鸽都混有家鸽的血统。在所有有人居住的大陆上，都能见到家鸽的身影。它们同家麻雀（详见 636 页）及紫翅椋鸟（详见 515 页）一样，都已经学会与生活在各种气候条件下的人类为邻。

　　岩鸽的繁殖不具季节性特点，一年四季都有可能在鸟巢中见到卵或雏鸟。虽然岩鸽的卵为亮白色，几乎不具伪装色，但很少有捕食者（或人类）能够找到它们的巢。这是因为，岩鸽的巢多位于隐蔽的地点，通常在崖壁突出处的下方或屋檐之下；这还与岩鸽亲鸟的孵卵行为有关：雌雄双方会无间隙地连续孵卵，只有当一方被另一方前来替换时，它才会离开鸟巢，而替换者则会迅速接班孵卵。

实际尺寸

目	鸽形目
科	鸠鸽科
繁殖范围	加勒比海岛及佛罗里达群岛
繁殖生境	海边林地，包括红树林
巢的类型及巢址	盘状巢，由树枝筑成，垫以细枝，多见于树上，常位于水面正上方
濒危等级	近危
标本编号	FMNH 6047

成鸟体长
33～35 cm
孵卵期
13～14 天
窝卵数
1～3 枚

白顶鸽
Patagioenas leucocephala
White-crowned Pigeon

Columbiformes

313

白顶鸽的繁殖和觅食需要两类迥然不同的生境：它们在沿海红树林中繁殖，但越来越多的红树林因沿海地区的开发而遭到破坏；它们在内陆的森林中觅食，以成熟的果实为食物，但加勒比群岛上的森林常因种植糖用甘蔗或其他作物而被开垦。从繁殖地到觅食地往往路途遥远，但白顶鸽飞行速度较快，每天可在繁殖地和夜宿地之间往返 20～50 km，甚至会飞越海洋。当食物资源充足时，白顶鸽每年最多可以繁殖四次。

与岩鸽及其后代家鸽不同的是，野生白顶鸽没有从与人类为伴中得到益处。捕猎及路杀是对白顶鸽最大的威胁，甚至严重到了人们已经开始关注白顶鸽的保护问题。

窝卵数

实际尺寸

白顶鸽的卵为白色，其尺寸为 **36 mm×26 mm**。白顶鸽是一种容易受到惊吓的鸟类，它们经常因人类或捕食者的干扰而弃巢。

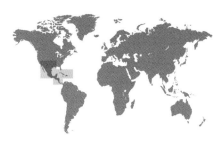

目	鸽形目
科	鸠鸽科
繁殖范围	北美洲西南部、中美洲及加勒比地区
繁殖生境	茂密而荆棘丛生的林地、河边树林、仙人掌林及市郊公园
巢的类型及巢址	由树枝筑成，垫以草叶及苔藓，多见于枝叶繁茂的树枝之上
濒危等级	无危
标本编号	FMNH 16282

成鸟体长
28～31 cm

孵卵期
14～20 天

窝卵数
1～2 枚

314

白翅哀鸽
Zenaida asiatica
White-winged Dove

Columbiformes

窝卵数

白翅哀鸽的卵为污白色，无杂斑，其尺寸为30 mm × 22 mm。当有捕食者威胁到鸟卵的安全时，孵卵的成鸟会假装翅膀受伤以分散捕食者的注意。

当白翅哀鸽雄鸟进行引人瞩目的求偶飞行表演时，就意味着繁殖季开始了。它们会螺旋着飞上天空，然后挺直翅膀降落到栖木上咕咕叫。配偶关系确立后，雄鸟会精选树棍和小树枝递送给雌鸟，而雌鸟则会用这些材料搭建盘状的鸟巢，并用树皮、草以及苔藓垫于其中。在野外，白翅哀鸽的巢筑于密林之中；而在城市公园中，它们则将巢建在大树上。

白翅哀鸽曾被广泛猎捕，仅在得克萨斯州一地，其种群数量就从 1200 万只下降至 100 万只。但今天，它们的数量却处于波动之中。近来，白翅哀鸽的繁殖范围开始迅速扩张至城市地区，包括城镇及城市公园。在非繁殖季，其分布范围遍布从加拿大至北美洲东海岸的广大地区。

实际尺寸

目	鸽形目
科	鸠鸽科
繁殖范围	北美洲温带地区
繁殖生境	开阔林地、灌丛、半荒漠地区及城市公园
巢的类型及巢址	盘状巢，由树枝、松针及草叶筑成，无垫材，多见于树枝之上，或位于地面及建筑物突出处
濒危等级	无危
标本编号	FMNH 16273

成鸟体长	23～34 cm
孵卵期	14 天
窝卵数	2 枚

哀鸽
Zenaida macroura
Mourning Dove

Columbiformes

窝卵数

哀鸽是一种适应性强、分布广泛且十分常见的鸟类。在美国，无论是城市、开阔森林，还是西部的沙漠地区，哀鸽都能成功繁殖。在干旱地区，哀鸽能够饮用微咸的泉水而不会脱水。这种体型大小居中的鸽子，整天都在取食植物种子，每天摄入并消化的种籽可以占到其体重的 20% ～ 30%。

繁殖季到来之后，雌雄双方会进行引人瞩目的飞行表演，它们还会相互追逐。雄性竞争者会尝试取代原来雄鸟的位置而占据这片领域。绝大多数巢材都由雄鸟收集，之后，雌鸟会将它们搭在一起。哀鸽的鸟巢十分松散，甚至有时在其下方透过鸟巢就能看到鸟卵。哀鸽产 2 枚卵，卵为白色。卵从不会暴露在环境中，因为雌雄双方会轮流孵卵。亲鸟会为雏鸟提供鸽乳，即一种由食管处分泌的物质，而并非反刍出的种籽。

实际尺寸

哀鸽的卵为白色，无杂斑，其尺寸为 22 mm×11 mm。窝卵数通常为 3 ~ 4 枚，但这往往是一个繁殖对占据了正在被利用的鸟巢或被其他雌鸟巢寄生之后的结果。

目	鸽形目
科	鸠鸽科
繁殖范围	曾经分布于北美洲东部
繁殖生境	连接成片的落叶林
巢的类型及巢址	集群巢筑于较大的山毛榉或橡树之上
濒危等级	灭绝
标本编号	FMNH 21499

成鸟体长
35～41 cm

孵卵期
12～14 天

窝卵数
1 枚

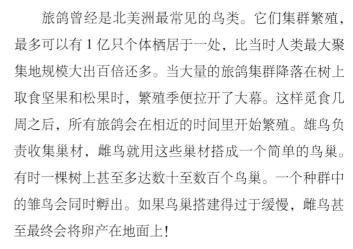

旅鸽
Ectopistes migratorius
Passenger Pigeon
Columbiformes

旅鸽的卵为灰白色至黄褐色，其尺寸为 38 mm×27 mm。如果一枚鸟卵因暴风雨损坏或被捕食者捕食，雌鸟会在一周之内补产一枚。

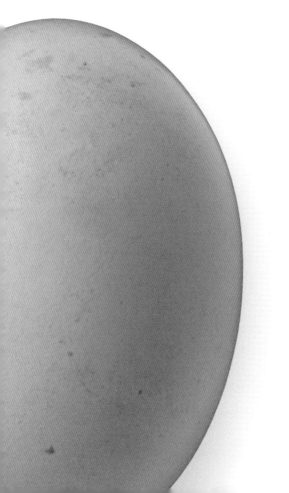

旅鸽曾经是北美洲最常见的鸟类。它们集群繁殖，最多可以有 1 亿只个体栖居于一处，比当时人类最大聚集地规模大出百倍还多。当大量的旅鸽集群降落在树上取食坚果和松果时，繁殖季便拉开了大幕。这样觅食几周之后，所有旅鸽会在相近的时间里开始繁殖。雄鸟负责收集巢材，雌鸟就用这些巢材搭成一个简单的鸟巢。有时一棵树上甚至多达数十至数百个鸟巢。一个种群中的雏鸟会同时孵出。如果鸟巢搭建得过于缓慢，雌鸟甚至最终会将卵产在地面上！

旅鸽亲鸟双方轮流孵卵，并都会饲喂雏鸟以鸽乳。几天之后，它们会用嘴将反刍出的柔软的果浆饲喂给雏鸟。两周之后，亲鸟便会与幼鸟分离。此时，这些幼鸟已经能够飞行，并会独自加入到旅鸽大军之中。

实际尺寸

目	鸽形目
科	鸠鸽科
繁殖范围	美国南部、中美洲及南美洲北部
繁殖生境	开阔的森林、草地、半干旱地区、灌溉农田，人类居住地及附近
巢的类型及巢址	地面巢，刨坑中点以草叶，或盘状巢，由稀疏枝条筑成，多见于树枝上
濒危等级	无危
标本编号	FMNH 2393

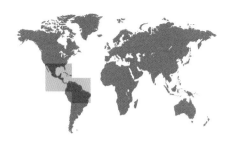

地鸠
Columbina passerina
Common Ground-Dove
Columbiformes

成鸟体长
15～18 cm

孵卵期
12～14 天

窝卵数
1～3 枚

317

窝卵数

　　地鸠体型较小，与家麻雀（详见 636 页）相当。白天，当地鸠在地面上活动或取食种子和谷物时，它们无时无刻不暴露在被猛禽或哺乳动物捕食的威胁之下。地鸠一天中的大部分时间都在觅食，因为它们需要消费掉数以千计的种子来满足每日的能量需求。觅食有时也是求偶行为的一部分，雌鸟允许潜在配偶在觅食时跟在其身后，雄鸟也会紧紧跟着雌鸟飞行，最终雌鸟会接受雄鸟反刍出的种籽，并会以这样的方式来确定并巩固配偶关系。

　　为了繁殖，地鸠会花费几天时间，在地面上搭建一个简陋的鸟巢。羽衣斑驳的亲鸟会无间隙地轮流孵卵，这样可以保护白色的卵不被任何捕食者发现。

实际尺寸

地鸠的卵为白色，无杂斑，其尺寸为 22 mm × 16 mm。地鸠全年均可产卵，这取决于当时当地食物的多寡。

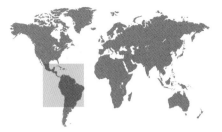

目	鸽形目
科	鸠鸽科
繁殖范围	中美洲、加勒比地区及南美洲热带地区
繁殖生境	林地、森林灌丛及咖啡种植园
巢的类型及巢址	盘状巢，多见于灌丛之上，垫以干叶
濒危等级	无危
标本编号	FMNH 20793

成鸟体长
19～28 cm

孵卵期
10～11 天

窝卵数
2 枚

318

红鹑鸠
Geotrygon montana
Ruddy Quail-Dove

Columbiformes

窝卵数

红鹑鸠是一种体型大小中等而行动隐秘的鸽子，它们一天中的大部分时间都在地面活动，寻找种子及小型脊椎动物等食物。这种鸟常单独或成对活动，并会保卫其领域，以防止同种鸟类入侵。在大多数地区，食物供给充足，能够保证红鹑鸠一年中的大部分时间都在同一栖息地活动。然而，近年来在亚马孙地区的研究表明，某些红鹑鸠种群在年际间不同地区之间存在移动现象，即某些年份里在某些地区很常见，而在其他年份里则很难甚至不能见到。

红鹑鸠的巢筑于地面的高处，通常在茂密树叶之下或位于树桩之上。大多数鸟类都会在每天的同一时间产卵，但红鹑鸠却与众不同，它们的首枚卵产于某天的早晨，而第二枚卵则产于第二天的下午。亲鸟双方轮流孵卵，雄鸟一般为上午，而雌鸟则从下午持续到晚上。

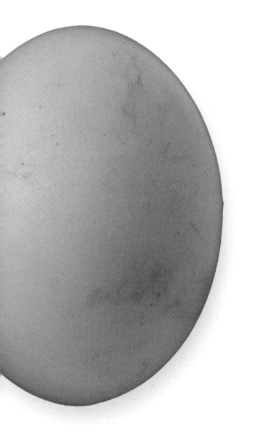

实际尺寸

红鹑鸠的卵为黄褐色，其尺寸为 28 mm × 20 mm。为了保持鸟巢的清洁并使其不那么引人注意，亲鸟在雏鸟孵化之后，会吃掉鸟巢中那亮白色的卵壳碎片。

目	鹃形目
科	蕉鹃科
繁殖范围	非洲东南部
繁殖生境	大面积的干旱森林
巢的类型及巢址	薄而松散的盘状巢，由树枝和细枝筑成，多见于树冠之中
濒危等级	无危
标本编号	WFVZ 158458

紫冠蕉鹃
Tauraco porphyreolophus
Violet-crested Turaco
Cuculiformes

成鸟体长	40～45 cm
孵卵期	22～23 天
窝卵数	2～3 枚

319

窝卵数

紫冠蕉鹃成年后的大部分时间里都成对活动。繁殖对会建立领域，用鸣声来告知附近的同类，还会积极抵御闯入者。这对它们来说十分有利，因为领域可供它们独自觅食之用。雌雄双方会一起在树枝上奔走、跳跃，以寻找新鲜的树叶或结满果实的树木，而树叶和果实正是这种植食性鸟类的主要食物。

在繁殖季，配偶之间会通过对鸣或共鸣来巩固彼此的关系。亲鸟双方会共同搭建鸟巢并轮流孵化鸟卵。雏鸟晚成，需要花费两周的时间在巢中继续发育。雏鸟趾端具爪，这和年幼的恐龙有几分相似，但紫冠蕉鹃的爪在它离开鸟巢之前便会消失。它们爬着离开位于树冠层中的鸟巢，等待亲鸟的饲喂。几周之后，它们将羽翼丰满，并能够独立生活。

紫冠蕉鹃的卵为乳白色，杂以淡淡的黄色斑点。卵的尺寸为 40 mm × 39 mm。成鸟通常在树枝上奔走着接近鸟巢，而不是直接飞过去。

实际尺寸

目	鹃形目
科	杜鹃科
繁殖范围	欧亚大陆温带地区
繁殖生境	林地、开阔灌丛、芦苇丛
巢的类型及巢址	专性巢寄生，卵产于其他鸟种的巢中
濒危等级	无危
标本编号	WFVZ 151110［宿主为芦莺（*Acrocephalus scirpaceus*）］

成鸟体长
32～34 cm

孵卵期
11～13 天

窝卵数
每个宿主的巢中平均
产卵 1～2枚

320

大杜鹃
Cuculus canorus
Common Cuckoo

Cuculiformes

窝卵数

大杜鹃的卵色变异性极强，从蓝色到米黄色，卵壳杂以棕色斑点，但每只雌鸟产下鸟卵的颜色和斑纹却只有一种类型。鸟卵大小的变异性也很强，通常只比宿主的卵略大一点。图片所示的是寄生于芦莺巢中的杜鹃卵。

从全球范围来看，大杜鹃是被研究最为透彻的一种营专性巢寄生的鸟类。雌性大杜鹃能在神不知鬼不觉的情况下，将卵产于合适的且正在被利用的小型雀形目鸟类的巢中，而宿主将在毫不知情的情况下照顾大杜鹃的后代。宿主雌鸟通常会在每天清晨产下一枚鸟卵，随后便会离开鸟巢寻找食物，以补充下一个清晨产卵所需的能量。大杜鹃雌鸟会在宿主不在鸟巢中时，即下午三点左右产卵，这样可以不被自己后代将来的养父母察觉。杜鹃雏鸟在孵出之后，很快便会将巢中其他的卵及雏鸟挤出鸟巢。

为了降低被宿主察觉的概率，杜鹃演化出了卵色不同的族群。同一族群雌鸟产下的卵具有相同的颜色和斑纹，这可以模仿同一种宿主的卵。杜鹃卵与宿主鸟类卵从视觉上来看，无论在人类的视觉范围内还是鸟类可见的紫外线范围内，都十分相似，足可以降低杜鹃卵被宿主拒绝的概率。

实际尺寸

目	鹃形目
科	杜鹃科
繁殖范围	澳大利亚及新西兰
繁殖生境	森林及开阔的林地
巢的类型及巢址	专性巢寄生，卵产于其他鸟种的巢中
濒危等级	无危
标本编号	WFVZ 151112［宿主为褐刺嘴莺（*Acanthiza pusilla*）］

成鸟体长
15～17 cm

孵卵期
12～15 天

窝卵数
每个宿主的巢中平均
产卵 1 枚

金鹃
Chalcites lucidus
Shining Bronze-Cuckoo

Cuculiformes

金鹃体型较小，翠绿色的羽毛使其极易隐蔽于树叶之间，而它们确实也就在树木的枝叶间活动。大多数金鹃个体会进行迁徙，但它们的宿主却是留居性鸟类。当金鹃从越冬地返回繁殖地时，如果宿主鸟类已经开始繁殖，金鹃就会攻击并毁坏那些已经产了卵的鸟巢。这会导致宿主再次尝试繁殖，从而为金鹃提供了巢寄生的机会。

宿主的巢往往筑于相对封闭而密不透光的环境中，使得产于其中的金鹃卵难以被发现。而且这些金鹃的卵色也足以使其隐蔽，而无须模仿宿主的黄褐色和斑点。在金鹃雏鸟孵化之后，它们会将巢中其他的卵和雏鸟拱出鸟巢，以独享全部亲代照料。值得注意的是，作为专性寄生进化的鸟类，金鹃雏鸟乞食鸣声与宿主雏鸟的恰好相同，这使得它们得以存活。

窝卵数

金鹃的卵为深棕色至橄榄绿色，无杂斑，其尺寸为 20 mm×14 mm。不同金鹃产下卵的大小相近，但卵色却因宿主而异。图片中显示的是产于褐刺嘴莺巢中的金鹃卵。

实际尺寸

目	鹃形目
科	杜鹃科
繁殖范围	北美洲温带地区及加勒比地区
繁殖生境	林间空地及开阔灌丛
巢的类型及巢址	疏松的盘状巢，由树枝筑成，垫以树叶和树皮，多见于矮树或灌丛的树枝上
濒危等级	无危
标本编号	FMNH 14984

成鸟体长	26～30 cm
孵卵期	12～14 天
窝卵数	3～4 枚

322

黄嘴美洲鹃
Coccyzus americanus
Yellow-billed Cuckoo
Cuculiformes

窝卵数

人们曾经认为，黄嘴美洲鹃会将鸟卵寄生于别种鸟类的巢中。但实际情况却是它们通常是自己修筑鸟巢并抚养后代；但在极少数情况下，人们也在其他杜鹃或鸣禽的巢中发现了黄嘴美洲鹃的卵，且大多数为蓝灰色，同时还有报道显示一些黄嘴美洲鹃的雏鸟为不同的宿主鸟类所照顾的案例。

像这些少有耳闻的奇闻轶事也都产生于科学发现的过程，且有助于建立某种鸟类行为多样化的模式。但这些案例也许会使人对这一物种产生错误的认识。一项对北美洲黄嘴美洲鹃分布范围内的 10000 个雀形目鸟类的巢进行系统研究的工作，其结果表明黄嘴美洲鹃并不存在稳定的异种间巢寄生模式，即使是很低的比率也不存在。科学的进步更正了人们持续了很久的错误认知，人们也清楚地知道了黄嘴美洲鹃的繁殖策略主要是自己抚养雏鸟。

实际尺寸

黄嘴美洲鹃的卵为蓝绿色，无杂斑，其尺寸为 31 mm × 23 mm。人们曾认为黄嘴美洲鹃的卵色模拟了旅鸽（详见 503 页），但这也许是生活、筑巢、繁殖于相似的生境中的两种鸟趋同进化的结果。

目	鹃形目
科	杜鹃科
繁殖范围	南美洲热带及温带地区
繁殖生境	南美洲大草原及灌丛森林，包括农田及灌丛
巢的类型及巢址	大型杯状巢，多见于具刺的灌丛中
濒危等级	无危
标本编号	FMNH 2267

圭拉鹃
Guira guira
Guira Cuckoo

Cuculiformes

成鸟体长
32～38 cm

孵卵期
10～15 天

窝卵数
平均每只雌鸟产卵
1～3 枚，平均每个巢
中具鸟卵 4～20 枚

323

　　圭拉鹃从不单独活动，大多数繁殖对都会与其他圭拉鹃一起集大群生活。群体中的成员会修缮并重新利用曾长时间使用的旧巢，数只雌鸟会将卵产于一个巢中。因为圭拉鹃具有这种社群行为，因此它们常被当作研究社会性、合作行为以及集群生活的鸟类或脊椎动物的模式物种。

　　但在圭拉鹃群体中，冲突时有发生。令人惊讶的是，亲鸟投入巨大精力产下的鸟卵有时在孵化之前就会被啄破或扔到树下。雌鸟会分泌更多的雄性激素到鸟卵中，以使雏鸟更具竞争力。而这些类固醇激素，包括睾酮，可以加强胚胎的肌肉发育，使得雏鸟能够更有力地乞食，并得到更多的亲代照料。

窝卵数

圭拉鹃的卵十分特别，蓝绿色的背景上覆盖着白垩色的格子纹。卵的尺寸为 43 mm × 32 mm。许多卵会被繁殖群中的其他个体丢弃，掉落在巢树下并被摔坏。

实际尺寸

目	鹃形目
科	杜鹃科
繁殖范围	北美洲西南部
繁殖生境	开扩的灌丛、半干旱地区及沙漠
巢的类型及巢址	浅盘状巢，由具刺的树枝及树叶筑成，垫以细枝、杂草及蛇蜕
濒危等级	无危
标本编号	FMNH 279

成鸟体长
52～62 cm

孵卵期
18～20 天

窝卵数
3～6 枚

324

走鹃
Geococcyx californianus
Greater Roadrunner
Cuculiformes

窝卵数

走鹃的卵为白垩色，具淡黄色色调，无杂斑。卵的尺寸为 40 mm × 30 mm。一些走鹃具有巢寄生的习性，它们会将卵产在其他走鹃或乌鸦、嘲鸫的巢中。

走鹃因在华纳兄弟公司出品的卡通片中的形象而为人熟知，[1]它们是寄生性的大杜鹃的近亲。但与分布于旧大陆的其他鹃类不同的是，走鹃亲鸟双方会承担起自己的责任，它们会亲自筑巢并照顾幼鸟。走鹃是一种强壮而敏捷的捕食者，它们能成功捕获任何比自己体型更小的猎物，从毒蛇到蜥蜴，从飞鸟到雏鸟，以及任何尺寸的无脊椎动物。

为了觅食和繁殖，走鹃具有保卫领域的习性，而且它们全年都会在领域之内生活。觅食行为演变成了一种动态的求偶过程，走鹃会轻柔地鸣叫，双方会配合着移动，进行仪式化的喂食，并最终交配。雌雄双方共同修筑鸟巢，并会轮流孵化鸟卵。与鹃形目其他鸟类相似的是，走鹃雏鸟也具有极快的生长速率，它们在破壳而出后的 10 ～ 11 天后便可离巢，16 天时便可独自觅食。

实际尺寸

---

① 译者注：在动画片《兔八哥》中扮演一个跑得飞快的角色。

目	鹃形目
科	杜鹃科
繁殖范围	美洲热带及亚热带地区，包括加勒比地区；引入至加拉帕戈斯群岛
繁殖生境	草地及树林混交地带，常接近人类聚集地
巢的类型及巢址	大型杯状巢，多见于树上
濒危等级	无危
标本编号	FMNH 1332

滑嘴犀鹃
Crotophaga ani
Smooth-billed Ani

Cuculiformes

成鸟体长
30～36 cm

孵卵期
13～21 天

窝卵数
每只雌鸟产3～7枚卵，
每巢至多22枚卵

　　滑嘴犀鹃体型较大，是一种吵闹而引人瞩目的鸟类，在整个新北界都有可能见到它们的身影。滑嘴犀鹃会修筑公共巢并照顾幼鸟，这种行为在鸟类中并不常见，但它们的繁殖系统却较为典型。数个繁殖对会在一个巢中产下最多22枚卵，亲鸟会轮流孵卵并均等地承担照顾幼鸟的责任。

　　令人惊讶的是，尽管孵化鸟卵由整个繁殖群体共同负责，但对某些卵来说，孵化失败才是最终的宿命。很多鸟卵会被推挤出鸟巢或挤到公巢的垫材里面。这是因为，一只在公巢中产卵的雌鸟会试着移走或埋掉在它产卵之前就已存在的鸟卵。因此，即使滑嘴犀鹃的繁殖是一项公事，但每只亲鸟却都是自私的，它们更愿意照顾自己的后代。

窝卵数

实际尺寸

滑嘴犀鹃的卵为白垩色，其尺寸为 35 mm × 26 mm。随着孵化的进行，卵会被逐渐磨损，显示出淡蓝的背景色。

目	麝稚目
科	麝稚科
繁殖范围	南美洲热带低海拔地区
繁殖生境	雨林、沼泽及红树林
巢的类型及巢址	简陋的鸟巢，由树枝搭建，筑于树上，常见于水面或沼泽上方
濒危等级	无危
标本编号	FMNH 2266

成鸟体长
63～66 cm

孵卵期
28 天

窝卵数
2～3 枚

326

麝稚
Opisthocomus hoazin
Hoatzin

Opisthocomiformes

窝卵数

麝稚的卵为乳白色，杂以棕色斑点。卵的尺寸为42 mm×34 mm。产于麝稚繁殖群中的卵会相对安全，因为这些亲鸟会聚集成大群，共同抵御前来进犯的鹰及其他捕食者。

麝稚又被称作"飞翔的母牛"（Flying Cow）。这种鸟行踪隐蔽，以树叶为食，它们依赖前肠中共生菌的发酵作用，来帮助释放树叶中难以消化的养分。麝稚食管和胃中的食物会反流到一个多腔室的结构中发酵。结果导致，无论是单独活动的个体还是在集群繁殖地，这种鸟都会散发出一种刺鼻的气味，因此麝稚的另一个名字是"恶臭鸟"（Stinkbird）。

麝稚在个体发育的过程中，具有一些独有的特征。雏鸟两翼每侧各具两个爪，它们在孵出后不久，就可以利用这一结构爬出编织而成的鸟巢，来取食巢周围的树叶。当危险来临时，雏鸟还能够很快地离开巢树，或跃入水中，游泳前行找到下一棵树，并利用爪子爬到树上安全的地点。

实际尺寸

目	夜鹰目
科	夜鹰科
繁殖范围	北美洲、中美洲及加勒比地区
繁殖生境	草原、开阔灌丛、半荒漠地区、火烧林、公园及屋顶
巢的类型及巢址	无巢型，卵直接产于地面，隐蔽于附近的倒木、灌丛或大石块旁
濒危等级	无危
标本编号	FMNH 7738

成鸟体长	22～24 cm
孵卵期	16～20 天
窝卵数	2 枚

327

美洲夜鹰
Chordeiles minor
Common Nighthawk
Caprimulgiformes

在北美洲的夜空中，很容易见到美洲夜鹰或听到其鸣叫。这种夜鹰是飞行捕捉高空活动昆虫的能手。夏天，当美洲夜鹰雄鸟追求雌鸟时，"peernt"的叫声会与飞行时翅膀拍打空气的声音混在一起。当潜在配偶出现时，雄鸟会降落到开阔地上，张开尾羽和翅膀，展示上面的白斑，以期博得雌鸟的青睐、与之结为夫妻并进行交配。

在建立起配偶关系后，雌鸟会在地面或碎石地上选择一处隐蔽的地点直接产下极具隐蔽性的鸟卵，而不去修建鸟巢。在孵卵期，雌鸟会将胸部贴伏在鸟卵上。但因为鸟卵处于相对平整的环境中，因此有时雌鸟会一不小心将鸟卵碰开。所以每次雌鸟离开鸟巢寻找食物之前，都会重新确定鸟卵的位置，这样可以在返回时准确地找到鸟卵并继续孵化。

窝卵数

美洲夜鹰的卵为乳白色至橄榄灰色，杂以深棕色、灰色或黑色斑点。卵的尺寸为 30 mm×21 mm。只有雌鸟会孵化鸟卵，而雌雄双方都会参与育雏。

实际尺寸

目	夜鹰目
科	夜鹰科
繁殖范围	北美洲西部的温带及亚热带地区
繁殖生境	草原、牧场及干旱、开阔的灌丛
巢的类型及巢址	无巢型，卵直接产于地面
濒危等级	无危
标本编号	FMNH 7640

成鸟体长
19～21 cm

孵卵期
21～22 天

窝卵数
2 枚

328

北美小夜鹰
Phalaenoptilus nuttallii
Common Poorwill
Caprimulgiformes

窝卵数

北美小夜鹰的卵为淡粉色或淡黄褐色，杂以淡淡的紫色斑点。卵的尺寸为 26 mm × 20 mm。虽然在光秃的地表上鸟卵就已经足够隐蔽了，但通常雌鸟还是会将卵产在靠近岩石或低矮植被的旁边，以获得一定的遮挡。

北美小夜鹰生活在面积广大的干旱草原或半荒漠生境中。在它们生活的高山地区，夏天的夜晚和冬季都十分寒冷，因此北美小夜鹰演化出了一种十分独特的本领，可以使其在数天或数周之内进入一种类似冬眠的状态 —— 蛰伏。在这种状态下，成鸟的体温会有所下降，所有的新陈代谢活动速率都有所减缓。

如果在繁殖期遭遇恶劣天气，或食物资源匮乏时，负责孵卵的亲鸟，无论是雌鸟还是雄鸟，都会将身体覆盖在鸟卵上，同时新陈代谢也会减慢而进入蛰伏状态。当天气转好、亲鸟体温回升后，它们便会重新开始孵卵。在孵卵期，通常鸟卵每天都会被移动一段距离，这也许是为了调整卵在阳光下的暴露程度或调节温度，也或许是为了避免捕食者找到原来的巢址。

实际尺寸

目	夜鹰目
科	夜鹰科
繁殖范围	北美洲南部
繁殖生境	松树林、橡树林或干旱的混合林
巢的类型及巢址	无巢型，卵直接产于落叶或裸露的地面上
濒危等级	无危
标本编号	FMNH 18375

卡氏夜鹰
Caprimulgus carolinensis
Chuck-will's-widow

Caprimulgiformes

成鸟体长
28～32 cm
孵卵期
20～21 天
窝卵数
2 枚

329

卡氏夜鹰体型较大、体色较深，它们会在月空中不停地鸣叫并捕捉飞行的昆虫。这种鸟用宽大的嘴来捕捉猎物。卡氏夜鹰嘴边呈漏斗状分布的羽毛叫作须羽，这些羽毛扩大了空中"网捕"昆虫的面积。

卡氏夜鹰的鸣声在一些与繁殖相关的行为中也会出现。例如，雄鸟的领域通常位于小路附近的开阔地，在保卫其领域时，它们会一边追逐闯入者一边发出类似咆哮的鸣声。再如，在雄鸟求偶炫耀吸引雌鸟时，它们的鸣叫则十分响亮：雄鸟会落在地面上一处相对干净的地方，通常是小路的中间，并在此处展开翅膀和尾巴上的羽毛进行鸣叫。在雌雄双方确立配偶关系后，雌鸟会在地面上独自挖掘盛放鸟卵的浅坑，但雌雄双方都会参与孵卵。

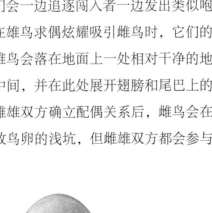

窝卵数

卡氏夜鹰的卵为淡粉色，杂以棕色或淡紫色斑点。卵的尺寸为 36 mm × 26 mm。卵具有伪装色，而卧于其上孵卵的亲鸟使其在地面上变得更加隐蔽。

实际尺寸

目	夜鹰目
科	夜鹰科
繁殖范围	欧洲西南部及非洲西北部
繁殖生境	开阔灌丛及稀疏的干旱林
巢的类型及巢址	无巢型，卵直接产于地面
濒危等级	无危
标本编号	FMNH 1356

成鸟体长	
30～34 cm	
孵卵期	
18 天	
窝卵数	
2 枚	

330

红颈夜鹰
Caprimulgus ruficollis
Red-necked Nightjar

Caprimulgiformes

窝卵数

红颈夜鹰在一些地区较为常见，通常会集松散的繁殖群繁殖，巢址之间的距离较其他夜鹰的更近，大约只有几十米，而不是几百米。

与同种其他个体比邻而居显然益处多多，这与和邻居抢夺领域、争抢食物或被捕食者发现所付出的代价相比简直不值一提。例如，有研究显示，当红颈夜鹰之间巢址距离较近时，它们保卫其领域的行为就会减弱，但集群保卫鸟巢，即围攻闯入者的行为则会加强。类似的是，群体繁殖密度越大，繁殖阶段也就越同步，因为当有越多的卵或雏鸟同时出现时，每个巢被捕食的概率也就越小。

实际尺寸

红颈夜鹰的卵为乳白色，杂以紫色和棕色斑点。卵的尺寸为 30 mm × 22 mm。雌雄双方共同孵化鸟卵，亲鸟会在白天卧于卵上，这样可以借着自身极具伪装色的羽衣为鸟卵提供庇护，使得它们难以被捕食者发现。

目	夜鹰目
科	夜鹰科
繁殖范围	北美洲东部
繁殖生境	落叶林或针阔混交林，具稀疏的林下植被
巢的类型及巢址	浅坑，位于树叶堆中或裸露的地面上
濒危等级	无危
标本编号	FMNH 19285

成鸟体长
22～26 cm

孵卵期
19～21 天

窝卵数
2 枚

331

三声夜鹰
Caprimulgus vociferus
Eastern Whip-poor-will

Caprimulgiformes

三声夜鹰是一种较为常见的夜鹰，它们的鸣声响亮，因此在英语中被称作"Whip-poor-will"。为了建立配偶关系，雌雄之间会进行求偶展示，包括追逐、舞蹈以及鸣叫、飞行，时而在空中，时而在地面，时而在林间的空场里，又时而在小路上。在开始繁殖后，雌鸟会将卵产于林间的地面上，孵卵这一过程从第一枚鸟卵产下后就会开始。产卵与月亮的运行周期有关，鸟卵常在月光明亮之时孵化，这使得亲鸟能够更容易在夜间捕食，并为自己和雏鸟提供足够的食物。

在鸟卵孵化一周之后，雏鸟将由雄鸟独自照料，而雌鸟则会离开并在别处产第二窝卵。这一行为十分必要，因为虽然夜鹰卵及雏鸟的伪装从视觉上讲近乎完美，且雏鸟能够移动并离开鸟巢分散开来，但在地面上活动的捕食者，还是能够通过嗅觉线索找到它们，而这通常会导致整窝雏鸟被捕食。

窝卵数

三声夜鹰的卵为乳白色或灰白色，杂以淡紫色、黄色或棕色斑点。卵的尺寸为 29 mm × 21 mm。

实际尺寸

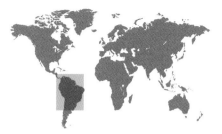

目	夜鹰目
科	林鸱科
繁殖范围	中美洲及南美洲
繁殖生境	开阔的森林及稀疏草原
巢的类型及巢址	卵产于倒木的凹坑中或树干上
濒危等级	无危
标本编号	WFVZ 172910

成鸟体长
33~38 cm

孵卵期
30~33 天

窝卵数
1 枚

332

林鸱
Nyctibius griseus
Common Potoo
Caprimulgiformes

林鸱的卵为白色，杂以紫色斑点。卵的尺寸为
42 mm×31 mm。虽然没有鸟巢的保护，但卧于鸟
卵上孵卵的成鸟却身披隐蔽色极强的羽衣，这也能
够为鸟卵提供保护。

林鸱是夜鹰的近亲，分布于热带地区，它们会在明
亮的阳光下度过白天的时光，却很少被鹰、隼或人类发
现。林鸱羽毛的色调与树皮的颜色十分相似，它们挺着
脖子、伸着嘴，颜色和形状都与环境融为一体，看起来
就像树桩上一段突出来的折断的树枝。夜鹰在夜晚捕捉
飞行中的昆虫，但林鸱与夜鹰不同，它们会站立于栖枝
上，处于制高点寻找昆虫，在确定昆虫的位置后便会突
然出击将其捕获。

繁殖季开始于林鸱雄鸟吸引雌鸟时发出的有特点的
鸣叫，四声一度，十分响亮。在其与雌鸟交配之后，雌
鸟便会产下一枚鸟卵。鸟卵孵化后，这唯一的雏鸟会
在夜晚得到来自亲鸟双方共同的照顾。利用红外成像
研究，人们发现随着林鸱雏鸟逐渐长大，它们从亲鸟那
里得到的照顾也会逐渐减少，在等待亲鸟回巢喂食的时
候，雏鸟有时也会自己抓捕附近的飞虫。

实际尺寸

目	夜鹰目
科	油鸱科
繁殖范围	南美洲北部
繁殖生境	森林中或其附近的洞穴中
巢的类型及巢址	盘状巢，由反吐出的果浆及粪便混合而成，鸟巢多见于洞穴内崖壁的突出处
濒危等级	无危
标本编号	FMNH 2496

油鸱
Steatornis caripensis
Oilbird

Caprimulgiformes

成鸟体长	41～49 cm
孵卵期	32～35 天
窝卵数	2～4 枚

333

窝卵数

　　油鸱分布于新热带界，营集群生活。这种鸟在固定的繁殖群中繁殖，并集大群觅食。油鸱因重复的嘀嗒鸣声而为人熟知。这样的鸣声是一种特别的定位方式。这是一种趋同进化，与蝙蝠和海豚类似。油鸱可以通过回声定位在黑暗的洞穴中找到自己的巢，或在被夜幕笼罩的森林中寻找果树。除了油鸱之外，具有回声定位本领的鸟类，就只有分布于亚洲的金丝燕了。

　　油鸱全年都会在同一个洞穴中夜宿，它们会与配偶维持稳定的关系，即使在非繁殖季也是如此。油鸱会年复一年地利用同一个鸟巢，在孵卵期和育雏期由于新的巢材特别是粪便的添加，鸟巢会逐年变高。雏鸟在出飞前体重甚至会超过亲鸟的50%，当地人曾经就在雏鸟发育的这个阶段捕捉它们，以取食这些"小肥鸟"的肉和脂肪。

油鸱的卵为白色，具光泽，其尺寸为 42 mm×33 mm。在孵卵期，鸟卵会在巢中被不断翻动并粘上粪便和果浆，这会使其逐渐变脏。

实际尺寸

目	雨燕目
科	雨燕科
繁殖范围	北美洲东部及中部
繁殖生境	曾繁殖于林地中，现活动于城市高楼之间
巢的类型及巢址	杯状巢，由短小的树枝搭建，被唾液黏结干燥后变硬，筑于墙面之上；曾繁殖于大型树洞的竖直表面，现多繁殖于烟囱、通风竖井、井或其他内部空间
濒危等级	近危
标本编号	FMNH 7785

成鸟体长
12～15 cm

孵卵期
19～21 天

窝卵数
4～5 枚

334

窝卵数

烟囱雨燕
Chaetura pelagica
Chimney Swift

Apodiformes

　　尽管人们通常认为，烟囱雨燕能在空中完成任何事情，但实际上，在其繁殖过程中的许多重要阶段都必须降落到地面完成：它们需要收集细枝用以搭建鸟巢，它们会在巢附近的竖直墙壁上交配，雌雄双方轮流孵卵的过程也是如此。雏鸟能够忍耐温度的大幅波动，当气温经历短暂降低时，当雏鸟获得的昆虫减少时，它们便会进入一种类似冬眠的状态——蛰伏，雏鸟能够借此来降低新陈代谢速率以节约能量。

　　烟囱雨燕是一种经常鸣叫的食虫鸟类，常集群活动，它们已经在北美洲的一些大城市里找到了适宜繁殖的地点。这种鸟曾经广泛分布于北美洲中东部地区。繁殖季时，它们常在一些工业城市的天空中活动，冬季则会迁徙至南美洲越冬，但人们并非悉知整个种群中全部个体的去向。在人们尚不完全知晓烟囱雨燕每年生活周期的情况下，这种曾经十分常见的鸟类，其种群数量也正经历着持续的下降。

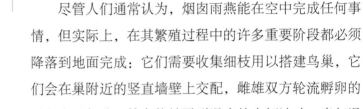

实际尺寸

烟囱雨燕的卵为白色，具光泽，其尺寸为 21 mm × 14 mm。每枚鸟卵的重量占雌鸟体重的 10%，因此满窝卵意味着雌鸟巨大的繁殖投入。

目	雨燕目
科	雨燕科
繁殖范围	欧洲温带地区，非洲北部及亚洲中部
繁殖生境	森林、有建筑物的地区，附近具开阔的空间
巢的类型及巢址	杯状巢，由空中漂浮的植物组织、蜘蛛丝、羽毛及唾液筑成，鸟巢多见于树洞中或崖壁上，亦筑巢于屋檐之下或墙洞之中
濒危等级	无危
标本编号	FMNH 2404

普通雨燕
Apus apus
Common Swift

Apodiformes

成鸟体长	16～17 cm
孵卵期	20～22 天
窝卵数	2～3 枚

335

普通雨燕是在空中生活的能手，是真正御风而行的鸟类。无论是活动、觅食，还是睡觉、交配，这些行为都在半空中进行，它们甚至会在空中收集巢材。普通雨燕的唾液腺在繁殖季会变得十分发达，唾液会与巢材混合在一起黏合成鸟巢。对普通雨燕来说，鸟巢是十分重要的"资产"，因此它们通常会修葺并重新利用旧巢，而不是每年都修建新巢。

雄性普通雨燕会集小群活动。在开始繁殖之前，每只雄鸟都会寻找一个适宜的巢址，之后便会追求雌鸟的芳心。在雌鸟接受雄鸟的邀约后，便会视察潜在巢址并允许雄鸟梳理自己面部的羽毛。普通雨燕为单配制鸟类，它们在热带地区度过大半年之后，便会返回上一年的巢址繁殖，年年如此。

窝卵数

实际尺寸

普通雨燕的卵为纯白色，其尺寸为 24 mm × 16 mm。亲鸟双方会轮流孵化鸟卵，能够成功繁殖后代的配偶会年复一年地配对繁殖。

目	雨燕目
科	蜂鸟科
繁殖范围	南美洲西北部
繁殖生境	安第斯山脉两侧热带地区潮湿的森林中
巢的类型及巢址	小型悬挂巢，由苔藓和植物的茎筑成，附着于树冠层的树枝上
濒危等级	无危
标本编号	FMNH 2944

成鸟体长
9～20 cm

孵卵期
15～17 天

窝卵数
2 枚

336

长尾蜂鸟
Aglaiocercus kingi
Long-tailed Sylph
Apodiformes

窝卵数

长尾蜂鸟是雌鸟进行性选择的最好例证，它们会选择具有夸张饰羽的雄鸟。除了吸引雌鸟之外，雄鸟那长长的尾羽并没有什么实际作用。实际上，只有那些身体状况优良的雄鸟，才能拖着长长的尾羽飞行、觅食、逃跑、警戒和保卫其领域。而作为回报，也只有这些受到雌鸟青睐的雄鸟，才能将自己的基因传递给后代。

雌性长尾蜂鸟会负责与繁殖有关的一切事宜，包括筑巢和孵卵。为了满足迅速成长的雏鸟的能量需求，雌鸟不但要喂给它们高能量的花蜜，还要捕捉那些或飞行、或栖于树叶和树枝上的昆虫，为自己和雏鸟提供足够的蛋白质。

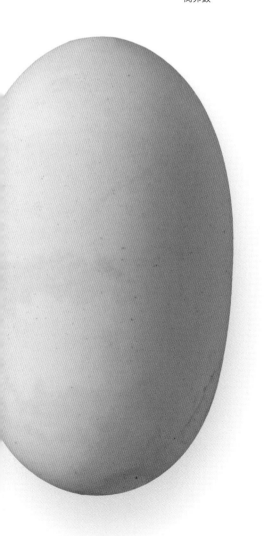

实际尺寸

长尾蜂鸟的卵为纯白色，其尺寸为 13 mm×7 mm。这种鸟的巢中不一定总有卵，因为在繁殖季之外的时间里，雌鸟也会在巢中夜宿。

目	雨燕目
科	蜂鸟科
繁殖范围	南美洲北部
繁殖生境	山地森林林缘及开阔灌丛
巢的类型及巢址	杯状编织巢，附着于低矮的灌丛或树木上
濒危等级	近危
标本编号	FMNH 2928

成鸟体长
11～13 cm
孵卵期
不详
窝卵数
2 枚

337

铜腹毛腿蜂鸟
Eriocnemis cupreoventris
Coppery-bellied Puffleg

Apodiformes

铜腹毛腿蜂鸟体型虽小，却是在山地森林和灌丛中生活的能手，它们倾向于定居在稀疏而发育不良的森林或林缘地带，以花筒较长的花的花蜜为食。在一些有铜腹毛腿蜂鸟分布的地区，它们的栖息地已经被局限在一个个斑块之中，而这里的森林却因农业或牧业需求而面临被开垦的命运，这也导致铜腹毛腿蜂鸟的濒危等级被提升至近危级。这种蜂鸟具有种间攻击性，它们不会容忍其他种蜂鸟闯入自己的领域并在其中觅食。

铜腹毛腿蜂鸟无论雌雄，在其腿的基部均具有一个像育儿袋一样的结构，它实际上是一簇白色的羽毛（因此这一属所有种类都被称作"毛腿蜂鸟"）。同大多数其他种类的蜂鸟一样，铜腹毛腿蜂鸟雌鸟的羽毛也具有光泽。人们对这种蜂鸟的繁殖生物学及生活史知之甚少，因此人们甚至曾把一个羽毛全黑的"铜腹毛腿蜂鸟"个体看成是一个独立的物种。

窝卵数

实际尺寸

铜腹毛腿蜂鸟的卵为纯白色，无杂斑。卵的尺寸为 13 mm × 8 mm。人们对这种鸟的繁殖和亲代照料行为知之甚少，但这些信息对评估风险、制订保护方案和管理计划却十分重要。

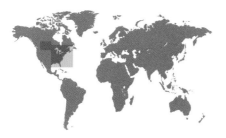

目	雨燕目
科	蜂鸟科
繁殖范围	北美洲东部
繁殖生境	落叶林及田野，包括果园和灌丛
巢的类型及巢址	小型杯状巢，大小似胡桃，紧紧地附着于矮树枝上
濒危等级	无危
标本编号	FMNH 2061

成鸟体长	7～9 cm
孵卵期	12～14 天
窝卵数	2 枚

338

红喉北蜂鸟
Archilochus colubris
Ruby-throated Hummingbird

Apodiformes

窝卵数

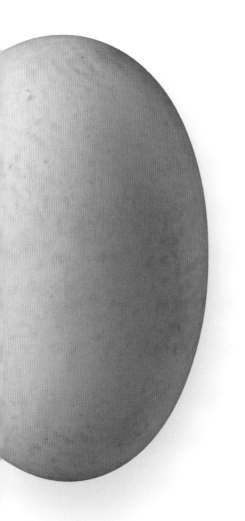

红喉北蜂鸟是唯一一种在北美洲东部地区繁殖的蜂鸟，其繁殖范围的面积比任何一种在北半球繁殖的蜂鸟都要大。每到迁徙季节，它们都会长途跋涉数千千米。春天，雄红喉北蜂鸟会向雌鸟展示一种特别的炫耀表演，它们会进行扫地式的飞行，看起来就像一个钟摆，同时还会展开红色的喉部羽毛。雄鸟不会承担任何亲代照料，它们既不筑巢，也不孵卵，更不会照顾雏鸟。

红喉北蜂鸟的巢筑于树枝端部，而且通常是向下倾斜的树枝。鸟巢由松软的植物纤维和蜘蛛丝混合修筑而成，并用苔藓伪装。雏鸟孵出后，深深的鸟巢将为它们提供安全的保护。有时，一双细弱的长嘴会从巢口探出，这表明鸟巢正在被使用。

实际尺寸

红喉北蜂鸟巢中的卵看起来就像是一粒粒珍珠，颜色纯白但缺少光泽。卵的尺寸为 13 mm×9 mm，卵的重量比曲别针还要轻。

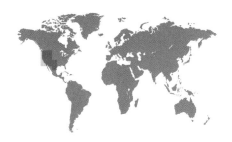

目	雨燕目
科	蜂鸟科
繁殖范围	北美洲西部
繁殖生境	沿河林地、灌丛林地以及高海拔的荒漠地区
巢的类型及巢址	深杯状巢，由蜘蛛丝及植物筑成，多见于树上
濒危等级	无危
标本编号	FMNH 134

成鸟体长
8.5～9.5 cm

孵卵期
12～16 天

窝卵数
2 枚

黑颏北蜂鸟
Archilochus alexandri
Black-chinned Hummingbird
Apodiformes

窝卵数

　　黑颏北蜂鸟体型较小，羽毛颜色不显眼，但它们在美国东部地区却广为人知，这是因为它们能够很好地适应变化着的环境。这种蜂鸟从原来的繁殖生境——现已日渐稀少的河边树林，扩展到高大的树木及少有干扰的灌丛，以及市郊房屋的后花园，还有城市公园之中。雄鸟会十分积极地保卫领域，并驱逐入侵者；它们还会向靠近的雌鸟展示特别的俯冲技能。

　　在鸟卵受精后，雄鸟会将注意力转移到吸引其他雌鸟上，而不会尽任何亲鸟的责任；而雌鸟则独自收集蛛丝、蚕丝和植物纤维。雌鸟也将独自孵化鸟卵，并会给雏鸟饲喂混合着富含能量的花蜜及富含蛋白质的昆虫。

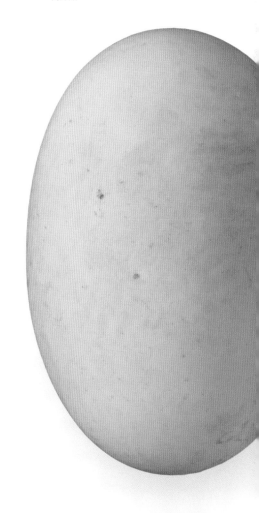

实际尺寸

黑颏北蜂鸟的卵为纯白色，其尺寸为 13 mm × 9 mm。鸟巢由蜘蛛丝编织而成，具有弹性，随着鸟卵的孵化和雏鸟的发育，它可以伸展扩大开并适于容纳下亲鸟及雏鸟的身体。

目	雨燕目
科	蜂鸟科
繁殖范围	北美洲西南部
繁殖生境	荒漠及半荒漠地区，茂密的树丛
巢的类型及巢址	杯状巢，由植物和蛛丝筑成，多见于灌丛和树木的枝丫上
濒危等级	无危
标本编号	FMNH 16408

成鸟体长
9～10 cm

孵卵期
15～18 天

窝卵数
2～3 枚

340

科氏蜂鸟
Calypte costae
Costa's Hummingbird

Apodiformes

窝卵数

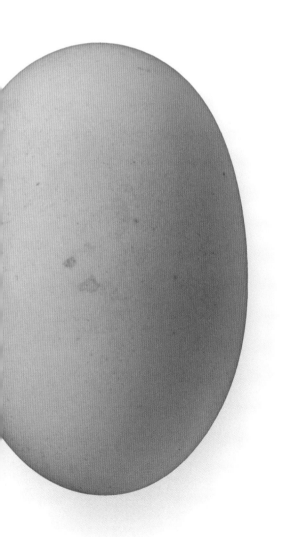

科氏蜂鸟栖居于美国西部的索诺兰沙漠之中。某些种群会迁徙到墨西哥沿海地区越冬，而另一些则会终年留居在索诺兰沙漠。如果一只科氏蜂鸟成鸟在沙漠中经历了一个极度寒冷的夜晚，那么它或将进入蛰伏状态，心率也会从每分钟 500 次下降到 50 次，这样可以节约能量以坚持到黎明的到来。

在雌鸟迁徙到繁殖地之前，雄鸟会与 1～3 只雄鸟进行空中炫耀比拼并争夺领域。当雌鸟迁徙至此时，雄鸟与领域附近的雄鸟之间会展开吸引雌鸟的较量。然而，在交配完成之后，从筑巢到雏鸟出飞之间的全部工作都将由雌鸟独自完成。雌鸟会用植物纤维和蛛丝等材料，在树枝上搭建一个疏松的杯状鸟巢。当雌鸟卧于巢中并用颊部蹭其边缘时，就意味着这个鸟巢修筑完成了。

实际尺寸

科氏蜂鸟的卵为白色，无杂斑。其尺寸为 12 mm×8 mm。雌鸟在修筑好鸟巢后，会隔上两天至三天才开始产卵，这或许是为之后照顾鸟卵积攒能量。

目	雨燕目
科	蜂鸟科
繁殖范围	北美洲西北部，包括阿拉斯加
繁殖生境	开阔林地、次生林
巢的类型及巢址	杯状巢，筑于针叶树或阔叶树之上，为下垂的树枝所隐蔽，或20～30只个体集群繁殖
濒危等级	无危
标本编号	FMNH 3008

成鸟体长
7～9 cm

孵卵期
15～17 天

窝卵数
2～3 枚

341

棕煌蜂鸟
Selasphorus rufus
Rufous Hummingbird

Apodiformes

窝卵数

棕煌蜂鸟在南美洲越冬，但它们的繁殖地却比其他所有种蜂鸟都要靠北，甚至可达北纬 61° 的阿拉斯加地区。考虑到棕煌蜂鸟的体型之小，因此它们的迁徙距离比其他任何鸟种的都更为遥远。它们也具有比其他种蜂鸟都更短的繁殖期，棕煌蜂鸟繁殖于太平洋东北部地区，那里的夏季转瞬即逝。但在那些相对温暖的日子里，每天的白昼时间也比较长，因此雏鸟有足够多的时间捕捉昆虫，这使得它们能够十分快速地生长。

尽管棕煌蜂鸟的迁徙为人所熟知，但关于其繁殖生物学的知识却十分匮乏。与雄鸟相比，雌鸟的羽色更加暗淡而隐蔽。雌鸟独自筑巢，它们会嘴对嘴地饲喂雏鸟。在太阳落山之前，雌鸟饲喂食物的频率会逐渐上升，这或许是因为夜幕降临之后就不能捕捉食物给雏鸟吃了，因此它们会在此时喂饱雏鸟。

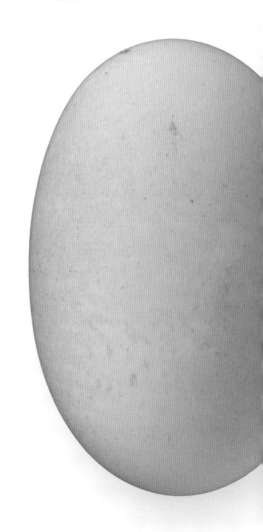

实际尺寸

棕煌蜂鸟的卵为白色，无杂斑，其尺寸为 13 mm × 9 mm。雏鸟通常隔天或隔一天孵出，这意味着孵卵从它们产下时就已经开始了。

目	雨燕目
科	蜂鸟科
繁殖范围	中美洲及南美洲北部
繁殖生境	开阔的林地、次生林、咖啡种植园及花园
巢的类型及巢址	杯状巢，由植物及蛛网筑成，外侧覆盖以苔藓，多见于树木分支的尽头
濒危等级	无危
标本编号	FMNH 2742

成鸟体长
7～10 cm

孵卵期
15～17 天

窝卵数
2～3 枚

342

灰腹蜂鸟
Amazilia saucerrottei
Steely-vented Hummingbird
Apodiformes

窝卵数

　　灰腹蜂鸟十分显眼，它们分布于热带地区，即使在很多有人类活动的地方，包括林缘、花园和公园等地也都很常见。灰腹蜂鸟每日活动都会围绕觅食展开，它们每天都会从寻找并积极保卫一种富含花蜜而成片生长的植物花朵开始。无论雌鸟还是雄鸟，它们都会积极地保卫觅食领域，防止其他个体侵入；只有在繁殖季节，雄鸟才会允许雌鸟接近，雄鸟也会在此时进行求偶展示。灰腹蜂鸟雌雄之间不会形成稳定的配偶关系，雌鸟将会独自承担筑巢、孵卵及亲代照料的全部重任。

　　基于灰腹蜂鸟多样化的鸣声，一些科学家建议将分布于中美洲及南美洲的两个种群划分成两个物种，但对此需要更深入的研究，因为鸣声的分化不一定意味着基因也存在差别。同鹦鹉和鸣禽一样，灰腹蜂鸟也会通过模仿其他个体来学习如何鸣唱，因此它们会通过文化的传承将鸣声传递给下一代。

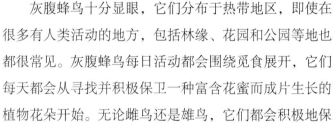

实际尺寸

灰腹蜂鸟的卵为白色，无杂斑，其尺寸为 14 mm × 9 mm。尽管鸟卵为明亮的白色，但它们深深地隐藏在狭小的巢杯之中，因此捕食者从绝大多数角度都无法发现它们。

目	咬鹃目
科	咬鹃科
繁殖范围	北美洲南部及中美洲
繁殖生境	干旱树林、多刺灌丛及河边林地
巢的类型及巢址	树洞巢，无垫材
濒危等级	无危
标本编号	FMNH 3129

铜尾美洲咬鹃
Trogon elegans
Elegant Trogon
Trogoniformes

成鸟体长	28～30 cm
孵卵期	17～19 天
窝卵数	2～4 枚

铜尾美洲咬鹃的适应性较强，它们不会只出现在某一种独特的生境中，而是根据当地的情况来调整觅食和繁殖行为，因此无论是在低地的干旱森林中还是高山针叶林中，都能见到它们的身影。铜尾美洲咬鹃是一种专性洞巢鸟类，但自己却不能开凿洞穴，因此它们主要是利用啄木鸟弃用的旧巢并在其中繁殖。在森林中，由于对洞巢的竞争十分激烈，铜尾美洲咬鹃有时会在与更好斗的鸟类，例如鹟和鸮的争夺中败下阵来。

铜尾美洲咬鹃的巢址由雌雄双方共同选定。通常巢洞先由雄鸟发现，它会反复鸣叫着呼唤雌鸟，并一遍又一遍地将头探入树洞中。如果雌鸟没有看中这个树洞，雄鸟将会继续寻找其他树洞，并在下一个合适的洞巢洞口处重复之前的动作。在确定巢址及雌鸟产下鸟卵之前，雌雄双方会共同检查并试用多个这样的树洞。

窝卵数

实际尺寸

铜尾美洲咬鹃的卵为白色，卵色暗淡却透着蓝色色调。卵的尺寸为 27 mm × 22 mm。亲鸟双方都会孵化鸟卵，而且各方付出的时间几乎均等。

目	咬鹃目
科	咬鹃科
繁殖范围	中美洲
繁殖生境	山地云雾林
巢的类型及巢址	树洞巢，开掘于腐烂的树干之上
濒危等级	近危
标本编号	WFVZ 24329

成鸟体长	36～105 cm
孵卵期	18 天
窝卵数	2 枚

344

凤尾绿咬鹃
Pharomachrus mocinno
Resplendent Quetzal

Trogoniformes

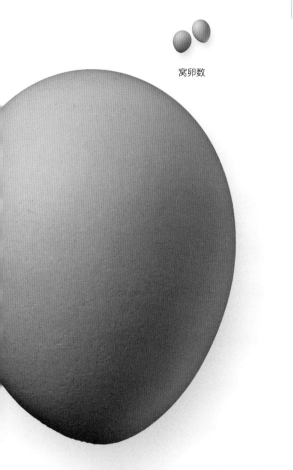

窝卵数

在中美洲地区，无论是在现代文化还是古代文化中，凤尾绿咬鹃都受到人们的尊崇。因为长有漂亮的羽毛，它们也因此付出了惨重的代价：其羽毛常被猎人及羽毛收集者所收藏。雄鸟生有一对飘带一样的中央尾羽，其长度可达 60 cm，这样长的尾羽很难在孵卵时完全进入巢中。它们通常会将尾羽折放到背上，但仍会从洞巢中伸出，看起来就像长在树上的蕨类植物。

这种绿咬鹃的婚配制度为单配制，雌雄双方会合力在一棵大树腐烂的树干上开凿洞穴。同一个树洞能够被反复利用。鸟卵孵化之后，亲鸟双方共同照顾雏鸟，为雏鸟提供水果、浆果和昆虫等食物。当幼鸟快要出飞时，雌鸟便会"背井离乡"，留下雄鸟独自照顾幼鸟，直到幼鸟可以独立生活。

凤尾绿咬鹃的卵为淡蓝色，无杂斑，其尺寸为 36 mm × 33 mm。鸟巢位于腐烂树木的枝条之上，鸟卵易受到天气影响而损坏，或被捕食者吃掉，凤尾绿咬鹃的竞争者也能顺着腐烂的树木轻而易举地接近鸟卵。

实际尺寸

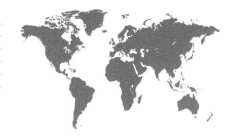

目	佛法僧目
科	短尾鸼科
繁殖范围	伊斯帕尼奥拉岛
繁殖生境	低海拔干旱森林及灌丛
巢的类型及巢址	具通道及巢室的洞巢，开掘于沙堤或土堤之上
濒危等级	无危
标本编号	FMNH 19142

阔嘴短尾鸼
Todus subulatus
Broad-billed Tody

Coraciiformes

成鸟体长
11～12 cm
孵卵期
16～20 天
窝卵数
3～4 枚

345

窝卵数

阔嘴短尾鸼隶属于一个独特的类群，该类群鸟类仅分布于加勒比地区，这种鸟也是在伊斯帕尼奥拉岛（Hispaniola）上有分布的两种短尾鸼中的一种。这两种短尾鸼生活在不同的海拔和林型中。在所有分布于大安地列斯群岛（Greater Antillean Islands）的短尾鸼中，只有这么一个此地特有的物种。阔嘴短尾鸼体型较小，占据了岛上的一个独特的生态位，它们会在地洞附近寻找昆虫，并会在那里筑巢。

在繁殖季到来之前，阔嘴短尾鸼过着独居的生活，它们常站立于伸出的树枝上，寻找附近空中及地面上活动的昆虫。阔嘴短尾鸼会通过复杂而长时间的空中炫耀展示来建立配偶关系，雌雄双方会相互追逐，并通过拍打硬挺的羽毛发出嘎嘎的声响。阔嘴短尾鸼为单配制，雌雄双方合作挖掘鸟巢的巢室和通道，它们还将共同孵卵、育雏。

实际尺寸

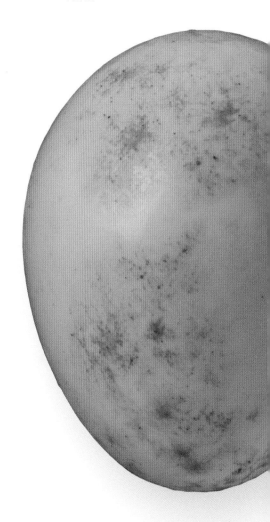

阔嘴短尾鸼的卵为白色，无杂斑，其尺寸为 17 mm × 13 mm。在孵卵的过程中，亲鸟会啄取红色的泥土修补鸟巢的内壁，因此白色的鸟卵也会逐渐变脏。

目	佛法僧目
科	翠鸿科
繁殖范围	南美洲热带低海拔地区
繁殖生境	竖直面
巢的类型及巢址	竖直的土堤或沙堤中开凿的通道
濒危等级	无危
标本编号	FMNH 237

成鸟体长
46～48 cm

孵卵期
17～22 天

窝卵数
3～4 枚

346

蓝顶翠鸿
Momotus momota
Amazonian Motmot
Coraciiformes

窝卵数

蓝顶翠鸿的卵为白色，无杂斑，其尺寸为
29 mm × 26 mm。亲鸟双方会轮流孵卵，而
夜班通常由雌鸟值守。

同其他种翠鸿一样，蓝顶翠鸿的羽毛也为蓝绿色，
它们也具有两根形状像球拍一样的尾羽。无论雌鸟还是
雄鸟，都长有这种形状独特的尾羽，但雄鸟的要略长于
雌鸟。这样的尾羽或许有助于提高翠鸿的生存概率；对
雄鸟来说，这还有助于吸引雌鸟。当有捕食者接近时，
雌鸟和雄鸟都会频繁地摆动尾羽，这样可以给捕食者一
个信号，使其不再发动攻击。在繁殖期到来时，雌鸟或
许会选择尾羽更长的雄鸟作为配偶。

在建立配偶关系后，雌雄双方会用它们那强壮的喙
和脚，在潮湿的土壤中合力挖出一个最长可达 1.5 m 的
洞穴。蓝顶翠鸿不会集群筑巢。很多巢口的位置都隐藏
在较大洞穴的内部，或隐蔽于茂密的落叶之下。

实际尺寸

目	佛法僧目
科	翠鸟科
繁殖范围	欧亚大陆温带及南部地区
繁殖生境	植被茂密的河畔及湖岸
巢的类型及巢址	洞巢，开掘于河堤
濒危等级	无危
标本编号	FMNH 1358

普通翠鸟
Alcedo atthis
Common Kingfisher

Coraciiformes

成鸟体长
16～17 cm

孵卵期
19～21 天

窝卵数
5～7 枚

347

普通翠鸟具有领域性。雌鸟和雄鸟会分别保卫各自的领域。在早春时节，当繁殖季到来时，它们的觅食领域则会合二为一。筑巢、孵卵及育雏等工作由雌雄双方共同承担。雌鸟负责夜晚的工作，而到了白天它们则会保卫其鸟巢。随着雏鸟日渐长成，它们会到洞口等待亲鸟喂食，而洞穴的通道和深处的巢室则充满了粪便、食物残渣和食丸的气味。

普通翠鸟在水中捕食，因此它们的出现代表着此地有清洁而水生生物丰富的水体，这是因为普通翠鸟需要在透明的水体中才能定位并抓住小鱼。捕鱼时，它们会先在空中悬停或站立于水边突出的树枝上寻找猎物，然后纵身一跃扎入水中将其抓获。

窝卵数

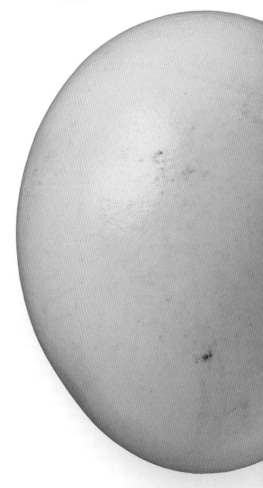

实际尺寸

普通翠鸟的卵为白色，略带粉色，无杂斑。卵的尺寸为 20 mm × 18 mm。洞穴通道向上延伸通向巢室，这样可以使鸟卵远离雨水或洪水。

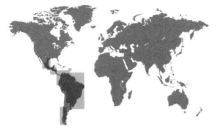

目	佛法僧目
科	翠鸟科
繁殖范围	北美洲南部、中美洲及南美洲
繁殖生境	河岸或湖畔，常具树林
巢的类型及巢址	通道及巢室，开掘于河堤之上
濒危等级	无危
标本编号	FMNH 21472

成鸟体长
40～41 cm

孵卵期
22～24 天

窝卵数
3～6 枚

348

棕腹鱼狗
Megaceryle torquata
Ringed Kingfisher

Coraciiformes

窝卵数

棕腹鱼狗体型较大而羽色显眼，它们是捕鱼的专家。这种鸟分布于从美国南部到巴塔哥尼亚（Patagonia）南部的地区。只有大面积的水域，才能满足棕腹鱼狗觅食的需求，它们每年都会在岸边的土坝上掘穴筑巢。亲鸟双方都参与筑巢，它们用强壮的喙疏松土壤并清出泥土，然后用脚将土刨到背后、踢出洞穴。洞穴会在旱季竣工，此时的水面很低，土坝大部分都露出水面，因此洞穴几乎不会有被水淹没的风险。较低的水位还会将鱼群聚集到一起。

亲鸟双方会轮流孵化鸟卵，并共同饲喂雏鸟。雌雄双方均等的承担亲代照料的职责，例如，每只亲鸟一次孵卵 24 小时，并会在每天清晨与配偶换班孵卵。

实际尺寸

棕腹鱼狗的卵为白色，具光泽，无杂斑。卵的尺寸为 44 mm×34 mm。处于孵卵期的棕腹鱼狗，雌雄双方都会在洞口吐出鱼鳞和鱼刺，这可以吸引苍蝇的到来，特别是在雏鸟孵出前。

目	佛法僧目
科	翠鸟科
繁殖范围	北美洲温带及亚北极地区
繁殖生境	内陆河流、池塘、三角洲及海湾
巢的类型及巢址	洞巢，位于隧道尽头，开掘于竖直的河堤或湖堤之上
濒危等级	无危
标本编号	FMNH 7333

成鸟体长
28～35 cm

孵卵期
22～24 天

窝卵数
5～8 枚

349

白腹鱼狗
Megaceryle alcyon
Belted Kingfisher

Coraciiformes

窝卵数

白腹鱼狗分布区的南界，即为棕腹鱼狗分布区的北界。这两种鸟的分布范围合在一起，完整地覆盖了整个美洲大陆。白腹鱼狗会在或静止、或流速缓慢的水体附近觅食，它们会站立于岸边伸出的树枝上俯冲入水，抓捕小鱼和无脊椎动物。

繁殖对会共同保卫领域，阻止竞争者闯入领域，并保卫食物和巢址资源。只有当亲鸟双方忙着饲喂日渐长成的雏鸟时，才会疏于保卫领域。此时，便会有一些没有找到适宜繁殖生境的繁殖对进入领域，而这些繁殖对通常是年轻的个体，它们会挖掘新的鸟巢并产下鸟卵，这会导致有一群雏鸟较晚孵出和一群幼鸟较晚出飞。这些晚出生雏鸟的存活率较低，但对于亲鸟来说，繁殖成功率较低也比根本没有后代强。

实际尺寸

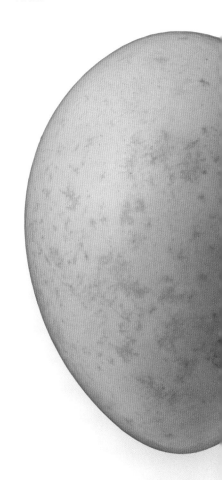

白腹鱼狗的卵为纯白色，具光泽，其尺寸为 34 mm × 27 mm。孵卵的一方仅根据鸣声就能判断出洞口外的白腹鱼狗是否为自己的配偶，因为当在洞口外回放其配偶的鸣声时，洞内个体的心率会突然上升。

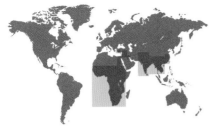

目	佛法僧目
科	翠鸟科
繁殖范围	撒哈拉以南非洲、亚洲南部及东部、地中海东部
繁殖生境	河流、湖泊、泛滥草原及河口
巢的类型及巢址	隧道尽头的巢室，开凿于水面以上的泥堤中
濒危等级	无危
标本编号	FMNH 20452

成鸟体长	24～26 cm
孵卵期	17～19 天
窝卵数	3～6 枚

350

斑鱼狗
Ceryle rudis
Pied Kingfisher

Coraciiformes

窝卵数

斑鱼狗的卵为纯白色，其尺寸为 29 mm × 24 mm。数个繁殖对或许会将巢筑在同一个土坝之上，巢与巢距离很近，因而形成一个松散的繁殖群。

斑鱼狗的分布范围十分广泛，它们的羽毛图案独特。这种鸟会悬停在水面之上，借助视觉寻找、定位并抓捕猎物。同鹭类及其他许多潜水捕鱼的鸟类一样，这种鱼狗也有能力矫正光线穿过水面与空气之间的界面产生的折射，因此它们能在半空中定位并准确地俯冲入水抓捕猎物。然而，一旦扎进水中，斑鱼狗便不能睁开双眼看清猎物，因此如果此时小鱼的位置发生了变化，它将捕获不到猎物，而只能回到空中重新在水面上悬停、捕猎。

斑鱼狗单独捕食，但会集大群夜宿，繁殖也会集群完成。无论是否具有亲缘关系，不繁殖的成年个体都会帮助繁殖个体喂养雏鸟。在这种"帮手"存在的情况下，具有亲缘关系的帮手会比无亲缘关系的帮手饲喂得更频繁；但无亲缘关系的帮手常常会在繁殖对的领域内待上数个繁殖季。当原先的繁殖对中一方死亡时，无亲缘关系的帮手便会继承这处领域。

实际尺寸

目	佛法僧目
科	翠鸟科
繁殖范围	北美洲南部、中美洲及南美洲
繁殖生境	沿溪流及河流分布的森林及红树林
巢的类型及巢址	长隧道，开凿于竖直的河堤上
濒危等级	无危
标本编号	FMNH 15195

绿鱼狗
Chloroceryle americana
Green Kingfisher
Coraciiformes

成鸟体长	19～24 cm
孵卵期	19～21 天
窝卵数	3～4 枚

351

在人类看来，绿鱼狗雌鸟要比雄鸟更漂亮，因为雌鸟胸部为栗色。但实际上，无论是雌鸟胸部的栗色，还是雄鸟胸部的锈色或白色，在鸟儿自身看来，或许别无二致。鸟类拥有与人类截然不同的视觉系统，明亮的白色，特别是混有紫外线者，在其他绿鱼狗看来，或许具有更多而不是更少的色彩。

在性二型的雌雄双方建立其繁殖地后，它们需要寻找一处适宜的泥堤或沙坝，并掘洞筑巢。雌雄双方会协力挖掘洞穴，它们将喙插入土中使之松动，然后用基部微微愈合的足趾将土刨到身后，这样就可以向深处挖掘了。

窝卵数

绿鱼狗的卵为苍白色，无斑点，卵的尺寸为24 mm×19 mm。亲鸟双方轮流孵卵，雌鸟主要负责夜晚，但有时白天它们也会孵卵。

实际尺寸

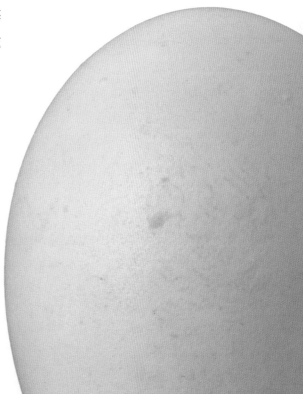

目	佛法僧目
科	蜂虎科
繁殖范围	欧洲中部及南部、非洲北部、亚洲西部
繁殖生境	草地、稀树草原及开阔森林
巢的类型及巢址	沙地上的洞穴或废弃的矿山，常临近河流
濒危等级	无危，局地濒危
标本编号	FMNH 21509

成鸟体长	27～29 cm
孵卵期	20～22 天
窝卵数	5～8 枚

352

黄喉蜂虎
Merops apiaster
European Bee-eater

Coraciiformes

窝卵数

黄喉蜂虎羽色艳丽，它们在繁殖季，即在 5 月～ 9 月初的时间里，会短暂居住在相对温暖的地区；而一年中剩余的大多数时间则在非洲和亚洲热带地区越冬。黄喉蜂虎雌雄外貌相同，而且它们会共同担负起繁殖的重任。雌雄双方共同挖掘新巢或修补旧巢，并在其中孵卵、育雏。黄喉蜂虎那些分布于热带及亚热带地区的近亲，即其他种蜂虎，还有合作繁殖的现象，成鸟会帮助繁殖的个体饲喂雏鸟，但这种情况在黄喉蜂虎身上却通常不会出现。

黄喉蜂虎是一种群居的鸟类，它们常常集群觅食、夜宿、筑巢。然而，在过去的三十年间，黄喉蜂虎的种群数量却呈现出下降的趋势。曾经很容易就能见到超过 100 个繁殖对的繁殖群，而现今这一数字却缩减至 20 个。

实际尺寸

黄喉蜂虎的卵为白色，无斑点。卵呈球形，其尺寸为 26 mm × 22 mm。卵随产随孵，因此雏鸟孵出的时间会有所间隔。

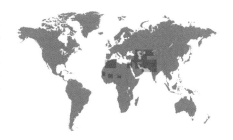

目	佛法僧目
科	蜂虎科
繁殖范围	非洲北部及亚洲西部
繁殖生境	干旱的稀树草原及半荒漠地区
巢的类型及巢址	洞巢，开掘于河堤之上
濒危等级	无危
标本编号	FMNH 21505

蓝颊蜂虎
Merops persicus
Blue-cheeked Bee-eater
coraciiformes

成鸟体长
17～40 cm

孵卵期
23～26 天

窝卵数
4～8 枚

353

蓝颊蜂虎，又叫马岛蜂虎，这种鸟繁殖于旱季那开阔而树木稀少的环境中。不同繁殖对的巢址相隔甚远，但它们有时也会集松散的群体繁殖。在非繁殖季，蓝颊蜂虎往往迁徙到撒哈拉以南的非洲地区，包括非洲东部和西部地区，生活在大河或红树林附近那些开阔的草原之上。

蓝颊蜂虎雌雄双方共同挖掘洞穴，它们无须帮手的帮助，便可均等地承担喂养雏鸟的工作。同其他所有种蜂虎一样，成年蓝颊蜂虎也会喂雏鸟以蜜蜂或黄蜂。它们用长而尖的喙抓住猎物，并在树枝或其他突出的物体上反复摔打、磨蹭这些猎物，以去掉毒针，然后再饲喂给雏鸟。

窝卵数

实际尺寸

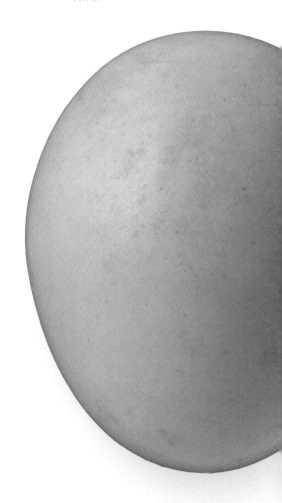

蓝颊蜂虎的卵为白色，无杂斑。卵的尺寸为 24 mm × 20 mm。鸟卵会被产在巢室中没有垫材的地面上，亲鸟双方轮流孵卵，夜班由雌鸟值守。

目	佛法僧目
科	佛法僧科
繁殖范围	欧洲、非洲北部及亚洲西部
繁殖生境	开阔的林地及稀树草原林地
巢的类型及巢址	树洞或岩洞之中，无垫材
濒危等级	近危
标本编号	FMNH 21428

成鸟体长	
29～32 cm	

孵卵期
17～19 天

窝卵数
3～6 枚

354

蓝胸佛法僧
Coracias garrulus
European Roller

Coraciiformes

窝卵数

蓝胸佛法僧的卵为纯白色，其尺寸为 36 mm×28 mm。巢中的雏鸟会散发出一种难闻的气味，以使依靠嗅觉寻找食物的小型哺乳动物和蛇类闻味而生畏。

蓝胸佛法僧繁殖于温带地区，越冬于非洲热带地区。在横跨地中海和中东地区迁徙的漫漫长路上，它们将会面对诸多生存威胁，包括人类对它们的抓捕和食用。在欧洲的一些国家，即使在蓝胸佛法僧繁殖种群受到严格保护的情况下，其种群数量在最近几十年间，依然在经历急剧的下降。

当地保护组织制作了一些人工巢箱，并将它们悬挂在那些天然却日渐稀少的适宜栖息地内。蓝胸佛法僧的巢通常由体型较大的啄木鸟在发育成熟的大树上开凿而成。人工巢箱为蓝胸佛法僧提供了很多新的并且安全的繁殖地，其繁殖成功率，即出飞幼鸟的数量占产卵数量的比例接近 90%，这对于受到生存威胁的物种来说已经是相当高了。

实际尺寸

目	佛法僧目
科	佛法僧科
繁殖范围	亚洲东部及东南部、澳大利亚北部及东部
繁殖生境	森林、具发育成熟树木的林地、市郊公园
巢的类型及巢址	树木或椰子树上的天然洞穴，或开掘于沙堤之上
濒危等级	无危
标本编号	FMNH 18859

三宝鸟
Eurystomus orientalis
Dollarbird
Coraciiformes

成鸟体长
25～30 cm

孵卵期
17～20 天

窝卵数
3～4 枚

355

三宝鸟的分布横跨了一个相当广泛的纬度范围，从赤道两侧的热带地区到太平洋西岸南北两侧的温带地区都能发现它们的踪迹。在繁殖季，三宝鸟身披与众不同的蓝色羽衣，雌雄双方会在突出的地方比肩而立，寻找并捕捉飞行的昆虫。在筑巢、产卵之前，它们还会经常共同进行求偶展示飞行。

因为澳大利亚没有啄木鸟，也没有它们开凿的树洞，所以那里的树洞对于鹦鹉和其他洞巢鸟类来说是十分珍贵而竞相争抢的稀缺资源。因此，三宝鸟必须积极地保卫洞巢。在一些安全的巢址，鸟卵能够安全孵化，雏鸟也能够顺利出飞，这些洞也会被常年地反复利用。

窝卵数

实际尺寸

三宝鸟的卵为白色，无斑点，卵的尺寸为 34 mm × 29 mm，一端略尖。亲鸟双方轮流孵化鸟卵并为雏鸟提供食物。

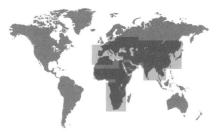

目	佛法僧目
科	戴胜科
繁殖范围	欧洲、非洲北部、撒哈拉以南非洲、亚洲中部及南部
繁殖生境	开阔地区、石楠灌丛、草原、稀树草原、草地及林间空地
巢的类型及巢址	树洞、沙堤洞或地洞
濒危等级	无危
标本编号	FMNH 20487

成鸟体长	25～32 cm
孵卵期	15～18 天
窝卵数	7～12 枚

356

戴胜
Upupa epops
Eurasian Hoopoe

Coraciiformes

窝卵数

戴胜这类鸟的英文名为"Hoopoe"，因其叫声而得名。它们常在草地上活动，外形令人印象深刻：浅褐色、黑色和白色相间的羽衣，长而下弯的喙，飞行轨迹呈波浪状。巢及雏鸟会散发出恶臭的气味，这使得戴胜在其广泛的繁殖范围内广为人知，并获得了"臭姑姑"（Stinky Hoopoe）这个绰号。

戴胜这种令人印象深刻的恶臭是应对鸟巢受到潜在风险的一种适应性对策。孵卵这项工作由雌鸟独自负责，它们的尾脂腺在鸟巢筑好之后会变得十分发达，雌鸟会将其分泌的油脂涂抹于羽毛上，从而散发出一种类似老鼠肉的气味。雏鸟的尾脂腺也会散发出这种恶臭的气味，这种气味与粪便混合，粘在翅膀或喙上，雏鸟还会发出像蛇一样嘶嘶的声音，从而吓退潜在的巢捕食者。

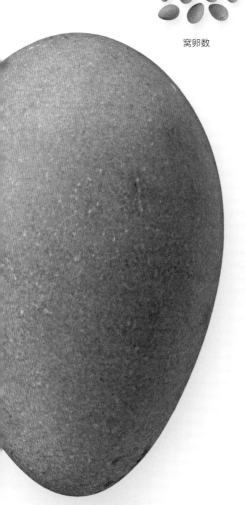

实际尺寸

戴胜的卵为乳白色，其尺寸为 25 mm×18 mm。当开始孵卵时，卵的颜色会经历剧烈的变化而呈现出深棕色，这是它们被巢中的垫材和粪便弄脏的结果。

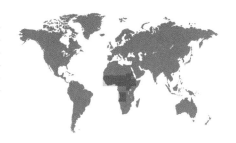

目	佛法僧目
科	林戴胜科
繁殖范围	撒哈拉以南非洲的热带地区，即赤道两侧
繁殖生境	干旱的稀树草原林地，多刺灌丛
巢的类型及巢址	树洞巢，无垫材
濒危等级	无危
标本编号	FMNH 14772

成鸟体长
26～30 cm
孵卵期
17～19 天
窝卵数
2～3 枚

黑弯嘴戴胜
Rhinopomastus aterrimus
Black Scimitarbill
Coraciiformes

黑弯嘴戴胜因长而下弯的喙得名。配偶双方会一起在大树上辗转腾挪，探寻隐藏在树皮之下的昆虫。黑弯嘴戴胜的行为，加之长长的尾羽和黑色的羽衣，使得它们在其生活的干旱森林中十分与众不同。

黑弯嘴戴胜常与它们那外形和颜色都较为相似的近亲——绿林戴胜出现在同一片区域，虽然从大体上看，它们的外貌和生态位十分相近，但二者的行为却迥然不同。黑弯嘴戴胜的每个繁殖对都独自繁殖，但绿林戴胜却会以较大的家庭群为单位活动，繁殖个体也会得到"帮手"的帮助。黑弯嘴戴胜在寻找洞巢时常要面对与其他鸟类的竞争，而且其巢捕食率也居高不下，因此它们必须经常重新开始繁殖，才能完成完整的繁殖过程。

窝卵数

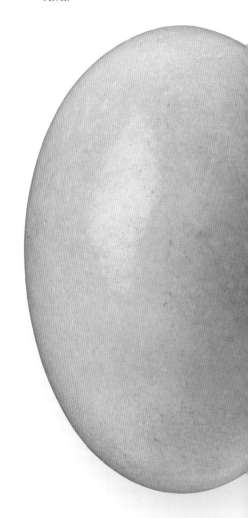

实际尺寸

黑弯嘴戴胜的卵为白色，无斑点，其尺寸为 23 mm×18 mm。亲鸟双方轮流孵卵，并共同照顾、饲喂雏鸟。

目	䴕形目
科	蓬头䴕科
繁殖范围	南美洲北部
繁殖生境	干旱的灌丛，沿海当地森林
巢的类型及巢址	洞巢，开掘于树上蚁巢之中
濒危等级	无危
标本编号	WFVZ 154603

成鸟体长
20～22 cm

孵卵期
不详

窝卵数
2～3 枚

358

黄喉蓬头䴕
Hypnelus ruficollis
Russet-throated Puffbird

Galbuliformes

窝卵数

　　黄喉蓬头䴕是一种集群生活的单配制鸟类，雌雄之间在繁殖之前会通过鸣声来确定配偶关系，并会在繁殖过程中利用鸣声作为信号来联络并合作保卫其领域。此时，雌雄双方会同步发出一系列鸣声。鸟类雌雄之间类似的对鸣在热带地区和南半球比在北半球更为常见。

　　黄喉蓬头䴕是一个仅分布于新热带界的类群，它们与鹟䴕具有较近的亲缘关系，但它们的体型更紧凑、喙更强壮、羽色也更隐蔽。黄喉蓬头䴕的羽衣图案十分特别。这种鸟是在树枝上取食昆虫的好手，经常能在树木周围开阔的区域看到它们寻找昆虫，或在位于树木上的白蚁巢附近找寻白蚁。黄喉蓬头䴕的喙端具弯钩，因此它们也常借此来捕捉小型蜥蜴。

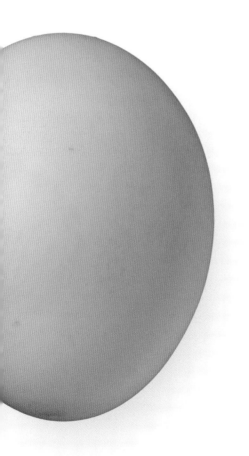

实际尺寸

黄喉蓬头䴕的卵为纯白色，其尺寸为 23 mm × 19 mm。亲鸟双方都会参与孵卵的过程，但同许多其他分布于热带地区的鸟类一样，人们对这种鸟类的繁殖生物学也是知之甚少。

目	鴷形目
科	鹟鴷科
繁殖范围	中美洲及南美洲热带地区
繁殖生境	干旱或湿润的森林，开阔林地
巢的类型及巢址	洞巢，开掘于河堤或蚁塚中
濒危等级	无危
标本编号	WFVZ 143371

棕尾鹟鴷
Galbula ruficauda
Rufous-tailed Jacamar

Galbuliformes

成鸟体长
22～25 cm

孵卵期
19～26 天

窝卵数
2～4 枚

359

棕尾鹟鴷是高效的空中捕虫专家。它们会站立在突出的树枝上寻找甲虫、蛾子及其他飞行的昆虫，于半空中将其抓捕，并返回到栖枝上处理猎物，然后再将其吃掉。棕尾鹟鴷是无毒鳞翅类昆虫模拟有毒者进化的推手。当年轻的棕尾鹟鴷捕捉了有毒的蛾子，它们便会记住这种蛾子的味道和翅膀花纹的图案，以后就不会取食具有同样斑纹的蛾子了。因此很多其他种类的蛾子会演化出模拟有毒种类的图案，这样可以免遭捕食。

当喂养一窝雏鸟时，亲鸟双方需要十分高效地捕捉昆虫才能满足雏鸟对食物的巨大需求。亲鸟会将捕捉到的昆虫叼在嘴里带回巢中喂给雏鸟。但亲鸟却常疏于家务管理，因此随着雏鸟日渐长大，巢中会充满粪便的恶臭气味和腐烂昆虫的残体。

窝卵数

实际尺寸

棕尾鹟鴷的卵为白色，无斑点，其尺寸为 23 mm×19 mm。亲鸟双方轮流孵化鸟卵，雌鸟主要在夜间孵卵。

目	䴕形目
科	非洲拟䴕科
繁殖范围	非洲赤道以南地区
繁殖生境	开阔草地、花园、森林、树林，以及具树木的开阔灌丛
巢的类型及巢址	树洞巢
濒危等级	无危
标本编号	WFVZ 164035

成鸟体长
19～20 cm

孵卵期
13～15 天

窝卵数
2～5 枚

黑领拟䴕
Lybius torquatus
Black-collared Barbet
Piciformes

窝卵数

黑领拟䴕的卵为白色，具光泽而无杂斑。卵的尺寸为 24 mm×18 mm。黑领拟䴕有可能会被北非响蜜䴕巢寄生，响蜜䴕的雏鸟会用尖而具钩的卵齿杀死黑领拟䴕的雏鸟。

名叫"拟䴕"的鸟类在三个大陆都有分布，尽管分布于三个大陆的种具有相同的名称和相似的外貌，但最新的分类学研究表明，分布于美洲的拟䴕是巨嘴鸟的近亲，而分布于旧大陆(即亚洲和非洲)的拟䴕则分属不同的进化分支。黑领拟䴕处于非洲这一进化支之上，它们是一种集群生活而鸣声嘈杂的鸟类，无论是觅食、鸣叫，还是围攻捕食者以保护自己和雏鸟的安全，都是集群活动。在非繁殖季，十余只黑领拟䴕往往在一个洞穴中集群夜宿。

在繁殖季，黑领拟䴕配偶双方会上演一出不怎么同步的雌雄对鸣，一方会保持节奏性很强的鸣叫，而另一方则会勉强随着节奏应和，却不完全踩在点儿上。这种对鸣的功能人们尚不十分清楚，但这或许与雌雄双方的交流及保卫其领域、防止其他繁殖对入侵不无关系。

实际尺寸

目	鴷形目
科	巨嘴鸟科
繁殖范围	南美洲热带地区
繁殖生境	潮湿森林、河边林地及棕榈林
巢的类型及巢址	无垫材的洞巢，开凿腐烂的树木或啄木鸟的弃巢中
濒危等级	无危
标本编号	WFVZ 24477

红嘴巨嘴鸟
Ramphastos tucanus
White-throated Toucan

Piciformes

成鸟体长
53～61 cm
孵卵期
16～20 天
窝卵数
2～4 枚

361

红嘴巨嘴鸟分布于新热带界，是一种体羽色彩夺目的鸟类。它们主要以成熟的水果和浆果为食，但也会取食肉质肥厚的昆虫、蜥蜴。时机合适时，它们甚至还会取食其他鸟类巢中的雏鸟。红嘴巨嘴鸟雌雄同型，但雄鸟体型略大，双方会平等地承担繁殖的责任。雌雄双方每天花费大量时间一起觅食。选择巢址、孵化鸟卵或照顾雏鸟等都是雌雄双方共同或轮流完成的。

红嘴巨嘴鸟雏鸟的脚部具有一个厚厚的足垫，这可以保护它们免受洞巢内部粗糙结构的伤害。雏鸟孵化时全身裸露不被羽，且不能睁开双目，它们需要依靠亲鸟来温暖并喂养自己，这一过程将持续数周时间。即使是在离巢之后，幼鸟仍需要几周的时间才能独立生存。它们会在结满果实的高大树木之间，短距离、波浪状飞行。

窝卵数

红嘴巨嘴鸟的卵为纯白色，其尺寸为 46 mm × 32 mm。卵或许会被洞巢中衬垫的树枝弄脏。

实际尺寸

目	䴕形目
科	响蜜䴕科
繁殖范围	撒哈拉以南的非洲
繁殖生境	干旱而宽阔的林地，稀树草原林地
巢的类型及巢址	同所有种响蜜䴕一样，黑喉响蜜䴕也为专性巢寄生鸟类，将卵产于洞巢鸟类的巢中
濒危等级	无危
标本编号	WFVZ 138027

成鸟体长
18～20 cm

孵卵期
15～17 天

窝卵数
平均每巢 1 枚，每个
季节最多产卵 20 枚

362

黑喉响蜜䴕
Indicator indicator
Greater Honeyguide
Piciformes

窝卵数

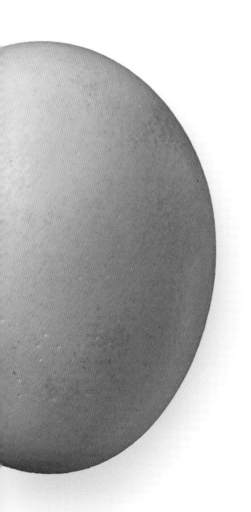

黑喉响蜜䴕是取食蜂蜜、捕捉黄蜂的专家，它们还会引导蜜獾和人类找到蜂蜜。这种鸟会撕开蜂巢，取食其中的蜂蜜，并与其他鸟类分享。黑喉响蜜䴕也是一种专性巢寄生的鸟类，它们从不自己修建鸟巢，而是将卵产在栖息地内其他鸟的巢中，例如啄木鸟、拟䴕、翠鸟、戴胜或蜂虎。

为了减少与宿主所产鸟卵的竞争，当黑喉响蜜䴕在宿主巢中产卵时，它们会将宿主的卵凿开一个小洞；而剩下的竞争则会由黑喉响蜜䴕的雏鸟独自解决，它们刚孵出时，喙尖而端部具钩，会在数天之内咬、戳并杀死同巢的其他雏鸟，独占鸟巢。黑喉响蜜䴕的雏鸟较宿主的雏鸟早 2 ～ 5 天孵出，因此当这些寄生者尝试去攻击巢中的其他鸟类时，它们将占据体型大小上的优势。

实际尺寸

黑喉响蜜䴕的卵为白色，无杂斑，其尺寸为 22 mm × 16 mm。黑喉响蜜䴕的卵常常寄生于小蜂虎的巢中。

目	鴷形目
科	啄木鸟科
繁殖范围	非洲北部及欧亚大陆温带地区
繁殖生境	开阔的林地，林间空地及林下植被低矮的林地，果园
巢的类型及巢址	树洞巢，啄木鸟的弃巢
濒危等级	无危
标本编号	FMNH 2491

蚁鴷
Jynx torquilla
Eurasian Wryneck
Piciformes

成鸟体长	16～18 cm
孵卵期	12～14 天
窝卵数	7～10 枚

363

　　同近亲啄木鸟一样，蚁鴷也具有大大的头、长长的舌，以及两前两后的足趾结构。但与真正的啄木鸟不同的是，蚁鴷不具强壮的喙和坚硬的尾羽，因此它们不具啄木寻虫或开凿树洞之本领。但蚁鴷却是捕捉蚂蚁的专家，它们在腐木、林间地面或沙地等处寻找易于捕捉到行进中的蚂蚁。

　　蚁鴷的体型相对较小，防卫性较弱，它们身披易于隐蔽的羽衣，因此在繁殖季时，当蚁鴷回到洞巢中时往往难以被捕食者发现。即使进入巢中，洞内的光亮十分微弱，因此也难以看清白色的鸟卵，当亲鸟孵卵时更是如此。雏鸟孵化后的第一周，它们在夜间仍需亲鸟为其保温，但之后雏鸟的体温调节系统便会发挥作用，因此夜间亲鸟会在巢外夜宿。

窝卵数

实际尺寸

蚁鴷的卵为白色，无杂斑，其尺寸为 20 mm×15 mm。当在洞巢中孵卵的亲鸟受到威胁时，它们会将头颈扭转近 180°，并不断发出嘶嘶声来模仿一条蛇以吓退捕食者。

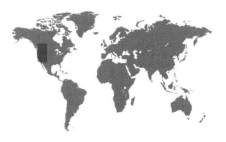

目	䴕形目
科	啄木鸟科
繁殖范围	北美洲西部
繁殖生境	开阔的林地，林间草地
巢的类型及巢址	开凿于树木断枝处的洞巢，但常重复利用现有的树洞
濒危等级	无危
标本编号	FMNH 16549

成鸟体长
26～28 cm

孵卵期
13～16 天

窝卵数
5～7 枚

364

刘氏啄木鸟
Melanerpes lewis
Lewis's Woodpecker

Piciformes

窝卵数

刘氏啄木鸟的羽色十分独特，它缺少大多数分布于北美洲的啄木鸟都具有的黑白色调。为了繁殖，雌鸟和雄鸟会长途跋涉并同时到达其繁殖地。它们似乎具有归家冲动，每年都会返回同一区域觅食、同一巢洞繁殖。亲鸟双方共同承担亲代照料的任务，虽然双方的工作量并不均等，雄鸟会在孵卵及育雏中投入更多的时间。

分布于北美洲的啄木鸟大多凿木捉虫，但与它们不同的是，刘氏啄木鸟的觅食行为更像是一只鹟，它们会站立在突出的物体上扫视周围、寻找飞虫；当发现猎物时，它们便会猛扑向猎物。另一处与其他啄木鸟不同，刘氏啄木鸟更情愿利用其他啄木鸟或扑翅䴕开凿而弃用的树洞。

实际尺寸

刘氏啄木鸟的卵同所有种啄木鸟的卵一样，也为白色，无斑点。鸟卵近椭圆形，尺寸为 26 mm × 20 mm。虽然亲鸟每年都会返回同一个洞巢中繁殖，但人们却并不清楚幼鸟的扩散距离有多远。

目	䴕形目
科	啄木鸟科
繁殖范围	北美洲东半部
繁殖生境	落叶林、沼泽或河边林地、果园
巢的类型及巢址	洞巢，开凿于死树树干上
濒危等级	近危
标本编号	FMNH 16546

成鸟体长
19～24 cm
孵卵期
12～14 天
窝卵数
4～7 枚

365

红头啄木鸟

Melanerpes erythrocephalus
Red-headed Woodpecker

Piciformes

红头啄木鸟曾广泛分布在北美洲，在森林和果园中经常能见到它们的身影。在那段时间里，红头啄木鸟从流行于北美洲东部森林的林木疾病中获益，它们在这些树木中觅食、凿洞。但时至今日，红头啄木鸟的种群数量经历了急剧的下降，因此对其的保护等级也在提升。

无论是繁殖季还是非繁殖季，这种鸟都会维持其领域而抵御其他红头啄木鸟个体闯入。筑巢的树洞由雌雄双方共同开凿，但通常在凿洞之前，首先由雄鸟选择一处潜在巢址，如果雌鸟能够接受在此处筑巢，它们将会共同开凿树洞。同一个树洞通常会被同一对红头啄木鸟用上两个繁殖季，它们甚至会在之后的繁殖季再次返回此处繁殖。

窝卵数

红头啄木鸟的卵为纯白色，无斑点。卵的尺寸为 25 mm×19 mm。红头啄木鸟会将卵产在那些树枝都已经脱落的树木的树洞内，这样一来，蛇等巢捕食者就不能轻易地爬上光秃秃的树干，也不会危及卵的安全了。

实际尺寸

目	䴕形目
科	啄木鸟科
繁殖范围	北美洲西南部、中美洲及南美洲最北端
繁殖生境	开阔的林地
巢的类型及巢址	洞巢，开凿于活树或死树上，常年重复利用
濒危等级	无危
标本编号	FMNH 7449

成鸟体长
19～23 cm

孵卵期
11～12 天

窝卵数
3～6 枚

366

橡树啄木鸟
Melanerpes formicivorus
Acorn Woodpecker

Piciformes

窝卵数

橡树啄木鸟的卵为白色，无斑点，其尺寸为 25 mm×19 mm。如果一个树洞中已经有其他啄木鸟在此繁殖，那么橡树啄木鸟则将这些鸟卵全部扔出洞外，并在其中产下自己的卵。

橡树啄木鸟是少数几种拥有复杂繁殖系统的鸟类。这种啄木鸟集小群生活，并会合作保卫它们的领域，不但包括橡树——主要食物的来源，也包括树干——这是它们的粮仓。集群的橡树啄木鸟会将数以百计的橡子藏到树洞中，一个橡树啄木鸟群体通常包括数个繁殖对，所有的鸟卵都将产在并孵化于同一个树洞中，而所有这些雏鸟也都会在这同一个树洞中长大。

繁殖的个体通常会得到来自成年帮手的帮助，这些帮手自己并不繁殖，它们会帮助繁殖个体孵化鸟卵、饲喂幼鸟，甚至是保卫领域。DNA 技术已经被多次应用于同一巢橡树啄木鸟的"亲子鉴定"，以及每个繁殖对究竟在公巢中产下了多少枚卵的研究。但结果却并不明朗，因为橡树啄木鸟群体中的每个个体都与其他个体或多或少有亲缘关系，因此很难搞清楚某个个体与其子女及侄子、侄女血缘的亲疏远近。

实际尺寸

目	䴕形目
科	啄木鸟科
繁殖范围	北美洲东部
繁殖生境	森林、开阔林地、具树木的灌丛
巢的类型及巢址	洞巢，筑于死树或电线杆的树洞中，常重复利用同一棵树，但会开凿新的巢洞
濒危等级	无危
标本编号	FMNH 1342

红腹啄木鸟
Melanerpes carolinus
Red-bellied Woodpecker
Piciformes

成鸟体长
23～27 cm

孵卵期
12～14 天

窝卵数
2～6 枚

367

　　红腹啄木鸟的分布范围十分广泛，无论是在森林还是市郊，都经常能见到它们的身影。啄木鸟在整个生态系统中扮演着十分重要的角色，它们不会利用现成的树洞，而是开凿新的树洞；这些树洞在被弃用之后，往往被其他洞巢鸟类和哺乳动物利用了。红腹啄木鸟已经适应了城市的扩张带来的变化，当大树十分稀缺时，它们也会在木篱或电线杆上凿洞筑巢。

　　在筑巢之前，首先会由雄鸟选定一处适宜的巢址，并在此处开凿树洞，然后雌鸟会前来确认是否确实要在此处筑巢，如果予以接受，雌雄双方便会共同开凿树洞。红腹啄木鸟为单配制鸟类，雌雄双方会轮流孵化鸟卵并共同喂养雏鸟，直到幼鸟出飞。即将出飞的幼鸟与成鸟外貌相似，只是羽色更为暗淡。

窝卵数

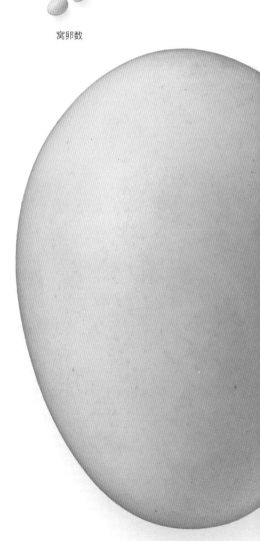

实际尺寸

红腹啄木鸟的卵为白色，外表光洁无杂斑，卵的尺寸为 25 mm × 19 mm。尽管红腹啄木鸟具有强壮的喙且生性好斗，但在部分地区却有近半数的红腹啄木鸟的巢被紫翅椋鸟（详见 515 页）所侵占或毁坏。

目	䴕形目
科	啄木鸟科
繁殖范围	北美洲西部
繁殖生境	针叶林及山地针阔混交林
巢的类型及巢址	洞巢，新开凿于针叶树之上
濒危等级	无危
标本编号	FMNH 15361

成鸟体长
20～23 cm

孵卵期
12～14 天

窝卵数
4～6 枚

368

威氏吸汁啄木鸟
Sphyrapicus thyroideus
Williamson's Sapsucker

Piciformes

窝卵数

羽毛由黑白两色构成的绝大多数种类的啄木鸟，其雌雄之间都会具有性二型的特征，雄鸟头部的颜色相对更红。但威氏吸汁啄木鸟雌雄之间的差别过大，以至于早期的博物学家最初甚至将其看成是两个物种。雄鸟体羽为黑色、白色和黄色；雌鸟的羽色则为较暗淡的土褐色，且具斑纹。威氏吸汁啄木鸟为单配制，雌雄双方都会为子代提供亲代照料。

为了筑巢，威氏吸汁啄木鸟会寻找木质部被细菌感染的大树，这些树木的中芯较为柔软而易于开凿。凿洞筑巢的工作每年都会重复进行，这些啄木鸟不会利用旧巢。雏鸟的主要食物为树汁和韧皮，为了更好地喂养后代，亲鸟会为雏鸟提供蚂蚁，以提供其生长发育所需的蛋白质。

实际尺寸

威氏吸汁啄木鸟的卵为白色，具光泽而无杂斑，其尺寸为 24 mm × 17 mm。亲鸟双方都会参与孵卵，它们在此时会发育出孵卵斑这一结构，这样可以有效地将热量经由卵壳传递给其中的胚胎。

目	䴕形目
科	啄木鸟科
繁殖范围	北美洲亚北极及温带地区
繁殖生境	落叶林、针阔混交林及果园
巢的类型及巢址	洞巢，开凿新巢于落叶树上，或利用上一年的旧巢
濒危等级	无危
标本编号	FMNH 1340

黄腹吸汁啄木鸟
Sphyrapicus varius
Yellow-bellied Sapsucker

Piciformes

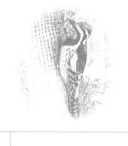

成鸟体长
20～22 cm

孵卵期
10～13 天

窝卵数
4～5 枚

369

    繁殖季伊始，黄腹吸汁啄木鸟会用其强壮的喙敲击树干制造巨大的声响。雄鸟制造这种声音的目的是为了吸引雌鸟，或告知返回的配偶上一年的繁殖地仍可以使用。雌鸟较雄鸟晚一周回到繁殖地，雄鸟会保卫旧的或开凿新的树洞。如果上一年繁殖的树洞因被其他洞巢鸟类占领而不能继续使用，黄腹吸汁啄木鸟雌鸟通常会和雄鸟一起开凿新的树洞。

    亲鸟为雏鸟准备的食物以昆虫为主，但在将其饲喂给雏鸟之前，亲鸟会在昆虫身上沾上一些树汁。观察表明，即使喂食的亲鸟已经离开，最饥饿的那只雏鸟也会继续发出乞食鸣叫；当亲鸟回巢时，所有雏鸟都会乞食并发出鸣叫，但最饥饿的雏鸟会抢占最靠近洞口的位置，雏鸟总会设法得到亲鸟供给的食物。

窝卵数

黄腹吸汁啄木鸟的卵为白色，无杂斑，其尺寸为
24 mm × 17 mm。鸟卵每时每刻都会庇护在双亲的
照料之中，白天亲鸟双方轮流孵卵，而夜间的孵卵
工作则由雄鸟负责。

实际尺寸

目	䴕形目
科	啄木鸟科
繁殖范围	非洲南部
繁殖生境	开阔的林地及草地，通常具沙土地且临近水源
巢的类型及巢址	开掘于树木上的洞巢
濒危等级	无危
标本编号	FMNH 2541

成鸟体长
23～24 cm

孵卵期
15～18 天

窝卵数
2～6 枚

370

班氏啄木鸟
Campethera bennettii
Bennett's Woodpecker

Piciformes

窝卵数

班氏啄木鸟分布广泛且十分常见，它们常在开阔的树林或河边的草地上活动。其觅食策略十分多样，它们会凿木捉虫，也能在地面上寻找节肢动物，还会从树木上俯冲并在半空中抓捕猎物。东非啄木鸟属的啄木鸟由13 种仅分布于非洲的啄木鸟组成。在某些地区，可以同时见到其中的几种，但它们通常具有不同的生态位，即在不同的地点觅食和繁殖。

通常认为，班氏啄木鸟就定居在经常出现的地方，但对于这种鸟类的繁殖生物学，人们却知之甚少。班氏啄木鸟常成对活动，这意味着配偶双方常年都会生活在一起。亲鸟双方在繁殖期会紧密合作，共同承担亲代照料方方面面的重任，包括孵化鸟卵和照顾幼鸟。

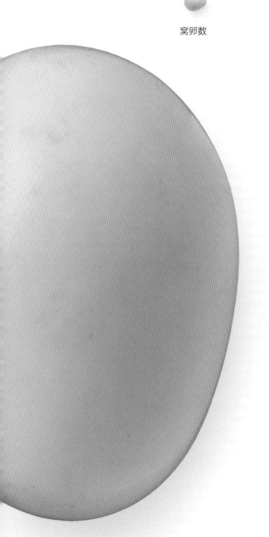

实际尺寸

班氏啄木鸟的卵为白色，无斑点，其尺寸为 23 mm × 19 mm。在产下鸟卵之前，亲鸟双方会共同开凿新的树洞，或使用上一年的旧巢。

目	鴷形目
科	啄木鸟科
繁殖范围	北美洲
繁殖生境	林地及公园的落叶林
巢的类型及巢址	洞巢，开凿于活树的死枝或死树桩上
濒危等级	无危
标本编号	FMNH 7352

成鸟体长
14～17 cm
孵卵期
12 天
窝卵数
3～8 枚

绒啄木鸟
Picoides pubescens
downy woodpecker

Piciformes

绒啄木鸟是北美洲体型最小的啄木鸟，这不仅体现在身体全长的尺寸，还体现在其喙长相对于体长的比例。绝大多数绒啄木鸟都营定居生活，只有生活在分布区最北端的个体才会迁徙到南方越冬。绒啄木鸟的外貌和行为与体型较大的长嘴啄木鸟（详见 372 页）极为相似，但二者的亲缘关系却并不很近，因此它们也是啄木鸟这个类群中羽色和行为存在趋同进化现象的最好例证。

绒啄木鸟每年都会开凿新的树洞，它们会选择在中芯腐烂或被真菌感染的树干或树枝上开凿。通常，雌鸟会选择一处适宜的巢址，然后它会轻轻敲打此处，如果雄鸟也认为此处适宜营巢，它也会附和着敲击相应处。洞巢的营建最多要花上两周的时间，雌雄双方在正式开凿树洞时需对营巢的地点达成一致。在幼鸟即将出飞之前，鸟巢会变得脏乱不堪，因为亲鸟已经有一段时间没有将雏鸟的粪便衔出巢外了，而这个洞巢也将被这对啄木鸟遗弃，明年它们不会在此繁殖了。

窝卵数

实际尺寸

绒啄木鸟的卵为白色而无杂斑，其尺寸为 19 mm × 14 mm。孵卵通常在最后一枚鸟卵产下后开始，少数情况下会在倒数第二枚产下时开始。

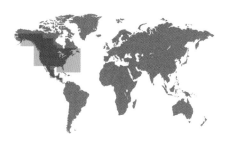

目	䴕形目
科	啄木鸟科
繁殖范围	北美洲及中美洲山地地区
繁殖生境	成熟林，包括针叶林及落叶林，以及果园、公园及市郊后院
巢的类型及巢址	洞巢，开凿于活树的死亡部分或死树桩，以及中芯部腐烂的树木上
濒危等级	无危
标本编号	FMNH 1336

成鸟体长
18～26 cm

孵卵期
11～12 天

窝卵数
3～6 枚

长嘴啄木鸟
Picoides villosus
Hairy Woodpecker

Piciformes

窝卵数

长嘴啄木鸟是北美洲两种分布最为广泛的啄木鸟中的一种，它的体型要比绒啄木鸟（详见 371 页）更大，喙长与体长的比例也更大。长嘴啄木鸟的尾羽全为白色，十分坚硬，因此当它们在树木上啄虫凿洞之时，可以借此来支撑身体、保持平衡。长嘴啄木鸟还会在吸汁啄木鸟"吸汁"留下的树洞上吸汁。

选择巢址及啄洞的过程主要由雌鸟完成，凿洞通常需要花费一周至数周的时间。为了避免洞巢被吸汁啄木鸟或飞鼠抢占，长嘴啄木鸟洞巢的入口常位于倾斜树枝的下侧，因为对于竞争者来说那里难以接近。在开始孵化鸟卵之后，有些长嘴啄木鸟会紧紧地卧于卵上，即使洞巢周围有强烈的干扰，它们也不会被惊飞。

实际尺寸

长嘴啄木鸟的卵为纯白色，其尺寸为 24 mm × 19 mm。在产卵期，雄鸟会在洞巢中夜宿，但直到最后一枚鸟卵产下它才会开始孵卵。虽然如此，但最早产下的卵还是要比最后产下的卵早孵化一天到数天。

目	䴕形目
科	啄木鸟科
繁殖范围	美国南部
繁殖生境	成熟的松树林
巢的类型及巢址	洞巢，开凿于活树之中
濒危等级	易危
标本编号	FMNH 7381

成鸟体长
20～23 cm

孵卵期
10～13 天

窝卵数
2～5 枚

373

红顶啄木鸟
Picoides borealis
Red-cockaded Woodpecker

Piciformes

红顶啄木鸟是美国特有鸟种，这种鸟是生活在成熟针叶林中的专家，它们更倾向于选择在美国东南部的长针松林中生活。为了修筑鸟巢，它们需要找到一定年龄并且在一定程度上有些腐朽的长针松大树。随着人们对这些松树的清理、砍伐和管理，包括为了商业目的而种植的其他种类的松树，都使得红顶啄木鸟的天然栖息地遭到破坏，因此它们现在受到了更好的保护。

红顶啄木鸟具有复杂而特别的合作繁殖行为，每个群体由 2 ～ 5 只或更多个体组成，它们在活着的树木上开凿树洞并在其中夜宿，这些树木的中芯十分柔软，而这些啄木鸟也会在其中居住数月至数年的时间。群体中包含一个单配制的繁殖对以及一些未成年和成年的帮手。繁殖的雄鸟在最新开凿的树洞中栖息，它也会在其中夜宿，并在夜晚孵化鸟卵。

窝卵数

实际尺寸

红顶啄木鸟的卵洁白而具有光泽，其尺寸为 24 mm×18 mm。亲鸟双方在繁殖期会发育出一块很大的孵卵斑，而帮手则具有相对较小的孵卵斑，这些帮手也会帮助孵卵。

目	䴕形目
科	啄木鸟科
繁殖范围	北美洲西部山地地区
繁殖生境	山地松林，包括干燥地区及火烧地
巢的类型及巢址	树洞，开凿于死树、树枝或倒木之上
濒危等级	无危
标本编号	FMNH 15383

成鸟体长
21～23 cm

孵卵期
14 天

窝卵数
4～5 枚

374

白头啄木鸟
Picoides albolarvatus
White-headed Woodpecker

Piciformes

窝卵数

　　白头啄木鸟的头部为白色，身体的颜色较为暗淡，这在北美洲的啄木鸟中是十分特别的。这种鸟的分布范围十分狭窄，它们只生活在美国西部山地的一片针叶林中，因为这里才有它们需要的成熟但生病或死掉的树木，它们就倾向于在这样的树木上筑巢。

　　白头啄木鸟雌雄双方会共同开凿树洞，但有时它们也会失败或放弃，这会导致在其繁殖地内，有很多个有洞口而没有巢室的树洞。孵卵同样由雌雄双方轮流进行，雄鸟负责夜班，亲鸟双方共同照顾并喂养雏鸟。通常每年只有一半的白头啄木鸟能够繁殖成功，而能够存活到下一次开凿洞穴和繁殖时节的只占成鸟的 2/3。

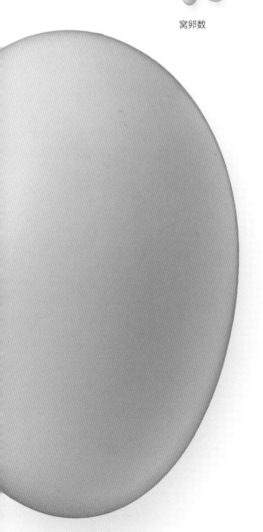

实际尺寸

白头啄木鸟的卵为白色，无斑点，其尺寸为 24 mm × 18 mm。它们会将卵产在没有垫材的树洞底部，卵常随着孵化的进行而被弄脏。

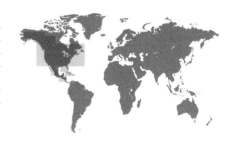

目	䴕形目
科	啄木鸟科
繁殖范围	北美洲及中美洲
繁殖生境	开阔的林地、森林，以及树木稀疏的公园
巢的类型及巢址	洞巢，开凿于新的树木之上，巢底部垫以木屑，这或许是凿洞的副产物
濒危等级	无危
标本编号	FMNH 7497

成鸟体长
28～30 cm
孵卵期
11～13 天
窝卵数
5～7 枚

北扑翅䴕
Colaptes auratus
Northern Flicker

Piciformes

375

虽然北扑翅䴕是一种经常能在后院中见到的鸟类，但近来通过个体环志和基因分析对其进行的研究表明，北扑翅䴕的繁殖系统较为简单。虽然大多数北扑翅䴕繁殖对为一夫一妻制，但每 6 个鸟巢中就会有 1 个巢中存在寄生卵，它通常由邻近的雌鸟产下，即使宿主已经产下了满窝卵。每 25 只雌鸟中，就会有 1 只个体与 2 只雄鸟繁殖，因此这些雌雄个体为一雌多雄制。

收集资源来产下额外的鸟卵不但需要更多的孵出时间，还需要足够的能量，雌性扑翅䴕显然不愿意这么做，因为亲代照料是亲鸟双方共同的事情。实际上，雄鸟会十分小心地孵化鸟卵并照顾雏鸟，因此在绝大多数雌鸟失踪的繁殖巢中（它们或许是被捕食了，也或许是与其他雄鸟组成了新的繁殖对），雄鸟都能将雏鸟养大。但对于那些雄鸟失踪的繁殖巢来说，雌鸟往往不能将雏鸟照顾到出飞。

窝卵数

北扑翅䴕的卵为白色，不同卵之间平均大小存在差异，其平均长度和宽度为 28 mm × 22 mm。孵卵的工作主要由雄鸟承担，夜晚也是如此。

实际尺寸

目	鴷形目
科	啄木鸟科
繁殖范围	北美洲温带地区
繁殖生境	落叶林、针叶林及数目较多的公园
巢的类型及巢址	大型洞巢，开凿于死树或倒木之上，除木屑外无其他垫材
濒危等级	无危
标本编号	FMNH 7428

成鸟体长
40~49 cm

孵卵期
15~18 天

窝卵数
3~5 枚

376

北美黑啄木鸟
Dryocopus pileatus
Pileated Woodpecker

Piciformes

窝卵数

如果象牙嘴啄木鸟真的已经灭绝了的话，[①]那么北美黑啄木鸟将成为北美洲体型最大的啄木鸟。它们一整年都会与配偶维持关系，并占据觅食和繁殖地。北美黑啄木鸟倾向于在发育成熟的树林中栖息，它们愿意在相对较小、较年轻的树木周围活动，只要附近有大树可供其觅食、筑巢即可。树洞的位置先由雄鸟选定并开凿，如果雌鸟认可这个位置的话，那么它便会和雄鸟一起共筑爱巢。

树洞凿好之后，雌鸟便会在其中产卵，每日一枚。在产卵期，雌鸟昼间会在巢中待很长时间，而雄鸟则会于夜间留宿于巢中。在孵卵期，北美黑啄木鸟的行动安静而隐蔽，99% 的时间都会有亲鸟孵化鸟卵，夜间则完全由雄鸟孵卵。

实际尺寸

北美黑啄木鸟的卵为白色，无斑点，其尺寸为 33 mm × 25 mm。每个树洞只会用一季，来年这些啄木鸟将开凿新的树洞。

---

① 译者注：但实际上它们又被人类重新发现了，因此没有灭绝。

目	䴕形目
科	啄木鸟科
繁殖范围	非洲北部
繁殖生境	干旱的山地森林，上至林线
巢的类型及巢址	树洞巢，巢中垫以木屑
濒危等级	无危
标本编号	FMNH 20616

利氏绿啄木鸟
Picus vaillantii
Levaillant's Woodpecker

Piciformes

成鸟体长
30～33 cm

孵卵期
14～17 天

窝卵数
4～8 枚

利氏绿啄木鸟生活并繁殖于山地和山脚处的森林中，且通常远离人类聚集地。这种鸟常在林间空地或田野中觅食，它们会突然伸出长而具黏性的舌头来粘住蚂蚁和其他昆虫。虽然这种行为与分布于北美洲的扑翅䴕属鸟类十分相似，但绿啄木鸟属与扑翅䴕属的亲缘关系却并不是很近。

利氏绿啄木鸟通常将巢筑在已经死亡、腐烂或仅有部分存活的树木上，它们常常会在被菌类腐蚀而变得柔软的树木中芯内挖掘一个深而宽阔的树洞。大多数利氏绿啄木鸟全年都会与配偶一起活动，并维持其繁殖和觅食领域。而那些分布地海拔较高的种群，则会在非繁殖季迁徙到附近相对温暖的低海拔地区，这种迁移模式被称作"垂直迁徙"。

窝卵数

实际尺寸

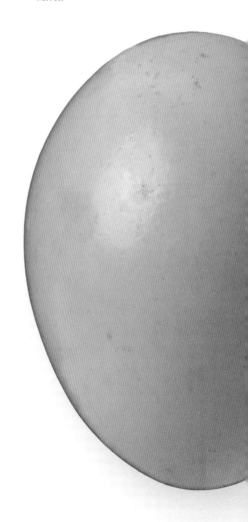

利氏绿啄木鸟的卵为白色，具光泽而无斑点。其尺寸为 27 mm × 20 mm。雌雄双方会共同开凿鸟巢、孵化鸟卵并照顾雏鸟。

雀形目鸟类
Passerines

雀形目鸟类的种类，占据全球所有约一万种鸟类的一半以上，这是它们进化成功的体现。对雀形目鸟类的介绍将是本书最后也是篇幅最长的一部分内容。雀形目鸟类具有"常态足"的足趾结构，即三趾向前、一趾向后，这使得它们可以紧紧地抓握住细小的树枝，甚至崖壁的垂直面。雀形目两个分支中的鸣禽亚目中的鸟类演化出了专门的发声结构，可以发出婉转动听的鸣叫或鸣唱声音，而这一技能则是在胚胎中便已具备的，但雏鸟、幼鸟及年轻的成鸟还在不断向周围的成鸟学习；而燕雀亚目的鸟类则不需要对鸣唱进行学习和练习。雀形目鸟类的体型差别很大，在除南极洲外的每一块大陆的各种生境中都能见到它们的踪迹，它们甚至已经占据了最偏远的海岛。雀形目鸟类的鸟巢各具特点，卵色也变化多端。雀形目鸟类的雏鸟晚成，刚破壳的雏鸟周身裸露且不能自由活动，它们需要来自亲鸟一方、双方或合作繁殖群中帮手的照顾。

目	雀形目
科	灶鸟科
繁殖范围	南美洲中部及东部
繁殖生境	开阔的森林及草场
巢的类型及巢址	球状泥巢，筑于茂密的树枝或篱笆上
濒危等级	无危
标本编号	WFVZ 53777

成鸟体长
18～20 cm

孵卵期
16～17 天

窝卵数
2～4 枚

380

棕灶鸟
Furnarius rufus
Rufous Hornero

Passeriformes

窝卵数

棕灶鸟的卵为白色，其尺寸为 27 mm × 21 mm。
如果一只棕灶鸟的巢为紫辉牛鹂（*Molothrus
bonariensis*）所寄生，宿主会在黑暗的巢中，通过
查看卵的大小而非颜色，来判别出较小的寄生卵并
将其移出鸟巢。

在英国，棕灶鸟又被称作红灶鸟（Red Ovenbird），
但它却不是分布于北美洲的那种灶莺（即橙顶灶莺，详
见 524 页）。灶鸟隶属于一个物种数量庞大而多样化程度
较高的类群——灶鸟科，该科鸟类全部分布于南美洲。
棕灶鸟的巢在南美洲温带地区那些开阔的牧场和潘帕斯
草原上十分常见。这种鸟是阿根廷的国鸟，它们会修筑
一个像比萨烤炉一样的鸟巢，巢内的通道具有 180 度的
转弯，这使得巢室内部漆黑一片。鸟巢常位于篱笆或电
线杆顶端，这种适应性使得棕灶鸟的分布范围不但可以
扩展到开阔的乡村地区，甚至还可以扩散到许多城市
之中。

棕灶鸟为单配制鸟类，全年都会在领域内活动。它
们能够在一周的时间内迅速建起一座全新的鸟巢，或在
几天时间里翻修一个旧巢。那些没有被利用的旧巢有时
紧邻其他鸟巢，或建在它们的上边。其他一些鸟类也会
侵占弃用的旧巢，并在其中建立自己的新巢。

实际尺寸

目	雀形目
科	灶鸟科
繁殖范围	南美洲亚热带低海拔地区
繁殖生境	季节性干旱草原、草场及退化的森林
巢的类型及巢址	大型鸟巢，由树棍、树枝筑成，多见于树木、仙人掌或电线杆上
濒危等级	无危
标本编号	WFVZ 160675

集木雀
Anumbius annumbi
Firewood-gatherer

Passeriformes

成鸟体长
18～22 cm
孵卵期
12 天
窝卵数
2～4 枚

381

集木雀因经常收集大量的树枝而得名。这种鸟类的体型与乌鸫相当，但它们却会利用树枝搭建体量巨大的鸟巢，其直径甚至可达 2 m。这样的鸟巢看起来就像纸牌屋一样，当科学家试着拆解一座鸟巢时，它立马就坍塌了。谨小慎微的检查使人们终于发现了一个进入巢穴的通道，它蜿蜒曲折，直至位于鸟巢中央的巢室。这条通道使捕食者十分费力才能接近鸟卵或雏鸟，甚至完全无法接近。一些集木雀的后代会选择留下帮助亲鸟养育下一窝雏鸟，而不是扩散开并开始繁殖。

集木雀那些由树枝搭建而成的鸟巢通常位于多刺的树木或灌木之上，对于其他不自己筑巢的鸟类来讲，它们也堪称是稀缺资源。例如，栗翅牛鹂（Bay-winged Cowbird）不会自己筑巢，而是侵占集木雀的"碉堡"。

窝卵数

集木雀的卵为白色，无斑点，其尺寸为 25 mm×17 mm。鸟卵藏在鸟巢深处，鸟巢由树枝搭建而成，结构复杂，可以为卵提供很好的保护。

实际尺寸

目	雀形目
科	灶鸟科
繁殖范围	南美洲西部及南部
繁殖生境	芦苇丛、沼泽，包括淡水及咸水湿地
巢的类型及巢址	由草叶筑成的球状巢，固定于芦苇茎上，巢的开口在侧面
濒危等级	无危
标本编号	FMNH 3484

成鸟体长
13～15 cm

孵卵期
15～22 天

窝卵数
2～3 枚

382

拟鹩针尾雀
Phleocryptes melanops
Wren-like Rushbird

Passeriformes

窝卵数

拟鹩针尾雀是一种适于在湿地生境中生活的鸟类，它们身型娇小、喙部狭窄，善于在芦苇丛等其他湿生植物中穿梭。当看到拟鹩针尾雀的觅食行为和筑巢行为时，总会让人联想起分布于北美洲的长嘴沼泽鹪鹩，但实际上此二者却分别隶属于完全不同的亚目：拟鹩针尾雀隶属于燕雀亚目，它们不会通过模仿其他鸟类进行鸣声学习；而鹪鹩则隶属于鸣禽亚目，它们的鸣唱技能是通过模仿其他个体而习得的。

拟鹩针尾雀的繁殖受到巢址选择的影响，它们一般选择那些不会被洪水淹没且陆生捕食者无法到达的地方筑巢，但繁殖并不总是成功的。虽然大多数情况下它们会将鸟巢筑在水面上方，但仍有许多啮齿动物能够到达鸟巢并将雏鸟捕食，而另一些雏鸟则死于水位的波动，因此平均只有不到一半的巢能够成功孕育出出飞的雏鸟。

实际尺寸

拟鹩针尾雀的卵为蓝绿色，无斑点，卵的尺寸为 20 mm×15 mm。亲鸟双方轮流孵卵，并共同喂养雏鸟。

目	雀形目
科	灶鸟科
繁殖范围	墨西哥沿岸及中美洲北部
繁殖生境	或干旱或湿润、或位于低海拔或位于高海拔的林地及次生林
巢的类型及巢址	天然的树洞巢
濒危等级	无危
标本编号	WFVZ 141279

成鸟体长
22～27 cm

孵卵期
14～20 天

窝卵数
2～3 枚

383

白嘴鸥雀
Xiphorhynchus flavigaster
Ivory-billed Woodcreeper

Passeriformes

　　白嘴鸥雀的英文名虽然与已灭绝的象牙喙嘴木鸟
（Ivory-billed Woodpecker）[1]的英文名十分相似，但人们
却不会将二者混淆。白嘴鸥雀主要栖息于中美洲的森林
中，在那里，它们会利用下弯的喙探寻并取出隐藏在落
叶之中或树皮之下的节肢动物。这种鸟一般独自觅食，
但有时也会与其他种类的森林鸟类混群觅食，这样或许
可以提高成功捕食的概率并降低被捕食的概率。

　　无论是繁殖季还是非繁殖季，白嘴鸥雀都会在其领
域范围内活动。虽然关于这种鸟类的研究文献很少，但
仍有一项研究表明，雌性白嘴鸥雀会独自修筑鸟巢、孵
化鸟卵并喂养雏鸟。

窝卵数

实际尺寸

白嘴鸥雀的卵为白色，无斑点，其尺寸为 29 mm×21 mm。人们对于白嘴鸥
雀及其他鸥雀科鸟类的繁殖生物学知之甚少。

① 译者注：后被重新发现。

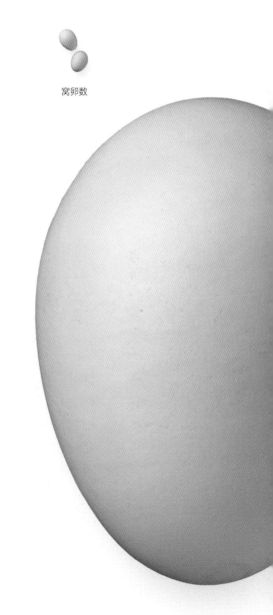

目	雀形目
科	蚁鸫科
繁殖范围	中美洲及南美洲西部
繁殖生境	热带地区潮湿的森林、林缘及次生林
巢的类型及巢址	杯状巢，由藤蔓、树叶及植物纤维筑成，多见于树木低处
濒危等级	无危
标本编号	WFVZ 64488

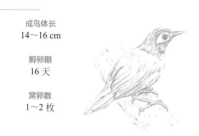

成鸟体长
14～16 cm

孵卵期
16 天

窝卵数
1～2 枚

384

栗背蚁鸟
Myrmeciza exsul
Chestnut-backed Antbird

Passeriformes

窝卵数

分布于热带地区的鸟类种类繁多且多样性较高，人们对于栗背蚁鸟的认识，要比其他大多数鸟类多得多。栗背蚁鸟会与配偶维持一年之久甚至更长时间的配偶关系。当配偶双方在茂密的林下层活动时，它们会保持紧密的身体交流和鸣声交流。栗背蚁鸟会严防同种其他个体进入领域，如果有此现象发生，雌雄双方都会鸣叫警戒，同时对闯入者蓬松起羽毛、俯冲示威、闪烁尾羽。但它们却能够容忍进入领域的其他种鸟类，特别是那些寻着行军蚁或被行军蚁惊起的昆虫的足迹、混群经过其领域的鸟类。

栗背蚁鸟的巢接近地面，位于枯枝落叶层之中。鸟巢外部长满苔藓，内部的鸟卵颜色暗淡，从而可以躲避捕食者的目光。为了躲避依靠气味寻找食物的捕食者，栗背蚁鸟的亲鸟会将鸟巢清理干净，它们会在每次给雏鸟喂食之后，将巢中雏鸟的粪便吃掉或丢到巢外。

实际尺寸

栗背蚁鸟的卵为粉红色，杂以较深的栗紫色斑点，卵的尺寸为 23 mm × 17 mm。亲鸟双方会共同孵化鸟卵并照顾雏鸟。

目	雀形目
科	蚁鸫科
繁殖范围	中美洲南部及南美洲西北部
繁殖生境	低海拔或山地的潮湿森林
巢的类型及巢址	杯状巢，垫以树叶及植物纤维，筑于树洞中
濒危等级	无危
标本编号	WFVZ 154766

成鸟体长
20～22 cm
孵卵期
20 天
窝卵数
2 枚

黑头蚁鸫
Formicarius nigricapillus
Black-headed Antthrush

Passeriformes

385

窝卵数

黑头蚁鸫的卵为白色，粗糙而无光泽，无杂斑。卵的尺寸为 33 mm × 27 mm。雏鸟在可以飞行之前几天就离开鸟巢，此时的它们会依赖双亲提供的保护和饲喂的食物存活。

相对于同属的其他鸟类来说，黑头蚁鸫更像一个迷你（mimi）版的秧鸡，它们的鸣声，包括吸引配偶的鸣唱，也与亲缘种十分不同。鸣叫声信号可以为寻找配偶的个体提供准确无误的信息。它们也可以借此减少与邻居之间的领域纷争。雄鸟全年都会坚守在领域内，而雌鸟全年都与雄鸟一起活动；而当雄鸟消失不见时，雌鸟则会游荡到其他雄鸟的领域内并与其结成新的配偶关系。

黑头蚁鸫一般利用现成的树洞营巢，而不会自己开凿新的树洞。在热带地区，中空或腐烂的树木资源不像在温带地区那么稀缺。这导致即使是在鸟类密集的栖息地，例如哥斯达黎加中海拔地区那些潮湿的森林中，对天然树洞这一巢址的争夺并不是很激烈，在繁殖过程中鸟巢被侵占的情况也不是经常发生。

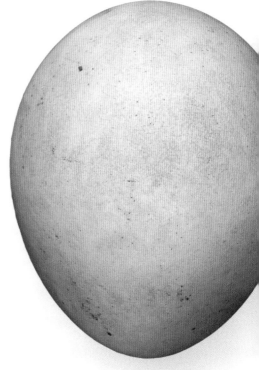

实际尺寸

目	雀形目
科	霸鹟科
繁殖范围	中美洲及南美洲
繁殖生境	潮湿的次生林、开阔的林地及林间空地、种植园、花园
巢的类型及巢址	封闭巢，由草叶及植物纤维编织而成，悬挂于细枝或藤蔓上
濒危等级	无危
标本编号	FMNH 2489

成鸟体长
9~10 cm

孵卵期
15~16 天

窝卵数
2 枚

386

哑霸鹟
Todirostrum cinereum
Common Tody-flycatcher
Passeriformes

窝卵数

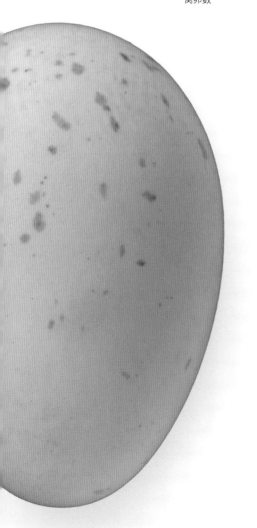

　　哑霸鹟体型娇小，在其分布范围内的热带地区的花园和后院中经常能见到它们的身影。这种鸟的体型是如此之小，以至于它们有时会被圆蛛的蛛网困住，甚至被吃掉。哑霸鹟全年都在一处定居，雌雄之间会维持长期的配偶关系，无论何时，都经常能见到配偶双方一起活动、觅食。

　　哑霸鹟的鸟巢呈球形，质量轻巧而结构精致，它悬挂在细长的树枝上，由草叶编织而成。巢口开在侧面，这使得雌鸟在孵卵时就可以看到外面。在鸟类中，一般体型越大的鸟种具有孵卵期的越长，但哑霸鹟却是个例外，它们体型娇小，却也具有一个相对较长的孵卵期。

实际尺寸

哑霸鹟的卵为白色，无斑点，其尺寸为 15 mm × 12 mm。雌雄双方会共同修筑鸟巢，但只有雌鸟会孵化鸟卵，而雄鸟则会在雏鸟破壳后才会重新加入到照顾下一代的行列中。

目	雀形目
科	霸鹟科
繁殖范围	北美洲
繁殖生境	中海拔至高海拔森林及针叶林，常接近林间空地及林缘
巢的类型及巢址	开放巢，由细枝、根及苔藓筑成，筑于松树或细枝的分叉处或端部
濒危等级	近危
标本编号	FMNH 16673

成鸟体长
18～20 cm

孵卵期
13～16 天

窝卵数
3～4 枚

387

绿胁绿霸鹟
Contopus cooperi
Olive-sided Flycatcher

Passeriformes

窝卵数

绿胁绿霸鹟的行为如同其英文名（直译为飞着抓捕猎物者）一样，会站立在森林或林缘一处突出的树枝上寻找猎物，当定位到猎物的踪迹时便会飞到空中将其抓捕。雌鸟和雄鸟会奋力抵抗闯入领域的绿胁绿霸鹟。虽然体型较小，但它们却守护着一片面积相当大的领域而禁止同种其他个体进入。在过去十年间，绿胁绿霸鹟的种群数量每年都会稳定下降3%，因此人们将这种鸟类列入了近危级。

绿胁绿霸鹟是一种迁徙的鸟，这也给它们的保护工作带来了不小的困难。它们会在春季的晚些时候抵达其繁殖地，这样一来留给它们配对、筑巢和养育雏鸟的时间就会很紧张。即便这样，当繁殖失败时，繁殖对仍会尝试再次或第三次寻找新的适宜巢址，并在那里筑巢繁殖。然而，繁殖越晚、成功率越低，因为随着秋天的到来，它们已经没有时间完成整个繁殖周期了。

实际尺寸

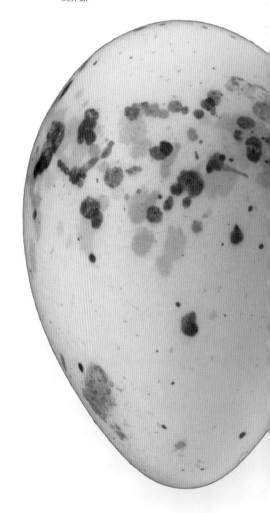

绿胁绿霸鹟的卵为乳白色或黄褐色，具棕色斑点，环绕钝端排列，卵的尺寸为 23 mm×16 mm。筑巢及孵卵的工作由雌鸟独自完成，而雄鸟则在雌鸟孵卵初期为它提供食物。

目	雀形目
科	霸鹟科
繁殖范围	南美洲西部及北部
繁殖生境	高海拔森林、开阔林地及次生林
巢的类型及巢址	浅而开放的杯状巢，由苔藓筑成，外侧覆以地衣，多见于树枝之上
濒危等级	无危
标本编号	FMNH 19082

成鸟体长
16～17 cm

孵卵期
16 天

窝卵数
2 枚

388

烟色绿霸鹟
Contopus fumigatus
Smoke-colored Pewee

Passeriformes

窝卵数

这种烟色绿霸鹟羽色暗淡但鸣声却十分吵闹，它们分布于安第斯山脉海拔 1000 米以上、森林上缘 2600 米以下的范围内。同其他体型较大而分布于新热带界的霸鹟一样，人们对这种鸟类繁殖生物学的了解也十分有限。烟色绿霸鹟雌雄同型，除非抓住它们进行性别鉴定并为其环志，否则直接观察野生的个体是无法判断出其性别的。

搭建鸟巢和孵化鸟卵分别需要花费约两周的时间。一天中的绝大多数时间都会有亲鸟在巢中孵卵，但它们有时也会离开。在热带地区，即使是山区，如果亲鸟在相当长的一段时间里都不去孵化鸟卵，外界环境的温度也高到足以维持胚胎的发育。育雏期，亲鸟双方都会在半空中捕捉昆虫，并将其饲喂给雏鸟。

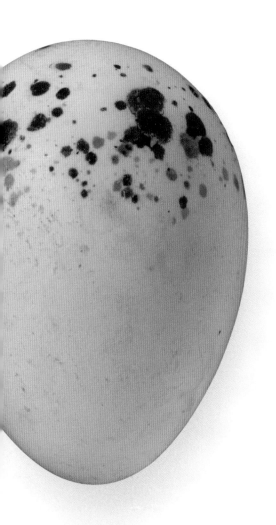

实际尺寸

烟色绿霸鹟的卵为白色，具稀疏的淡紫色斑点。卵的尺寸为 19 mm × 15 mm。这种鸟筑巢和产卵的时间刚好与其繁殖地的旱季相重合。

目	雀形目
科	霸鹟科
繁殖范围	北美洲东部
繁殖生境	落叶林、针阔混交林或针叶林
巢的类型及巢址	杯状巢，由杂草编织而成，外侧覆以苔藓，巢内垫以动物毛发及植物纤维，鸟巢多见于树木的细枝之上
濒危等级	无危
标本编号	FMNH 9297

东绿霸鹟
Contopus virens
Eastern Wood-Pewee
Passeriformes

成鸟体长
15～17 cm

孵卵期
12～14 天

窝卵数
2～4 枚

389

当这种体色暗绿的鸟类在树木之间对猎物发动突袭时，它们常常会发出"Pewee"的叫声。然而胃部剖检却表明，东绿霸鹟的食物大多是在枯枝落叶或地面上活动的昆虫，例如蟋蟀、蚂蚱和蜘蛛，这三者是它们的主要食物，也是亲鸟饲喂给雏鸟的主要食物。雌雄繁殖对在夏季维持觅食和繁殖的领域，但在非繁殖季它们则会独自生活。

东绿霸鹟雌鸟每天产一枚卵，绝大多数体型较小的鸟类采取的都是这种策略。在开始孵卵之前，雌鸟腹部会发育出孵卵斑，那里的羽毛较少而皮肤裸露，足以使热量有效地从亲鸟体内传导至鸟卵。雄鸟则不会发育出孵卵斑这一结构，但它会在繁殖期为雌鸟提供食物，并守在鸟巢附近警戒捕食者。

窝卵数

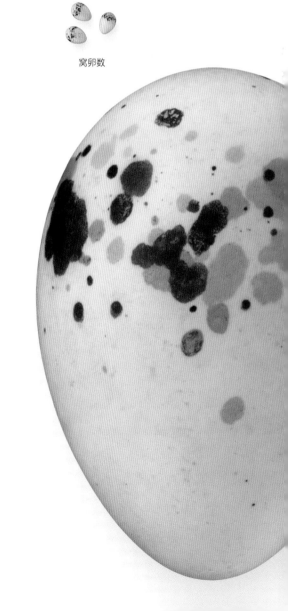

实际尺寸

东绿霸鹟的卵为乳白色，钝端环绕着紫色斑点。卵的尺寸为 18 mm × 14 mm。盛着鸟卵的鸟巢位于大树的高处，隐蔽于树冠之下，这使得捕食者和研究人员很难找到它们。

目	雀形目
科	霸鹟科
繁殖范围	北美洲北部及东南部
繁殖生境	潮湿的灌丛地、林缘及幼龄林
巢的类型及巢址	粗糙而松垮的杯状巢，由枝条和草叶编织而成，垫以细小的杂草而无羽毛，鸟巢多见于树杈或灌丛较低的位置
濒危等级	无危
标本编号	FMNH 18969

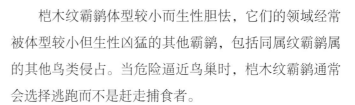

成鸟体长
13～17 cm

孵卵期
11～14 天

窝卵数
3～4 枚

390

桤木纹霸鹟
Empidonax alnorum
Alder Flycatcher

Passeriformes

窝卵数

桤木纹霸鹟的卵为乳白色或黄褐色，没有或仅具少量的深色斑纹。卵的尺寸为 19 mm×14 mm。桤木纹霸鹟是 15 种经常被褐头牛鹂（详见 616页）巢寄生的鸟类之一。

桤木纹霸鹟体型较小而生性胆怯，它们的领域经常被体型较小但生性凶猛的其他霸鹟，包括同属纹霸鹟属的其他鸟类侵占。当危险逼近鸟巢时，桤木纹霸鹟通常会选择逃跑而不是赶走捕食者。

桤木纹霸鹟越冬于中南美洲。随着长距离迁徙的结束和繁殖季的开始，这种鸟雌雄双方会相继抵达繁殖地并重新建立配偶关系。雌鸟将独自搭建鸟巢，它们只需要短短一天半的时间就能将巢筑好，然后它们每天都会在其中产一枚鸟卵。雌雄双方轮流孵卵，下午主要由雄鸟孵卵，而夜晚则更多由雌鸟值守。尽管在美国和加拿大，桤木纹霸鹟具有庞大的种群数量，但令人不解的是，人们对于这一物种的繁殖生物学却了解很少。

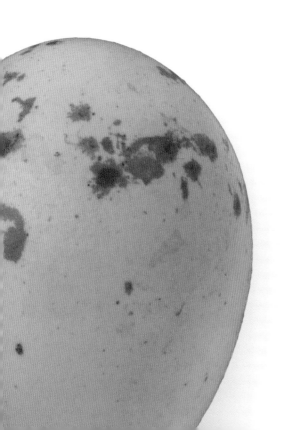

实际尺寸

目	雀形目
科	霸鹟科
繁殖范围	北美洲东部及亚北极地区
繁殖生境	针阔混交林及针叶林、沼泽及林间沼泽、果园及灌丛间空地
巢的类型及巢址	开放的杯状编织巢，由树木纤维、杂草、树叶及羽毛筑成，多见于树木分叉或弯折处
濒危等级	无危
标本编号	FMNH 20954

成鸟体长
13～14 cm

孵卵期
13～14 天

窝卵数
3～5 枚

391

小纹霸鹟
Empidonax minimus
Least Flycatcher
Passeriformes

小纹霸鹟会经历一段长距离的迁徙，它们的繁殖行为会受到物候的影响。雄鸟首先抵达繁殖地，雌鸟也会在之后几天到达。雄鸟会建立并保卫领域，领域与领域之间彼此相邻，小纹霸鹟会形成一个由 2～20 块领域组成的松散的繁殖区域。雌鸟倾向于与那些和其他雄鸟比邻而居的雄鸟交配，而那些独居的个体通常不会得到交配机会。

小纹霸鹟雌雄双方会共同进行巢址选择。雌鸟会进到树枝堆之间，左右打量潜在巢址的情况，而雄鸟则会紧跟在雌鸟身后。在产卵期，雌鸟会经常闯入附近其他小纹霸鹟的领域内，并与其中的雄鸟交配，因此巢中的雏鸟往往是同母异父的手足。

窝卵数

实际尺寸

小纹霸鹟的卵为黄色或乳白色，无斑点，卵的尺寸为 17 mm×13 mm。雌鸟独自孵化鸟卵，而这一过程多始于最后一枚鸟卵产下之前。

目	雀形目
科	霸鹟科
繁殖范围	北美洲西部、中美洲及南美洲西部
繁殖生境	海岸及河边的地区，林地、空地、市郊及城市公园
巢的类型及巢址	杯状泥巢，垫以草叶，多见于竖直的崖壁或墙面上，或悬挂于自然突出物或屋檐下
濒危等级	无危
标本编号	FMNH 9273

成鸟体长
16 cm

孵卵期
15～18 天

窝卵数
3～5 枚

392

烟姬霸鹟
Sayornis nigricans
Black Phoebe

Passeriformes

窝卵数

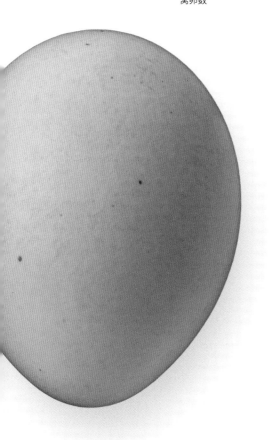

　　烟姬霸鹟的分布范围十分广泛，从紧邻太平洋的美国西北部到阿根廷都能见到它们的踪迹影。但在其分布范围内，适宜的繁殖地却呈斑块状分布，因为它们需要在崖壁或建筑物上筑巢，且附近要有邻水的滩涂，它们会取用这些泥土作为巢材。在大多数地区，烟姬霸鹟为留居型鸟类。在非繁殖季，烟姬霸鹟配偶双方会分开活动，它们将各自保卫相邻但不重合的领域。春季，它们会重新形成配偶关系，打通两块领域，这样的繁殖对要比那些新形成的繁殖对更早开始筑巢繁殖。

　　雄鸟通常会将雌鸟呼唤至数个适宜巢址处视察，但修筑新巢或翻新旧巢，以及孵卵等事宜则由雌鸟独自完成。如果雌鸟死亡或失踪，那么雄鸟也将弃卵而去；但如果鸟卵成功孵化了，那么亲鸟双方则会共同喂养雏鸟，并且通常它们还能在这一个繁殖季里成功地哺育出第二窝雏鸟。

实际尺寸

烟姬霸鹟的卵为纯白色，具光泽，有些具有少许斑点。卵的尺寸为 19 mm × 15 mm。与灰胸长尾霸鹟（详见 393 页）不同的是，烟姬霸鹟的巢不会被牛鹂寄生，虽然两种霸鹟的巢处于相似的位置，导致这一现象的原因人们尚不得而知。

目	雀形目
科	霸鹟科
繁殖范围	北美洲东部及中部
繁殖生境	林间空地、林缘、市郊及乡村居民点
巢的类型及巢址	开放的杯状泥巢，垫以草叶及牛或马的毛发，外周覆以绿色的苔藓；鸟巢多见于洞穴之中或悬崖、峭壁之上，通常位于木夹板下或桥下
濒危等级	无危
标本编号	FMNH 9242

灰胸长尾霸鹟
Sayornis phoebe
Eastern Phoebe

Passeriformes

成鸟体长	14～17 cm
孵卵期	15～16 天
窝卵数	4～5 枚

393

灰胸长尾霸鹟因在年季间重复利用同一个泥巢而为人熟知，有时子代甚至会利用亲代的旧巢。在北美洲的乡村地区经常能听到灰胸长尾霸鹟将巢筑于走廊或谷仓内的报道，而且这些巢一用就是几十年，即使仅有一只个体住在里面，巢也会被用上 7 ～ 10 年。观察表明，翻修上一年的旧巢，无论巢是自己的旧巢还是其他个体的旧巢，都会使灰胸长尾霸鹟在早春时节里提早 5 天产下第一窝卵，这也使得繁殖对有时间在这个繁殖季内繁殖第二甚至第三巢后代。

灰胸长尾霸鹟是褐头牛鹂（详见 616 页）较为常见的一种宿主鸟类，虽然最先孵化的往往是褐头牛鹂的雏鸟，但也会有 1 ～ 2 只灰胸长尾霸鹟的雏鸟能够存活下来。令人惊讶的是，即使这样，褐头牛鹂的雏鸟也能从中获益，因为越多双乞食的嘴就意味着来自亲鸟的食物越多，而之后体型更大且乞食更强烈的褐头牛鹂便会垄断这些食物，因此它们也会比之前长得更快。

窝卵数

灰胸长尾霸鹟的卵为白色，有些具有稀疏的棕红色斑点，卵的尺寸为 19 mm×15 mm。在同一个繁殖季中，如果灰胸长尾霸鹟繁殖了两巢的话，那么窝卵数越少的那一巢，卵越有可能异步孵化。

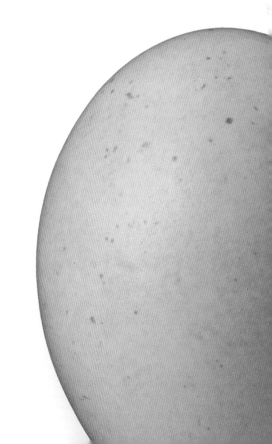

实际尺寸

目	雀形目
科	霸鹟科
繁殖范围	北美洲西部
繁殖生境	开阔的地区，大草原、半荒漠地区，通常接近水源
巢的类型及巢址	开阔的杯状巢，垫以毛发及细草，鸟巢多见于平台的遮挡之下，例如洞穴、崖壁、建筑物或桥下，偶尔会抢夺燕子或美洲鸲的泥巢
濒危等级	无危
标本编号	FMNH 9264

成鸟体长	16～19 cm
孵卵期	12～17 天
窝卵数	4～5 枚

394

棕腹长尾霸鹟
Sayornis saya
Say's Phoebe

Passeriformes

窝卵数

棕腹长尾霸鹟的分布范围十分广泛，它们生活在开阔的环境中，这一点与其他霸鹟十分相似。棕腹长尾霸鹟经常猛扑向半空中或水面上捕捉飞虫。它们还会利用自己或其他鸟类的旧巢，这或许能够节省时间和能量而不必大费周折搭建新的鸟巢，节省下来的时间和能量将用于产卵和孵卵。棕腹长尾霸鹟每次只能用嘴衔起一个泥丸，因此，搭建一个鸟巢需要往返于巢址和泥滩数百个来回。

雄鸟会首先抵达其繁殖地，而当雌鸟到达时，修筑鸟巢和产下鸟卵在数天之内即可完成。在鸟卵孵化后，双亲中的一方会待在巢中为雏鸟保温，但亲鸟双方最终都会离开鸟巢为雏鸟寻找食物。在完成第一轮繁殖后，棕腹长尾霸鹟会迅速重新筑巢并在繁殖季结束之前开始新一轮繁殖。

实际尺寸

棕腹长尾霸鹟的卵为白色，无杂斑，其尺寸为 20 mm×16 mm。尽管这种鸟常定居在人类建筑附近，但人们对它们的繁殖却知之甚少。例如，人们还不清楚鸟巢是否由雌性棕腹长尾霸鹟独自修筑，正如人们对于其他一些种类霸鹟的这一情况也不清楚一样。

目	雀形目
科	霸鹟科
繁殖范围	北美洲西南部、中美洲、南美洲及加拉帕戈斯群岛
繁殖生境	河边林地、开阔灌丛、具稀疏树木的田地；干旱地区，但接近开阔的水面
巢的类型及巢址	开阔而疏松的杯状巢，由细枝和茎叶筑成，垫以杂草、羽毛及毛发，鸟巢多见于树木横枝的分叉处
濒危等级	无危
标本编号	FMNH 9426

成鸟体长
13～14 cm

孵卵期
12～14 天

窝卵数
2～4 枚

朱红霸鹟
Pyrocephalus rubinus
Vermilion Flycatcher

Passeriformes

395

窝卵数

这种鸟体羽呈明亮的朱红色，背部的黑色羽毛也十分漂亮，但这些还不是全部，雄性朱红霸鹟还会进行绚丽的求偶炫耀飞行，它们会在空中辗转腾挪并伴着持续的鸣唱。在与雌鸟建立配偶关系后，雄鸟会将其带到潜在巢址处，并用胸部蹭树枝的分叉处，同时伴随着吱吱的叫声，以此指示潜在巢址的位置。由于雄鸟并不清楚雌鸟更钟爱哪里，因此鸟巢修筑在哪里最终将由雌鸟决定。

与雄鸟那明亮的红色体羽形成鲜明对比的是，雌鸟体羽只在腹部具有红色的色调。当雌鸟孵化鸟卵时，若从上往下俯视，它只会露出极具隐蔽性的棕灰色羽毛，而暗淡的羽色不失为一种很好的隐蔽。

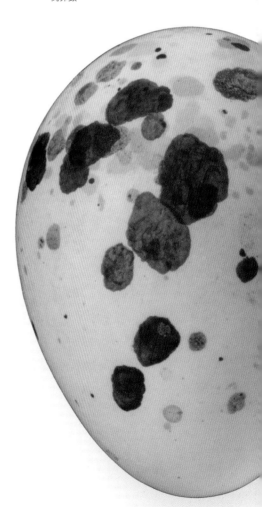

实际尺寸

朱红霸鹟的卵为乳白色，具有大块儿的深色斑点。卵的尺寸为 17 mm×13 mm。巢由雌鸟独自孵化，雄鸟会在雌鸟孵卵时为其饲喂食物。

目	雀形目
科	霸鹟科
繁殖范围	北美洲西南部、中美洲及南美洲
繁殖生境	橡树林及松树林，河边林地
巢的类型及巢址	洞巢，垫以羽毛、细树枝、细草及毛发，鸟巢多见于天然树洞或啄木鸟的弃巢中，可能也会在人工巢箱中繁殖
濒危等级	无危
标本编号	FMNH 16513

成鸟体长
16～19 cm

孵卵期
13～14 天

窝卵数
3～5 枚

396

暗顶蝇霸鹟
Myiarchus tuberculifer
Dusky-capped Flycatcher
Passeriformes

窝卵数

暗顶蝇霸鹟的卵为黄褐色，杂以棕色的斑纹和花纹。卵的尺寸为 23 mm × 16 mm。这种鸟的洞巢十分隐蔽而难以寻找，因此一些收集鸟卵的人常常会悬挂巢箱以吸引它们在其中繁殖，并出售它们产的卵。

暗顶蝇霸鹟全年都会维持领域，它们不会与同类集群觅食或繁殖，而是单独或成对活动。暗顶蝇霸鹟是蝇霸鹟属鸟类中体型最小的一种，它们会抵御其他暗顶蝇霸鹟进入领域，却不会驱赶同属其他种体型较小的霸鹟。暗顶蝇霸鹟的羽色或许是模仿了那些体型更大、更好斗的霸鹟，这样它们就可以从中得到一些保护而免遭袭击。

对于暗顶蝇霸鹟的繁殖生物学，人们了解得相对较少。目前还没有这种鸟类利用人工巢箱的报道，因此也没有基于此的相关研究。筑巢和产卵似乎都是由雌鸟独自完成的。亲鸟双方都会为雏鸟提供食物，它们会用嘴将昆虫递喂给雏鸟。同亲代照料的其他方面一样，雌鸟在喂食上投入的时间也要比雄鸟多。

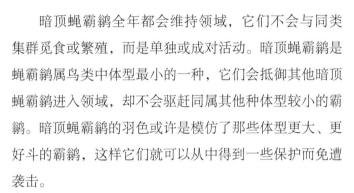

实际尺寸

目	雀形目
科	霸鹟科
繁殖范围	北美洲西部，包括墨西哥北部
繁殖生境	沙漠灌丛、落叶林、针阔混交林、河边树林
巢的类型及巢址	洞巢，包括多种多样的天然或人工洞穴。在巢洞之中，鸟巢由干草、茎叶、粪便及树叶组成，垫以毛发、羽毛及植物纤维
濒危等级	无危
标本编号	FMNH 3019

成鸟体长
19～21 cm
孵卵期
15 天
窝卵数
3～5 枚

397

灰喉蝇霸鹟
Myiarchus cinerascens
Ash-throated Flycatcher

Passeriformes

无论是外貌还是行为，灰喉蝇霸鹟看起来都与典型的霸鹟无异，它们会从树枝间纵身跳跃，突袭到其他树枝上，它们也会观察周围寻找潜在的猎物，并发现周边的危险，但这种鸟觅食时却是在落叶堆中和树枝上寻找昆虫，而不是在半空中抓捕猎物。灰喉蝇霸鹟的羽色和体型与同属其他鸟类十分相似，但不同的种类却可以通过鸣声来相互区分。同所有燕雀亚目的鸟类一样，灰喉蝇霸鹟的雏鸟不会模仿成鸟学习鸣叫，而是直接从亲鸟那里遗传。

灰喉蝇霸鹟是一种迁徙的鸟类，它们的繁殖具有一定的节律。在北方繁殖的种群，每个繁殖季只有一次机会来完成一个完整的繁殖周期。更受限制的是可供筑巢的天然树洞的数量。很多洞巢鸟类都是定居在繁殖地，或在那里进行区域性迁徙，像灰喉蝇霸鹟这种历经长途跋涉、较晚抵达其繁殖地的鸟类必须尽快抢占先机，才能占领一个适宜的洞穴。

窝卵数

实际尺寸

灰喉蝇霸鹟的卵为乳白色或黄褐色，杂以深色的线形斑纹。卵的尺寸为 22 mm×17 mm。这种鸟还会利用人工巢箱或顶端开口的杆子并在其中繁殖，这使得它们的繁殖范围扩展到了从前没有占据的领域和生境。

目	雀形目
科	霸鹟科
繁殖范围	北美洲东部及中部
繁殖生境	针阔混交林或阔叶林、果园、沼泽森林
巢的类型及巢址	筑于天然树洞、啄木鸟弃巢或人工巢箱之中
濒危等级	无危
标本编号	FMNH 16606

成鸟体长
17～21 cm

孵卵期
13～15 天

窝卵数
4～8 枚

大冠蝇霸鹟
Myiarchus crinitus
Great Crested Flycatcher
Passeriformes

398

窝卵数

　　大冠蝇霸鹟分布于北美洲东部地区，它们是那里唯一的一种在洞巢中繁殖的霸鹟。这种鸟常将领域建立在人类居所附近，包括农场、果园和公园。当大冠蝇霸鹟迁抵繁殖地后，它们很快便会与异性配对，并会翻修、利用上一年的旧巢。

　　大冠蝇霸鹟雌雄双方会共同寻找潜在巢址。它们更倾向于选择天然的树洞，只有当天然树洞十分匮乏时，它们才会转而寻找啄木鸟的旧巢或人工巢箱。这种鸟通常会在深深的洞穴中填满树枝、细枝、树叶和垃圾，巢杯会与洞口处于同一水平面。大冠蝇霸鹟经常收集蛇蜕（人类居所附近繁殖的个体会收集包装纸）作为卵下的垫材。卵由雌鸟单独孵化，饲喂雏鸟的工作主要由雌鸟完成，而雄鸟则守护保卫其领域。

实际尺寸

大冠蝇霸鹟的卵为乳白色至略带粉色，杂以线形斑纹。卵的尺寸为 23 mm×17 mm。雏鸟在孵化之后，亲鸟会立即将破碎的卵壳叼出鸟巢，并将它们丢到远离鸟巢的地点。

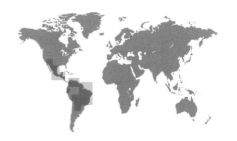

目	雀形目
科	霸鹟科
繁殖范围	北美洲南部、中美洲及南美洲
繁殖生境	成熟林、河边林地、次生林及仙人掌林
巢的类型及巢址	杯状巢，由杂草、树叶、羽毛及动物毛发筑成，鸟巢多见于仙人掌或树木上啄木鸟的旧巢、天然树洞或人工巢箱中
濒危等级	无危
标本编号	FMNH 16610

褐冠蝇霸鹟
Myiarchus tyrannulus
Brown-crested Flycatcher
Passeriformes

成鸟体长
20～24 cm

孵卵期
13～15 天

窝卵数
2～7 枚

399

褐冠蝇霸鹟的体型较大，它们倾向于在那些被大型啄木鸟开凿的树洞中筑巢，而非天然的树洞或人工巢箱。因此，它们的繁殖地更受啄木鸟旧巢的影响，而不是典型的适宜生境的影响。人们还不是很清楚这种鸟雌雄双方在巢址选择、修筑鸟巢和孵化鸟卵中所扮演的角色有何差别，但亲鸟双方都会喂养雏鸟。

褐冠蝇霸鹟广泛分布于美洲的热带和亚热带地区，它们会在树冠层中对猎物发动奇袭。褐冠蝇霸鹟羽色暗淡而活动安静，加之它们是一种洞巢鸟类，因此对于许多不了解它们的观察者和科学家来说，一睹其芳容并非易事。

窝卵数

实际尺寸

褐冠蝇霸鹟的卵为乳白色，杂以紫色及淡紫色斑点。卵的尺寸为 24 mm × 18 mm。亲鸟会十分专注地孵化鸟卵，甚至当巢受到干扰时它们也不会立即离开。

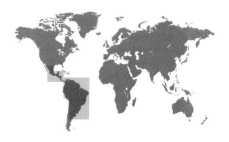

目	雀形目
科	霸鹟科
繁殖范围	北美洲南部、中美洲及南美洲
繁殖生境	开阔林地、有树木的农田、花园、公园
巢的类型及巢址	筑于树木或电线杆之上，鸟巢由细枝、杂草及棉花、丝带等垃圾筑成的圆顶所封闭，巢的入口位于侧面
濒危等级	无危
标本编号	FMNH 3131

成鸟体长
21～26 cm

孵卵期
13～15 天

窝卵数
2～5 枚

400

大食蝇霸鹟
Pitangus sulphuratus
Great Kiskadee

Passeriformes

窝卵数

大食蝇霸鹟羽色艳丽，在美洲的热带地区经常能见到它们的身影。这种鸟的繁殖地已经扩展至人类定居地附近，它们会在电线杆上筑巢而不再寻找大树，它们会拣食人类餐桌上的残羹剩饭而不再自己猎捕昆虫。为了保卫那巨大而显眼的鸟巢，大食蝇霸鹟会用高声的鸣叫、尖利的大嘴和勇猛的反击来驱赶地面上的猫和空中的猛禽，因此捕食者很快就学会了避免与羽色黄黑相间的大食蝇霸鹟发生冲突。很可能正因如此，许多体型较小的霸鹟拥有与大食蝇霸鹟类似的羽色，这或许是模仿它们的结果，而这些霸鹟也可以借此欺骗捕食者，使它们误以为自己也是不好惹的大食蝇霸鹟。

虽然大食蝇霸鹟很好地适应了新热带界城市的快速扩张，但人们对这一物种繁殖行为的细节仍不是很了解。只有雌鸟具孵卵斑，而一般认为雄鸟不参与孵卵；与之相符的是，人们也未曾见过孵卵期亲鸟双方轮流保卫鸟巢的情况。

实际尺寸

大食蝇霸鹟的卵为黄褐色至乳白色，杂以淡淡的棕红色斑点。卵的尺寸为 29 mm×22 mm。亲鸟双方共同修筑相对封闭的鸟巢，也会协力积极抵御接近鸟巢的潜在捕食者，包括人类。

目	雀形目
科	霸鹟科
繁殖范围	北美洲西南部及中美洲
繁殖生境	高海拔地区的林地及峡谷中的河边林地
巢的类型及巢址	杯状巢，多见于天然树洞或啄木鸟的旧巢中，鸟巢由细枝、细根及草叶筑成
濒危等级	无危
标本编号	FMNH 16602

黄腹大嘴霸鹟
Myiodynastes luteiventris
Sulphur-bellied Flycatcher

Passeriformes

成鸟体长
18~20 cm

孵卵期
15~16 天

窝卵数
3~4 枚

401

黄腹大嘴霸鹟的羽衣具条状斑纹。这种鸟会将巢筑在天然的树洞中，在那些缺少发育成熟的大树和啄木鸟的地区，可供黄腹大嘴霸鹟繁殖之用的树洞也较少。在树洞稀缺的地方，黄腹大嘴霸鹟有时会将巢筑于其他霸鹟或啄木鸟的巢和卵之上，这是种间竞争十分激烈的体现。

在开始繁殖之前，雌雄双方会配合着彼此移动、鸣叫，并会在其领域内追随着对方缓慢移动。在确立配偶关系后，雌鸟便会开始筑巢，而雄鸟则会紧紧守卫在雌鸟身边负责警戒。

窝卵数

实际尺寸

黄腹大嘴霸鹟的卵为白色至黄褐色，杂以棕红色及淡紫色斑点。卵的尺寸为
26 mm×19 mm。雌鸟为了在卧巢孵卵时获得较好的视野，它们会在较深的洞中
垫满树枝，使得巢杯刚好与洞口处于同一水平面。

目	雀形目
科	霸鹟科
繁殖范围	北美洲南部及中美洲
繁殖生境	半开阔区域，灌丛、有树的干旱地区、花园
巢的类型及巢址	疏松的杯状巢，由藤蔓及细根筑成，垫以少量动物皮毛，鸟巢多见于孤立树木树枝的分叉处
濒危等级	无危
标本编号	FMNH 907

成鸟体长
18～23 cm

孵卵期
15～16 天

窝卵数
2～4 枚

402

库氏王霸鹟
Tyrannus couchii
Couch's Kingbird

Passeriformes

窝卵数

库氏王霸鹟的卵为白色或略带粉色，杂以深色斑点。卵的尺寸为 23 mm × 18 mm。雌鸟会独自孵化鸟卵并照顾雏鸟。

库氏王霸鹟曾经被认为是分布广泛的热带王霸鹟（*Tyrannus melancholicus*）的一个亚种，后来它被划分成一个独立的物种。库氏王霸鹟常在人类聚集地周围活动，在那些开阔地或被砍伐的森林中，经常有单独的或成排的树木以及电线杆，而在这些地方经常能见到这种鸟的踪影，它们会站立于其上监视猎物的出现。为了保卫其繁殖地，特别是在附近有其他鸟类筑巢繁殖时，库氏王霸鹟会奋力驱赶闯入者，即使入侵者的体型比它们自身还要大，即使入侵者并不会对它们构成什么威胁，例如军舰鸟和巨嘴鸟。

库氏王霸鹟的婚配制度为一夫一妻制，雄鸟更多地负责保卫领域和驱赶入侵者，而雌鸟主要承担筑巢。亲鸟双方都会喂养雏鸟，雏鸟的食物包括昆虫和浆果。有时，库氏王霸鹟的巢也会被营专性巢寄生的铜色牛鹂（详见 615 页）寄生。

实际尺寸

目	雀形目
科	霸鹟科
繁殖范围	北美洲南部
繁殖生境	开阔林地、河边林地、针叶林林缘、沙漠灌丛
巢的类型及巢址	杯状巢，由细枝和树皮筑成，垫以细根、草叶，偶垫以羽毛，鸟巢多见于水平的树枝上
濒危等级	无危
标本编号	FMNH 16576

卡氏王霸鹟
Tyrannus vociferans
Cassin's Kingbird

Passeriformes

成鸟体长
22～23 cm

孵卵期
18～19 天

窝卵数
3～4 枚

403

卡氏王霸鹟的分布范围与其亲缘种西王霸鹟（详见 404 页）有很大的重叠。尽管二者的身体大小和食物都十分相似，甚至能在同一棵树或同一片灌丛中找到这两种鸟的巢，但它们却不会对对方表现出侵略性。卡氏王霸鹟会对潜在巢捕食者以及闯入领域的其他个体表现出好斗的行为和警戒鸣叫（正如其种名 *vociferans*）。

春季，在雌鸟与雄鸟结为配偶之后，鸟巢将由雌鸟负责搭建，它会收集植物组织作为巢材，而雄鸟则会紧跟在雌鸟身后，或守卫在一旁警戒。这种由雄性配偶负责保卫雌鸟的行为，可使雌鸟免遭单身雄鸟的骚扰，也可以在雌鸟专心致志地进行亲代照料时为其预报潜在风险的到来；而雄鸟从中得到的好处是确保大多数，甚至是全部雏鸟，都是自己的后代。

窝卵数

卡氏王霸鹟的卵为乳白色，杂以棕色和淡紫色斑点。卵的尺寸为 24 mm × 18 mm。除了筑巢之外，孵卵的工作也由雌鸟承担，雌鸟饲喂雏鸟的频次大约是雄鸟的两倍。

实际尺寸

目	雀形目
科	霸鹟科
繁殖范围	北美洲西部
繁殖生境	具有稀疏树木的开阔地区，牧场、农耕地、草原及沙漠灌丛
巢的类型及巢址	杯状巢，多见于树木或灌丛的分叉处，或筑于篱笆杆之上
濒危等级	无危
标本编号	FMNH 9163

成鸟体长
20～24 cm

孵卵期
12～19 天

窝卵数
2～7 枚

404

西王霸鹟
Tyrannus verticalis
Western Kingbird
Passeriformes

窝卵数

西王霸鹟生活在开阔的草地生境中，但它们仍然需要有树木或杆子的环境，这些物体可以作为西王霸鹟观察在空中或地面活动的昆虫的制高点，当然它们也需要一个较高的地方来搭建鸟巢。在繁殖季刚刚开始时，西王霸鹟的领域内包含大面积的开阔空间，其间会环绕树木或灌丛分布，这些鸟会在这里筑巢。随着繁殖季时间的推进，西王霸鹟的领域范围会逐渐缩小，最终仅缩小至巢树周围的一小片区域。

为了吸引异性，雄鸟会进行飞行表演，它们首先会向上飞行，飞到顶峰后伴随着一阵"颤抖"，接着便是伴着阵阵鸣声的翻滚下落。在确定配偶关系后，雄鸟会在潜在巢址处鸣叫呼唤雌鸟前来，并在那里忽扇翅膀、扭动身体。而最终修筑鸟巢的工作将由雌鸟独自完成。

实际尺寸

西王霸鹟的卵为白色、乳白色或略带粉色，杂以深棕色斑点。卵的尺寸为24 mm×18 mm。只有雏鸟一方会孵化鸟卵并为它们保温，但亲鸟双方会共同饲喂雏鸟。

目	雀形目
科	霸鹟科
繁殖范围	北美洲中部和东部
繁殖生境	具有稀疏树木的天敌、果园、林缘
巢的类型及巢址	开放鸟巢，由细枝及草叶筑成，筑于灌丛、树木或树桩、木杆顶部
濒危等级	无危
标本编号	FMNH 9114

成鸟体长	20～23 cm
孵卵期	14～17 天
窝卵数	2～5 枚

东王霸鹟
Tyrannus tyrannus
Eastern Kingbird
Passeriformes

405

窝卵数

东王霸鹟的卵为苍白色，钝端杂以一圈棕红色斑点。卵的尺寸为 24 mm×18 mm。即使第一窝幼鸟成功出飞，亲鸟也不会尝试繁殖第二窝。

东王霸鹟每年都会在北美洲温带地区和南美洲亚马孙之间进行长距离的迁徙。一旦抵达繁殖地，雄鸟通常会立即开始建立并保卫领域，而这片区域在上一年通常也是它们的领域。如果配偶还是上一年那只雌鸟，那么繁殖工作会在抵达之后一周内开始；但如果雌雄双方是新结成的配偶的话，它们将花费 2～3 周的时间搭建鸟巢。虽然搭建鸟巢和孵化鸟卵都由雌鸟一方单独完成，但在这之前却也能见到雄鸟寻找潜在巢址，而鸟巢的位置一般与之前一年或数年的巢址相同。通常，开放的鸟巢很容易被捕食或被恶劣的天气损坏，而雌鸟则会迅速搭建一个新的鸟巢并在其中补产一窝卵。

东王霸鹟因积极保卫领域的行为而为人熟知，它们会抵御体型较大的潜在捕食者接近鸟巢，包括鸦科鸟类、鹰和松鼠。毋庸置疑的是，在"暴君"（Tyrant）统治管理下的区域，鸟巢无须拥有伪装，也可以受到很好的保护，这正如东王霸鹟及其近亲共同具有的属名 *Tyrannus* 那样。

实际尺寸

目	雀形目
科	霸鹟科
繁殖范围	北美洲中南部地区
繁殖生境	草地及稀树草原
巢的类型及巢址	杯状巢，由细枝及草叶筑成，垫以毛发及其他纤维，鸟巢多见于独立的灌丛或树木之上
濒危等级	无危
标本编号	FMNH 9093

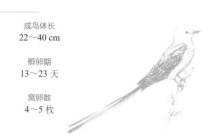

成鸟体长
22～40 cm

孵卵期
13～23 天

窝卵数
4～5 枚

406

剪尾王霸鹟
Tyrannus forficatus
Scissor-tailed Flycatcher

Passeriformes

窝卵数

与东王霸鹟（详见 405 页）相比，剪尾王霸鹟的迁徙距离相对较短，它们在墨西哥南部越冬，在美国中部的得克萨斯州和俄克拉荷马州繁殖。迁徙时机的早晚对繁殖的成败具有重大影响。雌鸟比雄鸟会稍晚一些到达繁殖地，之后便会迅速与合适的异性确立配偶关系。一般来说，尾羽较长的雄鸟会较早和尾羽较短的雌鸟建立配偶关系，这种模式叫作异配制（Disassortative mating）。其结果是，这样的繁殖对会较早繁殖，而且如果它们的巢或卵因天气或捕食者而损坏的话，它们会拥有更多的时间再次尝试繁殖。

巢址由雌雄双方共同选定，它们会用胸部顶住树枝分叉的地方，就像在用身体"估测"巢址的尺寸。筑巢时，雌鸟负责收集巢材并将其编织在一起，而雄鸟则紧紧跟随其后。鸟卵由雌鸟单独孵化，而雏鸟则由亲鸟双方共同喂养。

实际尺寸

剪尾王霸鹟的卵为乳白色，杂以明显的棕红色斑纹。卵的尺寸为 23 mm × 17 mm。如果鸟巢筑于一棵孤立无依的大树上，那么处于龙卷风带上的鸟卵和雏鸟会很容易被夏日里严重的风暴所毁坏。

目	雀形目
科	娇鹟科
繁殖范围	中美洲
繁殖生境	季节性干旱或潮湿的热带森林，林下通常具灌丛
巢的类型及巢址	浅杯状巢，由树叶、树皮及蜘蛛丝编织而成，多悬挂于树枝上
濒危等级	无危
标本编号	WFVZ 146784

成鸟体长
10～11 cm

孵卵期
18 天

窝卵数
1～2 枚

长尾娇鹟
Chiroxiphia linearis
Long-tailed Manakin

Passeriformes

长尾娇鹟的繁殖行为较为复杂，既存在雌鸟一方独自照料后代的情况，也存在由雄鸟集群合作养育雏鸟的情况。长尾娇鹟雌雄异型，雌鸟体羽为暗绿色，这可以使其很好地隐蔽于热带地区那厚厚的枯枝落叶层中；而成年雄鸟则身披耀眼的红、黑、蓝相间的羽衣，还长着一对长长的中央尾羽。

为了吸引雌鸟，4～10只雄性长尾娇鹟会聚集在求偶场。两只占据主导地位的雄鸟会首先向雌鸟进行一段经典的炫耀展示：它们高声鸣叫，并会沿着一根已经去除掉所有树叶和细枝等障碍物的树枝飞行。如果雌鸟对这对雄鸟产生了好感，主雄则会将其他的雄鸟赶走，而独自留下进行炫耀展示。最终，只有主雄能够与雌鸟交配。其他的雄鸟当年则不会产生后代，除非第二年主雄死亡，"王位"才得以顺延。

窝卵数

长尾娇鹟的卵为黄褐色至棕褐色，杂以深色斑点。卵的尺寸为 21 mm×15 mm。雌鸟独自修筑鸟巢、孵化鸟卵并照顾幼鸟，而此时的雄鸟则忙于求偶炫耀以吸引其他雌鸟的青睐。

实际尺寸

目	雀形目
科	蒂泰霸鹟科
繁殖范围	北美洲西南部及中美洲
繁殖生境	干旱森林，包括落叶林和针阔混交林，以及河边林地及红树林
巢的类型及巢址	大型封闭巢，悬挂于树枝上
濒危等级	无危
标本编号	FMNH 151

成鸟体长	17～18 cm
孵卵期	15～17 天
窝卵数	2～6 枚

408

红喉厚嘴霸鹟
Pachyramphus aglaiae
Rose-throated Becard
Passeriformes

窝卵数

这种小型食虫鸟类的外貌和炫耀展示的行为与霸鹟科的霸鹟十分相似，但最近对其进行的基因研究却将它们与蒂泰霸鹟属（*Tityra*）的鸟类共同归入了蒂泰霸鹟科（Tityridae）。红喉厚嘴霸鹟的觅食策略多种多样，它们既擅长于在枯枝落叶中搜寻昆虫，也会猛扑向并捕捉空中的飞虫。在繁殖季，红喉厚嘴霸鹟雄鸟会向雌鸟展示白色的肩羽以吸引它们的注意，而这白色的肩羽在平时却是隐藏起来的。

红喉厚嘴霸鹟雌鸟有能力独自筑巢，但通常雄鸟也会帮上一把。鸟巢具有顶盖，它由凌乱的杂草、树叶、铁兰（Spanish moss）和细枝组成，悬挂在鸟巢外部的一根细长的树枝上，为鸟卵和雏鸟提供额外的保护。鸟巢的入口位于底部，这样的结构有利于孵卵的亲鸟迅速逃跑。

实际尺寸

红喉厚嘴霸鹟的卵为白色，杂以棕色斑点。卵的尺寸为 27 mm × 19 mm。卵由雌鸟独自孵化，但雌雄双方会轮流喂养雏鸟。

目	雀形目
科	园丁鸟科
繁殖范围	澳大利亚北部
繁殖生境	干旱森林、雨林林缘、河边林地、市郊公园及花园
巢的类型及巢址	杯状巢，由树枝筑成，垫以叶片，多见于树木或灌丛上
濒危等级	无危
标本编号	WFVZ 143858

成鸟体长
33～38 cm

孵卵期
21 天

窝卵数
1～2 枚

大亭鸟
Chlamydera nuchalis
Great Bowerbird
Passeriformes

大亭鸟是最新潮的建筑师和装潢师，但它们搭建的亭子却不是真正的鸟巢，而是一针"催情剂"（Aphrodisiac），这只是用来吸引雌鸟的手段。雄鸟搭建的凉亭外有一段小路，凉亭两侧的"墙"是将树枝竖直插在土中搭建而成的。凉亭的入口和出口处装饰有鹅卵石和贝壳，有时还会有浆果和花瓣。与梦幻般的炫耀场相比，虽然大亭鸟雄鸟的冠羽为紫红色且具有光泽，但从整体来看，其全身的羽毛则显得相对暗淡。

一只被凉亭吸引来的雌鸟，会走进小路并观察因其到来而舞蹈、歌唱的雄鸟。在与雄鸟交配后，雌鸟将独自搭建鸟巢、孵化鸟卵并喂养雏鸟，而雄鸟则会继续吸引其他雌鸟。在下一年，雌鸟通常会返回上一年的凉亭，如果那只雄鸟还在附近并且还拥有一座凉亭的话，雌鸟则还会与这只雄鸟交配。这样的配偶忠诚度可以减少雌鸟在寻找雄鸟所花费的时间和尝试与不同雄鸟交配上投入的代价。

窝卵数

大亭鸟的卵为乳白色，具绿色或灰色色调，表面有杂乱的深栗色斑纹。卵的尺寸为 42 mm×29 mm。为了保护鸟卵，当有其他鸟类闯入时，雌鸟会模仿捕食者的叫声以使闯入者的注意力从鸟巢移开。

实际尺寸

目	雀形目
科	细尾鹩莺科
繁殖范围	澳大利亚东南部及塔斯马尼亚
繁殖生境	林下植被茂密的开阔林地，以及城市公园及花园
巢的类型及巢址	封闭巢，由杂草、树叶及蛛网编织而成，鸟巢隐蔽于灌丛及具刺灌丛之中，接近地面
濒危等级	无危
标本编号	WFVZ 75778

成鸟体长	14～16 cm
孵卵期	14～15 天
窝卵数	2～4 枚

410

华丽细尾鹩莺
Malurus cyaneus
Superb Fairywren

Passeriformes

窝卵数

华丽细尾鹩莺的卵为苍白色，杂以棕红色斑点。卵的尺寸为 16 mm×12 mm。有时，华丽细尾鹩莺的巢中还会有一个"租客"：寄生于此的金鹃雏鸟。在雏鸟破壳之前，华丽细尾鹩莺雌鸟会呼唤鸟卵中的胚胎，并会教给它们一个暗号，亲鸟也会用这个暗号来区分自己的雏鸟和寄生的金鹃雏鸟。

华丽细尾鹩莺的体型十分小巧，繁殖季的雄鸟堪称整个澳大利亚的标志性物种，一部分原因是它们身披明亮的蓝黑相间的羽衣，而且在人口最为稠密的州和城市中它们也都能繁殖。华丽细尾鹩莺常以家庭为单位活动，繁殖对常常能得到其他性成熟但不参与繁殖的个体的帮助，这些帮手通常是繁殖对上一年繁殖出的个体。帮手的存在，可以使雌鸟将更多的经历投入到"生产"鸟卵中，而且有帮手帮助喂养雏鸟，还可以使雌鸟更快地从能量的"损失"中恢复过来。

华丽细尾鹩莺雌鸟的生活以家庭为中心，但它却并不是忠贞爱情的典范。在某些巢中，部分甚至全部的雏鸟都不是雌鸟原配的后代，而是"隔壁老王"的子嗣。雌鸟与其相邻领域中的雄鸟交配，或许有助于提高后代基因的多样性。根据某种理论，给后代带来的多样的基因，可以使它们具有更好的免疫功能并能更有效地抵御疾病。

实际尺寸

目	雀形目
科	钩嘴鸥科
繁殖范围	马达加斯加
繁殖生境	干旱或湿润的热带森林
巢的类型及巢址	杯状巢，由植物纤维及细枝编织而成，多见于树杈处
濒危等级	无危
标本编号	WFVZ 74247

成鸟体长
18～22 cm

孵卵期
16～18 天

窝卵数
3 枚

411

白头勾嘴鸥
Artamella viridis
White-headed Vanga

Passeriformes

窝卵数

钩嘴鸥科的鸟仅分布于马达加斯加，这是一个物种多样性较高的类群。钩嘴鸥具多样化的喙形，使它们擅长多种不同的觅食方式。例如，白头勾嘴鸥那短而粗壮的喙适于抓捕中等体型的昆虫，这与那些与其同域分布的钩嘴鸥十分不同。近些年来，栖息地的退化正在将许多马达加斯加特有的动物类群推向灭绝的边缘甚至是灭绝的深渊。

人们环志了一片地区的一些白头勾嘴鸥，研究显示，这些个体全年都会维持领域，直到繁殖期开始时才会有雌鸟进入其中。亲鸟双方会共同搭建鸟巢、孵化鸟卵并照顾幼鸟，有些繁殖对还会得到来自雄性亚成体帮手的帮助。虽然这些帮手不会喂养雏鸟，但是会和亲鸟相互理羽，也会保卫其领域抵御入侵。

白头勾嘴鸥的卵为乳白色，杂以棕红色斑点。卵的尺寸为 25 mm×18 mm。根据观察，雌鸟只会与领域范围内的一只雄鸟交配，但白头勾嘴鸥是否为单配制鸟类，尚缺乏基因水平的研究。

实际尺寸

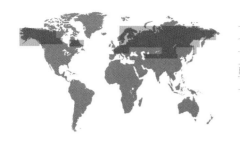

目	雀形目
科	伯劳科
繁殖范围	北美洲及欧亚大陆的北极及温带地区
繁殖生境	零星散布着树木的开阔草原，林间的大片空地，以及具围栏的草场
巢的类型及巢址	大型杯状巢，由细枝、根及羽毛、毛发编织而成，筑于树枝上
濒危等级	无危
标本编号	FMNH 20819

成鸟体长
23～28 cm

孵卵期
15～16 天

窝卵数
4～9 枚

412

灰伯劳
Lanius excubitor
Northern Shrike
Passeriformes

窝卵数

灰伯劳的卵为白色，具灰色或绿色色调，表面杂以棕色斑点。卵的尺寸为 27 mm × 20 mm。在欧洲，为了抵御渡鸦（Carrion Crow）等巢捕食者，灰伯劳会将巢筑在田鸫巢的附近，二者会共同驱赶接近鸟巢的入侵者。

灰伯劳的体型较大，是一种身强力壮而攻击性较强的物种，在数个大陆上都有它们的分布。灰伯劳食物中的近半数都是小型啮齿类、蜥蜴、蛙、小鸟及体型较大的无脊椎动物。如果猎物的体型太大以至于不能整个吞下的话，灰伯劳就会将它们钉在尖刺上撕扯成小块吞食。灰伯劳具有领域性，它们会保卫领域并防止其他伯劳和体型较大的鸟类入侵，这样不仅可以减少对食物的竞争，还可以保护鸟巢不受威胁。

灰伯劳的婚配制度为单配制，但雌雄之间的配偶关系只会维持一个繁殖季。冬季到来时，雌雄之间的配偶关系便会打破，下一年将与其他异性另择良缘。雄鸟用歌声和食物将雌鸟吸引到潜在巢址处，雄鸟还会收集树枝并为鸟巢"奠基"。如果被雌鸟接受了的话，雄鸟则会继续收集搭建鸟巢所需要的巢材，雌鸟则负责搭建鸟巢。一些雄鸟会维持较大的领域范围，并会吸引两只雌鸟。从而雄鸟会在捕猎上花费更多的时间，而减少在理羽和休息上的时间投入。

实际尺寸

目	雀形目
科	伯劳科
繁殖范围	北美洲温带及热带地区
繁殖生境	开阔的原野、果园，散布有灌丛和树木的牧场
巢的类型及巢址	杯状巢，由细枝筑成，垫以细草、羽毛、毛发及其他细丝，鸟巢筑于树上
濒危等级	无危，但在某些地区种群数量呈下降趋势
标本编号	FMNH 12401

成鸟体长
20～23 cm

孵卵期
16～17 天

窝卵数
5～6 枚

413

呆头伯劳
Lanius ludovicianus
Loggerhead Shrike
Passeriformes

呆头伯劳仅分布于北美洲，但它所属的伯劳属、伯劳科这一物种数量丰富的类群中的绝大多数物种却都分布于旧大陆。尽管呆头伯劳体型较小，但它们却是捕食性鸟类。它们会站立在栖息地中的一个制高点上寻找猎物，用它那厚而具钩的喙抓捕并咬死猎物。它们的食物包括节肢动物、蜥蜴和鼠类等。

呆头伯劳会于每年的早春时节开始繁殖，南方的种群全年都会定居于一处，即使在冬季，配偶双方也会成对活动，这样在春天它们就会比新形成的配偶更早地开始繁殖。巢材由雌雄双方共同收集，而鸟巢则主要由雌鸟搭建，有时也会得到雄鸟的帮助。雌鸟还承担孵化鸟卵并为雏鸟保温，而雄鸟则为巢中的雌鸟和一日龄的雏鸟提供食物。此后，亲鸟双方会共同喂养日渐长大的雏鸟并守护鸟巢。

窝卵数

实际尺寸

呆头伯劳的卵为浅灰黄色，杂以棕色斑点。卵的尺寸为 25 mm × 20 mm。雌鸟在白天会经常翻卵，如果遇上炎热的天气，它们翻卵的频率不但会更加频繁，而且还会站在旁边为鸟卵制造阴凉。

目	雀形目
科	莺雀科
繁殖范围	北美洲东部及南部、巴哈马群岛及百慕大群岛
繁殖生境	次生林、灌丛及有树草场
巢的类型及巢址	开放的吊巢，由蜘蛛丝悬挂于树枝的分叉处，通常隐蔽于茂密的枝叶间
濒危等级	无危
标本编号	FMNH 12499

成鸟体长
11～13 cm

孵卵期
13～15 天

窝卵数
3～5 枚

414

白眼莺雀
Vireo griseus
White-eyed Vireo
Passeriformes

窝卵数

白眼莺雀雌雄之间的配偶关系由雌鸟主导，雌鸟会访问多个雄鸟的领域，并花费数天的时间在其中活动、觅食，而雄鸟则会紧紧地跟在雌鸟身后。在成功交配后，雌雄双方会共同合作来完成剩余的每一项工作，包括搭建鸟巢、孵化鸟卵和喂养雏鸟。

亲鸟双方都会发育出孵卵斑这一结构，雌鸟的孵卵斑更大，更富含血管，这样可以更有效地将体内的热量传递给鸟卵。雌鸟一整夜都会卧于巢中孵化鸟卵，雏鸟破壳而出后雌鸟还会为它们保暖。与之相对应的是，雄鸟则为巢中的雌鸟和雏鸟提供食物。雄鸟先将食物直接递给雌鸟，雌鸟则会转而将这些食物分发给雏鸟。

实际尺寸

白眼莺雀的卵为白色，杂以黑色斑点。卵的尺寸为 18 mm×14 mm。在某些地区，超过半数的鸟巢都为褐头牛鹂（详见 616 页）所寄生，但这却几乎没有降低白眼莺雀这一常见物种的繁殖成功率。

目	雀形目
科	莺雀科
繁殖范围	北美洲中部及西南部
繁殖生境	灌丛、矮树、河边灌丛以及公园
巢的类型及巢址	篮状巢，垫以细草，悬挂于树枝的分叉处
濒危等级	近危
标本编号	FMNH 12438

贝氏莺雀
Vireo bellii
Bell's Vireo

Passeriformes

成鸟体长
11～12 cm

孵卵期
14～15 天

窝卵数
3～5 枚

415

窝卵数

虽然贝氏莺雀这一物种在北美洲有广泛的分布范围，但仍受到了特别的保护，因为分布于加利福尼亚，即最靠西的亚种，其分布范围和种群数量相较于从前都大幅缩减。导致其种群数量下降的最主要的原因是褐头牛鹂（详见 616 页）的巢寄生，因为褐头牛鹂和贝氏莺雀一样，都倾向于选择在开阔或长满灌丛的栖息地活动；另一个原因是地貌类型的改变，人们将河边的土地及开阔的灌丛改造成了市郊建筑用地。目前，包括栖息地保护和恢复，以及诱捕并移除寄生性牛鹂等保护措施，已经初见成效，贝氏莺雀的种群数量也略有上升。

对于寄主和研究人员来说，找到贝氏莺雀的巢很容易，因为它们具有一项仪式化的行为，即"防卫替换"：雄鸟会在靠近每一棵树的时候都高声鸣叫，在降落到巢树上时会再次鸣叫；如果巢中的雌鸟也不断鸣叫的话，那么雄鸟便会前来检查鸟卵并接替雌鸟继续孵卵。

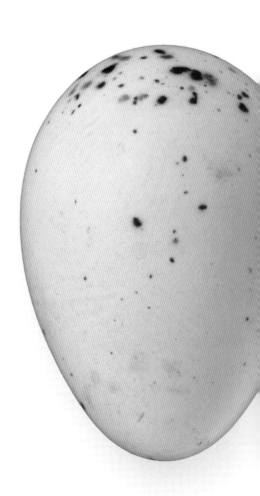

实际尺寸

贝氏莺雀的卵为白色，杂以棕色斑点。卵的尺寸为 18 mm×13 mm。如果雌雄双方共同搭建鸟巢的话，那么这一过程只需要 4～5 天，而实际上雌鸟仅凭一己之力也能筑好一个鸟巢。

目	雀形目
科	莺雀科
繁殖范围	北美洲南部
繁殖生境	干扰程度较大或次生的灌丛及低矮的森林
巢的类型及巢址	开放的杯状巢，由树叶、杂草及蛛丝筑成，垫以细草，多悬挂于树枝的分叉处，
濒危等级	易危，在美国为濒危
标本编号	FMNH 12424

成鸟体长	11～13 cm
孵卵期	14～17 天
窝卵数	3～4 枚

416

黑顶莺雀
Vireo atricapillus
Black-capped Vireo

Passeriformes

窝卵数

　　黑顶莺雀对于栖息地选择的要求是如此专一，以至于在人类对环境进行改造之前，这种鸟类的分布就已经呈现出斑块状了。如今，黑顶莺雀的种群数量很少，它们倾向于在灌丛及低地森林中生活，那里可以满足它们觅食和筑巢的需求。但令人惊讶的是，黑顶莺雀的一处繁殖地刚好位于一个军用投弹场中。在这里对黑顶莺雀影响最大的不是野火，而是爆炸和隆隆作响的马达、机械带来的干扰。

　　鸟巢的搭建和鸟卵的孵化由雌雄双方共同完成，雌鸟会在雏鸟孵化后为它们保温，雄鸟则会为雌鸟和雏鸟提供食物。雏鸟从破壳到出飞仅需 10 ～ 12 天，此后雌鸟会迅速修筑一个新的鸟巢并在其中产下一窝鸟卵，而雄鸟则会继续照顾第一窝雏鸟，直到它们能够独立生活。

实际尺寸

黑顶莺雀的卵为白色，无斑点，其尺寸为 18 mm × 14 mm。雄鸟具有一项令人不解的习性，它们卧巢孵卵时会鸣唱，从而使鸟卵容易受到捕食者的伤害，也让巢寄生鸟类易于找到宿主的位置。

目	雀形目
科	莺雀科
繁殖范围	北美洲西南部
繁殖生境	杜松林及橡树林
巢的类型及巢址	由植物纤维、草叶及动物毛发等编织而成，垫以植物纤维，悬挂于树木横枝上
濒危等级	无危
标本编号	FMNH 16931

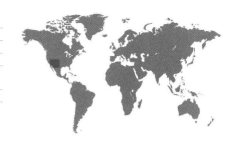

成鸟体长
13～15 cm
孵卵期
13～14 天
窝卵数
2～4 枚

417

灰莺雀
Vireo vicinior
Gray Vireo
Passeriformes

窝卵数

　　灰莺雀适于生活在干旱的灌丛或开阔的杜松林中。在那里，灰莺雀那单调的灰色羽毛可以轻易地与背景环境颜色融为一体。灰莺雀会进行短距离迁徙，在抵达繁殖地后，雄鸟会迅速建立其领域，并将与雌鸟建立配偶关系，这一过程短则数小时，最长不过一天。

　　巢址的选择由雌鸟主导。当雌鸟在灌丛中移动时，它会一丝不苟地仔细检查并按压植物的枝丫，而雄鸟则会紧随其后，一路高歌。在某些地方，雌鸟会留下草叶作为记号，之后这对灰莺雀有可能会回到这里并在此处共同修筑爱巢。与此同时，雄鸟或许会编织一个松散的"单身汉"巢（"bachelor" nest），这或许是修筑真的鸟巢之前的练习，但这个巢会一直空空如也，灰莺雀雌鸟并不会在其中产卵。

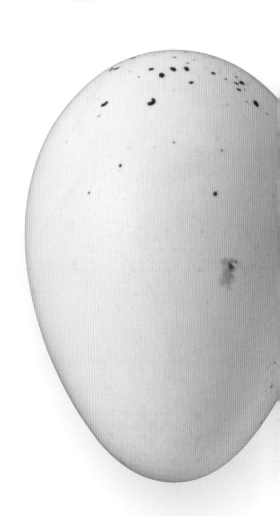

实际尺寸

灰莺雀的卵为白色，杂以稀疏的深色斑点。卵的尺寸为 19 mm×14 mm。无论雌雄，当卧于巢中孵卵的一方开始鸣叫时，正在警戒的另一方就会前来"换班"。

目	雀形目
科	莺雀科
繁殖范围	北美洲东部及中部
繁殖生境	成熟落叶林及针阔混交林的林缘，包括河边林地、沼泽、道路及公园
巢的类型及巢址	开放式鸟巢，悬挂于树木之上，鸟巢的边缘依附于水平树枝之上
濒危等级	无危
标本编号	FMNH 12462

成鸟体长
13～15 cm

孵卵期
14 天

窝卵数
3～5 枚

418

黄喉莺雀
Vireo flavifrons
Yellow-throated Vireo

Passeriformes

窝卵数

黄喉莺雀的卵为乳白色，表面具少量棕色斑点。卵的尺寸为 21 mm×15 mm。当雌鸟开始产卵时，亲鸟中会有一方守在鸟卵旁但并不会卧在上面，直到产足满窝卵时才会开始孵卵。

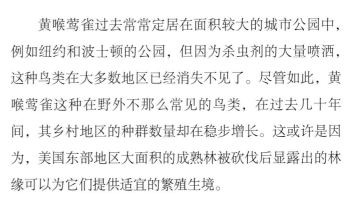

　　黄喉莺雀过去常常定居在面积较大的城市公园中，例如纽约和波士顿的公园，但因为杀虫剂的大量喷洒，这种鸟类在大多数地区已经消失不见了。尽管如此，黄喉莺雀这种在野外不那么常见的鸟类，在过去几十年间，其乡村地区的种群数量却在稳步增长。这或许是因为，美国东部地区大面积的成熟林被砍伐后显露出的林缘可以为它们提供适宜的繁殖生境。

　　黄喉莺雀雄鸟会比雌鸟提早几天迁抵繁殖地，潜在配偶之间会进行炫耀展示，雄鸟还会带领雌鸟去视察几处适宜的巢址。在雌鸟选定一处巢址之后，雄鸟便会在那里搭建鸟巢，之后雌鸟会接替雄鸟继续完成剩余的筑巢工作。雌鸟孵卵的时间比雄鸟多，它整夜都会卧于巢中，只有白天才会与雄鸟轮流孵卵或守卫鸟巢。

实际尺寸

目	雀形目
科	莺雀科
繁殖范围	北美洲东部及次北部
繁殖生境	林下落叶植物茂密的针叶林及针阔混交林
巢的类型及巢址	开放的杯状巢，鸟巢的边缘依附于林下灌丛或幼树的树枝上
濒危等级	无危
标本编号	FMNH 12571

成鸟体长
13～15 cm

孵卵期
13～15 天

窝卵数
3～4 枚

419

蓝头莺雀
Vireo solitarius
Blue-headed Vireo

Passeriformes

科学家最近才确定蓝头莺雀是一个独立的物种，而曾经人们认为这种鸟是一个较大的复合种的东部种群。蓝头莺雀会在美国南部地区和加勒比地区之间往来迁徙。春天，当这种鸟返回其繁殖地时，它们很快便会在发育成熟的森林中找到适宜的繁殖地。雄鸟首先会在较大的区域中游荡，然后建立其领域，之后便会向姗姗来迟的雌鸟进行炫耀展示。在雌雄双方确立配偶关系后不久，它们便开始筑巢。

对于蓝头莺雀来讲，卵和雏鸟是种群及觅食活动的中心。亲鸟双方大多数时间都会在离巢一百米的范围内活动，而它们的巢通常离鹰的巢也很近。这对于蓝头莺雀来说不但不危险，反而还会为它们提供保护，因为它们的天敌往往会对鹰退避三舍，从而可以使蓝头莺雀免遭捕食者的袭击。

窝卵数

实际尺寸

蓝头莺雀的卵为乳白色，杂以不规则的斑点。卵的尺寸为 20 mm × 15 mm。亲鸟双方轮流孵卵，雌鸟会发育出一个完整的孵卵斑，而雄鸟的孵卵斑则只是部分发育。

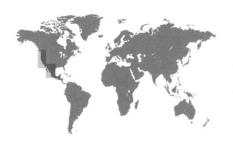

目	雀形目
科	莺雀科
繁殖范围	北美洲西部及中美洲
繁殖生境	针阔混交林，特别是橡树林
巢的类型及巢址	球状巢，由苔藓、草叶及蛛丝编织而成，巢的边缘固定在树枝末端
濒危等级	无危
标本编号	FMNH 12518

成鸟体长
12～13 cm

孵卵期
14～16 天

窝卵数
4 枚

420

郝氏莺雀
Vireo huttoni
Hutton's Vireo
Passeriformes

窝卵数

郝氏莺雀在莺雀中属于体型较小的一种，在其分布范围内的大多数区域中，它们都表现出不迁徙的特征，只有少部分种群会在繁殖地与越冬地之间进行短距离的迁徙。郝氏莺雀由几个不同的种群组成，沿海地区不迁徙的种群与内陆地区不迁徙的种群有可能是两个不同的物种，但这需要更多基因水平上研究的支持。郝氏莺雀雌雄之间确定配偶关系的时间也不像其他迁徙的莺雀那么匆忙。当雄鸟开始频繁鸣唱时，繁殖便拉开了大幕，此时它们通常已经与雌鸟确定了配偶关系。

真正的繁殖开始于搭建一个全新的鸟巢。郝氏莺雀在筑巢的过程中十分容易受到惊吓而弃巢，它们会转而在其他地方修筑新的鸟巢，但会使用"旧巢"的巢材。郝氏莺雀繁殖后弃用的鸟巢常常被金翅雀利用，而金翅雀的繁殖要比郝氏莺雀晚很多。

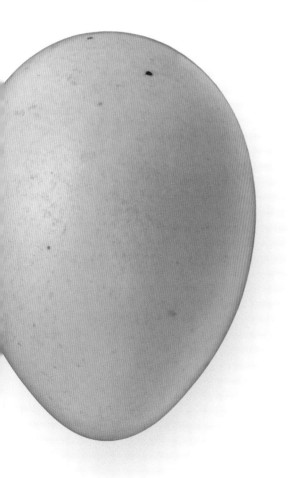

实际尺寸

郝氏莺雀的卵为白色，有时会具有细小的棕色斑点。卵的尺寸为 18 mm × 14 mm。从第一枚鸟卵产下时开始，亲鸟便会卧于鸟卵之上，但只有当即将产下满窝卵时，它们才会将体温传到鸟卵之上，因此雏鸟最终会在一天之内相继孵化。

目	雀形目
科	莺雀科
繁殖范围	北美洲温带地区
繁殖生境	落叶林及河边林地
巢的类型及巢址	粗糙而凌乱的杯状巢，由草叶、细茎及蛛丝筑成，悬挂于横枝的分叉处
濒危等级	无危
标本编号	FMNH 12469

歌莺雀
Vireo gilvus
Warbling Vireo

Passeriformes

成鸟体长
12～13 cm

孵卵期
12～14 天

窝卵数
3～4 枚

421

　　歌莺雀的分布近乎遍及整个北美大陆。这种鸟倾向于生活在开阔的林缘地区，它们常将巢筑在高高的林冠层中。歌莺雀是一种迁徙的鸟类，雌雄通常会同时或在一两天之内相继抵达繁殖地。配偶关系会很快确立，雌雄双方会共同保卫领域，并抵御外来入侵者。鸟巢主要由雌鸟搭建，但雌雄双方会轮流孵化鸟卵、为雏鸟保温并共同喂养雏鸟。

　　令人奇怪的是，不同亚种的歌莺雀，对寄生于巢中的褐头牛鹂（详见 616 页）有着不同的反应：分布于北美洲中部大平原地区的歌莺雀雌鸟，会不断啄击巢中褐头牛鹂的卵，并将它们丢到巢外（但雄鸟尝试这么做的时候一般都会失败）；而分布靠西的歌莺雀，其体型较小，喙部的力量也更小，如果它们的巢被褐头牛鹂寄生的话，其繁殖很可能会以失败告终。

窝卵数

实际尺寸

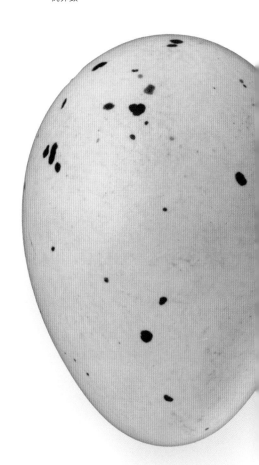

歌莺雀的卵为白色，杂以细小的红色或深棕色斑点。卵的尺寸为 20 mm × 14 mm。在筑巢和产卵的过程中，雄鸟会紧跟雌鸟，并常在鸟巢中交配。

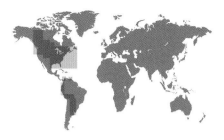

目	雀形目
科	莺雀科
繁殖范围	南美洲北部
繁殖生境	成片的森林、针阔混交林或落叶林以及具林下灌丛的河边林地
巢的类型及巢址	开放的杯状巢，由树木纤维、杂草、松针、苔藓及蛛丝筑成，多见于树枝分叉处
濒危等级	无危
标本编号	FMNH 12546

成鸟体长
12～13 cm

孵卵期
11～14 天

窝卵数
2～5 枚

422

红眼莺雀
Vireo olivaceus
Red-eyed Vireo
Passeriformes

窝卵数

　　红眼莺雀是北美洲最常见的生活在森林中的鸣禽，它们既会在森林深处活动，也会出没于林缘地区。在茂密的森林中，听到红眼莺雀的鸣声要比见到它们的真容容易得多，这种鸟的鸣声虽然单调，却婉转动听。雄鸟用鸣声来建立并保卫领域的边界，它们还会相互追逐、蓬起羽毛并仪式化地为对方喂食。虽然在修筑鸟巢、孵卵和育雏阶段，雄鸟会持续为雌鸟提供食物，但它们通常都会在离鸟巢一定距离的地方活动。

　　巢址的选择和鸟巢的搭建由雌鸟独自完成，而雄鸟则在附近鸣唱，有时也会帮助雌鸟收集巢材。在孵卵和育雏的过程中，雌鸟会不断添加巢材。其结果是，鸟巢会变得十分坚固，甚至会坚挺两年以上，但它们却从不利用旧巢。

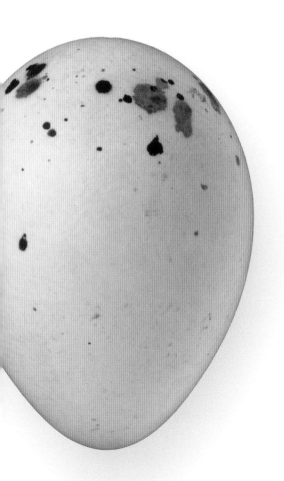

实际尺寸

红眼莺雀的卵为暗白色，杂以不规则的棕红色斑点。卵的尺寸为 20 mm×15 mm。虽然雄鸟常站在鸟卵之上为它们提供掩护，但孵卵却是雌鸟一方的事情，雌鸟会在雄鸟"替班"时外出觅食。

目	雀形目
科	黄鹂科
繁殖范围	欧洲温带地区、非洲北部、亚洲西部及中部
繁殖生境	阔叶林及针阔混交林，河边林地、果园及花园
巢的类型及巢址	杯状巢，由草叶及丝状物筑成，垫以苔藓，鸟巢多见于树枝分叉处
濒危等级	无危
标本编号	FMNH 20732

成鸟体长
20～30 cm

孵卵期
14～15 天

窝卵数
3～4 枚

423

金黄鹂
Oriolus oriolus
Eurasian Golden-Oriole

Passeriformes

金黄鹂的迁徙之旅路途漫漫，它们在非洲越冬。当这种鸟返回繁殖地时，雄鸟不会因为觅食和繁殖建立一个排斥其他鸟类进入的领域，而是在多种树木上寻找食物，并不断鸣唱来吸引雌鸟。在确立配偶关系后，雌鸟将独自搭建鸟巢，而孵卵和育雏的工作则由雌雄双方共同完成。

金黄鹂并非隶属于分布于新大陆的拟鹂科，而是与旧大陆那些羽色艳丽的鹂和裸眼鹂同属一科。尽管金黄鹂雄鸟羽色为亮黄色，但同羽色暗淡呈绿色的雌鸟一样，当它们在蓝绿相间的林冠层那些茂密的枝叶间活动、取食数量可观的毛毛虫和果实时，都很难被发现；而通过倾听那尖锐的保卫领域的鸣声，以及雄鸟那独特的、像长笛一样悠扬的求偶鸣唱，则能很容易辨识出金黄鹂的存在。

窝卵数

金黄鹂的卵为白色，杂以黑色或棕色斑点。卵的尺寸为 30 mm × 21 mm。鸟卵被产在精致的编织巢中，鸟巢就像一个吊床，悬挂在分叉的树枝上。

实际尺寸

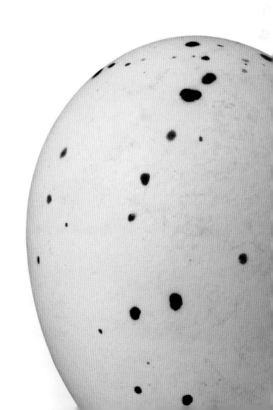

目	雀形目
科	王鹟科
繁殖范围	亚洲东部及南部
繁殖生境	茂密的成熟热带森林
巢的类型及巢址	结构紧凑致密的杯状巢，由细枝、草叶及蛛丝筑成
濒危等级	无危
标本编号	FMNH 20842

成鸟体长
20～50 cm
（含尾羽至不含尾羽），
尾长 30 cm

孵卵期
12～16 天

窝卵数
3～4 枚

424

寿带
Terpsiphone paradisi
Asian Paradise Flycatcher
Passeriformes

窝卵数

寿带和它的几种近亲都因为长着长而精美的尾羽而为人熟知。但雄鸟的羽毛却具有多态性，包括长尾羽白色型、长尾羽棕色型以及短尾羽棕色型。这三种色型的雄鸟都已经达到性成熟，它们都会去吸引雌鸟、建立单配制关系并繁殖。那些和长尾羽雄鸟繁殖的雌鸟，要比和短尾羽雄鸟交配的个体更早筑巢和产下更多的鸟卵。但研究人员并没有发现白色型和棕色型长尾羽的雄鸟在繁殖成功率上存在什么差异。

在鸟卵孵化后，无论何时有成鸟降落在鸟巢附近，雏鸟都会张着那亮黄色的大嘴、不断鸣叫并向亲鸟乞食。在双亲的共同哺育下，这些以昆虫为食的雏鸟会迅速成长，它们能够在孵出 10 ～ 11 天之后扑扇着翅膀离开鸟巢。

实际尺寸

寿带的卵为暗白色或黄褐色，杂以棕色斑点。卵的尺寸为 20 mm × 15 mm。亲鸟双方会共同完成筑巢、孵卵及育雏的工作。

目	雀形目
科	鸦科
繁殖范围	北美洲北部及西部
繁殖生境	北方及亚高山的针叶林
巢的类型及巢址	杯状巢，由树枝和细枝筑成，垫以羽毛或兽毛，鸟巢多见于成熟树木的高处
濒危等级	无危
标本编号	FMNH 101

成鸟体长
27～30 cm

孵卵期
18～19 天

窝卵数
2～5 枚

灰噪鸦
Perisoreus canadensis
Gray Jay
Passeriformes

425

灰噪鸦全年都生活在遥远的北美洲北方那些高海拔的针叶林中。在天寒地冻的时节里，对于许多滑雪者来说，见到灰噪鸦站立在索道座椅上等着人们施舍能量棒或坚果是一个十分熟悉的场景。灰噪鸦会依靠它们的智慧和对空间方位的长期记忆，以及大量黏稠的唾液，在夏日里收集并储存种子和其他不易腐坏的食物。灰噪鸦会将它们塞进或粘在树皮下的裂缝中，并在食物匮乏的冬日里将它们取出以供自己和幼鸟食用。

灰噪鸦配偶全年都会生活在领域之内，它们在这里不会受到来自同类的干扰。繁殖季过后，在当年出生的幼鸟中，除了其中一只外，其余个体都会被赶出出生地，而留下的往往是最具竞争力的一只。那些被迫离开出生地的年轻个体，需要在夏末秋初时，寻找到一个可以接受并收养它们的繁殖对。这些年轻的个体会帮助收集越冬所必需的食物，而收留这些外来的年轻个体，或许会对那些没有雏鸟的成鸟带来一定的好处。

窝卵数

灰噪鸦的卵为白色，略具绿色色调，杂以深橄榄色至锈色的斑点。卵的尺寸为 29 mm×21 mm。鸟巢常在冬末春初开始搭建，因此鸟卵常在零下的大环境温度中发育。如果繁殖失败，亲鸟将补产一窝卵，它们会在更加温暖的春日里孵化。

实际尺寸

目	雀形目
科	鸦科
繁殖范围	北美洲南部、中美洲
繁殖生境	河边林地、开阔林地、林缘、次生林及农田
巢的类型及巢址	盘状巢，由树枝筑成，垫材柔软，鸟巢多见于树木高处的细枝上
濒危等级	无危
标本编号	FMNH 20264

成鸟体长
38～44 cm

孵卵期
18～20 天

窝卵数
3～6 枚

426

褐鸦
Psilorhinus morio
Brown Jay
Passeriformes

窝卵数

褐鸦是一种合作繁殖的鸟类，一个繁殖对会得到来自几只年龄各不相同的褐鸦的帮助。帮手不但保卫鸟巢，还会喂养雏鸟。帮手的数量越多，繁殖成功率就越高。对于年轻的褐鸦来说，帮助繁殖对繁殖也是一个学习的过程，它们会从中获得喂养雏鸟的经验，而且它们每次都会给雏鸟带来更多的食物。

褐鸦体型较大，声音嘈杂，它们是极少数从森林退化、栖息地改变和农场开发中获利的鸟种。在美国中部地区，森林的大面积砍伐，形成了适于褐鸦栖息的新的生境。褐鸦通常会集成 5 ～ 10 只的小群觅食，它们会共同保卫其领域并抵御入侵者或捕食者。

实际尺寸

褐鸦的卵为暗蓝绿色，杂以棕色斑点。卵的尺寸为 35 mm × 25 mm。对生活在哥斯达黎加蒙特韦尔德（Monteverde）褐鸦的研究表明，两只或多只雌鸟会将卵产于一个鸟巢中，而窝卵数也会是一只雌鸟产下鸟卵的两倍或多倍。

目	雀形目
科	鸦科
繁殖范围	北美洲南部、中美洲、南美洲北部及西部
繁殖生境	开阔的林地及灌丛，以及潮湿的热带雨林
巢的类型及巢址	简陋的树枝巢，垫以细根、藤蔓、苔藓及干草，鸟巢多见于树木或灌丛的细枝上
濒危等级	无危
标本编号	FMNH 9669

成鸟体长	27～29 cm
孵卵期	17～18 天
窝卵数	2～6 枚

427

绿蓝鸦
Cyanocorax yncas
Green Jay

Passeriformes

绿蓝鸦的身体为绿色，而头部则为蓝色，它们是鸦科鸟类中观赏性较强的一个物种。在南美洲和北美洲的热带及亚热带地区，有两个明显有别的种群。这两个种群都表现出一定的社会性，繁殖对会得到年轻个体或亚成体的帮助，这些帮手通常是上一年或之前繁殖的幼鸟，它们会保卫领域防止入侵者进入。但南北两个种群的繁殖行为之间却存在一定差异，北方种群中的帮手不会参与繁殖对的繁殖工作，而南方种群中的帮手不仅保卫领域，还喂养雏鸟。

鸟巢由繁殖对双方共同搭建，但只有雌鸟一方承担孵化鸟卵，而雄鸟一方则喂养刚刚孵化的雏鸟。但一段时间之后，雌雄双方便会共同喂养雏鸟。而在雏鸟出飞离巢后，喂养它们的工作将主要落在雌鸟身上。

窝卵数

实际尺寸

绿蓝鸦的卵为白色，略具淡绿色。杂以深色斑点。卵的尺寸为 27 mm × 21 mm。绿蓝鸦搭建的盘状鸟巢很薄，以至于从其下方就能直接看到巢中的鸟卵。

目	雀形目
科	鸦科
繁殖范围	北美洲西部
繁殖生境	山麓或山区的矮松树林
巢的类型及巢址	杯状巢，由树枝和细枝筑成，巢材还包括纸张、塑料及其他城市地区的垃圾，鸟巢多见于松树或杜松树上
濒危等级	易危
标本编号	FMNH 20306

428

成鸟体长
26～29 cm

孵卵期
16～17 天

窝卵数
3～4 枚

蓝头鸦
Gymnorhinus cyanocephalus
Pinyon Jay

Passeriformes

窝卵数

蓝头鸦有时会形成整个鸟类世界中最为持久而庞大的社群，数百只个体全年都会一起活动，它们集群觅食、夜宿、繁殖，对天敌还会群起而攻之。许多幼鸟永远不会离开繁殖群，而留下的往往是雄鸟。这一点与哺乳动物有所不同，却是鸟类通行的做法，即雄鸟往往会留下，而雌鸟则会离群散开。

蓝头鸦是取食松子的专家，而且它们通常会集群觅食。繁殖何时开始，取决于它们偏爱的食物何时大量出现。雄鸟会组成较大的群体，但它们每隔一小时都会返回鸟巢饲喂雌鸟。雏鸟孵化后，亲鸟双方会共同喂养雏鸟。

实际尺寸

蓝头鸦的卵为淡蓝色，杂以深棕色斑点。卵的尺寸为 29 mm × 22 mm。整个种群内的鸟卵几乎同步产下，因此大多数雏鸟都会在一周之内相继出飞。

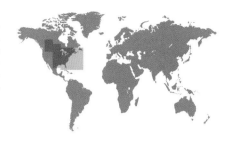

目	雀形目
科	鸦科
繁殖范围	北美洲东部及中部
繁殖生境	落叶林、针叶林、公园、市郊以及城市中有树木的地区
巢的类型及巢址	开阔的杯状巢
濒危等级	无危
标本编号	FMNH 618

成鸟体长	25～30 cm
孵卵期	17～18 天
窝卵数	2～7 枚

冠蓝鸦
Cyanocitta cristata
Blue Jay

Passeriformes

429

冠蓝鸦羽色明亮，鸣声嘈杂，在其分布范围内的森林、小块林地以及城市、城镇和农场中，都经常能见到它们的身影。对于许多人来说，要排列北美洲最熟悉的鸟类，冠蓝鸦一定榜上有名，另外还有人为引入的麻雀、椋鸟和鸽子。只要街道相对安静，并且两旁有灌丛或树木，即使是像纽约这样建筑最为密集的城市，也能见到冠蓝鸦的踪迹（在我写下这段文字的时候就听到一只冠蓝鸦的叫声），它们会在高高的树冠层中修筑鸟巢。

为了保持鸟巢的清洁卫生，冠蓝鸦亲鸟会在雏鸟孵化之后吃掉破碎的卵壳，亲鸟还会在每次给雏鸟喂食之后吃掉它们的粪便。这么做是为了消除一切能够使天敌找到鸟巢的视觉或嗅觉线索。卵由雌鸟独自孵化，雏鸟也由雌鸟单独照看，而雄鸟则会在雏鸟刚刚破壳的几天里为全家提供所需的全部食物。

窝卵数

冠蓝鸦的卵为蓝棕色或亮棕色，杂以棕色斑点。卵的尺寸为 28 mm × 20 mm。在野外，很少有冠蓝鸦的巢会被其他鸟类寄生。当研究人员向它们的巢中放入假蛋时，冠蓝鸦能轻松地将其移出鸟巢。

实际尺寸

目	雀形目
科	鸦科
繁殖范围	美国佛罗里达州
繁殖生境	低地橡树林及棕榈灌丛，排水性较好的沙地
巢的类型及巢址	开放的杯状巢，由细枝及树根筑成，垫以棕榈纤维，多见于低矮的茂密灌丛中
濒危等级	易危
标本编号	FMNH 1409

成鸟体长
23～28 cm

孵卵期
17～18 天

窝卵数
2～5 枚

430

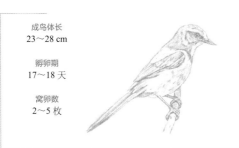

丛鸦
Aphelocoma coerulescens
Florida Scrub-Jay

Passeriformes

窝卵数

丛鸦的卵为乳白色，略具绿色色调，表面杂以棕色斑点。卵的尺寸为 **27 mm × 20 mm**。雌鸟单独孵卵，在鸟卵孵化后，雄鸟和年龄较大的帮手会经常饲喂雏鸟，而雌鸟和年龄较小的雄鸟则只是偶尔为之。

　　虽然丛鸦是一种单配制鸟类，但在一个繁殖对繁殖的过程中却会得到最多来自 6 个帮手的帮助。这些帮手的年龄各异，但都尚未开始繁殖。无论是否处于繁殖季，它们都会帮助繁殖对保卫其领域。这些帮手是繁殖对之前繁殖的后代，有雌鸟也有雄鸟，而且它们还没有离开繁殖地。帮助亲鸟照顾后代也会给帮手带来好处，因为这些幼鸟与帮手的后代一样，共享许多相同的基因。

　　丛鸦是唯一一种仅分布于佛罗里达州的鸟类。在海边那些橡树和蒲葵混种的地区，以及市郊的公园和庭院中，都能见到它们的身影。丛鸦的历史分布区大多已经变成了柑橘种植园或市郊建筑用地。那些在人类居住地附近生活的丛鸦，被路杀或被家猫捕食的危险要比在受到保护的野生环境中多，而且它们繁殖的成功率和寿命也显著低于生活在野外的丛鸦。

实际尺寸

目	雀形目
科	鸦科
繁殖范围	欧洲、非洲北部、亚洲热带及温带地区
繁殖生境	混交林及落叶林，特别是橡树林
巢的类型及巢址	杯状巢，由细枝、茎叶及根筑成，垫以植物纤维及细根，鸟巢多见于树木或大灌木枝条的分叉处
濒危等级	无危
标本编号	FMNH 1405

松鸦
Garrulus glandarius
Eurasian Jay

Passeriformes

成鸟体长
32～36 cm

孵卵期
16～19 天

窝卵数
4～6 枚

431

配偶关系是维持松鸦家庭生活稳定和繁殖成功的核心。为了打动雌鸟的芳心，也为了能与心上人多次交配，松鸦雄鸟经常会仪式化地给雌鸟喂食。松鸦和乌鸦那出众的智力尽人皆知，这一点在仪式化喂食上也有所体现：在笼养条件下，雄鸟会严密地监视雌鸟取食食物的类型，之后它们会为雌鸟提供完全不同类型而十分特别的食物。

雄鸟会选择筑巢的地点，雌雄双方共同收集巢材并共筑爱巢。鸟巢筑好之后，鸟卵的孵化将由雌鸟独自完成，但雄鸟会为雌鸟和雏鸟递喂食物。随着雏鸟日渐长成，亲鸟双方喂食的比例会逐渐相同。

窝卵数

实际尺寸

松鸦的卵为米黄色、淡蓝绿色至橄榄色，杂以黄褐色斑点。卵的尺寸为 32 mm × 22 mm。雏鸟破壳而出后，雌鸟会迅速将尖利的卵壳碎片移出鸟巢，因为这些碎片有可能会伤害到雏鸟，其内部明亮的白色也会招来天敌的注意。

目	雀形目
科	鸦科
繁殖范围	北美洲西部
繁殖生境	具孤立树木的开阔地、靠近草原或牧场的林缘、市郊
巢的类型及巢址	球形巢，由树棍及树枝筑成，由泥土加固，鸟巢筑于大树或灌丛上
濒危等级	无危
标本编号	FMNH 16720

| 成鸟体长 44～46 cm |
| 孵卵期 16～21 天 |
| 窝卵数 5～8 枚 |

432

黑嘴喜鹊
Pica hudsonia
Black-billed Magpie

Passeriformes

窝卵数

黑嘴喜鹊的卵为黄褐色，具橄榄色光泽，表面杂以棕色至灰色斑点。卵的尺寸为 32 mm × 22 mm。雏鸟孵化后，会在巢中待一个月后才离开，在此期间，它们由亲鸟喂养。

　　分布于新大陆的黑嘴喜鹊曾被认为与分布于旧大陆的喜鹊是同一个物种，但对二者基因的研究揭示出它们早在 300 万～ 400 万年前就已分道扬镳。而二者在行为上的差异，也是基因存在差异的反映，这同样为二者的分化提供了证据。生活在美国西南部大盆地中的黑嘴喜鹊与分布于北美洲西部开阔地区的个体也有所不同，前者更习惯生活在人类的栖息地附近，从印第安人时代开始到现代都是如此。

　　黑嘴喜鹊配偶双方的关系会维持终身，而且它们全年都会生活在一起。搭建球巢的大部分事宜都由雄鸟负责，而雌鸟则会衔来泥巴铺在鸟巢内的底部。雌鸟会单独孵卵，而雄鸟则为雌鸟提供食物。在下一个繁殖季到来时，黑嘴喜鹊会修缮并重新利用旧巢，或在旧巢之上修筑一个新巢。那些经常被重复利用的鸟巢，甚至可以达到 1.2 m 高、0.9 m 宽。

实际尺寸

目	雀形目
科	鸦科
繁殖范围	美国加利福尼亚州
繁殖生境	中央谷地的橡树稀树草原及附近的林地灌丛
巢的类型及巢址	球形巢，由树枝筑成和泥土固定，巢中垫以毛发、草叶、树皮或细根；鸟巢多见于树木的高处，通常为槲寄生植物形成的团块处
濒危等级	无危
标本编号	FMNH 16723

成鸟体长
43～54 cm

孵卵期
16～18 天

窝卵数
4～7 枚

433

黄嘴喜鹊
Pica nuttalli
Yellow-billed Magpie

Passeriformes

黄嘴喜鹊仅分布于加利福尼亚州，在世界上任何其他地方都见不到它们居住或繁殖的身影。这种鸟是在橡树大草原中生活的好手，它们能够忍受栖息地的退化，特别是在沿海地区。虽然黄嘴喜鹊并不惧怕人类这个邻居，但在许多城市化的地区，其种群数量却显现出了急剧下降的趋势。

搭建鸟巢是一个费时费力的过程，这最多会花费两个月的时间。雌雄双方会用树枝共筑爱巢，雌鸟会在鸟巢内的底部铺上一层泥作为垫材。此后大部分时间，无论是产卵期还是孵卵期，雌鸟都会待在巢中。在此期间，雄鸟会为雌鸟有规律地递喂食物。在雏鸟破壳而出的最初几天里，雌鸟还会待在巢中为它们保温，之后便会与雄鸟一道共同寻找食物来喂养日渐长成的雏鸟。

窝卵数

实际尺寸

黄嘴喜鹊的卵为蓝绿色或橄榄色，杂以深色斑点。卵的尺寸为 32 mm × 22 mm。在产下第一枚鸟卵后雌鸟便会开始孵卵，因此雏鸟为异步孵化。

目	雀形目
科	鸦科
繁殖范围	北美洲西部
繁殖生境	山地松林
巢的类型及巢址	杯状巢，由丝状物质及其他隔热材料筑成，鸟巢多见于树木分叉处由树枝搭建的平台上
濒危等级	无危
标本编号	FMNH 9831

成鸟体长
27～30 cm

孵卵期
18 天

窝卵数
2～4 枚

434

北美星鸦
Nucifraga columbiana
Clark's Nutcracker

Passeriformes

窝卵数

北美星鸦是取食松子的能手，在一生当中，它们会吃掉和储存数以万计的成熟和未成熟的松子。即使将松子储存起来几个月之久，或被深埋在积雪之下，北美星鸦也能找到它们，因为这是它们度过寒冬的必备物品。当其储藏地被遗忘时，那些被储存在土壤中的松子便会生根、发芽，从而长成一片新的松树林，进而建立起鸟与植物之间互利共生的关系。

北美星鸦雌雄双方会花费大约一周的时间并肩作战、共筑爱巢。繁殖从早春时节开始，那时还没有当季的松子可供食用，因此亲鸟将用上一年储存的种子喂养雏鸟。反过来，在雏鸟出飞后，它们会在之后的几个月里，与亲鸟一起活动，学习如何食用松子，习得怎样储藏食物、记住储存地点并能在之后再次找到它们等技能。

实际尺寸

北美星鸦的卵为淡绿色，杂以细小的棕色、橄榄色或灰色斑点。卵的尺寸为33 mm×23 mm。亲鸟双方共同孵化鸟卵，而且它们都会发育出孵卵斑这一结构，这可以在春寒料峭的时节里更高效地向鸟卵传递热量。

目	雀形目
科	鸦科
繁殖范围	非洲北部及东部、欧洲南部及北部、亚洲中部及西部
繁殖生境	高海拔地区的石滩、悬崖峭壁、林线附近的开阔草原
巢的类型及巢址	杯状巢，由树枝及树根筑成，垫以动物毛发，鸟巢多见于岩缝之中
濒危等级	无危
标本编号	FMNH 3477

红嘴山鸦
Pyrrhocorax pyrrhocorax
Red-billed Chough

Passeriformes

成鸟体长
39～40 cm

孵卵期
17～18 天

窝卵数
3～5 枚

435

红嘴山鸦在鸦科鸟类中算是外貌最为特别的一种，它们长有红色的嘴和红色的脚。许多红嘴山鸦种群都表现出了长期的"归家冲动"，即它们几乎不会与出生地种群之外的其他种群中的个体结成配偶关系。例如，在苏格兰两个相距 10 km 的岛屿上，分别存在一个红嘴山鸦种群，但在过去的二十年间，在数百个被环志的研究对象中，只有不到 10 只红嘴山鸦远渡重洋到异地寻找伴侣。

对红嘴山鸦的环志研究还显示，雌鸟的繁殖策略与人类和大象十分相似：生命早期的繁殖投入（以窝卵数为指标）随着年龄的增长逐渐提高；随着年龄进一步增大，繁殖投入又会逐渐减小。这样的变化在红嘴山鸦雄鸟中却不曾出现。研究人员还发现，那些在年轻时一次产下更多鸟卵的雌鸟，其寿命往往较短；而那些年轻时窝卵数较少的个体，往往能活得更长久。

窝卵数

红嘴山鸦的卵为乳白色至黄褐色，杂以棕色至灰色斑点。卵的尺寸为 39 mm × 28 mm。鸟卵的孵化成功率存在年际间的差异，如果上一个冬天温度较低且降水较多的话，那么来年的窝卵数便会较低。

实际尺寸

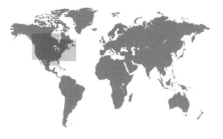

目	雀形目
科	鸦科
繁殖范围	北美洲
繁殖生境	多种生境，包括林地、林缘、有树的草原、公园、果园及城市地区
巢的类型及巢址	由树枝筑成，内衬为杯状，垫以松针、杂草、树皮或毛发，鸟巢多见于树木高处
濒危等级	无危
标本编号	FMNH 9749

成鸟体长
43～53 cm

孵卵期
16～18 天

窝卵数
3～7 枚

436

短嘴鸦
Corvus brachyrhynchos
American Crow
Passeriformes

窝卵数

短嘴鸦的卵为淡蓝绿色至橄榄绿色，杂以密集的棕色和灰色斑点。卵的尺寸为 41 mm × 29 mm。尽管从外表看来鸟巢体量巨大，而且在地面上看十分显眼，但其内部空间却出奇地狭小。鸟巢内部垫以雌鸟收集来的柔软的垫材。

短嘴鸦是一种社会性鸟类。在非繁殖季，这种鸟会集成个体数量庞大的大群活动或夜宿，它们的夜宿地十分稳定，甚至会被年复一年地利用。而在繁殖季，大群的短嘴鸦则会分解成一个个繁殖单位，每个单位由一对单配制的配偶和它们在之前繁殖的、现已成年的短嘴鸦组成。

短嘴鸦雌雄双方共同搭建鸟巢，但雌鸟会在鸟卵产下之前在鸟巢内部铺上垫材。雌鸟独自孵卵，这一过程通常在所有鸟卵都已产下之前便已开始。在孵卵期，雄鸟和帮手则会直接给雌鸟递喂食物，因此雌鸟每次孵卵的时间都较长，受到的干扰也较少。破壳而出的雏鸟最多会有 3 天的日龄差异，因此雏鸟之间会产生以体型大小和行为差异为主导的等级差别。

实际尺寸

目	雀形目
科	鸦科
繁殖范围	北半球温带及北极地区，以及亚热带的山地地区
繁殖生境	森林，附近具开阔生境或海岸
巢的类型及巢址	大型盘状巢，由树棍和树枝、细枝筑成，垫以泥土、草叶、苔藓及动植物纤维；鸟巢多见于峭壁、树木或电线杆上
濒危等级	无危
标本编号	FMNH 16726

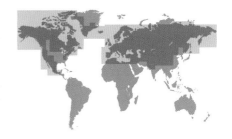

渡鸦
Corvus corax
Common Raven

Passeriformes

成鸟体长
56～69 cm

孵卵期
20～25 天

窝卵数
3～7 枚

437

　　渡鸦是全世界所有雀形目鸟类中分布范围最广泛的一种。渡鸦因具有较高的智商而为人熟知，这表现在它们具有解决问题的能力上，而解决这些问题往往需要具备洞察力和预见力。它们还具有细节丰富的长期记忆能力，以及细微的鸣声变化，这使得个体之间能够进行复杂的交流。

　　渡鸦配偶之间的关系为终身制，但当一只雌鸟的配偶离开时，单身的雄鸟也会接近这只雌鸟。在雌雄双方的配偶关系确立后，它们便会开始建立繁殖地并建造鸟巢。雄鸟会衔来树枝搭建盘状的鸟巢，之后雌鸟会在其中垫以柔软的羊毛和其他动物的毛发。到了第二年，上一年的旧巢几乎都已经破败而不能直接使用，但很多繁殖对会在旧址上重新搭建新巢或将旧巢修葺一新。

窝卵数

渡鸦的卵为白色或黄褐色，背景略具绿色、橄榄色或蓝色，表面杂以深绿色或棕紫色斑点。卵的尺寸为 48 mm × 34 mm。雌鸟会在产够满窝卵后开始孵卵，但从开始产第一枚卵时起，雌鸟便会在巢中夜宿。在恶劣的天气里，雌鸟也会卧于巢中。

实际尺寸

目	雀形目
科	极乐鸟科
繁殖范围	新几内亚东部
繁殖生境	潮湿的山地森林
巢的类型及巢址	杯状巢，由蕨类植物、藤蔓及树叶筑成，筑于树冠层树木的分叉处
濒危等级	易危
标本编号	FMNH 2959

成鸟体长
30～33 cm

孵卵期
16～22 天

窝卵数
1 枚

438

蓝极乐鸟
Paradisaea rudolphi
Blue Bird-of-Paradise
Passeriformes

对于鸟类学家，没有什么比亲眼见到一只蓝极乐鸟更让人开心的事情了。而无论是对鸟类爱好者还是科学家来说，蓝极乐鸟或许是世界上最美丽的鸟种。雄鸟身披绚丽的羽衣，其上的羽毛无论是颜色、长度、质地还是状态都与其他鸟类那常见的羽毛有所不同。但不幸的是，蓝极乐鸟的羽毛同样也招引来了猎人的目光，它们通常并不是将这些羽毛用于当地传统的民族庆祝活动，而是将它们卖给西方的收藏家。如今，在巴布亚新几内亚和澳大利亚，极乐鸟的所有种都受到了保护。

雄性蓝极乐鸟的存在只有一个目的，它们会倒挂在雨林的树枝上，抖动身体，带动全身羽毛的震颤，并高声鸣叫，以吸引雌鸟并与其交配。雌鸟会决定与哪只雄鸟交配，但除了精子之外，它们从雄鸟那里得不到任何其他东西。

蓝极乐鸟的卵为浅橙色或浅黄褐色。杂以红色或茶色斑点。卵的尺寸为 39 mm × 25mm。雌鸟的羽毛为暗绿色，这使其在繁殖季中能够不那么显眼，但亲代照料的职责却全都落在了雌鸟身上。

实际尺寸

目	雀形目
科	文须雀科
繁殖范围	欧洲及亚洲温带地区
繁殖生境	具芦苇丛的湿地
巢的类型及巢址	杯状巢，由草叶及芦苇叶编织而成，巢中垫以动植物纤维，鸟巢由蛛网固定在芦苇茎上
濒危等级	无危
标本编号	FMNH 20707

文须雀
Panurus biarmicus
Bearded Reedling

Passeriformes

成鸟体长
14～16 cm

孵卵期
10～14 天

窝卵数
4～8 枚

439

文须雀适于在大面积的河边芦苇丛中生活。当隐蔽于芦苇茎或花的背景之中时，它们会用那长长的尾羽和灵活的脚爪来保持身体平衡。文须雀全年都定居在沼泽地附近。夏季，它们以蚜虫为食；而冬季，这种鸟的消化系统则会转而适于食用芦苇的种子。实际上，亚成体通常只会扩散至紧邻出生地的地区繁殖。DNA 分析表明，在某些较小的文须雀种群中，近亲繁殖的情况十分普遍。

文须雀有可能采用两种繁殖策略，即单独繁殖或集松散的群体繁殖。集群繁殖的雌鸟通常体型更大、身体状况更好，而且存在婚外配的情况。如果邻近的雄鸟比配偶具有更长的"须"和尾羽，那么雌鸟对配偶的忠诚度则会降低。

窝卵数

实际尺寸

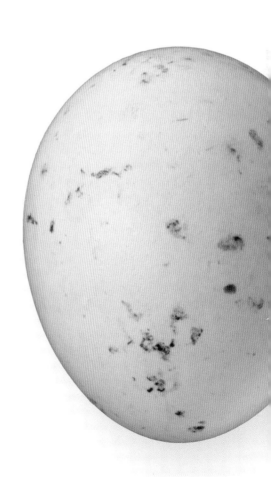

文须雀的卵为白色，杂以红色斑点。卵呈圆形，其尺寸为 17 mm × 14mm。集群繁殖的群体中存在婚外配现象，而那些单独繁殖的繁殖对，雌鸟则会忠于配偶。

目	雀形目
科	百灵科
繁殖范围	撒哈拉以南非洲及亚洲西部
繁殖生境	低海拔石漠及干旱的石滩
巢的类型及巢址	杯状巢，由草叶搭建，多见于地面的岩石缝隙或石块之间
濒危等级	无危
标本编号	FMNH 20836

成鸟体长
15～17 cm

孵卵期
10～11 天

窝卵数
3～4 枚

440

漠百灵
Ammomanes deserti
Desert Lark

Passeriformes

窝卵数

漠百灵的卵为灰白色，杂以棕色斑点。卵的尺寸为 22 mm×15 mm。雌鸟会独自修筑鸟巢并孵化鸟卵，只有当外出觅食时，它们才会短暂离开鸟巢。

漠百灵生活在非洲和中东一些最为干旱而荒凉的地区。为了吸引雌鸟，雄鸟会飞到半空中鸣叫，这一点与其他百灵十分相似。由于沙漠中的温度波动异常剧烈，从夜晚那刺骨的低温到白昼那灼热的高温，因此雌鸟会选择一处合适的地点修筑鸟巢，以减小温度的剧烈变化对鸟卵的影响。雌鸟通常会将鸟巢筑在岩石边缘或灌丛东侧，这些地方可以为鸟巢在一天中最炎热的时间里提供阴凉，而向东的朝向可以吸收早晨阳光的热量，还可以迎来下午微风的吹拂。

漠百灵以草籽和昆虫为食，全年都会定居于一处，因此在它们广泛的分布范围内，不同种群之间几乎没有什么移动、交流。这导致了漠百灵分化出了 24 个亚种，且彼此之间存在明显的形态和基因上的差别。

实际尺寸

目	雀形目
科	百灵科
繁殖范围	欧洲南部、非洲北部、亚洲西部
繁殖生境	农耕地、牧场及开阔草原
巢的类型及巢址	地面巢，由干草筑成，内部垫以细草
濒危等级	无危
标本编号	Least concern

草原百灵
Melanocorypha calandra
Calandra Lark

Passeriformes

成鸟体长	18～20 cm
孵卵期	16 天
窝卵数	4～5 枚

441

草原百灵会积极地保卫其繁殖地，它们会摆出姿势恐吓甚至是直接攻击闯入者。无论这些闯入者是其他百灵还是潜在捕食者，都会遭到草原百灵的空中打击。这种鸟倾向于在大面积的开阔地活动、筑巢，因此在那些农业生产较为发达、土地被划分成小块、种植不同作物的地区，草原百灵就不那么常见了。

草原百灵雄鸟的鸣声多变而悦耳，而且它们还能模仿其他鸟类的叫声，因此在地中海地区，人们常将草原百灵关在笼子里用于观赏。草原百灵雄鸟会用上下飞舞及歌声来吸引雌鸟的注意，而雌鸟则通常在地面上活动，一边觅食一边观赏雄鸟的表演。为了吸引雌鸟的注意，雄鸟在炫耀展示时还会露出翅膀内侧的白斑，而白斑只有在雄鸟飞起时才能从下面看到。

窝卵数

草原百灵的卵为白色，略具暗绿色，表面杂以深棕色至灰色的斑点。卵的尺寸为 24 mm × 18 mm。雌鸟独自搭建鸟巢并孵化鸟卵，但雌雄双方会共同喂养雏鸟。

实际尺寸

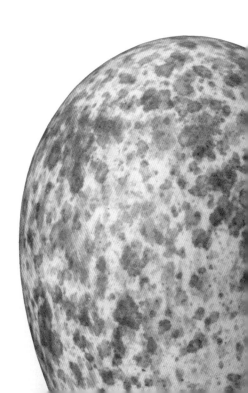

目	雀形目
科	百灵科
繁殖范围	欧亚大陆温带地区、非洲北部
繁殖生境	干旱而平坦的草原、牧场及路边
巢的类型及巢址	浅杯状巢，多见于地面或平顶建筑的屋顶
濒危等级	无危
标本编号	FMNH 20678

成鸟体长
17 cm

孵卵期
11～13 天

窝卵数
4～5 枚

442

凤头百灵
Galerida cristata
Crested Lark

Passeriformes

窝卵数

　　无论是在城市还是郊区，人们曾经对凤头百灵这种鸟十分熟悉。在北美洲，无论是在公园里、草坪中还是平顶建筑的屋顶上，都能见到它们的巢，这与双领鸻（详见 140 页）有几分相似。但在欧洲，城市中凤头百灵的种群数量正在急剧下降，这是因为草地面积逐渐减少、天气的不可预知性逐渐增加，以及喜鹊、乌鸦等外来入侵者及其他巢捕食者数量的增多。这些原因导致了每年最多有 40% 的凤头百灵，不能将卵顺利孵化并将雏鸟照顾到出飞阶段。

　　凤头百灵是陷入"生态陷阱"中的一个例子，它们被吸引到城市地区，并能够在此存活。但与野外的个体相比，它们在养育雏鸟时却遭受着严重的阻碍。研究人员发现，那些在自然环境中（即土崖底部或草丛基部）繁殖的凤头百灵，其繁殖成功率要远高于在城市草地中繁殖的个体。

实际尺寸

凤头百灵的卵为灰色至橄榄色，杂以灰色或棕色斑点。卵的尺寸为 22 mm × 17 mm。雌鸟单独孵卵，但雌雄双方会共同喂养雏鸟，雏鸟的食物以昆虫为主。

目	雀形目
科	百灵科
繁殖范围	欧洲、非洲北部、亚洲
繁殖生境	开阔生境，树木稀疏或无树，包括牧场、休耕地、草场及机场草坪
巢的类型及巢址	地面杯状巢，多见于土壤的深坑中，由草叶、细根及花枝粗糙地搭建而成，内部垫以细草
濒危等级	无危
标本编号	FMNH 9433

成鸟体长 15～20 cm
孵卵期 11 天
窝卵数 3～5 枚

云雀
Alauda arvensis
Sky Lark
Passeriformes

443

云雀的鸣声复杂而具颤音，它们一边鸣唱一边缓慢地盘旋高飞，它们似乎能冲破天际，高度甚至可达100 m，之后它们会缓慢地降落到地面上。而这一升一降，能够持续五分钟之久。如此炫耀鸣唱，雄鸟不但可以吸引雌鸟，还能保卫领域。雄鸟在建立领域并与雌鸟确定配偶关系之后，雌鸟将会在开放的大草原中选择筑巢的地点，并会疏松土壤，挖出一个浅坑，之后会在其中用草搭建一个盘状鸟巢。

在欧洲的农场、牧场和城市公园中，经常能见到云雀的踪迹。云雀在空中的求偶展示和鸣唱非常惹人喜爱，以至于欧洲殖民者甚至将它们成功地引入至澳大利亚、新西兰、夏威夷和（加拿大的）不列颠哥伦比亚省（British Columbia）等地。

窝卵数

实际尺寸

云雀的卵为乳白色，杂以密集的深棕色斑点。卵的尺寸为 22 mm × 17 mm。卵由雌鸟独自孵化，雏鸟会在 8～10 小时内相继破壳而出。

目	雀形目
科	百灵科
繁殖范围	非洲北部、欧洲及亚洲西部
繁殖生境	开阔的荒野，树木稀少的地区，常具松树的沙质土壤中，包括农田
巢的类型及巢址	杯状巢，由草叶筑成，多见于开阔地面或林间空地
濒危等级	无危
标本编号	FMNH 20672

成鸟体长	14～15 cm
孵卵期	13～14 天
窝卵数	4～6 枚

444

林百灵
Lullula arborea
Wood Lark
Passeriformes

窝卵数

在林百灵的分布范围内，大多数个体都属于留居不迁徙的种群。它们的繁殖始于早春时节，在第一窝雏鸟繁殖成功后，通常还有足够的时间来繁殖第二窝甚至是第三窝。繁殖开始的时间，以及雌鸟对产卵投入的多少，与上一个冬季的气候条件紧密相关。如果上一个冬天相对温暖而少雨，那么来年春季林百灵的窝卵数则较多。

但是，对于大多数鸟类来说，直接影响繁殖成功率的不是天气，而是捕食者。在某些年份里，捕食者会导致林百灵的繁殖成功率下降 50%。林百灵倾向于避免在干扰较大的地区繁殖（而凤头百灵则更能容忍干扰的接近，详见 442 页），但无论是在干扰较高的地区还是较低的地区，林百灵的繁殖成功率都较为接近。因此对于林百灵来说，当地的土地利用情况、捕食者数量波动的周期，以及天气因素等将共同决定它们在哪里活动和在哪里繁殖。

实际尺寸

林百灵的卵为灰色或黄褐色，杂以深棕色斑点，有些鸟卵的钝端还具有由斑点组成的密集的圆环。卵的尺寸为 19 mm×14 mm。雌雄双方共同搭建鸟巢，但孵卵却仅由雌鸟一方负责，亲鸟双方都会喂养雏鸟。

目	雀形目
科	百灵科
繁殖范围	北半球大部分地区，除亚洲中部及东南部和撒哈拉以南非洲
繁殖生境	植被低矮而开阔的生境、半荒漠地区、干旱的山地草甸、农耕地及牧场
巢的类型及巢址	洞穴或地洞中，由草叶编织而成的精细篮状巢，垫以柔软的草叶及纤维
濒危等级	无危
标本编号	FMNH 19090

角百灵
Eremophila alpestris
Horned Lark
Passeriformes

成鸟体长	16～20 cm
孵卵期	10～12 天
窝卵数	2～5 枚

445

窝卵数

　　角百灵，在欧洲又被称作滨百灵（Shore Lark），是一种分布于极地附近的物种，也是唯一一种分布于新大陆的真正的百灵科鸟类。同其他种百灵一样，角百灵也会通过在空中鸣叫这种方式，来划分其领域并吸引雌鸟。在确定配偶关系后，雌鸟会迅速寻找适宜筑巢的地点。适宜的巢区通常位于开阔的草地之中，而巢址常在植物茎叶的基部。在这里，雌鸟会用自己的身体疏松土壤，并在地面上挖掘出一个盘状的巢坑。

　　在一年中的大多数时间里，角百灵都会以种子、嫩草和其他一些植物组织为食，但在鸟卵孵化之后，亲鸟则会寻找昆虫及其他脊椎动物来喂养雏鸟。角百灵亲鸟双方会共同喂养雏鸟，但雌鸟一天中的大部分时间都会卧于巢中给雏鸟保暖，而且也曾有过雌鸟一方单独抚养成活一整窝雏鸟的记录。

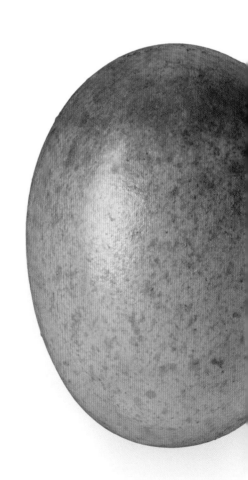

实际尺寸

角百灵的卵为淡灰色，杂以细小的锈红色斑点。卵的尺寸为 22 mm×17 mm。在雌鸟开始孵卵之后，有时会得到雄鸟递喂的食物，但更多的是雌鸟短暂地离开鸟巢自己寻找食物。

目	雀形目
科	燕科
繁殖范围	北美洲温带地区
繁殖生境	临近湖泊的开阔的生境、峡谷及山坡
巢的类型及巢址	洞巢，多见于开掘的土堤通道中或人工管道中，巢室中垫以茎叶、细根及杂草
濒危等级	无危
标本编号	FMNH 13697

成鸟体长
13～15 cm

孵卵期
16～18 天

窝卵数
3～6 枚

446

中北美毛翅燕
Stelgidopteryx serripennis
Northern Rough-winged Swallow

Passeriformes

窝卵数

中北美毛翅燕是一种羽色暗淡而不显眼的猎手，这种燕子不集群生活，因此对于它们的了解，要比那些春季集大群迁徙而来的燕子少很多。但与其他燕子相同的是，这种燕子也适应了在港口等水边的人类聚集地附近定居，因为它们可以从那里的建筑上找到孔洞或裂隙，并在其中筑巢。

人们对于中北美毛翅燕倾向于挖掘新的洞穴还是使用现有的洞穴存在争论，但可以肯定的是，每次繁殖时这种鸟都会搭建一个新的鸟巢，而且鸟巢通常位于之前使用的洞穴的深处。卵由雌鸟单独孵化，而亲鸟双方会共同喂养雏鸟。雄鸟通常会在雏鸟破壳而出的几天后才到访鸟巢。

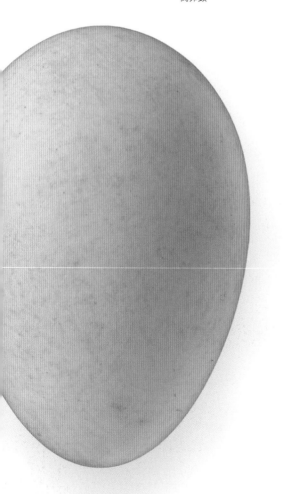

实际尺寸

中北美毛翅燕的卵为白色，具光泽，无斑点，其尺寸为 20 mm × 14 mm。雌鸟会在夜间卧于巢中孵化鸟卵，而且孵卵的时间从第一枚鸟卵产下时就开始了，这使得一巢中鸟卵孵化时间存在数小时至数天的差异。

目	雀形目
科	燕科
繁殖范围	北美洲温带及亚热带地区
繁殖生境	林缘、河边林地、城市公园及花园
巢的类型及巢址	盘状巢，由树枝、植物组织及泥巴筑成，垫以杂草、树皮及树叶；鸟巢多见于树木或崖壁的洞穴中，也利用啄木鸟的旧巢和人工巢箱
濒危等级	濒危
标本编号	FMNH 13670

紫崖燕
Progne subis
Purple Martin

Passeriformes

成鸟体长	18～22 cm
孵卵期	15～18 天
窝卵数	3～6 枚

447

紫崖燕最初是一种单独繁殖的鸟类，但现如今，大多数紫崖燕都集群繁殖。这与人类建造的适于崖燕繁殖的建筑有关，例如在北美洲，人们会在后院或草坪上竖立起崖燕塔（Martin houses）。与为东蓝鸲（详见 494 页）和双色树燕（详见 448）准备的人工巢箱不同，紫崖燕的巢必须具有一个足够大的入口。但这些较大的洞口也能使紫翅椋鸟（详见 515 页）进入其中。紫翅椋鸟不但是紫崖燕强有力的竞争对手，它们甚至还能杀死紫崖燕成鸟，就更不用说鸟卵和雏鸟了，之后它们便会占领鸟巢。

尽管集群繁殖会付出许多代价，例如邻居之间相互挤占、对食物的竞争以及更容易招来捕食者，但紫崖燕还是接受了这种繁殖方式。它们能够获得更多的婚外配机会，雌鸟通常会与年轻的雄鸟配对，但有时也会趁配偶离开时与年长的个体交配。

窝卵数

紫崖燕的卵为纯白色，其尺寸为 24 mm×17 mm。筑巢的大部分工作由雌鸟完成，但在雌鸟产卵之前，雄鸟会向巢中衔去新鲜的绿色叶片。

实际尺寸

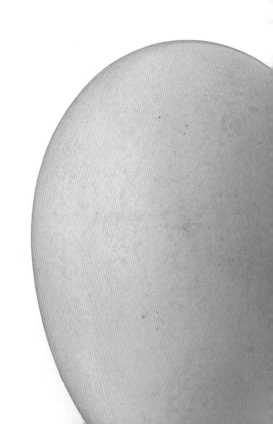

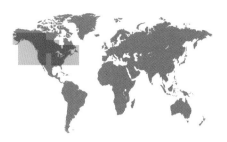

目	雀形目
科	燕科
繁殖范围	北美洲温带地区
繁殖生境	开阔的生境、植被低矮的湿地、草场，通常临近水源
巢的类型及巢址	死树上的天然树洞或啄木鸟的旧巢，也会利用人工巢箱；鸟巢为碗状，由草叶筑成，垫以许多较大的羽毛
濒危等级	无危
标本编号	FMNH 13610

成鸟体长
12～15 cm

孵卵期
11～20 天

窝卵数
4～7 枚

448

双色树燕
Tachycineta bicolor
Tree Swallow

Passeriformes

窝卵数

双色树燕是北美洲最为常见的一种鸟类。得益于为欧亚鸲悬挂的人工巢箱，双色树燕的繁殖范围也有所扩展，因为这些巢箱也适于它们在其中繁殖。双色树燕配偶会倾向于返回其之前的繁殖地繁殖。如果繁殖地缺少天然树洞的话，那些年轻的个体也会寻找巢箱并在其中繁殖。

与许多鸟类不同，双色树燕雄鸟需要经历数年的时间才会换上成鸟的羽毛，它们的羽毛会变成闪闪发亮的蓝绿色。雌鸟在第二年仍身披棕色的羽衣，只有到了第三年，它们才会换上闪闪发光的绿色羽毛。无论羽毛的颜色如何，雌鸟都易于"出轨"，大多数鸟巢中都存在由配偶之外的雄鸟受精的鸟卵。

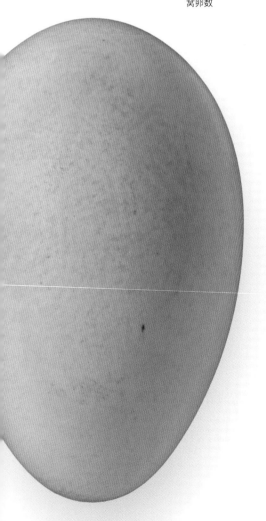

实际尺寸

双色树燕的卵为明亮的纯白色，无杂斑，在刚产下时甚至呈半透明状。卵的尺寸为19 mm×14 mm。双色树燕的卵常被用于环境中有毒物质的研究，那些在酸性湖泊附近繁殖的个体，其体内含有更多的汞，产下的鸟卵也更小。

目	雀形目
科	燕科
繁殖范围	非洲北部、欧洲、亚洲中部及北部、北美洲
繁殖生境	低海拔的水边生境，河流或及水库周边的开阔地
巢的类型及巢址	挖掘巢，通道尽头为巢室，其中垫以干草和羽毛；鸟巢开掘于竖直河堤的土崖或石崖之上
濒危等级	无危
标本编号	FMNH 13690

崖沙燕
Riparia riparia
Bank Swallow
Passeriformes

成鸟体长
12～13 cm

孵卵期
12～16 天

窝卵数
4～5 枚

崖沙燕是一种最为善于集群繁殖的雀形目鸟类，在一些天然的土坝或采石场会聚集 5 ～ 3000 个繁殖对。巢洞分布在竖直的崖壁上，平行于地面开凿，年复一年开凿数量众多的洞穴往往会导致崖壁的坍塌，有时这一过程在一个繁殖季内便可发生。因此除了掘洞筑巢之外，崖沙燕还会寻找其他适于筑巢的地点，以便当巢址坍塌时，能够迅速重启繁殖过程。

雄鸟会在崖壁上的洞口附近占领一小块领域，并会在其周围飞行来吸引雌鸟。如果有雌鸟对这个洞穴感兴趣的话，那么它会在洞口前方悬停并向其中观察。在确定配偶关系后，雄鸟会继续完成洞穴的挖掘，筑巢则由雌鸟完成，雌雄双方会共同孵化鸟卵并喂养雏鸟，但夜晚的大部分时间里都是由雌鸟孵卵。在幼鸟离开鸟巢并能够自由活动后，亲鸟还会喂养它们一段时间。为了避免食物浪费，亲鸟会依靠听觉从群体中分辨出哪只幼鸟才是自己的骨肉。

窝卵数

崖沙燕的卵为白色，具光泽，无杂斑，其尺寸为 18 mm × 13 mm。通常，崖沙燕会在每年春天挖掘新的巢洞，如果一个崖洞被重新利用的话，崖沙燕则会将其中的旧巢移除，并在产卵之前铺以新的巢材。

实际尺寸

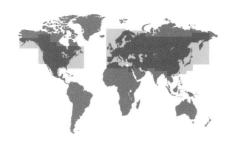

目	雀形目
科	燕科
繁殖范围	北美洲温带地区、布宜诺斯艾利斯、欧亚大陆及非洲北部
繁殖生境	具建筑、谷仓、桥梁及道路涵洞等开阔生境、农田、牧场
巢的类型及巢址	泥质杯状巢，内部迁移草叶及羽毛；鸟巢多见于天然崖壁边缘，更常见的巢址为门廊、屋檐及桥体之下，鸟巢常年重复利用
濒危等级	无危
标本编号	FMNH 1464

成鸟体长
15～19 cm

孵卵期
12～17 天

窝卵数
3～7 枚

450

家燕
Hirundo rustica
Barn Swallow

Passeriformes

窝卵数

凡是有人居住的大陆，就有家燕的身影。虽然分布于南半球的大多是迁徙的种群，却存在一个例外，那就是生活在阿根廷布宜诺斯艾利斯的一小群家燕，它们来自北美洲，现在已经完全适应了在南半球的春季里繁殖。

在广大的分布范围内，家燕的羽毛表现出多样的类型：胸部的羽色呈现出从白色到锈色的变化，尾羽的长度也是有长有短。在欧洲，那些尾羽较长的雄鸟通常不会参与孵卵，而是勇猛地抵御其他接近的雄鸟。与之相对的是，分布于北美洲的家燕尾羽较短，它们会花费更多的时间在孵卵上面。雌鸟会特别留意雄鸟的这些特征，从而做出自己的选择。

实际尺寸

家燕的卵为白色，杂以稀疏的红色、棕色或紫色斑点。卵的尺寸为 19 mm × 14 mm。有经验的繁殖者会返回它们之前繁殖过的地方繁殖后代，而那些第一次繁殖的个体则会使用现成的旧巢繁殖。

目	雀形目
科	燕科
繁殖范围	北美洲温带及北部地区
繁殖生境	开阔的峡谷、山麓及临近水源的开阔生境
巢的类型及巢址	碗状巢，由泥丸筑成，具一入口，巢内垫以杂草；多见于岩壁、桥梁、涵洞及其他人工建筑表面
濒危等级	无危
标本编号	FMNH 3159

美洲燕
Petrochelidon pyrrhonota
Cliff Swallow

Passeriformes

成鸟体长
13～15 cm

孵卵期
13～17 天

窝卵数
3～6 枚

451

美洲燕因集群繁殖行为而为人所知，不但是因为在美国中西部的高速公路下的土崖壁上有它们修筑的鸟巢，还因为在春季交配之前，它们会测量不同繁殖区巢的距离和舒适度。早期的研究表明，那些出生在小种群中的个体，日后也会倾向于选择在小种群中繁殖，反之亦然。

一旦确定在哪个群中繁殖，雄鸟很快就会占领一个旧巢，或开始修筑新巢，即使这时它们可能还没有被哪只雌鸟选中。雌鸟往往会在几个合适的繁殖群之间观察数日，之后才会决定在哪个群体中繁殖，以及与哪只雄鸟交配。之后雌雄双方会共同完成鸟巢的修筑，并一起孵化鸟卵、喂养雏鸟。

窝卵数

实际尺寸

美洲燕的卵为乳白色，杂以或深或浅的棕色斑点。卵的尺寸为 **20 mm × 14 mm**。美洲燕也会表现出一种形式的巢寄生，雌鸟有时会用嘴将产下的卵叼到其他美洲燕的巢中。

目	雀形目
科	山雀科
繁殖范围	北美洲南部及中部
繁殖生境	阔叶林，河边、湿地及海岸林地
巢的类型及巢址	树洞巢，开掘于腐烂树木之上，也会利用既有洞巢；鸟巢为杯状，由草叶、毛发及柔软的纤维筑成
濒危等级	无危
标本编号	FMNH 19174

成鸟体长
10～13 cm

孵卵期
12～15 天

窝卵数
3～10 枚

452

卡罗莱纳山雀
Poecile carolinensis
Carolina Chickadee

Passeriformes

窝卵数

在北美洲东南部地区，卡罗莱纳山雀是一种十分常见的鸟类，但很多人会将它与黑顶山雀（详见 453 页）混淆。尽管二者具有相似的行为和羽毛特征，但在它们共同分布的地区，鸣声的差异也能够使我们将二者区分开来。但这个办法也并非总是那么有效，因为存在两种鸟类杂交的情况。

卡罗莱纳山雀会在冬季与附近的繁殖对和羽翼丰满的幼鸟集群活动。雌雄双方的配偶关系也会一直维持，除非因为捕食者或天气原因导致一方死亡，否则雌雄双方在来年会共同重返繁殖地繁殖。在繁殖季，雄鸟不但会驱赶闯入领域的其他雄鸟，也会在产下第一枚卵之前紧跟雌鸟。之后，雌雄双方将共同喂养雏鸟。

实际尺寸

卡罗莱纳山雀的卵为白色，杂以棕红色斑点。卵的尺寸为 15 mm×12 mm。挖掘巢洞、搭建鸟巢和孵化鸟卵的工作，大部分会由雌鸟单独完成。

目	雀形目
科	山雀科
繁殖范围	北美洲北部
繁殖生境	落叶林及针阔混交林，开阔的森林、林缘、公园及花园
巢的类型及巢址	树洞巢，小型天然树洞或开凿于柔软的树干之上的树洞，或利用啄木鸟的旧巢；鸟巢为杯状，由杂草、树叶及细根筑成，垫以苔藓、蛛丝及纤维
濒危等级	无危
标本编号	FMNH 19140

黑顶山雀
Poecile atricapillus
Black-capped Chickadee
Passeriformes

成鸟体长
12～15 cm

孵卵期
12～13 天

窝卵数
6～8 枚

453

黑顶山雀是住宅后院中较为常见的一种鸟类，它们经常造访板油蛋糕（Suet cakes）和装有瓜子的野鸟喂食器。只要有一点多余的食物，黑顶山雀便会将它们藏在裂缝或土洞中，特别是在秋天。而在冬季到来时，它们会凭借发达的海马体，即脑部负责空间记忆的区域，来回忆并找到储存的食物。

黑顶山雀雌鸟会仔细观摩雄鸟之间的鸣唱比赛。在雌鸟与一只鸣唱不那么占优的雄鸟交配后，它便会与附近更多的雄鸟交配产卵；相反的是，如果雌鸟与一只鸣唱占优的雄鸟交配，那么在之后的整个繁殖季里，这只雌鸟都不会与其他雄鸟交配。当研究人员用鸣声回放的方式挑战一只等级占优的雄鸟的地位时，那么雌鸟便会认为这只雄鸟失去了优势地位，之后则会与其他的雄鸟交配。

窝卵数

实际尺寸

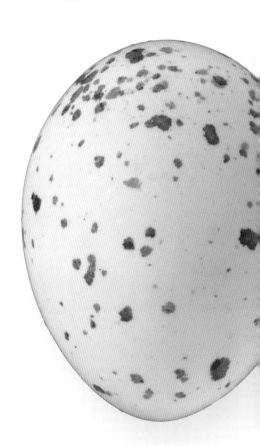

黑顶山雀的卵为白色，杂以棕红色斑点。卵的尺寸为 15 mm×12 mm。有些个体会在腐烂树木的树洞中筑巢，但捕食者有时会将树洞的开口扯大并吃掉鸟卵或雏鸟；而那些筑巢于啄木鸟旧巢洞中的个体，因为洞口处更厚，它们的后代也更安全。

目	雀形目
科	山雀科
繁殖范围	北美洲西部
繁殖生境	山地针叶林
巢的类型及巢址	洞巢，多见于树洞或根系之间的地洞中，杯状巢由湿润的树皮、地衣、苔藓筑成，巢内垫以柔软的动物毛发
濒危等级	无危
标本编号	FMNH 11395

成鸟体长
12～14 cm

孵卵期
12～15 天

窝卵数
5～7 枚

454

北美白眉山雀
Poecile gambeli
Mountain Chickadee

Passeriformes

窝卵数

北美白眉山雀营定居生活，其栖息地海拔较高、植被常绿。在寒冷而多雪的冬季，它们以储存的食物为食。因为储存食物的地方大多很容易找到，因此北美白眉山雀并不需要具备良好的记忆力，而抵御入侵者闯入领域则变成了最重要的事情。雌雄之间会长期维持配偶关系，并具有领域性，而年轻的个体则会在晚秋时节之后与异性结成配偶。随着气温回升，春天的脚步便逐渐接近了，配偶双方会在偏好的巢址周围占据并保卫这片领域。

亲鸟双方将共同搭建鸟巢，它们也会一起照顾雏鸟。在产卵之前及产卵期，大多数巢材由雌鸟收集；而在产卵期之后，巢材则更多地由雄鸟收集。

实际尺寸

北美白眉山雀的卵为白色，杂以细小的红色斑点。卵的尺寸为 16 mm×12 mm。如果第一巢繁殖失败，那么第二次和第三次繁殖尝试将会在别处的洞中展开，但总的来讲，巢洞总是会被年复一年地使用。

目	雀形目
科	山雀科
繁殖范围	北美洲西南部
繁殖生境	橡树林及橡树针叶混合林、山区的河边林地
巢的类型及巢址	树洞巢，也会利用人工巢箱；在巢洞之内，有一个由草叶、杨树花絮、花、动物皮毛及蚕茧筑成的杯状巢，其中垫以柔软的纤维
濒危等级	无危
标本编号	FMNH 11335

白眉冠山雀
Baeolophus wollweberi
Bridled Titmouse

Passeriformes

成鸟体长	10～13 cm
孵卵期	13～14 天
窝卵数	5～7 枚

455

窝卵数

　　与其他种山雀相同的是，白眉冠山雀也会在冬季集群活动、夏季成对活动。在非繁殖季，白眉冠山雀会栖息于山地森林，并会加入到其他种山雀的群体中，混群的山雀会一起活动、觅食。当冬季结束时，混合群则会解散，繁殖对将建立并保卫供其觅食和繁殖之用的领域。

　　白眉冠山雀并不会挖掘巢洞，而会选择在碎石堆、树皮缝或旧巢中筑巢，筑巢产卵之前还会将其中清洁一新。配偶双方通常常年都一起活动，繁殖对有时也会得到来自成年帮手的帮助。帮手会将雏鸟的粪便移出鸟巢，并会围攻入侵者，以确保其领域的安全。

实际尺寸

白眉冠山雀的卵为白色，无斑点，其尺寸为 16 mm × 12 mm。鸟卵通常由雌鸟孵化，但有些雄鸟也会发育出孵卵斑这一结构，这些雄鸟有可能也会参与到孵卵的过程中。

目	雀形目
科	山雀科
繁殖范围	北美洲东部及东南部
繁殖生境	成熟的落叶林及针阔混交林、草地及市郊后院
巢的类型及巢址	巢多见于天然洞穴或啄木鸟弃用的树洞之内，杯状巢由潮湿的树叶、苔藓、杂草及树皮筑成，内部垫以柔软的毛发及植物纤维
濒危等级	无危
标本编号	FMNH 11312

成鸟体长
14～16 cm

孵卵期
12～14 天

窝卵数
5～6 枚

456

北美凤头山雀
Baeolophus bicolor
Tufted Titmouse
Passeriformes

窝卵数

北美凤头山雀会经常光顾人们后院中的鸟类喂食器，这种鸟类分布范围向北方的扩张，是人类在冬季为其提供食物所导致的。北美凤头山雀不迁徙，它们的社会关系全年都会在"集群一解散"这一周期中运行。冬季，配偶和它们的后代会与其他个体集群活动；隆冬时节，繁殖对将开始占据其领域；而到了早春时节，集群的北美凤头山雀则会解散。

北美凤头山雀会在天然的洞穴或啄木鸟弃用的巢洞中繁殖。雌雄双方共同搭建鸟巢，而鸟卵则由雌鸟单独孵化。无论雌鸟是在巢中孵卵，还是短暂地离开鸟巢找水喝，或者理羽休憩，雄鸟都会为其提供食物。

实际尺寸

北美凤头山雀的卵为白色至乳白色，杂以栗红色、棕色、淡紫色或紫色斑点。卵的尺寸为 19 mm × 14 mm。鸟卵产在柔软的巢杯中，其材料为亲鸟从食草哺乳动物身上薅下的毛发。

目	雀形目
科	攀雀科
繁殖范围	北美洲西南部
繁殖生境	沙漠灌丛及开阔林地
巢的类型及巢址	大型球巢，由树枝筑成，在接近底部的位置具一开口，巢内垫以树叶及细枝；鸟巢多见于灌丛中
濒危等级	无危
标本编号	FMNH 11292

黄头金雀
Auriparus flaviceps
Verdin

Passeriformes

成鸟体长
9～11 cm

孵卵期
4～18 天

窝卵数
3～6 枚

457

　　黄头金雀一年中大部分时间里都会单独活动。当雄鸟开始对同种其他雄鸟表现出越来越强的进攻性并抵御它们进入其领域时，就到了黄头金雀繁殖的时节。雄鸟将搭建一个或多个半成品鸟巢，之后其中会有一个由雌雄双方共同筑成。黄头金雀的鸟巢常暴露在灌丛外侧显眼的地方，而不是隐藏在茂密的树叶背后，但卵却安全地包裹在柔软的垫材内。黄头金雀也会修筑一个较小的鸟巢，供它们全年夜宿。

　　黄头金雀体型较小，生活在沙漠环境中，它们是北美洲唯一的一种营吊巢的、隶属于旧大陆山雀类的鸟类。黄头金雀那小巧的体型和身体轮廓，以及复杂的筑巢行为，都与分布在旧大陆的近亲十分相似。

窝卵数

实际尺寸

黄头金雀的卵为淡绿色，杂以不规则的深红色斑点。卵的尺寸为 16 mm × 11 mm。当第一窝鸟卵因为捕食者或天气而损失时，亲鸟会从这一巢和其他繁殖对的巢中"借用"巢材，迅速搭建一个新的鸟巢，并在其中产下一窝新鸟卵。

目	雀形目
科	攀雀科
繁殖范围	欧亚大陆及非洲北部
繁殖生境	接近湖泊、水流缓慢的河流及三角洲，零散地分布着树木、灌丛及芦苇的开阔生境
巢的类型及巢址	篮状巢，由蛛丝、羊毛及其他哺乳动物毛发、植物纤维编织而成，鸟巢悬挂在垂柳等树木、树枝的末端
濒危等级	无危
标本编号	FMNH 20700

成鸟体长
8～11 cm

孵卵期
13～14 天

窝卵数
6～10 枚

458

欧亚攀雀
Remiz pendulinus
Eurasian Penduline Tit

Passeriformes

窝卵数

欧亚攀雀是一种典型的小型雀类，在其分布地内的湖泊或河流附近，经常能见到它们的踪迹或听到它们的鸣声。科学家通过环志研究发现，欧亚攀雀的家庭生活十分特别。当雄鸟建立领域并编织那精致的鸟巢时，它们便会开始寻找异性并与之交配。之后，为鸟巢铺垫垫材等剩余的筑巢工作将由雌鸟完成，这一过程将持续至开始产卵。然而，在雌鸟产卵后，配偶中经常会有一方弃巢而去，并寻找新的配偶，这样一来，剩下的一方将独自孵化鸟卵并养育雏鸟。

单方弃巢这一行为具有一定的风险，因为会有多至四分之一的鸟巢会为双亲所遗弃。无论是筑巢阶段的雄鸟，还是产卵阶段的雌鸟，只要弃巢，就意味着繁殖失败。

实际尺寸

欧亚攀雀的卵为白色、乳白色或黄褐色，无斑点，其尺寸为 16 mm×10 mm。雌鸟倾向于将卵产于较大的巢中，因为这样孵卵所投入的热量会更低。

目	雀形目
科	长尾山雀科
繁殖范围	欧洲及亚洲中部
繁殖生境	林下灌丛茂密的落叶林及针阔混交林
巢的类型及巢址	封闭巢，由植物纤维、丝状物及动物毛发编织而成；鸟巢多悬挂于茂密的灌丛或树杈上
濒危等级	无危
标本编号	FMNH 1603

成鸟体长
13～15 cm

孵卵期
15～18 天

窝卵数
6～8 枚

459

银喉长尾山雀
Aegithalos caudatus
Long-tailed Tit

Passeriformes

银喉长尾山雀的身体很小，但它们的尾羽却很长。虽然体型较小的鸟类要比体型较大者更容易散失热量，但银喉长尾山雀却全年都定居在相对寒冷的地区。为了在寒冷的冬季里保持温暖，银喉长尾山雀会集群夜宿，它们一个挨一个地挤在一起，一群最多有 30 来只。早春时节，集群越冬的银喉长尾山雀便会解散，每个繁殖对都会建立自己的繁殖地，并在其中编织精致而隐蔽性极强的鸟巢，以供夜宿和产卵之用。但没有什么伪装是完美的，总会有很多鸟巢被捕食者撕裂。

如果繁殖失败，那么繁殖对则会面临着这样一项抉择：要么这一年都将不再尝试繁殖，要么如大多数繁殖失败的繁殖对一样，进入到附近其他繁殖对的领域中，并帮助它们养育后代。此时，雌雄双方会彼此分离，它们会用从自己父母和父母的帮手那里学来的鸣声，寻找栖息地中具有亲缘关系的个体。帮助具有亲缘关系的个体养育后代，同时也养育了一窝与自己有亲缘关系的雏鸟。

窝卵数

实际尺寸

银喉长尾山雀的卵为白色，杂以细小而分散的红色斑点。卵的尺寸为 14 mm × 11 mm。为了更好地隐蔽鸟巢，亲鸟最多会用 3000 片苔藓伪装在鸟巢的外表面。

目	雀形目
科	长尾山雀科
繁殖范围	北美洲西部、中美洲
繁殖生境	针阔混交林、林下植被茂密的橡树林、公园及花园
巢的类型及巢址	悬挂巢，悬挂于树枝或槲寄生植物之上；鸟巢由蛛丝及其他丝状物筑成，内部垫以柔软的毛发，隐蔽于枝叶之间，上方具一较小的入口
濒危等级	无危
标本编号	FMNH 19115

| 成鸟体长 11～13 cm |
| 孵卵期 12～13 天 |
| 窝卵数 4～10 枚 |

460

短嘴长尾山雀
Psaltriparus minimus
Bushtit
Passeriformes

窝卵数

短嘴长尾山雀的体型很小，生活在山林之中。在非繁殖季，这种鸟会集群觅食、移动、夜宿。早春时节，繁殖对彼此分开，配偶双方共同寻找适宜的巢址，并共同修筑精细而复杂的鸟巢。然而，如果此时气温下降的话，它们则会暂停繁殖、重新集成群体，直到天气转暖时才会继续繁殖。鸟巢具有厚厚的保温层，且常处于阳光直射之下，这些能够帮助短嘴长尾山雀高效孵卵并成功繁殖。

美国鸟类学家亚历山大·斯库师（Alexander Skutch）于 1935 年在危地马拉的崇山峻岭之中研究短嘴长尾山雀，并首次报道了"合作繁殖"这一现象。实际上，分布于南部的短嘴长尾山雀，无论是成年雄性、雌性还是亚成体，都会经常为繁殖对提供帮助，喂养巢中的雏鸟。而那些分布于北方的种群，繁殖的过程则仅由配偶双方完成而没有帮手的帮助。

实际尺寸

短嘴长尾山雀的卵为白色，光洁而无杂斑，其尺寸为 14 mm x 10 mm。尽管在许多巢中都有成年雄性帮手，但 DNA 研究表明，鸟卵只由雌鸟的雄性配偶授精。

目	雀形目
科	鸭科
繁殖范围	北美洲温带地区
繁殖生境	成熟的落叶林、针阔混交林、城市公园及果园
巢的类型及巢址	洞巢，多见于天然树洞或啄木鸟的弃巢中；巢洞内的鸟巢为杯状，由细草、羽毛及柔软的纤维筑成，垫以树皮、土块、软毛
濒危等级	无危
标本编号	FMNH 11456

成鸟体长
13～14 cm

孵卵期
13～14 天

窝卵数
5～9 枚

461

白胸鸭
Sitta carolinensis
White-breasted Nuthatch

Passeriformes

　　白胸鸭的体型和觅食策略有别于其他鸟类，但这些特点为全世界所有鸭类所共有。鸭可以在大树上辗转腾挪，有时向上攀爬，有时向下行进，它们会用其坚硬的喙撬开树皮，取食隐藏于其中的昆虫。白胸鸭会用一些猎物来弄脏洞口，这样可以阻止那些依靠嗅觉捕食的哺乳动物接近。

　　白胸鸭雌鸟负责亲代照料的大部分事宜，包括筑巢和孵卵，而雄鸟则会在雏鸟孵出后，和雌鸟一起喂养雏鸟，直到它们可以独立生活。而当幼鸟有能力独自觅食时，它们将被赶出亲鸟的繁殖地，幼鸟通常会离开繁殖地很远的距离，寻找没有被占领的适宜栖息地。一些亚成体会扩散离开繁殖地，到达遥远的大西洋沿岸地区。

窝卵数

实际尺寸

白胸鸭的卵为乳白色至粉白色，杂以红棕色或灰色斑点。卵的尺寸为 19 mm × 14 mm。雌鸟独自孵化鸟卵并照顾幼鸟，而雄鸟则只有在喂养雌鸟时才会访问鸟巢。

目	雀形目
科	䴓科
繁殖范围	北美洲东南部
繁殖生境	原生成熟林、南方的种植松树林
巢的类型及巢址	洞巢，通常为新开凿的树洞，但有时也会利用啄木鸟的弃巢或人工巢箱
濒危等级	无危
标本编号	FMNH 11470

成鸟体长
10～11 cm

孵卵期
13～15 天

窝卵数
3～7 枚

462

褐头䴓
Sitta pusilla
Brown-headed Nuthatch
Passeriformes

窝卵数

在繁殖期，褐头䴓具有一定的社会结构，这种结构以单配制的繁殖对为中心，此外，还会有 1 ～ 3 个繁殖帮手。这些帮手虽然年轻但都已达到性成熟，它们放弃了直接繁殖的机会，而选择帮助父亲、兄长或其他具有亲缘关系的个体繁殖。帮手会帮助繁殖对开凿巢洞、铺就垫材、喂养雏鸟、移除粪便并保卫其领域。拥有 1 个或多个帮手的巢，比没有帮手的繁殖成功率能够高上 50%。

褐头䴓的体型较小。如今，这种鸟只分布于美国东南部地区，它们强烈倾向于在成熟的针叶林中生活，因此它们是一种环境健康与否及质量高低的指示物种。褐头䴓的生态位宽度较窄，对环境具有较高的要求，这或许是导致巴哈马群岛的褐头䴓种群灭绝的原因，因为在那里，有许多发育成熟的针叶林都被砍伐了。

实际尺寸

褐头䴓的卵为白色至黄褐色，杂以红棕色斑点。卵的尺寸为 17 mm×12 mm。卵由雌鸟独自孵化，但雄鸟也会给雌鸟喂食：要么鸣叫着呼唤雌鸟从巢洞中出来，要么直接飞入洞中递喂食物。

目	雀形目
科	鸭科
繁殖范围	北美洲温带及北方地区，包括西部山区
繁殖生境	具云杉或冷杉的针叶林及针阔混交林
巢的类型及巢址	洞巢，开凿于死树或腐烂的树干上；巢洞中的杯状巢由杂草、树皮及松针筑成，垫以软毛、羽毛及草叶
濒危等级	无危
标本编号	FMNH 11448

红胸䴓
Sitta canadensis
Red-breasted Nuthatch
Passeriformes

成鸟体长
11～12 cm

孵卵期
12～13 天

窝卵数
5～8 枚

463

红胸䴓是一种体型较小而分布广泛的䴓。在北美洲，红胸䴓能够与其他几种䴓同域分布而和平共处。红胸䴓的羽色以及这种鸟在针叶林中筑巢的习性，都让人联想起分布于欧亚大陆的䴓，这也使得红胸䴓能够与分布于美洲的䴓有所区别。

雌鸟在产卵之前，雄鸟将独自建立并保卫其领域，还会开凿巢洞。而在交配成功之后，余下的筑巢之事将由雌鸟独自完成。卵由雌鸟单独孵化，雄鸟会在给雌鸟喂食及夜宿时访问鸟巢。亲鸟双方会共同喂养雏鸟和幼鸟。为了保持鸟巢的清洁，亲鸟会将食物残渣扔到巢外，它们还会将雏鸟的粪便丢弃到离巢很远的地方。

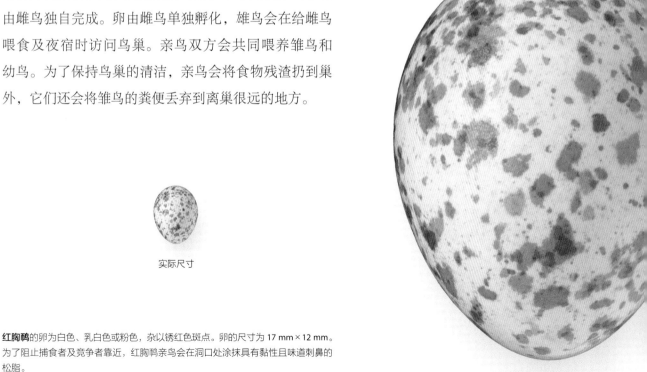

窝卵数

实际尺寸

红胸䴓的卵为白色、乳白色或粉色，杂以锈红色斑点。卵的尺寸为 17 mm×12 mm。为了阻止捕食者及竞争者靠近，红胸䴓亲鸟会在洞口处涂抹具有黏性且味道刺鼻的松脂。

目	雀形目
科	旋木雀科
繁殖范围	欧亚大陆温带地区
繁殖生境	落叶林或针阔混交林
巢的类型及巢址	多见于树缝或半剥落的树皮之间，亦筑于墙洞及石缝中；杯状巢由细枝及树皮筑成，内部垫以细草及苔藓
濒危等级	无危
标本编号	FMNH 2397

成鸟体长
12～15 cm

孵卵期
12～17 天

窝卵数
3～5 枚

464

旋木雀
Certhia familiaris
Eurasian Treecreeper

Passeriformes

窝卵数

旋木雀的卵为白色至乳白色，杂以粉色或红色斑点。卵的尺寸为 16 mm × 12 mm。雌鸟会独自孵卵并为雏鸟保温，但亲鸟双方会共同喂养雏鸟。

旋木雀的体型较小，广泛分布于欧亚大陆，生活在森林之中。这种鸟大部分时间都沿着树干爬上爬下，用其长而下弯的喙寻找隐藏在树皮下的幼虫和虫卵。在一个繁殖对中，与雄鸟相比，雌鸟觅食的位置往往在树干的更高处。

旋木雀倾向于在巨杉树上繁殖，这是一种从美国加利福尼亚引进到欧洲的树种。巨杉的树干较软，经常被许多鸟类凿洞筑巢，而旋木雀则会抢占这些树洞。有时，旋木雀也会占领那些为大山雀或蓝山雀准备的人工巢箱。旋木雀全年都会维持领域，有时为了觅食地和巢址资源，甚至与其他种类的旋木雀发生直接冲突。在这些地点，旋木雀通常会移动到针叶树更多的森林中。与之相对的是，作为次级洞巢鸟类，旋木雀却从不与啄木鸟发生直接竞争，因为啄木鸟能够自己凿洞筑巢。但是，啄木鸟有时也会当面吃掉旋木雀的卵和雏鸟，尽管旋木雀亲鸟就在一旁高声警戒鸣叫。

实际尺寸

目	雀形目
科	鹪鹩科
繁殖范围	北美洲西南部
繁殖生境	沙漠灌丛、仙人掌
巢的类型及巢址	大而凌乱的球状巢，具一入口通道，由杂草及植物纤维筑成，内部垫以羽毛；鸟巢多见于仙人掌茂密的刺上或其他具刺的树木上
濒危等级	无危
标本编号	FMNH 11572

棕曲嘴鹪鹩
Campylorhynchus brunneicapillus
Cactus Wren

Passeriformes

成鸟体长
18～22 cm
孵卵期
16 天
窝卵数
3～5 枚

465

棕曲嘴鹪鹩的体型较大，分布于北美洲。它们会站立在多刺灌丛顶部那突出的栖枝之上高声鸣叫，十分显眼。棕曲嘴鹪鹩全年都定居于一处，雌雄之间全年都维持配偶关系，并常年占据一片领域。

当雌鸟开始搭建新巢或修缮旧巢时（旧巢或许在非繁殖季供夜宿之用），繁殖季便开始了。雌雄双方共同搭建鸟巢，但卵由雌鸟单独孵化。在第一枚鸟卵产下后雌鸟就开始孵卵了，这将导致卵的异步孵化，前前后后会有 2～3 天的时间差别。一窝雏鸟由日龄和大小有别的雏鸟组成，它们将由双亲共同喂养长大。

窝卵数

实际尺寸

棕曲嘴鹪鹩的卵为浅黄褐色或略具粉色，并杂以细小的红棕色斑点。卵的尺寸为 24 mm×17 mm。雄鸟会修筑第二个鸟巢，以供亲鸟双方及出飞的雏鸟夜宿之用。在第一窝雏鸟出飞、独立后，第二个鸟巢往往会被用于繁殖第二窝后代。

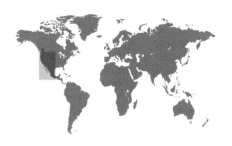

目	雀形目
科	鹪鹩科
繁殖范围	北美洲西部
繁殖生境	干旱多石的多石地区或峡谷
巢的类型及巢址	杯状巢，由细枝及细根筑成，内部垫以地衣、毛发、蛛丝及羽毛，鸟巢多见于石头或崖壁的洞穴或缝隙中
濒危等级	无危
标本编号	FMNH 11522

466

成鸟体长	14～15 cm
孵卵期	12～18 天
窝卵数	4～6 枚

墨西哥鹪鹩
Catherpes mexicanus
Canyon Wren
Passeriformes

窝卵数

墨西哥鹪鹩体型较小，是生活在多石山坡或巨石荒漠中的能手。这种鸟全年都定居于领域之内，即使在寒冷的冬季也是如此，因为它们会在此时形成配偶关系，虽然人们对此研究得还不是十分透彻。一旦形成配偶关系，雌雄双方通常全年都一起活动，这种关系会维持数个繁殖季之久。

或许是因为墨西哥鹪鹩将巢营建在缝隙之中的缘故，人们对这种鸟的繁殖行为知之甚少。雄鸟会为巢中孵卵的雌鸟提供食物，它也会和雌鸟一道喂养雏鸟。为了保持鸟巢的清洁，亲鸟会用嘴将雏鸟排出的粪囊，即"打包"好的粪便用嘴衔到巢外丢弃。

实际尺寸

墨西哥鹪鹩的卵为白色，杂以灰色、红色或锈色斑点。卵的尺寸为 17 mm×14 mm。只有雌鸟会发育出孵卵斑这一结构，也只有雌鸟会孵化鸟卵，而雄鸟则负责为巢中的雌鸟饲喂食物。

目	雀形目
科	鹪鹩科
繁殖范围	北美洲东部及南部
繁殖生境	具有林下植被的开阔林地、灌丛、公园及花园
巢的类型及巢址	洞巢，多见于树木低处、树桩或悬崖上，也包括人工巢箱或倾斜的花盆；鸟巢由细枝、细根及草叶筑成，顶部具一小开口
濒危等级	无危
标本编号	FMNH 11703

卡罗苇鹪鹩
Thryothorus ludovicianus
Carolina Wren

Passeriformes

成鸟体长
12～14 cm
孵卵期
12～14 天
窝卵数
4～6 枚

467

卡罗苇鹪鹩会较为"随机"地选择筑巢的地点，它们会在洞穴或其他相对封闭的环境中筑巢繁殖，但巢址的选择却十分灵活。只要在领域范围内有适宜繁殖的洞穴，无论是腐坏树枝的基部，还是啄木鸟的旧巢，卡罗苇鹪鹩配偶都会常年定居于此。在那些天然洞穴稀缺的地方，卡罗苇鹪鹩有可能在任何一处可以挤进去的地方筑巢，无论是墙洞、管口，还是弃用的邮箱。

作为一种不迁徙的食虫鸟类，那些分布范围靠北的卡罗苇鹪鹩种群常在湿冷的冬季里全军覆没。然而，经过 2～3 年的时间，它们很快便会重新扩散到北方。卡罗苇鹪鹩的第一窝和第二窝卵的窝卵数通常较少，但在之后的繁殖中，巢中便会挤满卵和雏鸟。

窝卵数

实际尺寸

卡罗苇鹪鹩的卵为白色、乳白色或粉白色，杂以细小的红棕色斑点。卵的尺寸为 19 mm×15 mm。卵由雌鸟单独孵化，但雄鸟也会经常回到鸟巢，为雌鸟提供食物，并在巢旁轻柔地鸣唱。

目	雀形目
科	鹪鹩科
繁殖范围	北美洲西部、中部及南部
繁殖生境	灌丛、开阔的林地、灌木篱墙，通常接近水源
巢的类型及巢址	开放的杯状巢，由树枝、树根、苔藓及树叶筑成，多见于洞穴或其他有遮挡的地点
濒危等级	无危
标本编号	FMNH 11679

成鸟体长	13～14 cm
孵卵期	14～16 天
窝卵数	5～7 枚

468

比氏苇鹪鹩
Thryomanes bewickii
Bewick's Wren

Passeriformes

窝卵数

比氏苇鹪鹩的卵为白色，杂以红棕色或紫色斑点。卵的尺寸为 17 mm × 13 mm。鸟卵孵化后，雌鸟会为雏鸟保温；雏鸟破壳后，雌鸟还会迅速地衔着蛋壳碎片将它们丢到远离鸟巢的地方。

比氏苇鹪鹩是约翰·奥杜邦（John Audubon），即北美洲博物画之父描述的第一个物种，他以一位艺术家朋友比韦克（Bewick）之名命名了这种鸟。比氏苇鹪鹩曾广泛分布于美国南部地区，但现如今，这一物种只在西南部地区较为常见，而分布于东南部地区的两个亚种却已经灭绝了。

比氏苇鹪鹩既有迁徙的种群也有留居的种群。在迁徙种群中，雄鸟最先抵达其繁殖地，而雌雄配对则发生在雌鸟抵达之后；而对于留居的种群，配偶关系会在雌雄1岁时建立，这种关系将维系终身。巢址由雄鸟选择，之后雌雄双方将共同在中空的树干或其他洞穴中修筑鸟巢。卵由雌鸟单独孵化，但雄鸟会在此时给雌鸟喂食，并会在雌鸟离巢时紧随其后。

实际尺寸

目	雀形目
科	鹪鹩科
繁殖范围	北美洲温带地区及中美洲北部
繁殖生境	森林及林缘，开阔林地、公园、花园
巢的类型及巢址	洞巢，啄木鸟的弃巢、天然树洞及人工巢箱，巢洞中垫以树枝及细枝，其中的杯状巢由草叶、蛛丝筑成，巢的入口由树枝及细枝搭建
濒危等级	无危
标本编号	FMNH 1567

莺鹪鹩

Troglodytes aedon
Northern House Wren

Passeriformes

成鸟体长	11～13 cm
孵卵期	9～16 天
窝卵数	4～8 枚

469

在北美洲，莺鹪鹩同红翅黑鹂（详见 607 页）一样，也是研究方向最为广泛、研究程度最为深入的一种鸣禽。这一点并不令人意外，因为莺鹪鹩是一种无处不在的鸟类，它们甚至能够与人类共享一片栖息地。莺鹪鹩通常比其他迁徙的鸟种更早抵达繁殖地，并且它们乐于在人工巢箱中繁殖。对于莺鹪鹩鸟巢附近的巢洞，雄鸟通常会用树枝将其填满，这或许是为了阻止其他鸟类在此筑巢，又或许是为了迷惑、误导并延迟被巢捕食者或巢寄生者发现。

莺鹪鹩的婚配为一雄多雌制，雄鸟借婉转的鸣唱来吸引多只雌鸟在自己的领域内筑巢。一雄多雌制看起来对雌鸟和雄鸟都有益处：因为雌鸟倾向于选择那些配偶众多的雄鸟；而雄鸟拥有越多的配偶，就会拥有越多的后代。另有些莺鹪鹩为单配制，雄鸟只会与一只雌鸟交配，但雌鸟却经常发生婚外配的现象。

窝卵数

莺鹪鹩的卵为白色、粉白色或灰色，杂以红棕色斑点。卵的尺寸为 17 mm × 13 mm。莺鹪鹩十分争强好胜，它们会啄破并移除领域内其他鸟类洞巢中的鸟卵，这样做是为了侵占这处巢洞以减少其他鸟类与自己竞争食物。

实际尺寸

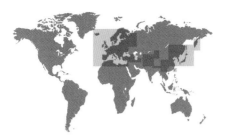

目	雀形目
科	鹪鹩科
繁殖范围	欧洲及亚洲的温带地区
繁殖生境	针叶林及针阔混交林，林地、农田、海边岩石
巢的类型及巢址	球状巢，由苔藓、地衣及草叶筑成，鸟巢多见于墙、树干或岩石的缝隙中，但也筑于灌丛、树枝堆及柴火堆中
濒危等级	无危
标本编号	FMNH 20708

成鸟体长
9~11 cm

孵卵期
12~16 天

窝卵数
5~8 枚

470

鹪鹩
Troglodytes troglodytes
Eurasian Wren

Passeriformes

窝卵数

鹪鹩是鹪鹩科中唯一分布于旧大陆的物种，也是被科学家描述并命名的第一种鹪鹩，但出乎意料的是，鹪鹩科的分布中心却是在新大陆。鹪鹩广泛分布于欧亚大陆，从大西洋海岸的苏格兰群岛一路延伸到太平洋沿岸的日本，都能见到它们的踪迹。鹪鹩科的科名**Troglodytidae**意为"穴居"（Cave-dwelling），意指鹪鹩科鸟类建造的鸟巢为半球形而具顶盖的结构。

鹪鹩体型较小，像小老鼠一样。在鹪鹩分布范围内大部分地区，其个体都不迁徙，它们在寒冷的冬日里会与其他鹪鹩依偎在一起相互取暖并在树洞中夜宿。当春天到来时，雄鸟会变得十分好斗而吵闹。尽管体型较小，但鹪鹩雄鸟却能够发出响亮而婉转动听的鸣声，它们会借此吸引一只或（通常是）多只雌鸟在自己的领域内筑巢。

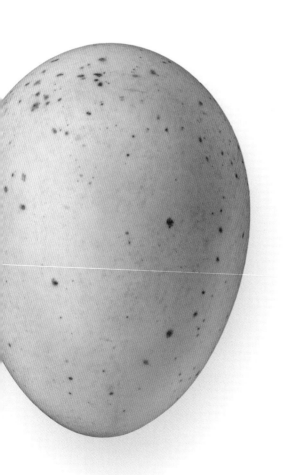

实际尺寸

鹪鹩的卵大多为白色，杂以稀疏而细小的红色斑点。卵的尺寸为 16 mm×13 mm。鹪鹩的适应性和智慧为人熟知，它们可以在任何可利用的小洞中繁殖，甚至包括春天晾晒在户外衣服的口袋里。

目	雀形目
科	鹪鹩科
繁殖范围	北美洲温带地区，包括大西洋及印度洋沿岸以及西部山区
繁殖生境	堤岸上植被丰富的沼泽地
巢的类型及巢址	球状巢，由草叶及芦苇编织而成，入口位于侧面，巢内垫以柔软的细草；鸟巢多固定在沼泽中挺水植物的茎上
濒危等级	无危
标本编号	FMNH 20937

成鸟体长	18～23 cm
孵卵期	12～16 天
窝卵数	4～6 枚

471

长嘴沼泽鹪鹩
Cistothorus palustris
Marsh Wren

Passeriformes

长嘴沼泽鹪鹩雄鸟是鸣唱的能手，它们能演绎 50 ～ 200 首不同的鸣唱曲目。雄鸟会将一天中的大部分时间用在与附近雄鸟的对鸣中。当有一方转换曲调，而另一方紧随其后时，二者的主从地位便一见分晓。雌鸟在选择配偶时，会仔细聆听雄鸟的鸣唱，它们更倾向于选择那些曲调多样的雄鸟，这些雄鸟往往具有更加复杂的脑部结构，能够更好地学习并鸣唱出多种多样的曲调。

当雌雄双方确立配偶关系后，雄鸟会寸步不离地陪伴在雌鸟身旁，并向它展示数个几近完成的鸟巢，这些鸟巢也是潜在的繁殖巢。雌鸟会选择其中一个，并完成剩余的筑巢工作，包括搭建巢顶和铺就垫材，之后会在其中产卵。没有修筑很多鸟巢的雄鸟往往找不到配偶。那些没有被利用的鸟巢日后将变成出飞幼鸟及亲鸟的临时落脚点或夜宿地。

窝卵数

长嘴沼泽鹪鹩的卵为黄褐色至淡棕色，杂以深棕色斑点。卵的尺寸为 16 mm×13 mm。雌鸟在产足满窝卵之前便会开始孵卵，这会导致卵的异步孵化，以及雏鸟之间的日龄差。

实际尺寸

目	雀形目
科	蚋莺科
繁殖范围	北美洲温带地区及中美洲
繁殖生境	落叶林，包括灌丛之成熟林，通常接近水源或其他栖息地的边缘
巢的类型及巢址	深杯状巢，由草叶、蛛丝及地衣筑成，固定在树枝或灌丛枝丫端部，或茂密的树冠层
濒危等级	无危
标本编号	FMNH 12244

成鸟体长
10～11 cm

孵卵期
11～15 天

窝卵数
3～6 枚

472

灰蓝蚋莺
Polioptila caerulea
Blue-gray Gnatcatcher
Passeriformes

窝卵数

　　灰蓝蚋莺是一种体型较小的鸟类，大部分种群都会迁徙，分布于最北边而迁徙到热带地区越冬的种群，属于新大陆中的一个分支。当灰蓝蚋莺从越冬地返回其繁殖地时，雌雄双方会在短短一天之内结成配偶关系，它们会平等地承担照料亲代的投入，从修筑鸟巢到孵化鸟卵，再到喂养雏鸟。在相对温暖的地区，灰蓝蚋莺有足够的时间繁殖第二窝雏鸟，雄鸟会负责搭建繁殖第二窝所需的鸟巢，而雌鸟则会完成第一窝剩余的繁殖任务。

　　灰蓝蚋莺的分布范围近几十年来不断向北扩张，它们也正在面对来自寄生鸟类褐头牛鹂（详见 616 页）带来的负面影响。寄生于巢中的褐头牛鹂雏鸟体型更大，乞食也更加频繁，因此巢中的灰蓝蚋莺幼鸟往往因饥饿而死亡。

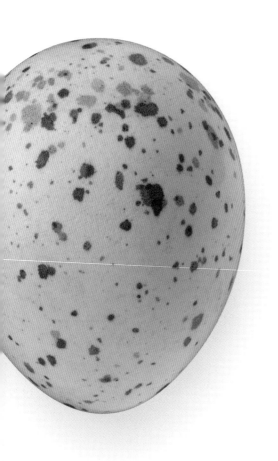

实际尺寸

灰蓝蚋莺的卵为白色至淡蓝色，杂以深色而清晰的斑点。卵的尺寸为 15 mm × 11 mm。如果鸟卵出现意外的话，那么亲鸟会在其他地点重新筑巢。在一个繁殖季，人们曾记录到一对灰蓝蚋莺繁殖失败并重新尝试繁殖了 6 次。

目	雀形目
科	河乌科
繁殖范围	北美洲西部
繁殖生境	无人为干扰的山地或滨海溪流，包括永久的沙漠溪流
巢的类型及巢址	碗状巢，由苔藓及细根筑成，鸟巢多见于崖壁边缘的石块下面，位于瀑布背面
濒危等级	无危
标本编号	FMNH 11505

成鸟体长	14～20 cm
孵卵期	14～17 天
窝卵数	4～5 枚

473

美洲河乌
Cinclus mexicanus
American Dipper

Passeriformes

河乌属鸟类广泛分布于全世界，除了大洋洲和南极洲之外，每块大陆上都能见到它们的身影。这类鸟的体型紧凑，尾羽较短，能够潜入湍急的溪流中寻找昆虫的幼虫作为食物。笔者最为珍贵的童年记忆就是观察到一只河乌潜入冰冷刺骨的水中、用双足推动身体前进的场景。河乌具有特殊的身体结构，这使得它们在潜水捕食时能够避免水进入到眼睛和鼻孔中。

美洲河乌的种群密度与适宜巢址的数量及食物的丰度有关。由于这种鸟所有的觅食和繁殖行为都发生在河流沿岸，因此其领域呈线形分布。雌雄双方会共同承担筑巢的工作，雄鸟负责收集巢材，而雌鸟则将它们编织成巢。雏鸟由亲鸟双方轮流喂养。

窝卵数

美洲河乌的卵为白色，无杂斑，其尺寸为 25 mm×17 mm。只有雌鸟会发育出孵卵斑这一结构，孵卵之事也由其独自承担，而雄鸟则会为它提供食物。

实际尺寸

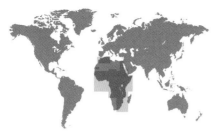

目	雀形目
科	鹎科
繁殖范围	非洲北部及撒哈拉以南的非洲
繁殖生境	林缘、开阔林地、河边及海边林地、城市公园、花园
巢的类型及巢址	坚固而厚实的杯状巢，由草叶及细枝筑成，巢内部垫以毛发、苔藓及细根，鸟巢多见于树冠层中的树木分叉处
濒危等级	无危
标本编号	FMNH 20726

成鸟体长
18～19 cm

孵卵期
12～14 天

窝卵数
2～3 枚

474

黑眼鹎
Pycnonotus barbatus
Common Bulbul

Passeriformes

窝卵数

鹎（Bulbul）在古阿拉伯语中的意思是"小鸟"。如今，人们用这一词汇来指代逾100种亲缘关系较近的鸣禽，每一种都具有令人印象深刻的鸣唱展示和声音模仿的本领。作为杂食动物，包括黑眼鹎在内的许多种鹎都能迅速适应在人类聚集地附近生活。黑眼鹎为一夫一妻制鸟类，它们过着定居的生活。这种鸟能够很好地适应与人为伴的生活，如果房屋的窗子是敞开的，它们甚至会飞进屋里偷取盘中的食物。

在撒哈拉以南的非洲，黑眼鹎和其他鹎类经常被斑翅凤头鹃巢寄生。令人奇怪的是，即使斑翅凤头鹃的卵与黑眼鹎的卵看起来差异明显，但宿主黑眼鹎也不会将寄主的卵推到巢外。黑眼鹎没有拒绝被寄生，或许是因为斑翅凤头鹃的卵太大了，把它们推到巢外几乎就是一件不可能的事情。除此之外，斑翅凤头鹃更倾向于将卵寄生在鹎类弃巢后修筑的第二个巢中，因此放弃被巢寄生的第一窝卵并不是一个能够避免被寄生的万全之策。

实际尺寸

黑眼鹎的卵为浅黄褐色或淡紫色，周身杂以深色斑点。卵的尺寸为21 mm×16 mm。筑巢和孵卵由雌鸟独自完成，而雄鸟会经常回到鸟巢并为雌鸟提供食物。

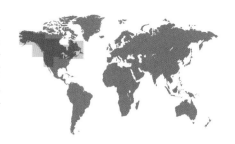

目	雀形目
科	戴菊科
繁殖范围	北美洲北部及山区
繁殖生境	针叶林或针阔混交林
巢的类型及巢址	球状巢，由苔藓、地衣、蛛丝及细草编织而成，鸟巢悬挂于细枝和树枝上，多见于高高的树冠层中
濒危等级	无危
标本编号	FMNH 16913

红冠戴菊
Regulus calendula
Ruby-crowned Kinglet

Passeriformes

成鸟体长
9～11 cm
孵卵期
13～16 天
窝卵数
4～9 枚

475

红冠戴菊是北美洲体型最小的鸣禽之一，这种鸟的分布遍布温带地区，从南部的越冬地到亚北极地区的繁殖地都能见到它们的身影。红冠戴菊雄鸟和雌鸟无论是体型还是羽色几乎完全一致，除了雄鸟具有红色的顶冠之外，但这只有在它向其他红冠戴菊炫耀展示或驱赶捕食者时才会显露出来。

雌鸟一抵达繁殖地，便会迅速开始收集巢材，而繁殖季也就此拉开了大幕。筑巢和孵卵之事由雌鸟独自承担，而雄鸟则会向巢中的雌鸟喂食，特别是在寒冷的天气里。在幼鸟出飞后，留给亲鸟繁殖第二窝的时间便不多了。与其他迁徙鸟类不同的是，红冠戴菊幼鸟会比成鸟先离开其繁殖地而开始迁徙之旅。

窝卵数

实际尺寸

红冠戴菊的卵为土白色，杂以淡淡的红棕色斑点。卵的尺寸为 14 mm × 11 mm。一些红冠戴菊会在巢中产下 12 枚卵，这相对于其娇小的体型来说，可以说是所有鸟类中窝卵数最多的一种了。

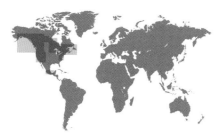

目	雀形目
科	戴菊科
繁殖范围	北美洲北部及山地地区
繁殖生境	发育成熟的北方云杉林及松树林，扩展至松树种植园及温带地区的针阔混交林
巢的类型及巢址	深杯状巢，由苔藓、地衣、蛛丝及树皮筑成，垫以羽毛、细草、植物脱落物、地衣及羽毛；鸟巢悬挂于树枝端部
濒危等级	无危
标本编号	FMNH 16910

成鸟体长
8～11 cm

孵卵期
14～15 天

窝卵数
5～11 枚

476

金冠戴菊
Regulus satrapa
Golden-crowned Kinglet
Passeriformes

窝卵数

金冠戴菊分布于遥远的北方，加之其体型较小，且常在林冠层活动，因此人们对这种鸟的繁殖生物学和行为学仍然有许多不完全了解的地方。例如，人们不清楚金冠戴菊雌雄之间是何时以及如何形成配偶关系的，大多数研究只能确定这种鸟已经形成配偶关系的时间。人们也不清楚巢址选择究竟是由雌雄哪一方决定的，只知道雌雄双方会共同从位于鸟巢上方的枝条上收集巢材。

当鸟巢修筑完成后，雌鸟便会开始产卵，它们每个夜晚都会卧于巢中。只有雌鸟会发育出孵卵斑这一结构，而雄鸟则会向雌鸟喂食。在雏鸟孵出后，雌鸟仍会为它们保温，除此之外的时间便会与雄鸟一道轮流为雏鸟喂食。

实际尺寸

金冠戴菊的卵为土白色，杂以淡棕色斑点。卵的尺寸为 13 mm × 10 mm。为了确保卵能在足够深的巢中发育，雌鸟会利用胸部和整个身体在光滑的巢杯内壁不断旋转。

目	雀形目
科	树莺科Cettiidae
繁殖范围	亚洲西部及非洲北部
繁殖生境	具稀树灌丛的干旱的草地，海岸灌丛
巢的类型及巢址	球巢，洞口位于侧面，鸟巢由细枝、杂草及植物纤维筑成，内部垫以羽毛、羊毛及其他动物的毛发；鸟巢多见于具刺的灌丛中，接近地面
濒危等级	无危
标本编号	FMNH 20694

纹鹪莺
Scotocerca inquieta
Streaked Scrub-Warbler
Passeriformes

成鸟体长
10～11 cm

孵卵期
13～15 天

窝卵数
2～4 枚

477

窝卵数

　　纹鹪莺生活在干旱的半荒漠地区或沿海地区的灌丛中，成鸟的羽色极具隐蔽性，它们会在多刺的灌丛中修筑鸟巢，这些都可以保护孵卵的亲鸟及鸟卵、雏鸟免遭捕食者的威胁。大多数纹鹪莺常年定居于一处，只有在极度干旱的时节里它们才会进行区域性移动。纹鹪莺在取食昆虫或其他节肢动物时，可以从食物身体柔软潮湿的部分吸收水分，这样一来，即使是在远离开阔水面的地区，这种鸟也能够存活。

　　纹鹪莺通常每年繁殖两窝，但具体情况要取决于当地雨季开始的时间。雌雄双方会共同收集巢材，并合力搭建一个球形、具顶盖的鸟巢，它们还会在其他的繁殖工作中共同承担亲代照料的职责。幼鸟出飞后，亲鸟还会和它们一起活动，直到幼鸟有能力独自活动。

实际尺寸

纹鹪莺的卵为白色，具粉色色调，其上杂以稀疏的亮红色斑点。卵的尺寸为17 mm×15 mm。在某些情况下，纹鹪莺巢具有两个入口，这或许能够使巢中的个体更容易逃脱捕食者的攻击。

目	雀形目
科	树莺科
繁殖范围	欧中南部及中部、非洲北部、亚洲西南部
繁殖生境	接近水源的潮湿地区，包括河流、池塘及沼泽边的芦苇地
巢的类型及巢址	松散的杯状巢，由植物茎叶及草叶筑成，内部垫以细草、花、毛发及羽毛；鸟巢多见于茂密的灌丛或湿地芦苇的低处
濒危等级	无危
标本编号	FMNH 19143

成鸟体长
13～14 cm

孵卵期
16～17 天

窝卵数
3～6 枚

478

宽尾树莺
Cettia cetti
Cetti's Warbler
Passeriformes

窝卵数

宽尾树莺的卵为具金属光泽的红色或深砖红色，无杂斑，其尺寸为 17 mm×14 mm。宽尾树莺是分布于热带的雀形目鸟类中唯一产全红色鸟卵的物种，人们目前还不清楚究竟是哪种色素导致了这种颜色的产生，科学家正在对此进行研究。

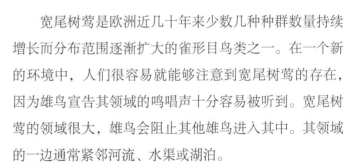

　　宽尾树莺是欧洲近几十年来少数几种种群数量持续增长而分布范围逐渐扩大的雀形目鸟类之一。在一个新的环境中，人们很容易就能够注意到宽尾树莺的存在，因为雄鸟宣告其领域的鸣唱声十分容易被听到。宽尾树莺的领域很大，雄鸟会阻止其他雄鸟进入其中。其领域的一边通常紧邻河流、水渠或湖泊。

　　即使配偶已经在领域内定居下来，雄鸟也不会停止鸣唱，因为宽尾树莺为一夫多妻制鸟类，一只雄鸟通常最多会与 3 只不同的雌鸟交配。雌鸟似乎会依照雄鸟的体型大小而不是领域的大小来选择配偶，体型较大的雄鸟会拥有更多的配偶，每窝的窝卵数也会更高。卵由雌鸟独自孵化。而在那些单配制的宽尾树莺繁殖对中，雄鸟会帮助雌鸟喂养雏鸟，但不同婚配制度下雏鸟的生长速率十分相近，这表明那些一夫多妻制的雌鸟有能力独自承担起抚养后代的全部职责。

实际尺寸

目	雀形目
科	柳莺科
繁殖范围	欧亚大陆温带地区
繁殖生境	开阔林地、次生林、苗圃
巢的类型及巢址	地面巢，具圆顶，很好地隐蔽于草丛中或灌木、树木的基部；鸟巢由草叶、苔藓、腐烂的树皮及细根筑成
濒危等级	无危
标本编号	FMNH 15352

欧柳莺
Phylloscopus trochilus
Willow Warbler

Passeriformes

成鸟体长
11～14 cm

孵卵期
10～16 天

窝卵数
4～8 枚

479

欧柳莺繁殖于欧洲北部地区，并会迁徙到非洲越冬。雄鸟会先于雌鸟 1 ～ 2 周抵达其繁殖地，它们会通过鸣唱来宣示领域。那些鸣唱更加频繁的雄鸟通常能够吸引到第一只到达的雌鸟，但它们喂养雏鸟的时间却花费得更少，因此占据质量最好的栖息地就很有必要。这些雄鸟能够在那些夏日短暂的地区更早地开始繁殖。

一旦雌雄双方确立配偶关系，欧柳莺这种一夫一妻制鸟类便会开始筑巢。那些失去配偶（或人为实验性地移除配偶）的雌鸟有能力独自完成孵卵和筑巢的工作。但这些独自抚养雏鸟的雌鸟，会花费更长的时间来养育后代，因为它们的雏鸟生长得更慢。

窝卵数

实际尺寸

欧柳莺的卵为白色，杂以红棕色斑点。卵的尺寸为 17 mm×14 mm。那些繁殖失败的巢，并非失败于孵卵期，而是育雏期，这可能是捕食者或许是通过观察亲鸟喂食时不断进出鸟巢而得到了线索。

目	雀形目
科	苇莺科
繁殖范围	欧洲及亚洲温带地区
繁殖生境	具挺水植物的湿地、水渠及湖泊
巢的类型及巢址	篮状巢，多见于生长在水中的芦苇茎上；鸟巢由苇叶及草叶编织而成，内部垫以柔软的细草
濒危等级	无危
标本编号	FMNH 18763

成鸟体长
16～20 cm

孵卵期
14～15 天

窝卵数
4～6 枚

480

大苇莺
Acrocephalus arundinaceus
Great Reed-warbler

Passeriformes

窝卵数

大苇莺的卵为米黄色，具淡绿色或蓝色光泽，杂以蓝灰色和深棕色斑点。卵的尺寸为 23 mm × 17 mm。为了防止杜鹃卵的模拟和寄生，大苇莺能够记住自己产下卵的样子。当科学家只在巢中留下一枚大苇莺的卵而替换掉全部其余的卵时，大苇莺将所有其余的卵都推出巢外而只留下自己产下的卵。

大苇莺是在大面积沼泽中生存的能手。雄鸟会站立在一处突出的芦苇顶端高声鸣唱来吸引雌鸟，而雌鸟往往会在附近数米的范围内修筑鸟巢。大苇莺的婚配为随机性的一夫多妻制，那些曲调多样的雄鸟更有可能吸引2 只或多只雌鸟在其领域内筑巢。筑巢和孵卵都由雌鸟独自完成，雄鸟或许只帮助喂养雏鸟。

大苇莺是欧亚大陆上最常见的被大杜鹃寄生的鸟类。为了保护鸟巢及其中的鸟卵，大苇莺会攻击接近的大杜鹃，它们甚至还能识别出巢中外来的鸟卵并将其推到巢外。但大杜鹃的卵却是模拟大苇莺卵的杰作，无论是大小、颜色，还是斑点都十分逼真，只是鸟卵的形状略有差异。为了避免被宿主发现，大杜鹃会在下午产卵，此时大苇莺雌鸟正忙于为次日清晨产卵而补充能量呢。

实际尺寸

目	雀形目
科	蝗莺科
繁殖范围	欧洲中部及东部、亚洲西部
繁殖生境	茂密的落叶林、林间沼泽、河边林地
巢的类型及巢址	杯状巢，由杂草及植物茎叶筑成，内部垫以细草及毛发；鸟巢多见于树木基部或灌丛低处
濒危等级	无危
标本编号	FMNH 18983

河蝗莺
Locustella fluviatilis
Eurasian River Warbler
Passeriformes

成鸟体长 14～16 cm
孵卵期 11～12 天
窝卵数 5～7 枚

481

在所有鸣禽中，河蝗莺及其近亲发出的鸣唱声是最为单调的。它们只会不断地重复简单的颤音，就像体型较大的蝗虫或蟋蟀发出的声音，这一点在这类鸟的学名中也有所体现（其属名为 *Locustella*）。当河蝗莺鸣唱时，它们会站立在一处显眼的树枝上，但在其他时候，这种羽色暗淡的鸟则难以被发现。雄鸟会先于雌鸟到达其繁殖地，之后它们便会开始鸣唱，雄鸟的鸣唱具有吸引异性和保卫其领域的功能。

河蝗莺常栖息于河边、林间沼泽或沼泽地中，它们常隐蔽于未遭破坏的茂密植被中，只有在这样的生境里它们才能成功繁殖。在繁殖季，河蝗莺对外界的干扰十分敏感，即使已经产下了数枚鸟卵，也经常会出现弃巢的情况。在能够正常飞行之前，幼鸟就会离开容易受到威胁的鸟巢而躲在灌丛中等待亲鸟喂食，直到它们能够独立生活。

窝卵数

实际尺寸

河蝗莺的卵为橄榄灰色，杂以密集的深棕色斑点。卵的尺寸为 19 mm × 14 mm。在孵卵期，只有雌鸟会在巢中孵卵。

目	雀形目
科	扇尾莺科
繁殖范围	非洲东北部、亚洲西南部
繁殖生境	林下层、开阔的林地，以及亚热带地区的灌丛、花园
巢的类型及巢址	杯状巢，由草叶筑成，多见于灌丛低处或草丛中
濒危等级	无危
标本编号	FMNH 19022

成鸟体长
10～11 cm

孵卵期
11～13 天

窝卵数
3～5 枚

482

优雅山鹪莺
Prinia gracilis
Graceful Prinia

Passeriformes

窝卵数

优雅山鹪莺是一个分布广泛的类群，在非洲和亚洲的热带和亚热带地区都能见到它们的踪迹。这类鸟长着莺（Warbler）一样的外形和长长的尾羽。它们常栖息于灌丛中，但在种植园和公园中，只要有足够多的用来觅食和隐蔽的植被，也经常能见到它们的身影。

当雄鸟开始为划分领域而炫耀展示、相互威胁、高声鸣唱时，就标志着繁殖季开始了。雄鸟上述种种行为，其目的是驱赶入侵者并吸引雌鸟。在成功交配之后，雄鸟便开始筑巢。此后，鸟巢的修筑和鸟卵的孵化将由雌雄双方共同承担。喂养雏鸟同样由亲鸟双方共同分担，但在第一窝雏鸟出飞之后，雌鸟或许会开始繁殖第二窝，而雄鸟则继续照顾能够活动但尚未独立的幼鸟。

实际尺寸

优雅山鹪莺的卵为淡绿色，杂以红色斑点。卵的尺寸为 17 mm×12 mm。在这种鸟的分布区中的许多地区，昼间的温度都很高，以至于在孵卵期亲鸟甚至无须亲自孵卵。

目	雀形目
科	莺科
繁殖范围	欧洲温带地区及亚洲西部
繁殖生境	林下植被茂密的成熟林、灌木篱墙、花园以及其灌丛的公园
巢的类型及巢址	杯状巢，由细根及草叶筑成，垫以动物毛发及其他纤维，鸟巢多见于荆棘灌丛的低处
濒危等级	无危
标本编号	FMNH 2439

黑顶林莺
Sylvia atricapilla
Blackcap
Passeriformes

成鸟体长
11～13 cm

孵卵期
11 天

窝卵数
4～6 枚

483

窝卵数

在欧洲，黑顶林莺是一种十分常见的鸟类，人们对这种鸟站立在林缘高枝上放声歌唱的场景十分熟悉。黑顶林莺的大多数种群，都会迁徙到非洲越冬，同一个种群的个体会沿着一条相同的路线迁徙。不同种群内个体的迁徙路线受到基因强烈的调控，种群间个体的"杂交"实验表明，"杂交"后代的迁徙路线居于亲本两条迁徙路线的中间。

在其繁殖地，为了保卫鸟巢免遭被捕食或被寄生的命运，黑顶林莺会高声鸣叫并围攻闯入者。围攻时发出的叫声会吸引来其他鸟类，其中大多数是其领域附近的其他鸟种。然而，黑顶森莺却并不会和其他鸟种一起围攻闯入者，黑顶林莺只是好奇的旁观者。为了保护鸟卵或雏鸟，黑顶林莺通常会独自战斗。

黑顶林莺的卵为黄褐色，杂以灰色或棕色斑点。卵的尺寸为 20 mm×15 mm。亲鸟双方轮流孵卵，它们能高效地检出巢寄生者。实验表明，黑顶林莺会通过查看鸟卵钝端的光泽和颜色来识别杜鹃的卵，并将它们推出鸟巢。

实际尺寸

目	雀形目
科	莺科
繁殖范围	北美洲西海岸
繁殖生境	鼠尾草灌丛，海边及峡谷中的灌丛
巢的类型及巢址	紧致的杯状巢，由树皮和蛛丝筑成，内部垫以草叶，鸟巢多见于树木或灌丛的树枝分叉处
濒危等级	无危
标本编号	FMNH 19129

成鸟体长	14～15 cm
孵卵期	14 天
窝卵数	3～4 枚

484

鷦雀莺
Chamaea fasciata
Wrentit

Passeriformes

窝卵数

鷦雀莺是一种寿命较长而不迁徙的鸟类，它们全年都会保卫其领域，配偶关系也会长时间维持，除非配偶一方死亡或消失。从筑巢到孵卵，从饲喂雏鸟再到喂养出飞的幼鸟，亲代照料的职责由雌雄双方平等分担。配偶双方时时刻刻都保持着身体交流以及视觉和鸣声互动，无论是繁殖季还是非繁殖季都是如此。

很少有哪种鸟类的生物学信息只被少数科学家详细了解，而鷦雀莺就是其中之一。鸟类学先驱玛丽·埃里克森（Mary Erickson），在她进行为期 4 年的博士课题研究时，曾在加利福尼亚大学伯克利分校的一座荒芜的小丘上对鷦雀莺的生活史进行了描述。通过对个体进行环志，她搞清了鷦雀莺的社会结构、季节动态及繁殖行为。

实际尺寸

鷦雀莺的卵为白色，背景或具淡蓝绿色。无斑点（但在孵化过程中有可能被弄脏）。卵的尺寸为 17 mm × 14 mm。鷦雀莺总是搭建新的鸟巢来盛放鸟卵，但为了节约时间和能量，它们会重新利用旧巢的巢材。

目	雀形目
科	噪鹛科
繁殖范围	亚洲东部及东南部
繁殖生境	林下植被茂密的潮湿山腰森林
巢的类型及巢址	开放的杯状巢，由干叶、杂草、苔藓筑成，垫以毛发及纤维；鸟巢悬挂于树木或灌丛树枝的分叉处
濒危等级	无危
标本编号	FMNH 20779

成鸟体长
15～16 cm

孵卵期
11～14 天

窝卵数
2～4 枚

485

红嘴相思鸟
Leiothrix lutea
Red-billed Leiothrix
Passeriformes

窝卵数

　　在非繁殖季，红嘴相思鸟的成鸟和幼鸟则集群活动，它们会在树林间寻找树叶和树枝上的昆虫。当繁殖季到来时，它们则会成对活动。在笼养条件下，红嘴相思鸟的配偶关系可会维持终身。配偶双方共同搭建精致的鸟巢，还会一起喂养雏鸟。当卧于巢中的亲鸟受到惊吓时，为了保卫鸟卵，它们会迅速起飞、高声鸣叫并鼓翼飞行以诱导捕食者远离鸟巢。

　　鲜艳明亮的羽色以及婉转动听的鸣声，使得红嘴相思鸟在其原产地（即东亚地区）甚至是世界其他地区，都常被当作笼养鸟。在夏威夷、澳大利亚、塔希提岛甚至是英国的天空中，都有着红嘴相思鸟掠过的身影，这些种群或许来自于被放生的笼养个体。其中某些种群不能够在当地建立稳定的种群。在夏威夷的鸟类群落中，红嘴相思鸟形成了一个来自异域却能稳定生存的种群。

实际尺寸

红嘴相思鸟的卵底色淡蓝，杂以红棕色斑点。卵的尺寸为 19 mm × 14 mm。亲鸟双方共同孵化鸟卵，但只有雌鸟会发育出孵卵斑这一结构，它们会在夜间为卵保温。

目	雀形目
科	噪鹛科
繁殖范围	非洲北部
繁殖生境	沙漠灌丛、具灌丛的干旱草地、干旱河床
巢的类型及巢址	疏松的深杯状巢，由细枝及杂草筑成，鸟巢多见于棕榈树的树冠层或茂密的灌丛中
濒危等级	无危
标本编号	FMNH 18784

486

成鸟体长 22～25 cm
孵卵期 13～15 天
窝卵数 4～5 枚

棕褐鸫鹛
Turdoides fulva
Fulvous Chatterer
Passeriformes

窝卵数

棕褐鸫鹛的卵为淡蓝色，无斑点，其尺寸为 25 mm×19 mm。在保卫巢址及繁殖的过程中，雌雄繁殖对会得到来自帮手的帮助，而这些帮手是它们之前繁殖的后代。

在鸫鹛属的数十种鸟类中，有些是我们常说的"画眉"，这类鸟广泛分布于非洲及亚洲的热带及亚热带地区，很多都显示出了与人为邻的特征。例如在沙漠绿洲及荒芜地区住宅的后院中，当为其提供食物时，棕褐鸫鹛会显得十分顺从。棕褐鸫鹛全年都会定居于一处，除非长期干旱或缺少永久性水源，才会迫使它们游荡至那些雨水较多的地区。

棕褐鸫鹛十分容易亲近人类，或许是因为鹛类常集群活动，并会与熟悉的个体频繁互动。棕褐鸫鹛常集小群活动，每群 4～5 个个体，这样的群体同样会持续到繁殖期，其中有一个核心繁殖对，其他个体是这个繁殖对之前繁殖的年轻的后代，这些个体往往还没有决定是扩散离开其繁殖地还是不扩散。

实际尺寸

目	雀形目
科	鹟科
繁殖范围	欧洲、亚洲西部及非洲北部
繁殖生境	落叶林中靠近林间空地及林缘的区域，公园、果园
巢的类型及巢址	杯状巢，由草叶、细枝及苔藓筑成，垫以细草及细根；鸟巢多见于开放的天然洞穴、崖壁及墙壁的浅凹处，或无前盖的人工巢箱中
濒危等级	无危
标本编号	FMNH 1620

斑鹟
Muscicapa striata
Spotted Flycatcher

Passeriformes

成鸟体长	12～14 cm
孵卵期	11～15 天
窝卵数	4～6 枚

487

对于斑鹟这种迁徙的鸟类来说，在离开越冬地到达繁殖地时迅速建立领域是十分重要的事情。一旦雄鸟到达繁殖地，它们就会站立在树冠的枝头上，与其他雄鸟相隔 200～300 m 距离，用高声鸣唱这种方式来宣示领域。当雌鸟到达其繁殖地、配偶关系确立、鸟巢修筑完成之后，领域范围便会缩小，只会限制在其觅食范围之内，即以鸟巢为中心、半径 50～100 m 的范围内。

斑鹟的巢相对开放，易于受到鸟类或哺乳动物捕食者，特别是松鼠的攻击。由于建筑物墙壁和人工巢箱都能给斑鹟提供适宜的繁殖地，因此产生了这样一种现象，即在人类定居地附近，斑鹟卵的孵化率和雏鸟的出飞率都比在野外高。

窝卵数

斑鹟的卵为黄褐色、皮黄色或棕色，杂以深色斑点。卵的尺寸为 18 mm×14 mm。雌鸟独自孵化鸟卵，雌雄双方共同喂养雏鸟。

实际尺寸

目	雀形目
科	鸫科
繁殖范围	非洲南部热带地区
繁殖生境	干旱林地、开阔灌丛
巢的类型及巢址	杯状巢，多见于灌丛中或地面上
濒危等级	无危
标本编号	FMNH 14773

成鸟体长
14～17 cm

孵卵期
11～17 天

窝卵数
3～8 枚

488

须薮鸲
Cercotrichas barbata
Miombo Scrub-Robin

Passeriformes

窝卵数

米波欧（Miombo）是一种特别的生态系统，这种生境位于撒哈拉以南的非洲地区，主要由稀树草原、林地及短盖属（*Brachystegia*）植物组成，短盖属植物在斯瓦希里语中又被称作 Miombo。几种在灌丛生境中活动的鸫科鸟类拥有相似的羽色及鸣声，它们之间的分类关系仍然不是很清楚，尚需进一步的野外工作及基因研究。例如，须薮鸲不但会对本种鸟类的鸣声回放做出迅速的反应，也会对东须薮鸲，即一种与须薮鸲近缘关系较近且生态位相似的鸟类的鸣声回放做出反应。

人们对于须薮鸲的繁殖仍然只有很少的研究，雄鸟具有领域性，而雌鸟负责筑巢和孵卵。须薮鸲主要在地面上取食，它们以昆虫为主要食物。如果你看到一只雌性须薮鸲口中衔着一只昆虫的话，那么它很有可能是要去饲喂巢中的雏鸟。

实际尺寸

须薮鸲的卵为淡绿色，杂以繁多的栗色斑点。卵的尺寸为 22 mm × 16 mm。人们对于这种鸟的繁殖生物学知之甚少，这也在一定程度上反映了我们对热带鸟类的认知程度较少。

目	雀形目
科	鹟科
繁殖范围	欧洲中部及东部、亚洲西部
繁殖生境	林下植被茂密的森林、湿润的林地及开阔草地
巢的类型及巢址	杯状巢、垫以草叶，鸟巢多见于地面上或茂密的带刺灌丛低处
濒危等级	无危
标本编号	FMNH 18842

鸥歌鸲
Erithacus luscinia
Thrush Nightingale

Passeriformes

成鸟体长
12～14 cm

孵卵期
13～15 天

窝卵数
4～6 枚

489

同传说中的亲缘种新疆歌鸲一样，鸥歌鸲也因悦耳动听而变化多样的鸣声而闻名，而且它们鸣唱的时间常在森林一天中最寂静的时刻——夜晚。鸣唱可以吸引配偶并向竞争者和邻居宣示其领域。雌鸟寻找潜在配偶时会细细倾听，或转而到其他雄鸟的领域中仔细倾听它们在夜晚的鸣唱，而不是在半里地之外模糊地听个大概。

雌鸟到达繁殖地的时间要比雄鸟晚 7 ～ 10 天，抵达繁殖地后就会有雄鸟向它们求爱。在单配制的配偶关系确立后，雌鸟便会开始筑巢、产卵，而不会得到雄鸟的帮助。雌鸟还会为雏鸟保温，但当雏鸟的能量需求日益增长而需要更多食物时，雄鸟也会加入到喂养雏鸟的队伍中来。

窝卵数

实际尺寸

鸥歌鸲的卵为深橄榄棕色，其尺寸为 22 mm × 17 mm。由于在遥远的北方可供繁殖的时间较短，因此如果在繁殖晚期鸟卵丢失了，那么亲鸟也不会重新开始繁殖。

目	雀形目
科	鹟科
繁殖范围	欧洲中部及东部、亚洲温带地区
繁殖生境	落叶林、开阔的林地、公园
巢的类型及巢址	洞巢，多见于逐木鸟开凿的树洞中或人工巢箱中；鸟巢为杯状，由杂草、树叶及细根筑成
濒危等级	无危
标本编号	FMNH 20849

成鸟体长
12～14 cm

孵卵期
13～15 天

窝卵数
5～7 枚

490

白领姬鹟
Ficedula albicollis
Collared Flycatcher

Passeriformes

窝卵数

白领姬鹟的卵为淡蓝色，其尺寸为 17 mm × 13 mm。孵卵期的雌鸟会减少能量的浪费并维持体温的恒定；而在鸟卵孵化之后，由于它们会花费很多时间在空中寻找昆虫，因此其体重会下降很多。

白领姬鹟栖息于林地之中，是一种迁徙性鸟类。这种鸟的羽色十分显眼，雄鸟的羽色黑白相间，它们会先于雌鸟抵达繁殖地，并会在那时建立繁殖地，领域内往往包含一至多个适宜筑巢的洞穴。羽色暗淡的雌鸟会通过评估雄鸟领域的质量及雄鸟额部白斑的大小来决定是否要和这只雄鸟结为夫妻。在确立配偶关系后，雄鸟也常常会发生"婚外配"，甚至去吸引另外一只雌鸟，尤其是当另一只雌鸟羽色更加明亮时。

孵卵由雌鸟独自承担，喂养雏鸟由雌雄双方共同负责。然而，雄鸟通常只会帮助一只在领域中繁殖的雌鸟，而这只雌鸟往往是卵孵化最快的那只。其结果是，在繁殖季早期，雌鸟会选择羽色不那么鲜艳的雄鸟作为配偶，以避免雄鸟出现婚外配；反过来，筑巢较晚的雌鸟倾向于选择羽色艳丽的雄鸟，因为虽然得不到这只雄鸟尽职尽责的帮助，但至少能将优质的基因传递给自己的后代。

实际尺寸

目	雀形目
科	鸫科
繁殖范围	非洲北部、欧亚大陆温暖的温带地区
繁殖生境	山区及丘陵地区开阔的草地
巢的类型及巢址	多见于岩缝、崖洞、墙洞或大石块下的地洞中；杯状巢，巢中垫以细根及苔藓
濒危等级	无危
标本编号	FMNH 18843

成鸟体长	17～20 cm
孵卵期	14～15 天
窝卵数	4～5 枚

491

白背矶鸫

Monticola saxatilis

Rufous-tailed Rock-thrush

Passeriformes

白背矶鸫是一种典型的性二型鸟类，雄鸟身披蓝色及锈色相间的羽毛，而雌鸟的羽色则为暗淡的棕色和灰色。雄鸟会展示其多彩的羽衣、开屏的尾扇，并用其婉转动听的歌声来吸引雌鸟。在笼养条件下，雄鸟会将其他白背矶鸫个体的鸣声加入到自己的鸣声中，但人们并不清楚这种情况在野外是否也存在。

在白背矶鸫的大多数分布区中，其种群数量都处于下降状态，因为它们赖以栖息的开阔生境被农耕地替代了。它们对昆虫及小蜥蜴的需求尚能满足，但在陡峭干旱的山地草原等地，这一需求就不能被满足了。亲鸟会给雏鸟饲喂以昆虫为主的食物。觅食时，白背矶鸫会站立在树枝上，发现地面上的昆虫后便会冲向猎物。有时它们也会在树枝间不断移动来寻找食物。

窝卵数

白背矶鸫的卵为绿蓝色，其尺寸为 25 mm × 19 mm。卵由雌鸟独自孵化，雌鸟会在隐蔽的羽衣的掩护下接近鸟巢的入口而不被隼发现。

实际尺寸

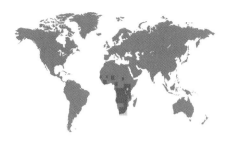

目	雀形目
科	鸫科
繁殖范围	撒哈拉以南非洲的东部及南部
繁殖生境	山区开阔的灌丛草地、草场
巢的类型及巢址	深杯状巢，由杂草、茎叶、干草及细根筑成，垫以细草、羊毛等动物毛发及羽毛；鸟巢隐蔽于干草丛中
濒危等级	无危
标本编号	FMNH 14775

成鸟体长	12～13 cm
孵卵期	12～14 天
窝卵数	2～4 枚

492

非洲黑喉石䳭
Saxicola torquatus
African Stonechat

Passeriformes

窝卵数

　　非洲黑喉石䳭的雌鸟独自筑巢、孵卵，而雄鸟则会帮助雌鸟喂养雏鸟。雏鸟在孵出两周后就会离开鸟巢，但之后还会和亲鸟共处至多 4 个月的时光，再之后，它们就会扩散离开其繁殖地，寻找自己的配偶和领域。在赤道地区，野生的非洲黑喉石䳭每个繁殖季仅产一窝卵，但在笼养条件下却能产 2 ～ 3 窝卵。

　　非洲黑喉石䳭最近与广泛分布于欧亚大陆的黑喉石䳭分道扬镳，即被划分成了独立的物种。非洲黑喉石䳭生活在开阔的田野中，却零散分布于整块大陆，许多都生活在干旱的高地或半干旱的地区。分布于温带的石䳭营迁徙性生活，但非洲黑喉石䳭全年都会维持其领域。

实际尺寸

非洲黑喉石䳭的卵为蓝绿色，杂以黄色或浅黄褐色斑点。卵的尺寸为 19 mm×14 mm。窝卵数受到基因的强烈调控；此外，在笼养条件下，养在温带地区室内或户外的非洲黑喉石䳭会比在野外多产下 3 枚卵。

目	雀形目
科	鹟科
繁殖范围	亚洲西部
繁殖生境	干草地、半荒漠地区及多石的山坡
巢的类型及巢址	鸟巢筑于石缝中，由干草搭建而成，内部垫以细草、毛发及羽毛
濒危等级	无危
标本编号	FMNH 20689

芬氏鹏
Oenanthe finschii
Finsch's Wheatear

Passeriformes

成鸟体长
14～16 cm

孵卵期
12～13 天

窝卵数
4～6 枚

493

　　芬氏鹏生活在干旱地区或沙漠之中，即使没有永久性或季节性的水源，它们也能开始繁殖。从中东地区启程，在经历短暂的迁徙之后，雄鸟会建立繁殖地。芬氏鹏的繁殖羽黑白相间，它们站立在高高的岩石之上十分显眼，这样做既可以吸引雌鸟到来，也能够驱赶走其他雄性竞争者。在越冬地，芬氏鹏雌雄双方都会维持觅食领域，而雄鸟往往会支配数只雌鸟而处于主导地位。

　　为了修筑鸟巢，芬氏鹏会在崖壁上寻找处于阴影之中的岩缝，有时也会在旧墙壁上寻找适宜的巢址。在有些岩石和墙壁都奇缺的地区，例如偏远的半荒漠地区，这种鸟有时也会利用啮齿动物弃用的地洞隧道，于其中修筑鸟巢。在孵卵期，雌鸟那棕灰相间的羽毛能够为自身提供很好的伪装，并隐蔽于捕食者的目光之下。

窝卵数

芬氏鹏的卵为淡蓝色，杂以红棕色斑点。卵的尺寸为 22 mm × 16 mm。雌鸟独自孵卵，雌雄共同育雏，它们会用喙衔着蛾子或其他节肢动物回到巢中饲喂雏鸟。

实际尺寸

目	雀形目
科	鸫科
繁殖范围	北美洲东部及中部、中美洲北部
繁殖生境	林间空地、稀树草原、开阔林地、农场、庭院及公园
巢的类型及巢址	洞巢，包括天然洞穴及人工巢箱，鸟巢呈杯状，由干草筑成，内部垫以细草及毛发
濒危等级	无危
标本编号	FMNH 12147

成鸟体长
16~21 cm

孵卵期
11~19 天

窝卵数
3~7 枚

494

东蓝鸲
Sialia sialis
Eastern Bluebird
Passeriformes

窝卵数

东蓝鸲的卵为淡蓝色，无斑点。卵的尺寸为 21 mm×17 mm。淡蓝而无斑点的卵为许多体型似鸫的鸟类所共有，这意味着蓝鸲与鸫类具有较近的亲缘关系。

　　东蓝鸲鸟巢的入口较为狭小，以至于入侵种椋鸟难以进入，那些专门为东蓝鸲准备的人工巢箱的入口也较小，因此在北美洲，无论是乡村还是市郊，这种鸟的密度和分布都在持续增长。然而，东蓝鸲为了争夺人工巢箱的所有权，经常与体型相似的双色树燕（详见448页）和莺鹪鹩（详见469页），以及入侵物种家麻雀（详见636页）打得不可开交。

　　为了吸引雌鸟对潜在巢址的注意力，东蓝鸲雄鸟会衔着一根稻草，但实际上筑巢和孵卵全部由雌鸟负责，之后雄鸟会与雌鸟平等地分担喂养雏鸟的职责。当巢洞或人工巢箱较为稀缺时，年轻的个体会继续寻找被弃用的或新的洞穴，整个春季和夏季都是如此，甚至会在繁殖季晚期产下鸟卵，而不会整年都不参与繁殖。在东蓝鸲的分布区中，很多地区的东蓝鸲巢中都被放置了微型摄像机，人们借此来捕捉这种鸟繁殖各个阶段的信息，从筑巢到产卵、从孵化到出飞，视频也会被上传到网络上。

实际尺寸

目	雀形目
科	鸫科
繁殖范围	北美洲西部沿海地区
繁殖生境	开阔林地、河边走廊林
巢的类型及巢址	杯状巢，垫以干草、细根、羽毛及毛发；鸟巢多见于天然树洞、啄木鸟旧巢或人工巢箱中
濒危等级	无危
标本编号	FMNH 12120

成鸟体长
15～18 cm

孵卵期
12～17 天

窝卵数
4～5 枚

495

西蓝鸲
Sialia mexicana
Western Bluebird
Passeriformes

身披亮蓝色羽衣的西蓝鸲在开阔林地的干草丛中十分耀眼，观赏它们不但是一件赏心悦目的事情，更重要的是了解每只个体所传递的重要信息。例如，一只雄鸟头部的蓝色越深，就意味着它越年长；胸部棕色斑块越大，就意味着它越健康。西蓝鸲为单配制鸟类，它们全年都会定居于一处，并会保持其领域，繁殖季时则会得到来自帮手，即成年后代的帮助。

西蓝鸲具有预知未来的能力。当秋季到来之时，在食物短缺到来之前，西蓝鸲主雄便会做出决定：是容忍已经能够独立生活的幼鸟留在自己的领域中（它们能够在来年的繁殖季中扮演帮手的角色），还是驱赶它们离开？主雄会依据一种有助于挨过寒冬而至关重要的食物资源的多寡来做出决定，这就是槲寄生植物的浆果。槲寄生会在一年中稍晚的时候结出果实，西蓝鸲则会通过评估槲寄生枝丛的多少来预测未来果实的产量。夏天，当科学家将槲寄生植物从西蓝鸲的领域中移除后，幼鸟冬季留在领域内的可能性就会较低。

窝卵数

西蓝鸲的卵为淡蓝色，无斑点，其尺寸为 21 mm×16 mm。同许多鸟种一样，当雌鸟处于产卵期时，它们都不会在鸟巢中或附近花费太多的时间，直到当达到满窝卵数时，它们才会开始专心致志地孵化鸟卵。

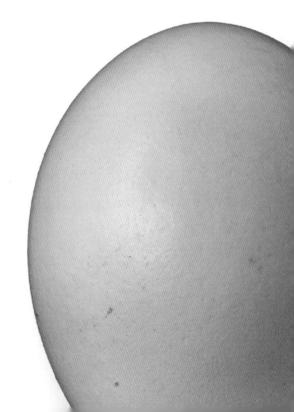

实际尺寸

目	雀形目
科	鸫科
繁殖范围	北美洲西部、山地及极地地区
繁殖生境	开阔的林地、火烧地、林间空地，以及外周具树、轮廓清晰的草场
巢的类型及巢址	既有的树洞或人工巢箱，鸟巢呈杯状，由草叶编织而成，内部垫以细草、脱落的树皮及羽毛
濒危等级	无危
标本编号	FMNH 16904

成鸟体长
16～20 cm

孵卵期
13～14 天

窝卵数
4～5 枚

496

山蓝鸲
Sialia currucoides
Mountain Bluebird

Passeriformes

窝卵数

山蓝鸲的卵为淡蓝色，无斑点，其尺寸为 22 mm × 17 mm。雌鸟孵卵时会紧紧地卧在卵上，即使人们接近巢箱甚至打开检查时，它们都不会被惊飞。

　　尽管通常来讲，山蓝鸲是自然界中和平与和谐的象征，但从生态学角度讲，这种鸟之所以易于与人为邻，其原因是人类为它们设计了适宜的栖息地。人们砍伐森林，将灌丛转变成草场，悬挂巢箱，为西蓝鸲提供了适宜的栖息地，并吸引了它们的前来，但这对其他在树林中生活的鸟类来讲却是一场灾难。因此，人类对于西蓝鸲的认知大多来自在巢箱中繁殖的个体，而对自然环境中的情况却知之甚少。

　　虽然山蓝鸲雄鸟会衔着巢材，但它们却只是借此来向雌鸟进行求偶展示，却不会真正运送巢材。鸟巢由雌鸟独自搭建，它还将独自孵卵，并为雏鸟保温。然而，雄鸟则会对此时雌鸟的乞食行为和乞食鸣叫做出反应，并会向雌鸟递送食物。之后，雄鸟将会与雌鸟一道，共同承担喂养雏鸟的工作。

实际尺寸

目	雀形目
科	鸫科
繁殖范围	北美洲西部
繁殖生境	山区接近林缘的针叶林
巢的类型及巢址	杯状巢，由松针筑成，内部垫以草叶及树皮，鸟巢多见于坡地或位于岩石下方，特别是土路附近的土崖上
濒危等级	无危
标本编号	FMNH 2540

成鸟体长
20～22 cm
孵卵期
11 天
窝卵数
2～5 枚

497

坦氏孤鸫
Myadestes townsendi
Townsend's Solitaire

Passeriformes

坦氏孤鸫在高海拔的山地森林中繁殖，巢址甚至常处于林线附近。人们还不太清楚，这种鸟的配偶关系是在出生地建立的，还是在迁徙过程中形成的。当雄鸟抵达繁殖地后，便会立即开始准备筑巢。配偶双方会一起选择一处潜在巢址，并反复造访那里，直到雌鸟开始真正筑巢时才会作罢。雄鸟有时会拾起巢材，却不会将它们运送到巢中。鸟巢由雌鸟独自搭建：它首先会在坡地上刨出一个浅坑，之后会用树枝搭建一个平台，再在其上用草编织一个杯状顶盖，最后才在其中产卵、孵卵。

尽管坦氏孤鸫的繁殖地海拔较高，而且巢址十分隐蔽，但捕食者还是能经常找到并吃掉它们的卵或雏鸟。为了避免后代全军覆没，坦氏孤鸫有几种确保卵或雏鸟安全的办法：早早地开始筑巢、迅速地补产鸟卵，或将繁殖时间延长至繁殖季的末尾。

窝卵数

坦氏孤鸫的卵为污白色、粉色或绿蓝色，杂以深色斑点。卵的尺寸为 23 mm × 17 mm。当雌鸟孵卵或为雏鸟保温时，雄鸟会访问鸟巢并为雌鸟提供食物。

实际尺寸

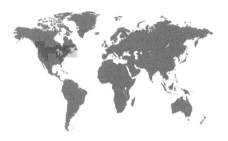

目	雀形目
科	鸫科
繁殖范围	北美洲温带地区
繁殖生境	通常较为潮湿或附近具沼泽的林下植被茂密的落叶林
巢的类型及巢址	开放的杯状巢，由落叶、树皮及茎筑成，垫以细根及纤维；鸟巢多见于地面、树木基部或灌丛低处
濒危等级	无危
标本编号	FMNH 15149

成鸟体长
17～18 cm

孵卵期
10～14 天

窝卵数
3～5 枚

498

棕夜鸫
Catharus fuscescens
Veery

Passeriformes

窝卵数

棕夜鸫的卵为淡绿蓝色，无斑点，卵的尺寸为22 mm×17 mm。雌鸟独自修筑鸟巢、孵化鸟卵，雄鸟则负责巡视领域。雄鸟会在喂养雏鸟和幼鸟时行使亲代照料的职责。

　　棕夜鸫的迁徙距离很长，它们每年都会在墨西哥湾的繁殖地和南美洲的越冬地之间往返。春季，在向北方迁徙的途中，这种鸟就已经为即将到来的繁殖做好准备，此时雄鸟的睾丸会膨大。雌鸟会在雄鸟抵达繁殖地后一周到达，并会用它们那奇怪的降调鸣唱来吸引异性。配偶双方会在繁殖早期对鸣，之后很快便会开始繁殖。

　　在过去几个世纪中，随着森林的破碎化，牛鹂现在有机会深入到棕夜鸫的繁殖地，并在其新宿主的巢中产下鸟卵。尽管牛鹂的卵与棕夜鸫的卵在颜色、斑点和形状上都有所不同，但棕夜鸫却能够容忍牛鹂的卵出现在自己的巢中，这或许是因为栖息于林缘的牛鹂与栖息于森林中的棕夜鸫没有经历过协同进化的过程。

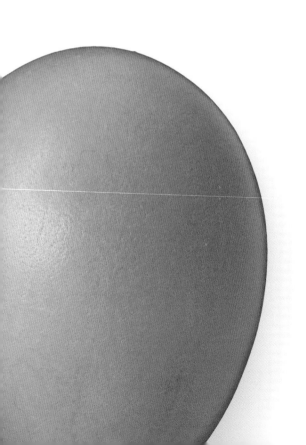

实际尺寸

目	雀形目
科	鸫科
繁殖范围	北美洲极地地区及亚洲东北部
繁殖生境	北方针叶林
巢的类型及巢址	开放的杯状巢，由细枝及茎叶筑成，垫以细根、杂草及苔藓；鸟巢多见于灌丛树杈的枝丫处，或树木基部的地面上
濒危等级	无危
标本编号	FMNH 11978

成鸟体长
15～17 cm

孵卵期
13～14 天

窝卵数
3～5 枚

灰颊夜鸫
Catharus minimus
Gray-cheeked Thrush

Passeriformes

499

灰颊夜鸫的羽色和图案几乎可以说是这种鸟的独有特征，但数量更加稀少的、分布范围更靠东的姐妹种比氏夜鸫与它十分相似。虽然二者的基因足够使它们独立成两个物种，但它们的体型及鸣声却只有细微的差异。在行为方面，比氏夜鸫为一雄多雌制；但关于灰颊夜鸫，对这一物种的繁殖信息，人们却没有一丝一毫的了解。

例如，我们不了解灰颊夜鸫的领域行为，不清楚其配偶关系是何时何地于其繁殖地中建立的，不知晓当雌鸟筑巢及孵卵时雄鸟所扮演的角色，也不知道雄鸟会为雏鸟提供多少食物。灰颊夜鸫繁殖于遥远的北方针叶林，这或许就是鸟类学家对该物种缺乏研究的部分原因。

窝卵数

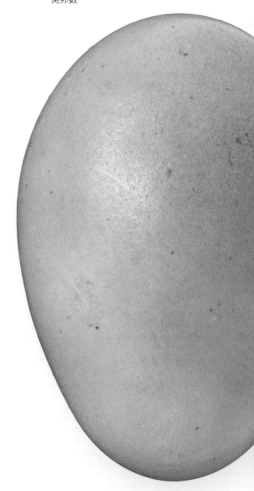

实际尺寸

灰颊夜鸫的卵为淡绿蓝色，杂以微小的棕色斑点。卵的尺寸为 22 mm × 17 mm。对灰颊夜鸫有限的观察表明，只有雌鸟会修筑鸟巢，只有雌鸟会发育出孵卵斑这一结构，也只有雌鸟会孵化鸟卵。

目	雀形目
科	鸫科
繁殖范围	北美洲温带及亚北极地区
繁殖生境	林下植被茂密的针叶林，以及西海岸的落叶林
巢的类型及巢址	杯状巢，由草叶、细茎及细枝筑成，垫以干草、细根、苔藓及地衣；鸟巢多见于林下灌丛树枝分叉处
濒危等级	无危
标本编号	FMNH 12085

成鸟体长
16～19 cm

孵卵期
12～14 天

窝卵数
4～5 枚

500

斯氏夜鸫
Catharus ustulatus
Swainson's Thrush

Passeriformes

窝卵数

在北美洲的针叶林中，广泛分布着斯氏夜鸫的繁殖种群。在抵达繁殖地之前，它们会经历长距离的迁徙，西部种群越冬于中美洲，东部种群越冬于南美洲。雄鸟比雌鸟更早地抵达其繁殖地。它们会迅速建立领域，并会用鸣唱、警戒鸣叫来保卫其领域，甚至还会飞着驱赶入侵者。

配偶关系是在一系列类似保卫领域的行为中确立的，即雄鸟会追逐雌鸟飞翔。如果雌鸟没有离开，那么雄鸟那种具有攻击性的鸣叫将会转变成鸣唱展示，这正是留下雌鸟的时机。最终，雌鸟会与雄鸟交配，雌鸟还承担修筑鸟巢。通常鸟巢修筑完成的那天也是产下第一枚鸟卵的时间。卵由雌鸟孵化，它们总是悄悄地接近或离开鸟巢。在鸟卵孵化后，雄鸟和雌鸟将共同喂养雏鸟。

实际尺寸

斯氏夜鸫的卵为蓝色至绿蓝色，杂以红色或棕色斑点。卵的尺寸为 22 mm × 17 mm。

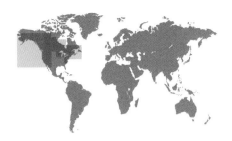

目	雀形目
科	鸫科
繁殖范围	北美洲温带及亚北极地区
繁殖生境	针叶林、针阔混交林及落叶林
巢的类型及巢址	大型杯状巢，由叶片、杂草、细枝、地衣及泥土筑成的，垫以细小的植物组织；鸟巢多见于地面或小树的低处
濒危等级	无危
标本编号	FMNH 15150

隐夜鸫
Catharus guttatus
Hermit Thrush
Passeriformes

成鸟体长
14～18 cm

孵卵期
12～13 天

窝卵数
3～6 枚

501

　　分工合作是隐夜鸫配偶双方繁殖的法则。雄鸟负责建立并保卫领域，雏鸟所需的大部分食物也由雄鸟收集，而雌鸟则承担修筑鸟巢和孵化鸟卵。同其他大多数鸟类一样，隐夜鸫雏鸟也会依靠自己的力量破壳而出，它们会用卵齿啄开卵壳的钝端，将卵壳撑开。因为卵壳内部的白色会吸引捕食者的注意，所以雌鸟会迅速将卵壳移出鸟巢。

　　隐夜鸫的巢为开放式的巢杯，这样的结构易于受到各种各样的"天灾"，包括被牛鹂寄生或被松鼠、花栗鼠或流浪猫捕食。亲鸟双方会为巢中无助的幼鸟提供食物，雏鸟会很快成长。当它们能够离开鸟巢时，便会在林下层隐蔽自己，直到能够飞翔。尽管如此，隐夜鸫却能忍受人类的接近，并总是能取代同域分布的、更加隐秘的斯氏夜鸫（详见 500 页）。

窝卵数

隐夜鸫的卵为淡蓝色，有时会杂以细小的棕色斑点，卵的尺寸为 22 mm × 17 mm。与其他许多种类的鸫一样，隐夜鸫卵的蓝色也是来自于一种叫作胆绿素的蛋壳色素。

实际尺寸

目	雀形目
科	鸫科
繁殖范围	北美洲东部及中部的温带地区
繁殖生境	灌木层茂密的成熟落叶林及针阔混交林
巢的类型及巢址	杯状巢，筑于树杈处或靠近树干；鸟巢由细枝、树皮及干草筑成，垫以树叶及杂草
濒危等级	无危
标本编号	FMNH 12035

成鸟体长
18～22 cm

孵卵期
11～14 天

窝卵数
3～4 枚

502

棕林鸫
Hylocichla mustelina
Wood Thrush

Passeriformes

窝卵数

棕林鸫的卵为天蓝色，无斑点，其尺寸为
26 mm×19 mm。当鸟巢筑于林缘地区时，则容
易被褐头牛鹂（详见 616 页）寄生，巢中的卵
也将不再全为蓝色，而是杂以寄主那黄褐色具斑
点的卵。

北美洲有许多歌声美妙动听的鸟类，而棕林鸫是从
南美洲首先抵达这里的鸟儿，它的歌声是春天到来的信
号。独特的发声器官使鸣禽能够产生两种音调不同的声
音，当这两种声音混在一起时，听起来就像一种声音。

尽管目前棕林鸫的保护状态为无危（LC），但它们
却是生态环境和人为改变的指示物种，特别是负面影
响。例如在其繁殖地，森林的破碎化直接导致了棕林鸫
栖息地的丧失，并增加了它们的巢暴露在天敌和寄主目
光下的可能性。在所有鸟卵产完之前，配偶双方会在巢
域范围内成对活动，这意味着无论雌鸟还是雄鸟都没有
发生婚外配的可能。因此，在一项研究中，超过 90% 的
幼鸟都是所处巢域内配偶的后代，棕林鸫是婚外配比率
最低的鸣禽。

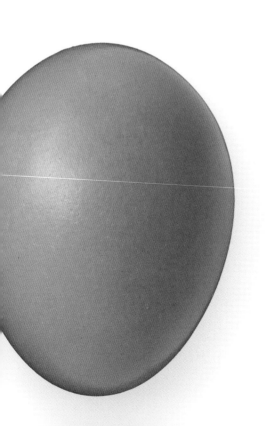

实际尺寸

目	雀形目
科	鸫科
繁殖范围	北美洲温带及极地地区
繁殖生境	森林、林地、公园、后院及城市街道
巢的类型及巢址	开放的杯状巢，由杂草及干草筑成，用泥土加固；鸟巢筑于横枝、崖壁之上，亦见于桥下、屋檐下、谷仓内及窗台上
濒危等级	无危
标本编号	FMNH 2320

旅鸫
Turdus migratorius
American Robin

Passeriformes

成鸟体长
25～28 cm

孵卵期
12～14 天

窝卵数
3～4 枚

503

　　虽然旅鸫的名字里也有一个"鸫"字，但是与分布于旧大陆那些胸部红色的鸫相比，它们的亲缘关系却并不是那么近。一个很好的例证是在迪士尼电影《欢乐满人间》（*Mary Poppins*）中，就有一只机器旅鸫，而不是欧亚鸲，这只旅鸫由朱莉·安德鲁斯（Julie Andrews）配音，在伦敦这座城市中唱着名不副实的曲调。在旅鸫的原产地，无论是乡村还是城市，包括纽约城，它们那婉转动听的歌声和由树枝搭建而成的鸟巢都构成了春夏季节里习见的景观。

　　暮春时节，无论是旅鸫那破碎的卵壳还是吵闹但尚不具飞翔能力的雏鸟，都时常提醒着人行道上过往的行人，旅鸫的家就在这座繁忙城市之中。鸫类的幼鸟，同许多种类的鸫一样，在具备飞行能力之前就会离开鸟巢，除非巢的下方就是繁忙道路的正中央。对于成鸟来说，和这些幼鸟朝夕相处，或将它们隐蔽在灌丛中喂养是最好的选择。旅鸫通常每年都会返回同一地点繁殖，利用上一年的旧巢或在其上搭建新巢。

窝卵数

旅鸫的卵为淡蓝色，无斑点，其尺寸为 28 mm × 21 mm。牛鹂的卵较旅鸫的小，花纹也明显不同，旅鸫能够轻易地识别出寄主的卵，并会将它们移到巢外。

实际尺寸

目	雀形目
科	鸫科
繁殖范围	北美洲西部
繁殖生境	林下苔藓、蕨类及灌丛丰富的高而潮湿的常绿林及针阔混交林
巢的类型及巢址	开放的杯状巢，由树枝、细枝、树皮、树叶及苔藓筑成，垫以细草、柔软的树叶及苔藓；鸟巢位于低矮树木靠近树干的地方，常见于旧巢附近或旧巢之上
濒危等级	无危
标本编号	FMNH 12097

成鸟体长
19～27 cm

孵卵期
12 天

窝卵数
2～5 枚

504

杂色鸫
Ixoreus naevius
Varied Thrush

Passeriformes

窝卵数

杂色鸫的卵为苍白的淡蓝色，杂以大而稀疏的深棕色斑点。卵的尺寸为 30 mm × 21 mm。鸟巢由柔软而潮湿的材料编织而成，而卵就深深地埋藏在这坚固的鸟巢中。

　　杂色鸫有 3 个种群，即不迁徙的种群、短距离迁徙的种群和长距离迁徙的种群。在非繁殖季，杂色鸫能形成由多至 20 只个体组成的群体，但它们却会在鸟类喂食器处对其他鸟种表现出攻击性行为，无论是体型较大的鸦科鸟类和还是体型较小的雀类都是如此。春天，杂色鸫群体则会解散，雄性杂色鸫会对其他雄鸟表现出浓浓的敌意，在保卫其领域时，它们会追逐驱赶、攻击甚至用喙啄击对方。

　　在开始筑巢之后，收集巢材和孵化鸟卵都由雌鸟独自承担。它们通常会将巢筑在之前用过的旧巢附近，有时也会将新巢筑在旧巢之上。杂色鸫的巢不具任何隐蔽性。研究人员通过模拟并悬挂杂色鸫的鸟巢发现，林缘地区的鸟巢较森林内部的鸟巢更容易遭到毁坏。

实际尺寸

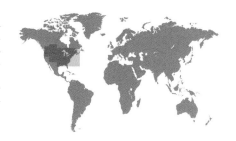

目	雀形目
科	嘲鸫科
繁殖范围	北美洲东部及中部的温带地区；被引入至百慕大群岛
繁殖生境	茂密的灌丛、具藤蔓及灌丛的开阔地、城市公园及市郊住宅后院
巢的类型及巢址	杯状巢，多见于灌丛或枝叶茂密的小树中部，或藤蔓之间；鸟巢由树枝和细枝筑成，内部垫以细根及草叶
濒危等级	无危
标本编号	FMNH 16829

成鸟体长
21～24 cm
孵卵期
12～15 天
窝卵数
3～5 枚

灰嘲鸫
Dumetella carolinensis
Gray Catbird

Passeriformes

505

灰嘲鸫的卵在所有鸟类中几乎是颜色最明亮的——亮闪闪的蓝绿色。但很少有人或捕食者能够找到它们的鸟巢，因为灰嘲鸫的巢常很好地隐蔽于成堆的枯枝落叶或低矮的灌丛之中。当灰嘲鸫雌鸟离巢外出觅食时，雄鸟就在鸟巢附近警戒。嘲鸫还会将那些在附近繁殖的鸟类巢中的鸟卵移出鸟巢。

灰嘲鸫和弯嘴嘲鸫均隶属于嘲鸫科，该科鸟类分布于新大陆，因鸣声变化多端而善于模仿其他鸟类而著称。灰嘲鸫是许多种经常被褐头牛鹂（详见 616 页）巢寄生的鸟类中的一种。然而，这种鸟却演化出了能够识别并移除褐头牛鹂鸟卵的能力，它们会将宿主的卵啄破并弄出鸟巢，要么是直接推到巢外，要么是将它们叼到远处丢弃。

窝卵数

灰嘲鸫的卵为绿松石色，无斑点，其尺寸为 24 mm × 18 mm。嘲鸫能够迅速将寄主褐头牛鹂产于自己巢中的卵移除，以至于研究人员曾一度认为这种鸟不是褐头牛鹂的宿主。

实际尺寸

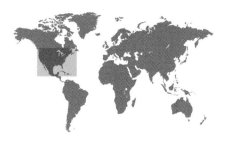

目	雀形目
科	嘲鸫科
繁殖范围	北美洲温带地区、中美洲及加勒比地区
繁殖生境	田野、林缘、开阔灌丛、住宅后院及城市公园
巢的类型及巢址	开放的杯状巢，多见于或高或矮的灌丛、树木之上；鸟巢由细枝筑成，垫以杂草、细枝及树叶，偶尔还包括细丝状垃圾
濒危等级	无危
标本编号	FMNH 11830

成鸟体长
21～26 cm

孵卵期
11～14 天

窝卵数
3～5 枚

506

小嘲鸫
Mimus polyglottos
Northern Mockingbird
Passeriformes

窝卵数

小嘲鸫的卵为淡蓝色或白绿色，杂以红色或棕色斑点。卵的尺寸为 25 mm × 18 mm。雌雄双方共同修筑鸟巢、喂养雏鸟，但卵却由雌鸟单独孵化。

　　从外表看，小嘲鸫的羽色虽然十分暗淡，但实际上，鸣声却十分悠长而动听，它们善于模仿其他鸟类的鸣声或人造的声音。人们很容易就能注意到小嘲鸫的存在，它们常站立于高高的树木的顶端，俯冲下去，驱赶人类或其他嘲鸫等入侵者，并露出尾部的白斑。小嘲鸫的巢体量巨大且十分容易被找到，巢没有被很好地隐蔽。亲鸟会通过主动出击的方式赶走入侵者，并保护卵和雏鸟。

　　每次繁殖，小嘲鸫都会投入很多，亲鸟双方都会为巢中日渐长成的雏鸟提供食物。在小嘲鸫的分布范围内，它们还得益于相对温暖而长期的春夏时光，这使得它们每年有可能繁殖 2 ～ 3 窝。如果当年配偶双方能够繁殖成功，那么来年它们还会重返这里进行繁殖。

实际尺寸

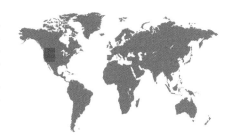

目	雀形目
科	嘲鸫科
繁殖范围	北美洲西部
繁殖生境	具蒿丛的草原
巢的类型及巢址	杯状巢,由树枝和细枝筑成,垫以细根、草叶或毛发;鸟巢多见于鼠尾草丛或其他灌丛中,或筑于地面
濒危等级	无危
标本编号	FMNH 11836

成鸟体长	20～23 cm
孵卵期	13～17 天
窝卵数	4～5 枚

507

高山弯嘴嘲鸫
Oreoscoptes montanus
Sage Thrasher

Passeriformes

高山弯嘴嘲鸫是在蒿草草原中生活的能手。其繁殖地人类的人口规模及地理分布,及清除"杂草"或翻耕土地的行为,都会对这种鸟类赖以生存的栖息地造成十分严重的毁灭。高山弯嘴嘲鸫的雄鸟会进行短距离的迁徙,冬季会向南迁徙数百英里,[①]以躲避寒冷的冰天雪地。当雄鸟返回其繁殖地后,它们便会建立领域,并通过悦耳的鸣唱向雄鸟及稍晚抵达的雌鸟宣示自己的领域。一次鸣唱可以持续数分钟之久。

在气温较高的夏天,卵有过热的危险。高山弯嘴嘲鸫会借助自然风的力量为鸟巢降温。这种鸟的巢筑于树枝上,而不是地面上。当大雨倾盆时,亲鸟双方会轮流卧于巢中为卵保温,这样还可以保持卵的干燥和正常孵化。

窝卵数

高山弯嘴嘲鸫的卵为蓝色或绿蓝色,杂以棕色斑点。卵的尺寸为 25 mm×17 mm。雌鸟会发育出完整的孵卵斑,而雄鸟的孵卵斑只会部分发育,但雌雄双方都会参与孵化鸟卵。

实际尺寸

① 编辑注:1 英里(mile)=1.609 千米(km)。

目	雀形目
科	嘲鸫科
繁殖范围	北美洲东部及中部
繁殖生境	林缘、灌丛、灌木篱墙及公园中的灌木
巢的类型及巢址	杯状巢，由细枝、落叶、树皮及细根筑成，垫以细草；鸟巢多见于树木或具刺灌丛的低处
濒危等级	无危
标本编号	FMNH 11910

成鸟体长
24～31 cm

孵卵期
10～14 天

窝卵数
2～6 枚

508

褐弯嘴嘲鸫
Toxostoma rufum
Brown Thrasher

Passeriformes

窝卵数

褐弯嘴嘲鸫的卵为白色或淡蓝色至绿色，周身遍布细小的红色斑点。卵的尺寸为 27 mm×19 mm。在某些地区，繁殖期的时间较长，那里的鸟甚至可以繁殖 2～3 窝。

褐弯嘴嘲鸫常在干燥的枯枝落叶中寻找昆虫。一只褐弯嘴嘲鸫可以鸣唱超过一千首不同的曲目，这种鸟的曲目库在所有鸟类中都是最丰富的。雄鸟会高声鸣唱来宣示其领域，当有雌鸟接近时，它们便会转而鸣唱轻柔的歌曲。为了巩固配偶关系，雄鸟会嘴对嘴地向雌鸟提供"彩礼"，而这通常是巢材。

当配偶双方都做好准备时，它们会共同在灌丛中一处隐蔽性极佳的地点修筑鸟巢。亲鸟双方轮流孵化鸟卵，并会紧紧地卧于巢中，除非危险靠得太近时才会离开，飞回茂密的植被之中。雄鸟在亲代照料中承担的职责，会从孵卵期的 30% 增长到育雏期的 50%。

实际尺寸

目	雀形目
科	嘲鸫科
繁殖范围	北美洲南部
繁殖生境	河边林地、茂密灌丛
巢的类型及巢址	大型杯状巢，由具刺的树枝筑成，内部垫以草叶、干草、树皮及细根；鸟巢多见于有大树遮挡的枝叶繁茂的茂密灌丛中部
濒危等级	无危
标本编号	FMNH 16836

长弯嘴嘲鸫
Toxostoma longirostre
Long-billed Thrasher

Passeriformes

成鸟体长
26～29 cm

孵卵期
13～14 天

窝卵数
2～5 枚

509

作为一种全年留居于一处的鸟类，长弯嘴嘲鸫常单独或成对活动。雄鸟会高高地站立在灌丛或树枝顶端鸣唱。当有入侵者闯入其领域时，雌雄双方会共同鸣叫并将其驱离。长弯嘴嘲鸫不但会驱赶本种鸟类，还会驱赶褐弯嘴嘲鸫（详见 508 页）。在其他时间里，长弯嘴嘲鸫都会在地面或灌丛中安静而隐蔽地觅食。反过来，长弯嘴嘲鸫也常被旅鸫驱赶。

雌雄双方都会参与到巢址选择的过程中，鸟巢呈盘状，常被筑于灌丛顶部。雏鸟孵化后，雌鸟几乎不用为它们遮阳，因为鸟卵就位于阴影之中。亲鸟会为雏鸟提供食物。雏鸟在孵出一周后，其体重就会达到亲鸟的一半。

窝卵数

长弯嘴嘲鸫的卵为淡绿色或白色，杂以红棕色斑点，卵的尺寸为 28 mm×20 mm。人们对这种鸟的繁殖了解出奇的少，但亲鸟双方都会孵化鸟卵并为快速成长的雏鸟提供食物。

实际尺寸

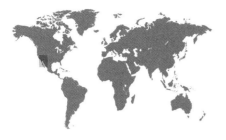

目	雀形目
科	嘲鸫科
繁殖范围	北美洲西南部
繁殖生境	沙漠
巢的类型及巢址	开放的杯状巢，由树枝筑成，垫以柔软的动植物纤维；鸟巢多见于灌丛、仙人掌或树木上
濒危等级	无危
标本编号	FMNH 1724

成鸟体长	23～25 cm
孵卵期	12～14 天
窝卵数	3～4 枚

510

本氏弯嘴嘲鸫
Toxostoma bendirei
Bendire's Thrasher
Passeriformes

窝卵数

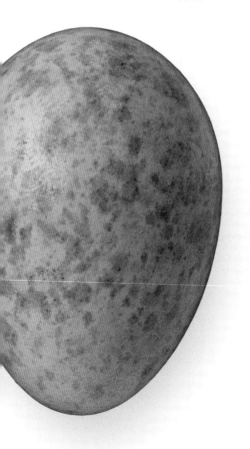

本氏弯嘴嘲鸫是一种行踪隐秘的鸟类。在经历长距离迁徙抵达其繁殖地后，雌雄双方便会建立配偶关系。在繁殖季，很少能见到单独或成对活动的本氏弯嘴嘲鸫，雏鸟出飞后大多都是随亲鸟一起以家庭为单位集小群活动。在成功繁殖出第一窝鸟卵后，配偶双方还会继续繁殖第二窝甚至第三窝后代。为了繁殖下一窝，它们会利用旧巢或搭建一个新巢。

本氏弯嘴嘲鸫是该属鸟类中最后一个被描述定名的物种，起初的过程也十分不易：第一份本氏弯嘴嘲鸫雌鸟的标本实际是另外一种鸟类。即使到了今天，人们对这种鸟类生态和行为的认知也大多来自道听途说，而非正式发表的研究。正是在这样的背景下，所有的观察者在观察这种鸟类时都会留下关于它们生活史的详尽记述。

实际尺寸

本氏弯嘴嘲鸫的卵为白色或淡蓝绿色，卵壳周身遍布深色斑点。卵的尺寸为 28 mm × 19 mm。没有任何关于本氏弯嘴嘲鸫孵卵或育雏的记录，只知道亲鸟双方都会为雏鸟提供食物。

目	雀形目
科	嘲鸫科
繁殖范围	北美洲西南部
繁殖生境	开阔的沙漠及干旱的灌丛
巢的类型及巢址	深杯状巢，外部由细枝筑成，内部垫以草叶、细根及纤维；鸟巢多见于仙人掌或其刺灌丛上
濒危等级	无危
标本编号	FMNH 11866

弯嘴嘲鸫
Toxostoma curvirostre
Curve-billed Thrasher

Passeriformes

成鸟体长
25~28 cm

孵卵期
12~15 天

窝卵数
3~5 枚

511

弯嘴嘲鸫全年都会定居于一处，只要配偶双方都还活着，它们就会共同维持觅食及繁殖地。闯入者和挑战领域者也都是成对出现，这会引起"地主"的追赶和驱除。虽然雌鸟会发育出更大的孵卵斑，也会为雏鸟提供更多的食物，但是筑巢、孵卵及亲代照料均由亲鸟双方共同承担。

弯嘴嘲鸫会对雏鸟提供有选择的亲代照料策略。在食物充足的年份里，所有雏鸟都会被喂以食物；在食物资源匮乏的年份里，只有体型更大、更好斗的雏鸟才会被喂以食物；而那些更年幼、更小的雏鸟则会忍饥挨饿，最终被饿死。如果第一巢能成功繁殖，即至少有一只雏鸟出飞，那么亲鸟就会立即繁殖第二窝。为了节约时间，在雏鸟出飞之前的最后一天，亲鸟便开始修筑新的鸟巢。

窝卵数

实际尺寸

弯嘴嘲鸫的卵为淡蓝绿色，杂以深红棕色斑点，卵的尺寸为 28 mm × 19 mm。雄鸟收集草叶及细枝，雌鸟将这些巢材编织成深深的杯状巢，之后会在其中产下鸟卵。

目	雀形目
科	嘲鸫科
繁殖范围	北美洲西南部
繁殖生境	沙漠山谷、河边灌丛、低山灌丛
巢的类型及巢址	杯状巢，筑于由细枝筑成的平台上，内部垫以细根及草叶；鸟巢多见于茂密的灌丛中
濒危等级	无危
标本编号	FMNH 11885

成鸟体长
27～32 cm

孵卵期
12～15 天

窝卵数
2～3 枚

512

栗臀弯嘴嘲鸫
Toxostoma crissale
Crissal Thrasher
Passeriformes

窝卵数

栗臀弯嘴嘲鸫的卵为淡蓝色，无斑点，其尺寸为 28 mm×19 mm。按照亲鸟体重与卵重的比值估算，这种鸟的孵卵期应为 14 天，而野外的实际观察结果也是如此。

在繁殖季，栗臀弯嘴嘲鸫栖居于分散的沙漠灌丛生境之中，它们还会站立于其领域内数量稀少的灌丛顶端高声鸣唱，因此见到它们是一件很容易的事情。栗臀弯嘴嘲鸫是一种攻击性很强的鸟类，配偶双方全年都会维持其领域，但领域的边界在冬季会变得模糊不清，此时也是原有的配偶彼此分离、新的配偶形成之时。

亲代照料由亲鸟双方共同承担，它们都会参与到孵卵、温雏及喂食的过程中。同其他种弯嘴嘲鸫不同，栗臀弯嘴嘲鸫产下的卵光洁无斑点，这与同科异属的嘲鸫十分相似。在雏鸟孵化出来不久，亲鸟就会将明亮而显眼的卵壳碎片移出巢外。

实际尺寸

目	雀形目
科	嘲鸫科
繁殖范围	北美洲西南部
繁殖生境	干旱的岩石小丘、沙漠平原灌丛
巢的类型及巢址	开放的杯状巢，外层由树枝及细枝筑成，中层为细枝及细根，内层垫以紧致的植物绒毛及纤维；鸟巢多见于具刺灌丛或仙人掌上
濒危等级	无危
标本编号	FMNH 16861

勒氏弯嘴嘲鸫
Toxostoma lecontei
Le Conte's Thrasher

Passeriformes

成鸟体长
24～28 cm
孵卵期
14～20 天
窝卵数
2～5 枚

513

勒氏弯嘴嘲鸫是一种单配制鸟类，它们全年都会维持其领域。雌雄之间的配偶关系可以在一年之中任何时间形成，特别是当一只个体失去配偶时。雌鸟选择巢址时，雄鸟紧随其后。雄鸟会帮助雌鸟修建鸟巢，但并非一直持续。雄鸟在育雏期也会承担亲代照料的职责，而且雏鸟的大部分食物都由雄鸟提供。

勒氏弯嘴嘲鸫就像是微缩版的走鹃，它们会用长长的喙探寻干旱地区那干枯的树枝和枯枝落叶下的昆虫。当这种鸟在其领域内活动时，通常会采取奔跑的方式，而不是飞行。勒氏弯嘴嘲鸫的分布地每年只有很少几天会下雨，而它们对水分的需求通常来自食物昆虫。

窝卵数

实际尺寸

勒氏弯嘴嘲鸫的卵为白色、黄褐色或淡蓝绿色，杂以深色斑点。卵的尺寸为 27 mm×19 mm。为了避免鸟卵受到沙漠高温及阳光直射的侵扰，鸟巢常筑于灌丛或茂密的树枝之下，这样可以得到更多树阴的庇护。

目	雀形目
科	椋鸟科
繁殖范围	欧洲东部、亚洲南部的温带地区；偶尔种群爆发扩散至欧洲西部地区
繁殖生境	开阔草原、作物低矮的农田、牧场
巢的类型及巢址	洞巢，多见于树洞、啄木鸟洞、岩缝、采石场或地洞中；鸟巢由草叶及细枝筑成，内部垫以羽毛和细草
濒危等级	无危
标本编号	FMNH 20805

成鸟体长
22～26 cm

孵卵期
12～15 天

窝卵数
3～8 枚

514

粉红椋鸟
Pastor roseus
Rosy Starling

Passeriformes

窝卵数

粉红椋鸟的卵为淡蓝色或白色，无斑点，卵的尺寸为 29 mm × 21 mm。鸟巢的尺寸和位置十分多样，即使在一个种群中也是如此，或许是因为和种群中其他个体同时产卵，因此花费时间寻找理想的巢址显得更加重要。

在繁殖季，粉红椋鸟和近亲紫翅椋鸟（详见515页）会集大群活动。在越冬季，粉红椋鸟更是会集成超大群，在印度次大陆，其数量甚至远远超过当地其他种椋鸟（例如八哥）的数量。在那些蝗虫大爆发的年份里，粉红椋鸟会紧随它们的步伐，其分布及繁殖范围也会向西扩展至大西洋沿岸的欧洲。

很多鸟类都会在巢中放置绿叶，粉红椋鸟则是将具辛辣气味的野茴香的枝条放在巢中，而其中的原因人们尚在争论和研究之中。某些鸟类确实拥有敏锐的嗅觉，留在鸟巢中的气味分子能够起到天然杀虫剂的功能，这有助于控制螨虫及其他体外寄生虫的数量。类似的现象在包括粉红椋鸟在内的许多集群筑巢的鸟类中都十分普遍。

实际尺寸

目	雀形目
科	椋鸟科
繁殖范围	欧洲及亚洲西北部；人为引入至其他大陆并广泛建立繁殖种群
繁殖生境	开阔地森林、草地、果园及城市公园
巢的类型及巢址	凌乱的碗状巢或杯状巢，多见于天然洞穴或者人工洞穴、巢箱、拖拉机引擎或其他封闭空间中；鸟巢由稻草、草叶、细枝筑成，垫以羽毛、毛发及柔软的树叶
濒危等级	无危
标本编号	FMNH 9841

成鸟体长
19～23 cm

孵卵期
12～14 天

窝卵数
4～5 枚

紫翅椋鸟
Sturnus vulgaris
Common Starling

Passeriformes

515

紫翅椋鸟几乎是一种无处不在的鸟类。在每个大洲都能听到它们刺耳却悠扬的鸣唱，这些地方要么是其原产地，要么是人为引入后成功繁殖的地区。作为一种外来入侵物种，紫翅椋鸟对其他许多种鸟类都造成严重的威胁。它们能成功地毁灭或驱赶走本地那些在天然树洞中繁殖的本土鸟类。

当一对紫翅椋鸟开始繁殖时，雌雄双方会平等地分担孵卵及育雏的工作。然而，如果与一只雌鸟交配的是已经与其他雌鸟繁殖过的雄鸟，那么只有在第一只雌鸟繁殖失败的时候，第二只雌鸟才会得到来自雄鸟的帮助。雌性紫翅椋鸟有时会将卵寄生于其他椋鸟的巢中，特别是在自己的巢被捕食的情况下。

窝卵数

紫翅椋鸟的卵为淡蓝色，具金属光泽，没有或仅杂以少量斑点。卵的尺寸为 30 mm × 21 mm。鸟巢中鸟卵的数量受到基因的调控，一项在新西兰针对被引入的紫翅椋鸟的实验表明，当筛选掉那些窝卵数较小的雌鸟后，平均窝卵数从 4 枚增加到了 5 枚。

实际尺寸

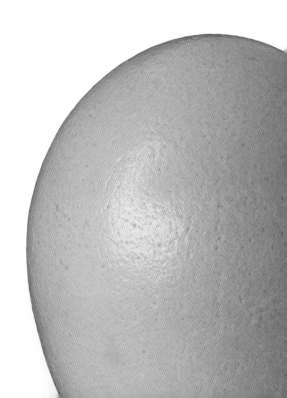

目	雀形目
科	岩鹨科
繁殖范围	欧亚大陆北部
繁殖生境	针叶林、高山地区发育不良的云杉林
巢的类型及巢址	筑于树枝或低矮云杉上；鸟巢呈杯状，由细枝及苔藓筑成，垫以细草
濒危等级	无危
标本编号	FMNH 20719

成鸟体长
14～16 cm

孵卵期
11～14 天

窝卵数
3～5 枚

516

黑喉岩鹨
Prunella atrogularis
Black-throated Accentor
Passeriformes

窝卵数

黑喉岩鹨的卵为淡蓝色至深绿色，无斑点。卵的尺寸为 19 mm×17 mm。为了确保鸟卵的安全和不被捕食者发现，亲鸟回巢时会快速地穿过茂密的灌丛。

　　黑喉岩鹨倾向于在寒冷气候中生活，它们常在林下层觅食和繁殖。这种鸟在亚洲热带地区越冬，包括印度次大陆，它们会经历长距离的迁徙抵达位于靠近北极的森林或在接近林缘的高山灌丛中繁殖。黑喉岩鹨的羽色十分暗淡，对于这种鸟类行为的详细观察十分稀少，只知道它们避免在"干净"的林下层中觅食或飞行。黑喉岩鹨雌雄同型，人们不清楚雌雄双方在筑巢及亲代照料中分别扮演着怎样的角色。

　　许多鸟类学家对黑喉岩鹨都十分熟悉，因为它们具迁徙习性且分布广泛，但正因上文所述的原因，人们对这种鸟的繁殖生物学缺乏系统的了解。在欧洲，有一个黑喉岩鹨的小繁殖种群，数千只个体，但因这些个体的分布区仅占欧洲陆地面积的 5%，所以据预测这一种群尚有很大的发展空间，因此不必过多担心该物种的保护状况。

实际尺寸

目	雀形目
科	鹡鸰科
繁殖范围	非洲西北部、欧亚大陆温带及亚北极地区
繁殖生境	开阔的平坦草原、河边林地、海边草地、亚高山空地、公园
巢的类型及巢址	鸟巢由树叶及根茎筑成，垫以植物绒毛及动物的毛发；鸟巢多见于洞穴、缝隙、墙洞或突出的土崖下方
濒危等级	无危
标本编号	FMNH 12286

成鸟体长
17～19 cm

孵卵期
11～16 天

窝卵数
4～7 枚

白鹡鸰
Motacilla alba
White Wagtail
Passeriformes

517

白鹡鸰是一种十分夺人眼球的鸟类，它们那黑白相间的羽衣和上下晃动的尾羽，对于许多人来说都是十分熟悉的。白鹡鸰迁徙时还经常穿过城市公园或沿着河流、小溪飞行。无论冬夏，白鹡鸰都会维持其领域。冬季，处于从属地位的亚成体或雌鸟被允许进入雄鸟的领域。而到了夏季，白鹡鸰配偶双方会共同保卫其领域，并在其中筑巢、繁殖。

配偶双方共同选择巢址，雄鸟会带领雌鸟前往适宜的缝隙处，通常还会衔着一些巢材，而雌鸟则会仔细检查巢址的情况。一旦确定巢址，雌雄双方将共筑爱巢，并轮流孵卵。在鸟卵孵化之后，亲鸟双方都会衔着节肢动物频繁地回到巢中，但雌鸟或许会在喂食之后待在雏鸟身后，为它们保温一段时间。

窝卵数

白鹡鸰的卵为乳白色，具蓝绿色色泽，卵壳表面具红棕色斑点。卵的尺寸为 21 mm×15 mm。白鹡鸰的巢址或许是所有鸟类中最奇特的，曾有一个巢筑于海象的头骨中。

实际尺寸

目	雀形目
科	百灵科
繁殖范围	加那利群岛及马德拉群岛
繁殖生境	滨海灌丛、干旱草地
巢的类型及巢址	深杯状巢，多见于地面，隐蔽于莎草、草丛或其他低矮的植物中，或筑于石缝内；鸟巢由干的草叶、根茎筑成
濒危等级	无危
标本编号	FMNH 21352

成鸟体长
13～15 cm

孵卵期
12～13 天

窝卵数
3～5 枚

518

伯氏鹨
Anthus berthelotii
Berthelot's Pipit

Passeriformes

窝卵数

伯氏鹨的繁殖季节开始于雌雄之间的领域行为。在降雪量较大的季节，这种鸟的繁殖要比其他鸟种更早。较早的繁殖具有一定的优势，因为这样就会有足够的时间繁殖第二窝。雏鸟身披极具隐蔽色的灰色绒羽，当亲鸟喂食时会张开橘黄色的大嘴乞食，它们还依赖亲鸟为其保暖，直到出飞之时。在干旱的季节里，伯氏鹨的繁殖常会中断，因为在它们繁殖的大西洋小岛上，那里的气候受到来自撒哈拉沙漠风场的影响。

伯氏鹨仅分布于加纳利群岛及马德拉群岛，这两个群岛位于大西洋东部、非洲大陆的西北部。这种鸟适于在地面活动，很少栖息在灌丛或树木上。伯氏鹨一天中大部分时间都用来寻找昆虫，包括虫蛹及虫卵，它们也会寻找种子。随着人类在伯氏鹨分布范围内的出现，它们已经适应了乡村和城市的生活，并会在其中开阔的地区，例如路边草地及公共草坪上活动。

实际尺寸

伯氏鹨的卵为黄褐色，略具黄色色调，鸟卵表面具紫灰色斑点，卵的尺寸为 19 mm × 14 mm。

目	雀形目
科	太平鸟科
繁殖范围	北美洲温带及亚北极地区
繁殖生境	开阔的林地及林缘、树木稀疏的原野、河边林地、公园及高尔夫球场
巢的类型及巢址	开放的杯状巢，由草叶及细枝筑成，垫以细根、草叶及松针；鸟巢多见于横枝的分叉处
濒危等级	无危
标本编号	FMNH 12309

成鸟体长	15～18 cm
孵卵期	11～13 天
窝卵数	4～6 枚

519

雪松太平鸟
Bombycilla cedrorum
Cedar Waxwing

Passeriformes

雪松太平鸟英文名中的"Waxwing"（直译为具蜡状斑点的翅膀）源自其翅膀上明亮的红色蜡斑。雪松太平鸟是取食植物果实的专家，它们现在十分常见，而且无论是其繁殖范围还是种群数量都处于持续扩张的状态，这或许与这种鸟的适宜栖息地有关。它们常出现在林缘、林间空地、市郊公园、具有大树的花园以及灌丛，从中取食红色而富含糖分的浆果。

无论是雪松太平鸟的繁殖行为还是集群趋势，都与季节性的、不稳定的食物资源有关。例如，基于食物可获得性的变化，个体、配偶及集大群的雪松太平鸟，都在下一年倾向于向新的繁殖地移动，有时在一年之内也会发生类似的情况。雪松太平鸟的鸟卵常在季末产下，这样一来，雏鸟孵化的时间就能够与甜甜的浆果及其他水果成熟的时间相吻合了。

窝卵数

雪松太平鸟的卵为淡蓝色或蓝灰色，杂以黑色或灰色斑点。卵的尺寸为 22 mm × 16 mm。这种鸟的配偶关系十分稳定，雌雄双方会轮流修筑鸟巢、孵化鸟卵及喂养雏鸟。

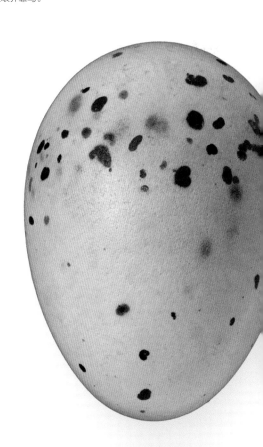

实际尺寸

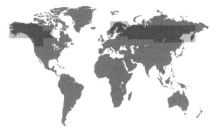

目	雀形目
科	太平鸟科
繁殖范围	欧亚大陆北部的亚北极地区、北美洲西部
繁殖生境	针叶林
巢的类型及巢址	开放的杯状巢，由细枝、草叶及苔藓筑成；鸟巢多见接近树干的树枝上
濒危等级	无危
标本编号	FMNH 15162

成鸟体长
18～21 cm

孵卵期
13～15 天

窝卵数
4～6 枚

太平鸟
Bombycilla garrulus
Bohemian Waxwing

Passeriformes

520

窝卵数

太平鸟对食物的情况了如指掌，但食物资源存在的时间短暂而不可预知。这种鸟以北方那些含糖的浆果及水果为食，并且吸收其中的营养。通常来讲，每棵树木和灌丛都会结出果实，但果实却不会在枝头悬挂很长时间，因此维持足够的领域来为繁殖提供足够的营养是个挑战。作为对策，太平鸟放弃了与邻为敌、放弃了专属的领域，转而集群活动。同伴从彼此之间获得最近的灌丛及树木是否结果的信息。

太平鸟雌雄双方共同筑巢，但只有雌鸟一方孵化鸟卵并为雏鸟保温；而雄鸟则会为雌鸟和雏鸟提供反吐出的食物，即浆果和昆虫。雏鸟生长迅速，用不了几天雌鸟就需要加入到同雄鸟一起觅食的队伍中，它们会轮流为雏鸟喂食。

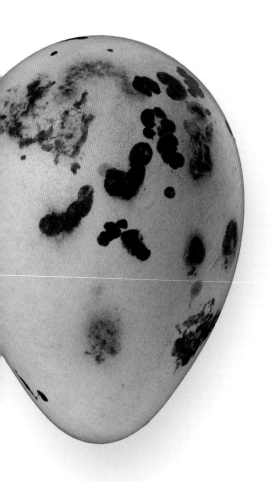

实际尺寸

太平鸟的卵为淡蓝灰色，杂以明显的黑色斑点。卵的尺寸为 25 mm × 17 mm。为了保护鸟卵及雏鸟，鸟巢外会覆以苔藓和地衣作为伪装。

目	雀形目
科	丝鹟科
繁殖范围	北美洲西南部
繁殖生境	荒漠及半荒漠灌丛、干旱的林地、峡谷森林
巢的类型及巢址	盘状平台上的浅杯状巢，由树枝和纤维筑成，垫以植物绒毛及动物毛发；鸟巢多见于树枝上
濒危等级	无危
标本编号	FMNH 12341

成鸟体长	18～21 cm
孵卵期	14～15 天
窝卵数	2～4 枚

521

黑丝鹟
Phainopepla nitens
Phainopepla

Passeriformes

窝卵数

黑丝鹟是一种过着游荡生活的鸟儿，在两块相距甚远的栖息地中生活着两个种群，无论是哪个季节都能在两处先后看到它们，只是二者的分布地存在时差罢了。在所诺兰（Sonoran）沙漠中栖居的种群，在早春时节就开始建立繁殖地了，许多个体会在同一棵槲寄生树上筑巢，槲寄生植物可以提供雏鸟生长发育所需的营养。而在加利福尼亚及墨西哥沿岸，那里有成熟的森林，黑丝鹟的这一种群会集成松散的繁殖群，依靠零散分布的果实来养活自己，并喂养雏鸟。尚存这样一个疑问，即同一只鸟是否会于同一年在两个地方都繁殖呢？

雌雄对亲代照料所承担的责任因繁殖阶段的不同而有所差异。修筑鸟巢主要由雄鸟负责，卵由雌雄双方共同孵化。雏鸟孵化后，雄鸟可能会与雌鸟一道平等地承担起喂养后代的责任，当然也可能不会。随着雏鸟日渐长大，在水边繁殖的雌雄双方会共同照顾后代，而在沙漠中繁殖的雄鸟则较少承担此项工作。

黑丝鹟的卵为亮灰色，周身遍布黑色斑点。卵的尺寸为 21 mm×16 mm。雌鸟在产卵之前，通常拥有多种选择。作为求偶的一部分，雄鸟会为雌鸟修筑多个鸟巢，雌鸟在对使用哪一个巢做出决定后，会筑好鸟巢的边缘并为其铺就垫材。

实际尺寸

目	雀形目
科	铁爪鹀科
繁殖范围	北美洲及欧亚大陆的北极地区
繁殖生境	苔原灌丛及沼泽，无树的山顶
巢的类型及巢址	浅坑巢，多见于茂密的植被中，位于草丛下或土堤中；鸟巢呈杯状，由苔藓、草叶及茎筑成，垫以羽毛和毛发
濒危等级	无危
标本编号	FMNH 13884

成鸟体长
15～16 cm

孵卵期
10～14 天

窝卵数
4～6 枚

铁爪鹀
Calcarius lapponicus
Lapland Longspur
Passeriformes

窝卵数

铁爪鹀的卵为淡绿白色至白灰色，杂以密集的棕色斑点和深色花纹。卵的尺寸为 21 mm × 15 mm。雌鸟独自筑巢、孵卵。在孵卵期，雄鸟通常不负责保卫领域，而是会寻找与那些距离遥远的雌鸟婚外配的机会。

繁殖季，在铁爪鹀那些开阔的栖息地中，雄鸟十分显眼。无论雌鸟还是雄鸟，铁爪鹀都十分温顺，即使是被关在笼子里的个体也是如此，因此科学家能够相对容易地近距离观察它们。在对这种鸟超过百年的研究中，人们对它们的繁殖生态学已经了解得十分透彻了。在一个铁爪鹀的巢中，虽然不多，但总是会有雌鸟与其他雄鸟婚外配产出的后代。

在其繁殖地，铁爪鹀是一种集群活动的鸟类。雄鸟会比雌鸟早几天抵达繁殖地，此时它们会建立繁殖地。求偶过程包含一段炫耀的表演，雄鸟会当着潜在配偶的面高飞鸣唱。雄鸟的颜色，特别是脸部的黑色，会影响雌鸟的选择。那些脸部颜色更黑的雄鸟会更受到雌鸟的青睐，但这样的雄鸟会比脸色暗淡的雄鸟提供更少的亲代照料。

实际尺寸

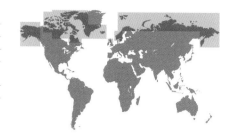

目	雀形目
科	铁爪鹀科
繁殖范围	北美洲及欧亚大陆北极地区
繁殖生境	无树苔原、石滩、裸露的山顶
巢的类型及巢址	杯状巢，由苔藓及草叶筑成，垫以细草、细根、毛发及羽毛；鸟巢多见于岩石缝隙或裂缝中
濒危等级	无危
标本编号	FMNH 21508

雪鹀
Plectrophenax nivalis
Snow Bunting

Passeriformes

成鸟体长
15～18 cm
孵卵期
10～15 天
窝卵数
2～7 枚

523

雪鹀的体羽为白色，这样既可以在冬天的大雪中为其提供隐蔽，又能够将热量保存在身体中。雪鹀同渡鸦一样，是冬日里分布最靠北的雀形目鸟类。靠北的分布状况能够为雄鸟节约时间。雄鸟会比雌鸟早几周到达位于北极高纬度地区的繁殖地，并能够提前建立、保卫其领域。繁殖地的质量与适于筑巢的岩石缝有关，洞巢能够保护雪鹀不被那些在北极那片无树的开阔生境中依靠视觉寻找猎物的捕食者发现。

当雌鸟抵达繁殖地时，雄鸟会向它们展示潜在的巢址，这也是求偶展示的一部分。在雌雄双方确立配偶关系之后，就可以开始筑巢了。如果岩缝中有一个旧巢，那么雌鸟就会在它的基础上修筑新巢。雌鸟独自孵卵并为雏鸟保温，雄鸟会同雌鸟一道为雏鸟提供食物。

窝卵数

雪鹀的卵为乳白色，杂以棕色斑点，卵的尺寸为23 mm×17 mm。为了减少雌鸟离开鸟卵的时间，进而减少鸟卵不被孵化的可能，雄鸟会向巢中孵卵的雌鸟递喂食物。

实际尺寸

目	雀形目
科	森莺科
繁殖范围	北美洲东部及中部的温带地区
繁殖生境	成熟的落叶林及针阔混交林，具少许林下植被
巢的类型及巢址	编织而成的具顶盖的鸟巢，由落叶及植物茎筑成，内部垫以毛发，巢开口位于侧面；鸟巢多见于地面
濒危等级	无危
标本编号	FMNH 13218

成鸟体长
11～16 cm

孵卵期
11～13 天

窝卵数
3～6 枚

524

橙顶灶莺
Seiurus aurocapilla
Ovenbird

Passeriformes

窝卵数

橙顶灶莺是一种分布于北美洲的鸣禽，在森林的地面上，它们会用草和树叶搭建一座炉灶形状的鸟巢。与将泥巢筑在篱笆顶部的灶鸟（详见 380 页）不同，后者是燕雀亚目的鸟类，分布于南美洲。橙顶灶莺在中美洲及加勒比地区越冬，雄鸟较雌鸟更早地抵达其繁殖地，并在林下地面筑巢及觅食。雄鸟会发出 "tea-cher, tea-cher, tea-cher" 的鸣声吸引雌鸟。

在确立配偶关系后，筑巢、孵卵及温雏将由雌鸟独自完成，雄鸟会和雌鸟一起喂养雏鸟。为了避免暴露鸟巢的位置，雌雄双方接近鸟巢时都会小心而安静地行走前进。即使这样，很多橙顶灶莺的巢也会被金花鼠捕食，或被褐头牛鹂（详见 616 页）寄生。巢寄生现象在那些包括路边、伐木区及电线杆附近在内的林缘开阔地更为常见。

实际尺寸

橙顶灶莺的卵为白色，杂以深棕色斑点，卵的尺寸为 19 mm × 16 mm。为了给鸟卵提供最佳的伪装，修筑鸟巢的材料全部在巢址周围就地取材。

目	雀形目
科	森莺科
繁殖范围	美洲东南部
繁殖生境	成熟的落叶林
巢的类型及巢址	开阔的杯状巢，多见于地面落叶层中；鸟巢由干枯的树叶筑成，垫以细根、毛发、草叶及棕红色的苔藓
濒危等级	无危
标本编号	FMNH 12067

食虫莺
Helmitheros vermivorus
Worm-eating Warbler

Passeriformes

成鸟体长	11～13 cm
孵卵期	12～13 天
窝卵数	4～6 枚

525

食虫莺分布于美国东部地区，主要生活在山地及丘陵地带的成熟林中。这种鸟栖居于林下落叶层，以蛾子为食，收集干枯的落叶筑巢。鸟巢由雌鸟单独建造，雄鸟在雌鸟选择好适宜巢址时会跟在其后。为了打好"地基"，雌鸟首先会收集那些只留下叶脉的树叶，之后雌鸟会将胸部羽毛沾上水，借此来弄湿树叶，并将其窝成碗状，在树叶干燥之后就会变成杯状。之后雌鸟会在其中垫以柔软的苔藓、毛发及草叶，最后产下鸟卵。

在分布于新大陆的庞大的森莺科鸟类家族中，食虫莺并不是其中的典型。近来的分子生物学研究表明，这种体型较小的食虫鸟类隶属于一个单型属。它们的分布范围和种群数量都有所下降，其原因包括森林的砍伐以及巢寄生导致的繁殖失败。

窝卵数

实际尺寸

食虫莺的卵为白色至粉色，杂以棕色斑点。卵的尺寸为 19 mm × 14 mm。如果第一窝卵繁殖成功雌鸟便不会繁殖第二窝，而如果第一窝卵繁殖失败，雌鸟则会补产一窝。

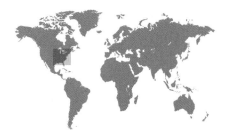

目	雀形目
科	森莺科
繁殖范围	北美洲东部及中部
繁殖生境	清澈的永久溪流旁那些坡度中等或陡峭的森林斜坡上
巢的类型及巢址	开放的杯状巢，由泥土、树叶、草茎及松针筑成，筑于由湿润树叶铺成的平台上；鸟巢多见于地面的缝隙或洞穴中，其上往往具土堤或倒木的遮挡
濒危等级	无危
标本编号	FMNH 13318

成鸟体长
14～16 cm

孵卵期
14～16 天

窝卵数
2～6 枚

526

白眉灶莺
Parkesia motacilla
Louisiana Waterthrush

Passeriformes

窝卵数

白眉灶莺是在小溪等流水附近生活的能手，在那里，它们能找到高密度的食物，即在水下生活的无脊椎动物。雌鸟较雄鸟更晚到达其繁殖地，年长的雌鸟通常还会占据上一个繁殖季的领域。如果此地的雄鸟已经与其他雌鸟交配，那么这只晚到的年长的雌鸟或许会将早到的雌鸟赶走。为了选定巢址，雌雄双方会共同在其领域内踱步，检查潜在的巢洞，评估它们的坚固程度，并会向其中塞进树叶及其他巢材。

尽管栖息地中流水的声音非常嘈杂，但白眉灶莺的鸣声十分响亮，能够传到很远的距离。白眉灶莺会频繁地上下翘动尾羽，其种名"*motacilla*"正是鹡鸰属的属名，而鹡鸰也是一类常频繁上下翘动尾羽的鸟类。

实际尺寸

白眉灶莺的卵为乳白色，杂以红棕色斑点。卵的尺寸为 19 mm × 16 mm。与森莺科许多其他种不同的是，白眉灶莺雌雄双方都会参与巢址选择、巢材收集及鸟巢建造，但在鸟卵产下后，将只有雌鸟负责孵卵。

目	雀形目
科	森莺科
繁殖范围	北美洲北部
繁殖生境	林间沼泽、湿地或河岸、湖畔
巢的类型及巢址	开放的杯状巢，由苔藓、树皮及树叶筑成，垫以细枝、细根及毛发；鸟巢多见于土堤的坑洞中、倒木下或连根拔起的树木根部的浅坑中
濒危等级	无危
标本编号	FMNH 15185

成鸟体长
12～14 cm
孵卵期
13 天
窝卵数
4～5 枚

黄眉灶莺
Parkesia noveboracensis
Northern Waterthrush

Passeriformes

527

在春季及秋季迁徙期，黄眉灶莺会经过许多城市的草坪、湿地或溪流，但它们的繁殖地，却大多远离人烟和公路。雄鸟会早于雌鸟到达其繁殖地，配偶关系常在雌鸟到达领域时形成。新形成的配偶会在其领域内巡视，以寻找适宜的巢址，雌鸟会择其一并在那里筑巢。

雌鸟筑巢时，雄鸟会站立于距离巢址 10 ～ 20 m 外的栖枝上。雄鸟也站在栖枝上，或高声鸣唱或保持安静。当雌鸟在巢中孵卵时，雄鸟也会鸣唱。雏鸟孵化后至 4 周大时，会得到来自亲鸟双方的喂食。之后，幼鸟就能够独自觅食并飞行了。

窝卵数

实际尺寸

黄眉灶莺的卵为白色，杂以深棕色斑点。卵的尺寸为 19 mm×16 mm。为了及时繁殖，雌鸟在离开位于墨西哥及中美洲的越冬地之前，或许就已经发育出孵卵斑了。

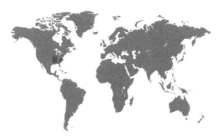

目	雀形目
科	森莺科
繁殖范围	北美洲东南部
繁殖生境	低海拔的潮湿森林或林间沼泽中
巢的类型及巢址	深杯状巢，由树叶、苔藓及草叶筑成，垫以苔藓及地衣；鸟巢多见于植被茂密环境中的地面或土丘上
濒危等级	可能已经灭绝
标本编号	FMNH 16949

成鸟体长
10～11 cm

孵卵期
不详

窝卵数
3～5 枚

528

黑胸虫森莺
Vermivora bachmanii
Bachman's Warbler
Passeriformes

窝卵数

　　最后一条确凿的黑胸虫森莺的观测记录记录于1988年。美国东南部那些藤丛密布的栖息地的改变及丧失，以及古巴越冬地那些干旱半落叶林的砍伐，或许是造成黑胸虫森莺种群数量下降的最主要原因。在繁殖地，这种鸟需要在茂密的林下层中寻找食物，它们还会将巢筑在地面的枯枝落叶中。

　　黑胸虫森莺会保卫一块面积较小的领域，它们的巢就筑在其领域内成堆的落叶中。最后一个正在被使用的黑胸虫森莺的巢，被记录于1937年。人们对这种鸟的孵卵期长短并不十分确定，只是见过有雌鸟卧于卵上。与之相对的是，雌雄双方都会向巢中的雏鸟递喂食物，但育雏期及雏鸟出飞前的亲代照料尚未曾发现有过任何记录。

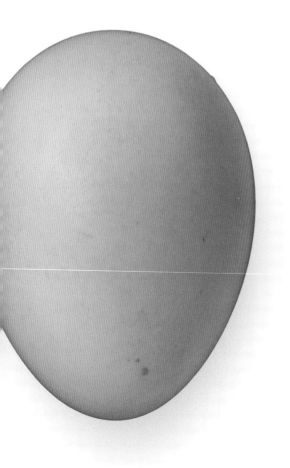

实际尺寸

黑胸虫森莺在博物馆中收藏的卵大多为白色，其中某些标本的钝端杂以深棕色斑点，卵的尺寸为 16 mm × 12 mm。尚无关于黑胸虫森莺巢结构的记录，但曾观察到雌鸟搬运巢材。

目	雀形目
科	森莺科
繁殖范围	北美洲东南部
繁殖生境	杂草蔓生的荒野、灌丛草地、林缘
巢的类型及巢址	开放的杯状巢，由草叶、树皮筑成，内部常垫以树叶；鸟巢多见于地面，或接近高大的树木
濒危等级	无危
标本编号	FMNH 16947

蓝翅虫森莺
Vermivora cyanoptera
Blue-winged Warbler

Passeriformes

成鸟体长
11～12 cm
孵卵期
10～11 天
窝卵数
4～5 枚

529

这种体型较小的森莺倾向于在森林中繁殖。蓝翅虫森莺能够从人类在北美洲的土地改造中获益，人们砍伐茂密的森林，从而创造了许多片林缘生境。与此同时，这种生境也为体型较大的巢寄生鸟类——褐头牛鹂（详见 616 页）所偏好，褐头牛鹂倾向于在地面巢中产卵。在过去一个世纪中，这种巢寄生鸟类的分布范围不断向东扩展。其结果是，在某些种群中，近半数蓝翅虫森莺的巢中都有褐头牛鹂产下的鸟卵。

蓝翅虫森莺还会与亲缘关系较近的金翅虫森莺（详见 530 页）杂交产生两种截然不同的后代。尽管杂交后代身体中都流淌着亲鸟的血脉，但它们的外形却完全不同，以至于人们最初将它们描述成了两个物种［即布氏虫森莺（Brewster's Warbler）和劳氏虫森莺（Lawrence's Warbler）］。

窝卵数

蓝翅虫森莺的卵为白色，杂以棕色斑点。卵的尺寸为 16 mm×12 mm。如果巢中只有一枚鸟卵消失时，雌鸟则会继续产卵、孵卵；而如果鸟卵全都消失不见时，雌鸟则会弃巢离去，并在其他地点重新筑巢繁殖。

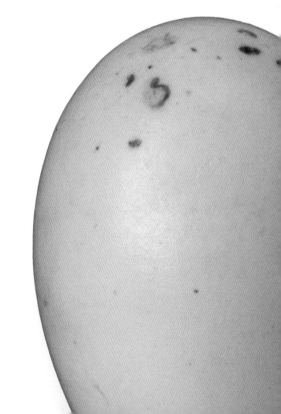

实际尺寸

目	雀形目
科	森莺科
繁殖范围	北美洲东部
繁殖生境	接近潮湿的森林，包括天然或人工形成的开阔灌丛地、沼泽森林中由河狸清理出的林间空地，以及林缘及再生的砍伐林
巢的类型及巢址	地面巢，多见于树木或灌丛基部；鸟巢呈杯状，由长树叶及树皮纤维筑成
濒危等级	近危
标本编号	FMNH 16946

成鸟体长
12～13 cm

孵卵期
10～12 天

窝卵数
4～6 枚

530

金翅虫森莺
Vermivora chrysoptera
Golden-winged Warbler
Passeriformes

窝卵数

金翅虫森莺的卵为淡粉色或乳白色，杂以深色斑点。卵的尺寸为 16 mm × 12 mm。雌鸟寻找巢址时，雄鸟会紧随其后，但筑巢及孵卵之事，将全部由雌鸟承担。

同艳丽的羽色一样，雄鸟的鸣唱也是为了吸引雌鸟到其领域中来。在博得雌鸟的芳心后，雄鸟的鸣唱将会减弱，但如果随后雌鸟离开、筑巢失败或开始孵卵后，雄鸟便会重新开始以这种方式吸引其他雌鸟。显而易见，雄鸟不会只为第一个配偶鸣唱，因此，一些一夫多妻制的雄鸟会饲喂多巢雏鸟。除此之外，在一些地区，人们对半数以上鸟巢中的个体进行了基因分析，结果表明，其中有些雏鸟并不是占据该处领域的雄鸟的后代。

金翅虫森莺能够从破碎的林缘生境中获益，它们还会扩散到人为造成的小块儿次生林或废弃的农田中。

实际尺寸

目	雀形目
科	森莺科
繁殖范围	北美洲温带地区及东南部
繁殖生境	成熟的或正在发育中的次生林及针阔混交林，越来越多的个体繁殖于云杉林中
巢的类型及巢址	开放的杯状巢，由干叶、树皮丝、草叶及松针筑成，垫以细草、毛发及苔藓；鸟巢多见于树干旁的地面上
濒危等级	无危
标本编号	FMNH 13039

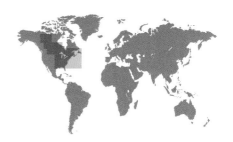

成鸟体长
11～13 cm
孵卵期
10～12 天
窝卵数
4～5 枚

531

黑白森莺
Mniotilta varia
Black-and-white Warbler
Passeriformes

这种森莺的羽色黑白分明，它们的行为很像鸸或旋木雀。黑白森莺在树皮上觅食，这在森莺科鸟类中独树一帜，这种鸟常沿着树枝移动，或沿着树干上下移动，寻找隐藏于树皮下的昆虫或静止不动的虫蛹。或许是因为具有在树皮下觅食的策略，通常在积雪完全消融之前，黑白森莺是最早抵达其繁殖地的莺类。

黑白森莺开始繁殖的时间也较早，有时在树叶还没长出时就已经开始了。在雌雄双方建立配偶关系后的几天之内，它们就开始修筑爱巢了。尽管黑白森莺是一种广为人知的鸟类，但对这种鸟的筑巢行为，我们却仍然有许多不清楚的地方，只知道雌鸟会在鸟巢附近收集树枝。在鸟卵产下后，雌鸟会紧紧地卧于巢中，甚至有时在将其惊飞之前，还可以触摸到它们。雄鸟会向孵卵的雌鸟递喂食物，而雌雄双方将共同喂养雏鸟。

窝卵数

实际尺寸

黑白森莺的卵为白色，杂以棕色和淡紫色斑点。卵的尺寸为 17 mm×12 mm。在同一巢中，鸟卵的大小依卵序而连续变化，较早产下的卵比较晚产下的更大。

目	雀形目
科	森莺科
繁殖范围	北美洲中部及东南部
繁殖生境	低海拔沼泽林、河边林地
巢的类型及巢址	杯状巢，由细根、树皮及植物掉落的树枝筑成，内部垫以草叶、莎草及叶柄，偶尔还垫以鱼线；鸟巢多见于啄木鸟开凿的树洞、天然树洞或人工巢箱中
濒危等级	无危
标本编号	FMNH 13110

成鸟体长	12～14 cm
孵卵期	12～14 天
窝卵数	3～7 枚

532

蓝翅黄森莺
Protonotaria citrea
Prothonotary Warbler
Passeriformes

窝卵数

与其他森莺不同的是，蓝翅黄森莺在洞中筑巢。关于这种鸟的繁殖生物学，人们了解得十分详尽，这些研究大多是在利用牛奶盒改造而成的人工巢箱中完成。每年，通过数以百计的繁殖对环以独一无二的彩色腿环，科学家已经累积了许多个体年内和年际间的繁殖信息。大量研究表明，无论是在自然状态下还是在人工巢箱中，蓝翅黄森莺的繁殖成功率都十分相似。雄鸟会保卫多个潜在巢洞，而雌鸟则只选择其中一个，并在其中筑巢、产卵。雏鸟孵化后，亲鸟双方将共同喂养它们。

蓝翅黄森莺雌鸟的繁殖策略会受到亲代十分严重的影响。雌鸟选择的巢址周围的植被与它们母亲当时的选择十分相似。因此，鸟巢周围林木的密度，以及鸟巢被褐头牛鹂（详见 616 页）巢寄生的可能性，在几代之间都具有很高的相似性。

实际尺寸

蓝翅黄森莺的卵为白色，杂以淡紫色至锈棕色斑点。卵的尺寸为 19 mm × 16 mm。如果鸟卵被捕食，那么亲鸟将不再利用这一巢洞；然而，如果被巢寄生，亲鸟却不会弃巢而去，而会在之后的繁殖季中继续在此处繁殖。

目	雀形目
科	森莺科
繁殖范围	北美洲东南部
繁殖生境	林下植被茂密的河边洼地及河边林地，松树或树木种植园，灌丛沼泽
巢的类型及巢址	开放的杯状巢，由干叶、树枝及藤蔓筑巢，垫以松针、毛发、细草及铁兰；鸟巢多见于灌丛或藤蔓茂密的枝叶间
濒危等级	无危
标本编号	FMNH 13030

成鸟体长
13～14 cm

孵卵期
13～15 天

窝卵数
3～4 枚

533

白眉食虫莺
Limnothlypis swainsonii
Swainson's Warbler

Passeriformes

　　白眉食虫莺是一种相对少见且分布区呈斑块状的鸟类，这种鸟的分布范围较广但繁殖密度却很低。在曾经很长一段时间里，人们对这一物种的了解都源自一项长期的研究。现如今，人们对这种鸟的了解越来越多。这是因为，白眉食虫莺既是环境指示物种，而且由于它们本身的种群数量也很少，因此也是受到保护的物种。

　　当雌鸟在雄鸟之后抵达其繁殖地时，繁殖季就开始了。为了吸引雌鸟，雄鸟会追逐它、接近它并向它鸣唱，之后雌鸟会在雄鸟的领域中检查一番。如果雌鸟接受了这只雄鸟，那么它们则会在开始筑巢时首先收集大量的枯枝落叶。尽管有这些作为伪装，但褐头牛鹂（详见 616 页）还是能够找到白眉食虫莺的巢并在其中产下自己的卵。虽然褐头牛鹂不会驱赶巢的主人，但褐头牛鹂的后代却比宿主的后代长得更快、乞食更频繁，褐头牛鹂的幼鸟获得的食物是宿主幼鸟的两倍之多。

窝卵数

白眉食虫莺的卵为白色，有些具模糊的红棕色斑点。卵的尺寸为 19 mm × 16 mm。在孵卵期，雌鸟会紧卧于巢中，只有当危险距自己一步之遥时，它们才会离开鸟巢而露出亮白色的卵。之后它们会降落到地面，展现出折翼行为来引诱捕食者远离鸟巢。

实际尺寸

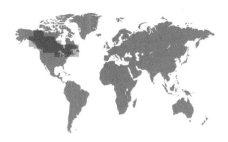

目	雀形目
科	森莺科
繁殖范围	北美洲北部及亚北极地区
繁殖生境	北方针叶林或针阔混交林中的林间空地，或其他具有草地、茂密灌丛及发育着的落叶林的开阔地
巢的类型及巢址	开放的杯状巢，由干草、草茎、树叶及树皮丝筑成，垫以细草、苔藓、细根及毛发；鸟巢多见于地面，隐蔽于植被、苔藓或拔起的树根中
濒危等级	无危
标本编号	FMNH 15180

成鸟体长
10～13 cm

孵卵期
11～14 天

窝卵数
3～8 枚

534

灰冠虫森莺
Oreothlypis peregrina
Tennessee Warbler

Passeriformes

窝卵数

这种鸟的英文名叫做 Tennessee Warbler（直译为田纳西虫森莺），田纳西是这种虫森莺的模式标本产地，但这个名字却十分容易令人误解。因为这种虫森莺会在中美洲的越冬地及加拿大和阿拉斯加的繁殖地之间迁徙，而田纳西只是在二者之间迁徙的停歇地。灰冠虫森莺的种群数量、繁殖范围和繁殖成功率都与云杉卷蛾毛毛虫的爆发紧密相关，因为灰冠虫森莺正是这种毛毛虫的专性捕食者。冬季，灰冠虫森莺则会转而以花蜜和富含糖分的水果为主要食物。

在繁殖地，紧随筑巢热之后的便是产卵热。同大多数体型较小的鸟类一样，灰冠虫森莺雌鸟也是每天产一枚卵。雌鸟在最后一枚卵产出后开始孵卵，因此卵将同步孵化，所有雏鸟都会在一天之内相继破壳而出。亲鸟双方共同喂养雏鸟，直到它们能够独立生活。

实际尺寸

灰冠虫森莺的卵为白色，杂以红棕色斑点。卵的尺寸为 16 mm×12 mm。雌鸟独自孵卵，除非危险十分逼近，它们都会紧紧地卧于巢中。雄鸟每隔不久便会给巢中的雌鸟递食。

目	雀形目
科	森莺科
繁殖范围	北美洲北部及西部
繁殖生境	具林下灌丛的林地、树林、河边橡树林及灌丛
巢的类型及巢址	开放的杯状巢，多见于地面或接近地面的灌丛枝叶间；鸟巢由树叶、细枝、树皮丝、细根、植物掉落物或毛发筑成，垫以细草、苔藓及动物毛发
濒危等级	无危
标本编号	FMNH 13390

成鸟体长
11～14 cm

孵卵期
12～14 天

窝卵数
4～6 枚

535

橙冠虫森莺
Oreothlypis celata
Orange-crowned Warbler

Passeriformes

橙冠虫森莺的分布范围十分广大，可以在多种生境中繁殖或觅食。雄鸟会通过持续的鸣唱来宣示并保卫其领域，但当雌鸟在其领域中选定巢址后，雄鸟便会变得安静，至少是安静一段时间。如果橙冠虫森莺的领域中有一只安静的雄鸟，这就意味着它们开始筑巢了，但找到鸟巢绝非易事。雌鸟会在地面、灌丛和树冠的枝丫间收集巢材，并在一处隐蔽的地点修筑鸟巢。雄鸟既不参与搭建鸟巢，也不会给孵卵的雌鸟递喂食物。

雏鸟孵化后，亲鸟双方都会为它们饲喂食物，而且贡献几乎相当。当有潜在风险逼近鸟巢时，雌鸟则会迅速飞到地面上，用双脚走动着离开一段距离，然后展现折翼行为；而雄鸟也会朝着捕食者发出警戒的鸣声，以使其知晓这次攻击已经不再是突然袭击了。

窝卵数

橙冠虫森莺的卵为白色，杂以细小的红棕色斑点。卵的尺寸为 17 mm × 12 mm。为了保证卵的安全，巢常常隐蔽得很好，位于植被或树木枝条的下方，甚至是在石缝或岩石之下。

实际尺寸

目	雀形目
科	森莺科
繁殖范围	北美洲西南部
繁殖生境	茂密的豆科植物灌丛及沿河林地
巢的类型及巢址	小型杯状巢，由草叶编织而成，建于树枝或杂物堆成的平台之上；鸟巢多见于洞穴中，包括啄木鸟洞及其他仙人掌或树木上的天然洞穴，以及黄头金雀的弃巢
濒危等级	无危
标本编号	FMNH 289

成鸟体长
9～11 cm

孵卵期
12 天

窝卵数
3～7 枚

536

赤腰虫森莺
Oreothlypis luciae
Lucy's Warbler

Passeriformes

窝卵数

赤腰虫森莺是所有在北美洲繁殖的森莺中体型最小的一种，也是少数几种在洞巢中繁殖的虫森莺中的一种。但与蓝翅黄森莺（详见 532 页）不同，赤腰虫森莺是不会在人工巢箱中繁殖的，因此人们对这种鸟的繁殖生物学知之甚少。尽管赤腰虫森莺的巢十分隐蔽，但很多巢仍然会被褐头牛鹂（详见 616 页）寄生，加之栖息地的丧失，共同导致了赤腰虫森莺种群数量的下降。

赤腰虫森莺的巢常筑在荒原中河流旁的树木上。适宜栖息地内常常聚集着许多繁殖对，因此这种单独繁殖的鸟看起来就像集群繁殖一样。实际上，繁殖密度与可利用的洞巢数量之间呈负相关关系。为了避免与那些在较大的洞巢中繁殖的鸟类发生竞争，赤腰虫森莺通常会用碎片将巢洞底部垫高，以使巢洞只能容下自己的身体。

实际尺寸

赤腰虫森莺的卵为白色，杂以细密的红色斑点。卵的尺寸为 16 mm×12 mm。筑巢及孵卵由雌鸟独自完成，而育雏则由亲鸟双方共同承担。

目	雀形目
科	森莺科
繁殖范围	零散地分布于北美洲温带地区
繁殖生境	次生及再生的混交林、灌丛中的泥沼
巢的类型及巢址	开放的杯状巢，由苔藓、树皮、莎草叶及杂草筑成，垫以细草、松针及毛发；鸟巢多见于地面，位于低矮的灌丛中
濒危等级	无危
标本编号	FMNH 13416

黄喉虫森莺

Oreothlypis ruficapilla
Nashville Warbler

Passeriformes

成鸟体长
11～12 cm

孵卵期
11～12 天

窝卵数
4～5 枚

537

　　黄喉虫森莺的繁殖行为与多数森莺无异，雄鸟会先于雌鸟抵达繁殖地并建立其领域。雌雄双方确立配偶关系后，雌鸟便会开始筑巢、孵卵。当雌鸟筑巢时，雄鸟会在一旁鸣唱并陪伴着它，雄鸟也会向孵卵的雌鸟喂食。此后，雌雄双方将共同喂养雏鸟，虽然雌鸟也能独自将雏鸟养活。

　　人们第一次在田纳西州见到黄喉虫森莺是在 1811 年，地点是纳什维尔（Nashville），[1]因此这种鸟被冠以 "Nashville Warbler"（直译为纳什维尔虫森莺）的英文名，而此地是这种鸟迁往加拿大东部繁殖地途中停歇的一站。黄喉虫森莺西部种群繁殖于北美大陆西部的山地地区，这一种群是在东部种群发现五十年之后才发现的。当时的人们曾认为这是两个截然不同的物种。但如今，这两个外表有别且地理分布不同的两个种群，被合二为一归于一个不同寻常但又十分普通的名称之下。

窝卵数

黄喉虫森莺的卵为白色，杂以棕色斑点。卵的尺寸为 16 mm × 12 mm。无论是东部种群还是西部种群，黄喉虫森莺的卵都完美地隐蔽于巢中，鸟巢覆于草叶之下、灌丛之中或树干基部。

实际尺寸

---

① 译者注：田纳西州首府。

目	雀形目
科	森莺科
繁殖范围	北美洲西南部山地
繁殖生境	橡树林及矮松林，高海拔的山坡灌丛
巢的类型及巢址	开放的杯状巢，多见于地面，隐蔽于草丛中或灌丛基部；鸟巢由草叶、树皮纤维、苔藓及细根筑成
濒危等级	无危
标本编号	FMNH 267

成鸟体长
10～11 cm

孵卵期
11～12 天

窝卵数
3～5 枚

538

黄胸虫森莺
Oreothlypis virginiae
Virginia's Warbler

Passeriformes

窝卵数

发现黄胸虫森莺的那位军官，用其妻子的名字为这种鸟儿命名（Virginia's Warbler）。在被发现150年后，这种鸟仍旧十分神秘。关于黄胸虫森莺最为著名的是，它们的繁殖地广泛分布于北美洲。然而，关于这种这种鸟分布和迁徙行为的基础数据却仍有待完善。

当雄鸟返回其繁殖地或适宜栖息地被划分成一块块领域时，繁殖季就开始了。当有雌鸟进入其领域时，雄鸟将展现出最动听的鸣唱和主动的行为，而雌鸟也会迅速做出是去还是留的决定。搭建鸟巢和孵化鸟卵都由雌鸟一方完成，它也会独自温雏。喂养幼鸟由亲鸟双方共同承担，它们会将破碎的卵壳和粪囊清出巢外。

实际尺寸

黄胸虫森莺的卵为白色，杂以棕色斑点。卵的尺寸为16 mm×12 mm。雌鸟会将巢清洁得干干净净，没有一点碎屑。无论是落入巢中的树枝、蚂蚁、粪便，还是放入巢中的鸟卵形的科学数据记录器，雌鸟都能灵巧地将它们从拥挤的巢中移除。

目	雀形目
科	森莺科
繁殖范围	北美洲北部的温带地区
繁殖生境	林间沼泽，接近水源的成熟针叶林或混交林
巢的类型及巢址	开放的杯状巢，由干草、树叶及植物根茎筑成；鸟巢多见于地面上，隐蔽于苔藓丛或草丛中
濒危等级	无危
标本编号	FMNH 2573

成鸟体长
13～15 cm
孵卵期
11～12 天
窝卵数
3～5 枚

539

灰喉地莺
Geothlypis agilis
Connecticut Warbler

Passeriformes

这又是一种容易被名字误导的鸟类，[1]这种地莺主要繁殖于加拿大地区。或许是因为灰喉地莺的繁殖地位于遥远北方那些远离人烟的潮湿森林中，因此很少有关于它们繁殖生物学的研究。例如，人们只能是假设收集巢材和修筑鸟巢由雌鸟独自完成，然而并不十分确定。

我们可以确定的是，只有雌鸟会发育出孵卵斑这一适于卧于巢中孵卵的结构。为了减少被捕食者发现的可能，雌鸟会在距离鸟巢 10 ～ 13 m 的地方降落，然后在茂密植被的掩映下步行靠近鸟巢。在雏鸟孵出后，亲鸟双方会共同为它们提供毛毛虫、蛾子或其他昆虫及浆果。即使在这一时期，灰喉地莺亲鸟双方的行踪仍然十分隐秘，依旧是十分小心地走着回到鸟巢。

窝卵数

实际尺寸

灰喉地莺的卵为乳白色，杂以深色斑点。卵的尺寸为 19 mm × 16 mm。为了将捕食者的注意力从鸟巢上引开，雌雄双方都会发出刺耳的鸣声，必要时还会表现出折翼行为。

---

① 译者注：Connecticut Warbler 直译为康涅狄格地莺。

目	雀形目
科	森莺科
繁殖范围	北美洲北部
繁殖生境	次生针叶林，人工或天然的灌丛间空地
巢的类型及巢址	开放的杯状巢，接近或位于地面，多见于草丛或莎草基部；鸟巢由茎叶、树皮筑成，垫以细根、细草及毛发
濒危等级	无危
标本编号	FMNH 13082

540

成鸟体长
10～15 cm

孵卵期
12～13 天

窝卵数
2～5 枚

黑胸地莺
Geothlypis philadelphia
Mourning Warbler

Passeriformes

窝卵数

黑胸地莺的卵为白色，杂以红棕色斑点。卵的尺寸为 19 mm×14 mm。这种鸟最早可在日出前三小时天不亮时产卵。

实际尺寸

　　黑胸地莺被称之为生态"移民"（Fugitive），因为这种鸟更倾向栖息在处于发育早期的连续的次生林中，这些森林大多刚刚从自然火灾、河狸的清理或人类林业生产活动中恢复。然而，在 7～10 年后，当森林开始繁殖下一代时，树木的林冠层逐渐茂密，这里将不再适于黑胸地莺生存，并将引起这种鸟的地区性减少或灭绝，直到下一次大火掠过森林或风暴将发育成熟的树木连根拔起，这一过程才可能重新开始。

　　黑胸地莺繁殖于北方，通常情况下只有完成一个完整的繁殖周期的时间。在鸟巢修筑完成后，雌鸟将独自孵化鸟卵，而雄鸟则向雌鸟递喂食物。雌鸟也将独自温雏，但亲鸟双方会共同喂养快速成长的雏鸟，这些雏鸟在孵化 9 天后便可离巢活动。

目	雀形目
科	森莺科
繁殖范围	北美洲北部及温带地区
繁殖生境	灌丛，通常接近或位于湿地中
巢的类型及巢址	开放的杯状巢，位于地面，多见于莎草或仙人掌的基部；鸟巢由植物的茎、草叶及细根筑成，垫以细草、纤维及毛发
濒危等级	无危
标本编号	FMNH 12839

成鸟体长
11～13 cm

孵卵期
12 天

窝卵数
3～5 枚

541

黄喉地莺
Geothlypis trichas
Common Yellowthroat

Passeriformes

黄喉地莺是一种在沼泽和湿润草地生境中生活的鸟类，它们分布广泛，鸣声响亮。然而，人们却很难一睹黄喉地莺那黑黄相间的真容，因为这种鸟倾向于在茂密的灌丛和林下觅食、筑巢。雄鸟会先于雌鸟一周抵达其繁殖地。雄鸟会建立其领域，一天中的多数时间都在鸣唱，这是为了驱赶其他雄性并吸引附近的雌性。

黄喉地莺雏鸟由亲鸟双方共同饲喂，它们会向雏鸟的口中递送节肢动物，对它们的乞食鸣叫和口腔中的视觉信号做出反应。当雏鸟被喂以食物后，亲鸟会守在巢边，等待雏鸟排出囊状的粪便，之后它们会将粪囊吃掉或将其扔到远离巢的地方去。在雏鸟离巢前两天，鸟巢的卫生状况将越来越糟，之后成鸟将不会再利用这个巢。

窝卵数

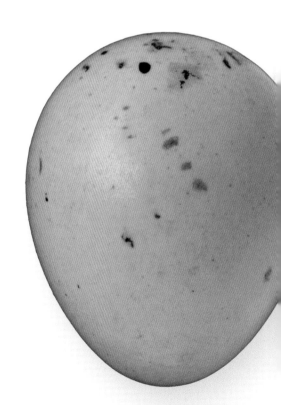

实际尺寸

黄喉地莺的卵为白色，杂以灰色、淡紫色、红棕色或黑色的斑点。卵的尺寸为 17 mm × 12 mm。巢由雌鸟独自搭建。在最后一枚卵产下后，雌鸟才会开始孵卵。

目	雀形目
科	森莺科
繁殖范围	北美洲东南部及中部
繁殖生境	硬木混交林、林间沼泽，包括破碎的斑块
巢的类型及巢址	杯状巢、由落叶、软树皮纤维、莎草及草叶筑成，垫以细根及毛发；鸟巢多见于多叶灌丛的树枝分叉处
濒危等级	无危
标本编号	FMNH 13455

成鸟体长
11～14 cm

孵卵期
12 天

窝卵数
3～5 枚

542

黑枕威森莺
Setophaga citrina
Hooded Warbler

Passeriformes

窝卵数

黑枕威森莺的卵为乳白色，杂以棕色斑点。卵的尺寸为 19 mm×14 mm。尽管受到褐头牛鹂巢寄生的压力，但实际上多数繁殖失败是由于被捕食而不是被寄生。

实际尺寸

由于黑枕威森莺那些筑在斑块状林地或林缘地区的巢往往面对着开阔的环境或牧场，因此十分容易受到褐头牛鹂（详见 616 页）巢寄生的负面影响。在某些黑枕威森莺种群中，超过 50% 的巢中都有一枚或多枚褐头牛鹂的卵。筑巢时，黑枕威森莺雌鸟会发出吱吱的鸣声，这或许能帮助褐头牛鹂的雌鸟定位到宿主巢的位置，并在之后的产卵期时回到这里产卵。

和宿主一样，褐头牛鹂也会在日出前将卵产下。因为黑枕威森莺雌鸟在开始孵卵前不会在巢中夜宿，所以它们不太可能遇到并抵御寄生性的褐头牛鹂。奇怪的是，当初次繁殖的黑枕威森莺雌鸟在鸟巢附近遇到一只褐头牛鹂时，它们也会像有经验的雌鸟一样对褐头牛鹂发起攻击，这意味着经验的积累对于识别寄主带来的压力并不是至关重要的。

目	雀形目
科	森莺科
繁殖范围	北美洲温带地区，阿巴拉契亚山脉
繁殖生境	开阔的林地、林缘、林间湿地及岸边
巢的类型及巢址	紧致的深杯状巢，由草叶、树皮、叶片及毛发筑成，并用蛛丝加固；鸟巢多见于树木、灌丛树枝或高或低的分叉处
濒危等级	无危
标本编号	FMNH 2604

成鸟体长
11～13 cm
孵卵期
12 天
窝卵数
3～5 枚

543

橙尾鸲莺
Setophaga ruticilla
American Redstart
Passeriformes

橙尾鸲莺是一种被研究得较为透彻的物种，雄鸟那黑红相间的羽衣是其为吸引配偶进行投资的最好展示。年龄越大的雄鸟羽色越深，而摄取越多类胡萝卜素的雄鸟，羽色也就越鲜红。雌鸟会根据雄鸟羽毛的鲜艳与否做出决定。如果一只雌鸟和羽色较红的雄鸟交配，那么它寻找其他配偶的可能性将很小。即使这只雄鸟已经有自己的配偶了，还会有 2 只或多只雌鸟与这只羽色鲜艳的雄鸟交配，这将产生兼性一雄多雌的婚配系统。

雄鸟至少会在生命中的第一年保持暗淡的羽色，这一现象叫作"羽色延迟成熟"。一些羽色暗淡却具有繁殖能力的成年雄性，仍能和雌性交配并使鸟卵受精。它们不会被周遭的雄鸟驱赶，能在繁殖季中从与同性较少的对抗中获益。

窝卵数

橙尾鸲莺的卵为乳白色，杂以深色斑点，尤其是在钝端。卵的尺寸为 16 mm×12 mm。一只雄鸟有时会与多只雌鸟交配，但这些雌鸟或许并不知晓这只雄鸟的"重婚"行为，因为雄鸟通常会占据两块不相邻的领域，而雌鸟则分别处于不同的领域之中。

实际尺寸

目	雀形目
科	森莺科
繁殖范围	密歇根州北部
繁殖生境	生长于沙土地中再生的北美短叶松林
巢的类型及巢址	开放的杯状巢，由草叶、莎草、松针及树叶筑成，垫以细根、纤维及毛发；鸟巢多见于地面，位于草丛或灌丛之下
濒危等级	近危
标本编号	FMNH 15179

成鸟体长
14～15 cm

孵卵期
11～14 天

窝卵数
3～6 枚

544

黑纹背林莺
Setophaga kirtlandii
Kirtland's Warbler
Passeriformes

窝卵数

黑纹背林莺的卵为白色至皮黄色，杂以棕色斑点。卵的尺寸为 19 mm × 14 mm。褐头牛鹂卵的颜色和斑点与宿主的都十分相似（图中上方两个较大的卵为褐头牛鹂所产，下方较小的卵为黑纹背林莺所产，三者采集自同一个鸟巢），但寄主的卵壳更厚，因此对于许多体型较小的宿主来说，将其啄破并移出鸟巢并非易事。

黑纹背林莺是数量最为稀少的森莺科鸟类之一，仅分布于美国中西部地区的北部（upper Midwest）。黑纹背林莺是一个"难民"（Fugitive）物种，它们的数量一直较为稀少。这种鸟的生态需求十分特殊，在森林大火烧出的空地上活动是它们的习性，因为这里能为短叶松的生长留出空间。黑纹背林莺只在年龄中等的活着的短叶松林中生活和繁殖。人们控制住了这种鸟繁殖地的火灾，并在位于巴哈马的越冬地砍伐树木，或许是黑纹背林莺于 20 世纪 50 年代至 70 年代数量下降的原因。

从其他角度看，阻碍黑纹背林莺这一数量稀少物种繁殖成功的原因，是它们被褐头牛鹂（详见 616 页）寄生的现象十分严重。当被巢寄生时，黑纹背林莺弃巢的概率是没有被巢寄生的三倍，即使巢中只有一枚褐头牛鹂的鸟卵，黑纹背林莺的雏鸟通常也会全部饿死。四十多年来，在黑纹背林莺的繁殖区中，褐头牛鹂被大量诱捕并杀死。加之近来偶尔在繁殖地出现的森林大火，使得适宜繁殖地得以出现，因此黑纹背林莺的种群数量呈现出略微上升的趋势。

实际尺寸

目	雀形目
科	森莺科
繁殖范围	北美洲北部
繁殖生境	林冠层完整的针叶林
巢的类型及巢址	杯状巢，由苔藓、树枝、云杉针叶及树皮纤维筑成，巢中垫以细根、植物绒毛及羽毛；鸟巢多见于云杉高处
濒危等级	无危
标本编号	FMNH 16970

成鸟体长
12～14 cm

孵卵期
11～13 天

窝卵数
4～9 枚

545

栗颊林莺
Setophaga tigrina
Cape May Warbler

Passeriformes

为了吸引雌鸟到领域中来，栗颊林莺雄鸟会在雌鸟周围鸣唱，并竖起翅膀来回跳跃。雌鸟筑巢时，即使雄鸟不会帮上一点忙，它也会紧随其后，守在雌鸟的身旁。孵卵时，雌鸟紧紧地卧于巢中，如果不是危险即将逼近，雌鸟是不会轻易离开的。亲鸟双方会共同为幼鸟提供以昆虫幼虫为主的食物。然而由于栗颊林莺的繁殖地十分偏远，因此人们对这种鸟的繁殖周期和亲代照料行为知之甚少。

栗颊林莺也是一种因模式标本采集地地名而命名的森莺，但在那里，在发现之后的百年间，它们的踪迹却未曾再次出现。栗颊林莺繁殖于加拿大的北方针叶林中，它们是毛毛虫的专性捕食者。由于毛毛虫具有周期性爆发的特点，从而栗颊林莺的种群数量也与其密切相关。

窝卵数

栗颊林莺的卵为白色，杂以红棕色斑点，卵的尺寸为 17 mm×12 mm。在云杉卷蛾毛毛虫丰富的年份里，栗颊林莺亲鸟可以养活更多的雏鸟。

实际尺寸

目	雀形目
科	森莺科
繁殖范围	北美洲东部及中部
繁殖生境	成熟的针叶林，包括河边低地的林地及相对干旱的山腰林地
巢的类型及巢址	开放的杯状巢，由树皮纤维、草茎、丝状物及动物毛发编织而成；鸟巢多见于落叶树的横枝上，通常位于高处但在树叶之下
濒危等级	易危
标本编号	FMNH 12706

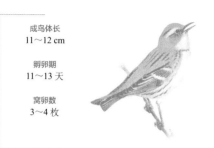

成鸟体长
11～12 cm

孵卵期
11～13 天

窝卵数
3～4 枚

546

白喉林莺
Setophaga cerulea
Cerulean Warbler

Passeriformes

窝卵数

白喉林莺的卵为灰色至绿白色，卵的尺寸为 17 mm×12 mm。当巢中的卵因天气原因或捕食者而损失的话，即使是在繁殖季晚期，白喉林莺也会建造一个新巢并产下新一窝鸟卵。

同许多其他种林莺的习性一样，白喉林莺雄鸟也会先于雌鸟抵达其繁殖地，而在雌鸟到达后不久，雌雄双方便会形成配偶关系。在巢址选择的过程中，雌雄双方会有许多互动行为，雄鸟经常会收集蜘蛛丝并与雌鸟一道将其编织在鸟巢的外侧。卵由雌鸟独自孵化，雏鸟由亲鸟双方共同喂养。然而，雌鸟会不断地向鸟巢外围添加蜘蛛丝来修补鸟巢，直到幼鸟出飞。

这种在森林中生活的蓝色小鸟，常在林冠层中捕食昆虫。但在 20 世纪里，其种群数量却持续下降，其程度如此之大，以至于人们将白喉林莺列为易危物种并开始关注它们的状态。栖息地的丧失和改变很可能是导致其种群数量持续下降的原因，但更为糟糕的是，人们不知道是否还有其他原因造成了这一结果。

实际尺寸

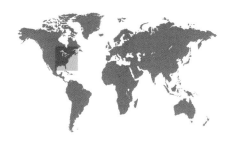

目	雀形目
科	森莺科
繁殖范围	北美洲东部及中部
繁殖生境	茂密、高大而树种多样的混交林，林间沼泽
巢的类型及巢址	多见于苔藓、地衣或其他附生植物之间的位于树木高处的吊巢；鸟巢内部呈杯状，由苔藓、动物毛发、细草或松针铺就
濒危等级	无危
标本编号	FMNH 19214

北森莺
Setophaga americana
Northern Parula

Passeriformes

成鸟体长
11～13 cm

孵卵期
12～14 天

窝卵数
3～5 枚

547

　　北森莺的巢常位于地面以上数十英尺处，[①]其隐蔽性极强，并且用苔藓和附生植物加以伪装，因此难以找到，所以人们对北森莺营巢生物学只有很少的了解。例如，人们还不清楚雄鸟对筑巢、孵卵、温雏及育雏等繁殖工作贡献了多少。我们只知道，是雌鸟在这些工作中扮演了主要角色。

　　为了保持巢的清洁，在孵卵期，雌鸟会离开鸟巢觅食、排泄。亲鸟双方都会将雏鸟的粪囊移出巢外，而这些粪囊通常在雏鸟觅食后产出。因此鸟巢能保持清洁，可以被重新利用。与其他森莺不同的是，北森莺经常会在自己曾经利用过的巢中繁殖。

窝卵数

北森莺的卵为乳白色，杂以红色、棕色、紫色或灰色斑点。卵的尺寸为 16 mm×12 mm。尽管鸟巢的位置十分隐蔽，但在北森莺的分布区中，仍然存在少量被褐头牛鹂（详见 616 页）巢寄生的情况。

实际尺寸

① 编辑注：1 英尺（ft）=0.3048 米（m）。

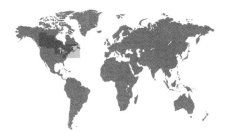

目	雀形目
科	森莺科
繁殖范围	北美洲亚北极地区及温带地区
繁殖生境	年轻的再生针叶林，或杂以灌丛的森林
巢的类型及巢址	松散的杯状巢，由草叶筑成，巢下具树枝搭建的平台，巢内垫以黑色的细根；鸟巢多见于年轻的云杉或铁杉树上靠近树干的位置
濒危等级	无危
标本编号	FMNH 14716

成鸟体长
11～13 cm

孵卵期
11～13 天

窝卵数
3～5 枚

548

纹胸林莺
Setophaga magnolia
Magnolia Warbler

Passeriformes

窝卵数

纹胸林莺繁殖于北方，它们会在那里建立供觅食和繁殖之需的领域。在非繁殖季，这种好斗的小鸟仍然会驱赶同种个体，无论对方是雌性还是雄性。拥有一块繁殖地对于形成配偶关系来说至关重要，但在适宜的栖息地内，繁殖地往往趋于饱和。我们是如何知晓这一点的呢？在一项研究纹胸林莺对云杉卷蛾毛毛虫的控制实验中，当雄性被移出其领域后，会有多只雄鸟出现在无主的领域中并试图将其占领。

在配偶关系确立后，雌鸟会选定一处合适的巢址筑巢。雄鸟会紧跟在雌鸟身旁整天鸣唱，却不会帮助雌鸟筑巢或孵卵。雄鸟会和雌鸟一道喂养雏鸟，并会和雌鸟平等地承担喂食的职责。

实际尺寸

纹胸林莺的卵为白色，杂以形状多变的棕色斑点。卵的尺寸为 17 mm×12 mm。在产卵期，（同许多其他鸟类一样）纹胸林莺雌鸟也只会在准备好产卵时才会回到巢中，而其产卵时间通常是早晨。在达到满窝卵时雌鸟才会开始孵卵。

目	雀形目
科	森莺科
繁殖范围	北美洲东北部
繁殖生境	云杉林或混交林，亚高山林地
巢的类型及巢址	开放的杯状巢，多见于云杉树枝上茂密的针叶间；鸟巢由细枝、树皮纤维、地衣、蛛丝及植物脱落物筑成，垫以细根、松针、动物毛发、苔藓及细草
濒危等级	无危
标本编号	FMNH 2556

栗胸林莺
Setophaga castanea
Bay-breasted Warbler
Passeriformes

成鸟体长
13～14 cm

孵卵期
12～13 天

窝卵数
4～6 枚

549

　　春季，栗胸林莺是一种雌雄异型的鸟类。而在非繁殖季，雄性则会换上暗淡的、类似雌性和亚成体的羽衣。栗胸林莺是一种领域性极强的鸟类，在繁殖季，它们会维持独属的领域，甚至不允许同域分布的其他种森莺进入。配偶关系取决于其领域位置，而不是取决于是否喜欢对方，所以配偶关系可以很快改变。例如，在毛毛虫大爆发的年份里，那些在雄性领域外由雌性修筑的鸟巢往往会繁殖失败，这会导致"离婚"现象的产生，雌性也将与另一只雄鸟交配。

　　雌鸟独自修筑鸟巢、孵化鸟卵，但雄鸟会给巢中的雌鸟递喂食物，并在附近树木的高枝上鸣唱，或者当雌鸟离巢觅食时紧随其后。温雏也由雌鸟一方独自承担，此时雄鸟也会为其提供食物。亲鸟双方都会饲喂雏鸟，但雌鸟饲喂的频率是雄鸟的两倍之多。

窝卵数

实际尺寸

栗胸林莺的卵为白色或奶油色，杂以细密的棕色斑点。卵的尺寸为 17 mm×12 mm。在其食物资源，特别是云杉卷蛾毛毛虫爆发的年份里，栗胸林莺雌鸟会产下更多的卵。

目	雀形目
科	森莺科
繁殖范围	北美洲东北部
繁殖生境	成熟的针叶林或混交林
巢的类型及巢址	开放的杯状巢，由细枝、树皮、纤维及细根筑成，垫以地衣、苔藓、松针及毛发；鸟巢多见于树木高处，由蛛丝固定在横枝上
濒危等级	无危
标本编号	FMNH 2547

成鸟体长
11～12 cm

孵卵期
12～14 天

窝卵数
3～5 枚

550

橙胸林莺
Setophaga fusca
Blackburnian Warbler
Passeriformes

窝卵数

在亚马孙盆地越冬时，橙胸林莺集群活动且具有社会性。但在其繁殖地，这种森莺却是独居动物，它们只能容忍配偶出现在其领域中。在雌雄配对之后，它们会紧紧地陪伴在彼此身旁，直到选定巢址、雌鸟开始筑巢之时。在产卵期，雌鸟体内剩余的卵子仍然可以受精，因此此时雄鸟也会紧紧地跟随在雌鸟身后，想必是为了保护雌鸟远离其他雄鸟。

雌鸟会独自孵卵、温雏，但雄鸟很快便会加入其中，雌雄双方将共同为雏鸟提供食物。在幼鸟出飞之前，雌雄双方会轮流照顾它们。在繁殖季结束前，雌雄双方将不会同时回到巢中。此后，橙胸林莺将开始秋季的扩散和向南的迁徙。

实际尺寸

橙胸林莺的卵为白色，或略具绿色色调，棕色的斑点常形成环状。卵的尺寸为
17 mm × 12 mm。雌鸟每年仅产一窝卵，但如果卵损失的话，雌鸟或许会再产一窝
或多窝卵作为替代。

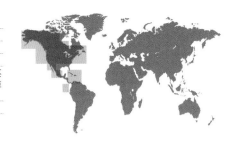

目	雀形目
科	森莺科
繁殖范围	北美洲、加勒比群岛及加拉帕戈斯群岛
繁殖生境	林间沼泽或灌丛沼泽，潮湿沼泽及沿河林地
巢的类型及巢址	小型杯状巢，多见于小树或灌丛竖权上；鸟巢由草叶、树皮及细茎筑成，内部垫以鹿毛、羽毛，以及杨树、柳树、蒲公英种子的纤维和香蒲的种子
濒危等级	无危
标本编号	FMNH 15170

黄林莺
Setophaga petechia
Yellow Warbler

Passeriformes

成鸟体长
12～13 cm

孵卵期
10～13 天

窝卵数
4～5 枚

551

早春时节，黄林莺的迁徙十分引人瞩目，它们会显露出黄色的羽毛，在树叶稀少的树木或灌丛上鸣唱。黄林莺可以在多种生境中觅食，包括繁忙的城市街道、住宅后院的灌丛中以及城市公园等，它们就在这些地方补充能量，以备日后夜间向北迁徙之需。雄鸟会先于雌鸟抵达其繁殖地，之后便会通过与其他雄鸟争斗来建立其领域。配偶关系一天之内便可建立，此后雌鸟将开始与筑巢有关的工作。

选择巢址、修筑鸟巢以及孵化鸟卵都将由雌鸟独自完成，而雄鸟通常会在此时尝试与另一只雌鸟交配。实际上，婚外配的情况十分常见，在某些种群中达到了10%～15%。年长的雄鸟，其胸部羽毛会具有更多的黄棕色，当雏鸟孵化后，这些雄鸟会比年轻雄鸟为雌鸟和雏鸟提供更多的食物。

窝卵数

实际尺寸

黄林莺的卵为灰色或绿白色，杂以深色斑点。卵的尺寸为 17 mm×12 mm。黄林莺巢的深处往往埋藏着一枚牛鹂的卵，这些卵不会被翻动，因此也不会成功孵化。

目	雀形目
科	森莺科
繁殖范围	北美洲东北部及中部
繁殖生境	灌丛及次生落叶林、荒废的农田及次生林的伐木区
巢的类型及巢址	开放的杯状巢，由树枝、树叶、草茎及植物脱落物筑成，垫以草叶、毛发及细根；鸟巢多见于小灌木低矮的分叉处
濒危等级	无危
标本编号	FMNH 12752

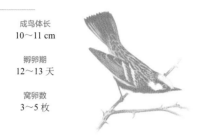

成鸟体长	10～11 cm
孵卵期	12～13 天
窝卵数	3～5 枚

栗胁林莺
Setophaga pensylvanica
Chestnut-sided Warbler

Passeriformes

窝卵数

栗胁林莺的卵为乳白色至淡绿色，杂以棕色斑点。卵的尺寸为 17 mm × 12 mm。它们会在稀疏的灌丛生境中筑巢产卵，而巢寄生鸟类褐头牛鹂（详见 616 页）也会将卵产于栗胁林莺的巢中。

在北美洲，栗胁林莺是少数几种明显能够从森林砍伐中获益的鸟类，因为砍伐森林可以造成这种鸟偏好的灌丛和次生林。雄鸟较雌鸟提前几天到达繁殖地，在此期间，雄鸟会建立并保卫其领域、抵御附近的雄鸟和晚来的竞争者。雌鸟到达其繁殖地后，雄鸟会用一种鸣唱曲调来吸引潜在配偶。在孵卵期，雄鸟将转而用另外一种曲调鸣唱，来告诫其他雄鸟这块领域仍然是在被主人守卫着的。

杯状鸟巢由雌鸟独自修筑，它还会将丝线编织在鸟巢的底部和侧面。最后，雌鸟将卧于巢中，用胸部塑造出鸟巢最终的形状。而雄鸟通常会紧紧守在雌鸟身旁并在附近鸣唱，但它却不会参与到筑巢或孵卵的过程中，只会和雌鸟一道喂养破壳的雏鸟。

实际尺寸

目	雀形目
科	森莺科
繁殖范围	北美洲北极及亚北极地区
繁殖生境	山区林地及灌丛，以及北方针叶林
巢的类型及巢址	开放的杯状巢，由细枝及地衣筑成，垫以草叶、植物纤维、北美驼鹿的毛发及鸟羽；鸟巢多见于云杉或其他树木树干的低处
濒危等级	无危
标本编号	FMNH 12812

成鸟体长
13～15 cm
孵卵期
11～12 天
窝卵数
4～5 枚

白颊林莺
Setophaga striata
Blackpoll Warbler

Passeriformes

白颊林莺会从南美洲历经长距离的迁徙抵达比其亲缘种更靠北的繁殖地，一些个体甚至会飞行 8000 km 的路程，飞过巴西迁徙至阿拉斯加。虽然迁徙路程十分遥远、繁殖地又位于偏远的北方，但有些种群中的雌鸟会在第一窝雏鸟出飞后尝试繁殖第二窝。雌鸟会让雄鸟照顾破壳的雏鸟，此时雌鸟会开始修筑第二个鸟巢。白颊林莺就是用这种办法来抓紧时间繁殖后代的。

巢址的选定、鸟巢的修筑和鸟卵的孵化都由雌鸟独自完成，在达到满窝卵之前，雄鸟都只会在一旁鸣唱。人们只有少数几次见过雄鸟向雌鸟递喂食物的场景，但雄鸟却会和雌鸟一起喂养雏鸟。一些雄鸟会采取一夫多妻的婚配制度，在一般情况下，雄鸟会与原配雌鸟平等地承担喂雏的工作，而在第二窝中喂食的比例则大约只有 20%。

窝卵数

白颊林莺的卵为白色、浅黄色或淡绿色，杂以棕色和紫色斑点。卵的尺寸为 17 mm × 14 mm。在孵卵期，雌鸟会经常剥开、拔出巢材以调整、巩固鸟巢的四壁，使鸟巢能够较好地容纳鸟卵。

实际尺寸

目	雀形目
科	森莺科
繁殖范围	北美洲东部及阿巴拉契亚山脉
繁殖生境	大面积的成熟针叶林或混交林
巢的类型及巢址	开放的杯状巢，由树皮纤维及蛛丝、唾液筑成；鸟巢多见低矮灌丛的树枝分叉处
濒危等级	无危
标本编号	FMNH 12693

成鸟体长
11～13 cm

孵卵期
11～12 天

窝卵数
3～5 枚

554

黑喉蓝林莺
Setophaga caerulescens
Black-throated Blue Warbler
Passeriformes

窝卵数

黑喉蓝林莺的卵为乳白色，杂以深棕色斑点。卵的尺寸为 17 mm×12 mm。在雏鸟出飞后，50% 的雌鸟会继续繁殖第二窝，这些雌鸟通常较为年长，它们也会与较为年长的雄鸟交配，这样的繁殖对往往能占据食物资源更好的领域。

黑喉蓝林莺繁殖于北美洲东部的温带森林之中，越冬于加勒比地区的海岛之上。在北方，有许多关于这种鸟在其繁殖地种群动态的研究，而在南方也有关于其越冬种群的研究，但清楚地了解这一物种的迁徙路线仍然不是一件简单的事情。黑喉蓝林莺在越冬地换上繁殖羽时，测定羽毛中的稳定同位素可以推断出这些羽毛是在哪里生长出来的。如今，利用这项技术，科学家已经能够将黑喉蓝林莺位于北方的繁殖种群与在古巴和牙买加的越冬种群联系起来，也能将在阿巴拉契亚山脉的繁殖种群与在伊斯帕尼奥拉岛（Hispaniola）和波多黎各越冬种群相联系。

无论是在高高的树冠中觅食还是在低矮的灌木中筑巢，只要在合适的距离内都能看到黑喉蓝林莺显眼的白色翅斑。雌鸟在收集巢材时会发出一种唧唧的声音，这样雄鸟就能很容易跟在它身后了，科学家也能够方便地定位到鸟巢。尽管雄鸟会守护在雌鸟身旁，但雌鸟有时也会与附近的其他雄鸟交配，雌鸟婚外配后也会产下后代，但婚外配的雄鸟却不会提供亲代照料。

实际尺寸

目	雀形目
科	森莺科
繁殖范围	北美洲北部
繁殖生境	亚北极沼泽、灌丛，以及林下植被茂密的开阔针叶林
巢的类型及巢址	开放的杯状巢，多见于地面，靠近松树及幼树的树干；鸟巢由草的茎叶、莎草叶及树皮纤维筑成，内部垫以细草、细根、苔藓、毛发及植物绒毛筑成
濒危等级	无危
标本编号	FMNH 2560

成鸟体长 13～15 cm
孵卵期 12 天
窝卵数 4～5 枚

555

棕榈林莺
Setophaga palmarum
Palm Warbler

Passeriformes

　　棕榈林莺是第一种标本采集于西印度群岛①冬季的鸟类。在繁殖季，这种鸟分布于北方的湿地和森林灌丛生境中。较其他种林莺，棕榈林莺会花费更多的时间在地面觅食。由于这种鸟的繁殖地十分偏远，它们的巢也极为隐蔽，因此关于其繁殖生物学的了解十分有限。人们不知道棕榈林莺的雄鸟是否也和其他种林莺雄鸟一样，先于雌鸟抵达其繁殖地。

　　雌鸟独自卧于巢中孵卵，雄鸟会向它递送食物。雌鸟独自为雏鸟保温，雌雄双方共同为它们提供食物。人们在对两巢进行了详细的观察之后发现，当幼鸟在巢中时，雄鸟提供食物的比例会逐渐减小；但在幼鸟出飞后，雄鸟仍会为它们提供食物。

窝卵数

棕榈林莺的卵为白色，杂以深棕色斑点。卵的尺寸为 17 mm×12 mm。尽管北方繁殖季的夏天十分短暂，但在第一窝雏鸟出飞后，雌鸟或许还会尝试繁殖第二窝。

实际尺寸

---

① 译者注：位于墨西哥湾和加勒比海之间。

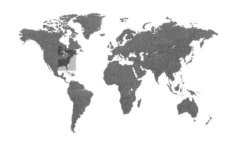

目	雀形目
科	森莺科
繁殖范围	北美洲东部及中部，以及加勒比地区
繁殖生境	针叶林及混交林、开阔森林及松树种植园
巢的类型及巢址	开放的杯状巢，由杂草、细枝及茎筑成，由蛛网加固，巢内垫以植物纤维及动物毛发；鸟巢多见于松树树冠层的横枝上，位于松针和松果之间
濒危等级	无危
标本编号	FMNH 12804

成鸟体长
13～14 cm

孵卵期
10～13 天

窝卵数
3～5 枚

556

松莺
Setophaga pinus
Pine Warbler

Passeriformes

窝卵数

松莺是较早抵达美国繁殖而较晚离开前往越冬地的林莺。它们能够早早地抵达繁殖地，或许得益于这种鸟广泛的食谱。它们会到树皮中探寻昆虫，到松果中寻找松子，甚至会取食鸟类喂食器中的食物。松莺收集巢材的行为，具有很强的机会主义特点。当雌鸟找到一处适宜巢材较多的地点后，它会经常造访这里。巢材还会来自正被利用的鸦类鸟巢，或旧的、被弃用的唐纳雀和其他林莺的巢。

繁殖开始时间对松莺来讲并不是那么重要，鸟巢搭建最多需要一周的时间，从鸟巢建成到产下第一枚鸟卵又需要一周时间。许多在温带繁殖的鸟类，其窝卵数都会随着繁殖时间的错后而减小。

实际尺寸

松莺的卵为白色或绿白色，杂以棕色斑点，斑点常排列成环形。卵的尺寸为 17 mm × 14 mm。雌鸟独自孵卵，雄鸟会为巢中的雌鸟递喂食物。亲鸟双方一般为雏鸟提供均等的食物。

目	雀形目
科	森莺科
繁殖范围	北美洲北部及东部
繁殖生境	成熟的针叶林及混交林
巢的类型及巢址	开放的杯状巢，由细枝、松针、草叶及细根筑成，杂以丝状物及动物毛发，鸟巢内部垫以细根、毛发及羽毛；鸟巢多见于云杉、冷杉或小松树上，处于中等高度位置
濒危等级	无危
标本编号	FMNH 16972

黄腰林莺
Setophaga coronata
Yellow-rumped Warbler

Passeriformes

成鸟体长
11～15 cm

孵卵期
12～13 天

窝卵数
4～5 枚

557

黄腰林莺曾被划分成两个物种［奥杜邦林莺（Audubon's Warbler）和桃金娘林莺（Myrtle's Warbler）］，它是北美洲生态位最为宽泛的物种，能够在多种生境中使用多种技巧觅食。黄腰林莺在夜间迁徙，成千上万的个体会被城市明亮的灯光吸引，最著名的例子是纽约世贸大厦遗址上那两道纪念911事件的光柱。志愿者躺在光柱下的地面上，对鸟的影子进行计数，其中大多数是黄腰林莺，它们会环绕光柱飞行。如果每分钟经过这里的数量达到1000只，那么志愿者则会通知城市管理者将光柱关闭20分钟，以使这些鸟儿能够继续在黑夜中迁徙。

黄腰林莺对其繁殖地的选择具有严苛的要求。雄鸟会在发育成熟的松树林中建立全功能的领域。雌鸟负责筑巢和孵卵，雄鸟或许也会收集巢材并向巢中的雌鸟递喂食物。亲鸟双方将共同喂养雏鸟，喂食之后，它们通常会一同待在鸟巢中。

窝卵数

黄腰林莺的卵为白色，杂以棕色、红棕色、灰色或紫灰色斑点。卵的尺寸为 17 mm × 14 mm。第一枚鸟卵会在鸟巢建好后的一天之内产下，此后雌鸟每天都会产下一枚卵。

实际尺寸

目	雀形目
科	森莺科
繁殖范围	北美洲东南部及中部
繁殖生境	混交林及松树林，成熟的河边林地、沼泽森林
巢的类型及巢址	口袋状的杯状巢，筑于铁兰中，内部垫以杂草、苔藓、植物纤维及羽毛；也会筑成杯状巢，由细根及树皮纤维筑成，多见于树冠层的树枝分叉处
濒危等级	无危
标本编号	FMNH 2548

558

成鸟体长
13～14 cm

孵卵期
12～13 天

窝卵数
3～5 枚

黄喉林莺
Setophaga dominica
Yellow-throated Warbler
Passeriformes

窝卵数

　　黄喉林莺是一种短距离迁徙的鸟类，它们在中美洲北部和加勒比地区越冬，在美国大陆的东南部繁殖。到目前为止，人们只记录到了褐头牛鹂（详见 616 页）这一种鸟对黄喉林莺进行了巢寄生。然而，紫辉牛鹂（*Molothrus bonariensis*）已经入侵到了黄喉林莺分布区南侧的佛罗里达湾，因此这种牛鹂已成为第二种对黄喉林莺进行巢寄生的鸟类，它们也威胁着黄喉林莺的繁殖成功率。

　　黄喉林莺鸟巢的修筑由雌鸟独自完成，只有很少的几条记录表明雄鸟也会参与到收集巢材和编织鸟巢的过程中。修筑鸟巢需要花费近一周的时间，一周之后雌鸟将产下第一枚鸟卵。只有雌鸟会发育出孵卵斑这一结构。鸟巢修筑完成后，雌鸟便会立刻卧于巢中孵化鸟卵。此时的雄鸟则会在附近整日鸣唱，却不会参与到孵卵中。温雏也将由雌鸟独自负责，但亲鸟双方会共同喂养雏鸟。

实际尺寸

黄喉林莺的卵为淡绿色，但博物馆中收集的标本，常常会褪成白色。鸟卵表面杂以稀疏的紫棕色斑点。卵的尺寸为 17 mm × 12 mm。为了保持巢的清洁与安全，亲鸟双方会在雏鸟孵化后立刻将破碎的鸟卵移出巢外。

目	雀形目
科	森莺科
繁殖范围	北美洲中部及东部
繁殖生境	灌丛、林缘
巢的类型及巢址	开放的杯状巢，由长的植物纤维、莎草、草茎筑成，内部垫以细草、苔藓及羽毛；鸟巢多见于竖枝或横枝上，通常接近地面
濒危等级	无危
标本编号	FMNH 12725

成鸟体长
11～13 cm
孵卵期
11～14 天
窝卵数
3～5 枚

559

草原林莺
Setophaga discolor
Prairie Warbler

Passeriformes

通过详细的野外研究，人们知道草原林莺的繁殖行为具有很大的变异性。每年，草原林莺都会回到上一年的繁殖地。一些配偶之间，在抵达越冬地时，无论时间的早晚，甚至还表现出很强的同步性，而且年年如此。年轻雄鸟的领域较年长雄鸟更小。另外，当领域接近方形时，其面积往往较小；而当领域位于栖息地边缘或位于廊道处时，其形状则较为细长，面积往往也比较大。

当草原林莺处于其占领区或交配时，雄鸟会使用两种不同的鸣声来交流。其中一种鸣声可以在配对之前吸引雌鸟，此后雌鸟筑巢产卵时雄鸟也会发出这种鸣声；而另一种鸣声则是给其他雄鸟听的，包括领域周围的其他雄鸟和闯入其领域者。

窝卵数

实际尺寸

草原林莺的卵为浅棕色或铅灰色，杂以棕色斑点。卵的尺寸为 16 mm × 12 mm。雌鸟独自选定巢址、修筑鸟巢、孵化鸟卵，雄鸟将为孵卵的雌鸟递喂食物，还会帮助喂养雏鸟。

目	雀形目
科	森莺科
繁殖范围	北美洲西南部、中美洲北部
繁殖生境	开阔林地、橡树灌丛、沿河林地
巢的类型及巢址	小型杯状巢，由植物绒毛及纤维筑成，垫以羽毛及毛发；鸟巢多见于高大的松树树枝上
濒危等级	无危
标本编号	FMNH 3080

成鸟体长
11～13 cm

孵卵期
10～12 天

窝卵数
3～5 枚

560

黄喉纹胁林莺
Setophaga graciae
Grace's Warbler
Passeriformes

窝卵数

　　这种体型较小而羽色明亮的小鸟分布于温带和热带有松树生长的地区。南方的种群全年定居并维持稳定的配偶关系，而北方的种群则具有迁徙的习性，并会在抵达其繁殖地后立刻建立配偶关系。求偶行为会维持到开始筑巢前的几天或几周。黄喉纹胁林莺雄鸟不会参与筑巢，雌鸟有时会到雄鸟的领域之外收集巢材。雌鸟会将鸟巢筑于领域中的任何地点，包括领域的边缘。

　　孵卵期，雌鸟始终和鸟卵处于一处，并会在巢中夜宿，而雄鸟则会在附近的高树上夜宿。第二天清晨，雄鸟便在这棵树的顶端鸣唱。雄鸟或许会为巢中的雌鸟递送食物，亲鸟双方都会喂养雏鸟，无论是尚未离巢之时还是出飞之后。

实际尺寸

黄喉纹胁林莺的卵为乳白色或白色，杂以棕色斑点。卵的尺寸为 17 mm×12 mm。鸟卵很难被看到，因为雌鸟总是卧于巢中，除此之外，鸟卵还被巢中密集的松针所保护。

目	雀形目
科	森莺科
繁殖范围	北美洲西部
繁殖生境	开阔的森林，林下植被、灌丛茂密的针叶林、混交林
巢的类型及巢址	深杯状巢，多见于小树或灌丛的横枝上；鸟巢由植物纤维、树叶、杂草及茎筑成，垫以细根、羽毛及毛发
濒危等级	无危
标本编号	FMNH 12744

成鸟体长
11～13 cm

孵卵期
12 天

窝卵数
3～5 枚

561

黑喉灰林莺
Setophaga nigrescens
Black-throated Gray Warbler
Passeriformes

窝卵数

黑喉灰林莺是一种分布广泛而较为常见的物种，但是人们对这种鸟类繁殖和社会行为详细的观察和系统的研究却少之又少。我们只知道黑喉灰林莺具有领域性，在其领域中只能见到配对的雌雄双方。雌鸟独自选定巢址后，雄鸟就紧紧地跟随其后并在附近鸣唱。为了评估一处是否适宜筑巢，雌鸟会将身体在树枝分叉的枝丫处推挤，就像在测量筑巢的空间一样。雌鸟最终会选定一处巢址并在那里筑巢。

黑喉灰林莺的分布范围与巢寄生性鸟类褐头牛鹂（详见 616 页）西部亚种的分布存在重叠。当褐头牛鹂在黑喉灰林莺的巢中产下一枚卵后，林莺雌鸟会继续筑巢，并在巢中加铺额外的垫材，以将褐头牛鹂的卵覆盖在下面，使其不能得到翻转和温暖，从而使褐头牛鹂的卵无法孵化。

黑喉灰林莺的卵为乳白色，杂以红棕色斑点，卵的尺寸为 16 mm×10 mm。当人类接近鸟巢时，黑喉灰林莺十分温顺，而当冠蓝鸦或其他捕食者接近时，雌鸟则会发出警戒鸣声。

实际尺寸

目	雀形目
科	森莺科
繁殖范围	北美洲西北部
繁殖生境	成熟的针叶林，包括山地松树林及沿海冷杉林
巢的类型及巢址	开放的大型杯状巢，由树皮、松针、细枝、草叶、地衣及虫茧筑成，内部垫以细草、苔藓以及马鹿和其他鹿类的毛发；鸟巢多见于针叶树中部的主横枝上
濒危等级	无危
标本编号	FMNH 16978

成鸟体长	10～11 cm
孵卵期	11～14 天
窝卵数	5～7 枚

562

黄眉林莺
Setophaga townsendi
Townsend's Warbler
Passeriformes

窝卵数

黄眉林莺的卵为白色，杂以深棕色斑点，卵的尺寸为 17 mm×12 mm。鸟巢修筑完成的 1～4 天内，雌鸟便会在其中产下鸟卵，在最后一枚卵产下后，才会开始孵卵。

　　黄眉林莺的体型较小而羽色鲜艳。早春时节，这种鸟会奋力建立其繁殖地。在雌鸟抵达繁殖地之前，雄鸟会通过鸣唱、飞行驱赶和身体对抗来保卫其领域。然而，或许是因为黄眉林莺繁殖于偏远的成熟林中，因此人们对它们筑巢的详细过程了解十分有限。

　　雌鸟负责收集巢材和修筑鸟巢，而雄鸟则会紧随其后，却不会搭上一把手。雌鸟首先会搭建一个不完整的鸟巢，然后决定是否要在其他地点筑巢，之后便会重新开始筑巢的过程。鸟卵由雌鸟独自孵化，而守候在附近的雄鸟则在鸣唱。为了分散鸟巢附近捕食者的注意力，雌鸟会落到地面上，鼓动着翅膀远离鸟巢。雏鸟的生长十分迅速，这需要亲鸟双方共同喂养，雏鸟最快会在孵出后 10 天出飞。

实际尺寸

目	雀形目
科	森莺科
繁殖范围	北美洲西部
繁殖生境	高大成熟的针叶林
巢的类型及巢址	开放的杯状巢，多见于树木高处接近树枝端部的位置；鸟巢由细枝、细根、干苔藓、树皮纤维、松针及动物纤维筑成，垫以细的植物纤维及动物毛发
濒危等级	无危
标本编号	FMNH 2545

黄脸林莺
Setophaga occidentalis
Hermit Warbler

Passeriformes

成鸟体长
12～14 cm

孵卵期
12 天

窝卵数
4～5 枚

563

黄脸林莺是一种行踪诡异的独居性鸟类。尽管近些年来其繁殖地被人为改造，但其种群数量却仍然保持稳定。这种鸟生活在成熟的针叶林中，而很少到阔叶林的树冠层或森林的灌丛中活动。无论是觅食、鸣唱还是繁殖，它们都会在针叶树的高处进行。为了建立其繁殖地，黄脸林莺雄鸟会采用鸣叫和身体攻击的方式来抵御入侵者。在某些地区，黄脸林莺还会抵御鸣唱的黑喉灰林莺（详见561页）和黄眉林莺（详见562页），它们能与这两种林莺杂交并产生后代。

当雌鸟抵达其繁殖地并与雄鸟结成配偶关系时，繁殖就开始了。雌鸟会选定巢址并收集巢材，然而目前还没有观察到黄脸林莺筑巢的记录。雌鸟还会独自负责孵卵，当它们离开鸟巢觅食或排泄时，雄鸟则会紧紧地跟在其身后。亲鸟双方会共同喂养雏鸟，喂食频率也会随着雏鸟的生长而逐渐增加。

窝卵数

黄脸林莺的卵为乳白色，杂以细小的深棕色斑点。卵的尺寸为17 mm×12 mm。为了保护鸟卵免遭捕食者的空袭，鸟巢常被筑于树冠层下茂密的树叶之间。

实际尺寸

目	雀形目
科	森莺科
繁殖范围	得克萨斯州中部
繁殖生境	峡谷中及山坡上的杜松林及针叶林
巢的类型及巢址	杯状巢，由树皮纤维和节肢动物的丝筑成，内部垫以细草、毛发及其他植物脱落物；鸟巢多见于小树上
濒危等级	濒危
标本编号	FMNH 2543

564

成鸟体长
11～13 cm

孵卵期
12～13 天

窝卵数
3～4 枚

金颊黑背林莺
Setophaga chrysoparia
Golden-cheeked Warbler
Passeriformes

窝卵数

金颊黑背林莺的卵为白色，杂以深红棕色至黑色斑点。卵的尺寸为 19 mm×17 mm。这种鸟受到褐头牛鹂（详见 616 页）的严重影响。例如在得克萨斯州的胡德堡，在对牛鹂进行诱捕和移除之后，该地区的巢寄生率从超过 50% 下降到了少于 10%。

难民种（Fugitive Species）就是指那些需要对其栖息地进行有规律的干扰和再生的物种，与其不同的是金颊黑背林莺数量稀少的原因是它们只需要成熟的森林这一顶级群落。因此，当金颊黑背林莺偏好的橡树林或杜松林受到火灾等自然干扰，或伐木、开垦草场等人为干扰时，这种鸟将会失去栖息地，这片森林也将花费数十年的时间才能恢复到原来的状态。近年来，随着得克萨斯州城市的不断扩展，金颊黑背林莺已经丧失了很多繁殖地。

金颊黑背林莺的社会行为和繁殖行为多集中在鸟巢附近，雌鸟选择雄鸟通常是基于其领域内巢址的情况。选定巢址后，雌鸟会修建鸟巢，呼唤着雄鸟并在其巢址处交配。在孵卵的过程中，雌鸟会抵御其他雌鸟出现在鸟巢附近。整个繁殖季，雄鸟也会对其他雄鸟具有极强的攻击性。年龄较大的雄鸟具有很高的巢址忠诚度，它们会年复一年地返回上一年的巢址处繁殖；而年轻雄鸟对巢址的忠诚度则较低，它们通常只能占据质量较差的栖息地，而不是质量更好的河边谷地。

实际尺寸

目	雀形目
科	森莺科
繁殖范围	北美洲北部及东部
繁殖生境	针叶林及混交林，柏树林间的沼泽
巢的类型及巢址	开放的杯状巢，多见于矮小的云杉或木兰灌丛接近树干处；鸟巢由细枝、杂草、树皮纤维及蜘蛛丝筑成，鸟巢内部垫以苔藓、细根及羽毛
濒危等级	无危
标本编号	FMNH 16980

成鸟体长	11～12 cm
孵卵期	12 天
窝卵数	3～5 枚

黑喉绿林莺
Setophaga virens
Black-throated Green Warbler
Passeriformes

565

窝卵数

这种体型较小的林莺繁殖范围面积广大，横跨了整个北美洲北部至东部的针叶林。如果它们在繁殖地活动的话，则很容易被发现，因为雄鸟长着明亮的羽毛，还会频繁地鸣唱，每分钟最多可以唱十首曲目。雄鸟会严格地抵御其他雄鸟侵入领域，它们可以在其全功能的领域中觅食、繁殖。雌性伴侣也会阻止同种雌鸟闯入其领域。

在开始繁殖前，雌鸟会和雄鸟一起在其领域中漫步，选择一个靠近树干的合适的树权，并在那里筑巢。雄鸟会帮助收集巢材，但鸟巢内层的结构由雌鸟独自编织，之后雌鸟会在其中产卵。雌鸟将独自孵卵、温雏。雌鸟还会吃掉破碎的蛋壳以保持巢中的清洁，并和雄鸟一道喂养雏鸟。

实际尺寸

黑喉绿林莺的卵为白色，杂以棕色斑点。卵的尺寸为 17 mm × 12 mm。通常情况下，雌鸟每年只产一窝卵，但如果巢被破坏了，它就会再建一个鸟巢并补产一窝卵。

目	雀形目
科	森莺科
繁殖范围	北美洲北部及东部
繁殖生境	针阔混交林，林下具沼泽或茂密的灌丛
巢的类型及巢址	地面凹坑，多见于灌丛之中或其下方的苔藓坑中；杯状巢由草叶及树皮纤维筑成，垫以鹿或鼠的毛发
濒危等级	无危
标本编号	FMNH 15190

成鸟体长
11～15 cm

孵卵期
12 天

窝卵数
3～5 枚

566

加拿大威森莺
Cardellina canadensis
Canada Warbler

Passeriformes

窝卵数

　　总算有一种森莺的英文名和学名都和这种鸟的地理分布有关了。加拿大威森莺主要繁殖于加拿大，在美国东部的阿巴拉契亚山脉也有繁殖。过去三十年，在森林破碎化和湿地森林生境丧失的同时，加拿大威森莺的种群数量也经历了持续的下降，因此这一物种曾被加拿大政府列为受胁物种。

　　修筑鸟巢和孵化鸟卵都由雌鸟负责，而雄鸟则伴随在它们身边收集巢材，当雌鸟孵卵时还会被喂以食物。雏鸟孵化后，亲鸟双方都会用嘴叼着昆虫和其他食物喂养它们。之后亲鸟还会在鸟巢边等着雏鸟排便，并将粪囊远远地丢到巢外。

实际尺寸

加拿大威森莺的卵为白色至浅黄色，杂以棕色、灰色或紫色斑点。卵的尺寸为 17 mm×12 mm。重新利用旧巢，并对其中的内衬进行必要的修补，将节约很多时间，这样一来雌鸟就可以在两三天后开始产卵了。

目	雀形目
科	森莺科
繁殖范围	北美洲北部及西部
繁殖生境	海边或山地灌丛、林缘、灌丛沼泽
巢的类型及巢址	碗状巢，由莎草、树叶及杂草筑成，垫以细草及粗糙的毛发；鸟巢多见于地面，位于灌丛基部或较低的位置，也见于草丛中
濒危等级	无危
标本编号	FMNH 2598

黑头威森莺
Cardellina pusilla
Wilson's Warbler

Passeriformes

成鸟体长
10～11 cm

孵卵期
11～13 天

窝卵数
3～5 枚

567

黑头威森莺是五种英文名以苏格兰裔美国鸟类学之父亚历山大·威尔逊（Alexander Wilson）之名命名的鸟类之一。这种鸟的分布范围广泛，其繁殖和觅食之地从太平洋那潮湿的海岸森林延伸至加拿大北部的森林。在开始繁殖之前，雄鸟会先于雌鸟 1 ～ 2 周抵达适宜栖息地，用鸣唱和行为展示来划分其领域的边界。即使如此，也会经常有闯入其领域寻找雌鸟的雄鸟出现。

通常雌鸟最早会在 3 岁时才能够在雄鸟的领域中开始修筑鸟巢、产下鸟卵。人们并不清楚雌鸟青睐的是更优质的栖息地还是更年长的雄鸟。

窝卵数

实际尺寸

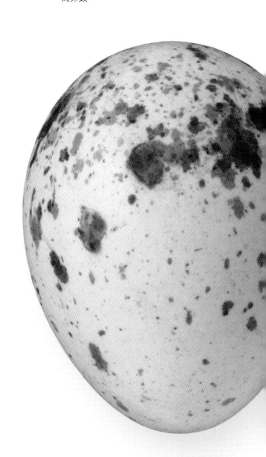

黑头威森莺的卵为乳白色或白色，杂以红色斑点。卵的尺寸为 16 mm × 12 mm。卵由雌鸟独自孵化，绝大多数甚至所有的雄鸟都离开其领域，直到雏鸟孵化时才返回，此后雄鸟会和雌鸟一道喂养雏鸟。

目	雀形目
科	森莺科
繁殖范围	北美洲西南部、中美洲北部
繁殖生境	开阔而干旱的松林及橡树林
巢的类型及巢址	开放的杯状巢，由粗糙的草叶及松针筑成；鸟巢多见于地面、石墙或坡地上
濒危等级	无危
标本编号	FMNH 270

成鸟体长
13～15 cm

孵卵期
12～14 天

窝卵数
3～7 枚

568

彩鸲莺
Myioborus pictus
Painted Redstart

Passeriformes

窝卵数

彩鸲莺的卵为白色，杂以棕色斑点。卵的尺寸为17 mm×12 mm。适宜的巢址会被年复一年地利用，每次彩鸲莺产下鸟卵之前都会重新筑巢。

同其他林莺不同，彩鸲莺雌鸟也会鸣唱，而且雌雄之间的鸣唱是求偶展示的重要组成部分。在建立配偶关系后，雌雄双方会共同寻找适宜的巢址，之后雌鸟会向选中的巢址处递送巢材。雌鸟将独自修筑鸟巢、孵化鸟卵及温雏，亲鸟双方共同喂养雏鸟，而且喂食的频率也相等。

彩鸲莺的羽毛由明亮的红色、黑色及白色组成，但其分布于新热带界的亲缘种却与分布于欧亚大陆的红尾鸲（Redstart）没有亲缘关系。因此有时彩鸲莺又被称作"Whitestart"，以避免和红尾鸲相混淆。彩鸲莺（Whitestart）的英文名很形象，因为黑色的尾部具白色斑点，所以常被用来惊吓或惊飞隐藏的昆虫。科学家研究发现，将彩鸲莺黑色尾部的白斑涂成黑色后，其捕捉昆虫的成功率将有所下降。

实际尺寸

目	雀形目
科	森莺科
繁殖范围	北美洲温带地区
繁殖生境	低矮而茂密的灌丛、再生伐林区、林缘及河边灌丛
巢的类型及巢址	大型杯状巢，由杂草、树木、树皮纤维、人造纤维及茎，内部垫以细草、细根、松针及毛发；鸟巢多见于低矮茂密的灌丛中
濒危等级	无危
标本编号	FMNH 12963

黄胸大鹛莺
Icteria virens
Yellow-breasted Chat

Passeriformes

成鸟体长
17～19 cm

孵卵期
11～12 天

窝卵数
3～5 枚

569

黄胸大鹛莺是体型最大的一种森莺。因为具有独特的形态、鸣唱行为和遗传关系，因此这种鸟与其他鸟种的亲缘关系都不是很近，故独立一属。尽管体型较大，但很难找到黄胸大鹛莺所处的位置，因为它们常隐蔽在具茂密树叶的灌丛中，并在那里觅食、繁殖。但在繁殖季，黄胸大鹛莺却会唱出多种多样的曲目，这使得研究人员能够较容易地调查其领域被占用的情况。

配偶关系建立后，雌鸟便会选择一处巢址，并在隐蔽性良好的茂密树叶间搭建一个巨大的杯状巢。雌鸟每天都会在破晓之后产下一枚鸟卵，但之后的整个白天都会在远离鸟巢的地方度过。在最后一枚鸟卵产下的前夜，雌鸟就已经开始独自孵卵了，此时雄鸟会在巢外夜宿。只有雌鸟会温雏，而雄鸟则为它提供食物。之后，亲鸟双方会轮流为雏鸟提供食物。

窝卵数

实际尺寸

黄胸大鹛莺的卵为白色至灰白色，杂以棕色或黑色斑点。卵的尺寸为22 mm×17 mm。每个繁殖季之间的冬天，鸟巢所在的树枝都会枯萎，但雌鸟来年仍会在同一个树枝上修筑鸟巢，年复一年。

目	雀形目
科	裸鼻雀科
繁殖范围	中美洲、南美洲热带低地
繁殖生境	开阔的森林、林缘、花园及公园
巢的类型及巢址	开放的大型杯状巢，由杂草和树叶筑成；鸟巢多见于矮树或灌丛中
濒危等级	无危
标本编号	FMNH 2499

成鸟体长	18～19 cm
孵卵期	14～15 天
窝卵数	2～4 枚

570

纹肩黑唐纳雀
Tachyphonus rufus
White-lined Tanager

Passeriformes

窝卵数

纹肩黑唐纳雀十分常见，这种鸟因温顺的行为、悦耳的鸣唱以及常年定居于农田、种植园、公园或花园等人类居所旁而为人熟知。在这些地方，成鸟以花蜜、水果和种子为食，有时也会在落叶和树皮中寻找昆虫。纹肩黑唐纳雀将果肉消化而将种子排泄或吐出，因此它们对于所食植物的扩散起到了至关重要的生态作用。此外，那些穿过纹肩唐纳雀消化道的种子会比直接掉到地上的种子更快地发芽。

为了确保占有食物资源，无论是繁殖季内还是繁殖季外，纹肩黑唐纳雀都具有很强的领域性，并会通过鸣唱和飞行来驱赶闯入者离开。尽管这是一种不迁徙的鸟类，但通常每个繁殖季它们也只繁殖一巢。

实际尺寸

纹肩黑唐纳雀的卵为乳白色，杂以不规则的大块棕色斑点。卵的尺寸为25 mm×17 mm。雌鸟羽衣隐蔽呈棕色，只有它们才会孵化鸟卵，鸟巢和出飞幼鸟的颜色也为棕色，但雄鸟的羽色却是呈金属光泽的黑色。

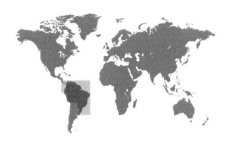

目	雀形目
科	裸鼻雀科
繁殖范围	中美洲、南美洲热带地区
繁殖生境	开阔的林地、林间空地、农田、公园及花园
巢的类型及巢址	大而松散的杯状巢，由树叶、树枝及松针筑成；鸟巢多见于棕榈树上或屋檐之下
濒危等级	无危
标本编号	FMNH 14755

棕桐裸鼻雀
Thraupis palmarum
Palm Tanager
Passeriformes

成鸟体长
17～19 cm

孵卵期
14 天

窝卵数
2～3 枚

571

窝卵数

鸣唱响亮而羽色醒目的棕桐裸鼻雀对于许多人来讲都十分熟悉，特别是它们会经常在建筑物的突出处或屋檐下的平台上筑巢。雌雄双方会一起收集巢材修筑鸟巢。亲鸟还会轮流饲喂雏鸟并衔走粪囊。棕桐裸鼻雀通常会吃下整颗水果。为了喂养后代，亲鸟会将果浆反吐出，直接喂给饥饿的雏鸟。

棕桐裸鼻雀是一种广泛分布于热带的鸟类，它们倾向于在林缘地区觅食、繁殖，而这种生境恰恰在人类居所附近更为常见，因此经常能在花园、公园和住宅后院中见到它们的踪影。

实际尺寸

棕桐裸鼻雀的卵为乳白色至锈黄色，杂以大块棕色斑点。卵的尺寸为 25 mm×17 mm。鸟卵由雏鸟独自孵化，雏鸟需要花上两周半的时间才能飞离鸟巢。

目	雀形目
科	裸鼻雀科
繁殖范围	南美洲南部
繁殖生境	干旱草原、灌丛草原、林缘
巢的类型及巢址	多见于地面的杯状巢，内部垫以细草
濒危等级	无危
标本编号	FMNH 2495

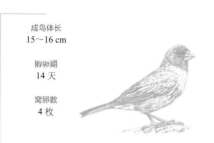

成鸟体长	15～16 cm
孵卵期	14 天
窝卵数	4 枚

572

灰头岭雀鹀
Phrygilus gayi
Gray-hooded Sierra-finch

Passeriformes

窝卵数

灰头岭雀鹀的卵为白色，杂以棕色斑点。卵的尺寸为 19 mm×16 mm。雌鸟独自孵卵，亲鸟双方共同喂养雏鸟。

从羽毛来看，灰头岭雀鹀很像分布于南美洲那种黄色的暗眼灯草鹀，但实际上羽毛的颜色通常并非进化支序的可靠证据。例如，岭雀鹀属（*Phrygilus*）的鸟类有很多种，这些物种身体结构和羽毛图案都十分相似，因此将它们归为一类。但遗传学研究表明，岭雀鹀属由至少4个进化支组成，趋同进化使得所有这些支序中的物种都具有相似的羽色。

尽管遗传学研究十分先进，但是仍需要开展更多的自然史方面的研究，因为这对于基于繁殖和生态的物种概念来讲至关重要。例如，生活在开阔生境中的灰头岭雀鹀和栖居于森林生境中的南美岭雀鹀具有不同的生态需求，这使得两个物种的基因存在差异。但是，由于两个物种在繁殖上尚不存在行为上的隔离，因此当二者在狭窄的交汇区相遇时，难免会产生杂交物种。

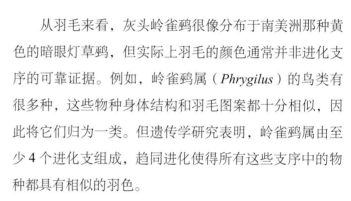

实际尺寸

目	雀形目
科	裸鼻雀科
繁殖范围	北美洲南部及中美洲
繁殖生境	连续的灌丛、灌丛草地及稀树草原
巢的类型及巢址	开放的杯状巢，由纤维、树叶、蜘蛛网、细根及杂草筑成；鸟巢多见于小树上靠近树干的地方或茂密的灌丛中
濒危等级	无危
标本编号	FMNH 14545

白领食籽雀
Sporophila torqueola
White-collared Seedeater
Passeriformes

成鸟体长
9～11 cm

孵卵期
13 天

窝卵数
2～4 枚

573

对于许多种食籽雀，包括白领食籽雀来说，只有雄鸟的羽毛由明亮的黑色、白色和棕色组成，而雌鸟和亚成体的羽毛则是暗淡的棕色。像这种羽毛颜色的性别差异，暗示着雄鸟的羽毛在物种识别和雌鸟性选择的过程中具有很重要的功能。雌鸟那极具伪装性的羽衣在此过程中也具有类似的作用，暗淡的羽色能给它们在巢中孵卵时提供很好的隐蔽。

在非繁殖季，白领食籽雀会集大群游荡活动，并在茂密的草丛或香蒲丛中夜宿。春季，雄鸟会离开鸟群建立其繁殖地，它们会站立于树木或灌丛顶端鸣唱来吸引雌鸟。在配偶关系建立后，雌鸟将修筑鸟巢、孵化鸟卵。亲鸟双方还会共同喂养雏鸟，但尚不清楚雄鸟是否也会喂养出飞的雏鸟。

实际尺寸

白领食籽雀的卵为淡蓝色至灰色，杂以不规则的深棕色斑点。卵的尺寸为16 mm × 12 mm。雌鸟会在巢中边孵卵边夜宿，而雄鸟则会与其他雄鸟聚在一起集群夜宿。

窝卵数

目	雀形目
科	裸鼻雀科
繁殖范围	南美洲北部及除古巴外的加勒比地区
繁殖生境	高草地、开阔灌丛、小块稻田，花园及路边
巢的类型及巢址	具球顶的鸟巢，由杂草及长叶筑成，内部垫以细草；鸟巢多见于土堤上或茂密的灌丛中
濒危等级	无危
标本编号	FMNH 15246

成鸟体长	10～11 cm
孵卵期	9～12 天
窝卵数	2～3 枚

574

黑脸草雀
Tiaris bicolor
Black-faced Grassquit
Passeriformes

窝卵数

为了吸引雌鸟，雄鸟会在其繁殖地上空飞行，并嗡嗡鸣唱，同时震动其坚硬的羽毛。如果雌鸟注意到了它，雌雄双方会共同选择一处适宜的巢址，并一道收集巢材、修筑鸟巢，还会在幼鸟发育的整个过程中共同照顾它们。今天，黑脸草雀常在花园或公园那精心修剪过的观赏灌木中筑巢。

作为新热带界的一类常见而多样的鸟类类群，草雀属（*Tiaris*）鸟类因与加拉帕戈斯群岛上的达尔文雀[①]具有很近的系统发育关系而被科学界和公众广泛关注。这么说来，二者确实具有很多相似性，包括雄鸟深蓝色或黑色的羽毛、雌鸟暗灰色或棕色的羽毛以及封闭的半球形鸟巢。

实际尺寸

黑脸草雀的卵为白色，杂以红色、棕色或巧克力色斑点，卵的尺寸为 17 mm × 12 mm。

---

① 译者注：达尔文雀指雀形目裸鼻雀科中隶属于 4 或 5 个属的 18 个物种的统称。

目	雀形目
科	裸鼻雀科
繁殖范围	加拉帕戈斯群岛
繁殖生境	沿海干旱灌丛及开阔林地
巢的类型及巢址	具圆顶的小型鸟巢，由杂草、细根、荆棘及茎筑成，鸟巢多见于灌丛中或仙人掌上
濒危等级	无危
标本编号	FMNH 2902

成鸟体长
10～11 cm
孵卵期
12～13 天
窝卵数
3 枚

575

小地雀
Geospiza fuliginosa
Small Ground-finch

Passeriformes

小地雀是较为人熟知的一种达尔文雀，它们占据了多数岛屿和多种栖息地，甚至有些还在靠近城镇的地区活动。在湿润的年份里，小地雀会高效地取食较小的草籽；但在干旱的年份里，它们喙的尺寸和力量通常不足以嗑开较大的种子。在这些岛屿上，从潮湿的高地森林到干旱的沿岸灌丛，因栖息地自然状况不同，不同体型和喙形的地雀之间可以进行杂交。

正如其他种地雀那样，小地雀的繁殖也具有很强的机会性，这与岛上炎热雨季的天气状况和持续时间相关。在许多年份里，小地雀只能繁殖一窝，但在某些年份里最多能成功繁殖9窝！

窝卵数

实际尺寸

小地雀的卵为浅黄色至乳白色，杂以巧克力色至栗色斑点，卵的尺寸为 17 mm×12 mm。产卵的时间通常与当地雨季的开始相吻合，鸟卵将由雌鸟独自孵化。

目	雀形目
科	鹀科
繁殖范围	北美洲东部及中美洲
繁殖生境	开阔的林地、林间空地、林缘及灌丛
巢的类型及巢址	多见于地面的开放的杯状巢，嵌入落叶层中或筑于灌丛中，常具茂密的植被覆盖；鸟巢由杂草、树叶、草茎及树皮纤维筑成
濒危等级	无危
标本编号	FMNH 14356

成鸟体长
17～21 cm

孵卵期
11～13 天

窝卵数
3～5 枚

576

棕胁唧鹀
Pipilo erythrophthalmus
Eastern Towhee

Passeriformes

窝卵数

棕胁唧鹀的卵为灰色或乳白色，有些偶尔为绿白色。卵表面具栗棕色或浅灰色斑点。卵的尺寸为22 mm×17 mm。雌鸟独自孵化鸟卵，当危险降临时雄鸟会呼唤雌鸟，雌雄双方会共同围攻巢旁的捕食者。

棕胁唧鹀是一种羽色艳丽的鸟类，它们具有较长的尾羽和明显的性二型特点，这使得它们较其他雀类更适合开展行为学实验研究。通过播放棕胁唧鹀雄鸟熟悉的和不熟悉的其他同种雄鸟的鸣唱，棕胁唧鹀的雄鸟可以识别出邻域的雄鸟，即使在其邻域同种雄鸟的声音中混合模仿的声音和其他种鸟鸣，它们也能够区别。因为棕胁唧鹀雄鸟每年都会返回上一年的领域，因此记住其邻域雄鸟的叫声可以省去不必要的领域争斗。

在棕胁唧鹀靠南的分布区中，这种鸟的繁殖季可以持续近 5 个月之久。雌鸟会独自选择巢址、修筑鸟巢并孵化鸟卵。对于雄鸟来说，是什么信号提示它该给雏鸟提供食物了，这一点我们仍然不清楚；而对于雄鸟来说，在雏鸟孵出之前几天，实际上它们就已经做好准备了。

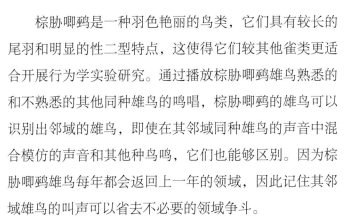

实际尺寸

目	雀形目
科	鹀科
繁殖范围	北美洲西南部
繁殖生境	开阔的草地、灌丛、树林、火烧林、沿河橡树林或多石的峡谷
巢的类型及巢址	开放的大型杯状巢，外壁由树枝筑成，由干草、树叶及细根筑成，杂以树皮纤维及细枝；鸟巢多见于地面上或低矮的灌丛中，通常位于岩石下或隐蔽于灌丛中
濒危等级	无危
标本编号	FMNH 15229

成鸟体长
13～15 cm
孵卵期
11～13 天
窝卵数
3～4 枚

棕顶猛雀鹀
Aimophila ruficeps
Rufous-crowned Sparrow

Passeriformes

577

棕顶猛雀鹀是一种不起眼的小鸟，它们会占据领域。这种鸟倾向于选择干旱的栖息地，因此两个种群之间往往并不相连。即使是在适宜栖息地，棕顶猛雀鹀的领域也会集中在岩石小山四周而呈团块状分布。雄鸟全年都会维持其领域，它们勤于驱赶邻鸟和闯入者，只能容忍配偶和未成年的后代在自己的领域中活动。但这种关系或许只能维系到冬天来临之前，雄鸟在下一个繁殖季或许就不会再选择这只雌鸟作为配偶了。

随着季节性降雨的到来，搭建鸟巢的重任将降临到雌鸟身上。鸟巢常筑于石崖下、茂密的灌丛中或仙人掌的茎中，甚至是地洞或铝罐中。雌鸟将负责孵卵，但亲鸟双方共同喂养雏鸟，它们会向乞食的雏鸟口中递喂昆虫。

窝卵数

棕顶猛雀鹀的卵为淡蓝白色，无斑点，其尺寸为 19 mm × 16 mm。开放式鸟巢中的卵常隐蔽性极佳，它们通常具有斑点或为深蓝色，但棕顶猛雀鹀却是个例外。

实际尺寸

目	雀形目
科	鹀科
繁殖范围	北美洲西南部
繁殖生境	零散分布着灌木的开阔的草地
巢的类型及巢址	开放的深杯状巢，由草茎筑成；鸟巢多见于地面上、草丛低处或灌丛中
濒危等级	无危
标本编号	FMNH 13809

成鸟体长
13～15 cm

孵卵期
10～12 天

窝卵数
3～5 枚

578

卡氏猛雀鹀
Peucaea cassinii
Cassin's Sparrow

Passeriformes

窝卵数

卡氏猛雀鹀的卵为白色，无斑点，其尺寸为 19 mm × 16 mm。这是一种不同寻常的鸟类，有时它们会将巢筑在地面上，将无斑点的卵产在开放的巢杯中；雌鸟会在产下倒数第二枚鸟卵后开始孵卵。

英语中将雄鸟在空中歌唱的行为描述为 "Skylarking"（直译为在空中像百灵鸟那样鸣唱），这一词汇是基于对旧大陆百灵鸟的观察。和百灵鸟类似，卡氏猛雀鹀生活在北美洲那些开阔的草原中，这种鸟演化出了与百灵类似的炫耀行为。在繁殖季，卡氏猛雀鹀会在空中一边飞行一边鸣唱出复杂的旋律，并借此来吸引雌鸟。雌鸟还会站立于灌丛、茂密的草叶间甚至是地面上鸣唱。除此之外，这种羽色暗淡的鸟十分不起眼，它们倾向于在草丛间奔跑而不是飞行。

雌雄之间形成配偶关系和交配的时间与夏天雨季的到来密切相关。只有雌鸟会衔来巢材，但鸟巢的结构却没有详细的记载。只有雌鸟会发育出孵卵斑这一结构，但详细的孵卵行为尚不为人知。人们只记录到雌雄双方都会为雏鸟提供食物并移除粪囊。

实际尺寸

目	雀形目
科	鹀科
繁殖范围	美国东南部
繁殖生境	林下植被茂密而林冠中等开阔的成熟松树林，以及再生的火烧林
巢的类型及巢址	开放的杯状巢，或具圆顶，由草茎及松针筑成；鸟巢多见于地面，紧挨树干或位于草丛之内
濒危等级	近危
标本编号	FMNH 222

成鸟体长
11～15 cm

孵卵期
13～14 天

窝卵数
2～5 枚

579

巴氏猛雀鹀
Peucaea aestivalis
Bachman's Sparrow

Passeriformes

这种神秘的雀鹀吸引了人们对其保护的关注，在繁殖季伊始开展的春季雄鸟数量调查表明，在其过去十分常见的分布区中，如今的数量已经变得十分稀少或根本没有了。不过，巴氏猛雀鹀却与南方松林保持着千丝万缕的关联，保留的松树林本来是为了保护濒危的红顶啄木鸟的，但这一生境也使巴氏猛雀鹀从中获益。

许多成鸟都会返回上一年的繁殖地繁殖。在配偶关系形成后，雌鸟便会开始修筑鸟巢，而雄鸟则会鸣唱着紧随其后。只有雌鸟会发育出孵卵斑，也只有雌鸟会孵化鸟卵。鸟卵孵化后，亲鸟双方将共同为后代提供食物。亲鸟总是悄无声息地移动，它们在接近鸟巢的地方降落，之后走着接近鸟巢。

窝卵数

实际尺寸

巴氏猛雀鹀的卵为白色，无斑点，其尺寸为 19 mm × 16 mm。对于这种分布于北美洲南部的雀鹀来讲，繁殖季可以持续很长时间，因此每年可以完成两个完整的繁殖周期。如果繁殖失败，雌鸟还会补产一窝。

目	雀形目
科	鹀科
繁殖范围	北美洲北极及亚北极地区
繁殖生境	开阔的苔原、灌丛地区、北方森林林缘
巢的类型及巢址	杯状巢，由苔藓、草叶、脱落的树皮及细枝筑成，垫以细草及绒羽；鸟巢多见于草丛中接近地面的地方或地面上
濒危等级	无危
标本编号	FMNH 2823

成鸟体长
14～17 cm

孵卵期
10～14 天

窝卵数
4～6 枚

580

美洲树雀鹀
Spizella arborea
American Tree Sparrow
Passeriformes

窝卵数

在北美洲温带地区，美洲树雀鹀是一种常见的越冬鸟类，而到了繁殖季，它们则会飞跃广阔的北方针叶林到更遥远的北方繁殖。在苔原地带，雄鸟通过响亮的鸣唱来宣示其领域，而雌鸟则会在抵达繁殖地后再与雄鸟建立配偶关系。雌鸟将独自选择巢址、孵化鸟卵并温雏，而雄鸟虽然会经常光顾鸟巢却不提供帮助，直到雏鸟需要定期喂食。

即使缺少牙齿，鸟类在消化食物之前也需要将它们软化。为了做到这一点，美洲树雀鹀需要吞食一定量的砂石和小鹅卵石积累在嗉囊中，使食物在那里被研磨。雏鸟由亲鸟喂以砂石。对于美洲树雀鹀来说，早在雏鸟孵化三天之后，就能在其嗉囊中见到砂石了。

实际尺寸

美洲树雀鹀的卵为淡蓝色，杂以红色斑点。卵的尺寸为 19 mm × 16 mm。鸟卵孵化后，雌鸟会吞掉破碎的鸟卵，以防止鸟巢中这些内表面呈白色而闪亮的碎片将天敌吸引来。

目	雀形目
科	鹀科
繁殖范围	北美洲及中美洲
繁殖生境	针叶林中的空地、林缘、灌丛草地及城市公园
巢的类型及巢址	杯状巢，由动物毛发及植物纤维筑成，位于疏松的盘状平台之上；鸟巢多见于针叶树或其他树木、灌丛中高处树枝的远端
濒危等级	无危
标本编号	FMNH 2145

棕顶雀鹀
Spizella passerina
Chipping Sparrow

Passeriformes

成鸟体长
13～15 cm
孵卵期
10～15 天
窝卵数
2～7 枚

581

窝卵数

　　棕顶雀鹀的分布十分广泛，从北方森林的林间空地到中美洲的稀树松树草原以及市郊住宅的后院中都能见到它们的踪影。棕顶雀鹀的鸣声十分简单，通常是重复颤音或嗡嗡声，雄鸟会用这些鸣声来吸引较晚抵达其繁殖地的雌鸟，还会在建立配偶关系时用来炫耀展示。随后它们便会开始筑巢，但如果天气寒冷，筑巢开始的时间往往推迟几天。

　　棕顶雀鹀的许多繁殖尝试都中途放弃了，即使到了产卵阶段也会出现这样的情况。不过修筑新鸟巢的巢材通常来自那些未完成的鸟巢。在选定一处巢址后，这一巢址将为这只雌鸟所占有。如果鸟巢损坏或被移走，雌鸟还会在此处重新修建一个鸟巢。经年累月，即使旧巢已经破败不堪，但棕顶雀鹀也会在原来的巢址、至少是同一棵树上修筑新的鸟巢。

实际尺寸

棕顶雀鹀的卵为淡蓝色至白色，杂以黑色、棕色或紫色斑点。卵的尺寸为 17 mm×12 mm。雌鸟孵卵时，雄鸟可能会冒险离开领域，并会与其他雌鸟交配，但它也可能会回到巢中，并频繁地向雌鸟递喂食物。

目	雀形目
科	鹀科
繁殖范围	北美洲中部及西部
繁殖生境	草地、灌丛或林地边缘
巢的类型及巢址	开放的杯状巢，由草叶及细枝筑成，垫以细草及马鬃；鸟巢多见于地面，或灌丛、小树的低处
濒危等级	无危
标本编号	FMNH 11002

成鸟体长
15～17 cm

孵卵期
11～12 天

窝卵数
3～6 枚

582

鹨雀鹀
Chondestes grammacus
Lark Sparrow
Passeriformes

窝卵数

鹨雀鹀生活在大草原中，它们是一种较为不同的鸣禽，雄鸟经常用喙和脚爪来抵御闯入其领域的入侵者。但随着产卵期的开始，对其领域的保卫力度将逐渐减弱，只有即将对鸟巢构成威胁时，鹨雀鹀才会进行防卫。

在雀形目鸟类当中，鹨雀鹀就像是只昂首阔步的火鸡。鹨雀鹀雄鸟对雌鸟进行的炫耀展示通常是在地面上的鸣唱和跳跃，它们会将翅膀压低而将尾扇打开。如果雌鸟接受了这只雄鸟，它将压低身体，与雄鸟交配。之后雌鸟将会衔着细枝到巢址处去。雌鸟独自搭建鸟巢，并独自孵化鸟卵。亲鸟双方将共同喂养雏鸟，并会在喂食之后移除雏鸟的粪囊。

实际尺寸

鹨雀鹀的卵为乳白色，杂以错综复杂的栗色至巧克力色斑点或线条。卵的尺寸为19 mm × 16 mm。鹨雀鹀雌鸟偶尔会利用嘲鸫的旧巢产卵，但如果旧巢的主人也想利用这个旧巢的话，鹨雀鹀的繁殖通常将以失败告终。

目	雀形目
科	鹀科
繁殖范围	加利福尼亚州
繁殖生境	开阔的灌丛，通常是蒿草丛，也包括其他灌丛
巢的类型及巢址	开放的杯状巢，由树枝、细根及草叶筑成，垫以细草及树皮纤维；鸟巢多见于灌丛或草丛低处
濒危等级	无危
标本编号	FMNH 13841

艾草漠鹀
Amphispiza belli
BELL'S Sparrow

Passeriformes

成鸟体长
11～15 cm

孵卵期
12～16 天

窝卵数
2～6 枚

583

与大多数雀形目鸟类不同的是，艾草漠鹀迁徙种群的配偶关系在其抵达繁殖地之前就已经形成了。而对于定居种群来说，虽然在下一个繁殖季开始前会出现"离婚"和"再婚"的现象，但雌雄之间几乎全年都会维持配偶关系。在繁殖季早期，艾草漠鹀会鸣唱着紧跟并守护着雌鸟。雌鸟负责筑巢和孵卵，当雌鸟短暂地离开鸟巢时，有些雄鸟会卧于巢中。亲鸟双方共同喂养雏鸟。

艾草漠鹀在且只在其适宜栖息地内才相对常见。随着栖息地的改变，其种群数量往往呈现出下降的趋势。例如，在猪、山羊和家猫被引入到加利福尼亚的圣克罗门蒂岛（San Clemente Island）之后，岛上艾草漠鹀的数量便迅速下降。最终人们将这种鸟类定为受胁物种，并采取了保护措施。

窝卵数

艾草漠鹀的卵为淡蓝色，杂以棕色斑点，其尺寸为 19 mm × 16 mm。

实际尺寸

目	雀形目
科	鹀科
繁殖范围	北美洲中部及西部
繁殖生境	开阔的牧场及草原
巢的类型及巢址	松散的碗状巢，由草叶、细根及茎筑成，垫以细草及毛发；鸟巢多见于地面刨坑中，通常位于灌丛之下
濒危等级	无危
标本编号	FMNH 13875

成鸟体长
14～18 cm
孵卵期
11～12 天
窝卵数
2～5 枚

584

白斑黑鹀
Calamospiza melanocorys
Lark Bunting
Passeriformes

窝卵数

　　白斑黑鹀雄鸟的羽毛为黑色，具白色翅斑，在其生活的黄绿交织的大草原中十分显眼。繁殖季开始时，雄鸟会先于雌鸟抵达繁殖地，聚集建立小块儿领域。雄鸟只有在求偶展示时才会保卫其领域，在开始筑巢后，白斑黑鹀的繁殖模式则更像是松散的繁殖群。

　　研究表明雌鸟对雄鸟的选择偏好会发生改变。在某些年份中，雄鸟会具有较大的翅斑；而在另一些年份中，雄鸟却只有较小的翅斑。雄鸟表现出的结果，似乎是对雌鸟有利的选择，因为雌鸟与偏好的雄鸟繁殖才会有较高的繁殖成功率。

实际尺寸

白斑黑鹀的卵为淡蓝色，无斑点，其尺寸为 22 mm × 17 mm。随着繁殖种群数量的下降，雌鸟会与多只雄鸟交配，或出现雄性繁殖帮手。

目	雀形目
科	鹀科
繁殖范围	北美洲中北部
繁殖生境	高草草原
巢的类型及巢址	开放的杯状巢，由杂草筑成，垫以细草及其他植物纤维；鸟巢多见于地面凹坑或草丛中
濒危等级	无危
标本编号	FMNH 10898

贝氏草鹀
Ammodramus bairdii
Baird's Sparrow

Passeriformes

成鸟体长
12～14 cm

孵卵期
11～12 天

窝卵数
4～5 枚

585

贝氏草鹀雄鸟会先于雌鸟一周抵达位于北方的繁殖地，并在那里建立可供炫耀展示之用的领域，之后这一领域将转变为供繁殖和觅食之需的全功能领域。人们并不清楚，在那些均质的栖息地中，地标或草叶的特征是否会被当作其领域的边界。但是当贝氏草鹀出现越界的情况时，鸣声和行为的争斗会立即出现。那些稍后抵达的雄鸟，其领域的位置和形状通常有所改变。

雌鸟抵达繁殖地后，雌雄之间便会建立配偶关系，雌鸟将独自孵化鸟卵，而雄鸟则只是袖手旁观。但亲鸟双方会共同喂养雏鸟，它们还会远远地飞到鸟巢的不同方向丢弃粪囊，以保持鸟巢的清洁和安全。

窝卵数

实际尺寸

贝氏草鹀的卵为白色，略具灰色色调，表面杂以棕色斑点。卵的尺寸为 19 mm×16 mm。当褐头牛鹂（详见 616 页）接近鸟巢时，贝氏草鹀雌鸟会奋力抵抗以避免被巢寄生，但这往往是徒劳的。

目	雀形目
科	鹀科
繁殖范围	北美洲东北部及中部
繁殖生境	高草牧场，具灌丛的潮湿荒野
巢的类型及巢址	开放的碗状巢，由干草松散地编织而成；鸟巢多见于草丛中或植被的低处
濒危等级	近危
标本编号	FMNH 10922

成鸟体长 11～13 cm
孵卵期 11 天
窝卵数 2～5 枚

586

亨氏草鹀
Ammodramus henslowii
Henslow's Sparrow

Passeriformes

窝卵数

亨氏草鹀的卵为白色，具光泽，杂以清晰的黑色或棕色斑点。卵的尺寸为 19 mm × 14 mm。如果巢或卵有所损失，那么雌鸟会在一周之内修筑新的鸟巢并补产一窝卵。

亨氏草鹀是一种在草原上繁殖的鸟类。在过去几十年间，由于栖息地被开垦成农田，这种鸟的种群数量呈现出持续下降的趋势，因此人们将其保护等级评估为近危。当从位于美国南部的越冬地返回后，亨氏草鹀会在其繁殖地建立排他性的领域，它们会站立于偏好的栖枝上鸣唱，借此划分领域的边界并宣示其领域的所有权。雄鸟之间的领域往往紧邻而居，从筑巢期开始，这些巢的空间结构将变成松散的繁殖群。

鸟巢由雌鸟独自搭建，它们也将单独孵化鸟卵，雌鸟白天 2/3 的时间都会卧于巢中孵卵。在产卵期和孵卵期的初期，雌鸟还将负责保卫后代。当有潜在捕食者靠近鸟巢时，雌鸟将高声鸣叫并将其吸引开。在雏鸟孵化后，亲鸟双方将均等地分担喂养后代的责任，它们还经常到领域的边界之外收集食物。

实际尺寸

目	雀形目
科	鹀科
繁殖范围	北美洲东部及南部沿海地区
繁殖生境	潮汐沼泽，泥滩湿地
巢的类型及巢址	开放的杯状巢，由草茎及叶片筑成，内部垫以细草叶；鸟巢多见于地面或泥台之上
濒危等级	无危
标本编号	FMNH 20257

成鸟体长
13～15 cm

孵卵期
12～13 天

窝卵数
3～4 枚

587

海滨沙鹀
Ammodramus maritimus
Seaside Sparrow

Passeriformes

窝卵数

海滨沙鹀是一种适于在盐碱沼泽中生存的鸟类，这种鸟偏好在草地和开阔沼泽湿地中栖息，它们在这里觅食，也在这里繁殖。海滨沙鹀沿着窄窄的海岸线分布。虽然其分布区很长，但几种形态独特的亚种和种群却处于受胁、易危、濒危甚至是灭绝的状态。其繁殖种群的存在，通常被作为当地盐碱沼泽生态系统健康的标志。

滨海地区暴风雨引起的潮水涨落是影响海滨沙鹀卵和雏鸟存活率的主要因素。这种鸟善于解决这种不可预知的事件，在鸟巢被毁后，雌鸟能够在一周之内于新的鸟巢中产下新一窝鸟卵。有些时候，当雄鸟喂养即将出飞的后代时，雌鸟就已经开始编织新的鸟巢了，之后会在其中产下第二窝鸟卵。

海滨沙鹀的卵为蓝白色，杂以模糊而密集的棕色斑点。卵的尺寸为 19 mm×16 mm。如果在筑巢期内，雄鸟消失不见了，那么雌鸟将独自完成筑巢的工作并在其中产下满窝卵。

实际尺寸

目	雀形目
科	鹀科
繁殖范围	北美洲北部及西部
繁殖生境	灌丛林地林缘、河边灌丛、茂密的树林、灌丛
巢的类型及巢址	开放的杯状巢，由细枝、树皮纤维、腐木、苔藓及地衣筑成，垫以细草、细根及动物毛发；鸟巢多见于地面，或树木、灌丛的低叉上
濒危等级	无危
标本编号	FMNH 15238

成鸟体长
15~19 cm

孵卵期
12~14 天

窝卵数
2~5 枚

狐色雀鹀
Passerella iliaca
Fox Sparrow
Passeriformes

窝卵数

尽管人们积累了许多关于狐色雀鹀基因方面的知识，但是关于其生活史特征，包括繁殖生物学，仍然有待于深入探究。人们只观察到雌鸟会收集巢材，也只有雌鸟会发育出孵卵斑。雌鸟负责温雏和大部分喂养雏鸟的工作，它们还会吞食雏鸟的粪囊，而不是将它们丢弃到半空中。雄鸟则会在幼鸟发育晚期或刚刚出飞时喂养它们。

狐色雀鹀的分布遍及北美洲大陆的西北部，不同地区狐色雀鹀的身体大小、羽毛颜色和鸣唱声音都存在差异。狐色雀鹀有 4 个主要的遗传进化支，分别对应四种不同的形态特征，正因如此，许多研究人员认为应该将狐色雀鹀拆分成 4 个物种。

实际尺寸

狐色雀鹀的卵为淡蓝色，杂以红棕色云斑纹。卵的尺寸为 24 mm × 17 mm。有一笔记录表明，狐色雀鹀在一天之内就修筑完成了一个全新的鸟巢。

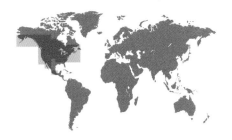

目	雀形目
科	鹀科
繁殖范围	北美洲温带地区
繁殖生境	林缘、林间空地、灌丛、荒野、沿河林地，以及咸水沼泽
巢的类型及巢址	开放的杯状巢，由杂草及树皮纤维筑成，内部垫以紧致的草叶、细根及动物毛发；鸟巢多见于地面或茂密灌丛的低处
濒危等级	无危
标本编号	FMNH 14125

歌带鹀
Melospiza melodia
Song Sparrow

Passeriformes

成鸟体长
11～17 cm

孵卵期
12～15 天

窝卵数
3～5 枚

589

窝卵数

　　自从玛格丽特·尼斯（Margaret Nice）于 20 世纪 30 年代出版了两卷基于自己的野外研究而完成的关于歌带鹀详尽的行为研究之后，歌带鹀在很长一段时间中都扮演着鸟类学研究的模式物种。在那之后，基于形态学和鸣声的显著差异，人们发现了迁徙种群（东部种群）、定居种群（西部种群）以及一个海岛种群（位于加拿大）等三个种群，并对它们的种群进行了观察、环志、跟踪等详尽的研究。这些研究的目标包括从鸣唱学习的功能、鸣声匹配以及基于鸣唱的性选择来研究社会婚配制度及遗传模式，包括它们是如何避免近亲交配的。

　　一些歌带鹀种群被褐头牛鹂（详见 616 页）巢寄生的现象十分严重。将褐头牛鹂的卵从歌带鹀的巢中移除并不一定就能帮助到歌带鹀，因为当巢中没有褐头牛鹂的卵时，歌带鹀的巢更容易被捕食。但如果巢中有褐头牛鹂的卵，在它们孵化后，雌性歌带鹀幼鸟将很难成活，因此歌带鹀出飞幼鸟的性比将严重偏雄。

歌带鹀的卵为蓝色、蓝绿色或灰绿色，杂以棕色、红棕色或紫色斑点。卵的尺寸为 19 mm×16 mm。录像显示，歌带鹀存在种内寄生的现象，雌鸟会造访另一只雌鸟的巢，移走一枚鸟卵后再产下一枚卵。

实际尺寸

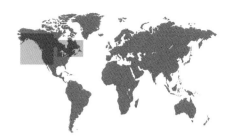

目	雀形目
科	鹀科
繁殖范围	北美洲北部及西部
繁殖生境	亚高山沼泽、河边灌丛、沼泽森林的林间空地
巢的类型及巢址	大型杯状巢，由莎草及草叶筑成，内部垫以细根、细草及其他柔软的植物组织；鸟巢多见于灌丛或树木的基部，为茂密的枝叶所遮挡
濒危等级	无危
标本编号	FMNH 14057

成鸟体长
14～15 cm

孵卵期
10～13 天

窝卵数
3～5 枚

590

林氏带鹀
Melospiza lincolnii
Lincoln's Sparrow

Passeriformes

窝卵数

约翰·奥杜邦（John Audubon）以一位友人的名字为这种鸟命名，当然林氏带鹀名字中的林肯要早于美国总统林肯。林氏带鹀繁殖于山地灌丛及北方的沼泽地之中。关于林氏带鹀的行为生态学，人们知之甚少，这是因为人们难以抵达这种鸟的繁殖地，而且雌雄两性十分相似，除非为其环志。即使雄鸟鸣唱出婉转动听的旋律，但也经常因藏匿在茂密的灌丛树叶之间而难觅其踪迹。

雌鸟选择巢址后，它会独自筑巢，还将独自孵化鸟卵。雌鸟会在产下第二枚鸟卵那天开始孵卵。这将导致鸟卵的异步孵化，最晚产下那枚鸟卵将最晚被孵化。亲鸟双方会共同喂养雏鸟。这些小鸟的发育并不同步，当只有最小的幼鸟留在巢中时，亲鸟不太可能继续留在巢中，因此这只幼鸟通常会因饥饿而死亡。

实际尺寸

林氏带鹀的卵为蓝色、绿色、粉色或白色，杂以棕色大块斑点。卵的尺寸为 19 mm×16 mm。在产卵的间隙，雌鸟通常会远离鸟巢，在靠近鸟巢时也不会发出警戒鸣叫。

目	雀形目
科	鹀科
繁殖范围	北美洲东部及北部
繁殖生境	具灌丛的湿地、沼泽，具挺水植物的咸水或淡水沼泽
巢的类型及巢址	开放的杯状巢，由干草及莎草茎叶筑成，垫以细草、植物纤维、细根及毛发；鸟巢多见于茂密的香蒲或灌丛中，有时也会筑于草丛间的地面上
濒危等级	无危
标本编号	FMNH 14027

沼泽带鹀
Melospiza georgiana
Swamp Sparrow

Passeriformes

成鸟体长	13～15 cm
孵卵期	12～15 天
窝卵数	3～6 枚

591

为了宣示其领域，雄性沼泽带鹀常在白天发出单一的快节奏颤音。雌鸟十分注意倾听，并会根据颤音的频次和频率范围选择配偶。雄鸟的鸣唱表现受到它们在巢中发育时营养状况的影响。鸣禽脑部的高级发声中枢（HVC）指导其发出和学习复杂的鸣唱，它的发育状况与食物的充足与否有关。因此，或许雄鸟的鸣唱还将给雌鸟提供其他更多的信息，甚至包括这只雄鸟是否有能力为其后代提供足够的食物。

沼泽带鹀很少与其他在沼泽中生活的鸣禽同域分布，这或许是因为它们有不同的生境选择偏好。例如，长嘴沼泽鹪鹩（详见 471 页）需要在高高的芦苇丛中筑巢，但沼泽带鹀则更倾向于在沼泽旁那些干旱的草地和灌丛高地中生活。这样一来就避免了不同鸟种之间因食物和巢址而产生的竞争。

窝卵数

沼泽带鹀的卵为蓝绿色，杂以深色云状斑。卵的尺寸为 19 mm×16 mm。较上一年繁殖失败的雌鸟而言，上一年繁殖成功的雌鸟，其当年巢址会距上一年的巢址更近。

实际尺寸

目	雀形目
科	鹀科
繁殖范围	中美洲及南美洲，伊斯帕尼奥拉岛
繁殖生境	草地、开阔的灌丛、林缘、市郊花园、公园
巢的类型及巢址	开放的杯状巢，多见于灌丛低处或地面缝隙中，顶部具遮挡，巢内垫以细草
濒危等级	无危
标本编号	FMNH 2498

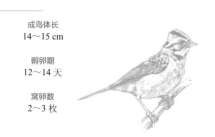

成鸟体长
14～15 cm

孵卵期
12～14 天

窝卵数
2～3 枚

592

红顶带鹀
Zonotrichia capensis
Rufous-collared Sparrow

Passeriformes

窝卵数

红顶带鹀是一种不迁徙的鸟类，这种鸟的分布范围广泛，并且拥有接近 30 个亚种。从墨西哥至巴塔哥尼亚的这一区域，红顶带鹀占据了多种栖息地，从开阔森林到干旱草原，从低山地区到高山地带都能见到它们的踪影。为了建立其领域并吸引雌鸟，雄鸟会在相对开阔的区域鸣唱出短而低沉的曲调，而并非在灌丛和林地中鸣唱的那种长而高昂的曲调。这样的声学特点确保临近的即使是在开阔生境中较远地方的雄鸟和意中的雌鸟也能够听到。雄鸟体型的大小，及其发声器官鸣管的大小，与歌声的质量无关，这意味着每只雄鸟都有可能在某一生境中得到最好的伴侣。

雌鸟独自孵化鸟卵，亲鸟双方共同喂养雏鸟和出飞的幼鸟。在重叠分布的区域内，红顶带鹀是紫辉牛鹂常见而主要的宿主。

实际尺寸

红顶带鹀的卵为淡绿蓝色，杂以大而密集的红棕色斑点。卵的尺寸为 19 mm × 16 mm。雌鸟卵巢的发育及随后鸟卵产出的时间，与当地雨季的开始紧密相关。

目	雀形目
科	鹀科
繁殖范围	北美洲北部及东部
繁殖生境	林间空地、林缘、次生灌丛、蔓生草场
巢的类型及巢址	鸟巢多见于地面浅坑中，位于灌丛之下或草丛之中；鸟巢由苔藓、草叶、细枝及树皮筑成，垫以细根、细草及毛发
濒危等级	无危
标本编号	FMNH 11091

白喉带鹀
Zonotrichia albicollis
White-throated Sparrow
Passeriformes

成鸟体长
16～18 cm

孵卵期
11～14 天

窝卵数
3～5 枚

593

在北美洲的不同地区，白喉带鹀是一种常见的留居鸟、迁徙鸟和冬候鸟。这种鸟有两个常见的色型，即白带色型和棕带色型。这两个色型的差异源自 200 万年前的基因变异，白带色型个体 82 对染色体中的第 2 对与棕带色型的显著不同。这种基因上的差异反过来决定了这两个色型侵略性、繁殖和照料行为的差异，虽然两个色型之间能够产生可育后代。

有超过 95% 的配偶一方为白带色型而另一方为棕带色型，这一现象叫作异征择偶或选型交配（Disassortative Mating）。在这样的繁殖对中，具有白色条纹的一方会鸣叫并积极地保卫其领域，无论雌雄；反过来，具有棕色条纹的一方则会为后代提供更多的亲代照料。

窝卵数

实际尺寸

白喉带鹀的卵为淡蓝色、绿蓝色或锈绿色，杂以栗色云斑和紫色斑点。卵的尺寸为 21 mm × 15 mm。在一个种群中，多数雌鸟会同时产卵，然而捕食者会迫使一些雌鸟补产第二窝鸟卵。随着时间的变化，这一同步性将有所减弱。

目	雀形目
科	鹀科
繁殖范围	加拿大中北部
繁殖生境	发育不良的云杉林、沼泽灌丛、针叶林及苔原的交错地带
巢的类型及巢址	杯状巢，由苔藓、地衣、松针及细枝筑成，垫以干草及北美驯鹿的毛发；鸟巢多见于地面，隐蔽于灌丛的枝叶间
濒危等级	无危
标本编号	FMNH 2833

成鸟体长
18～20 cm

孵卵期
13～14 天

窝卵数
3～5 枚

594

赫氏带鹀
Zonotrichia querula
Harris's Sparrow

Passeriformes

窝卵数

赫氏带鹀是唯一的一种只在加拿大繁殖的鸟类。赫氏带鹀较大的体型、与众不同的黑色顶冠以及喉部的斑块使得观察者很容易就能识别出它们。这种鸟的繁殖地接近北冰洋沿岸，这对于大多数研究人员的研究基地或其他人类居所来说都太过遥远了，因此关于这种鸟的繁殖只有很少的科学记录。

当雄鸟初抵其繁殖地时，它们还没有完全做好开始繁殖的准备。但在抵达之后的几天中，雄鸟睾丸的尺寸和鸣唱的频次会逐渐增大和提高，并达到可以繁殖的水平。雄鸟或许会在夜晚集成松散的群体并一起鸣唱。在雌鸟抵达其繁殖地一周后，雌雄之间建立起配偶关系。此后，雌鸟便会独自收集巢材、修筑鸟巢，雌鸟还将独自孵化鸟卵。亲鸟双方会共同喂养雏鸟。年长的雄鸟在雏鸟孵化当天就开始饲喂它们，而年轻的雄鸟则会在雏鸟孵化两三天后才开始喂食。

实际尺寸

赫氏带鹀的卵为淡绿色，杂以非常细小的斑点。卵的尺寸为 22 mm×17 mm。或许是赫氏带鹀的繁殖地十分偏远的缘故，在科学描述该物种 100 年后，人们才收集到第一个带有鸟卵的鸟巢标本。

目	雀形目
科	鹀科
繁殖范围	北美洲北部及西部
繁殖生境	林间空地、高山草甸、林缘、灌丛、草地
巢的类型及巢址	开放的杯状巢，由细枝、杂草、松针、苔藓及落叶筑成，内部垫以细草及毛发；鸟巢多见于地面上或低矮的灌丛中
濒危等级	无危
标本编号	FMNH 11042

成鸟体长
15～18 cm
孵卵期
11～13 天
窝卵数
3～7 枚

白冠带鹀
Zonotrichia leucophrys
White-crowned Sparrow
Passeriformes

595

白冠带鹀分布广泛，沿太平洋分布的为定居种群，该种群雌雄之前通常会全年保持配偶关系并维持其领域，而其他地区的种群则显现出迁徙的习性。在北方灌丛及高山草甸繁殖的白冠带鹀，雄鸟会先于雌鸟抵达其繁殖地并建立领域。在迁徙过程中，白冠带鹀睡觉的时间会减少 2/3，但它们的感知却没有因此受到什么影响。对其机理的研究或许能为提高某些行业从业人员，例如长途卡车司机的安全提供某些启示，甚至找到好的解决办法。

当雌鸟开始选择巢址并修筑鸟巢时，就意味着繁殖季开始了。在繁殖范围的南部及高海拔地区，地面巢更为常见。雏鸟一破壳而出，雌鸟就会给它们喂食。随着幼鸟逐渐长大，雄鸟喂食的比例将逐渐提高。

窝卵数

实际尺寸

白冠带鹀的卵为绿色、绿蓝色或蓝色，杂以红棕色斑点。卵的尺寸为 22 mm × 16 mm。北方种群的雌鸟每年只能产下一窝鸟卵，而定居在西部的种群一年最多可以完成 4 个繁殖周期。

目	雀形目
科	鹀科
繁殖范围	北美洲北部及西部及阿巴拉契亚山脉
繁殖生境	针叶林及混交林，越来越多的个体繁殖于城市公园中
巢的类型及巢址	巢型多样，包括垫以细草及毛发的地面浅坑巢，也包括筑于灌丛或树木低处，垫以细枝及松针的开放杯状巢
濒危等级	无危
标本编号	FMNH 13986

成鸟体长
15～17 cm

孵卵期
12～13 天

窝卵数
3～5 枚

596

暗眼灯草鹀
Junco hyemalis
Dark-eyed Junco

Passeriformes

窝卵数

暗眼灯草鹀是一种无处不在的鸟类，在北美洲的不同地区，它们是旅鸟、夏候鸟或冬候鸟。暗眼灯草鹀曾经是专性分布于成熟林中的种群，现已扩散至郊区的建筑周围，以及住宅庭院和城市公园之中。

暗眼灯草鹀与人类的关系反映了它们在某些新的环境中进化的速率。大约三十年前，一个定居种群扩散到了加利福尼亚大学圣迭戈分校。在这里，暗眼灯草鹀和同其配偶全年都占据着同一块领域，它们会在温暖的春夏时节繁殖，就像它们在山区地带一样，其繁殖季最长可达 9 个月之久。雄鸟悉知其领域附近的其他雄鸟，因此没有必要对长期的邻居进行炫耀或打斗。通常，灯草鹀会在炫耀时展示那具白斑的尾羽。但在圣迭戈，它们无须如此，因此这里的暗眼灯草鹀在这些年内演化出了较黑的尾羽。

实际尺寸

暗眼灯草鹀的卵为灰色或淡蓝色，周身遍布稀疏的斑点，斑点在钝端形成环状。卵的尺寸为 19 mm×16 mm。对于那些定居种群而言，鸟巢在一年内或年际间常被重复利用。

目	雀形目
科	鹀科
繁殖范围	欧洲及亚洲西北部
繁殖生境	开阔的灌丛、灌丛草地、农田及草场
巢的类型及巢址	开放的杯状巢，由细枝及树枝筑成，内部垫以草叶及细根编织的巢杯；鸟巢多见树篱或灌丛中，以及水沟的地面上
濒危等级	无危
标本编号	FMNH 20676

黄鹀
Emberiza citrinella
Yellowhammer

Passeriformes

成鸟体长
15～17 cm

孵卵期
12～14 天

窝卵数
3～6 枚

597

窝卵数

春天，黄鹀的羽毛色彩鲜艳，还会发出婉转动听的鸣声，但近来的农业生产活动使得其许多种群的数量都呈现出下降趋势。例如，不列颠种群的下降，是由农田周围大面积的灌丛树篱数量减少导致的。但是，随着有机农场的增多，这一现象将会得到遏制。这些农场的占地面积通常较小，并且周围都有灌丛分布。

尽管黄鹀是食虫动物，鸟巢为开放的杯状巢，而且分布与大杜鹃存在重叠，但它们却很少被巢寄生。一种解释是黄鹀能够分辨出鸟卵的细微差别。将蓝色的非模拟卵置于巢中时，黄鹀几乎会全数拒绝，而将从其他黄鹀巢中取来的相似的卵置于黄鹀巢中，也有 1/3 能被识别并被拒绝。这意味着黄鹀或许曾被大杜鹃寄生，但现在这种情况已经不存在了。

实际尺寸

黄鹀的卵为乳白色，杂以苍灰色斑纹。卵的尺寸为 22 mm × 17 mm。捕食者是导致卵和雏鸟损失的最大原因，60% 的鸟巢都会繁殖失败。

目	雀形目
科	鹀科
繁殖范围	非洲北部，欧洲南部至亚洲中部
繁殖生境	干旱的山地草原、石滩、山坡及原野
巢的类型及巢址	开放的杯状巢，由草茎、细根筑成，垫以细草、细根及少许毛发；鸟巢多见于地面上、岩缝中、墙洞内，也筑于低矮的灌丛中
濒危等级	无危
标本编号	FMNH 20645

成鸟体长
16～17 cm

孵卵期
10～13 天

窝卵数
3～5 枚

598

黑纹灰眉岩鹀
Emberiza cia
Rock Bunting

Passeriformes

窝卵数

黑纹灰眉岩鹀大多繁殖于高海拔的山区地带，那里的植被覆盖、海拔高度和土地类型变化都较大。在欧洲，最近几十年，黑纹灰眉岩鹀的种群数量呈现出持续下降的趋势，科学家正在尝试研究改造栖息地是否有助于恢复这种鸟的种群数量。这样的研究需要对黑纹灰眉岩鹀的方方面面都有详细的了解，无论是雏鸟阶段还是出飞阶段。

例如，很多鸟都倾向于在隐蔽物充足的地方繁殖，而黑纹灰眉岩鹀却倾向于在灌丛较少而岩石较多的陡峭斜坡上繁殖。这种鸟主要是在地面筑巢，不过在开阔而贫瘠的地区筑巢会使天敌在距其很远时就发现它们。

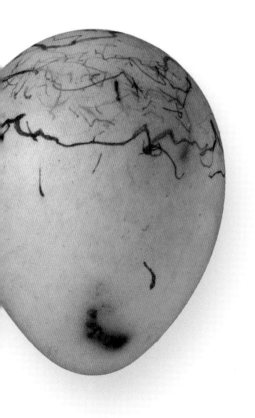

实际尺寸

黑纹灰眉岩鹀的卵为淡蓝白色或棕黄色，杂以棕黑色和淡紫色斑纹。卵的尺寸为 19 mm×14 mm。卵由雌鸟独自孵化，在大多数地区，都有时间完成第二巢的繁殖。

目	雀形目
科	美洲雀科
繁殖范围	北美洲东部及中部
繁殖生境	大面积的成熟针叶林及混交林
巢的类型及巢址	松散的浅盘状巢，由细枝、草茎、树皮纤维、细根及松针编织而成，内部垫以草叶、细根、藤蔓卷须及植物纤维；鸟巢多见于高高的横枝近末端
濒危等级	无危
标本编号	FMNH 13744

猩红丽唐纳雀
Piranga olivacea
Scarlet Tanager

Passeriformes

成鸟体长
16～17 cm

孵卵期
12～14 天

窝卵数
3～5 枚

599

窝卵数

　　猩红丽唐纳雀曾被认为与新热带界的唐纳雀类具有较近的亲缘关系，现如今，这种羽色火红而背部为黑色的鸟类却被认为与主红雀及其近亲具有更近的亲缘关系。在经历从南美至北美的长距离迁徙后，猩红丽唐纳雀雄鸟会先于雌鸟抵达其繁殖地，并通过鸣唱和打斗来建立领域。雌鸟会很快选定配偶，在雌鸟抵达繁殖地一周之内便会开始筑巢。

　　雌鸟收集巢材时雄鸟偶尔还会跟随其后，但雌鸟筑巢、孵卵时，雄鸟则不予帮忙。有些雄鸟会为卧于巢中孵卵的雌鸟喂食，而另一些则不会，因此这些雌鸟会定期地离巢觅食。鸟卵孵化后，雌鸟还会给雏鸟喂食，之后雄鸟也会参与其中；在雏鸟自身的热调节系统功能完善之前，亲鸟还将为它们保温。

实际尺寸

猩红丽唐纳雀的卵为绿蓝色，杂以栗色、紫红色或淡紫色斑点。卵的尺寸为22 mm×17 mm。在许多地方，森林破碎化严重导致卵被捕食及巢被寄生的情况呈上升趋势，这使得猩红丽唐纳雀的繁殖成功率有所下降，甚至区域性灭绝。

目	雀形目
科	美洲雀科
繁殖范围	北美洲南部的温带地区
繁殖生境	开阔的落叶林或混交林，靠近林隙或林缘
巢的类型及巢址	开放的杯状巢，由干燥的草茎筑成；鸟巢多见于树木高处的叶片丛生处，或被编入树枝的分叉处
濒危等级	无危
标本编号	FMNH 1461

成鸟体长
17～20 cm

孵卵期
11～13 天

窝卵数
3～4 枚

600

玫红丽唐纳雀
Piranga rubra
Summer Tanager

Passeriformes

窝卵数

玫红丽唐纳雀是春日森林中另一种羽色艳丽的鸟类。虽然较猩红丽唐纳雀（详见 599 页）略逊一筹，但是玫红丽唐纳雀红色的羽毛也很鲜艳。随着年龄的增长，黄色的雌鸟羽色也会变得越来越红，这或许是由固醇类激素分泌逐渐增多导致的。

当玫红丽唐纳雀从南美洲的越冬地返回到其繁殖地时，雌雄之间很快便会建立配偶关系，之后雌鸟会独自筑巢并孵化鸟卵。雄鸟或许会向巢中的雌鸟递喂食物，或许会呼唤雌鸟离开鸟巢并在附近喂食，另外一些雄鸟有可能放弃整窝鸟卵。那些不给孵卵雌鸟喂食的雄鸟也能够判断出鸟卵孵化的时间，并在鸟卵孵化的当天给雏鸟喂食。之后，亲鸟双方将平等地承担喂雏的责任，有些雄鸟会直接喂食，另一些雄鸟则会将食物递给雌鸟，再由雌鸟转喂给幼鸟。

实际尺寸

玫红丽唐纳雀的卵为淡蓝色或淡绿色，杂以红色斑点。卵的尺寸为 24 mm×17 mm。为了保持鸟巢的清洁和安全，亲鸟在雏鸟孵化后便会将卵壳丢到巢外，雏鸟排出的粪囊也会被亲鸟吃掉或扔到离巢很远的地方。

目	雀形目
科	美洲雀科
繁殖范围	北美洲东部、中部及南部
繁殖生境	开阔的林地、灌丛、花园及城市公园
巢的类型及巢址	开放的杯状巢，由粗糙的树枝、干叶及葡萄藤树皮筑成，内部垫以草茎、细根及松针；鸟巢多见于幼树、灌丛或葡萄藤中，嵌入树枝分叉处，隐蔽于茂密的树叶间
濒危等级	无危
标本编号	FMNH 14472

成鸟体长
21～24 cm

孵卵期
11～13 天

窝卵数
2～4 枚

601

主红雀
Cardinalis cardinalis
Northern Cardinal

Passeriformes

在北美洲的家庭住宅后院和城市公园中，总能见到羽色艳丽的主红雀熟悉的踪影。主红雀是鸣声最响亮的鸟儿之一。与北半球温带地区大多数鸟类不同，主红雀雌雄双方在春季里都会鸣唱。雌雄间的对鸣使得双方可以密切地相互联系，即使在茂密的枝叶间也没有障碍。对人类来讲，主红雀雌雄的鸣唱并无差别，但它们自己却能够清楚地辨别彼此。雄鸟听到陌生雄鸟的鸣声会采取进攻方式，雌鸟听到陌生雌鸟的鸣声则会用鸣声予以反击。雌鸟学习其他鸟类鸣唱的速度是雄鸟的三倍，而一旦雄鸟掌握了一种鸣声之后，则会更稳定而持续地运用这种鸣声。

在开始筑巢前，雌鸟会用那强有力的喙弄折并掰弯细枝和树棍。雄鸟也许会提供一些巢材，但筑巢却由雌鸟独自完成，它们还将独自孵化鸟卵。在雌鸟孵卵时，雄鸟会在巢中或附近给雌鸟喂食，在雌鸟温雏时雄鸟也会喂食。但几天之后，亲鸟双方就不得不轮流给雏鸟喂食了。

窝卵数

主红雀的卵为灰白色、黄白色或绿白色，杂以形状多变的灰色至棕色斑点。卵的尺寸为 25 mm×19 mm。由于主红雀繁殖地的气候十分温和，因此它们每年可以完成 4 次从卵到出飞幼鸟的繁殖过程。

实际尺寸

鸟卵博物馆

目	雀形目
科	美洲雀科
繁殖范围	北美洲北部及东部温带地区
繁殖生境	落叶林、林缘、次生林、灌丛、公园及花园
巢的类型及巢址	松散的杯状巢，由树枝、细枝、草茎筑成，内部垫以细枝、细根及毛发；鸟巢多见于幼树或成树中低高度的树枝分叉处
濒危等级	无危
标本编号	FMNH 13909

成鸟体长
18～19 cm

孵卵期
12～14 天

窝卵数
3～5 枚

602

玫胸白斑翅雀
Pheucticus ludovicianus
Rose-breasted Grosbeak
Passeriformes

窝卵数

玫胸白斑翅雀是一种长距离迁徙的鸟类。冬季，它们以果实、种子和花芽为食；在繁殖季，则转而以昆虫为主要食物。与其他大多数迁徙的雀类不同，当玫胸白斑翅雀还在迁徙途中时，它们在生理上就已经为繁殖做好准备了。当刚刚抵达迁徙停歇地时，雄鸟的睾丸就已经开始具有活性并产生精子了。配偶关系或许在抵达其繁殖地时就已经建立，很快它们将开始修筑鸟巢。

为了选择适宜的巢址，配偶双方会共同行动，它们会用胸部推挤树枝的分叉处并对其进行检查。之后它们会一起收集巢材并共筑爱巢。雌鸟将发育出完整的孵卵斑，而雄鸟的孵卵斑则只是部分发育，但它们都会孵化鸟卵。雌雄双方还会共同照顾幼鸟并给它们喂食。

实际尺寸

玫胸白斑翅雀的卵为淡绿色至蓝色，杂以棕红色或紫色斑点。卵的尺寸为 25 mm × 17 mm。在其分布范围的西部，玫胸白斑翅雀与黑头白斑翅雀存在杂交现象。较非杂交个体而言，杂交的雌鸟窝卵数更少，鸟卵的存活率也更低。

目	雀形目
科	美洲雀科
繁殖范围	北美洲南部、中美洲
繁殖生境	林缘、稀树荒野、沿河林地、灌丛及灌木篱墙
巢的类型及巢址	开放的杯状巢，由树枝、树皮、细根、草叶及植物纤维筑成；鸟巢多见于灌丛或树木较低的位置
濒危等级	无危
标本编号	FMNH 13901

斑翅蓝彩鹀
Passerina caerulea
Blue Grosbeak

Passeriformes

成鸟体长
15～16 cm
孵卵期
11～12 天
窝卵数
3～5 枚

603

斑翅蓝彩鹀羽毛的亮蓝色与其色素色及结构色都有关系，它们的视觉系统能够分辨出其他个体羽色之间那抹深蓝的细微差异，但人眼却不能。这是因为羽毛反射的光大多集中在紫色和紫外线波段，这些鸟类是可以接收到的，但人的肉眼却不能处理。

因此，一只斑翅蓝彩鹀雌鸟可以通过羽毛迅速评估潜在配偶的身体质量。雄鸟那蓝色和紫色越明亮，就意味着它的营养状况越理想，这进一步意味着它拥有一个食物丰富而天敌稀少的领域。因此，作为父亲，这只雄鸟也能给后代提供更多的食物。

窝卵数

实际尺寸

斑翅蓝彩鹀的卵为淡蓝色或白色，无斑点，其尺寸为 22 mm × 17 mm。雌鸟独自筑巢并孵卵，而雄鸟则会向孵卵的雌鸟喂食。亲鸟双方共同喂养雏鸟。

目	雀形目
科	美洲雀科
繁殖范围	北美洲东部及南部
繁殖生境	开阔的灌丛、林缘及灌丛草地
巢的类型及巢址	开放的杯状巢，由树叶、草茎、树皮纤维及蜘蛛丝编织而成，内部垫以细草、细根、蓟花的冠毛及鹿毛；鸟巢多见于灌丛或树木低处树枝的分叉处
濒危等级	无危
标本编号	FMNH 701

成鸟体长
12～13 cm

孵卵期
11～14 天

窝卵数
3～4 枚

604

靛彩鹀
Passerina cyanea
Indigo Bunting

Passeriformes

窝卵数

靛彩鹀雄鸟羽毛的蓝色越明亮，就意味着它们的年龄越大，第一次繁殖的雄鸟羽色往往为棕灰色，这种现象叫作羽饰延迟成熟。年长雄鸟的鸣唱更有可能被附近的年轻雄鸟学习，那些羽色更蓝的年轻雄鸟的鸣声，也经常被那些羽色偏棕的雄鸟学习。

在生境交错地带，靛彩鹀被褐头牛鹂巢寄生的现象十分严重，这种生境是两种鸟类都比较偏好的繁殖地点。靛彩鹀的杯状鸟巢相对狭小，快速成长的褐头牛鹂幼鸟很快就能将宿主的幼鸟推到巢边甚至挤出巢外。除此之外，褐头牛鹂密集的乞食频率，不但使得亲鸟更偏向给它们喂食而忽视自己的亲生骨肉，响亮的乞食鸣叫还会使义亲易于暴露在天敌的目光之下。

实际尺寸

靛彩鹀的卵大多为白色，或极浅的蓝色，无斑点。卵的尺寸为 19 mm × 14 mm。当褐头牛鹂在巢中寄生时，巢中靛彩鹀幸存的雏鸟明显更弱。与那些没有被巢寄生的靛彩鹀不同的是，这些雏鸟第二年春天几乎不可能返回其繁殖地。

目	雀形目
科	美洲雀科
繁殖范围	北美洲东南部及中部
繁殖生境	开阔的草地、草场及草原
巢的类型及巢址	杯状巢，由杂草筑成，内部垫以细草、细根及动物毛发；鸟巢多见于草丛间的地面上，或幼树的低处
濒危等级	无危
标本编号	FMNH 14530

美洲雀
Spiza americana
Dickcissel
Passeriformes

成鸟体长
14～16 cm

孵卵期
12～13 天

窝卵数
3～5 枚

605

窝卵数

　　美洲雀的分布范围十分广泛，适于生活在草地或草原之中，这与大多数其他以草籽为食的鸣禽都有所不同。无论是一个季节内还是两个季节间，为了在草地斑块中找到食物，美洲雀都会进行长距离的移动。在其繁殖地，雌鸟选择配偶也是基于雄鸟领域内的食物资源状况及巢址的适宜度。那些领域内资源越充沛的雄鸟，就会拥有越多的配偶。

　　作为巡视领域的一项工作，雌鸟会在雄鸟的陪同下检查巢址是否适宜。鸟巢会在第二天开始搭建，雌鸟负责之后的整个繁殖过程，雄鸟不提供亲代照料，而是持续地利用鸣唱和展示来保卫其领域以及众多配偶。

实际尺寸

美洲雀的卵为浅蓝色，无斑点，其尺寸为 21 mm×16 mm。鸟巢常筑于茂密的草叶之间，其上往往还有枝叶遮挡。为了保护鸟卵不受烈日伤害，雌鸟还会用身体为这些卵制造阴凉。

目	雀形目
科	拟鹂科
繁殖范围	北美洲温带地区
繁殖生境	高草草原、蔓生牧场、废弃的田野
巢的类型及巢址	杯状巢，四壁厚而松散，由干草筑成，有时上方具遮挡，鸟巢内垫以细草及莎草；鸟巢多见于地面潮湿的土地或排水不畅的地区
濒危等级	无危
标本编号	FMNH 9863

成鸟体长
15～21 cm

孵卵期
11～13 天

窝卵数
3～7 枚

606

刺歌雀
Dolichonyx oryzivorus
Bobolink
Passeriformes

窝卵数

刺歌雀的卵为蓝灰色或淡棕红色，杂以不规则的深色斑点。卵的尺寸为 22 mm × 16 mm。年长雌鸟会早早地抵达繁殖地，并会早早地开始筑巢繁殖，这些要比缺乏经验的年轻雌鸟早上数天时间。

刺歌雀在南美洲越冬，每年要进行 20000 km 的长途旅行。在其繁殖地，雄鸟就像是身披夹克、打着黑色领带、头顶金发的摇滚巨星。为了标记其领域并吸引雌鸟，雄鸟会像直升机那样在领域内低空飞行，同时展示它那独特的羽毛。刺歌雀会吸引两只甚至更多的雌鸟。

通常来讲，在雌鸟抵达繁殖地后，雄鸟便会对它们炫耀展示并紧紧地跟随其后，直到雌鸟接受雄鸟与之交配并开始后续的繁殖过程。在那个阶段，雄鸟会重新开始吸引雌鸟的攻势，并会在一周之内成功吸引到其他雌鸟。雌鸟将独自筑巢、孵卵，但雄鸟会在孵卵期的末尾到访鸟巢。不同巢中的雏鸟会得到来自雄鸟不同程度的照顾，这取决于雌鸟的喂食频率及雏鸟的饥饿程度。

实际尺寸

目	雀形目
科	拟鹂科
繁殖范围	北美洲、中美洲及加勒比地区西部
繁殖生境	湿地、沼泽、灌丛、休耕地、路边沟渠、草地
巢的类型及巢址	开放的杯状巢，多见于芦苇或其他沼泽植物的低处，也筑于灌丛中；鸟巢由树叶、树木纤维及泥土筑成，内部垫以干燥的细草
濒危等级	无危
标本编号	FMNH 10228

红翅黑鹂
Agelaius phoeniceus
Red-winged Blackbird
Passeriformes

成鸟体长	17～18 cm
孵卵期	11～13 天
窝卵数	2～4 枚

607

红翅黑鹂可能是北美洲雀形目鸟类中数量最多的一种。雄鸟其红黄相间的肩部斑纹与全黑的体羽对比明显。它们是高速路、村路、农场、盐碱沼泽、公园和河边步道附近常见的一种鸟类。春天，红翅黑鹂雄鸟经常会发出"conk-a-reeee"的叫声。秋天，红翅黑鹂会与黑鹂及其他拟鹂集大群活动、觅食、夜宿。

为了打动雌鸟的芳心，雄鸟会对着它又唱又跳。雄鸟会对着正看着自己炫耀展示的雌鸟鸣唱。红翅黑鹂是一种具有领域性的鸟类，雄鸟会维持其领域以维护适宜的巢址。最适宜的巢址通常位于沼泽之中，其中一些雄鸟的领域之内存在多只繁殖的雌鸟。雌鸟独自孵卵，雄鸟负责巡视领域，它们还会发出警戒鸣叫并攻击捕食者（包括人类）以保护鸟巢。

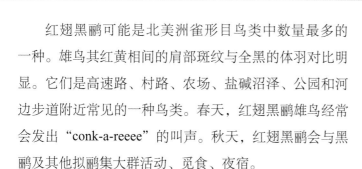

窝卵数

红翅黑鹂的卵为淡蓝绿色，杂以棕色及黑色斑点。卵的尺寸为 25 mm × 17 mm。这种鸟集大群繁殖于沼泽之中，这使得它们可以群体攻击褐头牛鹂（详见 616 页）而不会被其巢寄生。

实际尺寸

目	雀形目
科	拟鹂科
繁殖范围	加利福尼亚中部
繁殖生境	湿地及沼泽，靠近大面积的草原、草场或农田
巢的类型及巢址	深杯状巢，由草叶、泥土筑成，内部垫以细草茎；鸟巢多见于水面之上的沼泽植物或灌丛中
濒危等级	濒危
标本编号	FMNH 10247

608

成鸟体长
18～24 cm
孵卵期
11～13 天
窝卵数
3～4 枚

三色黑鹂
Agelaius tricolor
Tricolored Blackbird
Passeriformes

窝卵数

三色黑鹂的卵为蓝绿色，杂以细小的深色斑点和线条。卵的尺寸为 24 mm × 17 mm。在一个繁殖群中，三色黑鹂的繁殖具有很高的同步性，成千上万个巢中的鸟卵会在一周之内相继孵化。

三色黑鹂仅分布于加利福尼亚的中央山谷及附近的一些地点。在开始繁殖前，雄鸟会定居于大片的沼泽地中，并会通过炫耀展示来保卫适宜的巢址。所有雌鸟几乎同时或在一天之内抵达其繁殖地并开始筑巢。筑巢及孵卵由雌鸟负责，而雄鸟则会与鸟巢保持一定距离，使其看起来很安静或像已被弃用。鸟卵孵化之后，雄鸟才会返回。亲鸟双方共同喂养雏鸟。雏鸟出飞后亲鸟还会继续喂食三周时间。

三色黑鹂曾经是北美洲繁殖集群最大的鸟类，其繁殖群中的鸟巢多达数十万。数量众多的三色黑鹂起飞时会遮天蔽日。但 20 世纪，这种鸟的种群数量持续下降，现在已经得到了有关方面的严重关切。近年来，表面上看三色黑鹂的繁殖种群数量有所增加，但由于昆虫数量在减少和繁殖成功率在下降，其种群数量远低于历史水平。

实际尺寸

目	雀形目
科	拟鹂科
繁殖范围	北美洲东部及中部、南美洲北部
繁殖生境	开阔的草原及洪泛地、沙丘、草场
巢的类型及巢址	杯状巢，由草叶、茎及树皮纤维编织而成；鸟巢多见于地面浅坑或动物蹄印中，隐蔽于茂密的植被间
濒危等级	无危
标本编号	FMNH 10273

成鸟体长	19～26 cm
孵卵期	13～16 天
窝卵数	2～6 枚

609

东草地鹨
Sturnella magna
Eastern Meadowlark

Passeriformes

东草地鹨雄鸟最多在雌鸟到达前的一个月就开始建立全功能的领域了，它们用鸣声来宣示其领域，并会飞行驱赶闯入者。一只雄鸟会与 2～3 只雌鸟交配，这些雌鸟都会在雄鸟的领域中筑巢。雌鸟承担筑巢和照顾后代的大部分工作，而雄鸟只会偶尔喂养逐渐长大的幼鸟。

东草地鹨与黑鹂、拟八哥及拟鹂具有较近的亲缘关系。虽然东草地鹨总是站立于栖枝或地面上鸣唱，但它们也会在飞行中鸣唱，在空中鸣唱的持续时间和飞行高度都不及百灵科鸟类。东草地鹨雌雄双方在交配时都会发出拟鹂科鸟类典型的鸣声。

窝卵数

实际尺寸

东草地鹨的卵为白色，杂以形状多变的深色斑点。卵的尺寸为 28 mm×19 mm。当东草地鹨的巢被褐头牛鹂（详见 616 页）寄生时，大约 1/3 的雌鸟能够将寄主的卵推到巢外。

目	雀形目
科	拟鹂科
繁殖范围	北美洲中部及西部
繁殖生境	大草原、干旱草原、草场、路边及废弃的农田
巢的类型及巢址	杯状巢，多见于地面凹坑中，巢内垫以柔软而干燥的草茎
濒危等级	无危
标本编号	FMNH 10302

成鸟体长
19～22 cm

孵卵期
13～15 天

窝卵数
5～6 枚

610

西草地鹨
Sturnella neglecta
Western Meadowlark
Passeriformes

窝卵数

西草地鹨的卵为白色，杂以棕色、锈红色及浅紫色斑点。卵的尺寸为 28 mm×21 mm。当受到威胁时，雌鸟会放弃尚未产卵的鸟巢并在另一地点修筑新的鸟巢。

　　在离开越冬地后，西草地鹨雌雄双方会迅速建立配偶关系。雌鸟会选择适宜的巢址、收集巢材并修筑鸟巢。雌鸟还将独自孵化鸟卵。雏鸟孵化后，雄鸟也将加入照顾后代的行列中。亲鸟会共同为后代提供以节肢动物为主的食物。为了保持鸟巢的清洁、不给捕食者留下发现鸟巢的线索，亲鸟会叼起粪囊，飞到离巢较远的空地将其丢弃。

　　西草地鹨学名的种加词 *neglecta* 反映了约翰·奥杜邦（John Audubon）的观点，即这是一种因为与东草地鹨十分相似而被忽略的物种。但二者之间在鸣声上却存在明显的差别。这两种鸟类共同出现在一片栖息地中混群的情况也鲜有出现。一项持续了 12 年的笼养繁殖研究表明，即使二者成功交配，大多也只能产下不能孵化的鸟卵，这意味着两个物种之间存在基因隔离。

实际尺寸

目	雀形目
科	拟鹂科
繁殖范围	北美洲中部及西部
繁殖生境	香蒲沼泽，大草原中具挺水植物的湿地或湖泊岸边
巢的类型及巢址	杯状巢，由长而湿的茎叶及杂草编织而成，内部垫以细而干燥的水生植物；鸟巢编织在芦苇茎上，位于水面上方
濒危等级	无危
标本编号	FMNH 659

成鸟体长	22～27 cm
孵卵期	10～13 天
窝卵数	3～5 枚

611

黄头黑鹂
Xanthocephalus xanthocephalus
Yellow-headed Blackbird

Passeriformes

窝卵数

黄头黑鹂会在灌丛中集成大而密集的繁殖群，并且通常会和红翅黑鹂（详见 607 页）混群繁殖。黄头黑鹂雄鸟具有领域性，它们会在展示头部靓丽羽毛的同时站立于灌丛显眼的位置反复鸣唱。通常，会有多只雌鸟定居于同一只雄鸟的领域之内，形成一夫多妻的婚配状况，筑巢、孵卵均由雌鸟完成。

黄头黑鹂雄鸟倾向于在有繁殖巢的区域中繁殖，因此那些由于被捕食而失去后代的雄鸟，很难再成功吸引其他雌鸟到自己的领域中繁殖。与其他繁殖制度为一雄多雌的物种的雄鸟不喂养雏鸟不同，在某些巢中，黑头黄鹂雄鸟也会提供亲代照料。在一只雄鸟消失后，新的雄鸟会接管这片领域，但它只会为自己的后代喂食，而不去照顾其领域中之前那只雄鸟的后代。

黄头黑鹂的卵为灰白色至绿白色，杂以棕色、红褐色及珍珠灰色斑点。卵的尺寸为 27 mm × 18 mm。大约一半的巢会繁殖失败，最主要的原因是体型较小但攻击性较强的长嘴沼泽鹪鹩（详见 471 页）会进入到黄头黑鹂的巢中将卵啄破。

实际尺寸

目	雀形目
科	拟鹂科
繁殖范围	北美洲北部
繁殖生境	针叶林及混交林、沼泽林、灌丛沼泽地
巢的类型及巢址	大型碗状巢，由树枝、杂草、地衣筑成，由潮湿但干燥而坚韧的植物纤维加固，鸟巢内部垫以绿叶、纤维及草叶；鸟巢多见于树木或灌丛靠近主干的位置，接近水面或位于水面之上
濒危等级	易危
标本编号	FMNH 10415

成鸟体长
21～25 cm

孵卵期
14 天

窝卵数
4～6 枚

锈色黑鹂
Euphagus carolinus
Rusty Blackbird

Passeriformes

窝卵数

在开始繁殖之前，锈色黑鹂雌鸟会在枝叶茂密而隐蔽的地点选择一处适宜的巢址，该巢址通常选在上一年繁殖成功的巢址附近。只有雌鸟会孵化鸟卵，但雄鸟会向它递送食物，并在鸟巢附近的树枝上喂给它们。亲鸟双方都会为幼鸟提供食物，例如蜻蜓等整只昆虫，并将其送到乞食幼鸟张开的口中。

这一物种受到了保护关注。冬季，锈色黑鹂会与拟鹂、黑鹂、牛鹂等鸟类集大群觅食、夜宿，为了保护玉米，人们可能会采取投洒农药或其他措施。然而，种群数量的降低或许也和繁殖地的环境变化有关，例如酸雨会减少昆虫的数量，而昆虫在锈色黑鹂抵其达繁殖地和开始繁殖时至关重要。包括鸟类数量调查的公众科学项目揭示出锈色黑鹂的种群数下降了令人担忧的 90%，但需要更多的研究才能弄清此状况究竟是因何而起的。

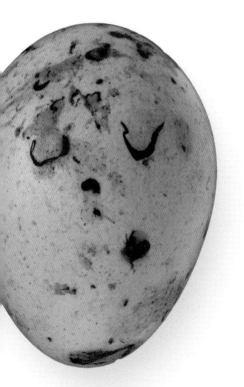

锈色黑鹂的卵为蓝绿色至淡灰色，杂以大量形状多样的棕色斑点。卵的尺寸为 26 mm×19 mm。雌鸟在产下第一枚鸟卵后便会卧于巢中，但只有当产下满窝卵时雌鸟才会给它们提供发育所需的热量。

实际尺寸

目	雀形目
科	拟鹂科
繁殖范围	北美洲南部及北部温带地区
繁殖生境	开阔的林地、林缘、农田、具沼泽的草场、城市公园及住宅后院
巢的类型及巢址	大型杯状巢，由树枝、树叶、杂草、纸条及其他巢材筑成，内部垫以泥土、细草及马鬃；鸟巢多见于针叶树的中上部
濒危等级	无危
标本编号	FMNH 10466

拟八哥
Quiscalus quiscula
Common Grackle

Passeriformes

成鸟体长
28~34 cm
孵卵期
11~15 天
窝卵数
4~6 枚

窝卵数

拟八哥是一种从人类改变栖息地中获利的鸟类。这种鸟常集群活动、觅食。它们会在地面上求偶，这一行为使得拟八哥可以扩散至许多人为改造的栖息地中，包括农田和人流众多的城市公园。在这里，拟八哥会在那些灌丛茂密及树叶繁茂的地点修筑鸟巢，雄鸟偶尔会收集巢材，而雌鸟负责搭建鸟巢。但到了孵卵期，近半数的雄鸟会抛弃原配，这些雄鸟会通过展示它们那身漂亮的羽毛、炫耀它们那尖利而具金属质感的鸣声来吸引新的配偶。

拟八哥是一种雌雄异型的鸟类，雌鸟羽色为暗淡的棕色，而雄鸟的羽毛则为具金属光泽的深绿色和蓝色。这是因为在雄鸟羽毛的羽小枝之中，具有呈特殊膜状结构排列的黑色素颗粒，因此当光从不同角度射入后会反射出不同波长的光。雌鸟不具金属光泽的黑色羽毛，它们羽毛中的黑色素无序排列，因此无论光线从哪个角度射入都只会反射出棕色的光。

实际尺寸

拟八哥的卵为淡蓝色、珍珠灰色、白色或棕色，杂以棕色斑点。卵的尺寸为 29 mm×21 mm。褐头牛鹂（详见 616 页）极少在拟八哥的巢中寄生，这不是因为拟八哥会抵制陌生的卵，而是它们快速成长的雏鸟体型很大，很容易在与寄主的竞争中获胜。

目	雀形目
科	拟鹂科
繁殖范围	北美洲西南部、中美洲、南美洲北部
繁殖生境	具零星树木的开阔生境、滨海灌丛及开阔的森林，附近具静水、公园和花园
巢的类型及巢址	开放的杯状巢，由草叶、树皮纤维、杂草及茎筑成，垫以泥土、粪便及细草；鸟巢多见于向上生长的树枝上，位于中上部
濒危等级	无危
标本编号	FMNH 10554

成鸟体长
38～46 cm

孵卵期
13～14 天

窝卵数
1～5 枚

614

大尾拟八哥
Quiscalus mexicanus
Great-tailed Grackle

Passeriformes

窝卵数

大尾拟八哥的卵为亮蓝色至淡蓝灰色，杂以深棕色至黑色的线条或斑点，卵的尺寸为32 mm×22 mm。巢中的鸟卵多数为拥有领域的雄鸟的后代，但其中少数由途径的、没有领域的雄鸟受精。

大尾拟八哥会选择在开阔的草地生境中占据其繁殖地，领域中央往往具适宜筑巢的树木或灌丛。为了打动雌鸟，雄鸟会紧紧地跟在其身后，蓬起羽毛，竖立起翅膀和尾羽，同时发出刺耳的鸣声。具有较长尾羽的雄鸟才有能力成功地建立领域，它们会在大约 3 岁时开始这样做，而雌鸟在出生第二年便可开始繁殖了。

大尾拟八哥的繁殖为一雄多雌制，通常会有多只雌鸟在雄鸟的领域中繁殖。然而雌鸟的配偶选择也十分灵活，许多雌鸟会放弃修筑了一半的鸟巢，或在两只雄鸟的领域之内都有繁殖，尤其是在周围雌鸟就要筑好鸟巢时，因此这些雌鸟的婚配为一雌多雄制。

实际尺寸

目	雀形目
科	拟鹂科
繁殖范围	北美洲南部、中美洲
繁殖生境	开阔的原野、灌丛、林缘、高尔夫球场、亚热带地区的公园
巢的类型及巢址	专性巢寄生，总是将卵产于其他鸟类的巢中，宿主的巢通常为雀形目鸟类的开放杯状巢
濒危等级	无危
标本编号	FMNH 20428

成鸟体长
20～22 cm

孵卵期
10～12 天

窝卵数
每天产 1 枚卵

铜色牛鹂
Molothrus aeneus
Bronzed Cowbird

Passeriformes

铜色牛鹂从不修筑鸟巢，也不喂养后代。相反，它们是一种专性巢寄生的鸟类，总是将自己的卵产在其他鸟的巢中。除了精子之外，雄鸟将不会提供任何其他东西，因此雌鸟必须基于雄鸟的炫耀展示技巧来评估其基因的状况。雄鸟能够很出色地完成展示，它们会像一架小型直升机一样飞行，在雌鸟上方 50 cm 处悬停 10 秒，之后雄鸟会降落在雌鸟面前鸣唱、展翅、弯腰，并重复上述动作。

虽然拟鹂的体型较大，且具有尖利的喙，但是铜色牛鹂倾向于在拟鹂科鸟类的巢中寄生。视频记录显示，尽管铜色牛鹂雌鸟常会遭到宿主的攻击，但仍然会将卵产在拟鹂的巢中。如果宿主就在巢中，寄主则会压在紧卧于巢中的宿主身上还将其赶走，并在其中产卵。

窝卵数

铜色牛鹂的卵为白色至蓝绿色，无斑点，其尺寸为 25 mm×17 mm。那些没有斑点的鸟卵，其颜色和花纹很少会被包括巾冠拟鹂（详见 618 页）在内的寄主鸟类所模仿，但许多宿主都能够接受寄主的卵。

实际尺寸

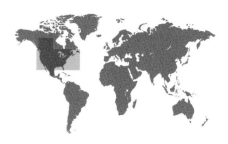

目	雀形目
科	拟鹂科
繁殖范围	北美洲温带地区
繁殖生境	林缘、草场、沿河林地、郊区公园
巢的类型及巢址	专性巢寄生，不修筑鸟巢，而是将卵产于其他鸟类的巢中；宿主通常为雀形目鸟类，其巢通常为开放的杯状巢，但也会将卵产于那些筑于缝隙中的鸟巢中，例如蓝鸲及蓝翅黄森莺利用的人工巢箱中
濒危等级	无危
标本编号	FMNH 10012

成鸟体长 18~21 cm	
孵卵期 10~12 天	
窝卵数 每天产 1 枚卵	

616

褐头牛鹂
Molothrus ater
Brown-headed Cowbird
Passeriformes

窝卵数

褐头牛鹂的卵为黄褐色，杂以或疏或密的棕色斑点。卵的尺寸为 20 mm × 15 mm。与杜鹃或其他模拟宿主卵的寄主不同的是，褐头牛鹂的卵无论是颜色、图案、形状还是尺寸，在宿主的卵中都十分明显，卵壳也更厚。图片显示的是巢中拟八哥的卵和寄主褐头牛鹂的卵。

褐头牛鹂是一种专性寄生的鸟类，雄鸟一天中大部分时间都是在与同性的炫耀比拼中度过的，在此过程中它们还会试着吸引雌鸟。雌鸟会保卫其繁殖地以确保自己能够独享寄生的权利。雌鸟整个繁殖季都在产卵，有些个体一年中甚至能产下超过 40 枚卵。褐头牛鹂鸟卵的尺寸很大，义亲会不断尝试将其卵啄破，或将它们推出鸟巢。

褐头牛鹂雌鸟是优秀的鸟巢猎手，它们大脑与空间记忆有关的部分比雄鸟大。雌鸟能提前找到适宜寄生的鸟巢，并在日出之前产下鸟卵，这样可以避免被宿主发现和受到攻击。虽然褐头牛鹂雏鸟不会将宿主的后代挤出鸟巢，但它们的乞食频率更密集，因此将占有义亲提供的多数食物。

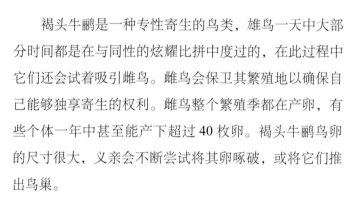

实际尺寸

目	雀形目
科	拟鹂科
繁殖范围	北美洲东部及南部地区
繁殖生境	开阔的林地、沿河林地、森林灌丛、洪泛森林
巢的类型及巢址	悬挂的袋状巢，由杂草编织而成，垫以细草、植物脱落物、动物毛发及羽毛；鸟巢挂在中小尺寸的树木顶端树枝的分叉处
濒危等级	无危
标本编号	FMNH 10372

圃拟鹂
Icterus spurius
Orchard Oriole

Passeriformes

成鸟体长	15～18 cm
孵卵期	12～14 天
窝卵数	4～6 枚

617

圃拟鹂是一种真正的新热带界鸟类，它们繁殖于北半球温带地区。繁殖季从 5 月持续到 7 月。到了 7 月中旬，在幼鸟长出羽毛后，亲鸟就会带着它们开始向南迁徙，因此圃拟鹂一年中 3/4 的时间都不在其繁殖地度过。

圃拟鹂有至少三种明显不同的羽毛样式：雌鸟、一龄雄鸟及年长雄鸟。这样就存在一个问题，为什么年轻的雄鸟会将自己的年龄暴露出来？这是因为两类雄鸟会同时抵达繁殖地，并且都会向雌鸟炫耀展示，而雌鸟通常选择年长的雄鸟。雌鸟会穿过多只雄鸟的领域，评估它们的鸣声和羽毛样式，并花费数天的时间来建立配偶关系。雌鸟会在几天之后开始搭建鸟巢，在一周之内完成，并于次日开始产卵。

窝卵数

实际尺寸

圃拟鹂的卵为淡蓝色，杂以形状多变的黑色斑纹。卵的尺寸为 21 mm × 16 mm。雌鸟独自孵化鸟卵，但雄鸟会保卫在它们身旁，也会定期地给它们提供食物。

目	雀形目
科	拟鹂科
繁殖范围	北美洲南部及西部、中美洲
繁殖生境	开阔的林地、沿河林地、草地、绿洲、花园及种植园
巢的类型及巢址	杯状巢，由植物纤维编织而成，鸟巢的边缘固定并悬挂在树叶上；鸟巢多见于树木或棕榈树高处
濒危等级	无危
标本编号	FMNH 266

成鸟体长
18～20 cm

孵卵期
12～14 天

窝卵数
3～5 枚

巾冠拟鹂
Icterus cucullatus
Hooded Oriole

Passeriformes

618

窝卵数

巾冠拟鹂雄鸟会比雌鸟提早几天返回其繁殖地，它们会用比其他拟鹂都更轻柔的鸣声来建立并宣示其领域。复杂的鸟巢将由雌鸟独自修筑。也许是因为雌鸟经常衔着巢材回到鸟巢，因此鸟巢的位置很容易被巢寄生鸟类发现。在得克萨斯州，铜色牛鹂及褐头牛鹂（详见615 页及 616 页）都会在巾冠拟鹂的巢中产卵，甚至会出现一个巾冠拟鹂的巢中同时有这两种寄生性鸟类卵的现象。

巾冠拟鹂原本栖居于成熟的森林之中，但现在已经能够适应在人造生境中生活了，这些生境包括有水源的草坪、人工橡树林以及人造树林。在加利福尼亚州南部的作为行道树的棕榈树附近，巾冠拟鹂十分常见。它们就在棕榈树上修筑鸟巢。棕榈的叶片不但防水，还能为鸟巢制造阴凉。

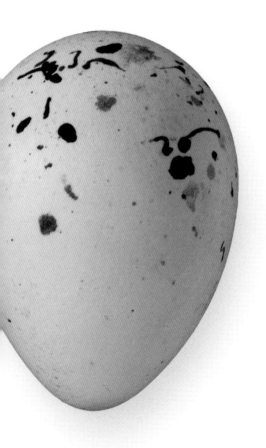

实际尺寸

巾冠拟鹂的卵为白色，杂以不规则而分散的棕色斑点。卵的尺寸为 22 mm × 16 mm。巾冠拟鹂常被铜色牛鹂（详见 615 页）巢寄生，大多数拟鹂的巢中都有一枚或多枚牛鹂的卵。为了减少寄生卵与自己的卵及雏鸟的竞争，拟鹂雌鸟常在寄生卵上啄开小洞，以减少牛鹂的繁殖成功率。

目	雀形目
科	拟鹂科
繁殖范围	北美洲东部及中部
繁殖生境	林缘、河边林地、农场、公园及花园
巢的类型及巢址	悬挂的袋状巢，由草叶、树皮、动物毛发甚至是塑料鱼线等动植物纤维编织而成；鸟巢悬挂于树木高处
濒危等级	无危
标本编号	FMNH 2308

成鸟体长	16～19 cm
孵卵期	11～14 天
窝卵数	3～7 枚

橙腹拟鹂
Icterus galbula
Baltimore Oriole

Passeriformes

619

橙腹拟鹂身披橙黑相间的羽毛，它们的形象为许多观鸟人及棒球迷所熟知。[1]在抵达其繁殖地后，橙腹拟鹂便会成对活动。雄鸟需要两年的时间才能长出人们熟悉的羽衣，年轻雄鸟的羽色与雌鸟相似。但是，年轻的雄鸟也能够成功地吸引配偶，并能在第一次繁殖中就取得成功。雌鸟独自筑巢、孵卵，但雄鸟会向它们递喂食物，并平等地分担喂养雏鸟的工作。

在英语中，"Oriole"指代的正是分布于美洲的橙腹拟鹂及其拟鹂科近亲。因为橙腹拟鹂的羽色和图案都与分布于欧亚大陆及非洲的树栖性黄鹂科鸟类十分相似，但从基因的角度讲，新大陆的拟鹂与拟八哥、草地鹨、黑鹂及寄生性的牛鹂具有更近的亲缘关系。

窝卵数

橙腹拟鹂的卵为淡灰色或蓝白色，杂以棕色、黑色或淡紫色线条或斑点。卵的尺寸为 22 mm × 16 mm。

实际尺寸

---

① 译者注：美国职业棒球大联盟的巴尔的摩金莺队的标志即为橙腹拟鹂。

目	雀形目
科	拟鹂科
繁殖范围	中美洲
繁殖生境	滨海低地森林、林缘、种植园
巢的类型及巢址	悬挂的编织巢，由植物纤维及藤蔓筑成，30个或更多的巢聚集于一处；鸟巢多见于大树的高处
濒危等级	无危
标本编号	FMNH 2270

成鸟体长
38～50 cm

孵卵期
15 天

窝卵数
2 枚

620

褐拟椋鸟
Psarocolius montezuma
Montezuma Oropendola

Passeriformes

窝卵数

褐拟椋鸟的卵为白色至黄褐色，杂以棕色斑点。卵的尺寸为 33 mm × 25 mm。占领巢树的主雄会为许多鸟卵受精，次雄总是待在远离繁殖群的地方，但它也能神不知鬼不觉地与一些雌鸟交配，并成为一些雏鸟的父亲。

　　褐拟椋鸟是一种常见而易于识别的鸟类，这种鸟的分布范围相对狭小，但它们却经常在包括长有高树的草坪和农场等人为改造过的栖息地中活动，这些生境能确保它们种群的稳定。褐拟椋鸟一般在高高的树枝上集群修建难以接近的悬巢，繁殖群的成员会集体抵御捕食者及巢寄生者。褐拟椋鸟的巢容易被巨牛鹂这种体型庞大的鸟类寄生，当巨牛鹂的雌鸟试着在宿主的巢中产卵时，会发动正面攻击。

　　褐拟椋鸟的婚配制度为"雌鸟保卫的一雄多雌制"。巢树由多只雄鸟照看，更多的雄鸟会尝试在雌鸟完成筑巢并处于受精期时接近它们。然而，主雄将驱逐大多数雄鸟，并独自与繁殖群中的众多雌鸟交配。

实际尺寸

目	雀形目
科	燕雀科
繁殖范围	亚洲西部、欧洲、非洲北部
繁殖生境	开阔的林地、林缘、城市公园及住宅后院
巢的类型及巢址	开放的杯状巢，多见于树枝分叉处；鸟巢外表覆以苔藓或地衣，内部垫以草叶及纤维，混合以动物毛发及蜘蛛丝
濒危等级	无危
标本编号	FMNH 20646

成鸟体长	14～16 cm
孵卵期	10～18 天
窝卵数	4～6 枚

621

苍头燕雀
Fringilla coelebs
Chaffinch

Passeriformes

在西欧地区，苍头燕雀是最为常见的一种雀类。它们利用婉转动听的旋律勾勒出其领域的边界并吸引雌鸟。两个世纪以前，英国人抵达遥远的新西兰时，随船携带并放生了一些苍头燕雀，现在它们已经在那里建立了新的种群。在新西兰，苍头燕雀不会像在欧洲那样遇到哺乳动物或爬行动物巢捕食者，因此其种群迅速壮大，并已成为市郊和公园中最为吵闹的一种鸟类。

不同区域苍头燕雀的鸣声存在差异，这是因为它们经历了不同的文化演变历程，年轻的雄鸟会模仿附近雄鸟的鸣唱，即使这些鸣唱或许并不是最完美的。有时，年轻的雄鸟也会自己创造新的曲目，这些变化将通过模仿和学习传递给下一代。雌鸟更加偏好那些鸣唱结尾处富有生机的雄鸟，而不会对鸣唱内容复杂程度的熟悉与否加以区分。

窝卵数

苍头燕雀的卵为淡粉色或灰色，杂以形状多变的红棕色斑点。卵的尺寸为 19 mm×16 mm。欧洲的苍头燕雀善于识别出巢中大杜鹃的寄生卵。实际上，在实验中，它们也能将其他苍头燕雀的卵推到巢外。

实际尺寸

目	雀形目
科	燕雀科
繁殖范围	北美洲西北部
繁殖生境	开阔的苔原、温带草原及高山草甸
巢的类型及巢址	杯状巢，由细枝、苔藓及莎草筑成，内部垫以细草、毛发及羽毛；鸟巢多见于露出地面的岩石、崖壁的岩缝、墙洞及建筑物的洞穴中
濒危等级	无危
标本编号	FMNH 2982

成鸟体长
14～16 cm

孵卵期
13～14 天

窝卵数
3～5 枚

622

灰头岭雀
Leucosticte tephrocoti
Gray-crowned Rosy-Finch
Passeriformes

窝卵数

　　灰头岭雀为一雄一雌制鸟类，它们会在晚冬或早春时节建立配偶关系，这样就能在温暖的季节里充分繁殖了。雌鸟收集巢材并修筑鸟巢，雄鸟会紧紧地跟随其身后。雌鸟独自孵卵，但亲鸟双方都会给幼鸟喂食。一般来说，北方及温带种群的灰头岭雀每个繁殖季都可以繁殖两窝，但对于生活在高海拔山区的繁殖者来说，每年就只有一次繁殖机会了。

　　北美洲及亚洲的岭雀才刚刚分化不久。灰头岭雀繁殖和越冬都在北半球高海拔地区，并常作为低氧和高海拔研究中的实验动物。例如，与在低海拔生活的灰头岭雀相比，生活在高海拔地区的灰头岭雀飞行肌肉及腿部肌肉纤维毛细血管运输氧气的能力更强。

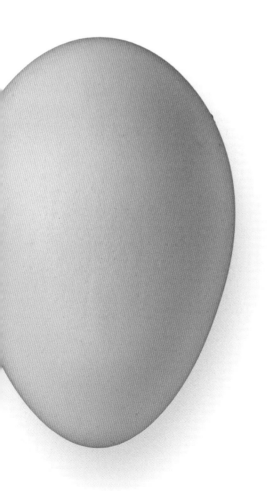

实际尺寸

灰头岭雀的卵为白色，略具粉色色调，无斑点。卵的尺寸为 21 mm × 16 mm。在孵卵期，雌鸟时常抬起身体并翻动鸟卵，这能够确保胚胎正常发育。

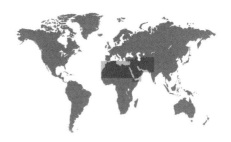

目	雀形目
科	燕雀科
繁殖范围	非洲北部、欧洲南部、亚洲西部
繁殖生境	干燥的崖壁表面及石漠生境中
巢的类型及巢址	杂乱的鸟巢由树根、细枝、叶片、杂草、茎、动物毛发及羽毛筑成；鸟巢多见于石缝之中或隐蔽于灌丛之下
濒危等级	无危
标本编号	FMNH 20660

成鸟体长
11～13 cm

孵卵期
11～14 天

窝卵数
4～6 枚

623

沙雀
Bucanetes githagineus
Trumpeter Finch

Passeriformes

沙雀是在干旱环境中生存的专家，其分布范围远及（非洲西北部的）加那利群岛。在某些年份中，其种群数量会出现大爆发的情况，大量的沙雀会游荡到欧洲西部及其常规繁殖区以外的区域。

作为一种适于在沙漠及其他干旱环境中生存的鸟类，长期以来，降雨都是影响沙雀繁殖开始时间及繁殖成功率多少的主要因素。作为一种食谷鸟类，沙雀更依赖于适宜栖息地内种子的可获得性，而产生种子的植物又需要在较高的温度下才能生长、结籽。因此，在那些气温较常年均温更低的年份里，沙雀繁殖开始的时间最多会比常年推迟一个月。但无论何时开始繁殖，窝卵数、孵卵期以及出飞时间都会与正常年份保持一致。

窝卵数

实际尺寸

沙雀的卵为黄褐色至奶油色，杂以稀疏而细小的深色斑块。卵的尺寸为18 mm×16 mm。沙雀倾向于在开阔的岩壁附近筑巢。如是周围具有一些植被的鸟巢，其卵的孵化率及幼鸟的出飞率都会更高。

目	雀形目
科	燕雀科
繁殖范围	北美洲北部及西部、欧亚大陆北部
繁殖生境	针叶林，北方及高山地区接近林线的区域
巢的类型及巢址	杯状巢，由细枝、松针及细根筑成，垫以草叶、地衣及羽毛筑成；鸟巢多见于树木横枝接近树干的分叉处，隐蔽在茂密的枝叶间
濒危等级	无危
标本编号	FMNH 15197

成鸟体长
20～25 cm

孵卵期
13～15 天

窝卵数
3～4 枚

624

松雀
Pinicola enucleator
Pine Grosbeak
Passeriformes

窝卵数

与北美洲其他一些美洲雀科鸟类（Grosbeak）不同的是，松雀才是真正的燕雀科鸟类。美洲雀科鸟类喜食昆虫，而占据松雀食谱大部分的则是种子和芽。以植物为主要食物的食性是松雀存活的重要原因，即使是在最寒冷的冬季里，这种鸟也会留在北方生活，此时那里的昆虫已经完全难觅踪迹了。

在非繁殖季，松雀集群活动，配偶双方将在占据其领域之时从越冬群中分离出来。雌鸟和雄鸟会共同评估巢树和筑巢树枝的适宜情况。鸟巢将由雌鸟独自修筑，它也将独自孵卵。亲鸟双方均等地承担喂养雏鸟的工作，并会在喂食之后将雏鸟的粪囊丢到巢外。

实际尺寸

松雀的卵为淡蓝色或淡蓝绿色，杂以棕黑色斑点。卵的尺寸为 26 mm × 18 mm。在最后一枚鸟卵产下后亲鸟才会开始孵卵，因此所有鸟卵都将在 24 小时内孵化。

目	雀形目
科	燕雀科
繁殖范围	北美洲温带地区
繁殖生境	针叶林及混交林，林缘及林间空地，公园
巢的类型及巢址	开放的杯状巢，由细枝、树枝及根筑成；内部垫以细草及毛发；鸟巢多见于树木树枝之上
濒危等级	无危
标本编号	FMNH 10580

紫朱雀
Haemorhous purpureus
Purple Finch

Passeriformes

成鸟体长
12～15 cm

孵卵期
12～13 天

窝卵数
3～5 枚

625

紫朱雀在北美洲的温带地区繁殖，留居种群全年定居于太平洋沿岸。随着东部地区家朱雀（详见 626 页）分布范围的扩展，以及家麻雀（详见 636 页）入侵到整个北美大陆，紫朱雀繁殖种群的规模及繁殖成功率已经在持续下降。

紫朱雀在非繁殖季集群活动。随着雄鸟建立并保卫其繁殖地，繁殖季就开始了。雄鸟会展示胸部及翅膀的羽毛并一展歌喉，借此来吸引雌鸟。在确立配偶关系后，其领域中活动的重点将变成修筑鸟巢。雄鸟会参与巢址的选择。少数几条记录表明雄鸟会在筑巢期收集巢材，它们还会在雌鸟离巢时孵化鸟卵。亲鸟双方都会为幼鸟提供反吐出的种子。

窝卵数

实际尺寸

紫朱雀的卵为淡灰色或绿蓝色，杂以棕色及黑色斑点。卵的尺寸为 20 mm × 16 mm。繁殖地的游荡者或许会在领域中原先的雄鸟消失的情况下将其取代。后来的雄鸟会给孵卵的雌鸟及巢中的幼鸟喂食，这样第二窝或补产的鸟卵就会是这只雄鸟的后代。

目	雀形目
科	燕雀科
繁殖范围	北美洲
繁殖生境	半荒漠及干旱的灌丛，农田、草场、花园、公园及林缘
巢的类型及巢址	杯状巢，由细茎、叶片、细根、细枝、丝线、毛发及羽毛筑成；鸟巢多见于落叶树或针叶树上，或崖壁、建筑边缘，或路灯及闲置的种植机上
濒危等级	无危
标本编号	FMNH 2729

成鸟体长	13～14 cm
孵卵期	13～14 天
窝卵数	2～5 枚

家朱雀
Haemorhous mexicanus
House Finch
Passeriformes

626

窝卵数

家朱雀的卵为淡蓝色至白色，杂以细小而分散的黑色及浅紫色斑点。卵的尺寸为 19 mm × 14 mm。

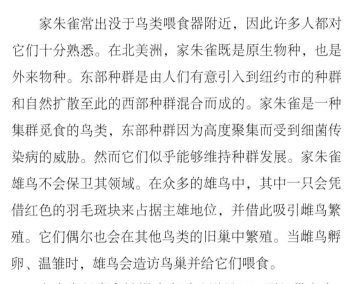

家朱雀常出没于鸟类喂食器附近，因此许多人都对它们十分熟悉。在北美洲，家朱雀既是原生物种，也是外来物种。东部种群是由人们有意引入到纽约市的种群和自然扩散至此的西部种群混合而成的。家朱雀是一种集群觅食的鸟类，东部种群因为高度聚集而受到细菌传染病的威胁。然而它们似乎能够维持种群发展。家朱雀雄鸟不会保卫其领域。在众多的雄鸟中，其中一只会凭借红色的羽毛斑块来占据主雄地位，并借此吸引雌鸟繁殖。它们偶尔也会在其他鸟类的旧巢中繁殖。当雌鸟孵卵、温雏时，雄鸟会造访鸟巢并给它们喂食。

家朱雀经常会被褐头牛鹂（详见 616 页）巢寄生，特别是在早春还很少有其他宿主鸟类筑巢繁殖之时。家朱雀能够接受那些不具模拟斑纹的鸟卵，但家朱雀以谷物为食，这并不适合牛鹂的幼鸟，因此寄主的后代常常忍饥挨饿。

实际尺寸

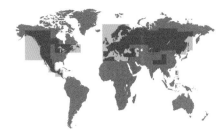

目	雀形目
科	燕雀科
繁殖范围	欧亚大陆温带及亚北极地区、北美洲北部及西部、中美洲
繁殖生境	针叶林，包括山地云杉林、松树林及冷杉林
巢的类型及巢址	开放的杯状巢，由细枝及树枝筑成，垫以草叶、细根、地衣、松针、脱落的树皮、毛发及羽毛；鸟巢多见于针叶树茂密的林冠层中
濒危等级	无危
标本编号	FMNH 2746

成鸟体长
14～20 cm
孵卵期
12～18 天
窝卵数
3～5 枚

627

红交嘴雀
Loxia curvirostra
Red Crossbill

Passeriformes

红交嘴雀的上下喙端部左右交错，适于取食松果中的松子。不同种群的羽毛颜色差异十分显著，但这并非由基因的差异所致，而是由食物中类胡萝卜素的类型和含量不同导致。不同种群会发出不同的鸣唱，彼此之间也很少存在交配现象。

繁殖季是随着发现适宜的松果而开始的。多对红交嘴雀会将鸟巢修筑于此处，当食物数量下降时，它们才会集群移动寻找另外的繁殖地点。亲鸟双方会共同喂养雏鸟，其食物是反吐出的发黑的种子和唾液的混合物。为了引导幼鸟飞行，亲鸟会站立于巢边的树枝上，衔着食物引导并高声呼唤着日渐长成的幼鸟。

窝卵数

实际尺寸

红交嘴雀的卵为白色，杂以形状多变的红色斑点。卵的尺寸为 19 mm×16 mm。雌鸟会在寒冷的季节里搭建一个巨大的鸟巢，即使雌鸟远离鸟巢一段时间，卵和雏鸟也能够存活。

目	雀形目
科	燕雀科
繁殖范围	北美洲西部、中美洲及南美洲北部
繁殖生境	开阔的森林、沿河林地、树木稀疏的原野及灌丛，例如公园和花园
巢的类型及巢址	开放的杯状巢，由植物纤维、树皮、杂草及毛发筑成，垫以种子、绒毛及动物毛发；鸟巢多见于杨柳树或其他树木、灌丛的树冠层
濒危等级	无危
标本编号	FMNH 10676

成鸟体长
9～11 cm

孵卵期
12～13 天

窝卵数
3～6 枚

628

暗背金翅雀
Spinus psaltria
Lesser Goldfinch

Passeriformes

窝卵数

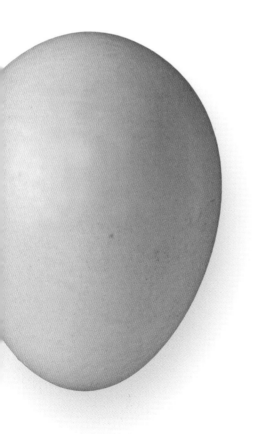

暗背金翅雀的地理分布与更广为人知的美洲金翅雀（详见 629 页）具有相关性，而且这两种鸟还具有许多共同的繁殖特征。它们都会搭建紧致的鸟巢，都会用兽毛和植物纤维编织紧密的杯状衬里，并会在其他食虫鸟类筑巢数周或数月之后开始繁殖。暗背金翅雀有一个种群分布于美国中部及南部地区，但人们对该种群的繁殖生物学知之甚少。

暗背金翅雀鸟巢那些小而柔软的垫材由雌鸟独自编织，而雄鸟则会紧随在配偶身后歌唱，并会给雌鸟喂食，但不会帮它筑巢。雌鸟会用一只脚抓住收集到的植物纤维及动物毛发，并用喙进行编织。在鸟巢的边缘完成之后，会逐渐显露出杯状轮廓。

实际尺寸

暗背金翅雀的卵为淡蓝色或白色，无斑点，其尺寸为 16 mm×11 mm。同许多其他广泛分布的鸟种一样，热带种群的窝卵数更少（3～4 枚），而温带种群的窝卵数更多些（4～6 枚）。

目	雀形目
科	燕雀科
繁殖范围	北美洲温带地区
繁殖生境	具灌丛的草地、泛滥平原、灌木草坪、花园、公园、林缘
巢的类型及巢址	开放的杯状巢，由细根、杂草及植物纤维筑成，内部垫以植物脱落物；鸟巢多见于灌丛高处，由茂密的树叶或成簇的针刺保护
濒危等级	无危
标本编号	FMNH 10655

美洲金翅雀
Spinus tristis
American Goldfinch

Passeriformes

成鸟体长
11～13 cm
孵卵期
12～14 天
窝卵数
4～5 枚

629

美洲金翅雀分布广泛，是人们熟悉而喜欢的鸟类，这种鸟常在喂食器处取食。雄鸟羽毛和喙的颜色反映了它们近来的健康状况及食物情况，雌鸟可以利用这一点来评估潜在配偶的身体状况。

美洲金翅雀集松散的群体繁殖。雄鸟不会占据全功能的领域，也不会保卫觅食领域，而只在筑巢期及产卵期保卫其鸟巢临近的区域，避免其他雄鸟闯入。随着孵卵的开始，雄鸟保卫鸟巢的热情将逐渐消退，转而将注意力集中到饲喂孵卵的雌鸟身上。雏鸟孵出后，雌鸟会给它们保温。雄鸟还会继续给雌鸟喂食，雌鸟会将食物转喂给幼鸟。雏鸟孵化几天之后，雌鸟便会与雄鸟一道外出觅食、喂养幼鸟。

窝卵数

实际尺寸

美洲金翅雀的卵为淡蓝白色，杂以浅褐色的斑点。卵的尺寸为 17 mm×12 mm。美洲金翅雀总能摆脱褐头牛鹂（详见 616 页）的寄生，这或许是因为美洲金翅雀的繁殖时间较晚，或许是因为它们的食物谷物不适合牛鹂幼鸟消化。

目	雀形目
科	燕雀科
繁殖范围	欧洲北部、亚洲西部及东北部
繁殖生境	针叶林及混交林、林间沼泽、松树种植园
巢的类型及巢址	杯状巢，由苔藓、地衣、细根、细枝筑成，内部垫以草叶及绒羽；鸟巢多见于树木之上
濒危等级	无危
标本编号	FMNH 20844

成鸟体长
11～13 cm

孵卵期
10～14 天

窝卵数
2～6 枚

630

黄雀
Spinus spinus
Eurasian Siskin

Passeriformes

窝卵数

黄雀的卵为白色、浅灰色或浅蓝色，杂以细小的红棕色斑点。卵的尺寸为 17 mm × 12 mm。

在野外，黄雀是一种位点忠诚度较低的物种，它们很少会回到与上一年相同的地点繁殖。冬季，某些种群会在很大的地域范围里游荡，而另一些种群则会向南迁徙，整个冬天都在一处越冬地活动。迁徙鸟类翅膀的形状比留居鸟类的更长、更尖，这使得它们在长距离迁徙中能够更高效地飞行。黄雀的巢比邻而居，2 ～ 6 个鸟巢组成一个松散的繁殖群。雌鸟独自孵卵，但雄鸟也会时常回到鸟巢。

黄雀同其他燕雀科鸟类一样，因其动听的歌喉而经常被捕捉笼养。黄雀易于与丝雀杂交，后代具有新的颜色、羽毛图案及鸣声。黄雀适于笼养生活，笼养个体能够存活十年以上，而野外黄雀的预期寿命却只有 2 ～ 3 年。

实际尺寸

目	雀形目
科	燕雀科
繁殖范围	非洲北部、欧洲温带地区、亚洲西部
繁殖生境	开阔的林地、林缘、灌丛、蔓生牧场、公园草地及花园
巢的类型及巢址	开放的杯状巢，由杂草、地衣及苔藓筑成，内部垫以动物毛发及植物脱落物；鸟巢多见于树木上由树叶掩映的树枝尽头
濒危等级	无危
标本编号	FMNH 14663

红额金翅雀
Carduelis carduelis
European Goldfinch
Passeriformes

成鸟体长
12～13 cm

孵卵期
11～14 天

窝卵数
4～6 枚

631

窝卵数

红额金翅雀是栖居于开阔灌丛中的一种羽色艳丽的鸣禽。它那婉转动听的鸣唱吸引着欧洲及其他地区的观鸟者。人为释放或逃逸的个体在澳大利亚和新西兰建立了稳定的种群，这些种群已经威胁到了当地的鸟类群落。

红额金翅雀在占据领域和形成配偶关系后不久，便会开始修筑鸟巢，这一工作由雌鸟独自完成。在筑巢完成 1 天或 2 天后，雌鸟会开始产卵，每天 1 枚，直到达到满窝卵。雌鸟将负责孵化鸟卵，它们白天 90% 的时间都卧于巢中，整个夜晚也都在孵卵。雄鸟会经常回到鸟巢饲喂雌鸟。雏鸟孵出后，雄鸟仍会给雌鸟饲喂反吐出的种子，之后雌鸟会将食物递喂给雏鸟。随着幼鸟逐渐长大，亲鸟双方将轮流直接给它们喂食。

实际尺寸

红额金翅雀的卵为白色或淡蓝色，杂以稀疏的红色斑点。卵的尺寸为 17 mm×13 mm。红额金翅雀只会保卫鸟巢周围很小范围的领域，因此无论繁殖季还是非繁殖季，这种鸟都集群活动。

目	雀形目
科	燕雀科
繁殖范围	欧洲西南部及中部
繁殖生境	亚高山开阔的针叶林、高山草甸
巢的类型及巢址	开放的杯状巢，由干燥的草叶、根茎及蜘蛛网筑成，内部垫以动物毛发及羽毛；鸟巢多见于云杉、其他针叶树或灌丛的横枝上接近树干或1/2的位置
濒危等级	无危
标本编号	FMNH 20837

成鸟体长
12～13 cm

孵卵期
13～14 天

窝卵数
3～5 枚

632

橘黄丝雀
Serinus citrinella
Citril Finch

Passeriformes

窝卵数

橘黄丝雀的繁殖能否成功，与鸟巢在巢树上的位置紧密相关。在从产卵到出飞的所有过程，其总的繁殖成功率大约为 50%。位置较高的鸟巢容易受到鸦科鸟类及其他鸟类的攻击，而位置较低的鸟巢则容易受到哺乳动物的袭击。靠近树干的鸟巢容易受到蚂蚁的破坏，这些爬上树的蚂蚁会攻击周身裸露而无助的雏鸟。

无论是繁殖还是越冬，橘黄丝雀都不会离开欧洲大陆。根据基因的隔离及栖息地选择的差异，孤立定居于科西嘉岛及地中海诸岛上的橘黄丝雀，现已经被划分成一个独立的物种。那些分布于大陆高山地区的橘黄丝雀，倾向于选择林缘地区且混有草甸的开阔林地生境。

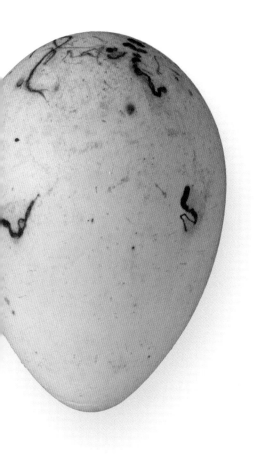

实际尺寸

橘黄丝雀的卵为白色或淡绿蓝色。杂以稀疏的红棕色斑点。卵的尺寸为 17 mm×12 mm。鸟巢由雌鸟独自修筑，雌鸟孵卵时，雄鸟会经常给它们喂食。

目	雀形目
科	燕雀科
繁殖范围	欧亚大陆温带地区
繁殖生境	针叶林及混交林、沿河林地、公园及花园
巢的类型及巢址	开放的杯状巢，由细枝、苔藓及地衣筑成，内部垫以细根及毛发；鸟巢多见于树木的树冠层、茂密的枝叶间和大型的灌木中
濒危等级	无危
标本编号	FMNH 20679

红腹灰雀
Pyrrhula pyrrhula
Eurasian Bullfinch

Passeriformes

成鸟体长
15～17 cm

孵卵期
12～14 天

窝卵数
4～6 枚

633

　　红腹灰雀雄鸟羽色鲜艳，背部羽毛呈蓝灰色、胸部羽毛呈桃粉色。胸部羽毛独特的颜色来自于换羽时食物中的类胡萝卜素。在笼养条件下，若要防止胸羽颜色退去，必须在食物中添加黄色至粉红色色素。笼养红腹灰雀经常能模仿饲养者发出的语音或词汇。

　　红腹灰雀雄鸟的生殖腺在燕雀科鸟类中是十分特别的。它们那藏在身体内部的睾丸在燕雀科鸟类中是最小的，还不及体重的 0.3%。除此之外，由这些小睾丸产出的精子，其形状和运动速度也是千差万别的。基于这两点，科学家推测红腹灰雀雄鸟之间的竞争并不是很激烈。因此，雄鸟不会到处寻找繁殖的机会，而是忙于帮助雌鸟孵化鸟卵、喂养雏鸟。

窝卵数

实际尺寸

红腹灰雀的卵为淡蓝色，博物馆收藏的标本通常会退去颜色，卵的表面杂以棕色斑点。卵的尺寸为 19 mm×16 mm。红腹灰雀领域仅为其鸟巢周围的一小片区域，由雄鸟负责守卫。

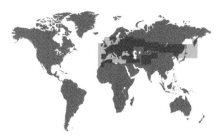

目	雀形目
科	燕雀科
繁殖范围	非洲北部、欧亚大陆温带地区
繁殖生境	落叶林及针阔混交林，常接近水边，亦繁殖于果园、公园及花园
巢的类型及巢址	开放的杯状巢，多见于树木或灌丛高处；鸟巢由树枝、树皮、杂草及地衣筑成，内部垫以动物毛发及植物细根
濒危等级	无危
标本编号	FMNH 20843

成鸟体长	17～18 cm
孵卵期	9～14 天
窝卵数	3～7 枚

634

锡嘴雀
Coccothraustes coccothraustes
Hawfinch

Passeriformes

窝卵数

　　锡嘴雀的喙十分厚重，这点令人印象深刻，它们会借此来剪碎或嗑开最坚硬的种子和果核。虽然锡嘴雀的喙强而有力，但它们却较为胆怯，常活动于大片森林的深处，有时它们的活动范围也会扩展到林缘地区、灌丛，以及欧洲的樱桃和欧洲酸樱桃种植园中。在英国，19 世纪时，锡嘴雀是一种少见的冬候鸟；20 世纪时，它们是一种广泛分布的繁殖鸟；最近十年，其繁殖种群的数量突然经历了大幅度下降。

　　在适宜栖息地内，锡嘴雀是一种常见的鸟类，它们经常以繁殖对为单位维持很小的巢域，并集松散的繁殖群繁殖。即使是那些在人类附近活动的锡嘴雀，在繁殖季节也很敏感，弃巢仍然是导致其繁殖失败的主要原因。弃巢后，锡嘴雀会开始第二次繁殖，这将导致它们的繁殖期有所延长。

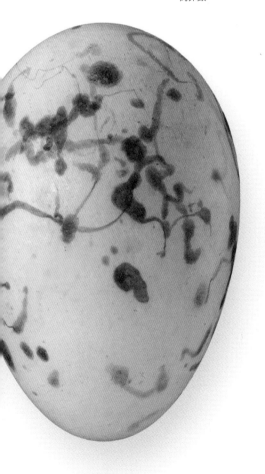

实际尺寸

锡嘴雀的卵为淡蓝色或灰绿色，表面具有形状多变的黑色斑纹。卵的尺寸为 24 mm×17 mm。鸟卵孵化后，亲鸟会给雏鸟饲喂以昆虫而不是以种子为主的食物。

目	雀形目
科	燕雀科
繁殖范围	夏威夷群岛
繁殖生境	夏威夷岛上多数高海拔的潮湿森林中
巢的类型及巢址	杯状巢，多见于夏威夷桃金娘树树枝的端部，这种树也是白臀蜜雀的食源，但有时也会筑巢于蕨类植物上，或溶洞、缝隙中；鸟巢由细枝、杂草、苔藓及地衣筑成
濒危等级	无危
标本编号	FMNH 14773

白臀蜜雀
Himatione sanguinea
Apapane

Passeriformes

成鸟体长	10～13 cm
孵卵期	13～14 天
窝卵数	2～4 枚

635

窝卵数

　　白臀蜜雀是一种夏威夷管舌雀，它们的羽毛为鲜红色。白臀蜜雀亲鸟双方在繁殖过程中各司其职，它们会在一周之内合作修筑完成鸟巢，之后雌鸟将产下鸟卵并独自孵卵，雄鸟则会守在一旁歌唱。在雌鸟孵卵、温雏的阶段，雄鸟会给它们递喂食物。亲鸟双方都会喂养雏鸟。为了保持鸟巢的清洁，它们还会移除幼鸟排泄出的粪囊。

　　白臀蜜雀所属的管舌雀类生活的岛屿，由几百万年前的火山运动形成。它们是雀类的后代，大多管舌雀现在都已灭绝，或处于易危、濒危的状态。出现在莱桑岛上的白臀蜜雀的卵表明，那里曾经存在一个种群，但其栖息地已遭到了啮齿类的破坏。在夏威夷主岛上，白臀蜜雀仅分布于海拔 1000 米以上的森林之中，因为只有在此范围内，由蚊子携带的禽痘和疟疾才无法存活。

白臀蜜雀的卵为白色，杂以稀疏的红色斑点。卵的尺寸为 24 mm × 17 mm。其繁殖季足够长，这使得白臀蜜雀能够繁殖两窝后代，亲鸟通常也会将食物种类扩大，例如从花蜜扩大到蛾子和蜘蛛。

实际尺寸

目	雀形目
科	雀科
繁殖范围	非洲北部、欧洲，亚洲北部、西部及南部
繁殖生境	农田、乡村、城市街道及公园
巢的类型及巢址	凌乱的半球形鸟巢，多见于天然的洞穴或缝隙中；鸟巢由粗糙的干草筑成，内部垫以细草、毛发、羽毛、细丝及纸屑
濒危等级	无危
标本编号	FMNH 10709

成鸟体长
15～17 cm

孵卵期
10～14 天

窝卵数
4～5 枚

636

家麻雀
Passer domesticus
House Sparrow

Passeriformes

窝卵数

家麻雀正如其学名种加词 *domesticus*（直译为家庭的）表示的那样，它们就生活在城市之中。这种鸟可以在任何足以容身的缝隙中筑巢，无论是啄木鸟开凿的树洞、断裂的树枝，或是交通信号灯、墙缝，还是人工巢箱，甚至废弃的汽车引擎。在那些巢洞稀少的地区，例如新西兰牧场，家麻雀能恢复雀类祖先编织鸟巢的习性，它们会在茂密的灌丛中编织一个独立的半球形鸟巢。

家麻雀原产于欧洲和亚洲，现已被成功引入到所有有人类居住的大陆以及许多偏远的岛屿上。家麻雀的适应性较强，在它们的分布范围内，不同地区的种群差异较大，但都遵循着一些原本在原生鸟类身上发现的定律：栖息地越干燥的地方，羽色就越浅；距赤道越远的地方，体型就越大；越靠近热带，窝卵数就越少。

实际尺寸

家麻雀的卵为灰白色至绿白色或蓝白色，杂以多变的灰色或棕色斑点。卵的尺寸为 22 mm×16 mm。家麻雀似乎没有能力识别自己的卵，它们不能移除鸟巢中外来的鸟卵。

目	雀形目
科	雀科
繁殖范围	欧洲温带地区，亚洲北部、中部及东南部
繁殖生境	乡村、农田、开阔的森林及林缘、公园
巢的类型及巢址	繁殖于天然树洞或逐木鸟洞中，亦筑巢于人工巢箱、墙洞或建筑物裂缝中；鸟巢呈凌乱的半球形，由干草、杂草、茎筑成，内部垫以大量羽毛
濒危等级	无危
标本编号	FMNH 10725

［树］麻雀
Passer montanus
Eurasian Tree Sparrow
Passeriformes

成鸟体长
13～14 cm
孵卵期
10～14 天
窝卵数
4～7 枚

637

为了确保繁殖成功，麻雀雄鸟通常会在冬季占领一处适宜的巢洞，它们会在其中高声鸣叫并宣示主权，主要目的还是吸引雌鸟。在鸟巢的密度和可获得性都较高的地区，麻雀会集松散的群体繁殖，或单独繁殖。集群繁殖个体产下的首窝鸟卵往往尺寸较大，但第二窝的个头则较小；而单独繁殖的麻雀，第一窝卵的尺寸较小，而第二窝的尺寸则较大。一个繁殖对开始繁殖时或许处于集群繁殖的状态，但最终有可能会单独繁殖，转变其巢址的行为可以增加它们在这个繁殖季内的繁殖成功率。除了在洞中繁殖，麻雀有时也会在鹗、喜鹊、鹳和鹭等大型鸟类鸟巢巢材树枝的缝隙间筑巢。

麻雀与家麻雀具有很近的亲缘关系，但与美洲树麻雀的亲缘关系则较远。在美国的圣路易斯，那里有一个被引入超过140年的麻雀种群，它们被称作"德国麻雀"（German Sparrow），是由欧洲殖民者带到这一地区的。

窝卵数

麻雀的卵为白色至淡灰色或棕色，杂以大量深色斑点。卵的尺寸为 19 mm × 14 mm。

实际尺寸

目	雀形目
科	雀科
繁殖范围	非洲北部、欧洲南部、亚洲西部及中部
繁殖生境	贫瘠而多石的山地、靠近房屋及村镇的地面具突出岩石的草地
巢的类型及巢址	凌乱的鸟巢呈杯状，由杂草、细根、细丝、动物毛发及羽毛筑成；鸟巢多见于崖壁、墙壁或房屋的缝隙中，亦筑于空的树干中
濒危等级	无危
标本编号	FMNH 20622

成鸟体长
15～17 cm

孵卵期
12～15 天

窝卵数
4～6 枚

638

石雀
Petronia petronia
Rock Sparrow

Passeriformes

窝卵数

石雀的卵为白色，杂以周身大量棕色云状斑。卵的尺寸为 19 mm×16 mm。在高海拔地区，巢捕食者较少，石雀卵的个头更大但每窝数量较少。这些地区 90% 的巢会有至少一只幼鸟出飞。

石雀的外表为暗淡的土褐色，喉部具一黄色斑点。石雀的外表朴素，但繁殖行为却十分复杂，因此它们是研究类似现象的模式生物。黄色的喉部斑纹雌雄皆具，但因个体的身体大小而异。那些喉部黄斑更大的雄鸟通常会在食物争夺中获胜。对雌鸟来说，雄鸟较大的黄斑还意味着它们会在亲代照料中承担更多。雌鸟喂雏的频率与喉部黄斑的大小没有直接的关系，但是那些黄斑越大的个体（包括实验中人为增大的黄斑）在食物获得方面更具优势。

在选择配偶时，雌鸟还会对雄鸟的鸣唱予以关注。年长雄鸟的高音更高，但节奏更慢，这有利于吸引领域中的雌鸟。这些雌鸟的巢中最终将会有多个年长雄性的后代。反过来，那些配偶不忠诚并已经离开领域的雄鸟，则会发出响亮的鸣声。

实际尺寸

目	雀形目
科	雀科
繁殖范围	从非洲南部至中亚的山地地区
繁殖生境	贫瘠的草地、多石的山顶、高山草甸
巢的类型及巢址	开放的杯状巢，筑于洞穴的尽头，由草茎及细根筑成；鸟巢多见于岩石下的缝隙中或鼠洞中
濒危等级	无危
标本编号	FMNH 20642

成鸟体长	17~19 cm
孵卵期	13~14 天
窝卵数	3~4 枚

白斑翅雪雀
Montifringilla nivalis
White-winged Snowfinch

Passeriformes

639

白斑翅雪雀生活在高海拔的山区地带，它们的行为和形态特征都使其适于在寒冷而多雪的环境中生存。与其他那些在高海拔繁殖、筑开放杯状巢的鸟种相比，白斑翅雪雀会在春季里早早地开始繁殖，一些繁殖对还能在一年之内完成两次繁殖。由于巢洞和岩缝能够为它们提供很好的保护和温暖的微生境，因此这是很有可能发生的情况。即使雌鸟离巢觅食，巢中的鸟卵也不会长时间暴露在低温环境中。

虽然高海拔的山地生境中已出现了人类的足迹，但白斑翅雪雀也已经很好地适应了滑雪场和度假村等环境，即使是在严酷的寒冬，它们也能在那里生存。但与此同时，那些在原始山地环境中繁殖的白斑翅雪雀却没有被详细地观察研究，只有近期的发现和记录。

窝卵数

白斑翅雪雀的卵为污白色至乳白色，无斑点，其尺寸为 21 mm × 16 mm。雌鸟独自修筑鸟巢、孵化鸟卵，亲鸟双方共同喂养雏鸟。

实际尺寸

目	雀形目
科	梅花雀科
繁殖范围	澳大利亚内陆地区、印度尼西亚群岛
繁殖生境	草地、灌丛、开阔的森林，通常接近水源，亦繁殖于人造水坑、农田及草地附近
巢的类型及巢址	半球状巢，由干草、茎叶及细枝筑成，内部垫以细草、动物毛发及羽毛
濒危等级	无危
标本编号	WFVZ 159795

成鸟体长
10～11 cm

孵卵期
14～16 天

窝卵数
2～7 枚

640

斑胸草雀
Taeniopygia guttata
Zebra Finch
Passeriformes

窝卵数

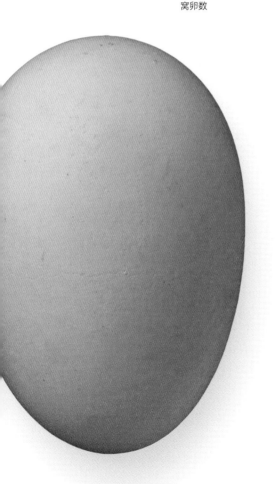

只有当遇到稳定的水源时，生活在野外的斑胸草雀才会繁殖；而在笼养条件下，由于没有水源的限制，这种鸟全年都可以繁殖。斑胸草雀为单配制鸟类，在笼养条件下配偶关系可以维系终身，在野外也有可能如此。斑胸草雀对配偶关系忠诚度较高，雌鸟产下的鸟卵均为配偶的后代。

斑胸草雀和白鼠一样，也是常见的实验动物。由于斑胸草雀可以在笼养环境中繁殖，因此它们是基因学、形态学、发育生物学、神经生理学及行为学的实验物种。斑胸草雀的全基因组测序已经完成，这使得研究人员可以从基因的角度去研究斑胸草雀幼鸟模仿雄鸟鸣唱的发育过程和人类孩童模仿成年人从咿呀学语到使用语言这一过程之间的相同点。

实际尺寸

斑胸草雀的卵为白色或淡灰蓝色，无斑点，其尺寸为 16 mm × 10 mm。雌鸟乐于接受其他斑胸草雀在自己的巢中产卵，特别是当繁殖期内天气或捕食者因素导致自己繁殖失败时。

目	雀形目
科	维达雀科
繁殖范围	撒哈拉以南的非洲
繁殖生境	干旱而开阔的林地、灌丛及草原
巢的类型及巢址	专性巢寄生，卵产于其宿主绿翅斑腹雀筑于灌丛低处、由干草筑成的鸟巢
濒危等级	无危
标本编号	WFVZ 60374

成鸟体长
13～15 cm

孵卵期
11～13 天

窝卵数
每天产卵 1 枚

641

乐园维达雀
Vidua paradisaea
Eastern Paradise Whydah

Passeriformes

乐园维达雀是一种专性寄生的鸟类，它们会在遍布非洲的梅花雀科鸟类的巢中产卵。乐园维达雀的幼鸟由不同种类的义亲抚养，这对这些幼鸟来说是个难题：如果从来没有见过同种鸟类或听过同种鸟类鸣唱的话，又该如何识别出同种鸟类呢？

乐园维达雀是一种鸣禽，它们会学习并模仿听到的鸣唱，而其他类型的鸣声，例如乞食鸣叫则不是后天习得的。因此，那些从寄主那里学来的鸣唱，不能用来进行物种识别。但乐园维达雀会将这一点转而变为优势，年轻的乐园维达雀雄鸟会鸣唱宿主的歌声，但它们也会在求偶时进行乞食鸣叫。反过来，年轻的雌鸟记得养父的鸣唱，也能识别出乐园维达雀的乞食鸣叫，因此这些雌鸟会被那些和自己义亲是同一个物种的乐园维达雀雄鸟所吸引。

窝卵数

实际尺寸

乐园维达雀的卵为白色，无斑点，其尺寸为 18 mm × 13 mm。乐园维达雀雌鸟经常将卵产在绿翅斑腹雀的巢中，但有时其他寄主也会在这个巢中产卵，这会使得乐园维达雀的幼鸟模仿这个寄主的鸣唱。

附 录

Appendices

术语表

晚成的（Altricial）：那些孵出后周身裸露、还不能睁眼的鸟类，它们仍需待在巢中，食物完全由亲鸟供给。参见"早成的"（Precocial）。

选型交配（Assortative mating）：配偶双方特征相似的繁殖系统，与之相对的是非选型交配，即繁殖对双方特征不同。

环志（Banding）：在鸟类腿部安置一个标有数字的金属环，利用该方法，可以在经过一段时间后跟踪鸟类。而在鸟腿上安置不同颜色组合的彩色环，可以使科学家在不重新捕获研究对象的前提下，对其进行识别。

环志研究（Banding studies）：利用环志数据进行的研究，重捕通常发生在多年之后的繁殖地。

底栖的（Benthic）：生活在水体底部或淤泥中的。

孵卵斑（Brood patch）：繁殖季时许多孵卵的鸟类都会发育出这一结构，这是腹部一片不被羽而血管化的区域，这一区域可以将亲鸟的热量传递给鸟卵。

温雏（Brooding）：一只成鸟将自己的身体或羽毛覆盖在雏鸟之上并使其保持温暖，这一过程可能发生在鸟巢内，也可能发生在鸟巢外。

副渔获物（Bycatch）：在利用渔网或长线鱼钩捕鱼的过程中，无意地抓住并杀死其他生物。

伪装（Camouflage）：颜色和图案均与背景环境融为一体。另请参阅"隐蔽的/具保护色的"（Cryptic）。

色型（Color morph）：同一种群中个体间明显不同的羽毛颜色和图案，某一物种的一个种群中或许包含多种色型。

共生的（Commensal）：与其他生物相依相存，二者之间既没有伤害也没有获益。

配偶关系（Consortship）：陪伴、跟随或者紧贴在另外一个个体身边，这些行为通常与季节或者长期的繁殖配对关系有关，但也能在其他的繁殖或者社会关系中看到类似的现象。

同种的（Conspecific）：即同一个物种。另请参阅"异种的"（Heterosp-ecific）。

晨昏性的（Crepuscular）：在光线强度较低时活动，包括黎明和黄昏。

嗉囊（Crop）：鸟类食管处一个膨大的肌肉质囊，其有助于磨碎种子等坚硬的食物。

隐蔽的/具保护色的（Cryptic）：可隐藏于背景之中的。

隐蔽种（Cryptic species）：两个物种形态相似，但从进化上讲，其基因、行为等方面存在差异，因此二者处于不同的进化分支上。

钻水鸭（Dabbling duck）：那些在池塘、湖泊、河流或大海水面附近或水面之下觅食的鸭子的统称。觅食时，它们会将头部扎入水下，而只能见到其尾部。

羽饰延迟成熟（Delayed plumage maturation）：已经具有繁殖能力，却身披非成年个体的羽衣。这一现象在许多类群中都能见到，包括鸥和娇鹟。

扩散（Dispersal）：从某一区域移动到另一区域的过程。包括出生扩散及繁殖扩散，前者指鸟类从出生地到初次繁殖地的扩散，后者指两次繁殖之间的扩散。

对鸣（Duetting）：雌雄双方的共同鸣唱，二者的鸣声相互重叠，或前后相依，鸣唱曲调常十分复杂。

胚胎发育（Embryogenesis）：受精卵形成并发育至胚胎的过程。

特有的（Endemic）：只出现在一个特定的界限范围之内，包括岛屿、国家、大陆或其他地理范围。

根除（Extirpation）：将某一物种从一个区域中移除，导致其在这一区域范围内消失或完全灭绝。

粪囊（Fecal sac）：雏鸟的排泄物，通常呈凝胶状，被包裹在膜中，亲鸟可以轻易地将其叼起移出鸟巢。

出飞（Fledging）：幼鸟离开鸟巢的行为，此时它们可能具有飞行能力，也可能尚不具有。

幼鸟（Fledgling）：长出飞羽并能够离开鸟巢，无论此时是否能够飞翔。一些幼鸟离巢后仍需亲代喂食及照料。

流动种/避难种（Fugitive species）：具有强大扩散能力的物种，它可以占据多种不同的生境。

基因性一夫一妻制（Genetic monogamy）：繁殖对双方忠于彼此，无婚外配现象。参见"社会性一夫一妻制"（Social monogamy）。

巢帮手/繁殖帮手（Helpers at the nest）：除亲鸟外为后代提供照料的个体，它们会孵卵、喂雏、温雏或保护巢址。帮手通常为繁殖对上一年繁殖的后代，这种情况在鸟类中较为常见，但也并非全然如此。

异种的（Heterospecific）：即不同的物种。另请参阅"同种的"（Conspecific）。

杂交（Hybridization）：两个不同物种之间的交配行为。

无斑点的（Immaculate）：洁净而没有斑点的。

孵卵（Incubation）：一种为鸟卵提供温度、使其内部温度上升、足够胚胎发育之需的行为。

偷窃寄生（Kleptoparasite）：从其他鸟类那里偷盗获得食物的方式。

炫耀场（Lek）：一群同性别的个体在一起进行炫耀展示以吸引异性青睐、交配的场所。

长距离迁徙（Long-distance migrant）：那些横跨数个大陆或大洋的迁徙旅途。另请参阅"短距离迁徙"（Short-distance migrant）。

延绳钓（Long-line fishing）：一种远洋钓鱼的方法，钓绳上以一定间隔悬挂鱼钩，沉入深水。那些潜水捕捉诱饵的鸟类经常会被勾住并溺亡。

斑点（Maculation）：鸟卵上的斑点、斑块、斑纹或其他样式的、不规则的图案。

黑色素（Melanin）：羽毛、皮肤或其他部位中的深颜色的色素。

拟态的（Mimetic）：与拟态对象外表样式相似或模仿得很像。一些巢寄生性鸟类产下的卵演化得与宿主的卵外表十分相似。

出生地（Natal）： 鸟卵孵化的地方。

繁殖失败（Nest failure）： 卵或雏鸟损失，包括捕食者、竞争或天气等多种原因。

雏鸟（Nestling）： 已经破壳而出但仍在巢中活动的小鸟。

早成雏（Nidifugous）： 孵化后就可以离巢活动的鸟类，与晚成雏相对。

夜行性的（Nocturnal）： 在夜晚活动的。

专性的（Obligate）： 必须的、无意识或不能转变的，通常受到基因调控。这一行为通常在一个物种的所有个体上都有体现。

鸣禽（Oscine）： 指代雀形目中善于鸣唱的一类，它们具有发达的鸣管，可以通过模仿来学习鸣唱。

配偶关系（Pair bond）： 雌鸟和雄鸟之间以繁殖为目的依附性社会关系。

归家冲动（Philopatry）： 返回同一地点的趋势，例如出生地归家冲动是指返回孵化巢址的趋势。

雀类（Passerine）： 雀形目鸟类，通常被称为鸣禽（Perching bird）。雀形目鸟类大致占据了现生鸟类物种数量的半壁江山。

远离岸边的/远洋的（Pelagic）： 在湖泊或海洋中，既不靠近岸边也不位于底部的地方。

系统发育（Phylogeny）： 生命之树，即代表生物体之间随着时间变化，家系之间的进化历程和关系的变化。

一妻多夫制（Polyandry）： 一种一只雌性与多只雄性交配产出后代的繁殖系统。

混交制（Polygynandry）： 一种一夫多妻制和一妻多夫制共存的繁殖系统，多只雌鸟或许会与一只雄鸟交配，一只雌鸟的卵或许由多只雄鸟受精。

一夫多妻制（Polygyny）： 一种一只雄性与多只雌性交配产生后代的繁殖系统。

多态性（Polymorphism）： 一个物种的某一特征具有多种变异。

早成的（Precocial）： 那些孵化、羽毛干燥后即可离巢活动的鸟类，它们也许能独自觅食，也许不能。另请参阅"晚成性的（Altricial）"。

猛禽（Raptor）： 一类捕食性鸟类。

平胸类（Ratites）： 一类不具飞行能力的鸟，仅分布于南半球，包括鸵鸟、鸸鹋、美洲鸵、几维鸟以及已经灭绝的恐鸟和象鸟。

再生（Regenerating）： 重新长出失去或被破坏的组织，也可指代植物。

反刍/反吐出（Regurgitate）： 吐出之前咽下的食物。对于鸟类来说，这是亲鸟为需要照顾的幼鸟提供食物的一种方法。

留居的（Sedentary）： 始终处于一地，一般与迁徙相对应。

性二型（Sexual dimorphism）： 雌雄之间身体大小、外貌和（或）行为的差异。

短距离迁徙（Short-distance migrant）： 在一块大陆之内的随季节变化的移动。另请参阅"长距离迁徙"（Long-distance migrant）。

社会性一夫一妻制（Social monogamy）： 一只雌鸟和一只雄鸟共同承担照顾卵和幼鸟的职责，这只幼鸟或许不是这只雄鸟的后代。另请参阅"基因性一夫一妻制"（Genetic monogamy）。

社会性（Sociality）： 具有集群活动且群体内个体间存在相互作用的需求和能力。

停歇地（Stopover）： 迁徙性鸟类着陆并花费时间觅食、休息并补充能量以备下一段旅途之需的地点。

亚鸣禽亚目/燕雀亚目（Suboscine）： 指雀形目中不具发达鸣管的一个分支，包括霸鹟和蚁鸟。

同域分布的（Sympatric）： 出现在同一地理区域内或分布范围存在重叠的。

同步性（Synchrony）： 一个巢中的不同个体或一个种群中不同巢之间的时间一致性。例如，一个巢中的鸟卵在不同时间内产下，雌鸟或许会推迟开始孵卵的时间以使全部鸟卵于同一天孵化。

鸣管（Syrinx）： 鸟类的发声器官，类似哺乳动物的喉部，但不具声带。

习得性鸣唱（Tutor song）： 在鸣禽雏鸟发育的过程中，它们能够听到并学会其他个体，通常是成年雄性的鸣唱。与基因编码的鸣唱功能相对。

具飞行能力的（Volant）： 能够飞行，与不具飞行能力的（flightless）相对应。

资源和有用的信息

下文中提及的收藏品、杂志、书籍和网站能够提供大量与鸟类及鸟卵相关的信息。

收藏品

许多人都有过与鸟卵不期而遇的经历：在地上捡到一枚鸟卵，而鸟巢就在树木的高处，或者在修剪后院灌丛时，在其中发现一个鸟巢。如果鸟巢正在被使用的话，那么最佳处置方法就是远离它们，这样鸟巢的主人才会继续照顾鸟卵。如果想要长时间地观察鸟卵，但又不给它们带来负面影响，可以到博物馆、动物园等地去观察它们。但实际上，参观者只能见到很少的鸟卵标本，并且应当承认的是，即使将鸟卵标本收藏于博物馆恒温而黑暗的储藏柜中，它们也会逐渐褪色。但参观展品的好处是，不会干扰到亲鸟孵卵和胚胎的正常发育。许多自然博物馆中都收藏有鸟卵标本，包括：

The Field Museum of Natural History (Chicago, USA), the Western Foundation of Vertebrate Zoology (near Los Angeles, USA), the Natural History Museum (Tring, Hertfordshire, UK), the Peabody Museum of Natural History (New Haven, USA), University Museum of Zoology (Cambridge, UK), the Museum of Comparative Zoology (Cambridge, USA) 这些博物馆都有自己的网站，也都有展览及开放时间的信息。[1]

在后院中繁殖

在家中拥有一个环境良好的私人收藏室也是一个不错的选择，但请记住，自然界中几乎所有的鸟类都受到法律保护，无论是它们的巢、卵，还是掉落的羽毛。更为重要的是，人们对许多种鸟类的繁殖生物学都还没有太多了解，因此如果你发现了一个鸟巢的话，最好不要靠近干扰它们，而是邀请科学家先观察它们。另一个办法是，你可以在家中饲养许多种鸟类，它们也能产下许多不同的鸟卵。例如你可以在住宅后院中饲养家鸡、珍珠鸡、家鸭和鹅，可以在鸟笼中饲养鹦鹉、雀类等。即使是家鸡，也会产下从我们习见的白色和棕色，到蓝色和绿色等颜色不同的卵。齿鹑和蓝胸鹑的卵为白色或棕色，日本鹌鹑因产卵环境的不同，卵的颜色和斑纹也有所不同，甚至出现过蓝色的变异。

科研杂志

若要了解鸟类学、行为生物学、进化生物学，以及鸟卵的化学和物理结构的最新研究成果，可以访问科研杂志的网站。

下面这些文献，虽然并不全面，但至少可以作为一个入门：

概况性的生物学杂志

Animal Behaviour; Behavioral Ecology; Behavioral Ecology & Sociobiology; Behaviour; Current Biology; Ecography; Ecology; Ethology; Ethology Ecology & Evolution; Evolution; Evolutionary Ecology Research; Functional Ecology; Journal of Animal Ecology; Journal of Evolutionary Biology; Journal of Experimental Biology; Nature; Nature Communications; Oecologia; PLoS ONE; Proceedings of the National Academy of Sciences of the USA; Proceedings of the Royal Society of London B; The Royal Society Journal Interface; Science; and the list goes on.

专业的鸟类学杂志

The Auk: Ornithological Advances; The Condor: Ornithological Applications; The Emu; The Ibis; Journal of Avian Biology; Journal of Field Ornithology; Journal of Ornithology; Notornis; and the *Wilson Journal of Ornithology.*

图书

通俗读物

Birds' Eggs by Michael Walters (New York, Dorling Kindersley, Eyewitness Handbooks, 1994).

这是一本堪称经典的图书，其中收录了全世界范围内鸟卵的实际尺寸图片，以及许多鸟卵的种内差异，另记述了鸟类生活史的数据。但这些物种的保护状况、分类地位，以及人们对这些鸟种的科学认知都发生了变化，这些最新的内容在本书中都有所体现。

Eastern Birds' Nests and Western Birds' Nests by Hal H. Harrison are both available in hard copy (Boston, MA, Houghton Mifflin Harcourt, Peterson Field Guides, 2001 and 1998 respectively). 这两本书都有电子版本，这样易于搜索其中的内容。

Egg & Nest by Rosamond Purcell, Linnea S. Hall, René Corado, and Bernd Heinrich (Cambridge, MA, Belknap/Harvard University Press, 2008).

如果想对Western Foundation of Vertebrate Zoology的鸟巢及鸟卵标本有所了解，可阅读这本书。无论是从艺术家、历史学家、保护生物学家还是科学家的角度讲，这本

---

[1] 译者注：在中国，许多自然类博物馆也都收藏了鸟类及鸟卵标本，如国家动物博物馆、北京自然博物馆、上海自然博物馆及台湾自然科学博物馆等。

书都十分精彩。

Nests, Eggs, and Nestlings of North American Birds by Paul J. Baicich and Colin J. O. Harrison (Princeton, NJ, Princeton University Press, second edition 2005). 这本书中包含了大量信息，除了文字、数据以及鸟卵的图片之外，还包含鸟巢及雏鸟的图片。

专业读物

有两类鸟不自己孵卵，第一类是冢雉，即灌丛冢雉及其近亲。它们利用生物化学能、太阳能及地热来孵化埋在枯枝落叶堆、海滩沙堆或火山坡下的鸟卵。这类鸟独特的生活史特征及不容乐观的保护状况在下面这本书中有详细的介绍：*Mound-builders* by Darryl Jones and Ann Goth, (Collingwood, VC, Australia, CSIRO Publishing Press, 2009).

第二类鸟自己不孵卵，而营巢寄生生活。这些鸟类的认知、行为及繁殖不同寻常，如果你对此感兴趣的话，不妨阅读下面这本书：*Cuckoos, Cowbirds, and Other Cheats* by N. B. Davies (London, A & C Black, Poyser Monographs, 2011).

若想了解鸟卵的结构、功能及发育过程，可以从化石中窥见一二，包括产卵恐龙的繁殖策略及亲代照料策略。

Eggs, Nests, and Baby Dinosaurs: A Look at Dinosaur Reproduction by Kenneth Carpenter (Bloomington, IN, Indiana University Press, 2000)，这本书将最新研究和发现的科研文献转化成了通俗读物，使得非专业的读者也能够读懂。

Architecture by Birds and Insects: A Natural Art by Peggy Macnamara (Chicago, IL, University of Chicago Press, 2008). Peggy Macnamara 是菲尔德博物馆的常驻艺术家，在他的书中，有很多鸟类和昆虫巢穴的水彩画，它们是参照博物馆的藏品绘制而成的。

还可以从博物馆策展人的角度对鸟卵进行了解，包括展览的组织、开展及对鸟卵的研究，从这本书中，你可以对真实发生的奇闻轶事一窥究竟：*The Owl that Fell from the Sky: Stories of a Museum Curator* by Brian Gill (Wellington, NZ, Awa Press, 2012).

一些实用的网站

The Field Museum of Natural History Bird Collection Database

www.fm1.fieldmuseum.org/birds/egg_index.php

The Western Foundation of Vertebrate Zoology Bird Collection

www.wfvz.org

本书涉及的鸟种的学名及英文名信息参考自以下资源：

The Clements Checklist of Birds of the World by James F. Clements (Ithaca, NY, Cornell University Press, sixth edition, 2012 (online version 6.8)). 下载地址 www.birds.cornell.edu/clementschecklist/

借助康奈尔大学鸟类学实验室的观察鸟巢项目，你可以通过地理位置和物种分类来检索鸟巢及鸟卵的图片：http://nestwatch.org/learn/how-to-nestwatch/identifying-nests-and-eggs.

还有下面这个只对订阅用户开放的关于北美洲鸟类的网站也可帮助你了解各种鸟类：http://bna.birds.cornell.edu

鸟类的分类

动物和植物的分类，是基于对现有数据对其进化关系的梳理，因此随着我们了解得越来越多，分类的情况也会经常发生变化。人们所掌握的与鸟类分类有关的资料，要比其他任何类群都多。即使这样，我们对鸟类分类的研究也从未止步。

在很长的一段时间里，人们都认为现生所有鸟类起源于一个共同祖先。根据对最新发现的恐龙化石进行的研究表明，现生鸟类的祖先为兽脚类恐龙，它是一类特殊的恐龙。很多研究都表明，在恐龙灭绝之前，即6500万年前，就已经出现许多鸟类类群了。

现生鸟类主要类群（目和科）之间的关系，是人们长期以来一直研究和争论不休的话题。最新的化石和基因研究极大地改变了我们对这些类群之间关系的认识。基于大量的DNA数据，科学家构建出了649页的鸟类系统发育树（Hackett et al., 2008）。科学家对169个物种的32000个碱基对序列进行了比较研究。在美国国家科学基金"生命树"项目的资助下，菲尔德博物馆的香农·哈克特（Shannon Hackett）带领着多个团队协力合作完成了这项工作。系统发育树中不同的颜色代表着不同的类群。

位于图片下侧分支是现生鸟类最古老的一个支系，即古腭总目（Paleognathe，紫色部分，包括鸵鸟、美洲鸵、鹤鸵、鸸鹋、几维鸟和鹬），与今腭总目（Neognathes，即其他所有鸟类）分开。橘黄色部分代表的是包括野鸭和野鸡在内的鸟类，在许多研究中，这两类鸟都被置于进化树的基部。棕色代表的是包括蜂鸟、雨燕和夜鹰在内的一类鸟，这三类鸟拥有共同的祖先。蓝色和黄色的分支是那些和水密切相关的类群；黑色的分支也包含了一部分水生鸟类（秧鸡和鹤），还囊括了一些不生活在水边的类群，包括杜鹃和鸨。最后，绿色的分枝是陆生鸟类中多样性最高的一个目——雀形目。该研究没有对发育树中的灰色部分的鸟类进行研究，因此我们仍然有许多工作要去开展。

正是因为对所有鸟类的特征都有了深入的理解，才有了这样的成果。在过去的研究中，人们没有发现鹃鹀和火烈鸟竟然具有如此近的亲缘关系，这是近来DNA研究揭示出的结果。研究人员还发现这两类鸟的卵也具有很多与其他类群不同的共同点，特别是，鸟卵表面由磷酸钙组成。同鸟类生物学其他方面一样的是，不同进化支上鸟卵的形状、大小、外观和结构也有所不同。这棵进化树可以帮助我们更好地理解，随着时间的变化鸟卵是如何变化的。

【学名与俗名】

本书中的每一个物种，我们都给出了学名（拉丁文）和俗名（英文）。根据科学命名法的规定，每一个物种都需要被科学家描述、定名，描述还需要经同行评议后发表在期刊上。学名包括属名（例如 *Turdus*）及种名（例如 *migratorius*）两部分，二者合在一起为某一物种赋予了独一无二的名称（*Turdus migratorius* 为旅鸫）。在一个物种被命名之后，它还会与那些亲缘关系相近的物种一道被置于同一属内。例如，旅鸫和许多其他种类的鸫一道，被至于鸫属（*Turdus*）之内。如果一些鸟类具有共同的属名，那么这暗示着这些鸟类之间要比其他鸟类之间具有更近的亲缘关系。随着科学家对物种关系认识的改变，物种的学名也有可能发生改变。

学名的存在，为全世界的科学家提供了交流时可以共用的标识。国际命名法规已经制定，它可以帮助科学家建立共同的标准，特别是研究发现新物种并需要为这些物种命名时。

虽然每个国家或许都有自己的物种名称标准，但这些俗名在国家之间却不是科学统一的规范。不过由于鸟类为大多数人所熟知，因此所有鸟类都被人们取好了俗名。在不同的国家，同一个物种或许拥有不同的俗名（例如普通潜鸟，在英国被称作 Common Diver，而在美国则被称作 Common Loon）。在本书中，无论是学名还是俗名，我们都参照了《克莱门茨世界鸟类名录》（*The Clements Checklist of Birds of the World*）。这项工作是由康奈尔大学鸟类实验室的汤姆·舒伦贝格（Tom Schulenberg）指导完成的，该名录还会不断更新。

【参考文献】

The Clements Checklist of Birds of the World, James F. Clements [Ithaca, NY, Cornell University Press, sixth edition, 2012 (online version 6.8)]. Available at www.birds.cornell.edu/clementschecklist/

Hackett, S.J., Kimball, R.T., Reddy, S., Bowie, R.C.K., Braun, E.L., Braun, M.J., Chojnowski, J.L., Cox, W.A., Han, K-L., Harshman, J., Huddleston, C.J., Marks, B.D., Miglia, K.J., Moore, W.S., Sheldon, F.H., Steadman, D.W., Witt, C.C., and Yuri, T. 2008. A phylogenomic study of birds reveals their evolutionary history. *Science*. 320:1763–1768.

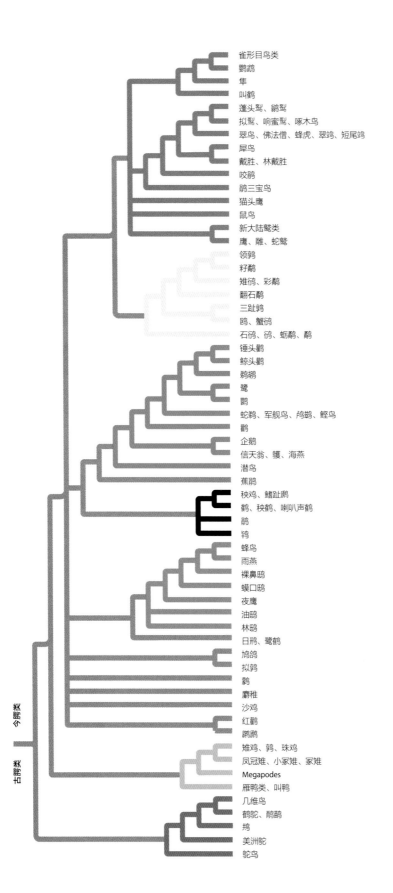

雀形目鸟类
鹦鹉
隼
叫鹤
蓬头䴕、鹟䴕
拟䴕、响蜜䴕、啄木鸟
翠鸟、佛法僧、蜂虎、翠鸰、短尾鸠
犀鸟
戴胜、林戴胜
咬鹃
鹃三宝鸟
猫头鹰
鼠鸟
新大陆鹫类
鹰、雕、蛇鹫
领鹑
籽鹬
雉鸻、彩鹬
翻石鹬
三趾鹬
鸥、蟹鸻
石鸻、鸻、蛎鹬、鹬
锤头鹳
鲸头鹳
鹈鹕
鹭
鹮
蛇鹈、军舰鸟、鸬鹚、鲣鸟
鹳
企鹅
信天翁、鹱、海燕
潜鸟
蕉鹃
秧鸡、鳍趾鹛
鹤、秧鹤、喇叭声鹤
鹃
鸨
蜂鸟
雨燕
裸鼻鸱
蟆口鸱
夜鹰
油鸱
林鸱
日鸦、鹭鹤
鸠鸽
拟鹑
鹣
麝雉
沙鸡
红鹳
䴘䴘
雉鸡、鹑、珠鸡
凤冠雉、小家雉、家雉
Megapodes
雁鸭类、叫鸭
几维鸟
鹤鸵、鸸鹋
鸵
美洲鸵
鸵鸟

今腭类

古腭类

英文名索引

650

651

学名索引

653

654

655

致　谢

马克·豪伯

如果不是哥伦比亚大学的达斯汀·鲁宾斯坦的推荐，我就不可能加入这个项目。在这个项目中，我与芝加哥菲尔德自然历史博物馆中优秀的科学、编辑和摄影团队的同事一起，完成了这项工作：约翰·贝茨、芭芭拉·贝克尔、约翰·温斯坦和他们的同事，以及英国常春藤出版社的斯蒂芬妮·埃文斯、卡罗琳·厄尔和贾森·胡克。得益于约翰·奥斯勒和杰西卡·施瓦茨的辛勤工作，我才能顺利撰写本书中的每一个物种条目。在提笔撰写本书之前及撰写过程中，很多同事、老师、学生和朋友都为我提供了有帮助的信息、见解和灵感，这些人包括：帕特里西娅·布伦南、尼克·戴维斯、菲尔·凯西、卡伦·库珀、布赖恩·吉尔、托马斯·格里姆、丹尼尔·汉利、布兰尼·艾吉克、丽贝卡·基尔纳、戴维·拉提、阿尔农·罗得姆、戴维·麦克唐纳等。小时候我在匈牙利长大，母亲总是告诉我，每年春天看白鹳和毛脚燕在建筑物上筑巢是很正常的事情。有一份（大部分时间）在白天的工作是一件很幸运的事情，在这份工作中，老板和同事还鼓励你写一本关于鸟卵的书；这项特权是由亨特学院心理学系和纽约市立大学研究生中心提供的。我下班后的时间安排得到了我的搭档约翰·奥斯勒的大力支持。人类前沿科学计划为我们对鸟卵颜色的研究提供了慷慨的资金。

约翰·贝茨和芭芭拉·贝克尔

感谢贾森·胡克及常春藤出版社的其他人发起了《鸟卵博物馆》项目；马克·豪伯因对鸟卵掌握了大量知识才能完美写就此书；菲尔德博物馆的摄影师约翰·温斯坦精彩地展示了每一件鸟卵标本的美丽和独特。迈克尔·汉森收集了地图，卢克·卡皮略和艾玛·所罗门整理了数据库和藏品。我们非常感谢菲尔德博物馆中所有与本项目有关的人，感谢他们对这个项目自始至终的支持，特别是弗朗西·穆拉斯基-斯托茨，他是第一个帮助构思这本书的人。我们也要感谢加利福尼亚州卡马里洛西方脊椎动物基金会的林尼·霍尔和雷尼·科拉多，感谢他们慷慨地让我们接触到了他们精彩的收藏品，并大方给我们介绍专业知识。约翰想要感谢芭芭拉接管并组织了本项目，感谢她令人愉快和专业的编辑技能。芭芭拉想要感谢约翰对鸟类的热情和他对这一项目的批判性见解；还要感谢菲尔德博物馆，感谢其允许我们进入博物馆中最神奇的隐蔽角落：鸟卵收藏室。

656

◎ 甲虫博物馆
◎ 蘑菇博物馆
◎ 贝壳博物馆
◎ 树叶博物馆
◎ 兰花博物馆
◎ 蛙类博物馆
◎ 病毒博物馆
◎ 毛虫博物馆
◎ 鸟卵博物馆
◎ 种子博物馆
◎ 蛇类博物馆